光 盘 说 明

一．打开光盘

1.将光盘放入光驱中，几秒钟后光盘会自动运行。如果没有自动运行，可通过打开【计算机】窗口，右击光驱所在盘符，在弹出的快捷菜单中选择 【自动播放】命令来运行光盘。

2.光盘主界面中有几个功能图标按钮，将鼠标放在某个图标按钮上可以查看相应的说明信息，单击则可以执行相应的操作。

二．学习内容

1.单击主界面中的【学习内容】图标按钮后，会显示出本书配套光盘中学习内容的主菜单。

2.单击主菜单中的任意一项，会弹出该项的一个子菜单，显示该章各小节内容。

3.单击子菜单中的任一项，可进入光盘的播放界面并自动播放该节的内容。

三．进入播放界面

1.在内容演示区域中，将以聪聪老师和慧慧同学的对话结合实例演示的形式，生动地讲解各章节的学习内容。

2.选中此区域中的按钮可自行控制播放，读者可以反复观看、模拟操作过程。单击【返回】按钮可返回到主界面。

3.像电视节目一样，此处字幕同步显示解说词。

四．跟我学

单击【跟我学】按钮，会弹出一个子菜单，列出本章所有小节的内容。单击子菜单中的任一选项后，可以在播放界面中自动播放该节的内容。

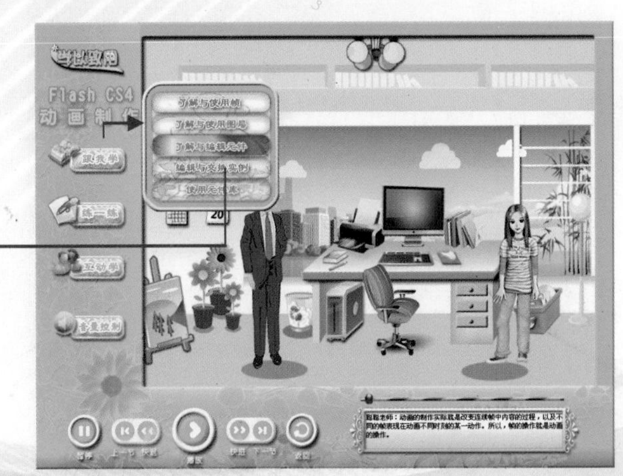

该播放界面与单击主界面中各节子菜单项后进入的播放界面作用相同。【跟我学】的特点就是在学习当前章节内容的情况下，可直接选择本章的其他小节进行学习，而不必再返回到主界面中选择本章的其他小节。

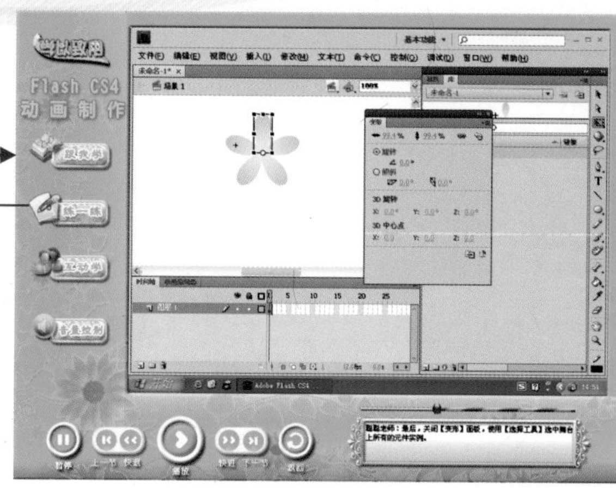

五．练一练

单击播放界面中的【练一练】按钮，播放界面将被隐藏，同时弹出一个【练一练】对话框。读者可以参照其中的讲解内容，在自己的电脑中进行同步练习。另外，还可以通过对话框中的播放控制按钮实现快进、快退、暂停等功能，单击【返回】按钮则可返回到播放窗口。

六．互动学

1. 单击【互动学】按钮后，会弹出一个子菜单，显示详细的互动内容。

2. 单击子菜单中的任一项，可以在互动界面中进行相应模拟练习的操作。

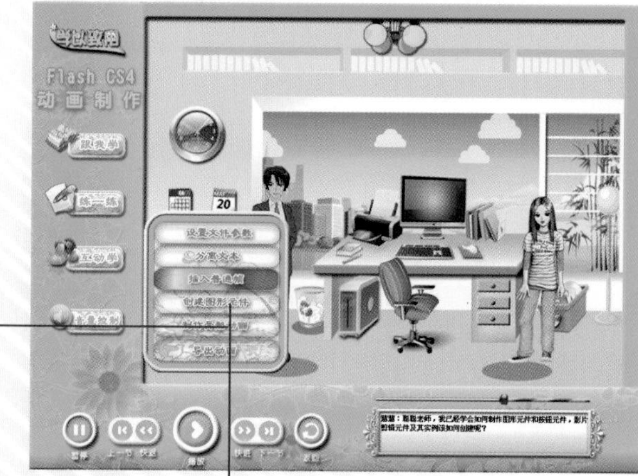

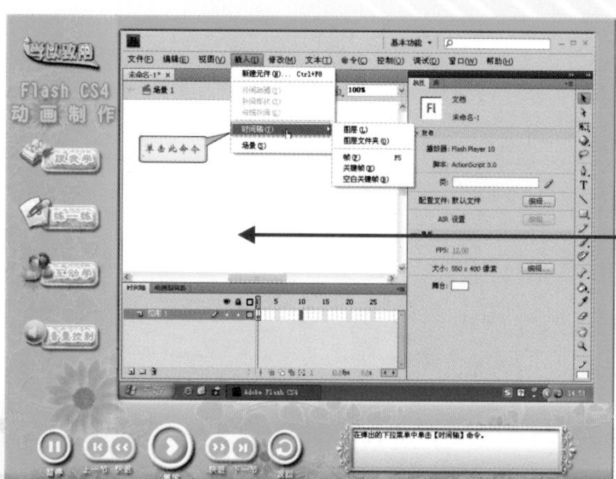

3. 在互动学交互操作环节，必须根据给出的提示用鼠标或键盘执行相应的操作，方可进入下一步操作。

学以致用系列丛书

Flash CS4 动画制作

科教工作室　编著

清华大学出版社

北　京

内 容 简 介

本书的内容是在分析初、中级用户学用电脑的需求和困惑上确定的。它基于“快速掌握、即查即用、学以致用”的原则，根据日常工作和生活中的需要取材谋篇，以应用为目的，用任务来驱动，并配以大量实例。通过学习本书，读者可以轻松、快速地掌握Flash CS4动画制作的实际应用技能，得心应手地使用Flash CS4制作动画。

本书共分13章，详尽地介绍了：Flash快速入门、Flash绘图和色彩工具、Flash文字特效、Flash对象的编辑和修饰、Flash帧和图层的操作、Flash元件、实例和库、Flash特效应用、Flash的各种动画、ActionScript函数应用、Flash动画的优化与发布、制作课件、制作动画MTV、制作网页Flash广告等内容。

本书及配套的多媒体光盘面向初、中级电脑用户，适用于需要学习Flash的初中级用户、Flash动画爱好者以及Flash动画从业人员，也可以作为大中专院校师生学习的辅导和培训教材。

图书在版编目(CIP)数据

Flash CS4动画制作/科教工作室编著. —北京：清华大学出版社，2010.4
(学以致用系列丛书)
ISBN 978-7-302-22236-1

Ⅰ.F…　Ⅱ.科…　Ⅲ.动画—设计—图形软件，Flash CS4　Ⅳ.TP391.41

中国版本图书馆CIP数据核字(2010)第043479号

责任编辑：章忆文　张丽娜
装帧设计：杨玉兰
责任印制：孟凡玉
出版发行：清华大学出版社　　**地　址**：北京清华大学学研大厦A座
http://www.tup.com.cn　　**邮　编**：100084
社　总　机：010-62770175　　**邮　购**：010-62786544
投稿与读者服务：010-62776969,c-service@tup.tsinghua.edu.cn
质　量　反　馈：010-62772015,zhiliang@tup.tsinghua.edu.cn
印 刷 者：北京密云胶印厂
装 订 者：三河市新茂装订有限公司
经　销：全国新华书店
开　本：210×285　**印　张**：20.75　**插　页**：1　**字　数**：787千字
附光盘1张
版　次：2010年4月第1版　　**印　次**：2010年4月第1次印刷
印　数：1～4000
定　价：38.00元

产品编号：033142-01

出版者的话

首先，感谢您阅读本书！臧克家曾经说过：读过一本好书，就像交了一个益友。对于初学者而言，选择一本好书则显得尤为重要。

“学以致用”是一套专门为电脑爱好者量身打造的系列丛书。翻看它，您将不虚此“行”，因为它将带给您真正“色、香、味”俱全、营养丰富的电脑知识的“豪华盛宴”！

本系列丛书的内容是在仔细分析和认真总结初、中级用户学用电脑的需求和困惑的基础上确定的。它基于“快速掌握、即查即用、学以致用”的原则，根据日常工作和娱乐中的需要取材谋篇，以应用为目的，用任务来驱动，并配以大量实例。学习本书，您可以轻松、快速地掌握计算机的实际应用技能，从而能够得心应手地使用电脑。

丛书书目 ★

本系列丛书首批推出 13 本，书目如下：

(1) Windows Vista 管理与应用
(2) 电脑轻松入门
(3) 电脑上网与网络应用
(4) 五笔飞速打字与 Word 美化排版
(5) Office 2007 综合应用
(6) Access 2007 数据库应用
(7) Photoshop CS3 图像处理
(8) Dreamweaver 网页制作
(9) 电脑组装与维护
(10) 局域网组建与维护
(11) 实用工具软件
(12) Excel 2007 表格处理及应用
(13) 电脑办公应用

第二批推出 13 本，书目如下：

(14) 电脑综合应用
(15) 家庭电脑基础与应用
(16) Windows XP 管理与应用
(17) 电脑故障急救与数据恢复
(18) 操作系统安装、重装与维护
(19) 玩转 BIOS 与注册表
(20) Excel 2007 公式•函数与图表
(21) Word/Excel/PowerPoint 2007 电脑应用三合一
(22) AutoCAD 2009 绘图基础与应用
(23) Dreamweaver CS4+Photoshop CS4+Flash CS4 完美网页制作
(24) Flash CS4 动画制作

(25) Photoshop CS4 数码照片处理

(26) Photoshop CS4 特效实例制作

丛书特点★

本系列丛书基于“快速掌握、即查即用、学以致用”的原则，具有以下特点。

一、内容上注重“实用为先”

本系列丛书在内容上注重“实用为先”，书中精选最需要的知识、介绍最实用的操作技巧和最典型的应用案例。例如，①在《Office 2007 综合应用》一书中以处理有用的操作(如写简报等)为例，来介绍如何使用 Word，让您在掌握 Word 的同时，也学会如何处理办公上的事务；②在《电脑上网与网络应用》一书中除介绍使用百度来搜索常用的信息外，还介绍如何充分发挥百度的优势，来快速搜索 MP3、图片等。真正将电脑使用者的使用技巧和心得完完全全地传授给读者，教会您生活和工作中真正能用到的知识。

二、方法上注重“活学活用”

本系列丛书在方法上注重“活学活用”，用任务来驱动，根据用户实际使用的需要取材谋篇，以应用为目的，将软件的功能完全发掘给读者，教会读者更多、更好的应用方法。如《电脑轻松入门》一书在介绍卸载软件时，除了介绍一般卸载软件的方法外，还介绍了如何使用特定的软件(如优化大师)来卸载一些不容易卸载的软件，解决您遇到的实际问题。同时，也提醒您学无止境，除了学习书本上的知识外，自己还应该善于举一反三，拓展学习。

三、讲解上注重“丰富有趣”

本系列丛书在讲解上注重“丰富有趣”，风趣幽默的语言搭配生动有趣的实例，采用全程图解的方式，细致地进行分步讲解，并采用鲜艳的喷云图将重点在图上进行标注，您翻看时会感到兴趣盎然、回味无穷。

在讲解时还提供了大量“提示”、“注意”、“技巧”等精彩点滴，让您在学习过程中随时认真思考，对初、中级用户在使用电脑过程中随时进行贴心的技术指导，迅速将“新手”打造成为“高手”。

四、信息上注重“见多识广”

本系列丛书在信息上注重“见多识广”，每页底部都有知识丰富的“长见识”一栏，增广见闻似地扩充您的电脑知识，让您在学习正文的过程中，对其他的一些信息和技巧也了如指掌，方便您更好地使用电脑。

五、布局上注重“科学分类”

本系列丛书在布局上注重“科学分类”，采用分类式的组织形式、交互式的表述方式，翻到哪儿学到哪儿，不仅适合系统学习，更方便即查即用。同时采用由易到难、由基础到应用技巧的科学方式来讲解软件，逐步提高您的水平。

图书每章最后附有“思考与练习”或“拓展与提高”小节，让您能够针对本章内容温故而知新，利用实例得到新的提高，真正做到举一反三。

光盘特点★

本系列丛书配有精心制作的多媒体互动学习光盘，情景制作细腻，具有以下特点。

一、情景互动的教学方式

通过“聪聪老师”、“慧慧同学”和俏皮的“皮皮猴”这三个卡通人物互动于光盘之中，像讲故事一样来讲解所有的知识，让您犹如置身于电影与游戏之中，乐学而忘返。

二、人性化的界面安排

根据人们的操作习惯来合理地设计播放控制按钮和菜单的摆放，让人一目了然，方便读者更轻松地操作。例如，在进入章节学习时，有些图书的系列光盘中的“内容选择”是全书的内容，这样会使初学者眼花缭乱、摸不着头脑。而本书的系列光盘中的“内容选择”是本章节的内容，方便初学者的使用，是真正从方便初学者学习的角度出发来设计的。

三、超值精彩的教学内容

光盘具有超大容量，每张光盘的播放时间达 8 小时以上。光盘内容以图书结构为基础，并对它进行了一定的拓展。除了基础知识的介绍外，更以实例的形式来进行精彩讲解，而不是一个劲地、简单地说个不停。

读者对象★

本系列丛书及配套的多媒体光盘面向初、中级电脑用户，适用于电脑入门者、电脑爱好者、电脑培训人员、退休人员和各行各业需要学习电脑的人员，也可以作为大中专院校师生学习的辅导和培训用书。

互动交流★

为了更好地服务于广大读者和电脑爱好者，如果您在使用本丛书时有任何疑难问题，可以通过 xueyizy@126.com 邮箱与我们联系，我们将尽全力解答您所提出的问题。

作者团队★

本系列丛书的作者和编委会成员均是有着丰富电脑使用经验和教学经验的 IT 精英。他们长期从事计算机研究和学习，这些作品都是他们多年的感悟和经验之谈。

本系列丛书在编写和创作过程中，得到了清华大学出版社第三事业部总经理章忆文女士的大力支持和帮助，在此深表感谢！本书由科教工作室组织编写，陈锦屏、毕媛媛、潘小凤编著。此外，(按姓名拼音顺序)卜凡燕、陈杰英、冯婉燕、何光明、季业强、李青山、刘瀚、刘洋、罗自文、倪震、沈聪、汤文飞、田明君、杨敏、杨章静、岳江、张蓓蓓、张魁、周慧慧、邹晔等人参与了创作和编写等事务。

关于本书★

Flash 是目前最流行的动画制作软件，它具有极其强大的功能，已被广泛应用到动画短片、网页广告、影视片头、互动游戏、MTV 制作、教学课件等各个领域。

为了让大家能够在较短的时间内掌握 Flash 的动画制作技能，我们编写了《Flash CS4 动画制作》一书。本书实例丰富、针对性强、内容翔实，分别从 Flash 启航、动手操作和集成媒体、创建动画和特效应用、综合案例等方面进行阐述，共 13 章，全面介绍了 Flash 动画制作的方方面面。

除此之外，本书充分考虑用户的需求，注重理论与实践相结合，每一章都配有典型实例的讲解，能够让您快速掌握所学的知识，轻松步入 Flash 学习的殿堂！

科教工作室

目录

学以致用系列丛书

第1章 旭日初升——Flash 快速入门

Adobe 公司推出了全新的 Flash CS4，其中无论是新增的 Deco 等工具，还是全新的补间动画理念，都为广大动画爱好者带来了惊喜。下面将带领大家一起感受 Flash 动画创作的奇妙！

学习要点

- Flash CS4 的新功能
- Flash CS4 的文档操作
- Flash CS4 的基本设置

学习目标

通过本章的学习，读者首先要了解 Flash CS4 的工作界面；其次要求掌握 Flash CS4 文档的操作方法；最后要求掌握 Flash CS4 的基本设置方法。

1.1 初识 Flash CS4

Flash CS4 是由 Adobe 公司推出的最新款 Flash 动画制作软件。该软件在以往的 Flash 版本基础上增加了很多功能，功能更加强大。利用 Flash 的用户不仅可以制作网页动画和网站，还可以开发多媒体软件。所以，Flash CS4 已经真正成为了多功能网络媒体的创作工具。

1.1.1 安装 Flash CS4

Flash CS4 是一款专业的动画制作软件，在使用之前需要先安装该软件，具体操作步骤如下。

操作步骤

1. 将 Flash CS4 的安装光盘放入光驱后，会弹出【Adobe Flash CS4 安装程序：正在初始化】界面，开始检查系统配置文件，如下图所示。

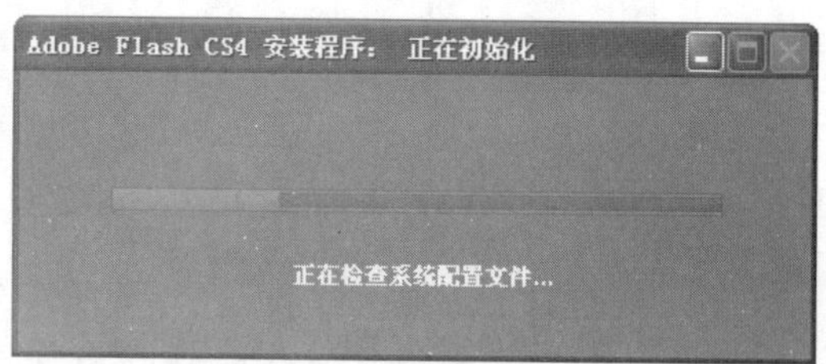

2. 自检完成后，将弹出【Adobe Flash CS4 安装-欢迎】界面，输入光盘背面的产品序列号，再单击【下一步】按钮，如下图所示。

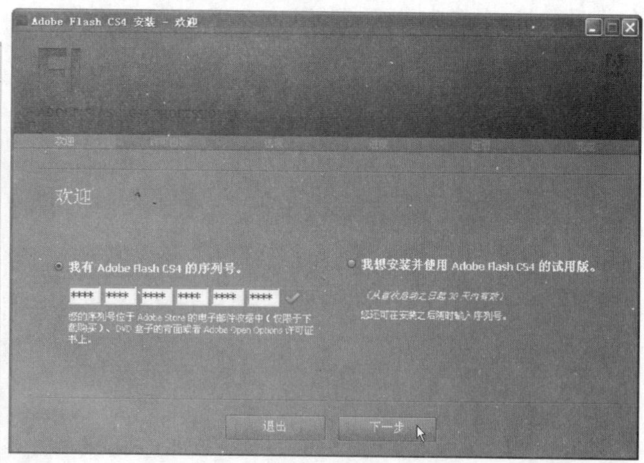

3. 打开【Adobe Flash CS4 安装-许可协议】界面，设置【显示语言】为【简体中文】选项，再单击【接受】按钮，如下图所示。

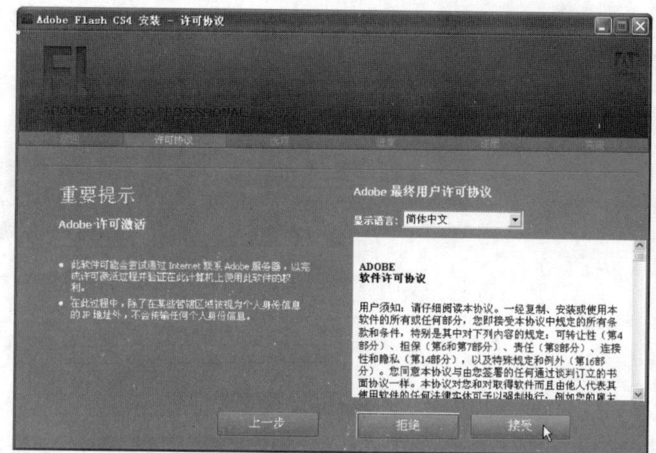

4. 打开【Adobe Flash CS4 安装-选项】界面，选中要安装的组件前面的复选框，再单击【安装】按钮，如下图所示。

5. 开始安装 Flash CS4 程序，并弹出【Adobe Flash CS4 安装-进度】界面，显示程序安装的整体进度和光盘进度，如下图所示。

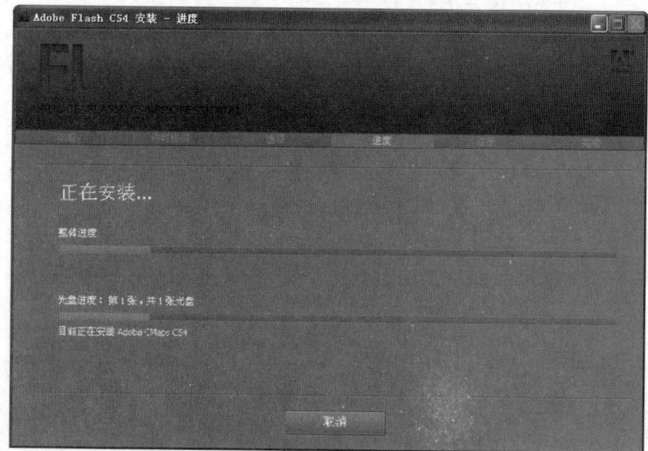

6. 安装完成后，将弹出 Adobe Flash CS4 主界面。若要现在注册 Flash CS4 程序，用户可以在界面中填写自己的详细信息，然后单击【立即注册】按钮进行注

学以致用系列丛书

长见识　Flash CS4 的安装文件有 1.26 GB 左右，比之前 Flash 版本的安装文件要大很多，因此在安装 Flash CS4 之前一定要保证安装盘有足够的空间，以确保正确安装。

册；若要跳过注册步骤以后再注册，可以单击【以后注册】按钮，如下图所示。

❼ Flash CS4 安装完成后，将弹出【Adobe Flash CS4 安装-完成】界面，单击【退出】按钮即可，如下图所示。

1.1.2 启动 Flash CS4

在 Windows XP 操作系统中启动 Flash CS4 的方法如下。

操作步骤

❶ 单击【开始】按钮，从弹出的【开始】菜单中选择【所有程序】| Adobe Flash CS4 Professional 命令，如下图所示。

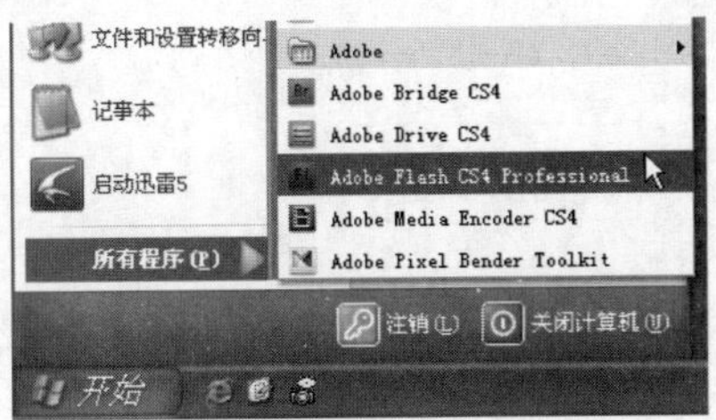

❷ 打开 Flash CS4 的欢迎屏幕，如下图所示。

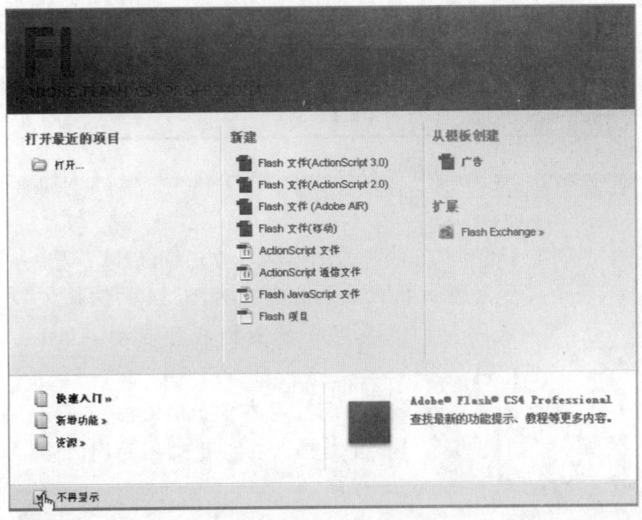

❸ 在 Flash CS4 欢迎屏幕的左侧是【打开最近的项目】列表，用户可以通过单击列表中的文件夹，快速打开曾经操作过的 Flash 文档。

❹ 在 Flash CS4 欢迎屏幕的中间是【新建】列表，用户可以自由地选择要创建的新文件类型。

❺ 在 Flash CS4 欢迎屏幕的右侧是【从模板创建】列表，该列表为用户提供了不同文档类型的模板，用户可以直接从这里调用模板创建新的 Flash 文档。单击模板后，将弹出【从模板新建】对话框，用户可以选择相应的模板创建文档，如下图所示。当用户选择了合适的模板之后，单击【确定】按钮即可应用该模板。

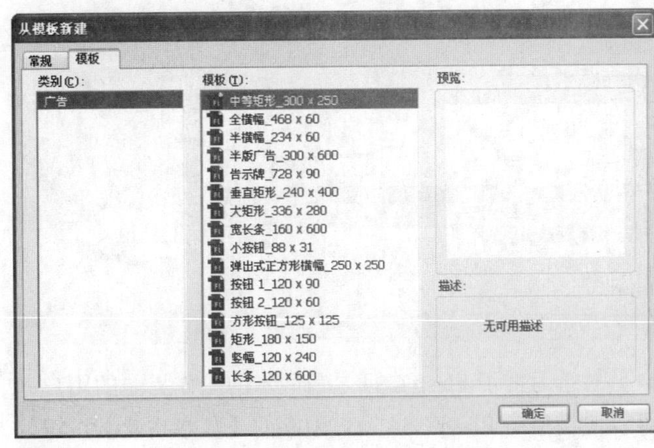

❻ 在 Flash CS4 欢迎屏幕的右下方是【扩展】列表，通过该列表可以链接到 Flash Exchange 网站，用户可在其中下载帮助应用程序、扩展功能以及其他相关信息。

❼ 如果用户不希望每次打开软件时都出现欢迎屏幕，则可以选中欢迎屏幕左下角的【不再显示】复选框。此时会弹出如下图所示的对话框，单击【确定】按钮即可在下次打开 Flash CS4 时，直接打开一个默认

如果用户是从网上下载的 Flash CS4 安装程序，建议在安装完成后检验一下该软件是否为测试版。方法是：进入 Flash CS4 程序窗口后按 F1 键，若打开了 Adobe 网站的 Flash CS4 在线帮助页面，则为测试版本。

的 Flash 空白文档。

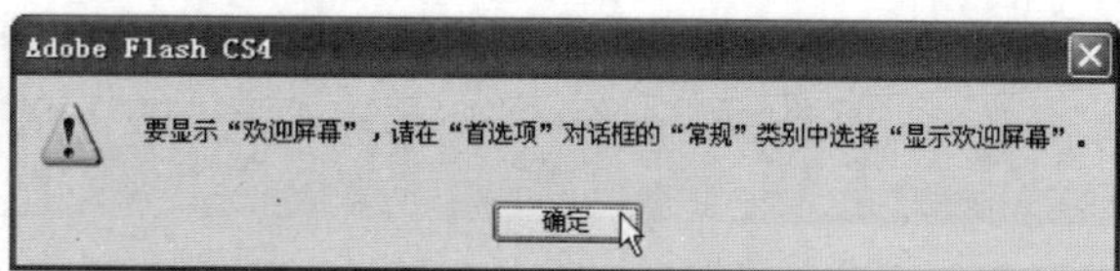

技巧

另外，还有以下两种方法可以启动 Flash CS4 程序。

- ❖ 如果在计算机桌面上有 Flash CS4 的快捷方式图标，只要双击该图标即可启动 Flash CS4 程序。
- ❖ 如果在计算机中已经存在 Flash 文档，可以双击某个 Flash 文档，在打开文档的同时启动 Flash CS4 程序。

1.1.3 Flash CS4 的工作界面

Flash CS4 的工作界面与以前的 Flash 版本相比有些不同。在 Flash CS4 默认工作界面中，时间轴被安排在舞台的下方，【属性】面板则由舞台的下方移至舞台的右侧，工具箱由舞台的左侧移至窗口的右侧。

Flash CS4 默认的工作界面如下图所示。

对于习惯了 Flash CS4 之前版本的工作界面的用户，可以通过单击 Flash CS4 窗口顶端的【基本功能】按钮，从弹出的下拉列表中选择【传统】命令，切换到以前熟悉的工作界面，如下图所示。

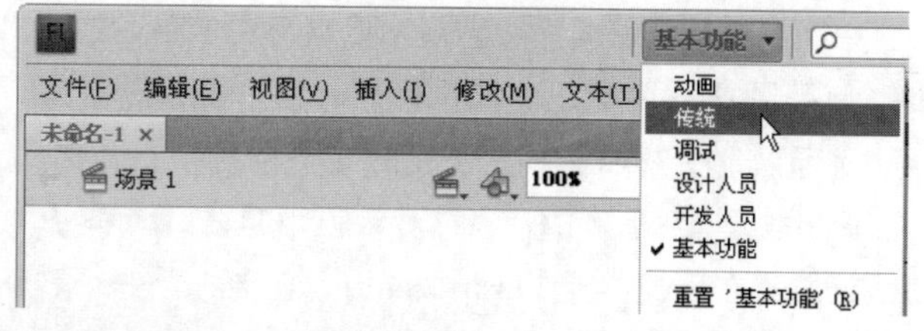

注意

当切换到传统工作界面后，【基本功能】按钮的名称将变成“传统”，如下图所示。

1. 菜单栏

Flash CS4 的菜单栏中共包括文件、编辑、视图、插入、修改、文本、命令、控制、调试、窗口和帮助共 11 个菜单项，如下图所示。

文件(F) 编辑(E) 视图(V) 插入(I) 修改(M) 文本(T) 命令(C) 控制(O) 调试(D) 窗口(W) 帮助(H)

其中，每个菜单项都带有一组命令，通过选择这些命令，可以满足用户的不同操作需求。例如，单击【文件】菜单项，从弹出的下拉菜单中选择【导入】命令，将弹出如下图所示的子菜单。

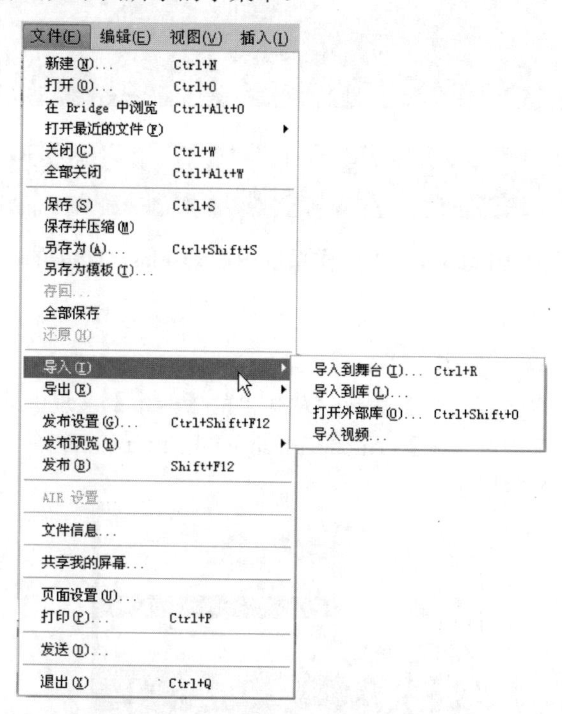

长见识：如果改动了 Flash CS4 的工作界面后，又想要恢复到默认状态，可以单击 Flash CS4 窗口顶端的【基本功能】按钮，从弹出的下拉列表中选择【重置‘基本功能’】命令。

2．场景

场景是进行动画编辑的主要区域，如下图所示。无论是绘制图形还是创建动画，都是在场景中进行操作。

场景由舞台(白色区域)和工作区(灰色区域)组成。舞台是创建 Flash 文档时放置图形内容的矩形区域；而工作区通常用于设置对象进入和退出舞台时的位置。工作区中无论放置了多少内容，除非在某时刻进入舞台，否则都不会在最终的影片中显示出来，最终的影片中只显示舞台中放置的内容。

3．时间轴

时间轴位于场景的下方，包含图层管理器和时间线两部分，如下图所示。

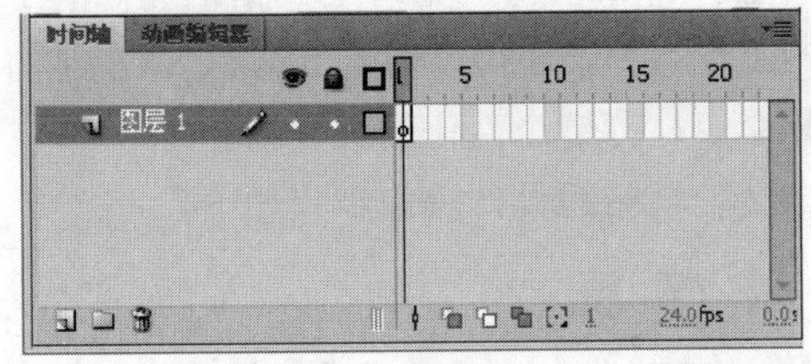

时间轴是 Flash 中最重要的部分，主要用于组织和控制图层及帧，所有的动画效果都在这里进行设置。

时间轴的左侧是图层管理器。图层是各种类型的动画及层级结构存放的空间。如果要制作包括多种特效、声音的影片，就应该分别建立放置这些内容的图层。当图层的数目过多以至于无法全部显示时，可以通过拖动时间轴右侧的滚动条来调整，如下图所示。

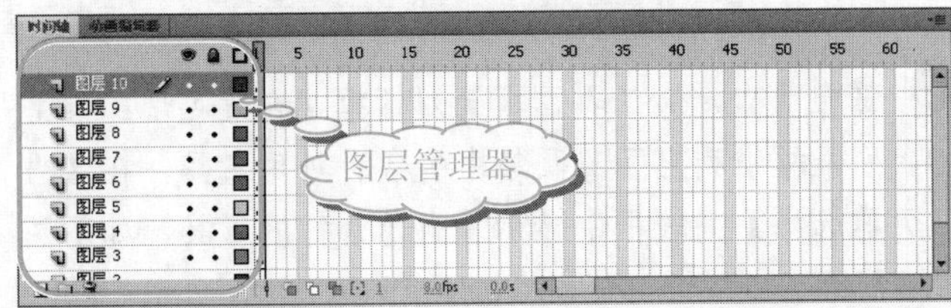

时间轴的右侧是时间线，其中的一个小方格就代表电影中的一帧。

提示

单击时间轴右上角的菜单项按钮，从弹出的下拉列表中可以设置时间轴的样式，如下图所示。

其中，前5个选项用于设置帧和图层的宽度；【预览】选项用于在帧中以非正常比例预览该帧的动画内容，或在大型动画中寻找某一帧的内容；【关联预览】选项的功能和【预览】选项类似，可以将场景中的内容严格按照比例缩放显示到帧中；【较短】选项用于设置帧的高度；【彩色显示帧】选项用于设置是否以彩色显示帧。

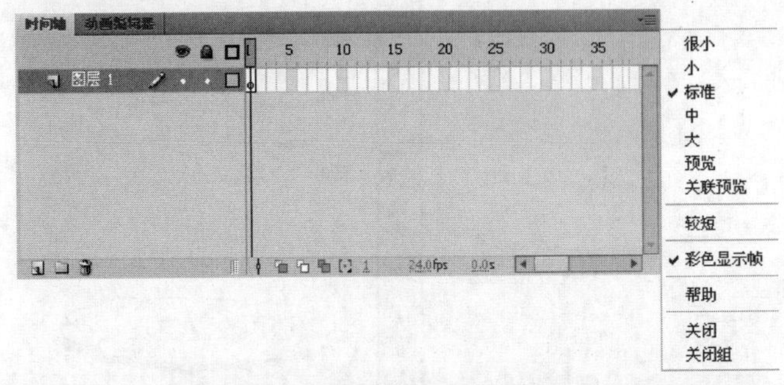

4．【属性】面板

【属性】面板位于舞台的右侧，如下图所示。

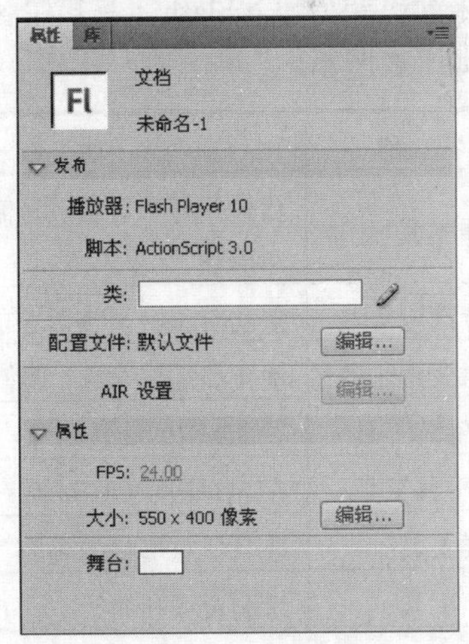

【属性】面板中的内容不是固定的，它会随着选择对象的不同而显示相应的设置选项。而且，所有对象的各种属性都可以通过【属性】面板进行编辑、修改。【属性】面板使用起来非常方便。灵活使用【属性】面板，可以帮助用户更好地完成 Flash 动画的制作，节省大量的时间。

学以致用系列丛书

在 Flash 中应用的图形主要分为位图和矢量图两种。一般，位图用于对色彩丰富度或真实感要求比较高的场合，矢量图用于不影响图像的显示精度和效果的场合。

5. 工具箱

在 Flash CS4 中，工具箱位于工作界面的右侧，其中放置了可供编辑图形和文本的各种工具，如下图所示。利用这些工具，用户可以方便地进行绘图、修改、移动、缩放及编排文本等操作。

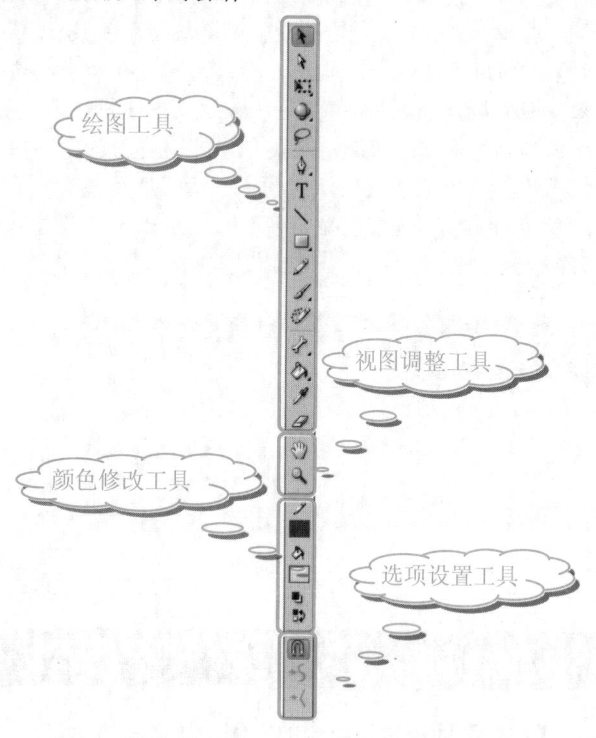

下面就来简单介绍一下 Flash 工具箱中各按钮的名称及其功能，如下表所示。

按 钮	名 称	功 能
	选择工具	选择和移动对象，调整对象的大小和形状
	部分选取工具	移动对象，调整对象的形状
	任意变形工具	旋转和缩放对象，调整对象的形状
	3D 旋转工具	在 3D 空间旋转对象
	3D 平移工具	在 3D 空间平移对象
	套索工具	选取任意形状的内容
	钢笔工具	绘制直线和曲线
T	文本工具	输入和编辑文本
	线条工具	绘制任意方向和长短的直线
	矩形工具	绘制矩形
	铅笔工具	绘制任意形状的线条
	刷子工具	绘制任意形状的矢量色块
	Deco 工具	创建万花筒效果
	骨骼工具	创建链型效果，扭曲单个对象
	颜料桶工具	更改矢量色块的颜色

续表

按 钮	名 称	功 能
	滴管工具	吸取对象的色彩
	橡皮擦工具	擦除舞台中的对象
	手形工具	移动舞台
	缩放工具	放大或缩小舞台的显示比例
	笔触颜色	设置当前工具的线条和边框颜色
	填充颜色	设置当前对象的填充颜色
	黑白	设置当前对象为黑色边线颜色和白色填充颜色
	交换颜色	交换图形边线颜色和填充颜色
	选项设置工具	调整被选中工具的属性选项(这里选中的为【选择工具】对应的选项设置)

注意

工具箱中的选项设置工具，在选择不同的工具时，其选项也是不同的。这里只介绍了【选择工具】的选项设置，其他工具的选项设置将在第 2 章中的实际操作中详细介绍，这里就不再赘述。

要使用工具箱中的工具，用户只需单击相应的工具按钮，当这个工具被激活后，就可以在舞台上使用该工具进行相应的操作了。

默认情况下，工具箱中全部可用的工具都被列出来以供用户选择。如果用户觉得工具箱中提供的工具不符合自己的工作习惯，还可以通过 Flash CS4 的【自定义工具面板】命令，打造个性化的工具箱。

自定义工具箱的具体操作步骤如下。

操作步骤

1. 在 Flash CS4 窗口中，选择【编辑】|【自定义工具面板】命令，如下图所示。

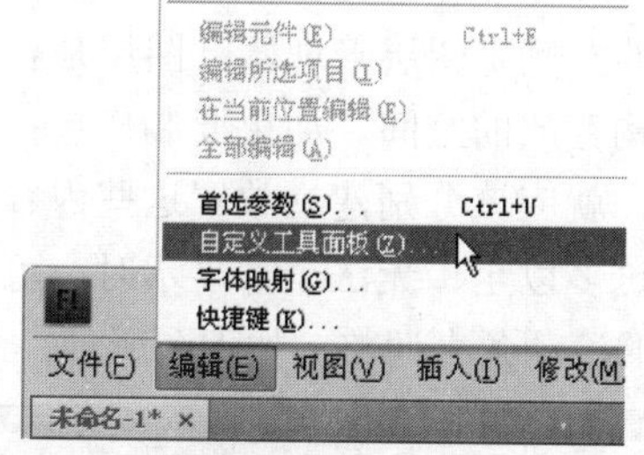

2. 弹出【自定义工具面板】对话框，在【可用工具】列表框中列出了工具箱中的各种可用工具，在【当前选择】列表框中显示了当前选择的工具，如下图所示。

长见识 在编辑动画过程中，为了避免各个图层之间相互影响，在编辑某个图层上的对象时，最好将该编辑图层外的其他图层都锁定。

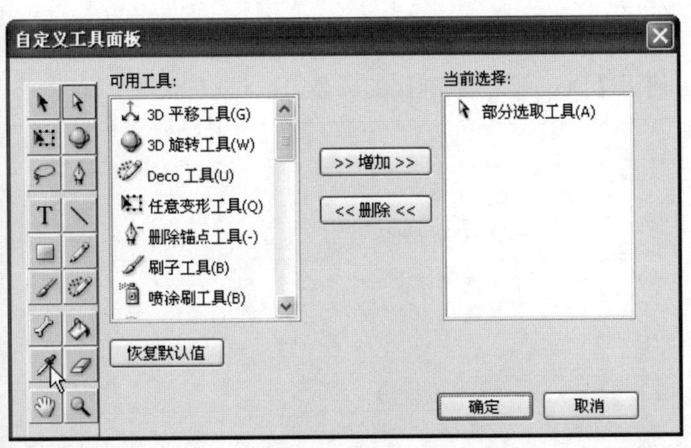

❸ 在左侧的列表中单击要添加工具的位置，如【滴管工具】，此时，即可发现【滴管工具】被添加到【当前选择】列表框中了。然后，在【可用工具】列表框中选择【橡皮擦工具】选项，再单击【增加】按钮，如下图所示。

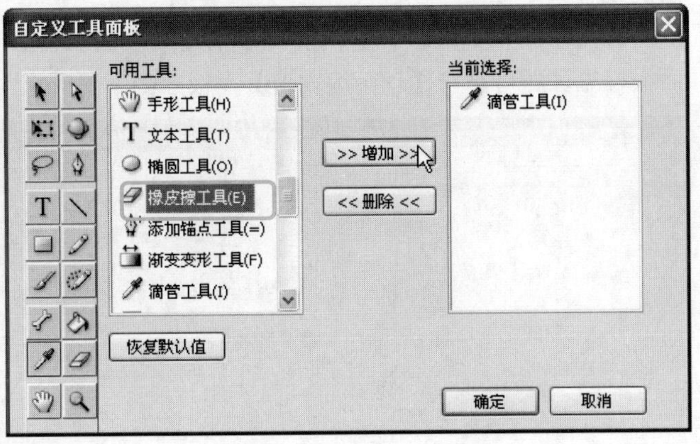

❹ 此时，会发现在【当前选择】列表框中又增加了【橡皮擦工具】，表明已经将【橡皮擦工具】添加到【滴管工具】组中。重复步骤3的操作，用户可以继续向【滴管工具】组中添加其他工具。添加完成后，单击【确定】按钮即可，如下图所示。

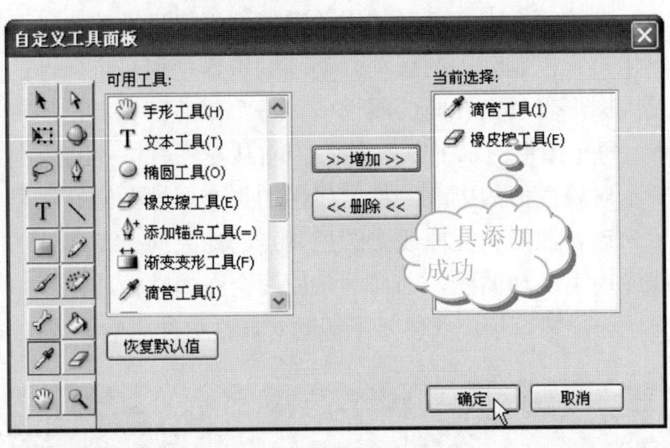

在定义了个性化的工具箱后，用户若想恢复默认的工具箱，则可以通过在【自定义工具面板】对话框中单击【恢复默认值】按钮来实现。

用户若要删除一些不常用的工具，可以先在【自定义工具面板】对话框的左侧列表中选择工具所在的组，接着在【当前选择】列表框中选择要删除的工具选项，再依次单击【删除】和【确定】按钮即可。

❺ 返回到 Flash CS4 窗口，在工具箱中单击【滴管工具】按钮，即可在展开的列表中看到新添加的【橡皮擦工具】按钮了，如下图所示。

1.2 Flash CS4 的新功能

Flash CS4 在以前版本的基础上，增加了一些十分实用的新功能，下面将进行简单介绍。

1.2.1 基于对象的动画

Flash CS4 在保留传统补间动画的基础上，增加了基于对象的动画。使用基于对象的动画不仅可大大简化 Flash 中的设计过程，而且更便于控制对象。它将动画补间效果直接应用于对象本身，而不是关键帧，从而可以精确控制每个单独的动画属性。另外，使用贝塞尔曲线工具(如【钢笔工具】)，可以更加轻松地调整对象的运动轨迹。下图所示为基于对象的动画实例。

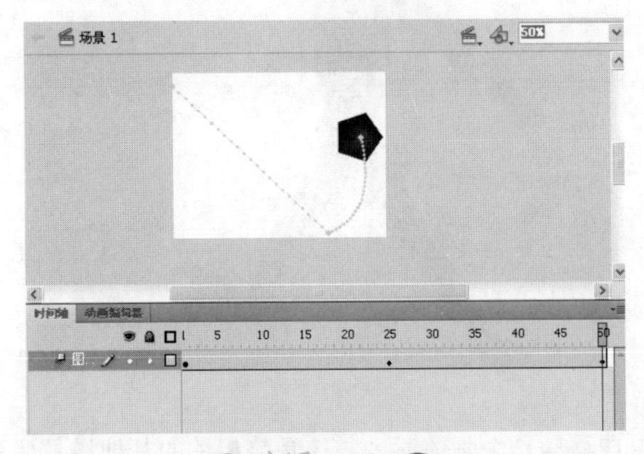

贝塞尔曲线是计算机图形图像造型的基本工具，是图形造型运用得最多的基本线条之一。它通过控制曲线上的四个点(起始点、终止点以及两个相互分离的中间点)来创造或者编辑图形。

1.2.2 3D 变形

在 Flash CS4 之前的版本中，舞台的坐标是平面上的，只有二维的 X 和 Y 坐标轴。而在 Flash CS4 中，新增加了两种全新的 3D 变形工具：【3D 平移工具】和【3D 旋转工具】。使用这两种工具，用户可以对 X、Y 和 Z 三个方向的坐标轴进行调节。

下图所示为使用【3D 旋转工具】对图像进行旋转处理前后的对比。

1.2.3 使用【骨骼工具】进行反向运动

在 Flash CS4 中，使用【骨骼工具】可以向单独的元件实例或单个形状的内部添加骨骼，如下图所示。

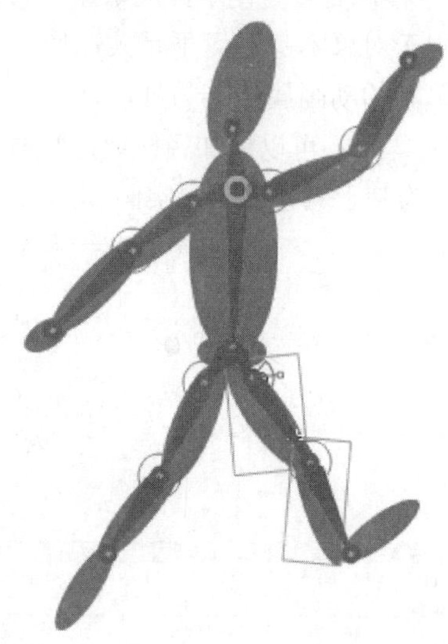

在移动一个骨骼时，与该骨骼相关的其他链接骨骼也会跟着移动，创建类似于链的动画效果。这样，可以更加方便地创建人物动画。

1.2.4 使用【Deco 工具】进行装饰性绘画

使用【Deco 工具】可以快速地创建万花筒效果，并轻松地将任何元件转换为即时设计工具。下图所示为使用【Deco 工具】制作的藤蔓。

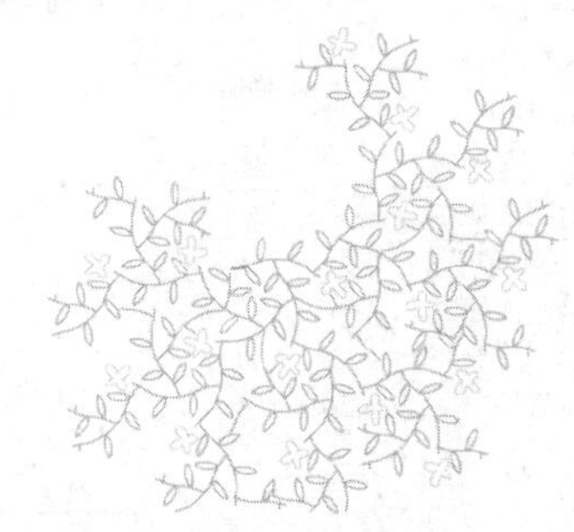

1.2.5 【动画编辑器】面板

在 Flash CS4 中，使用【动画编辑器】面板可以对关键帧参数(如旋转、大小、缩放、位置和滤镜等)进行更详细的设置。

在【时间轴】面板标签的右侧单击【动画编辑器】面板标签，即可打开【动画编辑器】面板，如下图所示。

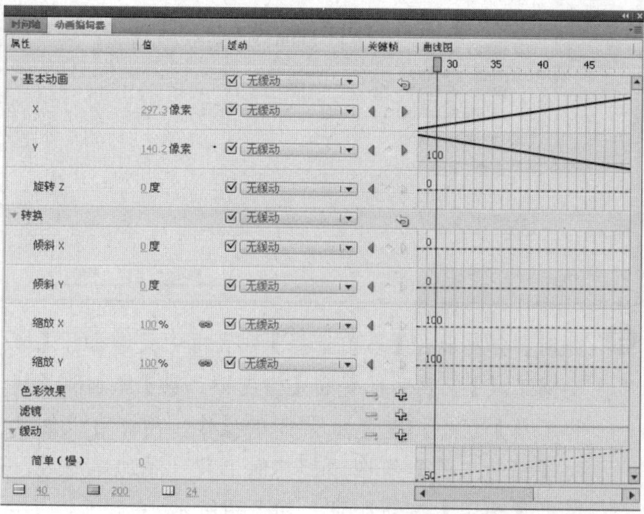

在该面板中，可以使用关键帧编辑器借助曲线以图形化方式控制动画的缓动。动画编辑器使用每个属性的二维图形表示已补间的属性值。每个属性都有自己的图形。每个图形的水平方向表示时间(从左到右)，垂直方向表示对属性值的更改。特定属性的每个属性关键帧将显示为该属性的属性曲线上的控制点。如果向一条属性曲线应用了缓动曲线，则另一条曲线会在属性曲线区域中显示为虚线，该虚线将显示缓动对属性值的影响。

1.2.6 补间动画预设

在菜单栏中选择【窗口】|【动画预设】命令，可以打开【动画预设】面板，如下图所示。

长见识：在 Flash CS4 中提供了一个 Z 轴的概念，从而将 Flash 的开发环境从原来的二维环境拓展到了一个三维环境。但由于 Flash CS4 无法建模，所以其三维环境是有限的。

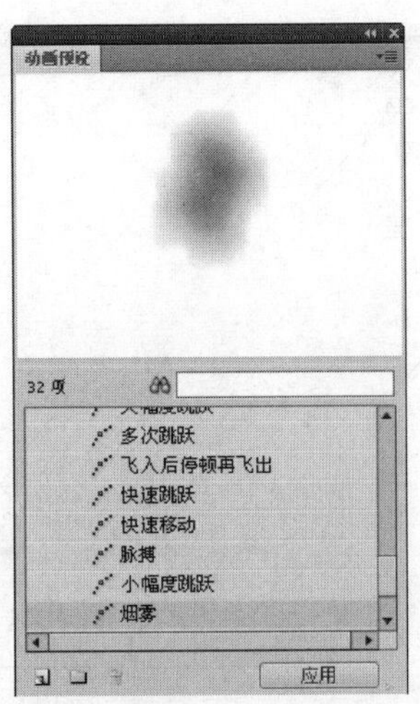

使用【动画预设】面板，可以对任何对象应用预置的动画。方法是选中对象，然后在【动画预设】面板提供的数十种预设动画中选择一个动画效果，并单击【应用】按钮即可。另外，用户还可以创建并保存自己的动画，甚至可以与他人共享预设，从而更快地创建动画。

1.2.7 增强的元数据支持

Flash CS4 使用了全新的 XMP 面板，可以在 FLA 文件中分配元数据标签，如文档标题、作者、描述、版权等。它不仅支持将元数据添加到 Adobe Bridge 识别的 SWF 文件中，还支持将元数据添加到其他可识别 XMP 元数据的 Creative Suite 应用程序中，从而改善组织方式并快速查找和检索 SWF 文件。另外，嵌入元数据可改善基于 Web 的搜索引擎功能，以便在搜索 Flash 内容时返回正确的结果。

向文档添加 XMP 元数据的方法是：选择【文件】|【文件信息】命令，打开如下图所示的对话框，输入要添加的元数据。

1.2.8 针对 Adobe AIR 进行创作

Adobe AIR 是一个跨操作系统的运行环境，通过它可以利用本地资源和数据把制作完善的Flash作品通过更多设备(如 Web、手机以及计算机等)传送给更多的用户分享。

1.2.9 KULER 面板

在 Flash CS4 窗口中，选择菜单栏中的【窗口】|【扩展】|Kuler 命令，即可打开 KULER 面板，如下图所示。

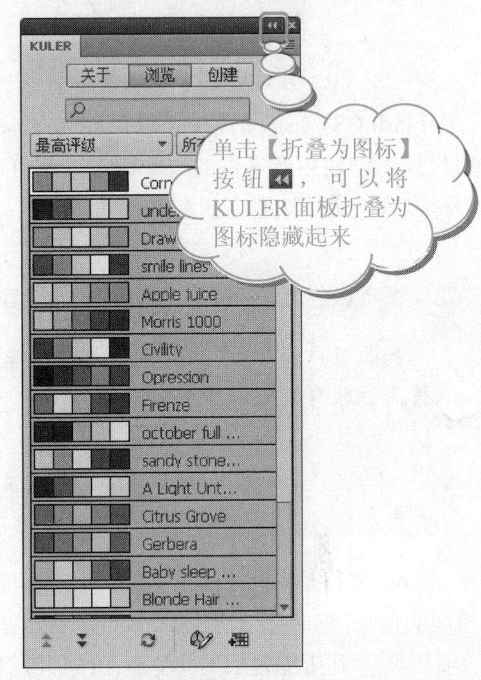

KULER 面板是通向在线社区创建的颜色或主题组门户。用户可以使用 KULER 面板来浏览 KULER 上的数千个主题，然后下载主题，并将其应用于自己的 Flash 项目中。

除此之外，用户还可以利用 KULER 面板创建和保存主题，再通过上传到 KULER 社区与更多的用户一起分享自己创作的主题。

1.2.10 示例声音库

在 Flash CS4 窗口中，选择菜单栏中的【窗口】|【公用库】|【声音】命令，即可打开【库-SOUNDS.FLA】面板，如下图所示。

在【动画预设】面板中，删除或重命名某个预设对以前使用该预设创建的所有补间没有任何影响。如果在面板中的现有预设上保存新预设，对使用原始预设创建的任何补间也没有影响。

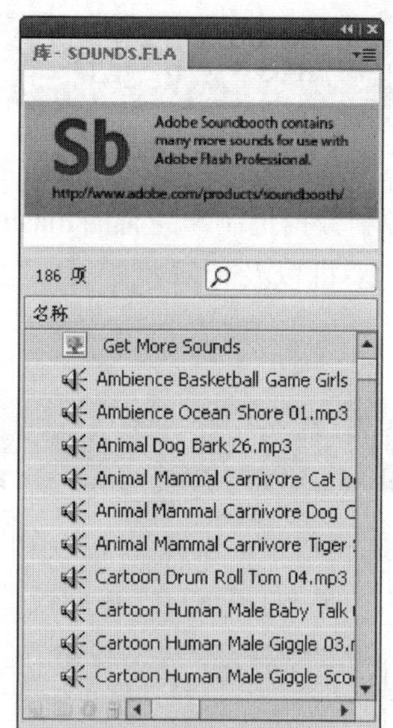

Flash CS4 在声音库中可以保存声音、位图和元件。用户只需创建声音文件的一个副本，就可以在文档中以多种方式使用这个声音。

如果用户想在多个 Flash 文档中共享声音，则可以将声音保存到公用库中。

1.2.11 导入 XFL

XFL 文件是一种 Flash 文件，用于存储与 FLA 文件相同的信息，但它以 XML 格式存储。XFL 是由一组 XML 文件及保存到压缩包中的其他资源(如 JPEG、GIF、FLV、MP3、WAV 等)组成的。

除 Flash 外的其他 Adobe 应用程序(如 InDesign 和 After Effects)，也可以用 XFL 格式导出文件。这样就可以先在其他应用程序中处理某个项目，然后在 Flash 程序中继续处理该项目。

在 Flash CS4 窗口的菜单栏中选择【文件】|【打开】命令，弹出【打开】对话框。然后在【文件类型】下拉列表中选择【XFL 文档】选项，接着选择要导入的 XFL 文件，再单击【打开】按钮，即可在 Flash CS4 窗口打开 XFL 格式的文件了，如下图所示。

在 Flash CS4 中，若要打开 XFL 文件，可按照 FLA 文件的打开方式进行操作。XFL 文件的所有图层都会显示在时间轴中，所有对象都显示在【库】面板中。

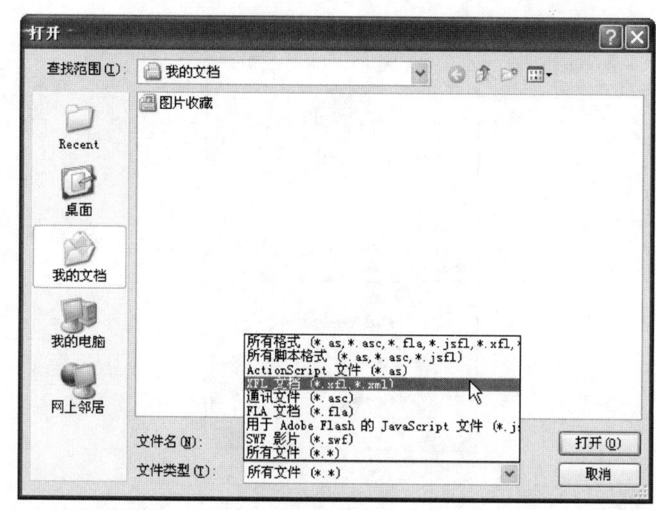

1.2.12 其他新增功能

其实，Flash CS4 的新功能还有很多，例如，垂直显示的属性检查器、新的项目面板、支持 H.264 的 Adobe Media Encoder、Adobe ConnectNow 集成、在 Soundbooth 中编辑、与 Flex 开发人员协作、对 Adobe Pixel Bender 的支持、JPEG 解压缩、经过改进的【库】面板、新的 Creative Suite 用户界面、新的字体菜单、硬件加速以及社区帮助等。这里就不再一一赘述，用户可以在创作的过程中自己体验并总结 Flash CS4 的新增功能。

1.3 Flash CS4 的文档操作

Flash CS4 的文档操作主要包括新建文档、打开文档、保存文档和关闭文档，下面将分别进行介绍。

1.3.1 新建 Flash CS4 文档

在制作 Flash 动画之前必须新建一个 Flash 文档。而且，根据用户的需求，在制作动画时还可以同时新建多个文档，并在不同的文档中设置动画元件。

新建 Flash 动画文件的具体操作步骤如下。

操作步骤

1. 打开 Flash CS4 程序窗口，然后在菜单栏中选择【文件】|【新建】命令(或者按 Ctrl+N 组合键)，如下图所示。

通过使用 Adobe ConnectNow，可以与其他用户在线共享屏幕 [illegible] 命令，可以直接在应用程序界面打开 ConnectNow 窗口。

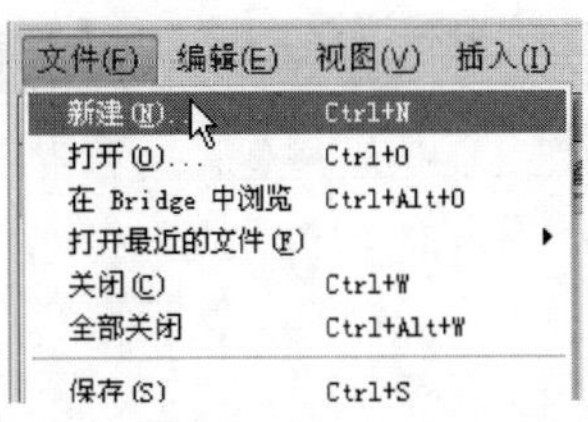

❷ 弹出【新建文档】对话框，切换到【常规】选项卡。然后在【类型】列表框中选择要创建的文档类型，并单击【确定】按钮，如下图所示。

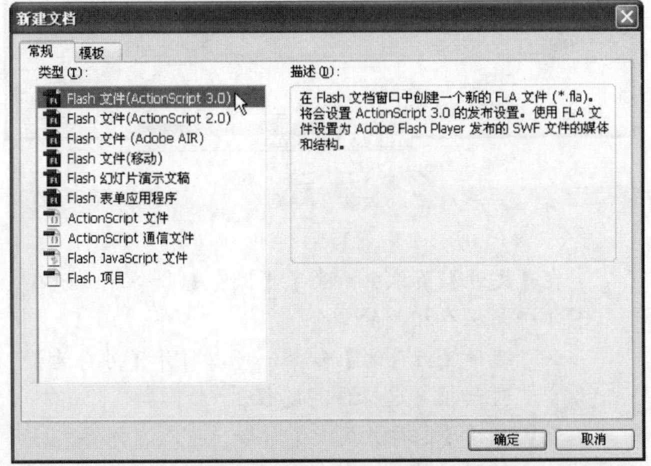

在【新建文档】对话框中，切换到【模板】选项卡，【新建文档】对话框将自动转换为【从模板新建】对话框，用户可以选择模板创建 Flash 文档，如下图所示。

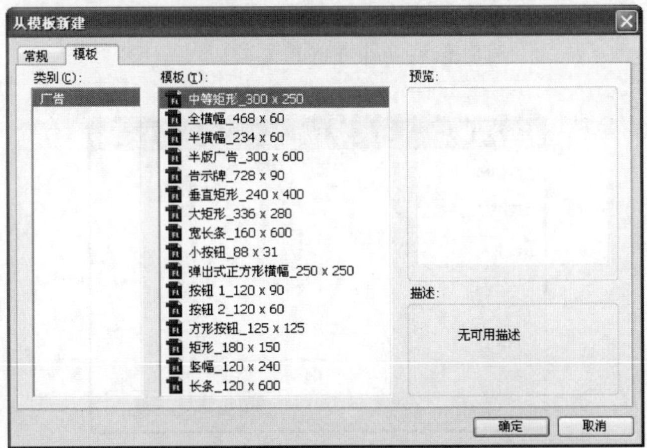

提示

其实，在 1.1.1 节介绍启动 Flash CS4 程序时，就已经介绍了两种新建 Flash CS4 文档的方法：一种是使用开始页面创建 Flash 文档；另一种是使用【从模板新建】对话框创建 Flash 文档。

在【新建文档】对话框中，各种文件类型的含义分别如下。

- ❖ Flash 文件(ActionScript 3.0)：脚本或是播放引擎为 3.0 的 Flash 文件。
- ❖ Flash 文件(ActionScript 2.0)：脚本或是播放引擎为 2.0 的 Flash 文件。
- ❖ Flash 文件(Adobe AIR)：将各种网络技术结合在一起开发出来的桌面版网络程序。
- ❖ Flash 文件(移动)：利用 Adobe Lite 开发在移动设备(智能手机或 PDA)中使用的 Flash 文件。
- ❖ Flash 幻灯片演示文稿：类似于 PowerPoint 的幻灯片演示文件。
- ❖ Flash 表单应用程序：表单应用程序。
- ❖ ActionScript 文件：专门的脚本文件。
- ❖ ActionScript 通信文件：适用于服务器端的脚本文件。
- ❖ Flash JavaScript 文件：可以和 Flash 社区通信的 JavaScript。
- ❖ Flash 项目：以上所有功能的综合。

1.3.2 打开 Flash CS4 文档

如果要编辑或者查看计算机中已经存在的 Flash 文档，那么就需要先打开该文档。打开 Flash CS4 文档的具体操作步骤如下。

操作步骤

❶ 在 Flash CS4 窗口中，选择菜单栏中的【文件】|【打开】命令，如下图所示。

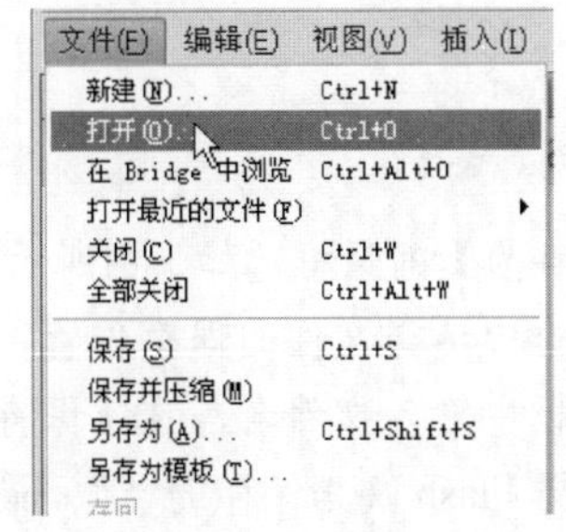

❷ 弹出【打开】对话框，如下图所示，在【查找范围】下拉列表框中选择要打开的 Flash 文档所在的位置；在【文件名】文本框中输入要打开的文档文件名，或者直接在列表中选中要打开的文件图标；最后单击【打开】按钮(也可以直接双击要打开的文件图标)即可打开该 Flash 文档。

Flash 中有两种文件格式：一种是 FLA 源文件格式，另一种是 SWF 动画格式。其中，只有 FLA 格式的文件才可以重新打开进行再次编辑。

1.3.3 保存 Flash CS4 文档

在制作 Flash 动画过程中，为了防止突发事件导致文件丢失，经常需要保存 Flash 文档；当完成一个 Flash 文档的编辑后，也需要将其保存起来以便日后使用。

保存 Flash CS4 文档的具体操作步骤如下。

操作步骤

❶ 在 Flash CS4 窗口中，选择菜单栏中的【文件】|【保存】命令，如下图所示。

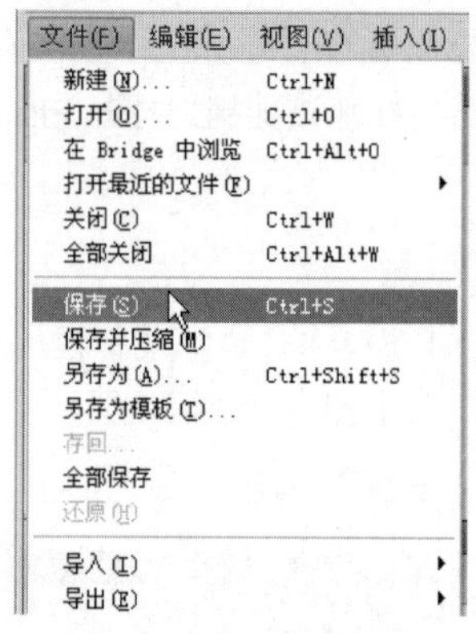

❷ 弹出【另存为】对话框，如下图所示。在【保存在】下拉列表框中选择文件的保存位置，在【文件名】下拉列表框中输入文件名，在【保存类型】下拉列表框中选择 Flash 文档保存的类型，最后单击【保存】按钮即可保存 Flash CS4 文档。

提示

当已经保存过文档后，再次选择【文件】|【保存】命令(或者按 Ctrl+S 组合键)时，即可直接保存文档而不会弹出【另存为】对话框。

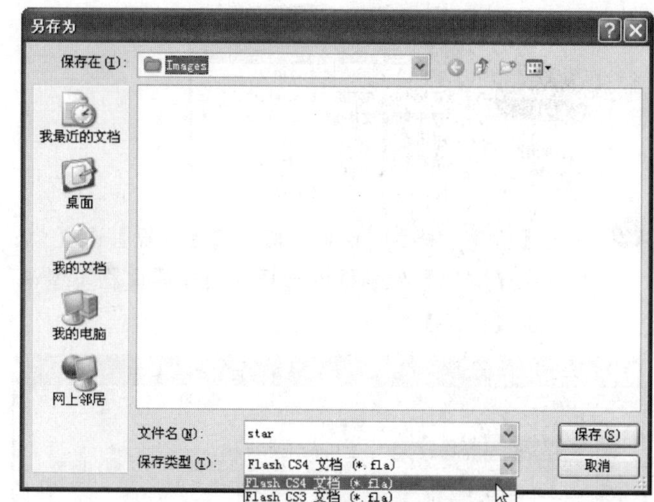

提示

在【文件】菜单中，除了【保存】命令外，还有以下 4 种与保存相关的命令。

- ❖ 选择【另存为】命令，可以打开【另存为】对话框，选择保存路径。
- ❖ 选择【保存并压缩】命令，可以在保存文档的同时将对文件进行 JPEG 压缩。
- ❖ 选择【另存为模板】命令，可以打开【另存为模板】对话框，如下图所示。设置文档的名称、类别、描述后，单击【保存】按钮即可将该文档保存为模板。
- ❖ 当同时打开多个 Flash 文档时，选择【全部保存】命令，可以打开【另存为】对话框，同时保存多个 Flash 文档。

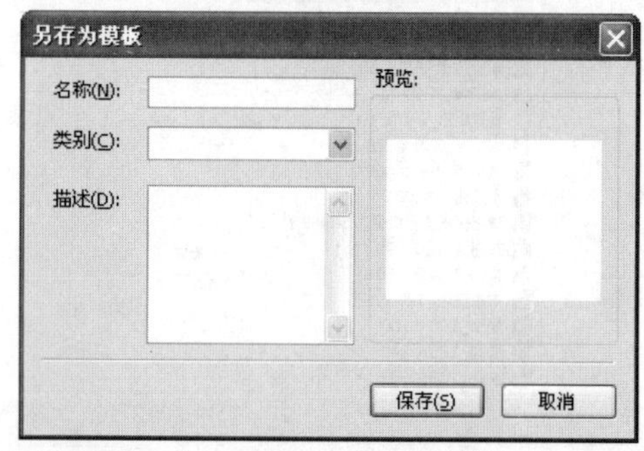

1.3.4 关闭 Flash CS4 文档

如果用户打开很多 Flash CS4 文档后，想要关闭其中的某个文档而不退出 Flash CS4 程序，则可以先激活该文档，然后按 Ctrl+W 组合键即可将该文档关闭；或者在文档标签上，直接单击【关闭】按钮关闭该文档，如下图所示。

长见识：高版本的 Flash 软件能够打开低版本的 Flash 文档，而低版本的 Flash 软件却无法打开高版本的 Flash 文档。所以，用户在保存文档时，可以在【保存类型】下拉列表框中根据需要选择相应的保存类型。

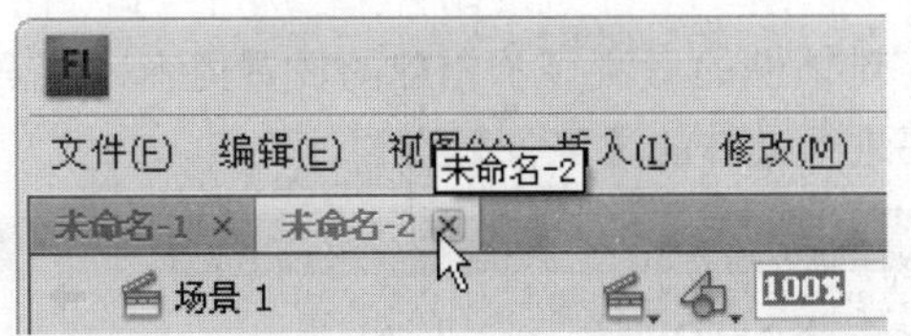

若要同时关闭所有打开的 Flash CS4 文档，并退出 Flash CS4 程序，可以通过下面几种方法来实现。

❖ 在菜单栏中选择【文件】|【退出】命令，如下图所示，即可关闭所有打开的 Flash CS4 文档。

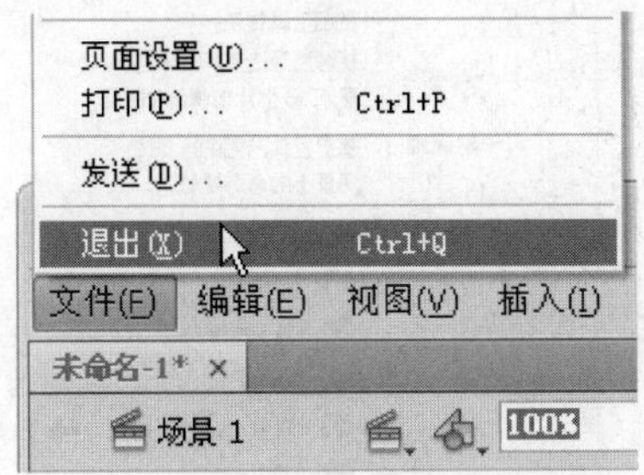

❖ 单击窗口右上角的【关闭】按钮，即可关闭所有打开的 Flash CS4 文档。

❖ 在 Flash CS4 窗口中单击按钮，从弹出的下拉菜单中选择【关闭】命令(或者按 Alt+F4 组合键)，即可关闭 Flash CS4 所有打开的文档，如下图所示。

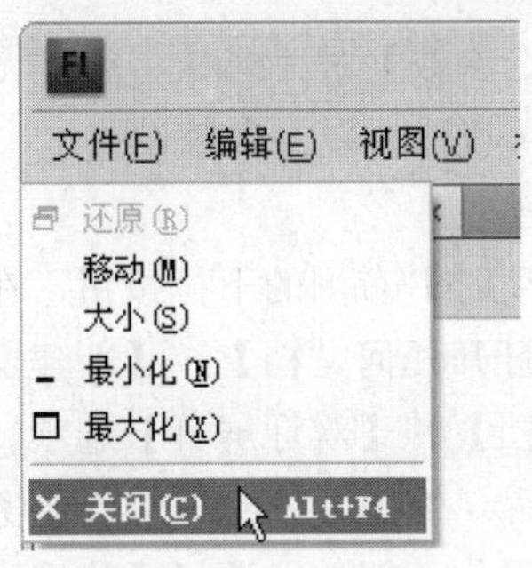

1.4 Flash CS4 的基本设置

在 Flash CS4 中可以对参数进行设置。Flash CS4 的基本参数主要包括文件参数和 Flash 参数，设置参数后，用户可以更精确地制作出动画效果。

1.4.1 设置文件参数

新建一个 Flash 动画文件后，用户可以设置该文件的相关信息。方法是在文档的【属性】面板中，先展开【属性】选项组，并单击【编辑】按钮，如下图所示。

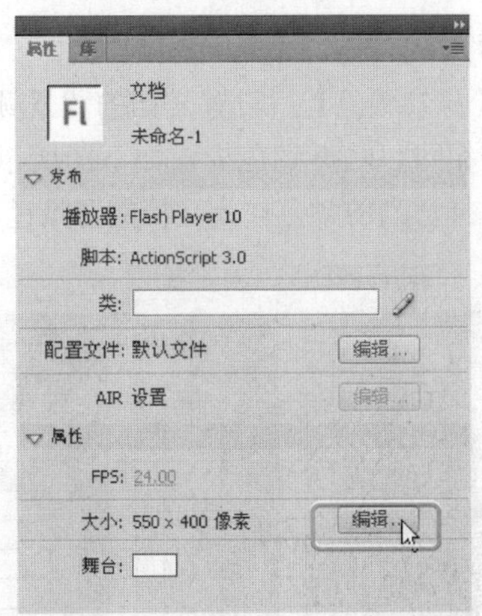

注意

【属性】面板中有多个【编辑】按钮，对应于不同的对话框，用户需要注意区分。

打开【文档属性】对话框，可以对动画的尺寸、匹配、背景颜色、帧频和标尺单位等参数进行设置，如下图所示。

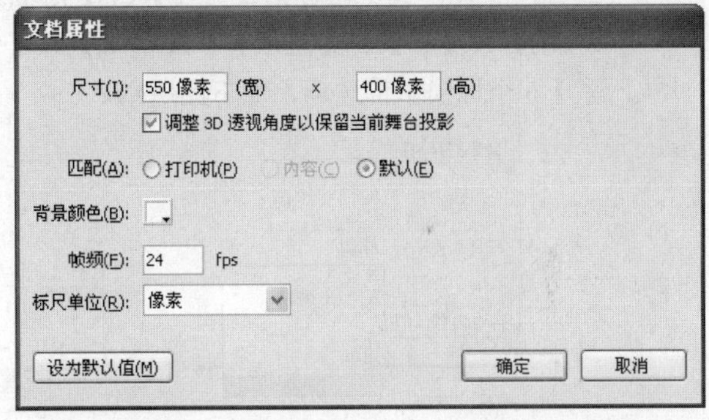

在【文档属性】对话框中，各参数的含义分别如下。

❖ 【尺寸】：设置文档的尺寸。在右侧的两个文本框中，可以分别输入文档的宽度和高度。Flash CS4 文档的默认尺寸为 550 像素×400 像素。用户可以根据所需的动画效果自行设置适合的文档尺寸。

❖ 【调整 3D 透视角度以保留当前舞台投影】：选中该复选框后，可以在 Flash CS4 中调整 3D 透视角度以保留当前舞台投影；取消选中该复选框后，则不可以编辑动画的 3D 透视角度。

❖ 【匹配】：如果用户选中【打印机】单选按钮，会使文档的尺寸与打印机的打印范围完全吻合；若选中【内容】单选按钮，则会使文档内的对象大小与屏幕大小完全吻合；该选项默认为选中【默认】单选按钮，表示显示对象的实际大小。

❖ 【背景颜色】：设置文档的背景颜色。单击该按钮可以打开调色板，如下图所示。用户可以选择适当的颜色作为文档的背景色。

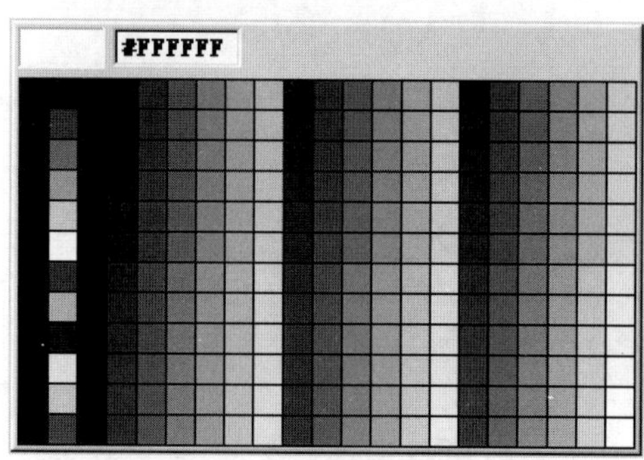

❖ 【帧频】：设置文档的播放速度，即每秒钟要显示的帧数目。用户可以根据需要设置帧频值。一般情况下，电视和计算机的动画播放帧频为24 fps，互联网播放动画的帧频为12 fps。

❖ 【标尺单位】：设置标尺的单位。单击右侧的下拉按钮，从弹出的下拉列表中可以选择可用的标尺单位。其中，包括【英寸】、【英寸(十进制)】、【点】、【厘米】、【毫米】和【像素】6个标尺单位选项，如下图所示。

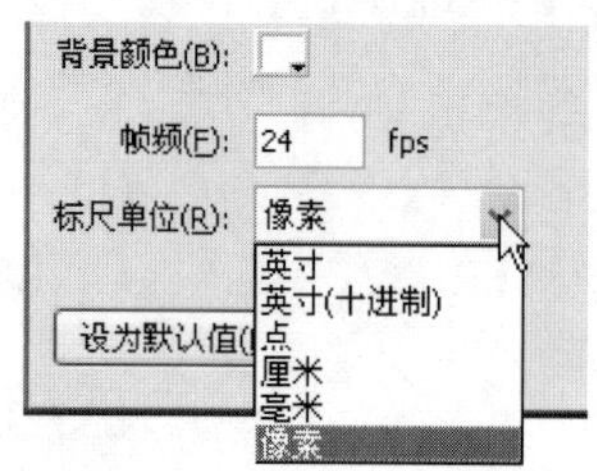

❖ 【设为默认值】：单击该按钮，可以将当前设置保存为默认值。

完成所有的设置之后，单击【确定】按钮即可完成文档属性的设置，并应用到当前动画中。

1.4.2 设置 Flash 参数

在特定的情况下进行动画编辑之前，需要对Flash参数进行设置，以确定Flash CS4的工作环境。

在菜单栏中选择【编辑】|【首选参数】命令，打开【首选参数】对话框，如下图所示。在【类别】列表框中包含【常规】、ActionScript、【自动套用格式】、【剪贴板】、【绘画】、【文本】、【警告】、【PSD文件导入器】和【AI文件导入器】选项。

在【首选参数】对话框中，如果要对其他类别的参数进行设置，只需在【类别】列表框中单击相应的选项，即可在对话框的右侧显示相应的设置内容，用户可以根据需要进行具体的【警告】设置。

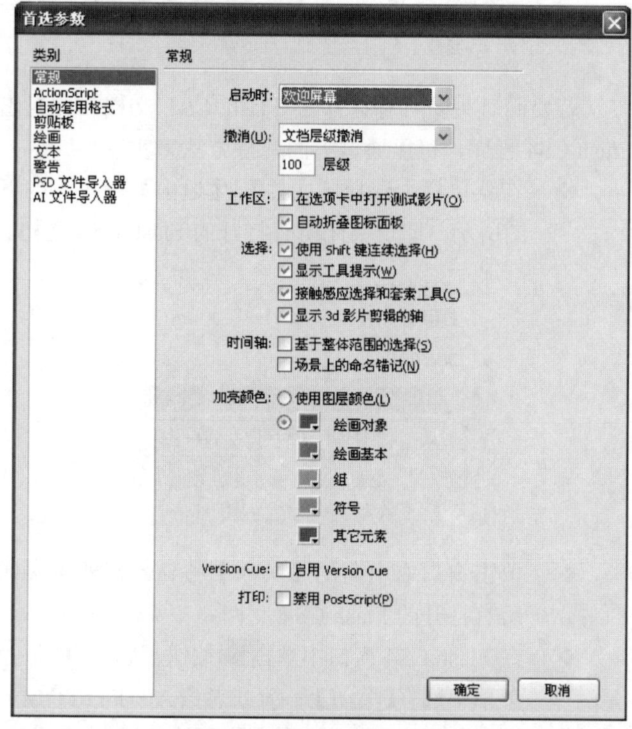

1. 常规

打开【首选参数】对话框时，系统默认显示【常规】类别，在这里可以进行以下参数设置。

1) 启动时

单击【启动时】右侧的下拉按钮，在弹出的下拉列表中包括【不打开任何文档】、【新建文档】、【打开上次使用的文档】和【欢迎屏幕】选项，如下图所示。选择某一选项后，在启动Flash CS4时，系统将自动执行该选项对应的操作。例如，选择【欢迎屏幕】选项，则在启动Flash文档时，将显示欢迎屏幕。

2) 撤消

在【撤消】下拉列表框中包括【文档层级撤消】和【对象层级撤消】两个选项，选择任意一个选项后，在【层级】文本框中可以输入2～300之间的数值，设置该选项的撤消级别，如下图所示。

3) 工作区

【工作区】选项组中有两个复选框，如下图所示。

为了提高操作的效率，Flash提供了大量的快捷键。选择【编辑】|【快捷键】命令，即可打开【快捷键】对话框，在该对话框中用户可对Flash中的所有快捷键进行选择、自定义、重命名、删除和导出为HTML等操作。

工作区：☐ 在选项卡中打开测试影片(O)
☑ 自动折叠图标面板

若选中【在选项卡中打开测试影片】复选框，则将在选项卡中打开测试影片；若选中【自动折叠图标面板】复选框，则画面中的浮动面板就可以自动收缩。

4) 选择

在【选择】选项组中有 4 个复选框，如下图所示。

选择：☑ 使用 Shift 键连续选择(H)
☑ 显示工具提示(W)
☑ 接触感应选择和套索工具(C)
☑ 显示 3d 影片剪辑的轴

各复选框的含义分别如下。

❖ 【使用 Shift 键连续选择】：选中该复选框后，只有按住 Shift 键时，才可以同时选择 Flash 中的多个对象。

❖ 【显示工具提示】：选中该复选框后，当指针定位到某个工具或按钮上时，将会显示该工具或按钮的名称，如下图所示。

❖ 【接触感应选择和套索工具】：选中该复选框后，在使用【选择工具】和【套索工具】进行对象的拖动操作时，如果选取框中包括了对象的任意部分，即表示选中整个对象。默认情况下，仅当工具的选取框完全包围对象时，才表示选中整个对象。

❖ 【显示 3d 影片剪辑的轴】：选中该复选框后，在所有 3D 影片剪辑上都会显示出 X、Y 和 Z 轴的重叠部分。

5) 时间轴

在【时间轴】选项组中有两个复选框，如下图所示。

时间轴：☐ 基于整体范围的选择(S)
☐ 场景上的命名锚记(N)

各复选框的含义分别如下。

❖ 如果选中【基于整体范围的选择】复选框，则在时间轴上可基于整体范围选择对象。

❖ 若选中【场景上的命名锚记】复选框，则可以通过操作在时间轴上添加命名锚记。

6) 加亮颜色

【加亮颜色】选项组用于设置舞台上所选对象的边框颜色。

❖ 若选中【使用图层颜色】单选按钮，则所选对象的边框颜色和图层管理器中该对象所对应的图层轮廓颜色一致。

❖ 若选中第二个单选按钮，则可以自定义选中对象的边框颜色，如下图所示。

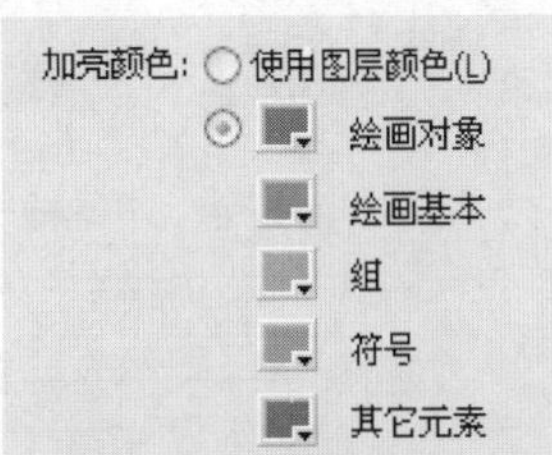

单击各参数左侧的颜色块，可以打开调色板，设置各参数的颜色。例如，单击【其它元素】左侧的颜色块，将弹出如下图所示的调色板，拖动鼠标即可选择需要的颜色。

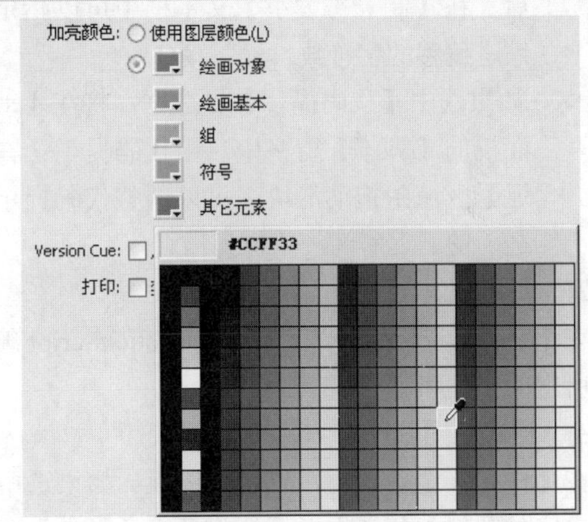

7) Version Cue

若选中【启用 Version Cue】复选框，则表示允许使用 Version Cue 软件。

8) 打印

【打印】选项用于设置是否允许使用 PostScript 打印机输出文件。

2. ActionScript

在【首选参数】对话框的【类别】列表框中，单击 ActionScript 类别，即可对 ActionScript 的参数进行设置，如下图所示。

学以致用系列丛书

ActionScript 是 Flash 中的脚本撰写语言。使用 ActionScript 可以让应用程序以非线性方式播放，并添加无法以时间轴表示的有趣或复杂的功能。

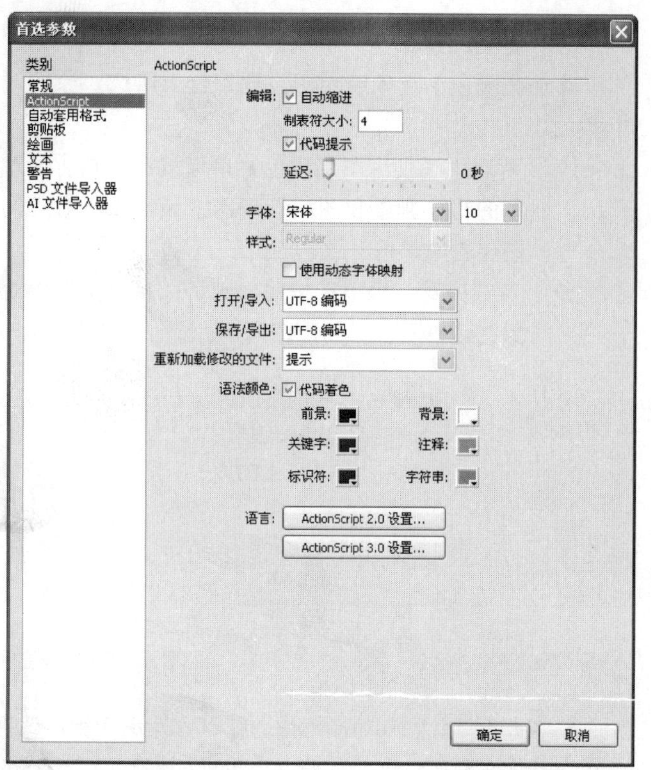

1) 编辑

❖ 在【编辑】选项组中选中【自动缩进】复选框后，在【制表符大小】文本框中可以指定自动缩进偏移的字符数。

❖ 如果选中【代码提示】复选框，将在【动作】面板的【脚本】窗格中启用代码提示；在【延迟】区域中拖动滑块，可以调整代码提示出现之前的延迟时间，单位为秒。

2) 字体

在【字体】选项组中，可以设置 ActionScript 编写脚本时所用的字体和字号。

3) 样式

在【样式】选项组中，有两个选项。如果选中【使用动态字体映射】复选框，系统将检查【脚本】窗格中每个字符的字型，以确保所选的字体系列具有每个字符所必需的字型；如果未选中【使用动态字体映射】复选框，Flash 会自动替换一个字体系列。

4) 打开/导入

使用【打开/导入】下拉列表框，可指定打开和导入 ActionScript 文件时使用的字符编码。单击右侧的下拉按钮，在弹出的下拉列表中有【UTF-8 编码】和【默认编码】两个选项，如下图所示。

5) 保存/导出

使用【保存/导出】下拉列表框，可指定保存和导出 ActionScript 文件时使用的字符编码，如下图所示。

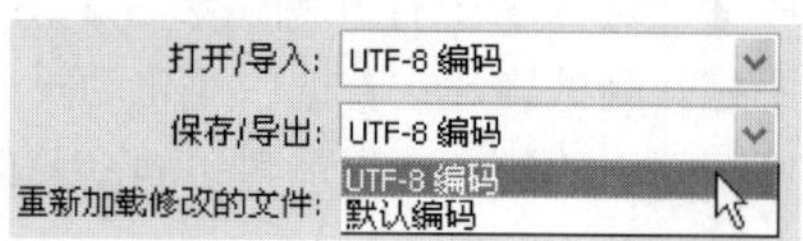

6) 重新加载修改的文件

当修改、移动或删除脚本文件时，可根据相应的选项进行操作。单击右侧的下拉按钮，在弹出的下拉列表中包括【总是】、【从不】和【提示】3 个选项，如下图所示。

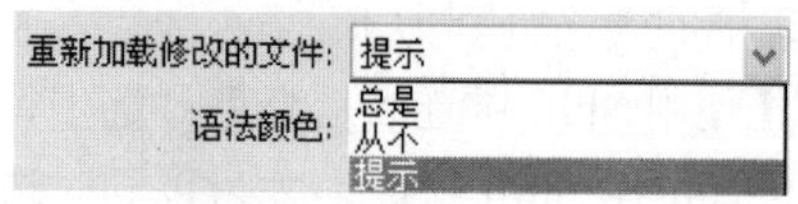

其中，各选项的具体含义分别如下。

❖ 【总是】：不显示警告，自动重新加载文件。

❖ 【从不】：不显示警告，文件仍保持当前状态。

❖ 【提示】：默认显示警告，但可以选择是否重新加载文件。

7) 语法颜色

在【语法颜色】选择组中，选中【代码着色】复选框后，可以分别设置脚本的前景、背景、关键字、注释、标识符和字符串参数的颜色，如下图所示。

提示

单击各参数名称右侧的颜色块，可以打开调色板选择相应的颜色。

8) 语言

在【语言】选项组中包括两个按钮：【ActionScript 2.0 设置】和【ActionScript 3.0 设置】，它们的含义分别如下。

❖ 【ActionScript 2.0 设置】：单击该按钮，可以打开【ActionScript 2.0 设置】对话框，可在其中修改相应的类路径，如下图所示。

长见识：使用【动作】面板可以创建和编辑对象或帧的 ActionScript 代码。

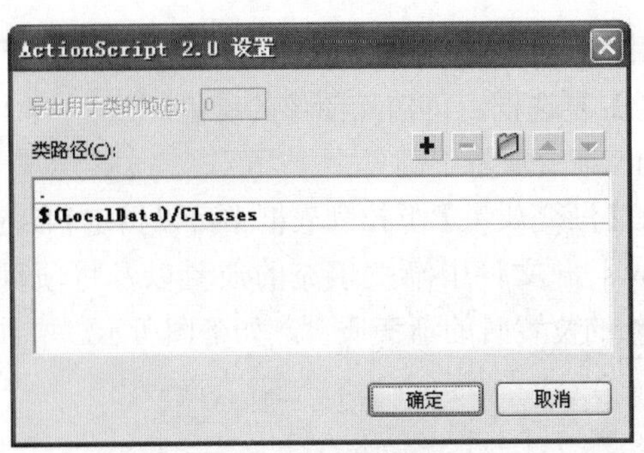

❖ 【ActionScript 3.0 设置】：单击该按钮，可以打开【ActionScript 3.0 高级设置】对话框，可在其中对源路径、库路径和外部库路径进行设置，如下图所示。

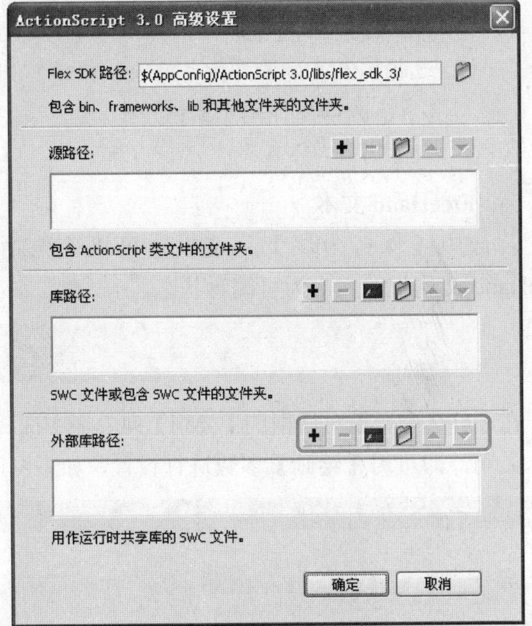

提示

在【ActionScript 3.0 高级设置】对话框中，包括以下 6 种按钮。

❖ ＋按钮：添加新路径。
❖ －按钮：删除所选路径。
❖ 按钮：浏览到 SWC 文件。
❖ 按钮：浏览到 Flex SDK 路径。
❖ ▲按钮：上移路径。
❖ ▼按钮：下移路径。

单击【Flex SDK 路径】右侧的【浏览到 Flex SDK 路径】按钮，可以打开【浏览文件夹】对话框，可在其中选择需要的 Flex SDK 路径，如下图所示。

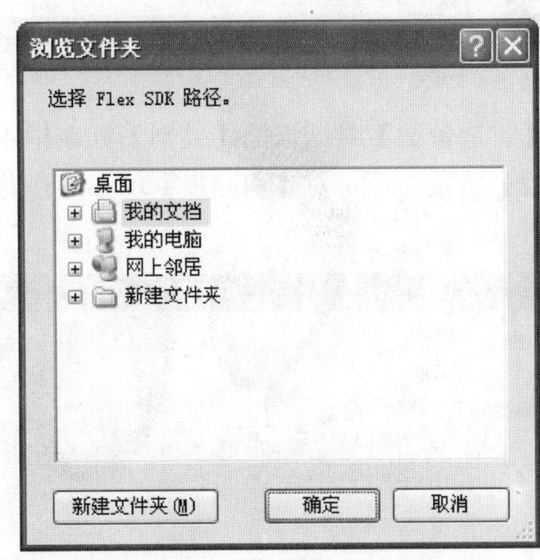

9)　重置为默认值

单击【重置为默认值】按钮，可以将所有设置的参数都恢复为默认值。

3. 自动套用格式

在【首选参数】对话框的【类别】列表框中，单击【自动套用格式】类别，即可对【自动套用格式】的参数进行设置，如下图所示。

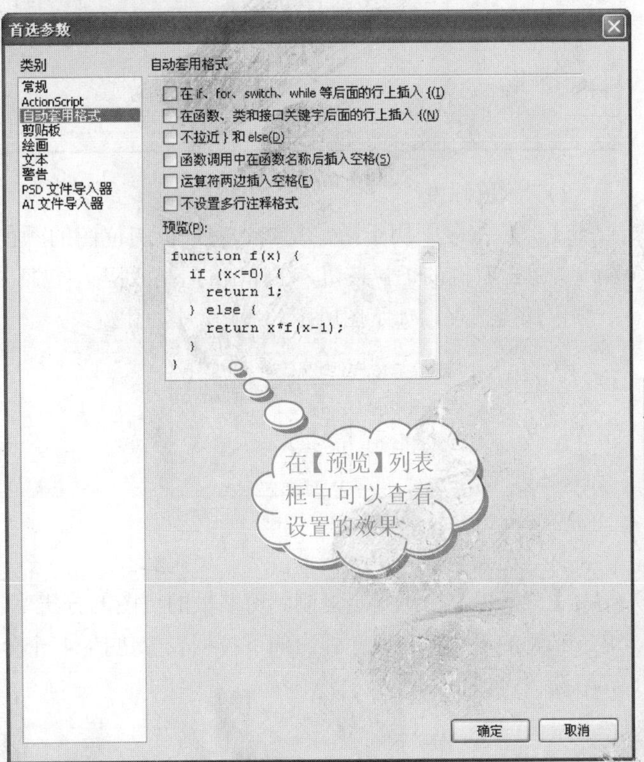

在这里用户可以根据 ActionScript 编辑需要，选中相应的复选框，然后在【预览】列表框中查看每个选项设置后的效果。

4. 剪贴板

在【首选参数】对话框的【类别】列表框中，单击【剪贴板】类别，即可对【剪贴板】的参数进行设置，如下图所示。

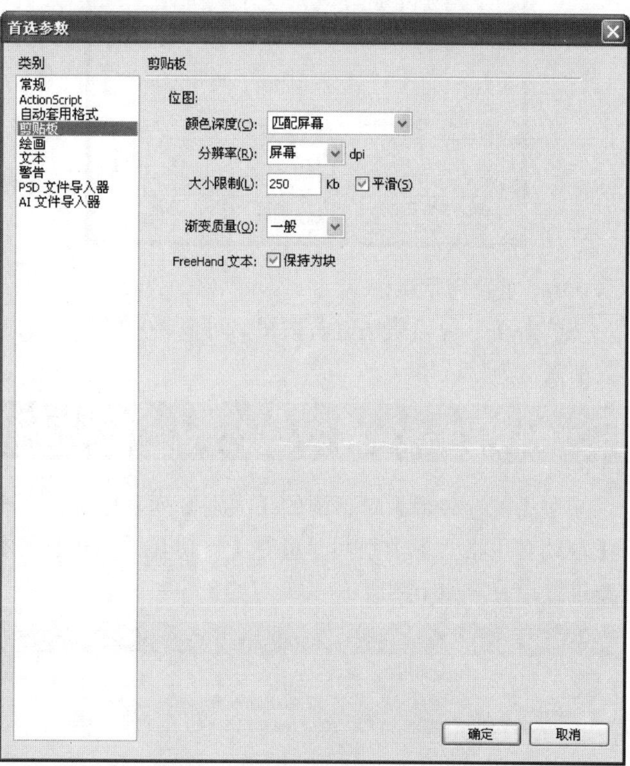

1) 颜色深度

【颜色深度】用于指定复制到剪贴板的位图的颜色深度。单击右侧的下拉按钮，在弹出的下拉列表中包括 6 个颜色深度选项，如下图所示。

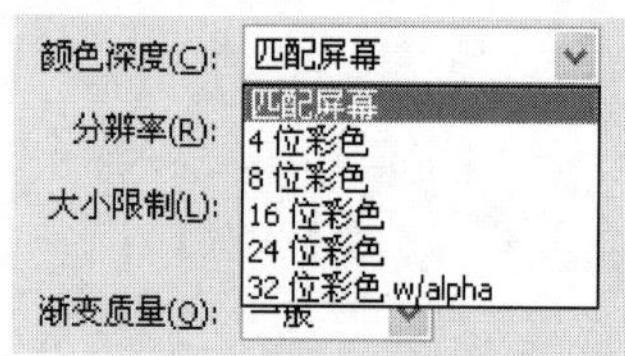

2) 分辨率

【分辨率】用于指定复制到剪贴板的位图的分辨率。单击右侧的下拉按钮，在弹出的下拉列表中包括 4 个分辨率选项，如下图所示。

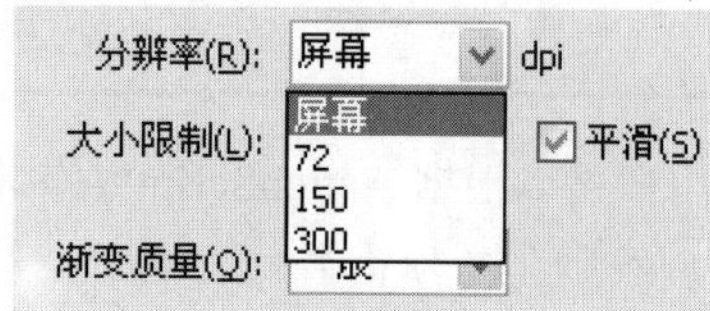

3) 大小限制

在【大小限制】文本框中输入值，可以指定位图图像复制到剪贴板上时所使用的内存量；如果选中右侧的【平滑】复选框，可消除图像的锯齿。

4) 渐变质量

在【渐变质量】下拉列表框中可以指定 Flash 文件在 Windows 源文件中渐变填充的质量以及将项目粘贴到 Flash 外的位置时的渐变质量，如下图所示。

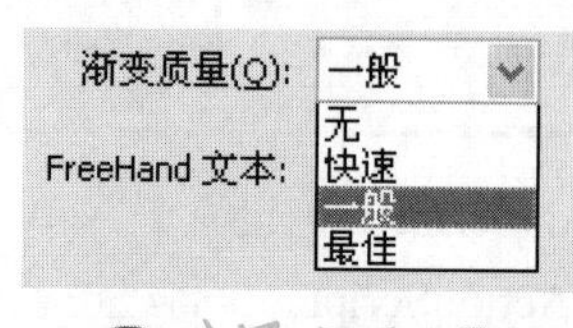

选择较高的质量将增加复制插图所需的时间。如果要指定将项目粘贴到 Flash 外的渐变质量，可以选择【一般】选项；但是如果要指定将项目粘贴到 Flash 内，则无论剪贴板上的渐变质量如何设置，所复制数据的渐变质量都会完全保留。

5) FreeHand 文本

若选中【保持为块】复选框，可以确保粘贴到 FreeHand 文件中的文本为可编辑状态。

5. 绘画

在【首选参数】对话框的【类别】列表框中选择【绘画】类别，即可对【绘画】参数进行设置，如下图所示。

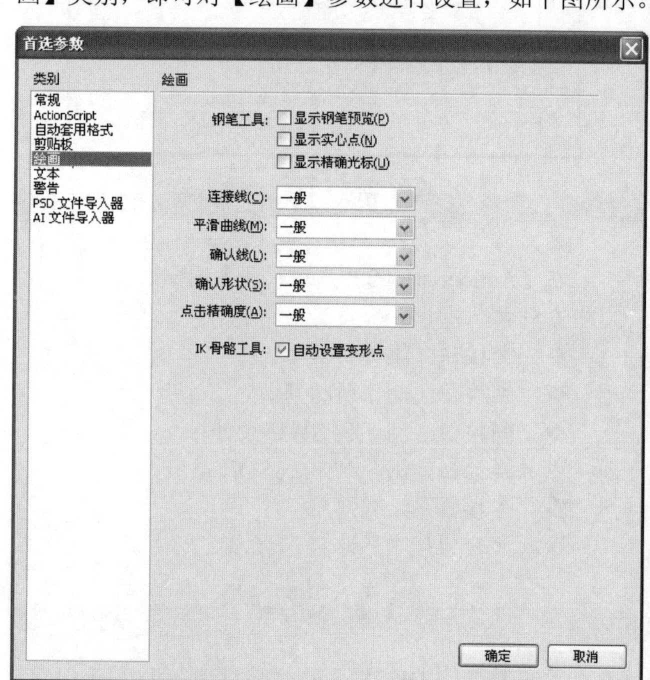

1) 钢笔工具

在【钢笔工具】选项组中共有 3 个复选框，如下图所示。

学以致用系列丛书

长见识

如果要在 Flash 中处理大型或高分辨率的位图图像，通常需要在【首选参数】对话框的【剪贴板】类别中调整【大小限制】文本框中的数值。

钢笔工具：☐ 显示钢笔预览(P)
☐ 显示实心点(N)
☐ 显示精确光标(U)

各参数的具体含义分别如下。

❖ 【显示钢笔预览】：选中该复选框后，在使用【钢笔工具】时，可显示起始点到当前光标位置之间的预览线条。
❖ 【显示实心点】：选中该复选框后，在使用【钢笔工具】时，光标显示为已填充的小正方形标记。
❖ 【显示精确光标】：选中该复选框后，在使用【钢笔工具】时，光标显示为十字形。

2) 连接线

【连接线】用于设置连接线的连接方式。在【连接线】下拉列表框中包括【必须接近】、【一般】和【可以远离】3个选项，如下图所示。

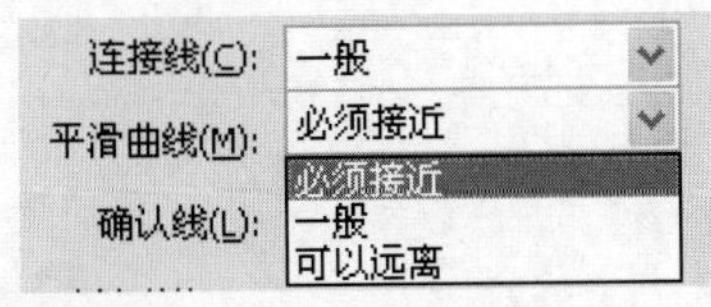

3) 平滑曲线

【平滑曲线】用于设置使用【铅笔工具】绘制的曲线的平滑量。在【平滑曲线】下拉列表框中包括【关】、【粗略】、【一般】和【平滑】4个选项，如下图所示。

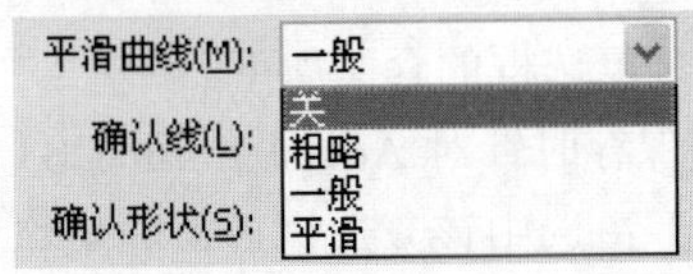

4) 确认线

【确认线】用于设置使用【铅笔工具】绘制的线条的光滑度。在【确认线】下拉列表框中包括【关】、【严谨】、【一般】和【宽松】4个选项，如下图所示。

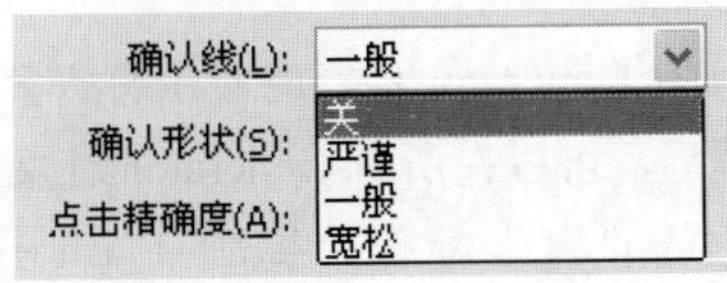

5) 确认形状

【确认形状】用于设置用【铅笔工具】绘制的形状的规则度。在【确认形状】下拉列表框中包括【关】、【严谨】、【一般】和【宽松】4个选项，如下图所示。

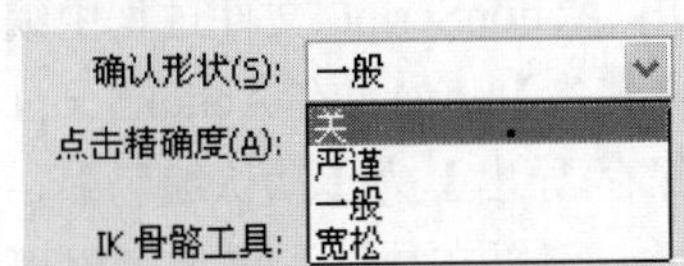

6) 点击精确度

【点击精确度】用于设置单击的精确度及其有效范围。在【点击精确度】下拉列表框中包括【严谨】、【一般】和【宽松】3个选项，如下图所示。

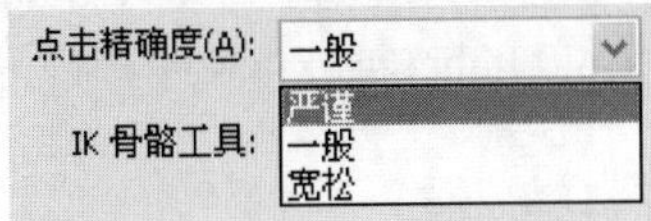

7) IK骨骼工具

如果选中【自动设置变形点】复选框，在使用【骨骼工具】时会自动设置变形点。

6. 文本

在【首选参数】对话框的【类别】列表框中，单击【文本】类别，即可对【文本】的参数进行设置，如下图所示。

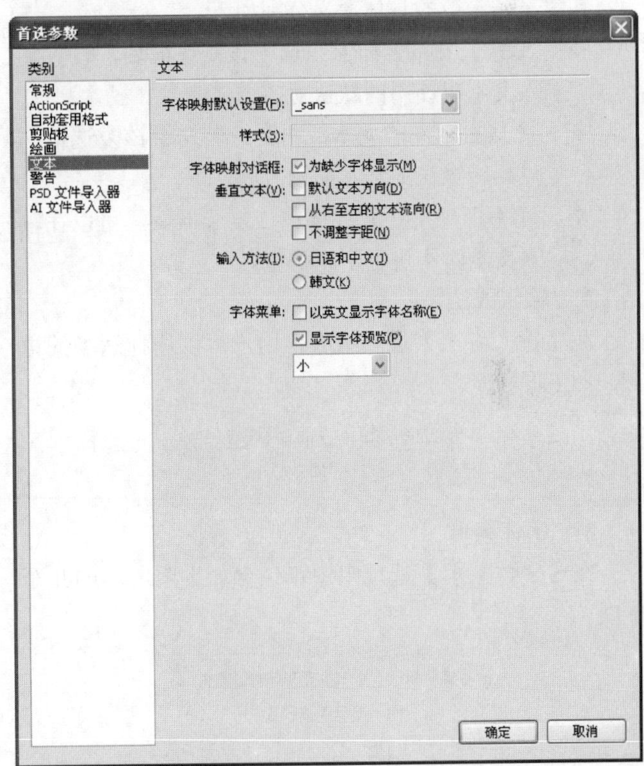

1) 字体映射默认设置

如果在Flash CS4文档中，出现了Flash系统中不存在的文本字体，使用【字体映射默认设置】选项可以选择需要替换的字体。

在【首选参数】对话框中的【绘画】类别中，对于【确认线】、【确认形状】等参数的设置尽量保持默认。

长见识

提示

【字体映射默认设置】下方的【样式】下拉列表框，只有在字体设置为英文选项时才会被激活。在其下拉列表框中包括 Regular(正常)、Italic(斜体)、Bold(粗体)和 Bold Italic(粗斜体)4 个选项。

2) 字体映射对话框

选中【为缺少字体显示】复选框后，在 Flash CS4 中打开文档时，如果出现缺少的字体，则会弹出一个提示对话框，询问是否显示并添加该字体。

3) 垂直文本

【垂直文本】选项组包含 3 个选项，如下图所示。

垂直文本(V): ☐默认文本方向(D)
☐从右至左的文本流向(R)
☐不调整字距(N)

其中，各参数的具体含义分别如下。

❖ 【默认文本方向】：选中该复选框后，设置输入文本时使用的默认对齐方式。

❖ 【从右至左的文本流向】：若选中该复选框，可翻转默认的文本显示方向。

❖ 【不调整字距】：选中该复选框后，可以在输入文本时不进行字距调整。

4) 输入方法

在【输入方法】选项组中，用户可以选择适当的语言，如下图所示。

输入方法(I): ◉日语和中文(J)
○韩文(K)

5) 字体菜单

在【字体菜单】选项组中，包含如下图所示的几个选项。

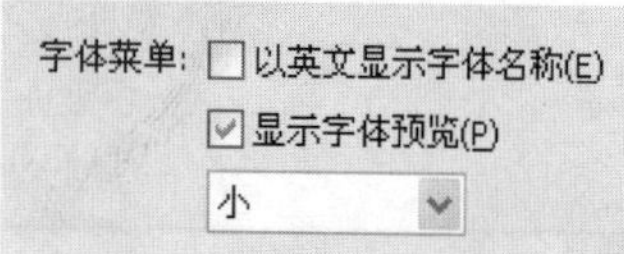

其中，各参数的具体含义分别如下。

❖ 【以英文显示字体名称】：若选中该复选框，则字体名称以英文显示；若取消选中该复选框，则字体名称以中文显示。

❖ 【显示字体预览】：若选中该复选框，则其下方的下拉列表框才会被激活。选中某种字体后，Flash 会提供该字体的【小】、【中】、【大】、【特大】和【巨大】5 种预览效果。

7. 警告

在【首选参数】对话框的【类别】列表框中，单击【警告】类别，即可对【警告】的参数进行设置，如下图所示。

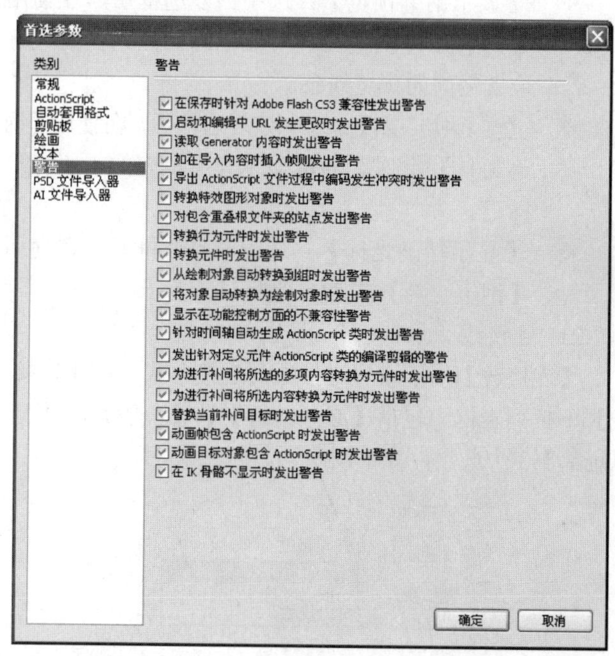

在【警告】参数的设置中，用户可以根据需要选中或取消选中相应的复选框，从而设置或者取消设置复选框所对应的提示警告。一般情况下，该参数采用默认设置即可。

其中，部分复选框的含义如下。

❖ 【在保存时针对 Adobe Flash CS3 兼容性发出警告】：选中该复选框后，如果将包含 Adobe Flash CS4 Professional 特定内容的文档保存为 Flash 8 文件时，会发出警告。

❖ 【启动和编辑中 URL 发生更改时发出警告】：设置当文档的 URL 被重新打开或修改时，发出警告。

❖ 【读取 Generator 内容时发出警告】：选中该复选框后，可以在所有 Generator 对象上放置一个红色的“×”标记，提醒 Flash 中不支持的 Generator 对象。

❖ 【如在导入内容时插入帧则发出警告】：选中该复选框后，如果在 Flash 中将帧插入文档时，会发出警告。

❖ 【导出 ActionScript 文件过程中编码发生冲突时发出警告】：如果在 ActionScript 类别中，设置【保存/导出】为【默认编码】，当选中该复选框后，可以在数据丢失或者出现乱码时，发

长见识

在 Flash CS4 的【首选参数】对话框中，【警告】类别中的所有复选框均默认为选中状态。

出警告。例如，如果使用英文、日文和韩文字符创建文件而在英文系统上选择【默认编码】选项，则日文和韩文字符将出现乱码并发出警告。

❖ 【转换特效图形对象时发出警告】：选中该复选框后，可以在视图编辑已应用时间轴特效的元件时发出警告。
❖ 【对包含重叠根文件夹的站点发出警告】：选中该复选框后，可以在创建本地根文件夹与另一站点重叠的站点时发出警告。
❖ 【转换行为元件时发出警告】：选中该复选框后，如果将具有附加行为的元件转换为其他类型的元件时，会发出警告。
❖ 【转换元件时发出警告】：选中该复选框后，如果将某个元件转换为其他类型的元件时，会发出警告。例如，将影片剪辑元件转换为按钮元件时会发出警告。
❖ 【从绘制对象自动转换到组时发出警告】：选中该复选框后，可以在 Flash 将在对象绘制模式下绘制的图形对象转换为组时，发出警告。
❖ 【显示在功能控制方面的不兼容性警告】：选中该复选框后，如果针对当前的 FLA 文件，在【发布设置】对话框中出现 Flash 在功能控制方面不兼容时，会发出警告。

8. PSD 文件导入器

在【首选参数】对话框的【类别】列表框中，单击【PSD 文件导入器】类别，即可对【PSD 文件导入器】的参数进行设置，如下图所示。

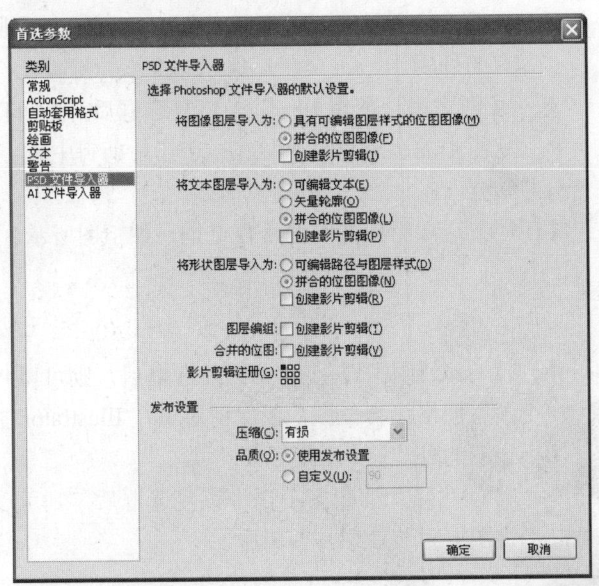

1) 将图像图层导入为

【将图像图层导入为】用于设置将 Photoshop 中的图像导入为何种对象。在该选项组中包括【具有可编辑图层样式的位图图像】单选按钮、【拼合的位图图像】单选按钮(默认)以及【创建影片剪辑】复选框，如下图所示。如果选中【创建影片剪辑】复选框，则可以将图像图层转换为影片剪辑元件。

将图像图层导入为: ○具有可编辑图层样式的位图图像(M)
⊙拼合的位图图像(F)
□创建影片剪辑(I)

2) 将文本图层导入为

【将文本图层导入为】用于设置将 Photoshop 中的文本图层导入为何种对象。如果选中【创建影片剪辑】复选框，则可以将文本图层转换为影片剪辑元件。

在该选项组中共有 3 个单选按钮和 1 个复选框，如下图所示。

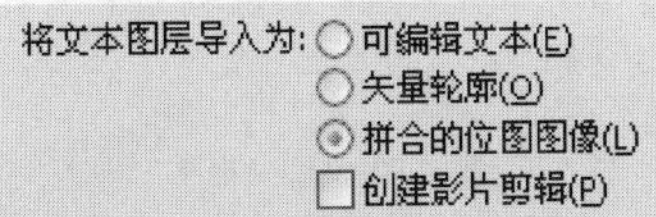

3) 将形状图层导入为

【将形状图层导入为】用于设置将 Photoshop 中的形状图层导入为何种对象。如果选中【创建影片剪辑】复选框，则可以将形状图层转换为影片剪辑元件。

在该选项组中共有 2 个单选按钮和 1 个复选框，如下图所示。

将形状图层导入为: ○可编辑路径与图层样式(D)
⊙拼合的位图图像(N)
□创建影片剪辑(R)

4) 图层编组

如果选中【创建影片剪辑】复选框，则可以将图层编组转换为影片剪辑元件。

5) 合并的位图

如果选中【创建影片剪辑】复选框，则可以将合并的位图转换为影片剪辑元件。

6) 影片剪辑注册

【影片剪辑注册】用于为创建的影片指定一个全局注册点，应用于所有对象类型的注册点。

7) 发布设置

❖ 单击【压缩】右侧的下拉按钮，在弹出的下拉列表中包括【有损】和【无损】两个选项，用户可以设置文件为有损压缩或无损压缩。
❖ 在【品质】选项组中，可以设置压缩的品质级别，如下图所示。默认设置为选中【使用发布

PSD 格式是默认的 Photoshop 文件格式。Flash 可以直接导入 PSD 文件并保留许多 Photoshop 功能，并在 Flash 中保持 PSD 文件的图像质量和可编辑性。导入 PSD 文件时还可以对其进行平面化，同时创建一个位图图像文件。

设置】单选按钮。若选中【自定义】单选按钮，则可以激活右侧的文本框，在其中有自定义文件发布的品质。

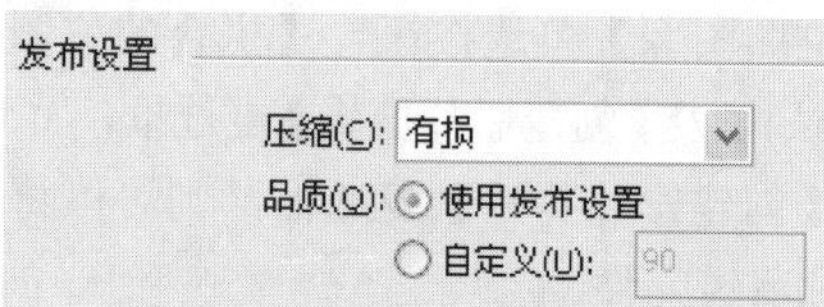

9. AI 文件导入器

在【首选参数】对话框的【类别】列表框中，单击【AI 文件导入器】类别，即可对【AI 文件导入器】的参数进行设置，如下图所示。

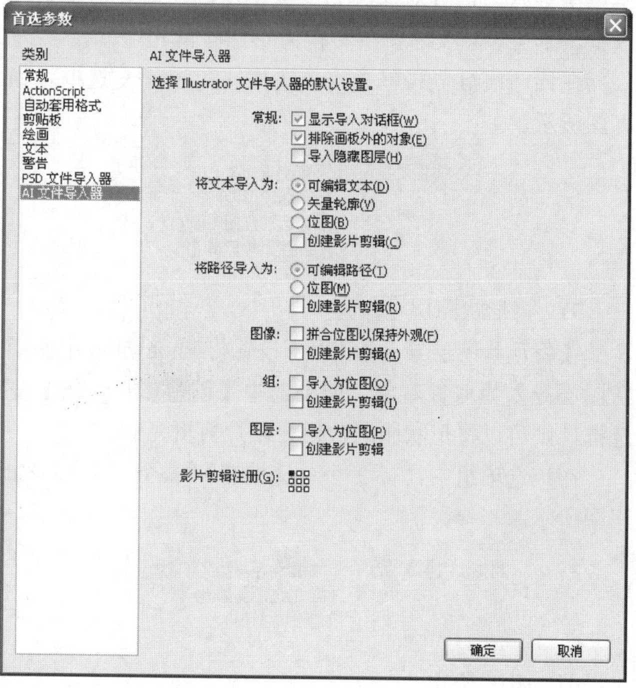

1) 常规

【常规】选项组中包括【显示导入对话框】、【排除画板外的对象】和【导入隐藏图层】3 个复选框，如下图所示。

常规: 显示导入对话框(W)
排除画板外的对象(E)
导入隐藏图层(H)

- ❖ 【显示导入对话框】：用于设置是否显示【AI 文件导入器】对话框。
- ❖ 【排除画板外的对象】：排除 Illustrator(Adobe 公司推出的矢量图操作软件)画布上处于画板或裁剪区域之外的对象。
- ❖ 【导入隐藏图层】：设置默认情况下，可以导入隐藏图层。

2) 将文本导入为

【将文本导入为】用于设置将 Illustrator 中的文字导入为何种对象，如下图所示。如果选中【创建影片剪辑】复选框，则可以将文本转换为影片剪辑。

3) 将路径导入为

【将路径导入为】用于设置将 Illustrator 中的路径导入为何种对象，如下图所示。

如果选中【创建影片剪辑】复选框，则可以将路径转换为影片剪辑。

4) 图像

【图像】选项组中共有两个复选框，如下图所示。

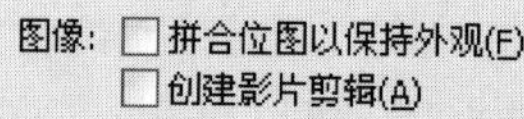

- ❖ 【拼合位图以保持外观】：选中该复选框后，则将图像栅格化为位图，以保留 Flash 中不支持的混合模式和特效外观。
- ❖ 【创建影片剪辑】：选中该复选框后，则可以将图像作为影片剪辑导入。

5) 组

【组】选项组中共有两个复选框，如下图所示。

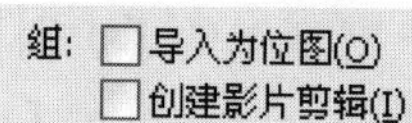

- ❖ 【导入为位图】：选中该复选框后，则可以将组栅格化为位图，以保留对象在 Illustrator 中原有的外观。
- ❖ 【创建影片剪辑】：选中该复选框后，则可以将组中的所有对象封装在一个影片剪辑中。

6) 图层

【图层】选项组中共有两个复选框，如下图所示。

图层: 导入为位图(P)
创建影片剪辑

- ❖ 【导入为位图】：选中该复选框后，则可以将图层栅格化为位图，以保留对象在 Illustrator 中显示的外观。
- ❖ 【创建影片剪辑】：选中该复选框后，则可以将图层封装在影片剪辑中。

在 Flash CS4 中，对于具有复杂颜色或色调变化的图像(如具有渐变填充的照片或图像)，通常使用有损压缩，否则文件会比较大；而对于具有简单形状和颜色相对较少的图像，则通常使用无损压缩。

7) 影片剪辑注册

【影片剪辑注册】用于设置影片剪辑元件注册点的位置。

虽然在【首选参数】对话框中提供了大量的类别，在每个类别中又包括各种参数，但是对于初学者来说，建议最好保持各参数的默认设置，以免造成不必要的麻烦。

1.4.3 设置标尺、网格、辅助线

标尺是Flash CS4提供的一种绘图参照工具，可以在场景左侧和上方显示，以帮助用户在绘图或者编辑影片的过程中对图形对象进行定位；辅助线通常与标尺配合使用，通过场景中的辅助线与标尺的对应，用户可以实现对图形对象进行更加精确的定位；网格是Flash CS4提供的另一种绘图参照工具，与标尺不同的是，网格位于场景的舞台中。

下面将分别介绍标尺、网格和辅助线的显示/隐藏以及编辑方法。

1. 标尺

标尺可以帮助用户测量和组织动画的布局。一般情况下，标尺的单位为像素。显示和隐藏标尺的具体操作步骤如下。

操作步骤

1. 打开素材文件(光盘：\图书素材\第1章\1.jpg)，如下图所示。

2. 选择【视图】|【标尺】命令，如下图所示。

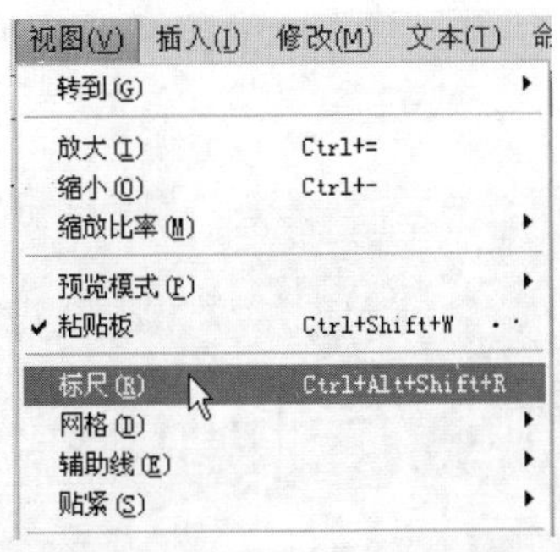

3. 使【标尺】命令前面显示选中标记“✔”，即可在场景中显示标尺，如下图所示。

4. 如果想要隐藏标尺，只要再次选择【视图】|【标尺】命令，取消选中【标尺】命令前面的标记“✔”即可。

当显示标尺时，标尺将显示在文档的左沿和上沿。按Shift+Ctrl+Alt+R组合键，可以快速地显示或者隐藏标尺。

2. 网格

除了标尺外，在场景中显示的网格也是一种重要的绘图参照工具。Flash网格在舞台上显示为一组横线和竖线构成的体系。在绘图或移动对象时，利用网格，便于对齐不同的对象。

在菜单栏中选择【视图】|【网格】|【显示网格】命令(或者按Ctrl+“'”组合键)，即可显示或隐藏网格，如下图所示。如果想要隐藏网格，只需再次选择菜单栏中的【视图】|【网格】|【显示网格】命令，取消选中该命

学以致用系列丛书

令前面的标记“✔”即可。

如果用户觉得网格的排列过于稀疏或拥挤，可以重新编辑网格，调整网格的大小以及更改网格的颜色，具体操作步骤如下。

操作步骤

1. 打开素材文件(光盘：\图书素材\第 1 章\1.jpg)，在菜单栏中选择【视图】|【网格】|【编辑网格】命令，如下图所示。

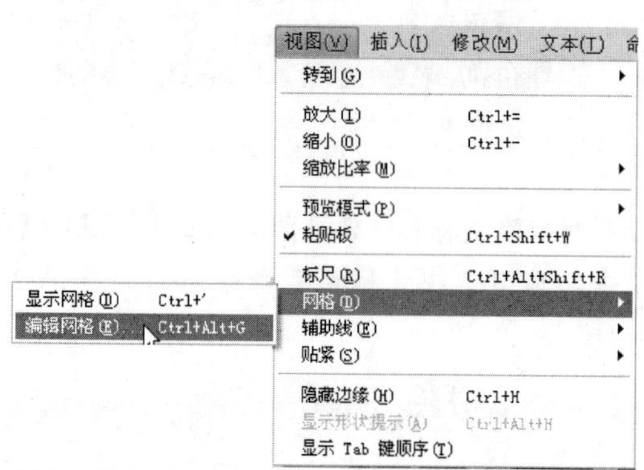

技巧

在显示网格的前提下，按 Ctrl+Alt+G 组合键，即可快速地打开【网格】对话框进行设置。

2. 弹出【网格】对话框，单击【颜色】右侧的颜色块，如下图所示。

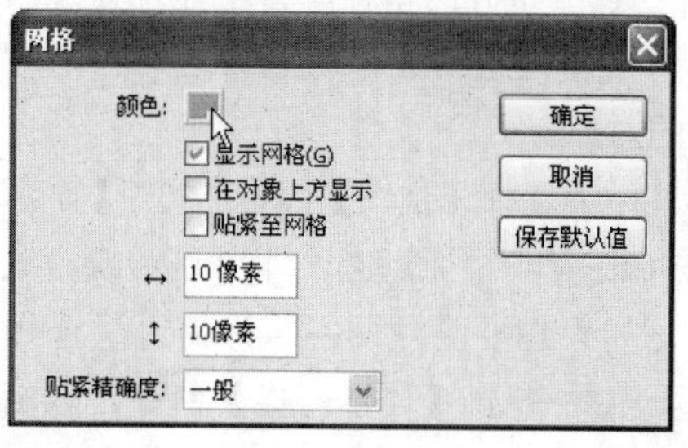

3. 在弹出的调色板中单击你想吸取的颜色，如下图所示。

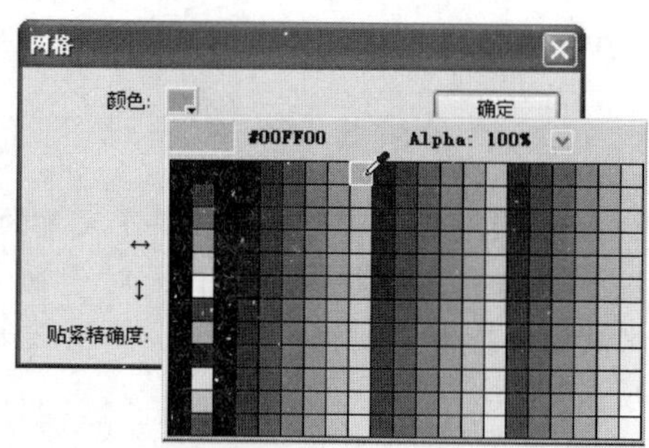

4. 返回到【网格】对话框后，选中【在对象上方显示】和【贴紧至网格】复选框，并在文本框中均输入“20 像素”，然后单击【确定】按钮，如下图所示。

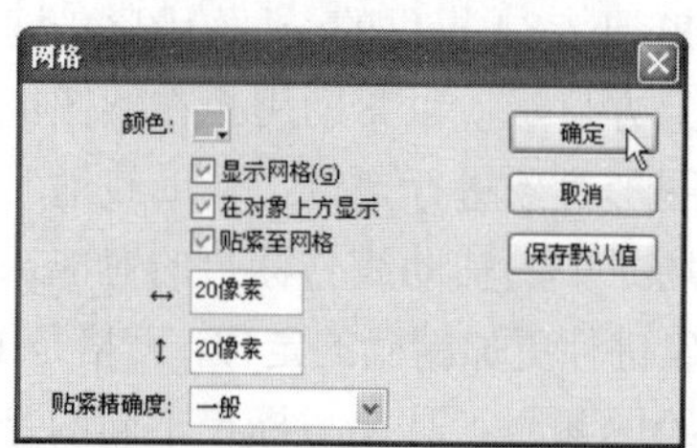

5. 此时，得到的网格效果如下图所示。

3. 辅助线

辅助线是用户从标尺拖到舞台上的直线，它可以帮助用户在创作动画时，使对象都对齐到舞台中某一纵线或横线上。设置辅助线的具体操作步骤如下。

操作步骤

1. 打开素材文件(光盘：\图书素材\第 1 章\1.jpg)。在菜单栏中选择【视图】|【标尺】命令，在窗口中显示出标尺。

2. 单击舞台左侧的标尺，按住鼠标左键不放并向舞台

长见识：在【网格】对话框中设置网格选项后，可以单击【保存默认值】按钮，将设置保存为默认的设置，以便日后以这种设置显示网格。

右侧拖动，当拖动到想要显示辅助线的位置时释放鼠标左键，即可显示出一条绿色(默认)的纵向辅助线，如下图所示。

❸ 采用同样的方法，在舞台上方按住鼠标左键不放并向舞台的下方拖动，到达合适位置后释放鼠标左键，即可拖出一条横向辅助线，如下图所示。

❹ 对于不需要的辅助线，只要将光标移到该辅助线上，按下鼠标左键不放并向工作区内(舞台的外部)拖动，即可删除该辅助线。下图所示为删除了纵向辅助线后的效果。

技巧

如果想一次性删除所有辅助线，可以在菜单栏中选择【视图】|【辅助线】|【清除辅助线】命令，如下图所示。

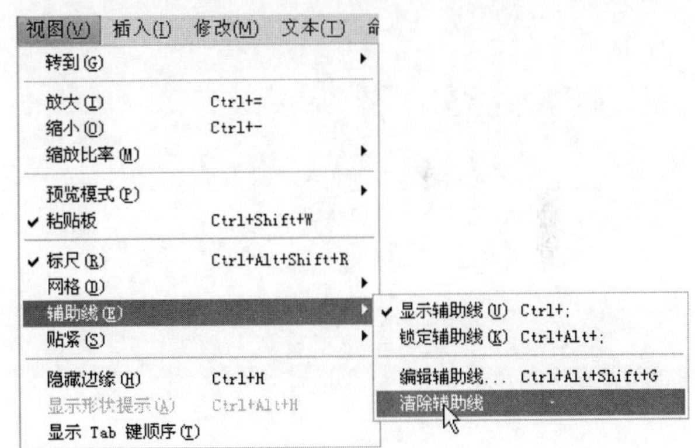

❺ 在菜单栏中选择【视图】|【辅助线】|【编辑辅助线】命令，可以打开【辅助线】对话框，如下图所示。在该对话框中，用户可以设置辅助线的颜色、是否显示辅助线以及辅助线的贴紧至网格精确度等相关属性。设置完成后，单击【确定】按钮即可。

辅助线

颜色：

☑ 显示辅助线(I)

☑ 贴紧至辅助线

☐ 锁定辅助线(L)

贴紧精确度：一般

确定　取消　全部清除(A)　保存默认值(D)

如果在创建辅助线时，网格是可见的(即显示出网格)，并且在【网格】对话框中选中了【贴紧至网格】复选框，则辅助线将贴紧至网格。

1.5 思考与练习

选择题

1. 下面关于 Flash CS4 新功能的说法中错误的是______。

A. 使用贝塞尔手柄，可以方便地调整对象的运动轨迹

B. 在 Flash CS4 窗口中，可以在三维空间中旋转图形

C. 用户只能浏览 KULER 面板上的主题，不能进行下载

D. Flash CS4 提供了动画预设功能

2. 想要设置位图图像存放在剪贴板中所使用的内存量，则应该在【首选参数】对话框的______类别中进行设置。

A. 【常规】　B. 【剪贴板】
C. 【绘画】　D. 【文本】

操作题

1. 新建一个 Flash CS4 文档，并设置文档的【大小】为 300 像素 × 300 像素，【背景颜色】为黑色，【帧频】为 18 fps，然后保存名为"天使.fla"文档文件。

2. 在文档中添加辅助线，并设置辅助线的【颜色】为红色。

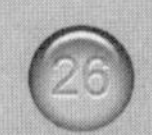

在 Flash CS4 中，即使显示出辅助线和网格，在导出文档时也不会显示辅助线和网格。因为辅助线和网格都属于一种设计工具，不会随着文档导出。

第 2 章

游刃有余——Flash 绘图和色彩工具

通过第 1 章的学习，读者已经对 Flash CS4 有了初步的认识。本章就让我们一起来学习 Flash CS4 中的绘图工具，共同感受绘图工具的强大功能！

学习要点

- ❖ 使用选择工具选取对象
- ❖ 绘制线条路径
- ❖ 绘制简单图形
- ❖ 使用色彩工具进行填充
- ❖ 使用辅助工具查看图像

学习目标

通过本章的学习，使读者熟悉 Flash CS4 的绘图工具，并掌握绘图工具的使用方法，以及了解如何使用色彩工具美化绘制的图形。

2.1 使用 Flash CS4 绘图

图形的绘制是制作动画的基础，每个精彩的 Flash 动画都少不了精美的图形素材。虽然用户可以通过导入图片进行加工来获取影片制作素材，但有些需要表现特殊效果和用途的图片，必须手工绘制。

本章将介绍如何使用 Flash CS4 工具箱中的各种工具来绘制图形。在 Flash CS4 的工具箱中，为用户提供了丰富的绘图工具和色彩工具，如【选择工具】、【线条工具】、【矩形工具】、【颜料桶工具】和【手形工具】等。使用这些绘图工具，用户可以方便地选择、绘制、填充和修改图形。下面将分别进行介绍。

2.2 使用选择工具选取对象

在 Flash CS4 中，用于选取图形、文字对象的工具主要有【选择工具】、【部分选择工具】和【套索工具】。

2.2.1 选择工具

在所有工具中，【选择工具】是最常用的工具，使用该工具，用户可以方便地选取任意对象，包括矢量图、元件或者位图；选中对象后，还可以对对象进行移动操作。

下面以素材文件(光盘:\图书素材\第 2 章\1.jpg)为例，分别介绍选取对象以及移动对象的方法。

1. 选取对象

❖ 选取单个对象：如果要选取单个对象，应该先单击工具箱中的【选择工具】按钮，然后再单击要选择的对象。

❖ 选取多个对象：如果要同时选取多个对象，则应先按住 Shift 键，然后单击【选择工具】按钮，再依次单击要选择的多个对象。

单击工具箱中的【选择工具】按钮，在要被选取的对象左上角按住鼠标左键不放并拖动，用矩形选取框框选多个对象后再释放鼠标，对象即被全部选中，如下图所示。

2. 移动对象

使用【选择工具】选中对象后，在对象上按住鼠标左键不放并拖动，即可移动被选中的对象。

在移动对象时，要特别注意对象的填充和笔触。如果在填充中单击，移动的就只有填充部分，笔触部分不会移动，如下图所示。

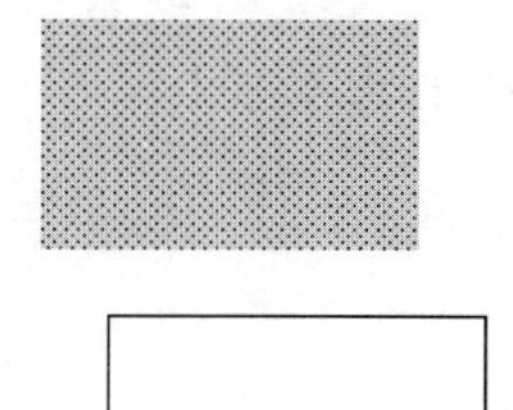

同样，如果在选取的时候只选择了笔触部分，那么移动的就只有笔触部分，填充部分的位置将不发生改变。因此在移动对象前，用户一定要明确要移动的是哪部分，再进行选择。

单击【选择工具】按钮后，在工具箱下方的选项设置工具中有 3 种附属工具，如下图所示。

通过这些工具按钮可以完成以下操作。

❖ 【紧贴至对象】：单击该按钮，使用【选择工具】拖动某一对象时，光标处将出现一个圆圈，且被选中对象向其他对象移动时，会自动吸附到对象上。该按钮有助于将两个对象连接在一起，或者使对象对齐辅助线或网格。

如果选中舞台上的某个对象后，再按住 Ctrl 键不放，拖动鼠标即可在舞台上复制被选中的对象。

❖ 【平滑】：用于对路径和形状进行平滑处理，消除多余的锯齿，柔化曲线，减少整体凹凸等不规则变换，形成轻微的弯曲。

❖ 【伸直】：对路径和形状进行平直处理，消除路径上多余的弧度。

虽然【选择工具】最重要的功能是选取和移动对象，不过【选择工具】也可以用来编辑对象，如改变笔触、填充区域的形状等，具体操作步骤如下。

操作步骤

1 在工具箱中单击【选择工具】按钮，将光标移到选定的对象边缘，光标变成如下图所示的圆弧形状。

2 按住鼠标左键并拖曳线段上的任何一点，就可以改变线段的弧度，得到的效果如下图所示。

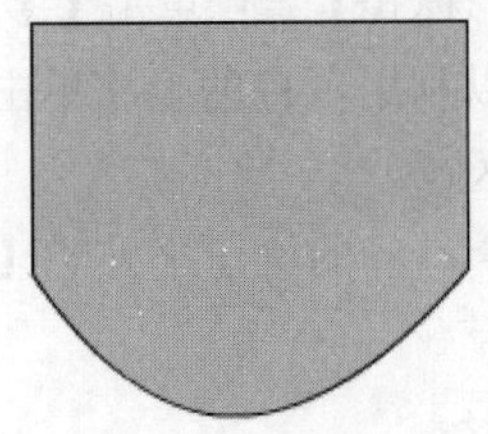

3 将光标移到对象的某个角点时，光标变成如下图所示的直角形状。

4 按住鼠标左键并拖曳这个角点，可以改变其形状，但会保持该角点的线段仍然为直线，得到的效果如下图所示。

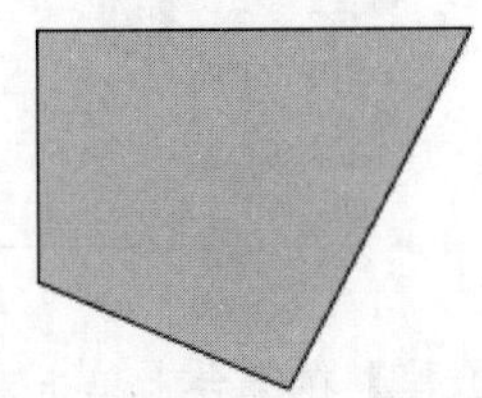

5 当光标变成步骤 3 中所示的形状时，按住 Ctrl 键，在矩形的下方线段上拖曳，则可以形成一个新的角点，如下图所示。

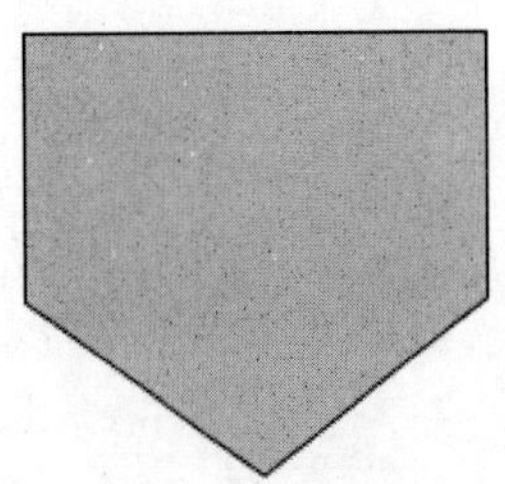

2.2.2　部分选择工具

【部分选择工具】也可以选取并移动对象。使用【部分选择工具】选取对象的方法与【选择工具】类似，被选中的对象四周将出现若干个空心的控制点，如下图所示。

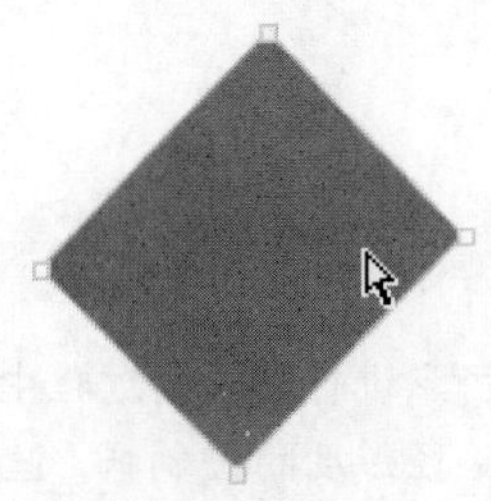

使用【部分选择工具】移动对象时，在工具箱中单击【部分选择工具】按钮后，将光标靠近对象，当光标右下角出现黑色实心方块时，如下图所示，按住鼠标左键拖动对象即可移动该对象。

提示

单击【部分选择工具】按钮后，在工具箱中并没有附属的选项设置工具。

当使用【部分选择工具】选中某个对象后，它的图形轮廓上会出现若干个控制点，利用这些控制点，用户可以进行拉伸或修改图形操作，具体操作步骤如下。

操作步骤

1 在工具箱中单击【部分选择工具】按钮，在舞台上选取需要进行修改的图形，此时在图形的周围将

学以致用系列丛书

出现若干个控制点，如下图所示。

❷ 用户可以选择其中的一个控制点，当光标右下角出现一个空白方块时，拖动该控制点，就可以改变图形的形状，效果如下图所示。

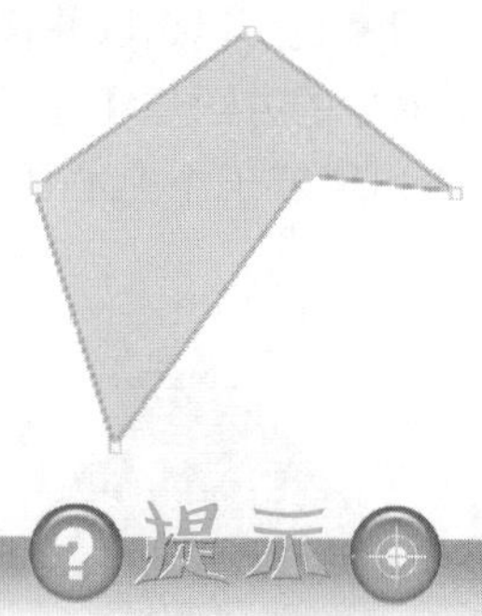

提示

在选择路径点进行移动的过程中，在路径点的两端会出现调节路径弧度的控制柄。此时，被选中的路径点将变成实心点，拖动路径点两边的控制柄即可改变曲线弧度。

技巧

如果要删除当前选中的路径点，只要在选中对象的路径点后，按 Delete 键即可。不过，删除路径点也会改变当前对象的形状。

2.2.3 套索工具

利用【套索工具】用户也可以十分方便地选取图形。不过，它和【选择工具】相比，选择方式有所不同，因为【套索工具】主要用于选择一些不规则的区域。

单击工具箱中的【套索工具】按钮后，其选项设置工具如下图所示。

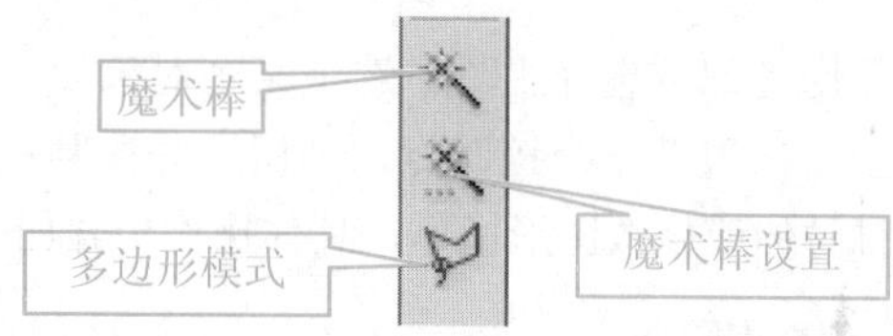

❖ 【魔术棒】：可以快速地选择图形对象中相连的且颜色近似的区域。

❖ 【魔术棒设置】：对魔术棒的参数进行设置。单击【魔术棒设置】按钮，可以打开【魔术棒设置】对话框，如下图所示。

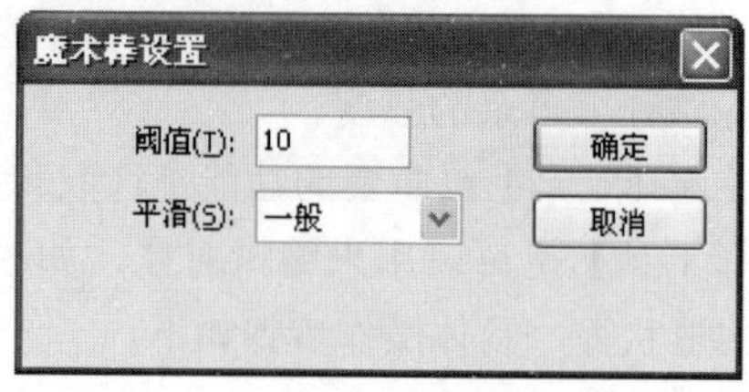

其中，【阈值】文本框用于设置魔术棒所选颜色的容差值。容差值越大，所选择的色彩的精度就越低，选择的范围也就越大。

【平滑】下拉列表框用于设置平滑处理的方式。单击右侧的下拉按钮，在弹出的下拉列表中包括 4 个选项，如下图所示。默认为【一般】选项。

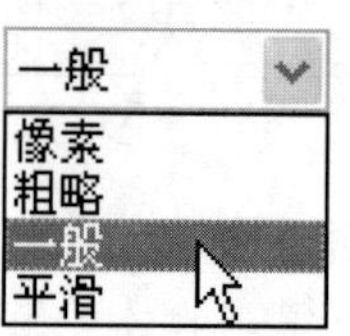

❖ 【多边形模式】：单击【多边形模式】按钮，用户可以利用鼠标的多次单击操作勾画出多边形选择区域。

下面通过一个具体的例子来熟悉【套索工具】的使用方法。

操作步骤

❶ 选择菜单栏中的【文件】|【导入】|【导入到舞台】命令，将素材文件(光盘：\图书素材\第 2 章\2.jpg)导入到舞台，如下图所示。

❷ 使用【选择工具】在舞台上单击对象，并选择菜单栏中的【修改】|【分离】命令，将该图片分离，如下图所示。

学以致用系列丛书

长见识 在使用【套索工具】的时候，用户可以借助【缩放工具】更精确地选中不规则的图形区域。

若要在Flash中编辑位图图像，必须将位图图像转换为矢量图或将位图图像分离。

❸ 单击工具箱中的【套索工具】按钮，在舞台上绘制出要选择对象的区域，如下图所示。

❹ 单击【套索工具】对应的选项设置工具中的【魔术棒】按钮，在舞台上单击某个颜色相似的色块，该颜色区域的图像将会被选中，如下图所示。

❺ 单击【套索工具】对应的选项设置工具中的【魔术棒设置】按钮，打开【魔术棒设置】对话框。设置【阈值】为60，在【平滑】下拉列表框中选择【平滑】选项，并单击【确定】按钮，如下图所示。

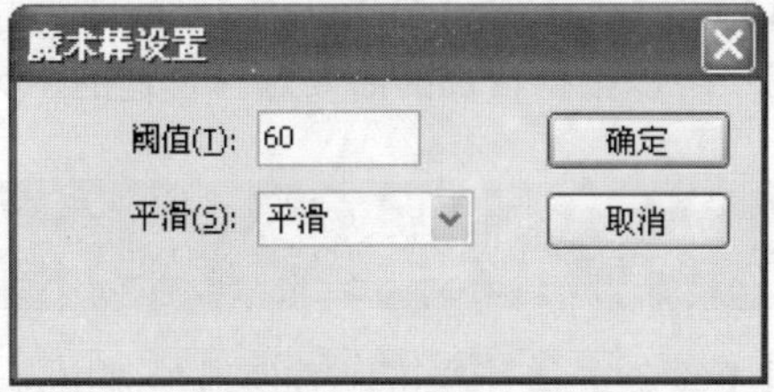

❻ 单击【魔术棒】按钮，再单击第4步中相同的位置，此时用户会发现选中的区域变大了，与该色块相近的部分也被选中了，如下图所示。

❼ 单击【套索工具】对应的选项设置工具中的【多边形模式】按钮，在要选择的轮廓边缘处单击，再到下一个关键点单击，这样在两个关键点之间就会自动形成一条线段。然后，接着单击绘制形状，在最后一个选中的关键点处双击，就可以确定选择的区域，效果如下图所示。

学以致用系列丛书

【套索工具】对应的选项设置工具中的【魔术棒】按钮只对位图起作用，而对矢量图无效。

2.3 绘制线条路径

在 Flash CS4 中绘制线条路径的工具主要有【线条工具】、【铅笔工具】和【钢笔工具】等，它们各有各的特点，用户可以根据自己的需要选择合适的工具。

2.3.1 线条工具

使用【线条工具】可以方便地绘制出直线。用户只需单击工具箱中的【线条工具】按钮，然后将光标移到舞台上，当光标变成“十”字形状后，按住鼠标左键不放并拖动，到达合适的位置后再释放鼠标左键，就可以绘制出一条直线。

在【线条工具】的【属性】面板中，设置不同的参数，可以绘制出风格迥异的线条。单击【线条工具】按钮后，其【属性】面板如下图所示。

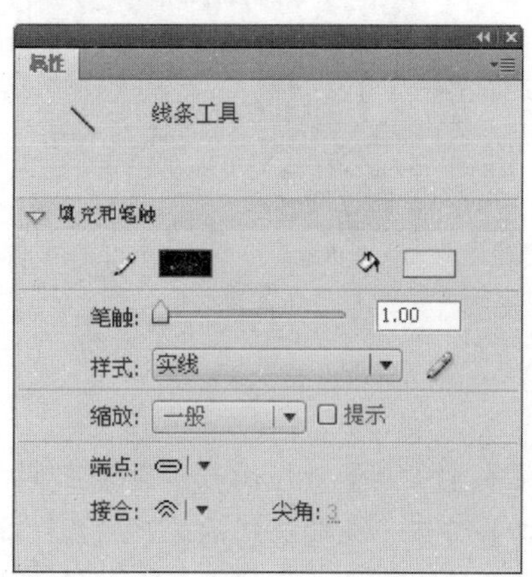

在【线条工具】的【属性】面板中，各参数的具体含义分别如下。

❖ 【笔触颜色】：单击【笔触颜色】按钮，在弹出的调色板中可以为线条选择一种笔触颜色，如下图所示。

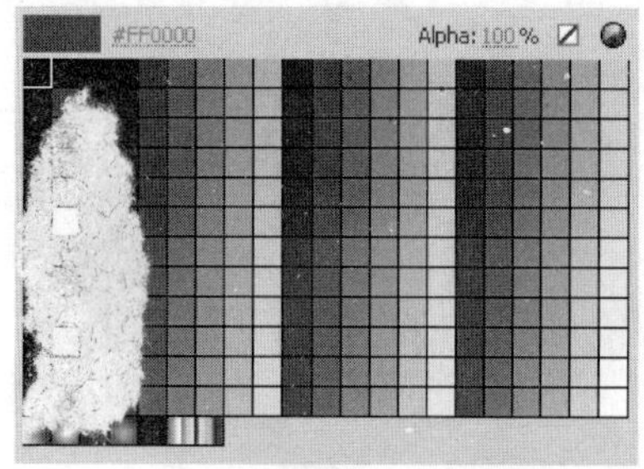

> **提示**
>
> 用户也可以通过选择菜单栏中的【窗口】|【颜色】命令，打开【颜色】面板，在该面板中为线条设置笔触颜色，如下图所示。

❖ 【填充颜色】：单击该按钮，在弹出的调色板中可以为线条选择一种填充颜色，其设置方法与【笔触颜色】一样。

❖ 【笔触】：用于调节线条的粗细。用户可以通过拖动滑块，或者直接在后面的文本框中输入数值来修改笔触大小。

❖ 【样式】：单击【样式】右侧的下拉按钮，在弹出的下拉列表中可以选择不同的线条样式。在 Flash CS4 中，共提供了 7 种线条样式，如下图所示。

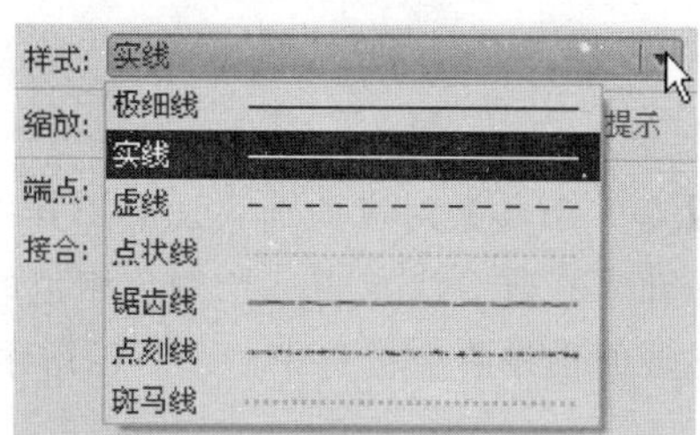

❖ 【编辑笔触样式】：单击该按钮，可以打开【笔触样式】对话框，如下图所示。

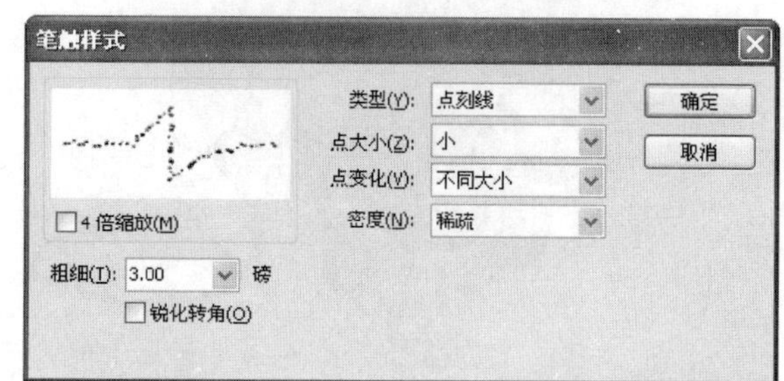

如果要更改舞台上已经绘制好的线条的颜色、样式或者粗细等属性，必须先选中该线条再更改其相关属性，否则当前的设置只对以后绘制的线条起作用。

提示

在【笔触样式】对话框中，可以设置笔触的粗细、类型、点大小、点变化、密度和锐化转角。用户可以尝试各种参数的设置效果，这里就不再赘述。

- ❖ 【缩放】：用于设置笔触的缩放效果。单击右侧的下拉按钮，在弹出的下拉列表中包括 4 个选项，如下图所示。

- ❖ 【提示】：选中该复选框后，可以将笔触锚记点保持为全像素，防止出现模糊线。
- ❖ 【端点】：用于设置直线路径终点的样式。单击右侧的下拉按钮，在弹出的下拉列表中有 3 种状态：【无】、【圆角】和【方形】，如下图所示。

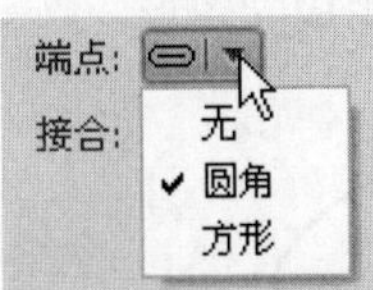

提示

下图所示为使用【线条工具】分别在【无】、【圆角】和【方形】端点样式下绘制的直线。

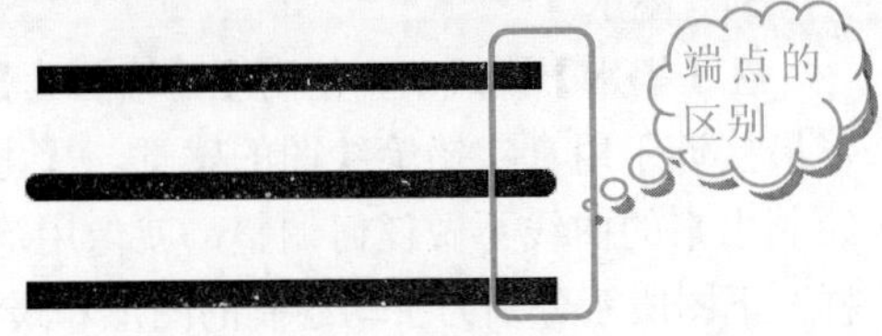

- ❖ 【接合】：用于设置两个路径片段的相接方式。该选项包括【尖角】、【圆角】和【斜角】3 个选项，如下图所示。

提示

下图所示为使用【线条工具】分别在【尖角】、【圆角】和【斜角】的接合方式下绘制的多线段。

- ❖ 【尖角】：用于控制尖角接合的清晰度。

另外，在工具箱中单击【线条工具】按钮后，在选项设置工具中，包括如下图所示的两个选项。

其中，单击【对象绘制】按钮，会切换到对象绘制模式，在该模式下绘制的线条是独立的对象，即使和之前绘制的线条重叠，也不会自动合并；单击【紧贴至对象】按钮，则会将绘制的直线紧贴至选中的对象。

提示

支持对象绘制模式的工具还有【铅笔工具】、【钢笔工具】、【刷子工具】和【矩形工具】等。

对绘制完的线条，如果想要修改其长度或方向，可以使用【选择工具】来实现。在工具箱中单击【选择工具】按钮，移动光标到线条的端点处，当光标变成如下图所示的形状时，即可拖动线条来改变其长度或方向。

使用【选择工具】还可以将绘制好的直线转换成曲线。方法是：在工具箱中单击【选择工具】按钮，移动光标到线条两个端点外的位置上，当光标变成如下图所示的形状时，向任意方向拖动鼠标，即可将直线转换成曲线。

下图所示为利用【选择工具】将直线转换成曲线后的形状。

在使用【线条工具】绘制线条的过程中，按住 Shift 键，可以绘制出垂直方向、水平方向或倾斜 45° 的直线；按住 Ctrl 键可以暂时切换到【选择工具】，对工作区中的对象进行选取，当释放 Ctrl 键后，又会自动恢复到【线条工具】。

2.3.2 铅笔工具

【铅笔工具】可以绘制出任意图形，就好像在纸上用笔绘制图形一样。

使用【铅笔工具】绘制任意形状的线条或图形时，只要单击工具箱中的【铅笔工具】按钮，将光标移到舞台上，当光标变为铅笔形状时，在舞台上按住鼠标左键不放并任意拖动，即可绘制出相应的图形，如下图所示。

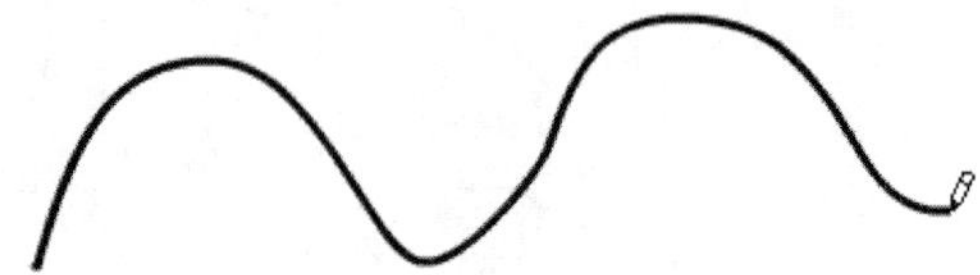

单击工具箱中的【铅笔工具】按钮后，其【属性】面板如下图所示。

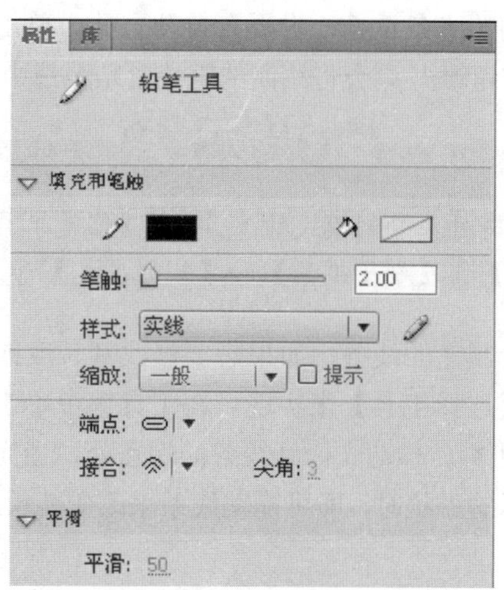

【铅笔工具】的【属性】面板的参数设置方法与【线条工具】基本相同，只是多了一个【平滑】选项。用户可以在【平滑】选项中设置【铅笔工具】的笔触平滑度。

单击【铅笔工具】按钮后，其选项设置工具包括两种，分别为【对象绘制】和【铅笔模式】，如下图所示。

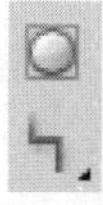

单击【铅笔模式】按钮后，在弹出的下拉列表中包括 3 种模式，即【伸直】、【平滑】和【墨水】，可以帮助用户达到更理想的绘画效果，如下图所示。

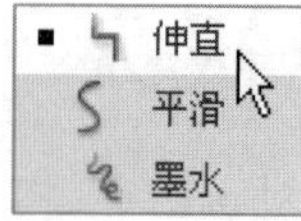

1) 伸直

在【伸直】模式下，如果使用【铅笔工具】绘制出来的曲线趋向于规则的图形，Flash CS4 会自动将图形转换成规则的图形。下图所示分别为手动绘制的图形和最终生成的图形。

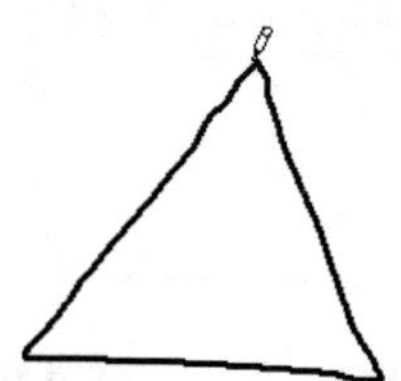

2) 平滑

在【平滑】模式下，使用【铅笔工具】绘制出来的曲线更趋向于流畅平滑。所以，用户可以利用该模式绘制一些相对较柔和、细致的图形。下图所示分别为手动绘制的图形和最终生成的图形。

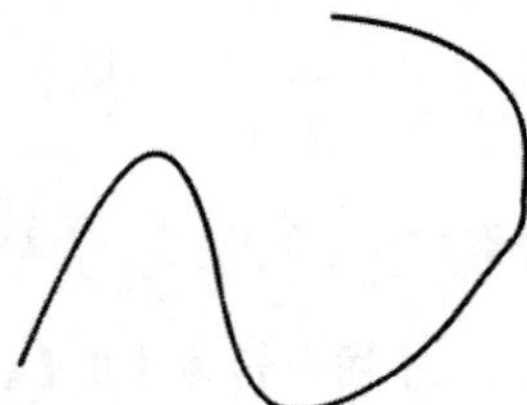

3) 墨水

在【墨水】模式下，使用【铅笔工具】绘制出来的图形最接近于用真实铅笔绘图的感觉。【墨水】模式对于绘制出来的曲线不做任何调整，就像用笔划过的痕迹一样。下图所示分别为手动绘制的图形和最终生成的图形。

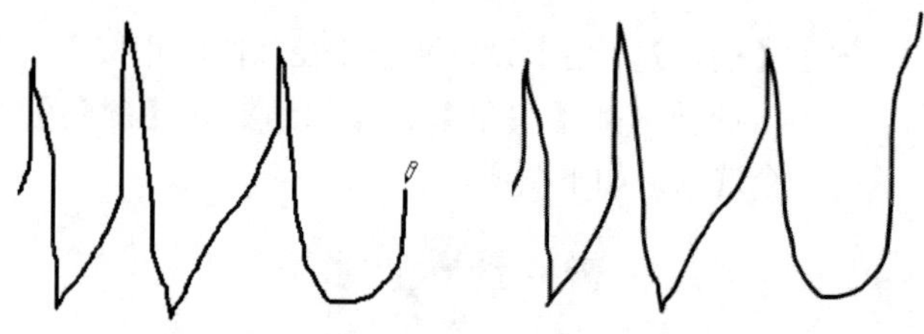

如果用户想得到最接近手绘的效果，则需要选择【墨水】模式。

使用【铅笔工具】绘制图形时，按住Shift键拖动可将线条限制在垂直方向或水平方向。

2.3.3　钢笔工具

使用【钢笔工具】不仅可以绘制出直线，还可以绘制出曲线。但是，【钢笔工具】不能取代【线条工具】和【铅笔工具】，因为【钢笔工具】使用起来不如【线条工具】和【铅笔工具】方便，比较难操作。

在使用【钢笔工具】绘制直线或者曲线后，可以调整曲线的曲率，或者使绘制的曲线线条按照预想的方向弯曲。通过调整直线段的角度和长度，可以调整曲线段的曲率以得到精确的路径。【钢笔工具】不但可以绘制普通的开放的路径，还可以创建闭合的路径。

【钢笔工具】的【属性】面板与前面介绍的【线条工具】基本相似，如下图所示。

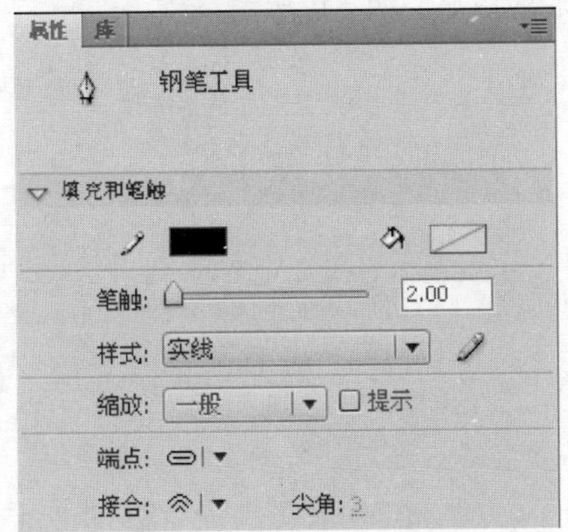

使用【钢笔工具】绘制直线的具体操作步骤如下。

操作步骤

❶ 在工具箱中单击【钢笔工具】按钮，将光标移到舞台上，此时光标会变成形状。在舞台上单击以确定线条的起点，此时起点位置会出现一个小圆圈，且光标变成了形状，如下图所示。

❷ 在线条结束位置单击，此时起点位置与终点位置之间会自动绘制一条直线，如下图所示。其中，空心端点表示起点，实心端点表示终点。

❸ 要结束线条的绘制，在舞台远离路径的地方，按住Ctrl键的同时单击，当光标变成右下角有一个×形状时即可完成路径的绘制，如下图所示。

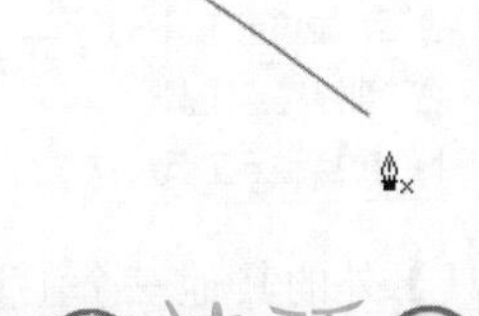

技巧

在工具箱中单击任意其他工具，也可以完成直线的绘制操作。

【钢笔工具】一般用于绘制要求较高的曲线，具体操作步骤如下。

操作步骤

❶ 在工具箱中单击【钢笔工具】按钮，在舞台上单击以确定起点，在终点位置按住鼠标左键不放，向任意方向拖动，如下图所示。

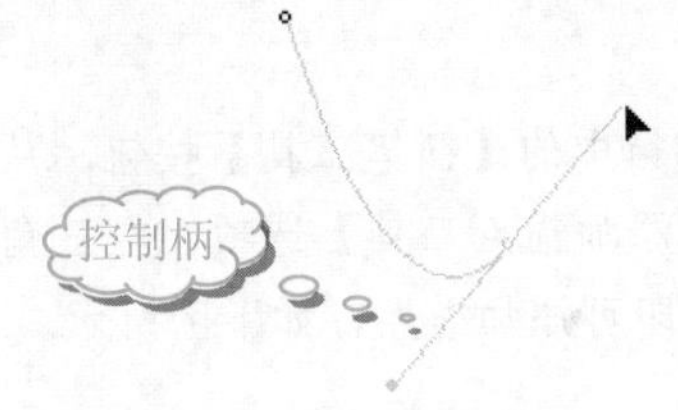

❷ 此时会出现一个控制柄，用户可以拖动控制柄来调整线条的弧度，达到理想的弧度后，在按住Ctrl键的同时在路径外单击即可绘制出一条曲线。效果如下图所示。

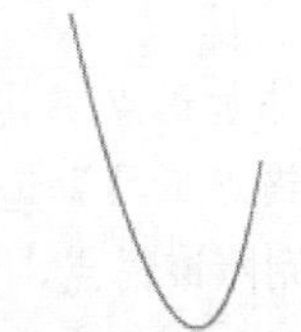

提示

路径点分为直线点和曲线点，将曲线点转换为直线点的方法是先选择要转换的路径，然后当光标变成形状时，单击所选路径上已存在的曲线路径点。当钢笔工具的右下角出现一个“<”符号时，表示将曲线点转换为直线点，在舞台上单击即可。

学以致用系列丛书

使用【钢笔工具】绘制线段时，只有单击第二个锚点后，绘制的线段才可见。如果在定义第二个锚点之前意外地拖动了钢笔工具，则可以选择菜单栏中的【编辑】|【撤消】命令撤消操作，然后再次单击绘制第二个锚点。

在 Flash CS4 中，钢笔工具其实是一组工具。连续两次单击工具箱中的【钢笔工具】按钮，即可弹出如下图所示的列表。

- 钢笔工具(P)
- 添加锚点工具(=)
- 删除锚点工具(-)
- 转换锚点工具(C)

除了【钢笔工具】外的其他三个工具，可以分别在绘制好的路径上添加锚点、删除锚点和转换锚点，具体操作步骤如下。

操作步骤

1. 单击工具箱中的【钢笔工具】按钮，先绘制一个三角形路径，如下图所示。

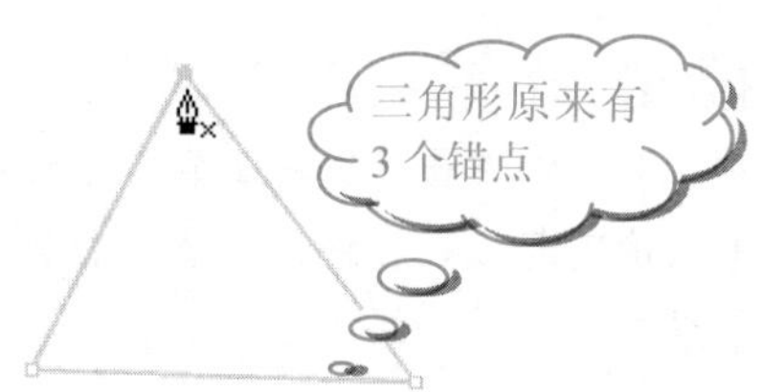

2. 再次单击工具箱中的【钢笔工具】按钮，从弹出的列表中选择【添加锚点工具】选项，在三角形的任意一边上单击即可添加锚点，如下图所示。

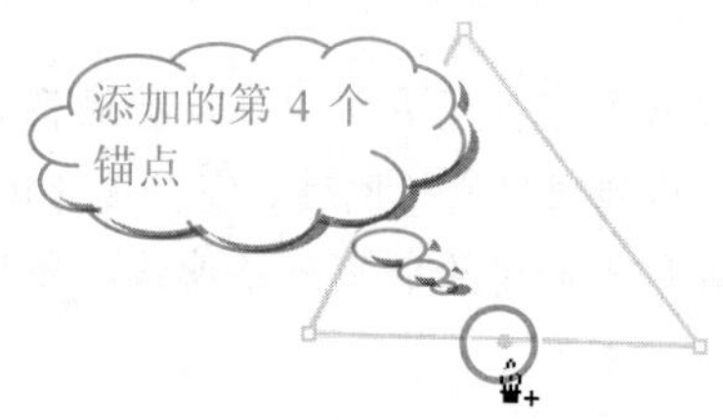

3. 单击工具箱中的【添加锚点工具】按钮，从弹出的列表中选择【删除锚点工具】选项，在三角形的左侧锚点上单击即可删除该锚点，如下图所示。

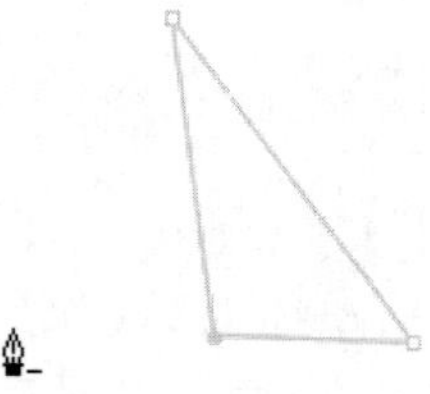

4. 再次单击工具箱中的【删除锚点工具】按钮，从弹出的列表中选择【转换锚点工具】选项，在三角形的左侧锚点上单击并按住鼠标左键不放向右下方拖动，如下图所示。

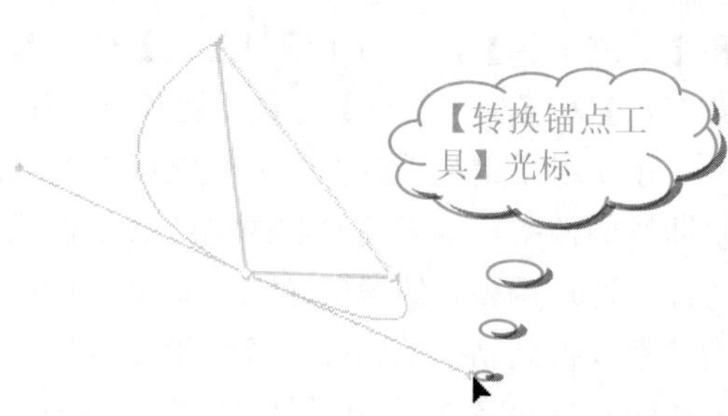

5. 当到达满意位置后，释放鼠标左键，即可得到转换锚点后的图形，如下图所示。

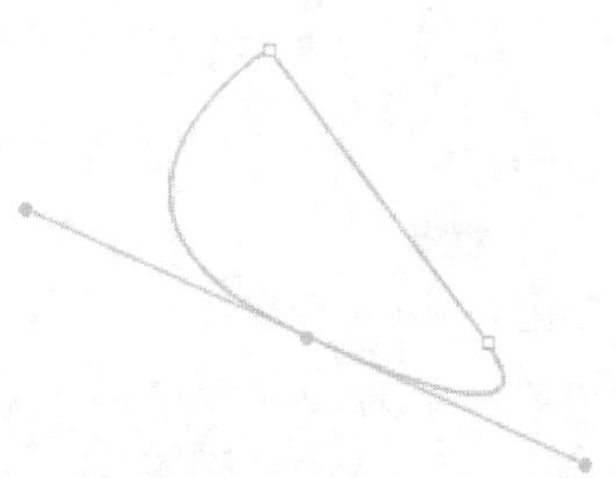

2.4 绘制简单图形

Flash CS4 为用户提供了很多绘制简单图形的工具，如【矩形工具】、【椭圆工具】、【多角星形工具】、【Deco 工具】、【刷子工具】和【橡皮擦工具】等。使用这些工具，用户可以方便、快捷地绘制出一些特殊且简单的图形。

2.4.1 矩形工具

使用【矩形工具】不仅可以绘制矩形和正方形图形，还可以绘制矩形轮廓线。只要单击工具箱中的【矩形工具】按钮，将光标移到舞台中，当光标变成十字形状后，就可以在舞台上绘制矩形了。

单击工具箱中的【矩形工具】按钮后，其选项设置工具如下图所示。

在使用【钢笔工具】时，可以通过不同的光标快速判断出当前工具的作用：在光标右下角出现“+”符号时，表示添加锚点；在光标右下角出现“-”符号时，表示删除锚点；在光标右下角没有显示符号时，表示可以绘制路径。

【矩形工具】的选项设置工具与【线条工具】一样，这里就不再赘述。单击工具箱中的【矩形工具】按钮后，其【属性】面板如下图所示。

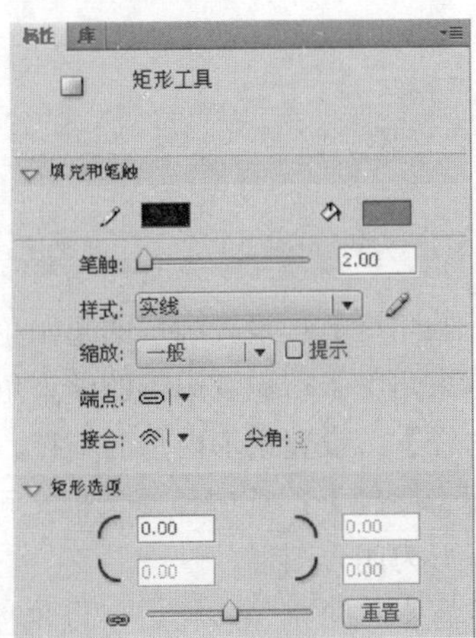

在其【属性】面板中，【填充和笔触】选项组中的选项和【线条工具】的选项是一样的，用户可以设置【矩形工具】的笔触颜色和填充颜色。

技巧

若将【填充颜色】设置为【无】，绘制出来的就是矩形轮廓线。

除此之外，【矩形工具】的【属性】面板中多了一个【矩形选项】选项，可以用来设置矩形的圆角半径，如下图所示。

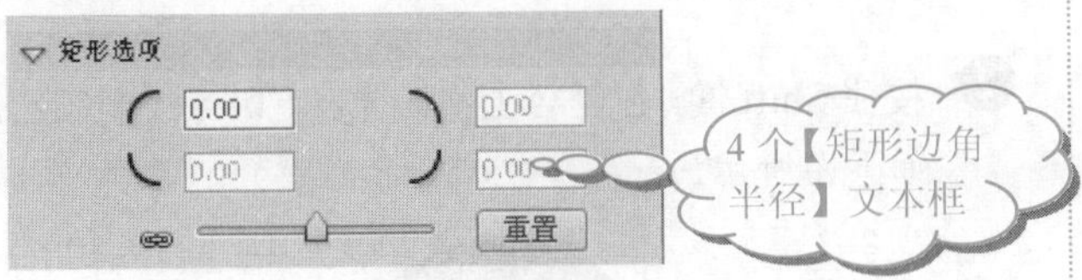

- ❖ 【矩形边角半径】文本框：用户可以在 4 个【矩形边角半径】文本框中输入圆角半径，从而绘制出不同圆角半径的矩形。边角半径的取值范围为 0～999 之间的数值，数值越小，绘制出来的圆角弧度就越小。4 个文本框的默认值均为 0，即绘制的是直角矩形。
- ❖ 【将边角半径控件锁定为一个控件】按钮：在默认情况下，矩形的 4 个边角的半径是同步调整的。如果用户想要分别调整 4 个边角的半径，则可以单击该按钮，使其变为形状，即可单独设置每个边角的半径。
- ❖ 【重置】按钮：单击该按钮，可以将控件重置为默认值。

使用【矩形工具】绘制各种矩形的具体操作步骤如下。

操作步骤

1. 单击工具箱中的【矩形工具】按钮，并设置【矩形边角半径】均为 0，在舞台上拖动绘制矩形，得到的效果如下图所示。

2. 如果将【矩形边角半径】均设置为 999，在舞台上拖动绘制矩形，得到的效果如下图所示。

3. 如果单击【将边角半径控件锁定为一个控件】按钮，断开各边角的连接，并在【矩形边角半径】文本框中分别输入“5.00”、“50.00”、“0.00”、“0.00”，如下图所示。

4. 在舞台上拖动矩形，得到的效果如下图所示。

5. 如果在第 1 步的基础上，设置【笔触颜色】为黑色，【填充颜色】为【无】，则得到的矩形只是一个轮廓，如下图所示。

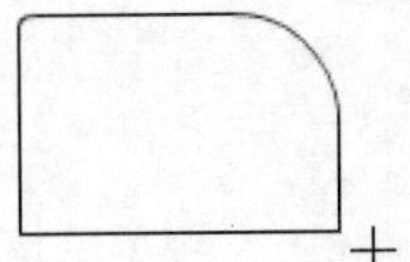

在工具箱中连续单击两次【矩形工具】按钮，则会弹出一个下拉列表，如下图所示。从下拉列表中选择【基本矩形工具】选项，则可以切换到【基本矩形工具】绘制状态。

学以致用系列丛书

在舞台上使用【矩形工具】或者【基本矩形工具】绘制矩形时，按住 Shift 键即可绘制正方形。

【基本矩形工具】绘制的也是矩形对象，其绘制方法与【矩形工具】相似，只不过在绘制的矩形周围会出现调节框。对于绘制完成的矩形对象，可以使用【选择工具】拖动矩形对象上的节点，使绘制的矩形对象变为任意形状的圆角矩形，如下图所示。

2.4.2 椭圆工具

【椭圆工具】不仅用于绘制椭圆图形，还可以用于绘制椭圆轮廓线。

在工具箱中连续单击两次【矩形工具】按钮，从弹出的下拉列表框中选择【椭圆工具】选项，即可切换到【椭圆工具】绘制状态，如下图所示。

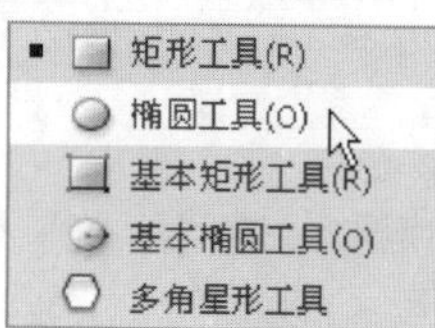

将光标移动到舞台上，当光标变成十字形状后，就可以在舞台上拖动光标绘制椭圆了。

【椭圆工具】的【属性】面板如下图所示。

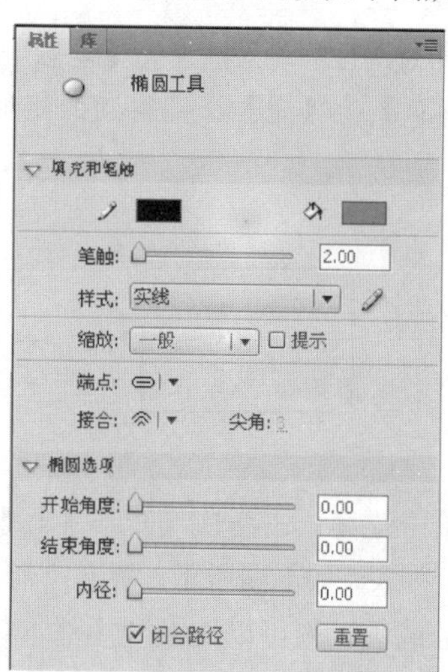

【椭圆工具】除了和【矩形工具】具有相同的【填充和笔触】属性外，还有一个【椭圆选项】选项组，用户可以利用该选项绘制扇形并设置扇形的角度和内径，如下图所示。

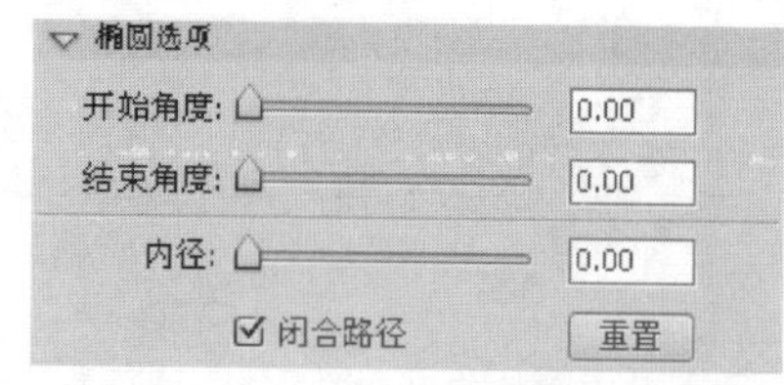

- ❖ 【开始角度】：设置扇形的起始角度。
- ❖ 【结束角度】：设置扇形的结束角度。
- ❖ 【内径】：设置扇形内角的半径。
- ❖ 【闭合路径】：选中该复选框，可以使绘制出的扇形为闭合图形。
- ❖ 【重置】：单击该按钮，可以将控件重置为默认值。

使用【椭圆工具】绘制图形的具体操作步骤如下。

操作步骤

1. 在工具箱中连续单击两次【矩形工具】按钮，从弹出的下拉列表中选择【椭圆工具】选项。在舞台上拖动光标绘制椭圆，如下图所示。

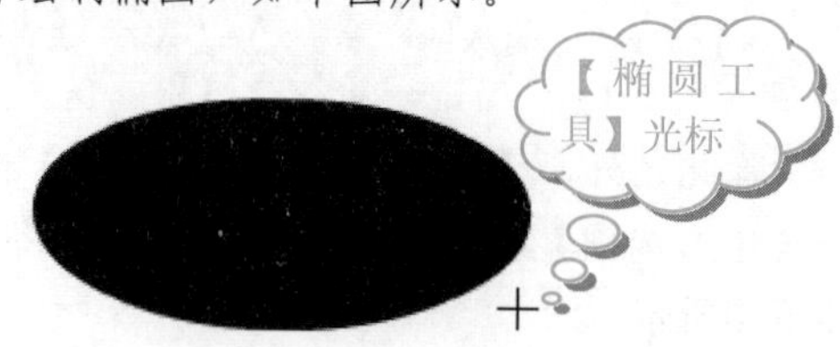

2. 按住Shift键，在舞台上拖动光标，即可绘制正圆形，如下图所示。

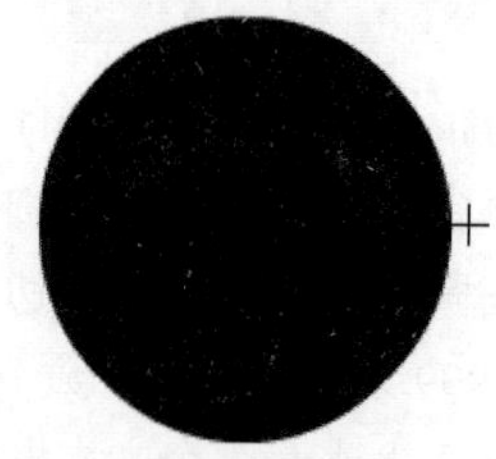

3. 在【椭圆工具】的【属性】面板中，设置【开始角度】为320.00，【结束角度】和【内径】均为0.00，并选中【闭合路径】复选框，如下图所示。

4. 在舞台上拖动光标绘制图形，得到的是一个扇形形

长见识 【基本椭圆工具】绘制的是椭圆对象，其椭圆的笔触和填充不是单独的元素。如果椭圆和舞台上其他图形重叠，也不会更改其外观。

状，如下图所示。

5 如果设置【笔触颜色】为黑色，【填充颜色】为【无】，则得到的扇形只是一个轮廓，如下图所示。

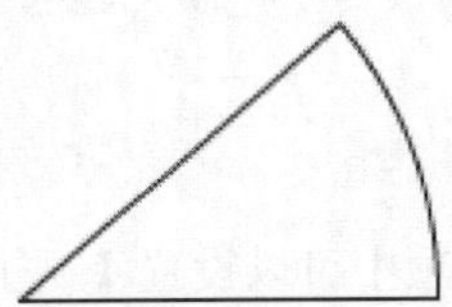

在工具箱中的【矩形工具】下拉列表中选择【基本椭圆工具】选项，则可切换到【基本椭圆工具】绘制状态，绘制椭圆对象。

【基本椭圆工具】的绘制方法与【椭圆工具】相似。对于绘制完成的椭圆对象，可以使用【选择工具】拖动椭圆对象上的节点，使其变为任意形状的椭圆图形，如下图所示。

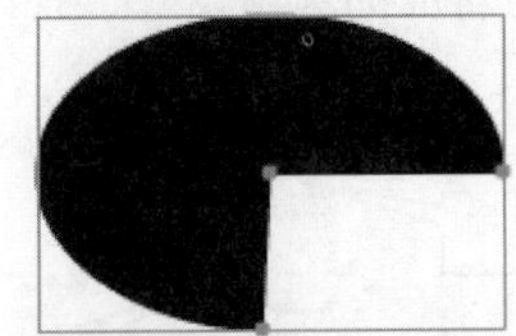

提示

使用【基本矩形工具】和【基本椭圆工具】时，其选项设置工具中只有【对象绘制】按钮，而没有【贴紧至对象】按钮。

2.4.3 多角星形工具

【多角星形工具】不仅可以用于绘制多角星形，也可以用于绘制多角星形轮廓线。

在工具箱中的【矩形工具】下拉列表中选择【多角星形工具】选项，即可切换到【多角星形工具】绘制状态，其选项设置工具和【矩形工具】一样。

【多角星形工具】的【属性】面板如下图所示。

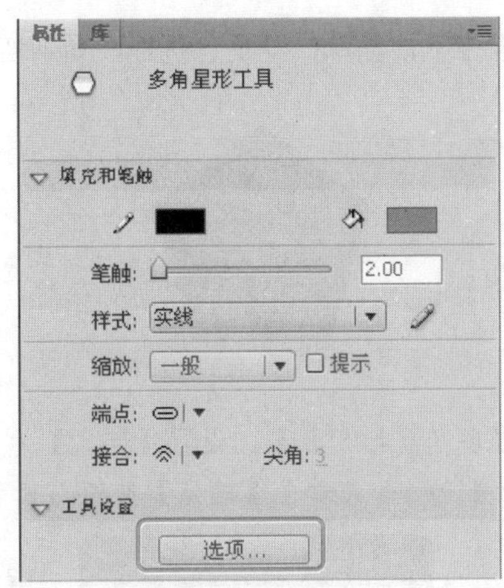

【多角星形工具】除了和【矩形工具】有相同的【填充和笔触】属性外，在【工具设置】选项组中还有一个【选项】按钮。单击该按钮，将弹出【工具设置】对话框，在其中可以设置多边形的样式、边数和星形顶点大小等参数，如下图所示。

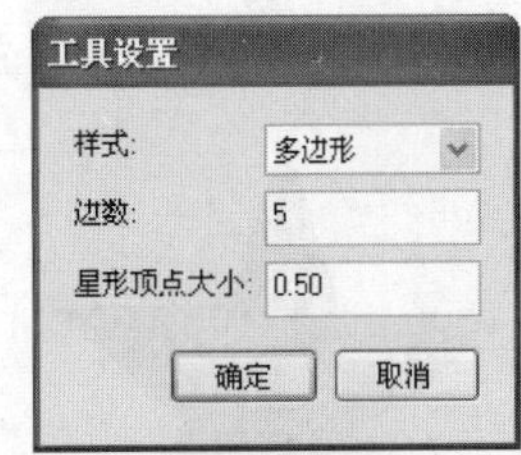

❖ 【样式】：单击右侧的下拉按钮，在弹出的下拉列表中有【多边形】和【星形】两个选项，如下图所示。

❖ 【边数】：设置多边形或星形的边数。

❖ 【星形顶点大小】：设置星形顶点的大小。

设置【多角星形工具】的属性后，就可以在舞台上绘制多角星形了，具体操作步骤如下。

操作步骤

1 使用【多角星形工具】，在其【属性】面板上单击【选项】按钮，打开【工具设置】对话框。设置【样式】为【多边形】，【边数】为 5，【星形顶点大小】为 0.50，并单击【确定】按钮，如下图所示。

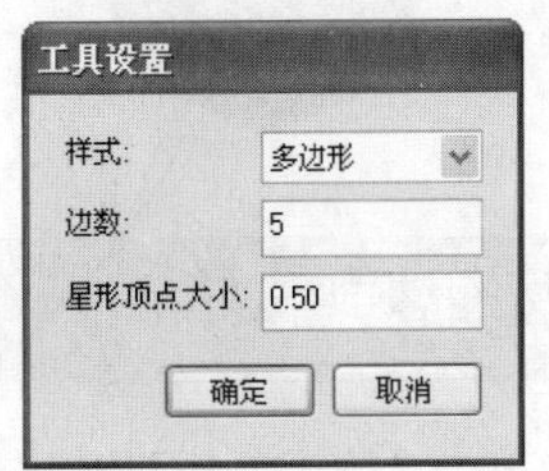

学以致用系列丛书

❷ 在舞台上拖动光标，绘制五边形，如下图所示。

❸ 使用【多角星形工具】，设置【样式】为【星形】，【边数】为 5，并单击【确定】按钮，如下图所示。

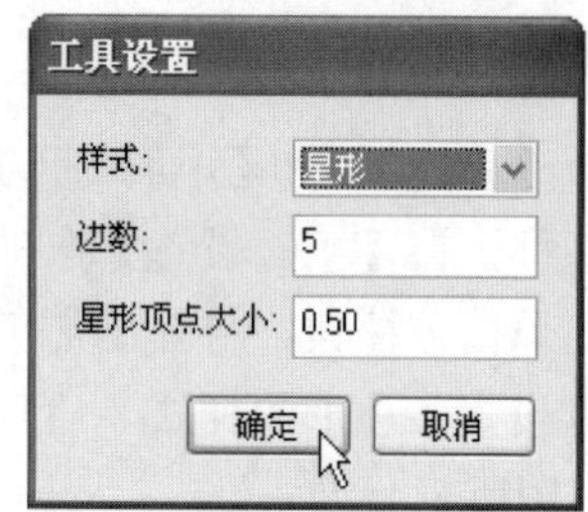

❹ 在舞台上拖动光标，绘制出五角星，如下图所示。

❺ 使用【多角星形工具】，设置【样式】为【多边形】，【边数】为 8，并单击【确定】按钮，如下图所示。

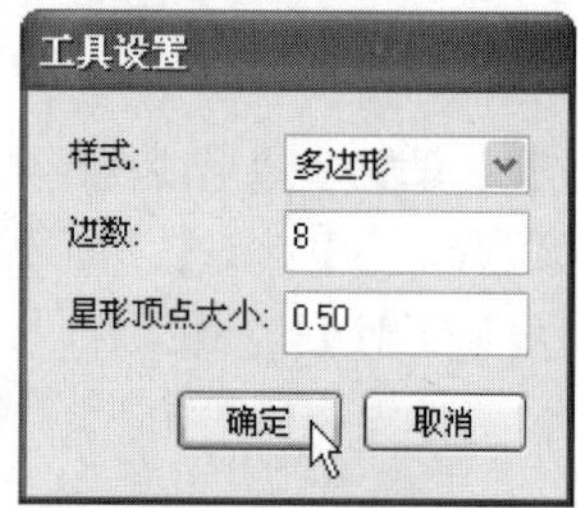

❻ 在舞台上拖动光标，绘制八边形，如下图所示。

2.4.4 刷子工具

在工具箱中单击【刷子工具】按钮后，其【属性】面板如下图所示。

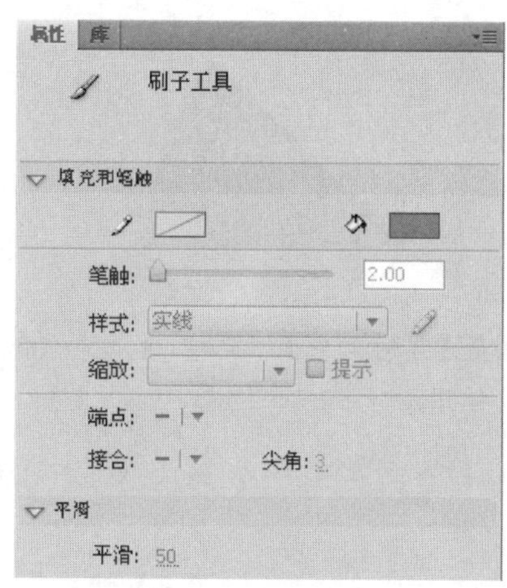

在【平滑】选项中可以设置【刷子工具】的笔触平滑度。

【刷子工具】的绘制方法和【铅笔工具】类似。它们最大的区别是刷子只能绘制色块，而【铅笔工具】绘制的是线条或者色块。

用户可以设置【刷子工具】的填充颜色，但无法设置其笔触颜色。

【刷子工具】对应的选项设置工具比较多，如下图所示。

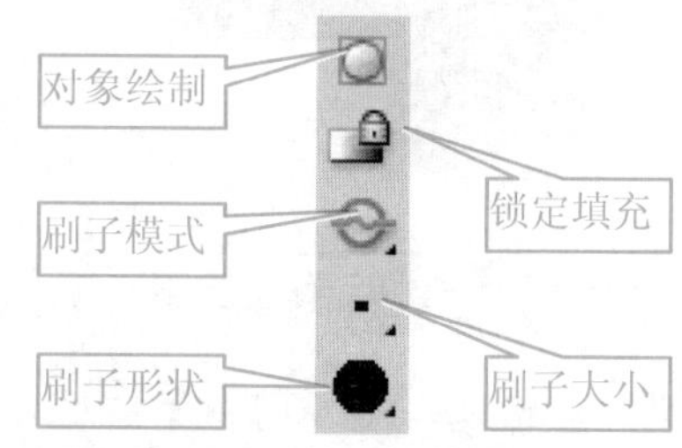

其中，各按钮的具体含义分别如下。

1) 【对象绘制】按钮

单击【对象绘制】按钮，将切换到对象绘制模式。在该模式下绘制的色块是独立的对象，即使和之前绘制的色块重叠，也不会自动合并。

2) 【锁定填充】按钮

当使用渐变色作为填充色时，在【刷子工具】的选项设置工具中，单击【锁定填充】按钮，可以锁定上一个笔触的颜色变化规律，作为当前笔触对该区域的色彩变化。另外，该按钮还可以锁定渐变色或位图填充。

3) 【刷子模式】按钮

单击【刷子模式】按钮，在弹出的下拉列表中有 5 个选项，如下图所示。

如果绘制的是多边形，则在【星形顶点大小】文本框中尽量保持默认设置(即数值为 0.50)，因为它对绘制的多边形的形状和角度都不会有影响。

标准绘画
颜料填充
后面绘画
颜料选择
内部绘画

❖ 【标准绘画】：在该模式下，新绘制的线条将覆盖同一图层中原有的图形，但是不会影响文本对象。

❖ 【颜料填充】：在该模式下，只能在空白区域和已有矢量色块的填充区域内绘图，但不会影响矢量线的颜色。

❖ 【后面绘画】：在该模式下，只能在空白区域绘图，不会对原有图形产生影响，只是在原有图形的后面穿过。

❖ 【颜料选择】：在该模式下，可以将新的填充应用到选区中。

❖ 【内部绘画】：在该模式下，如果刷子的起点位于图形的内部，只能在图形的内部绘制图形；如果刷子的起点位于图形之外的区域，在经过图形时，从图形后面穿过。

4) 【刷子大小】按钮

在【刷子工具】的选项设置工具中，单击【刷子大小】按钮，可弹出如下图所示的列表，用户可根据具体需要选择适当大小的刷子。

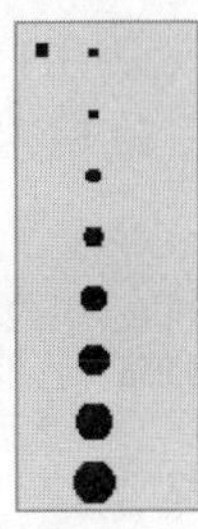

5) 【刷子形状】按钮

在【刷子工具】的选项设置工具中，单击【刷子形状】按钮，可弹出如下图所示的列表，用户可根据具体需要选择适当的刷子形状。

在不同的刷子模式下，使用【刷子工具】绘制图像的具体操作步骤如下。

操作步骤

1. 首先使用【多角星形工具】在舞台上绘制一个八角形，如下图所示。

2. 单击工具箱中的【刷子工具】按钮，设置合适的刷子大小和形状，并设置【填充颜色】为红色。单击【刷子模式】按钮，在弹出的下拉列表中选择【标准绘画】选项，在八角形上涂抹，得到如下图所示的效果。

提示

使用【标准绘画】模式涂抹图形时，会在笔触的最后一笔上显示出矩形框以供调节。

3. 单击【刷子模式】按钮，在弹出的下拉列表中选择【颜料填充】选项，在八角形上涂抹，得到如下图所示的效果。

提示

使用【颜料填充】模式涂抹图形时，则直接用颜色填充涂抹的部分。

4. 单击【刷子模式】按钮，在弹出的下拉列表中选择【后面绘画】选项，在八角形上涂抹，得到如下图所示的效果。

【刷子工具】可以为任意区域和图形填充颜色，它比较适合对填充精确度要求不高的区域或图形。

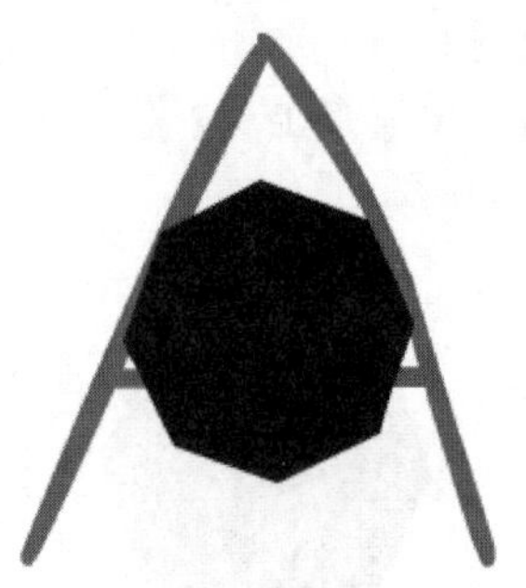

❺ 单击【刷子模式】按钮，在弹出的下拉列表中选择【颜料选择】选项，在八角形上涂抹，得到的效果和步骤 1 中的效果一样，如下图所示。

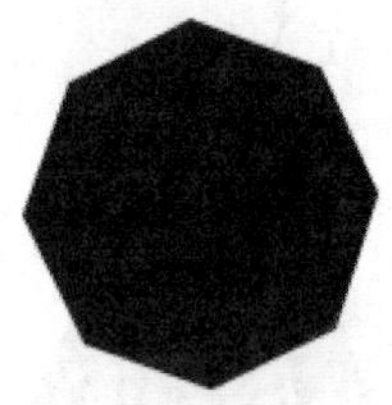

❻ 单击【刷子模式】按钮，在弹出的下拉列表中选择【内部绘画】选项，在八角形上涂抹，得到如下图所示的效果。

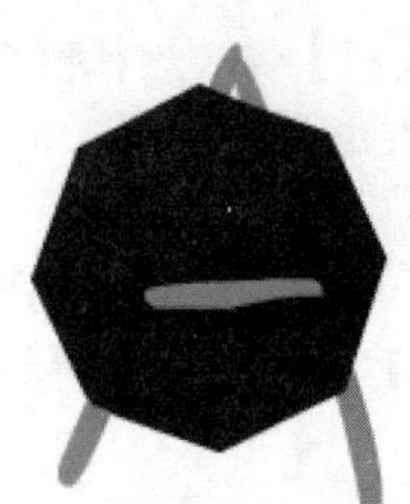

提示

使用【内部绘画】模式涂抹图形时，当起始点在图形外时，显示外部效果，忽略内部效果；而当起始点在图形内部时，则只显示内部的效果，忽略外部效果。该模式正好与【外部绘画】模式相反。

2.4.5 Deco 工具

使用【Deco 工具】可以将创建的图形形状转变为复杂的几何图案。【Deco 工具】使用算术计算(称为过程绘图)并应用于库中创建的影片剪辑或图形元件。这样，用户就可以使用任何图形形状或对象创建复杂的图案。它可以将一个或多个元件与【Deco 工具】一起使用以创建万花筒效果，丰富 Flash 的绘画表现力。

在工具箱中单击【Deco 工具】按钮，然后将光标移动到舞台上，当光标变成形状后，即可使用【Deco 工具】绘制图形。

【Deco 工具】的默认【属性】面板如下图所示。

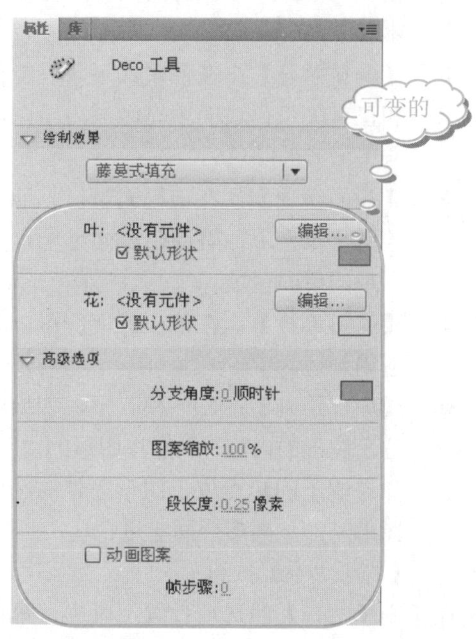

在【绘制效果】选项组下，从其下拉列表框中可以选择【Deco 工具】的绘制效果。除了默认的【藤蔓式填充】效果外，Flash CS4 还为用户提供了【网格填充】和【对称刷子】绘制效果，如下图所示。

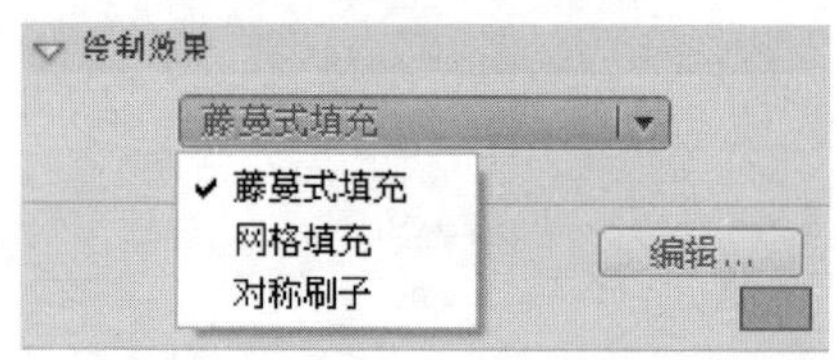

不同的绘制效果对应着不同的填充选项。下面将分别介绍各种填充效果对应的选项。

1. 藤蔓式填充

【藤蔓式填充】效果对应的【高级选项】选项组设置如下图所示。

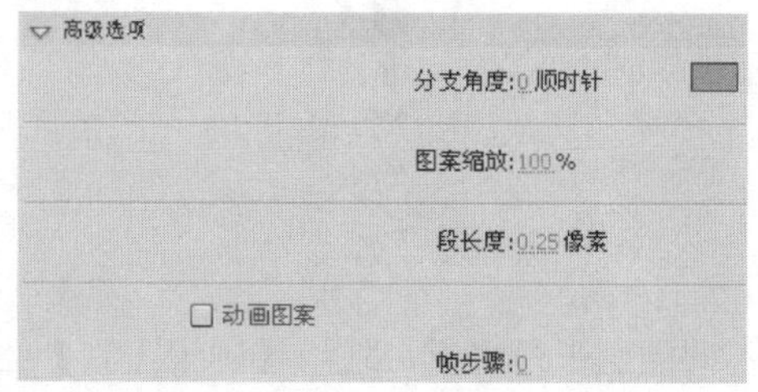

其中，各参数的含义分别如下。

在使用【藤蔓式】效果为元件、图形等应用填充效果时，应先进行相关属性的设置，再进行填充，否则填充效果一旦完成，就无法通过【属性】面板中的【高级选项】设置来更改填充图案。

- ❖ 【分支角度】：指定分支图案的角度。
- ❖ 【分支颜色】：指定分支图案的颜色。
- ❖ 【图案缩放】：对图案进行放大或缩小操作。
- ❖ 【段长度】：指定叶子节点和花朵节点之间的距离。
- ❖ 【动画图案】：选中该复选框后，将指定效果的每次迭代都绘制到时间轴的新帧中。在绘制花朵图案时，此选项将创建花朵图案的逐帧动画序列。
- ❖ 【帧步骤】：指定绘制效果时，每秒要横跨的帧数。

使用【藤蔓式填充】效果，可以用藤蔓式图案填充舞台、元件或封闭区域，具体操作步骤如下。

操作步骤

1. 在工具箱中单击【Deco 工具】按钮，将【绘制效果】设置为【藤蔓式填充】选项。
2. 在舞台的适当位置单击，此时将会生成藤蔓式填充图案。如果想停止绘制，只要在舞台的空白处单击即可，如下图所示。

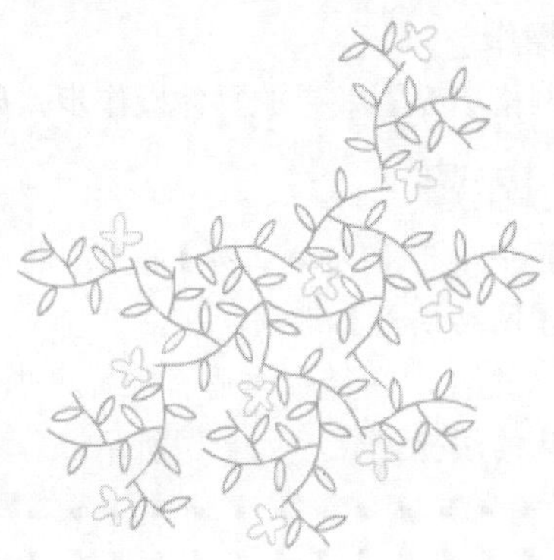

3. 如果不停止操作，【Deco 工具】将一直填充藤蔓效果，直至填满整个舞台，如下图所示。

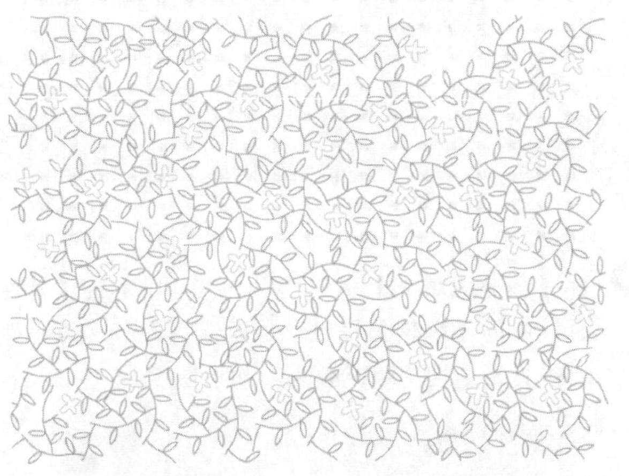

用户还可以使用自定义元件替代【藤蔓式填充】默认的【叶】和【花】参数，具体操作步骤如下。

操作步骤

1. 在工具箱中单击【Deco 工具】按钮，将【绘制效果】设置为【藤蔓式填充】选项。
2. 在菜单栏中选择【文件】|【导入】|【导入到库】命令，打开【导入到库】对话框，选择文件（光盘：\图书素材\第 2 章\deco 实例.swf），并单击【打开】按钮，如下图所示。

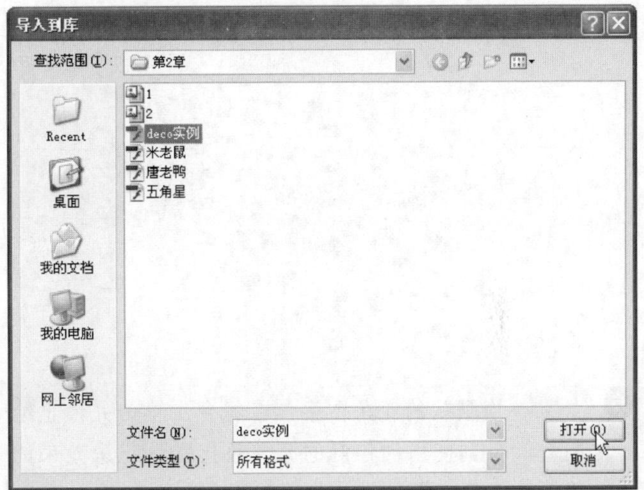

3. 在【Deco 工具】的【属性】面板中，单击【叶】选项右侧的【编辑】按钮，如下图所示。

4. 打开【交换元件】对话框，选择【deco 实例】元件，并单击【确定】按钮，如下图所示。

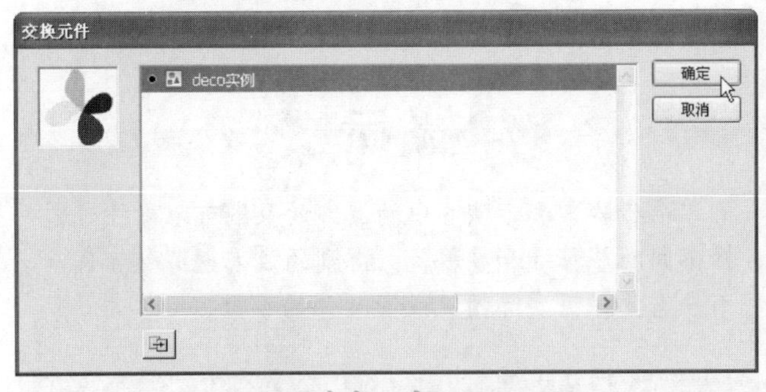

注意

在单击【编辑】按钮之前，应该先将元件导入到库中，否则会弹出警告窗口，提示库中没有任何元件可以执行当前动作，如下图所示。单击【确定】按钮，关闭该对话框后，即可将元件导入到库中继续操作。

【Deco 工具】是 Flash CS4 新增加的功能，能够轻松地将任何元件转换为即时设计工具。

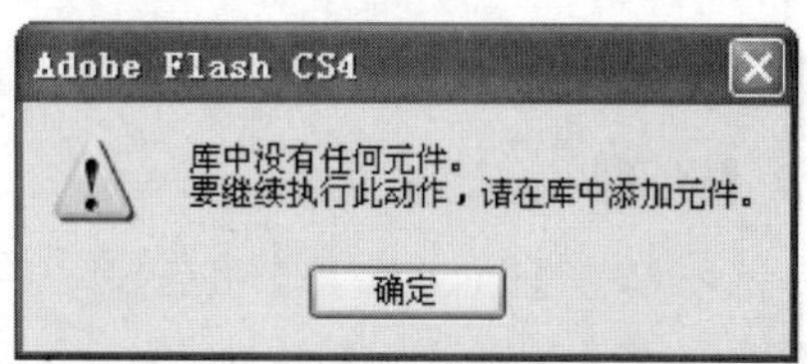

5 替换默认的叶子图案，在舞台上单击并停止绘制后，得到使用创作好的元件替代默认叶子效果的【藤蔓式填充】效果，如下图所示。

6 如果替换默认的花朵图案，在舞台上单击并停止绘制后，得到使用创作好的元件替代默认花朵效果的【藤蔓式填充】效果，如下图所示。

提示

由步骤 5 和步骤 6 中的最终效果图可以看出，选择不同的蔓藤叶和蔓藤花，得到的效果也截然不同。用户需要根据实际情况设置具体的参数。

2. 网格填充

【网格填充】效果可用于创建平铺背景或用自定义图案填充形状。

下图所示为选择【网格填充】绘制效果后【Deco 工具】的【属性】面板。

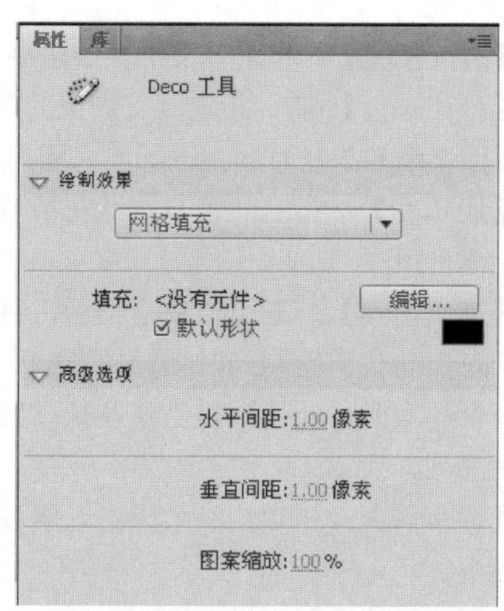

其中，【网格填充】对应的【高级选项】选项组设置中，各参数的含义分别如下。

- 【水平间距】：指定网格填充中所用形状之间的水平距离。
- 【垂直距离】：指定网格填充中所用形状之间的垂直距离。
- 【图案缩放】：其功能与【藤蔓式填充】下的【图案缩放】一样，可对图案进行放大或者缩小操作。

使用【网格填充】效果的具体操作步骤如下。

操作步骤

1 在工具箱中单击【Deco 工具】按钮，将【绘制效果】设置为【网格填充】选项。

2 使用默认设置，在舞台的适当位置单击，此时将会生成默认的填充元件，如下图所示。

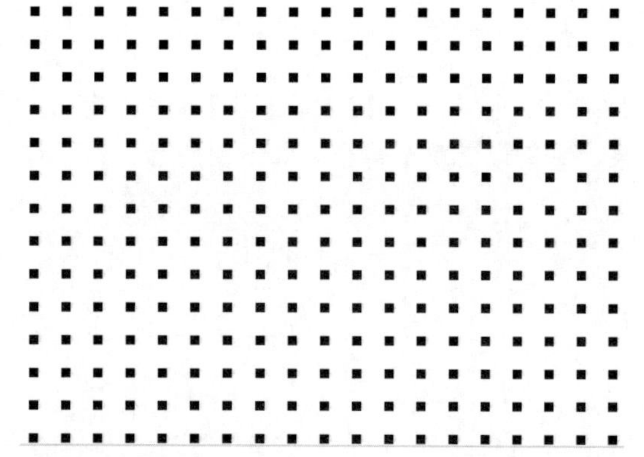

3 和【藤蔓式填充】相似，用户也可以单击【属性】面板中的【编辑】按钮，从而选择更丰富的元件来创作更富个性的填充效果，如下图所示。

4 在舞台的适当位置单击，此时将生成以导入元件为

使用【网格填充】效果保持默认设置绘制图形时，绘制的图案为 25 px × 25 px 大小，且无笔触的黑色矩形填充图案。

单位的矩形图案，如下图所示。

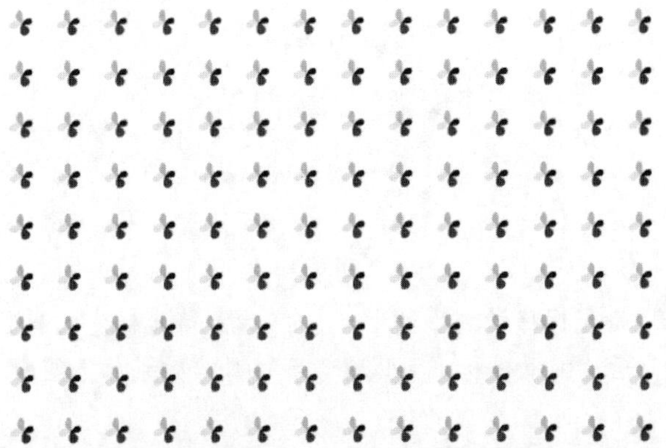

3. 对称刷子

【对称刷子】效果可用于创建对称图案，产生类似镜像的效果。下图所示为选择【对称刷子】后【Deco 工具】的【属性】面板。

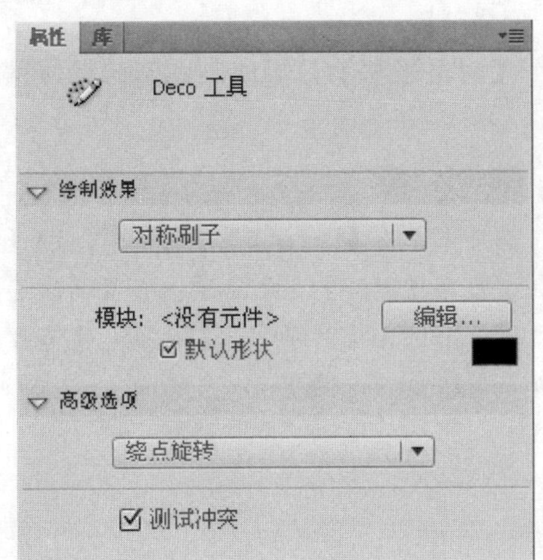

在该【属性】面板中，【高级选项】选项组中有一个下拉列表框，提供了4种对称方式，如下图所示。

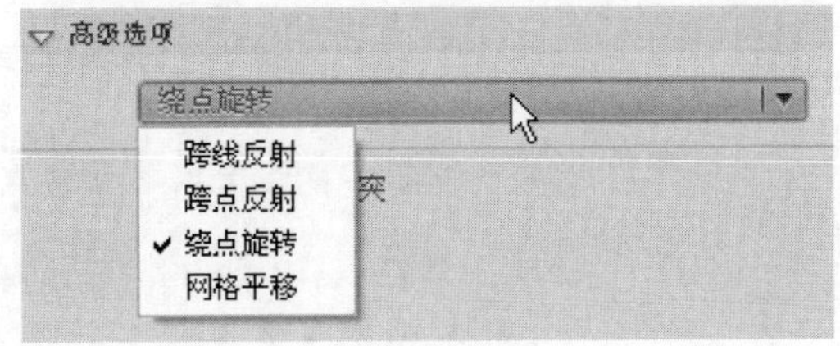

其中，各参数的含义分别如下。

❖ 【跨线反射】：以某条线为中心轴等距离反转形状。
❖ 【跨点反射】：以某固定点等距离放置形状。
❖ 【绕点旋转】：围绕某固定点旋转对称的形状。该选项为默认设置。
❖ 【网格平移】：使用按对称效果绘制的形状创建网格。

1) 跨线反射

使用【跨线反射】效果绘制图形的具体操作步骤如下。

操作步骤

❶ 在工具箱中单击【Deco 工具】按钮，将【绘制效果】设置为【对称刷子】。在【高级选项】下拉列表框中选择【跨线反射】选项，则舞台上会出现如下图所示的手柄。

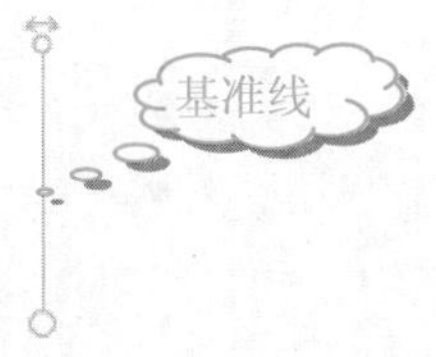

❷ 将光标移到想放置图形的位置，单击则会生成以这条线为中心轴的对称图形。这里，单击两次鼠标，出现了两对图形，如下图所示。

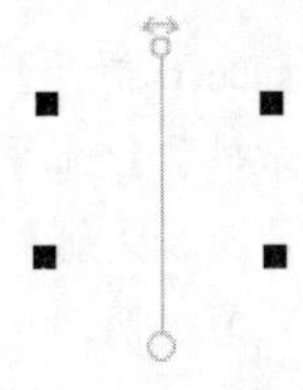

❸ 按下手柄上的控制点，当光标变成形状后，拖动鼠标向右旋转，填充的形状也将随之旋转，效果如下图所示。

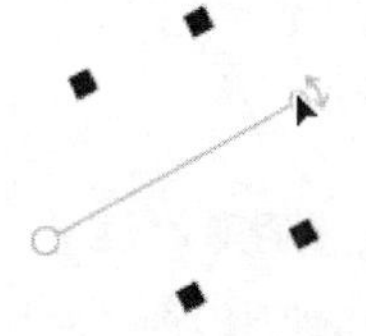

❹ 将光标移到手柄上的位置，当光标变成形状后，拖动鼠标，可以同时移动图形在舞台上的位置，且保持相对位置不变。

2) 跨点反射

使用【跨点反射】效果绘制图形的具体操作步骤如下。

操作步骤

❶ 在工具箱中单击【Deco 工具】按钮，将【绘制效果】设置为【对称刷子】选项。在【高级选项】下拉列表框中选择【跨点反射】选项，则舞台上会出

学以致用系列丛书

在【对称刷子】绘制效果下，创建的图形将以基准线或基准点为轴对称分布。

现如下图所示的一个空心圆。

❷ 将光标移到想放置图形的位置，单击则会生成以该空心圆为中心的对称图形。这里，单击两次鼠标，出现了两对图形，如下图所示。

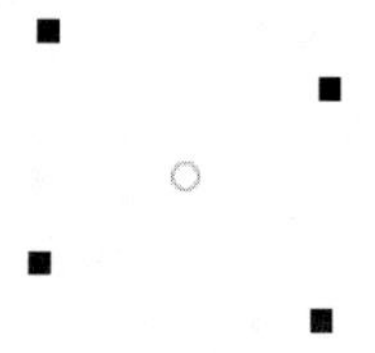

3) 绕点反射

使用【绕点反射】效果绘制图形的具体操作步骤如下。

操作步骤

❶ 在工具箱中单击【Deco 工具】按钮，将【绘制效果】设置为【对称刷子】选项。在【高级选项】下拉列表框中选择【绕点反射】选项，则舞台上会出现如下图所示的 V 型手柄。

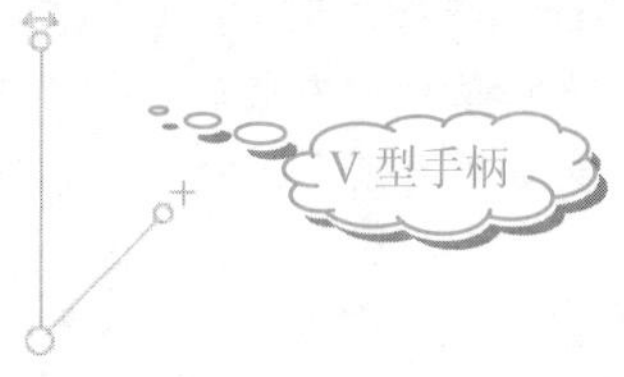

❷ 将光标移到想放置图形的位置，单击则会生成以该空心圆为中心环绕的图形，如下图所示。

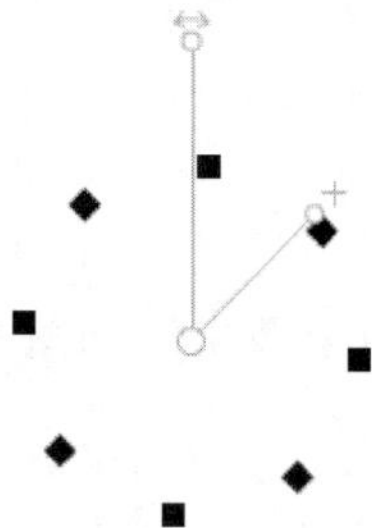

❸ 将光标移动到手柄上 的位置，待光标变成 形状后，拖动鼠标，则可以围绕对象的中心点旋转对象，如下图所示。

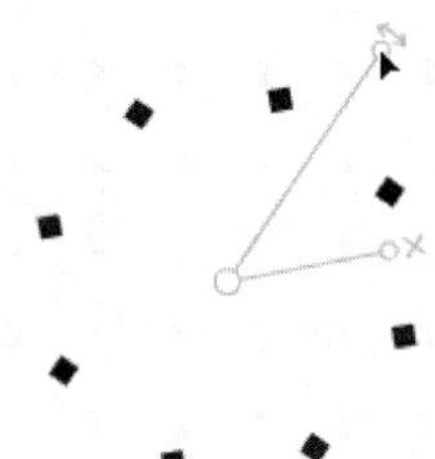

❹ 将光标移动到手柄上 的位置，待光标变成 形状后，拖动鼠标，可以修改元件数，效果如下图所示。

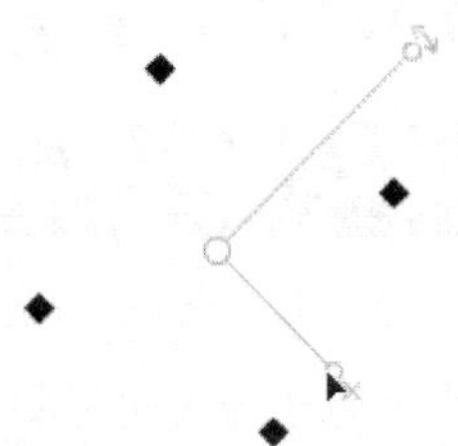

4) 网格平移

使用【网格平移】效果绘制图形的具体操作步骤如下。

操作步骤

❶ 在工具箱中单击【Deco 工具】按钮，将【绘制效果】设置为【对称刷子】选项。在【高级选项】下拉列表框中选择【网络平移】选项，则舞台上会出现如下图所示的手柄。

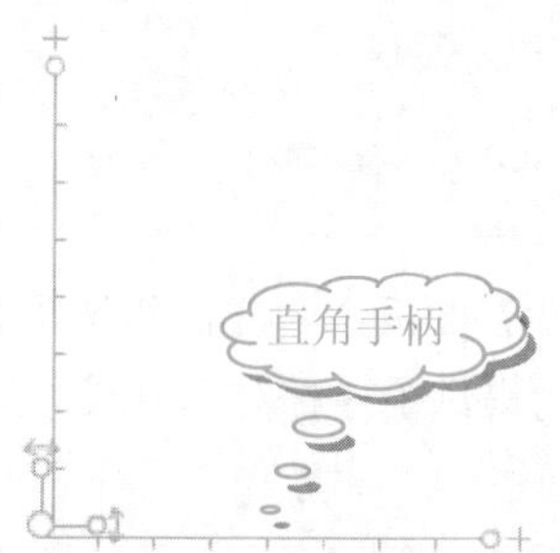

❷ 将光标移到想放置图形的位置，单击鼠标则会生成如下图所示的图形。

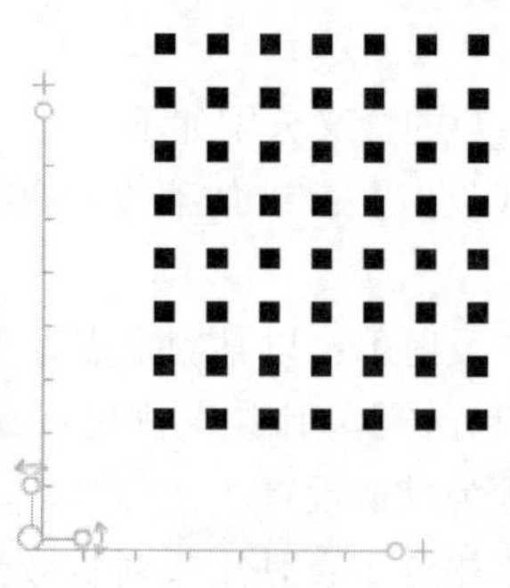

使用【网格填充】效果可创建棋盘图案、平铺背景或用自定义图案填充的区域或形状。将【网格填充】绘制到舞台后，如果移动填充元件或调整其大小，则网格填充将随之移动或调整大小。

❸ 将光标移动到手柄上 的位置，待光标变成 形状后，拖动鼠标，则可以改变图形的角度，如下图所示。

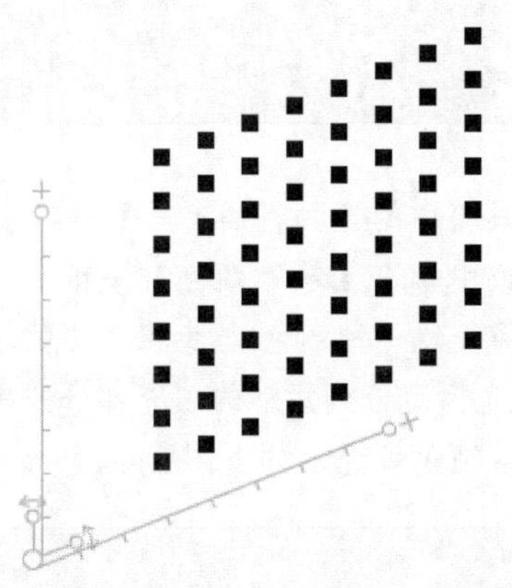

❹ 将光标移动到手柄上 的位置，待光标变成 形状后，拖动鼠标，则可以修改图形的行数或列数，得到的效果如下图所示。

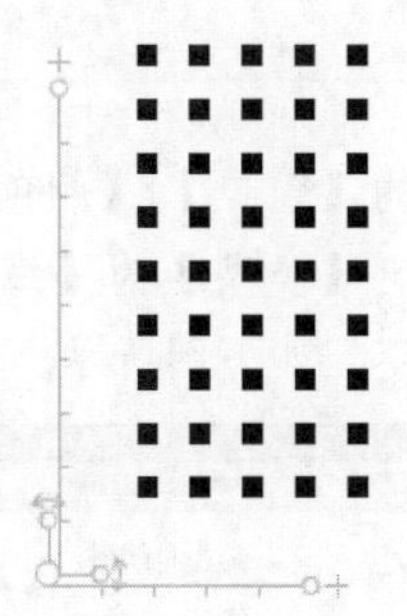

提示

【网格填充】和【对称刷子】类似，其默认元件也是 25 px × 25 px 大小，且无笔触的黑色矩形形状。用户可以单击【属性】面板中的【编辑】按钮，利用自定义元件创建相应的图案。下图所示为使用自定义图案在【绕点旋转】方式下的效果。

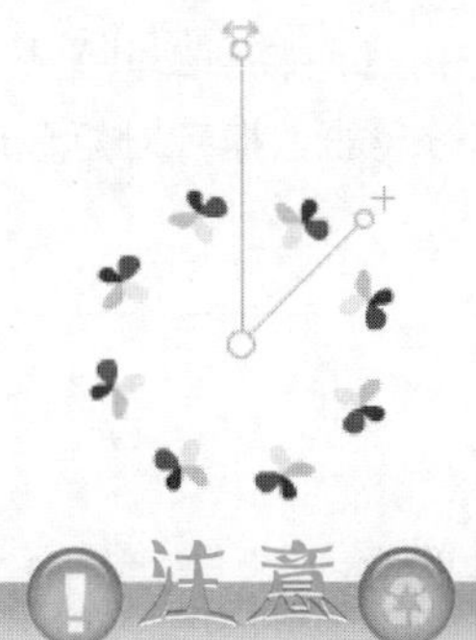

注意

在 Flash CS4 中【Deco 工具】没有选项设置工具可供选择。它只能通过【属性】面板设置属性。

2.4.6　橡皮擦工具

用户可以使用【橡皮擦工具】对图形中不满意的部分进行擦除。例如，擦除图形的外轮廓和填充颜色，以便重新对齐进行绘制。用户可以根据实际情况设置不同的模式来获得特殊的图形效果。

【橡皮擦工具】对应的选项设置工具包括【橡皮擦模式】、【水龙头】和【橡皮擦形状】3 个选项，如下图所示。

其中，各参数的含义分别如下。

1) 橡皮擦模式

单击【橡皮擦工具】对应的选项设置工具中的【橡皮擦模式】按钮，将弹出如下图所示的列表。

❖ 【标准擦除】：在该模式下，将擦除橡皮擦经过的所有区域。例如，擦除同一图层上的外轮廓线和填充。

❖ 【擦除填色】：在该模式下，只擦除图形的内部填充颜色，而对图形的外轮廓线不起作用。

❖ 【擦除线条】：在该模式下，只擦除图形的外部轮廓线，而对图形的内部填充颜色不起作用。

❖ 【擦除所选填充】：在该模式下，只擦除图形中事先选中的内部区域，其他没有被选中的区域不会被擦除。而且，无论边框是否被选择，都不会被擦除。

❖ 【内部擦除】：在该模式下，只有将填充内部作为擦除的起点才有效。如果擦除的起点是图形外部，则不起任何作用。

2) 水龙头

【水龙头】选项用于快速删除笔触段或填充区域。

3) 橡皮擦形状

单击【橡皮擦工具】对应的选项设置工具中的【橡皮擦形状】按钮，可弹出如下图所示的列表，用户可根据具体需要选择适当的橡皮擦形状。

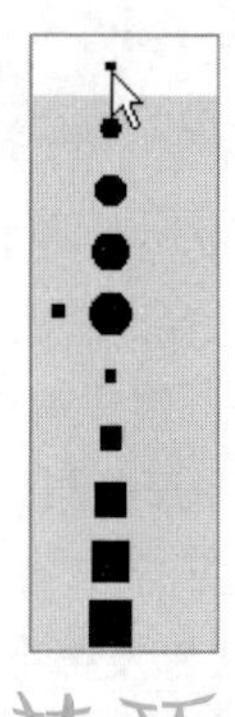

技巧

如果用户想擦除舞台上的所有对象，可直接在工具箱中双击【橡皮擦工具】按钮。

2.5 使用色彩工具进行填充

在 Flash CS4 中，提供了多种色彩工具，如【颜料桶工具】、【墨水瓶工具】、【滴管工具】和【渐变变形工具】，它们均可以为图形填充颜色，加强 Flash CS4 图形的表现力。

2.5.1 颜料桶工具

【颜料桶工具】主要用于填充封闭区域的图形。单击工具箱中的【颜料桶工具】按钮后，其【属性】面板如下图所示。

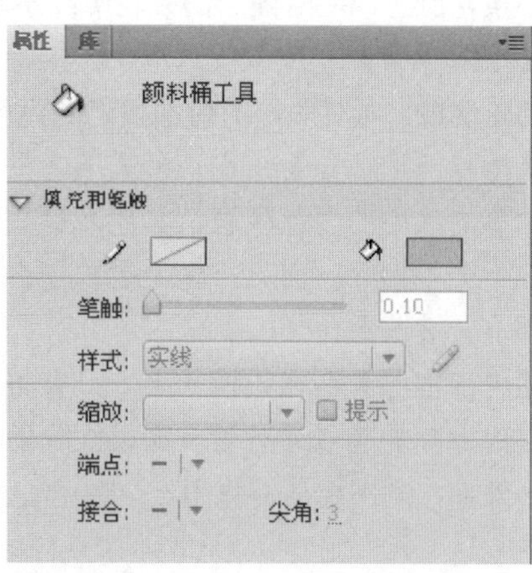

使用【颜料桶工具】填充图形的具体操作步骤如下。

操作步骤

1. 单击工具箱中的【矩形工具】按钮，在舞台上绘制一个蓝色的矩形，如下图所示。

2. 单击工具箱中的【颜料桶工具】按钮，在其【属性】面板中单击【笔触颜色】按钮，从弹出的调色板中选择任意一种颜色(与步骤 1 中的填充色相异即可)。将光标定位到矩形的填充部分并单击，即可对矩形进行纯色填充，如下图所示。

3. 选择菜单栏中的【窗口】|【颜色】命令，打开【颜色】面板，设置【类型】为【线性】，【颜色】为黄色到白色渐变，如下图所示。

颜色

类型: 线性

溢出:

线性 RGB

红: 255

绿: 255

蓝: 0

Alpha: 100%

#FFFF00

4. 单击工具箱中的【颜料桶工具】按钮，将光标移到矩形的填充部分单击，即可对矩形进行渐变色填充，如下图所示。

学以致用系列丛书

长见识：使用【颜料桶工具】时，在其【属性】面板中单击【填充颜色】按钮，在弹出的调色板中除了可以选择线性渐变填充外，还可以选择放射渐变填充中的一种颜色，对图形进行放射性渐变填充。

❺ 在【颜色】面板中选择【位图】类型，Flash CS4 将自动弹出【导入到库】对话框，如下图所示。指定要作为填充的图形的路径，并选择图像文件"2"，再单击【打开】按钮。

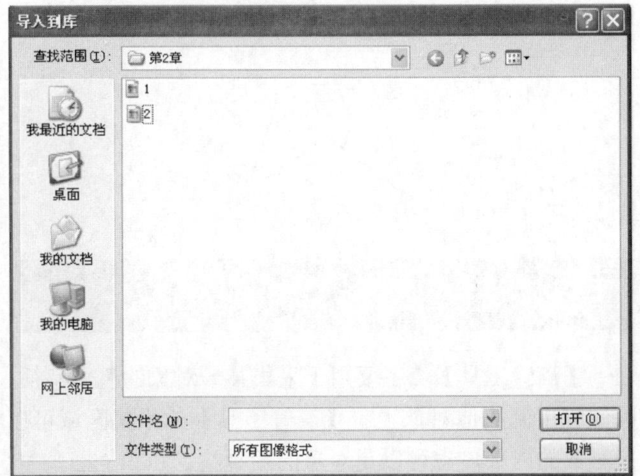

❻ 使用【颜料桶工具】将光标移动到矩形的填充部分单击，即可对矩形进行位图填充，如下图所示。

单击【颜料桶工具】按钮后，其对应的选项设置工具中包括【空隙大小】和【锁定填充】两个选项，如下图所示。

如果单击【空隙大小】按钮，可以为一些没有完全封闭的图形区域填充颜色，而且确保颜色在封闭区域的内部。单击【空隙大小】按钮后，将弹出有 4 个选项的列表，如下图所示。

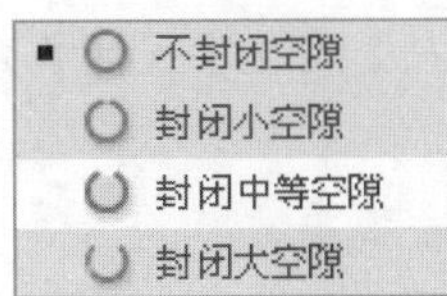

❖ 【不封闭空隙】：选择该选项后，Flash CS4 不会自动封闭所选区域的任何空隙。所以，所选区域的所有未封闭的曲线内将不会被填充。

❖ 【封闭小空隙】：选择该选项后，Flash CS4 会自动封闭所选区域的小空隙。即使填充区域不是完全封闭的，Flash CS4 也会近似地判断为完全封闭而进行填充。

❖ 【封闭中等空隙】：选择该选项后，Flash CS4 会自动封闭所选区域的中等空隙。即使填充区域不是完全封闭的，Flash CS4 也会近似地判断为完全封闭而进行填充。

❖ 【封闭大空隙】：选择该选项后，Flash CS4 会自动封闭所选区域的大空隙。即使填充区域不是完全封闭的，Flash CS4 也会近似地判断为完全封闭而进行填充。

用户在选择适当的选项及填充颜色之后，只需在相关区域中单击即可完成颜色的填充。

如果在【颜料桶工具】的选项设置工具中单击【锁定填充】按钮，则可以让填充的颜色相对于舞台锁定，从而不可再修改填充颜色。

2.5.2　墨水瓶工具

使用【墨水瓶工具】不仅可以为矢量线段填充颜色，还可以为填充色块加上边框。不过，使用【墨水瓶工具】不能对矢量色块填充颜色。

单击工具箱中的【颜料桶工具】按钮，在弹出的下拉列表中选择【墨水瓶工具】选项后，其【属性】面板如下图所示。

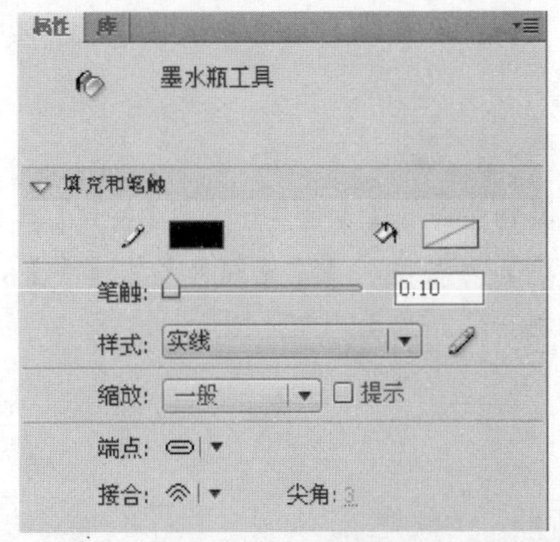

1. 添加笔触

当绘制的图形没有笔触时，用户可以用【墨水瓶工具】为图形添加有色笔触，具体操作步骤如下。

操作步骤

❶ 在工具箱中单击【墨水瓶工具】按钮，在其【属性】面板中设置笔触的颜色、笔触大小和笔触样式，如下图所示(这里设置【笔触颜色】为黑色，【笔触】为 5.00，【样式】为【虚线】)。

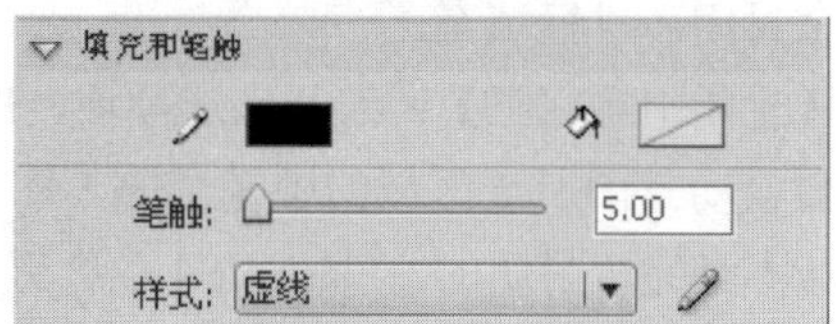

❷ 将光标移到要添加轮廓线的图形边缘，如下图所示(此例中以一个无笔触的红色圆形为例)。

❸ 单击鼠标，即可为该圆形添加相应样式的轮廓线，效果如下图所示。

2. 给笔触更换颜色

当绘制的图形边缘的笔触颜色不符合要求时，用户可以使用【墨水瓶工具】为笔触更换颜色，具体操作步骤如下。

操作步骤

❶ 在工具箱中单击【多角星形工具】按钮，设置【笔触颜色】为黑色，【填充颜色】为【无】，在舞台上绘制一个五角星，如下图所示。

❷ 在工具箱中单击【墨水瓶工具】按钮，在其【属性】面板中设置【笔触颜色】为红色，然后在五角星上单击即可更换笔触颜色。效果如下图所示。

2.5.3 滴管工具

【滴管工具】主要用于采集某一对象的色彩特征，以便应用到其他对象上。【滴管工具】的采集区域可以是对象的内部，也可以是对象的轮廓线。

如果采集区域是对象的内部，滴管的光标附近将出现画笔标志。单击采集颜色后，光标将变成颜料桶形状，【颜料桶工具】当前的颜色就是所采集的颜色。下图所示为采集对象内部颜色前后的光标状态对比。

如果采集区域是对象的轮廓线，滴管的光标附近就会出现铅笔标志。单击采集颜色后，光标将变成墨水瓶形状，【墨水瓶工具】当前的颜色就是所采集的颜色。下图所示为采集对象轮廓线颜色前后的光标状态对比。

对于大小、颜色、字体等属性不相同的文字，要想使它们具有相同的颜色属性，除了可以对字体的属性重新设置外，还可以使用【滴管工具】将其中一种字体的属性应用到其他的文字上(文本的具体设置将在第 3 章中重点介绍，这里就不再赘述)。

使用【滴管工具】对文字采样填充的具体操作步骤如下。

操作步骤

❶ 在工具箱中单击【文本工具】按钮，设置不同的属性参数，然后在舞台上输入文本，如下图所示。

在 Flash CS4 中，利用【墨水瓶工具】更改线条或轮廓线的颜色时，只能应用纯色。

滴管工具

❷ 在工具箱中单击【选择工具】按钮，选中文字，如下图所示。

❸ 在工具箱中单击【滴管工具】按钮，将光标移动到“滴管”文字上，此时光标变成了如下图所示的形状。

滴管工具

❹ 在“管”字上单击，则“滴管”文字的颜色也变成了和“工具”文字一样的颜色，如下图所示。

滴管工具

注意

在 Flash CS4 中，使用【滴管工具】对文字进行采样填充时，只能更换文字的颜色，而不能更改文字的字体和大小。

提示

【滴管工具】不仅可以吸取 Flash CS4 本身创建的矢量色块和矢量线条，还能吸取从外部导入的图片作为填充内容。只不过，在吸取位图时，必须先将位图分离后，才能吸取图案。

2.5.4　渐变变形工具

【渐变变形工具】主要用于调整填充的渐变色。它可以调整渐变色的方向、范围和角度等，从而使图形的填充效果更加符合要求。

单击工具箱中的【任意变形工具】按钮，在其下拉列表框中选择【渐变变形工具】选项，即可调整填充的渐变色。使用【渐变变形工具】调整线性渐变和放射性渐变的方法有所不同，下面将分别进行介绍。

1. 线性渐变

使用【渐变变形工具】调整线性渐变的具体操作步骤如下。

操作步骤

❶ 在工具箱中单击【矩形工具】按钮，在舞台上绘制一个线性渐变矩形。然后在工具箱中单击【渐变变形工具】按钮，再在矩形上单击，将显示出控制柄，如下图所示。

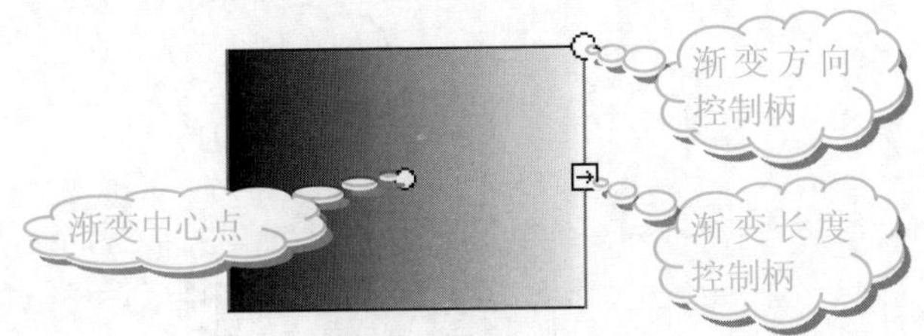

❷ 按住渐变中心点并拖动，则可以移动对象中渐变的整体位置，如下图所示。

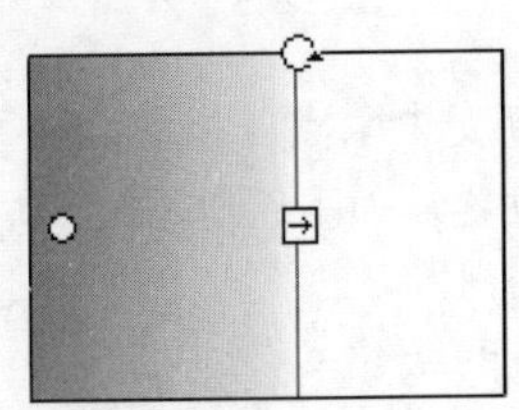

❸ 如果将光标定位到渐变长度控制柄上，光标会变成↔形状。此时，按住渐变长度控制柄并拖动，可以调整渐变长度，如下图所示。

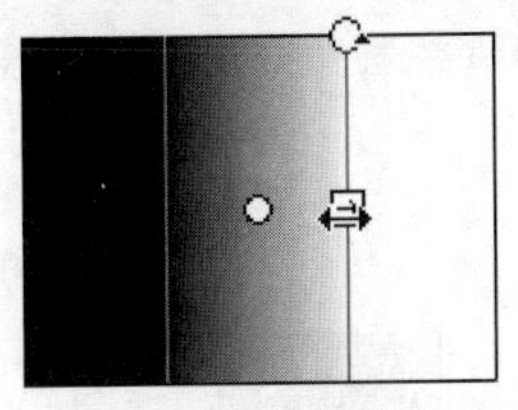

❹ 如果将光标放在渐变方向控制柄上，光标会变成形状。此时，按住渐变方向控制柄并拖动，可以调整渐变方向，如下图所示。

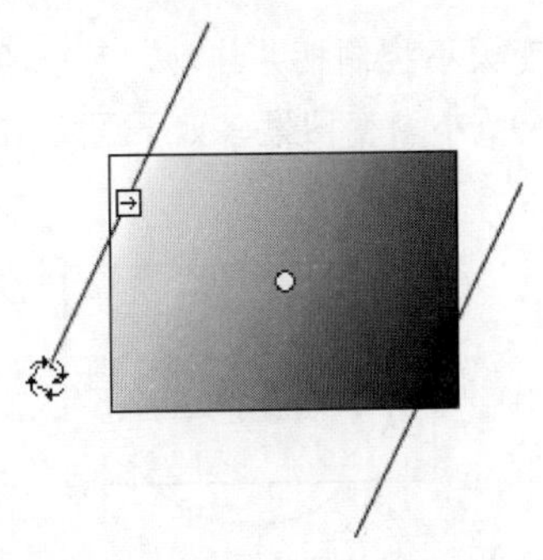

学以致用系列丛书

在 Flash CS4 中，最多可以对一个渐变添加 15 种颜色。

2. 放射状渐变

使用【渐变变形工具】调整放射性渐变的具体操作步骤如下。

操作步骤

1. 在工具箱中单击【矩形工具】按钮，在舞台上绘制放射性渐变的矩形。然后在工具箱中单击【渐变变形工具】按钮后，再在矩形上单击，会出现如下图所示的控制柄。

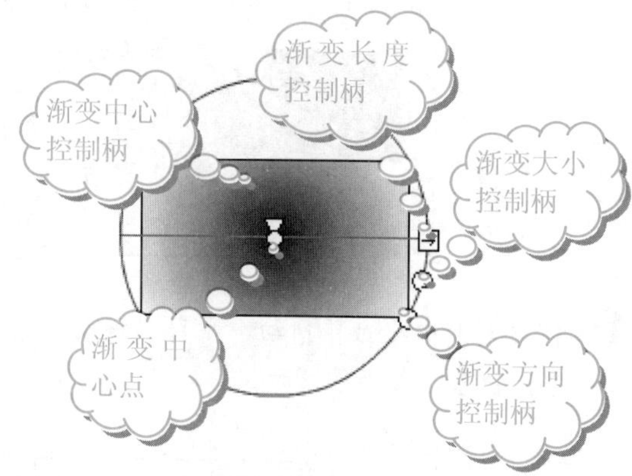

2. 按住渐变中心点并拖动，则可以移动对象中渐变的整体位置，如下图所示。

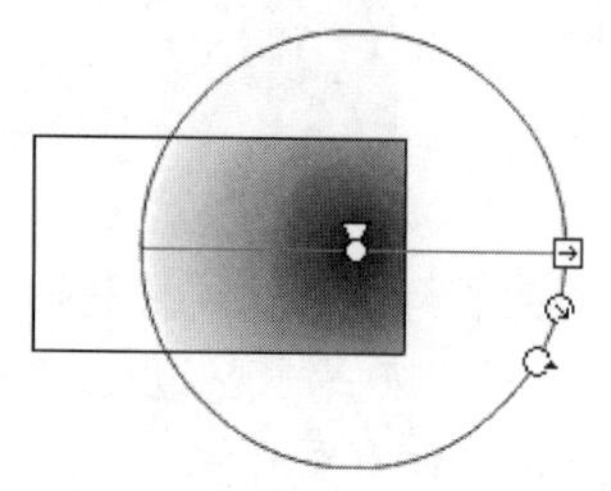

3. 按住渐变中心控制柄并拖动，将移动渐变中心点，如下图所示。

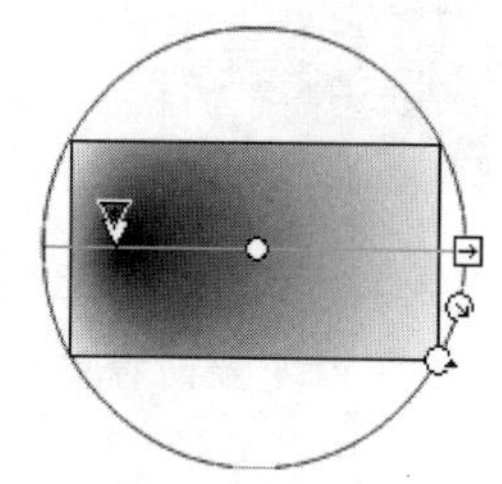

4. 按住渐变大小控制柄并拖动，可以沿渐变中心点位置增大或减小渐变图案，如下图所示。

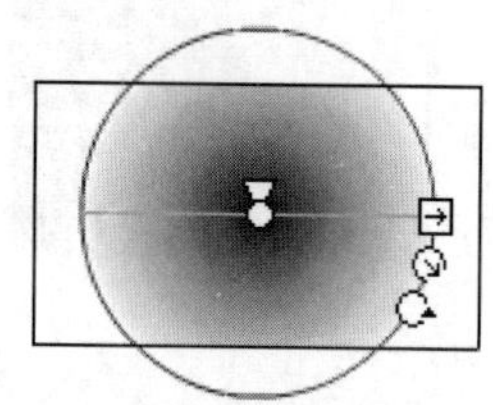

提示

渐变长度控制柄和渐变方向控制柄的使用方法与线性渐变中心控制柄的使用方法类似，这里不再赘述。

2.5.5 【颜色】面板

Flash CS4 中设有专门调节颜色的面板，即【颜色】面板，使用它用户可以更方便地选择或调试出需要的颜色。

选择菜单栏中的【窗口】|【颜色】命令，即可打开【颜色】面板，如下图所示。

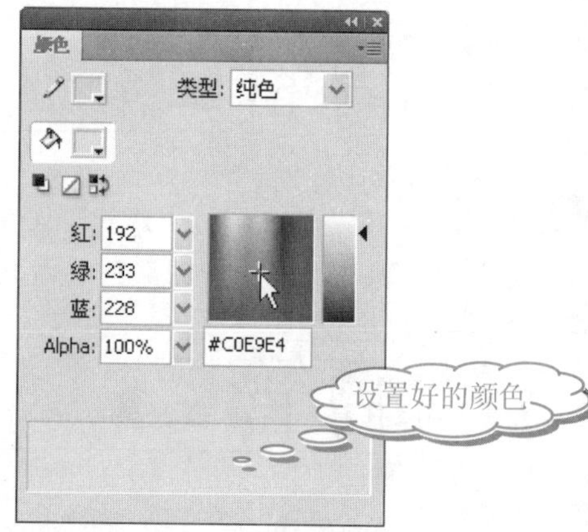

【颜色】面板为用户提供了丰富的颜色，可大大增强图形的表现力。

1) 自定义颜色

用户可以通过在【颜色】面板中的 RGB(红、绿、蓝)三原色文本框中输入数值来定义颜色，并通过更改 Alpha 值来更改颜色的透明度；或者单击【笔触颜色】或【填充颜色】按钮，打开如下图所示的调色板，在颜色色块上单击吸取适当的颜色。

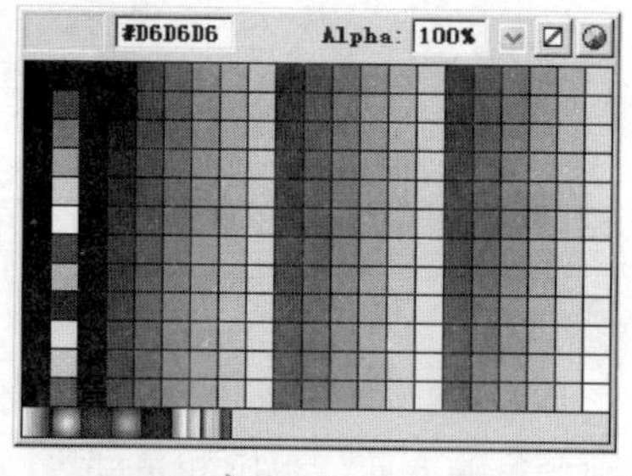

技巧

单击调色板上的【无】按钮，可以将颜色设置为无；单击【颜色】按钮，可以打开【颜色】对话框进行颜色的设置，如下图所示。

长见识：在【颜色】面板中，单击【黑白】按钮，表示使用黑白渐变；单击【无】按钮，表示不使用渐变，相当于在【类型】下拉列表框中选择【无】选项；单击【交换颜色】按钮，表示交换当前的笔触颜色和填充颜色。

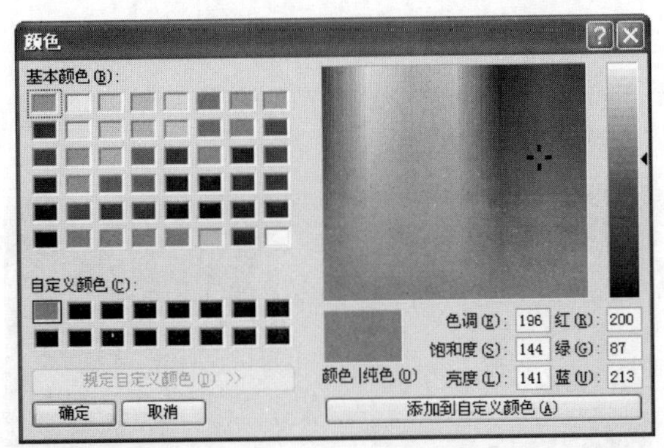

在【颜色】对话框中，用户可以通过对具体参数的设置自定义一种颜色。然后，单击【添加到自定义颜色】按钮，就可以将自定义的颜色添加到【自定义颜色】区域中。最后，单击【确定】按钮，即可使用该颜色。

2) 渐变色

在【颜色】面板中提供了 7 种渐变色类型。如果仍不能满足用户的需求，可在【颜色】面板中，通过如下步骤定义新的渐变色。

操作步骤

❶ 在【颜色】面板中的【类型】下拉列表框中选择一种渐变类型，这里以【线性】为例。在【颜色】面板下方将出现 2 个色标和 1 个颜色条，如下图所示。

❷ 单击色标，设置滑块所在位置的颜色，即可创建新的渐变颜色，如下图所示。

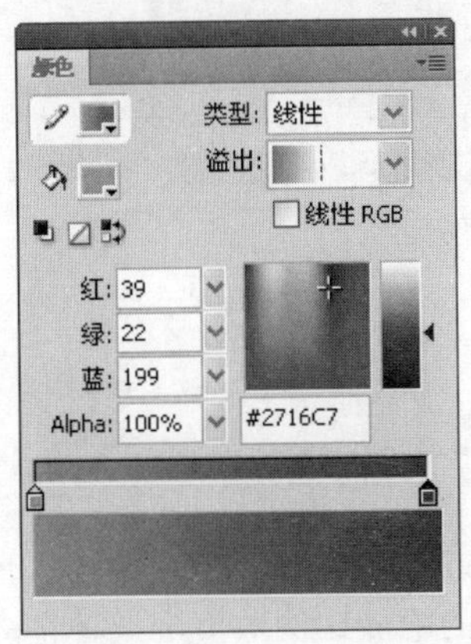

❸ 如果要增加更多的色标以调整渐变色的渐变宽度，可在颜色条下方的任意位置单击，以创建新的色标，然后定义该色标处的颜色即可，如下图所示。

❹ 如果要删除渐变色中的某种颜色，单击该颜色的色标并将其拖离颜色条即可。

❺ 设置好渐变色后，单击【颜色】面板右上角的菜单项按钮，在弹出的下拉菜单中选择【添加样本】命令，创建的渐变色即可添加到预设颜色库中。

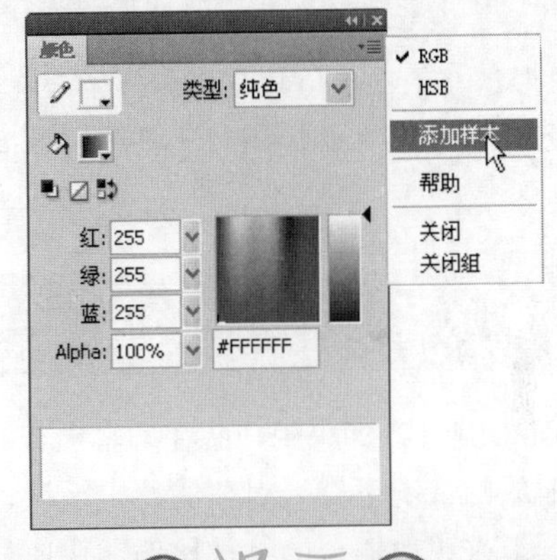

提示

在【颜色】面板中的【类型】下拉列表框中选择【位图】选项，可以弹出【导入到库】对话框，选择需要的位图图像，如下图所示。

学以致用系列丛书

在为图形填充纯色时，通常使用工具箱中的【颜料桶工具】及其【属性】面板，但是如果要为图形填充渐变色，则可以使用【颜色】面板来实现。

2.6 使用辅助工具

用户在绘图过程中，除了经常使用上述介绍的绘图工具外，还经常要用到一些辅助绘图工具，如【手形工具】和【缩放工具】。

2.6.1 手形工具

当放大了舞台后，用户可能就无法看到整个舞台上的内容，而使用【手形工具】，可以方便地移动场景所显示的内容。它最大的特点就是不必更改舞台的缩放比例即可更改视图范围。

移动舞台的方法很简单，只要在工具箱中单击【手形工具】，将光标移动到舞台中，当光标变成形状时，按住鼠标左键不放并向需要显示内容的相反方向拖动，即可移动舞台在场景中的位置。

提示

【手形工具】移动的只是场景的显示空间，而场景中所有对象的实际坐标相对于其他对象的坐标并不会发生改变。

2.6.2 缩放工具

在 Flash CS4 中，如果用户想在屏幕上查看整个舞台或者在高缩放的情况下查看对象的特定区域，可以使用【缩放工具】来更改舞台的缩放比例，快速放大或缩小场景视图。场景的最大缩放比例取决于所使用的计算机的显示器分辨率和创建的 Flash 文档大小。

单击工具箱中的【缩放工具】按钮，其选项设置工具中包括两个按钮，分别用于放大或缩小场景视图，如下图所示。

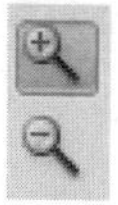

❖ 单击【放大】按钮后，当用户在工作区中单击时，会使舞台放大为原来的两倍。

❖ 单击【缩小】按钮后，当用户在工作区中单击时，会使舞台缩小为原来的二分之一。

使用【缩放工具】放大和缩小图像的具体操作步骤如下。

操作步骤

1. 打开素材文件(光盘:\图书素材\第 2 章\3.jpg)，以 20%缩放比例显示图像，如下图所示。

2. 单击工具箱中的【缩放工具】按钮，在舞台上单击使图像以 100%的缩放比例显示，得到的效果如下图所示。

除此之外，还有以下几种缩放场景的方法。

❖ 要放大对象的特定区域时，可以使用【缩放工具】，按住鼠标左键不放，在需要查看的区域上拖出一个矩形选取框以放大舞台。

❖ 选择【视图】|【缩放比率】命令，在弹出的子菜单中选择相应的命令改变舞台的大小，如下图所示。

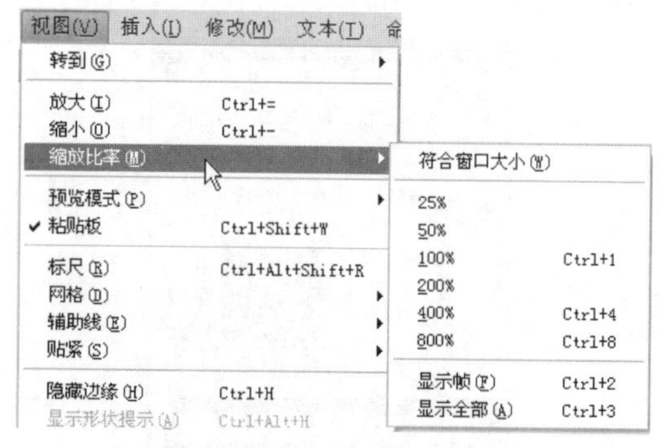

❖ 在舞台右上角的 100% 下拉列表框中选择相应的缩放比例数值，或者直接在文本框中输

长见识：在 Flash CS4 绘图过程中，无论目前使用的是什么工具，只要按住键盘上的空格键，即可将当前工具切换到【手形工具】。

入数值。

❖ 按 Ctrl+“＋”组合键可放大舞台，按 Ctrl+“－”组合键可缩小舞台。

2.7 绘制米老鼠头像

下面通过绘制米老鼠头像来熟悉本章所学的绘图工具和色彩工具的使用方法。

操作步骤

❶ 打开 Flash CS4 程序，选择菜单栏中的【文件】|【新建】命令，在弹出的【新建文档】对话框中选择【Flash 文件(ActionScript 3.0)】选项，并单击【确定】按钮，新建一个文档，如下图所示。

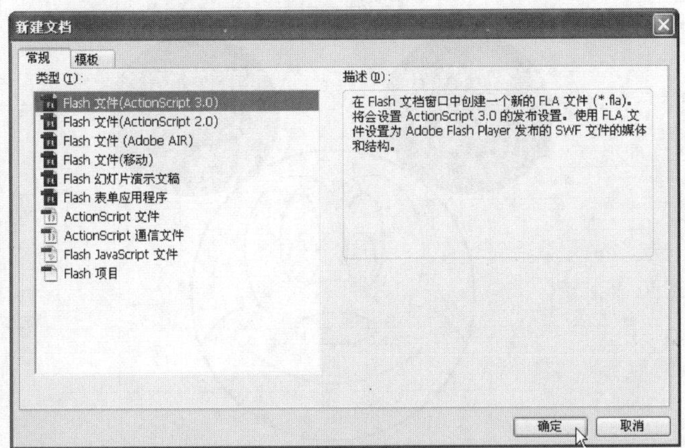

❷ 单击【视图】|【网格】|【显示网格】命令，将网格显示出来，如下图所示(用户可根据操作习惯修改网格的大小)。

❸ 在工具箱中单击【椭圆工具】按钮，设置【笔触颜色】为黑色，【填充颜色】为【无】，按住 Shift 键，在舞台上绘制一个圆形，作为米老鼠的脸部轮廓，如下图所示。

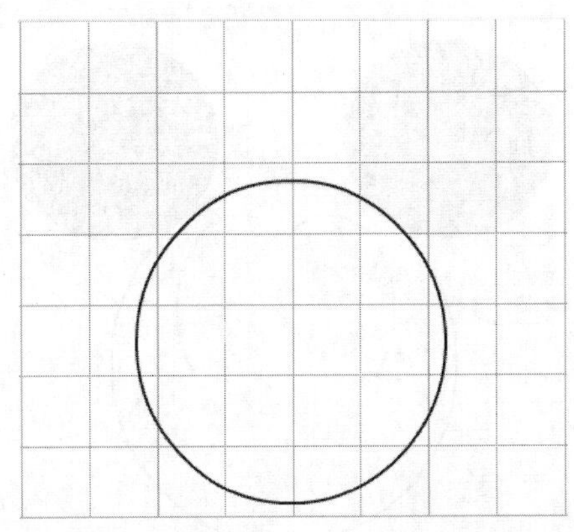

❹ 单击工具箱中的【交换颜色】按钮，即可设置【笔触颜色】为【无】，【填充颜色】为黑色。在舞台上绘制两个椭圆，调整它们的位置，作为米老鼠的两个耳朵，如下图所示。

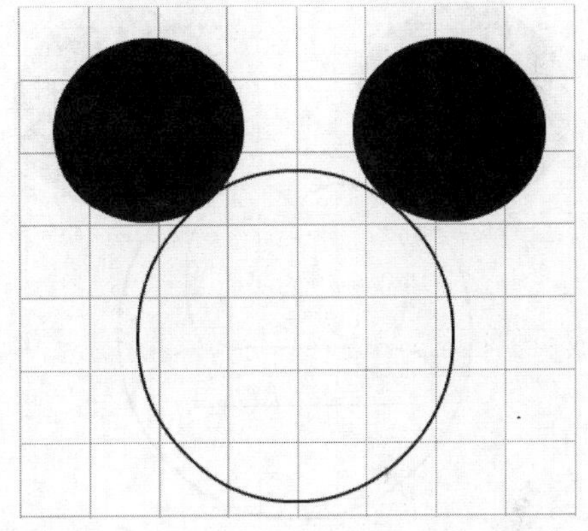

❺ 设置【椭圆工具】的【笔触颜色】为咖啡色(#993300)，【填充颜色】为【无】，【笔触】为 2.00，在米老鼠脸部轮廓内部绘制 4 个交汇的圆形，如下图所示。

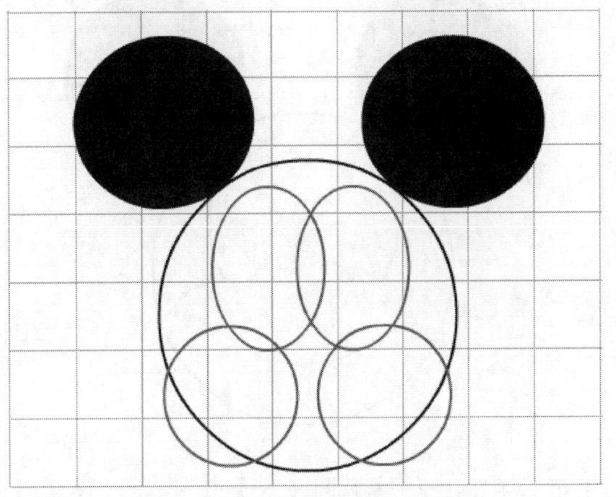

❻ 单击工具箱中的【选择工具】按钮，选择多余的曲线，并按 Delete 键删除这些曲线，如下图所示。

学以致用系列丛书

在绘制图形时，可以利用【椭圆工具】和【矩形工具】绘制相交的图形，然后在线条重叠处将自动合并的图像或者线段删除，以得到一些特殊效果的图形。

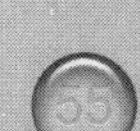

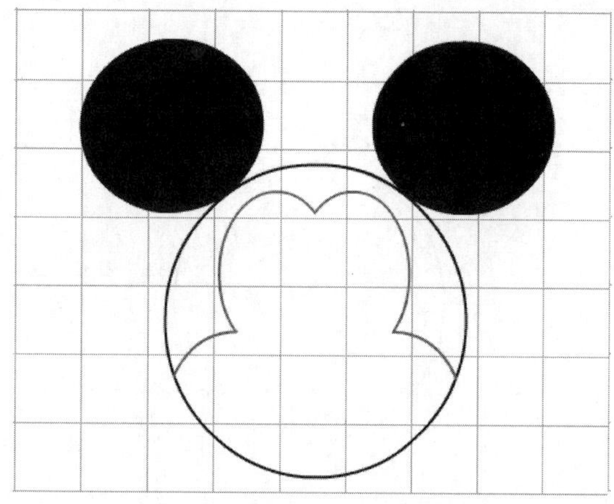

7 单击工具箱中的【线条工具】按钮，设置【笔触颜色】为咖啡色(#993300)，【笔触】为 2.00，在适当的位置绘制两条直线，如下图所示。

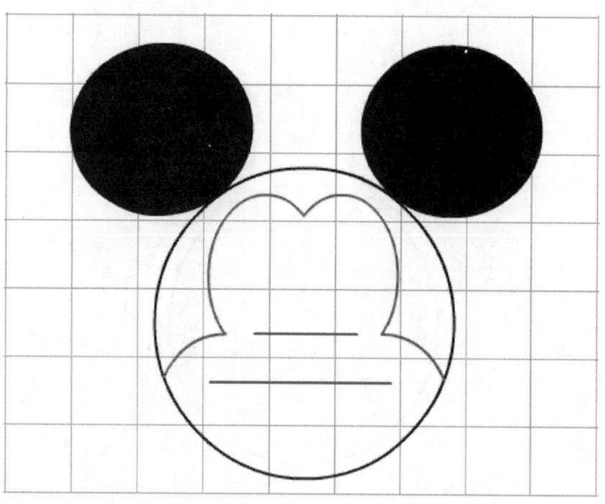

8 单击工具箱中的【选择工具】按钮，将两条直线调整成曲线，如下图所示。

9 单击工具箱中的【椭圆工具】按钮，设置【笔触颜色】为咖啡色(#993300)，【填充颜色】为【无】，为米老鼠添加鼻子和眼睛，如下图所示。

10 单击工具箱中的【钢笔工具】按钮，设置【笔触颜色】为咖啡色(#993300)，在米老鼠嘴角处绘制弧度曲线，如下图所示。

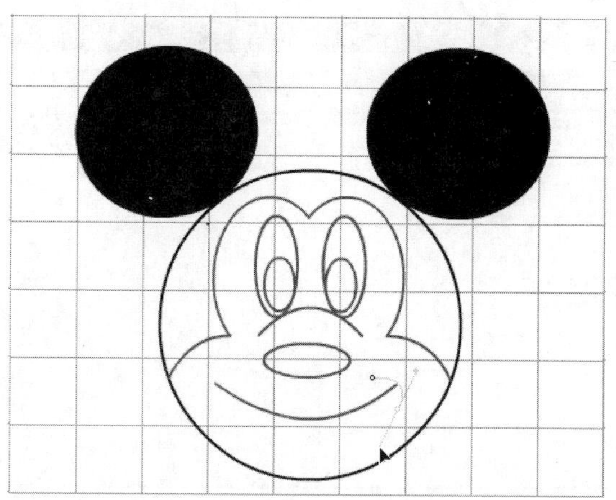

11 使用【钢笔工具】为米老鼠嘴角的另一端添加一条弧度曲线，如下图所示。

12 使用【钢笔工具】为米老鼠添加一个嘴巴，如下图所示。

学以致用系列丛书

长见识

在绘制米老鼠的眼睛、鼻子等部位的时候，有时不能准确地定位，可以先在舞台的空白处将图形绘制出来，然后再利用键盘上的方向键移动图形至脸部的精确位置。

13 设置【笔触颜色】为黑色，【填充颜色】为【无】，使用【钢笔工具】为米老鼠添加一个下巴，如下图所示。

14 单击工具箱中的【铅笔工具】按钮，设置【笔触颜色】为红色，【笔触】为 2.00，【铅笔模式】为【平滑】，为米老鼠绘制一个舌头，如下图所示。

15 单击工具箱中的【颜料桶工具】按钮，设置【填充颜色】为黑色，为米老鼠的鼻子、眼睛等部位填充黑色，如下图所示。

16 设置【填充颜色】为红色，为米老鼠的舌头填充红色，如下图所示。

17 设置【填充颜色】为皮肤色(#FFCC99)，为米老鼠的脸部填充颜色。至此，即可完成米老鼠头像的绘制，如下图所示。

通过【缩放工具】查看舞台中的对象时，默认的操作是放大舞台中的对象。按住 Alt 键，可在舞台中暂时使用【缩放工具】的缩小功能，缩小舞台中的对象。

2.8 思考与练习

选择题

1. 以下______可以用来绘制路径。

A. 【线条工具】　　B. 【铅笔工具】

C. 【选择工具】　　D. 【手形工具】

2. 如果要改变绘制图形的线条颜色，应该使用的工具是______。

A. 【铅笔工具】　　B. 【钢笔工具】

C. 【墨水瓶工具】　　D. 【颜料桶工具】

3. 如果想要使用【椭圆工具】绘制一个正圆，需要按住______键。

A. Ctrl　　B. Alt

C. Shift　　D. Ctrl+Alt

操作题

1. 绘制一个【笔触】为3.00、【笔触颜色】为黑色的五角星形状，然后自定义一种渐变色，为其填充颜色。得到的最终效果如下图所示。

2. 使用工具箱中的绘图工具，绘制如下图所示的唐老鸭图形。

在绘制图形时，选择【修改】|【变形】命令，在弹出的子菜单中可以选择不同的命令，对选中的图形进行各种变形操作。

自成一格——Flash 文字特效

文字在动画表现中的作用不言而喻，那么在动画中如何添加文本，并制作出文字特效呢？下面我们就一起来学习这方面的内容。

学习要点

- ❖ 添加文本
- ❖ 分离与编辑文本
- ❖ 设置文本类型
- ❖ 替换系统中的字体

学习目标

通过本章的学习，读者首先应该掌握添加文本的方法；其次学会如何分离和编辑文本，并了解分离文本的目的；最后掌握设置文本类型的方法。

3.1 添加文本

文字在动画中起着画龙点睛的作用，文字和图形的结合可以更加生动地传递信息。在Flash CS4中，用户可以使用文本工具添加各种文字，并借助其他绘图工具制作文本，丰富文字效果，使动画更加丰富精彩。

3.1.1 创建文本

用户要创建文本，首先应单击工具箱中的【文本工具】按钮T，然后将光标移动到舞台上，当光标变成+ᴛ形状时，即可创建文本。

Flash CS4中的【文本工具】可以创建两种形式的文本：标签和文本块。下面分别进行介绍。

1. 标签方式

创建标签方式文本的具体操作步骤如下。

操作步骤

❶ 单击工具箱中的【文本工具】按钮T，在舞台上将光标移动到需要输入文本的位置后单击，舞台上将出现一个右上角有圆圈的文本框，如下图所示。

❷ 此时，可以在文本框中直接输入文本。标签方式的文本框可以根据输入文本的实际需要自动横向延长，如下图所示。

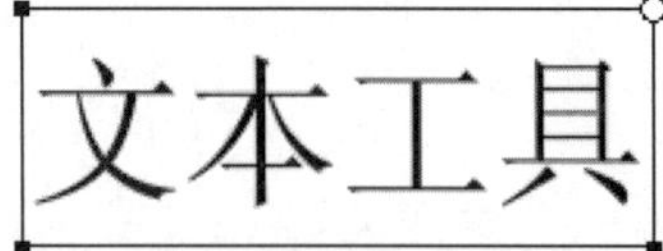

2. 文本块方式

创建文本块方式文本的具体操作步骤如下。

操作步骤

❶ 单击工具箱中的【文本工具】按钮T，在舞台上将光标移动到需要输入文本的位置后，按住鼠标左键不放并横向拖动，直到得到满意的宽度后释放鼠标，此时在舞台上将会出现一个右上角有一个正方形的输入域，如下图所示。

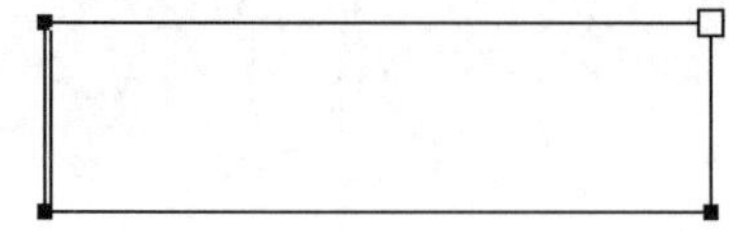

❷ 文本块的文本框宽度是固定的，不能自动根据所输入文本的长短进行调节，如下图所示。

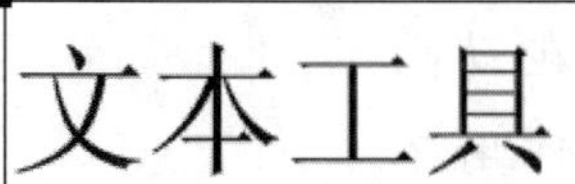

提示

如果用户输入的文本宽度超过了文本框的宽度，文本将会自动换行。

虽然在创建文本的过程中系统无法自动调节文本框的宽度，但是在输入文本后，用户可以单击文本框右上角的正方形按钮，来调整文本框的宽度。

3.1.2 修改文本

在Flash CS4中创建文本后，可以对文本进行修改，如选取文本、移动文本、旋转文本等。下面将分别介绍修改文本的方法。

1. 选取文本

在Flash CS4中创建文本后，可以使用【文本工具】进行编辑。要编辑文本，就必须要先选取文本。在Flash CS4中选取文本一般有两种方法：第一，选中文本框；第二，选中文本框中的文本。

1) 选中文本框

选中文本框的具体操作步骤如下。

操作步骤

❶ 单击工具箱中的【文本工具】按钮T，在舞台上创建文本，如下图所示。

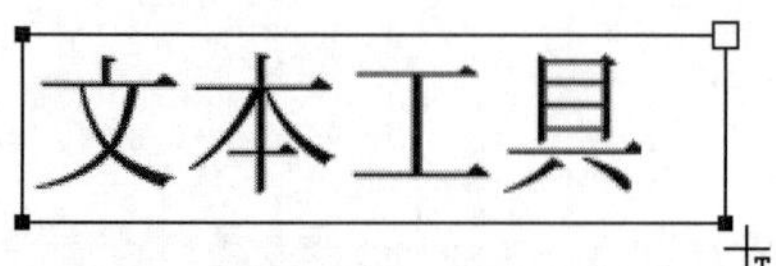

❷ 单击工具箱中的【选择工具】按钮，单击文本框

标签方式和文本块方式之间可以进行转换：在标签方式下，只需拖动输入域右上角的圆形标志，即可转换为文本块方式；在文本块方式下，只需双击输入域右上角的正方形标志，即可转换为标签方式。

的边缘，即可选中该文本框，如下图所示。

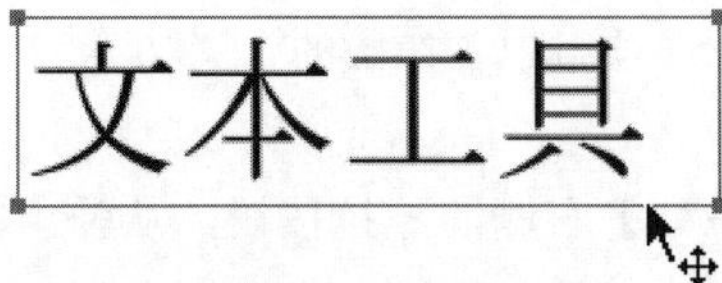

提示

选中的文本框显示为蓝色，且在边框的4个角上各有一个实心点，此时文本框为不可编辑状态。

技巧

如果在舞台上有多个文本，使用【选择工具】单击一个文本框后，按住 Shift 键再单击其他文本框，可同时选取多个文本框。

2) 选中文本框中的文本

选中文本框中的文本的具体操作步骤如下。

操作步骤

❶ 单击工具箱中的【文本工具】按钮T，在舞台上创建文本，并在文本框中单击，将光标定位到文本框中，如下图所示。

❷ 按住鼠标左键不放并拖动，选中需要的文本后释放鼠标左键，即可选中文本框中的文本，如下图所示。

技巧

在选取文本时，可以使用以下一些技巧。

- ❖ 如果文本为英文，在文本框中双击即可快速选择一个单词。
- ❖ 单击指定文本内容的开头，然后按住 Shift 键不放，再单击文本的末尾，即可选中文本框中的全部文本。
- ❖ 按 Ctrl+A 组合键，可以选中所有文本。

2. 移动文本

在动画制作过程中，经常需要移动创建好的文本，以达到最佳的效果。移动文本的具体操作步骤如下。

操作步骤

❶ 单击工具箱中的【文本工具】按钮T，在舞台上创建文本，并使用【选择工具】选取文本框，如下图所示。

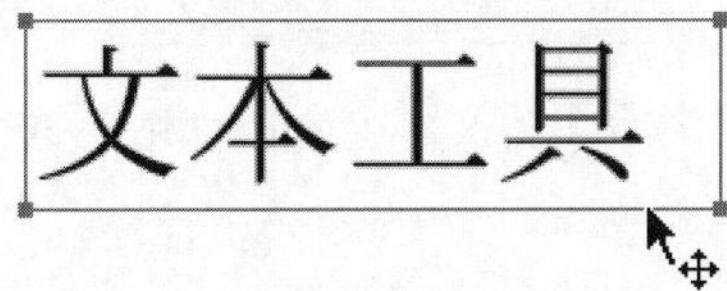

❷ 按住鼠标左键不放并拖动，灰色文本为文本的初始位置，黑色文本为文本的目标位置，如下图所示。

❸ 到达满意的位置后，释放鼠标左键即可移动文本。

3. 旋转文本

如果想要调整文本的方向，有多种方法。这里使用【变形】面板旋转文本，具体操作步骤如下。

操作步骤

❶ 单击工具箱中的【文本工具】按钮T，在舞台上创建文本，并使用【选择工具】选取文本框，如下图所示。

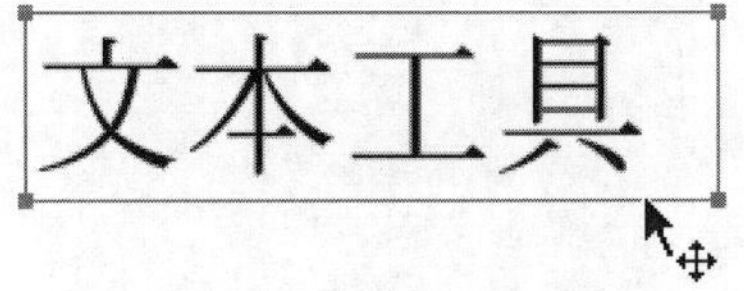

❷ 在菜单栏中选择【窗口】|【变形】命令(或按 Ctrl+T 组合键)，打开【变形】面板，如下图所示。选中【旋转】单选按钮，并在下面的文本框中输入需要旋转文本的角度(如30°)即可。

单击工具箱中的【任意变形工具】按钮，选择文本块，则在文本块四周会出现调整手柄。此时，用户可以对文本块进行缩放、旋转和倾斜等操作。

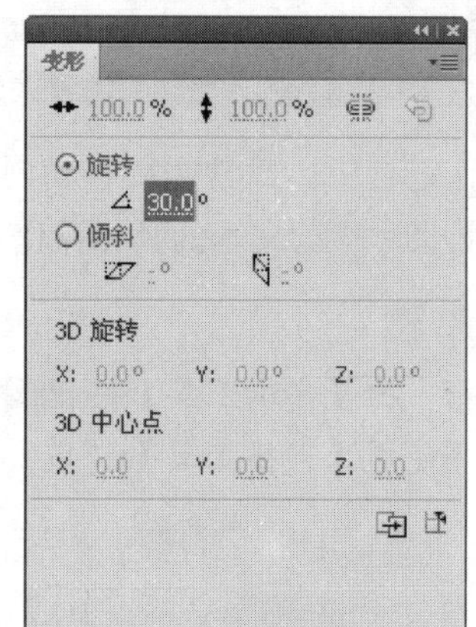

❸ 此时，在舞台上的文本就会自动旋转 30° 了，如下图所示。

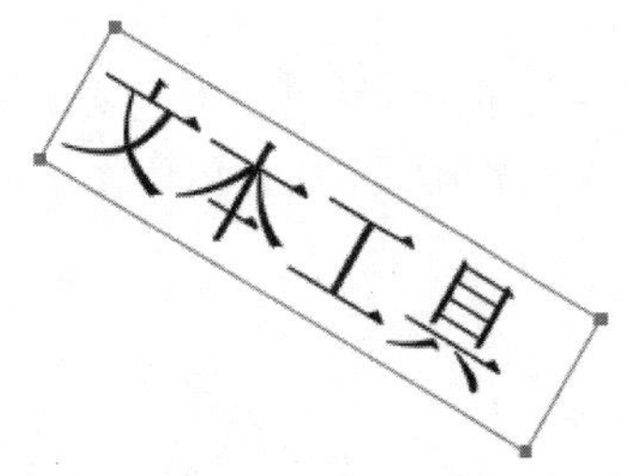

3.1.3 设置文本属性

用户可以使用【文本工具】的【属性】面板，进行文本的字体、大小、颜色等设置，从而编辑出更丰富的文本样式。

【文本工具】所对应的【属性】面板如下图所示。

单击【文本工具】的下拉按钮，从弹出的下拉列表中可以选择文本的类型。这里包括【静态文本】、【动态文本】和【输入文本】3 个选项，其中【静态文本】为默认类型(有关文本的类型将在 3.3 节中重点介绍)。

1. 字符

【字符】选项组中各参数的含义如下。

1) 系列

单击【系列】右侧的下拉按钮，从弹出的下拉列表中可以选择文本的字体系列，如下图所示。单击右侧的滑块或按钮，可以显示其他字体系列。

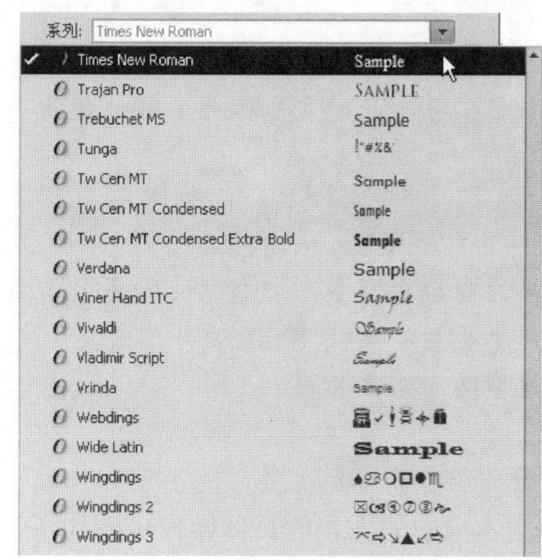

2) 样式

【样式】选项只有在【系列】下拉列表框中选择英文字体系列时，才会被激活。例如，选择 Times New Roman 字体后，再单击【样式】右侧的下拉按钮，在弹出的下拉列表中有 4 种样式，如下图所示。

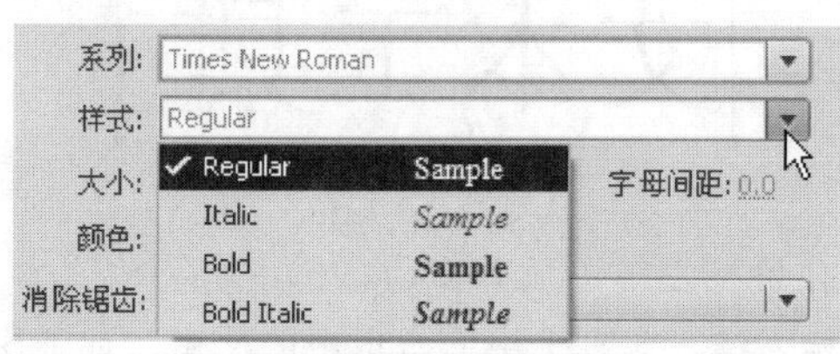

提示

Regular 表示正常字体，Italic 表示斜体，Bold 表示粗体，Blod Italic 表示粗斜体。

3) 大小

【大小】用于设置文本的字体大小。单击已经设置好的字体数值，在弹出的文本框中可以输入数值重新设置字体大小。

4) 字母间距

【字母间距】用于设置选定字符或整个文本块的间距。其设置方法与字体大小的设置方法相同，其取值范围为-60～60。当用户输入的值超出这个范围时，若为负数，系统默认为-60；若为正数，则系统默认为 60。

5) 颜色

【颜色】用于设置文本的颜色。单击【文本填充颜

【缩进】对于水平文本和垂直文本的效果有所不同，如果是水平文本，将首行文本向右移动到指定距离；如果是垂直文本，则将首行文本向下移动指定的距离。

色】按钮可以打开调色板，如下图所示。在调色板中用户既可以自由选择喜欢的颜色，也可以自定义颜色。

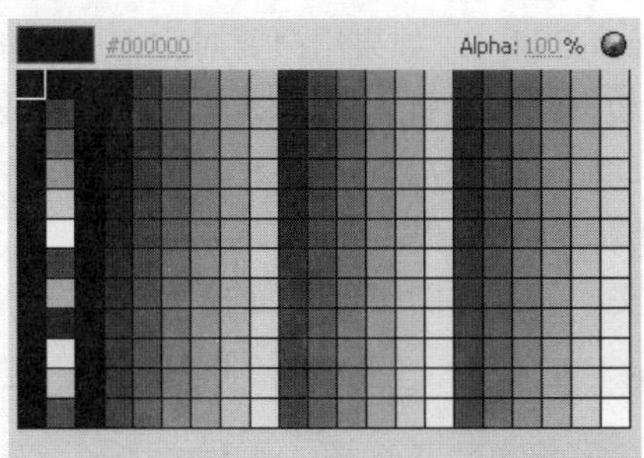

6) 消除锯齿

单击【消除锯齿】右侧的下拉按钮，在弹出的下拉列表中共有 5 个选项，如下图所示。

消除锯齿：可读性消除锯齿
使用设备字体
位图文本［无消除锯齿］
动画消除锯齿
✔ 可读性消除锯齿
自定义消除锯齿

其中，各选项的含义分别如下。

❖ 【使用设备字体】：使用本地计算机上安装的字体显示文本。使用设备字体时，应选择最常用的字体系列。
❖ 【位图文本[无消除锯齿]】：关闭消除锯齿功能，不对文本提供平滑处理。位图文本的大小与导出文本大小相同时，文本比较清晰。但对位图文本缩放后，文本显示效果比较差。
❖ 【动画消除锯齿】：通过忽略对齐方式和字距微调信息来创建更平滑的动画。为提高清晰度，应在指定此选项时，使用 10 点或更大的字号。
❖ 【可读性消除锯齿】：使用 Flash 文本程序来改进字体的清晰度，特别是较小字体的清晰度。
❖ 【自定义消除锯齿】：可以修改字体消除锯齿的方式。

7) 按钮

在【文本工具】的【属性】面板中，还有许多按钮，它们的作用分别如下。

❖ 单击【可选】按钮，可以设置运行动画后，是否选择文本。
❖ 单击【将文本呈现为 HTML】按钮，可以设置文本是否呈现 HTML 格式。
❖ 单击【在文本周围显示边框】按钮，可以设置是否在文本周围显示边框。
❖ 单击【切换上标】按钮和【切换下标】按钮，可以将选定文本设置为上标或者下标。下图所示为将文本框中的“。”分别设置为上标和下标的效果图。

好。 好° 好。
未设置 设置为上标 设置为下标

提示

【可选】按钮只对静态文本和动态文本类型有效；【将文本呈现为 HTML】和【在文本周围显示边框】按钮只对动态文本和输入文本类型有效。

2. 段落

在【段落】选项组中，各参数的含义分别如下。

1) 格式

利用【格式】选项，用户可为当前段落选择文本的对齐方式。Flash CS4 提供了【左对齐】、【居中对齐】、【右对齐】和【两端对齐】4 种对齐方式。

设置文本对齐方式的具体操作步骤如下。

操作步骤

❶ 单击工具箱中的【文本工具】按钮，在舞台上创建文本，如下图所示。此时的文本默认是左对齐方式。

成于思
毁于随

❷ 选中“毁于随”文字，在【文本工具】的【属性】面板中单击【居中对齐】按钮，效果如下图所示。

成于思
毁于随

❸ 选中“毁于随”文字，在【文本工具】的【属性】面板中单击【右对齐】按钮，效果如下图所示。

成于思
毁于随

学以致用系列丛书

在【文本工具】的【属性】面板中，选中【自动调整字距】复选框后，在输入文本时 Flash CS4 会自动对文本进行排列，以调整文本的字符间距。

❹ 选中“毁于随”文字，在【文本工具】的【属性】面板中单击【两端对齐】按钮，效果如下图所示。

2) 间距

【间距】用于定义当前段落的缩进和行距。

3) 边距

【边距】用于定义当前段落的左边距和右边距。

4) 行为

【行为】用于设置文本的行类型。该选项只对动态文本和输入文本类型有效。

- ❖ 如果文本类型为【动态文本】，与之对应的行类型有【单行】、【多行】和【多行不换行】3个选项。
- ❖ 如果文本类型为【输入文本】，与之对应的行类型有【单行】、【多行】、【多行不换行】和【密码】4个选项。

5) 方向

【方向】用于设置文本的方向。该选项只对静态文本类型有效。在【方向】下拉列表框中共有【水平】、【垂直，从左到右】和【垂直，从右到左】3个选项，它们的效果分别如下图所示。

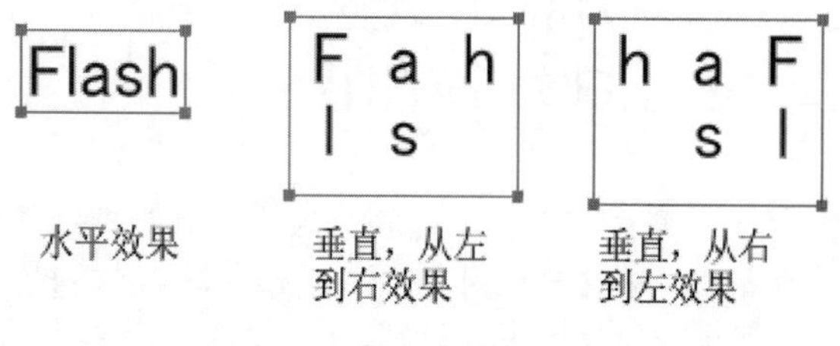

水平效果　　垂直，从左到右效果　　垂直，从右到左效果

3.2 分离与编辑文本

有时用户想要创建丰富多彩的文本效果，如为文本填充渐变色或位图，但这些操作只适用于图形，而不能直接作用于文本对象。为了实现这些操作，用户可以将文本分离，转换成具有和图形相似的属性，从而进一步进行编辑。

3.2.1 分离文本

在 Flash CS4 中，如果用户要对文本进行渐变色填充或者绘制边框路径等针对矢量图形的操作，或者制作形状渐变的动画，首先必须对文本进行分离操作，将文本转换为可编辑状态的矢量图形。

分离文本的具体操作步骤如下。

操作步骤

❶ 单击工具箱中的【选择工具】按钮，使用【选择工具】选择需要分离的文本，如下图所示。

❷ 选择菜单栏中的【修改】|【分离】命令。这样，要分离的文本中的每个字符都会被放置在一个单独的文本块中，且文本在舞台中的位置保持不变，如下图所示。

【分离】命令的快捷键是 Ctrl+B。

❸ 分离后的文本被分解成一个个单独的字符，不再作为一个整体，用户可以对其中的任意字符进行单独的文本编辑而不会影响到其他字符。下图所示为对部分字符进行位置和大小调整后的效果。

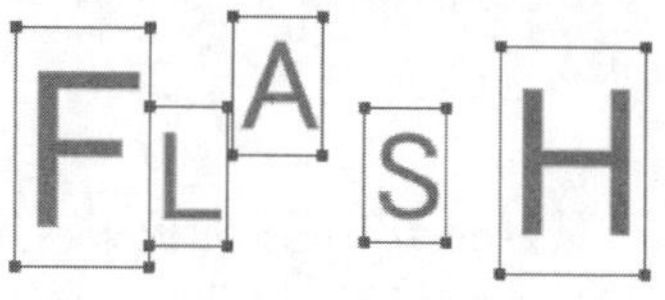

❹ 经过第一次分离后的文本依然具备文本属性。如果再次选择菜单栏中的【修改】|【分离】命令(或再次按下 Ctrl+B 组合键)，即可将经过一次分离的文本转换为图形，如下图所示。

当一个完整的文本通过分离操作被分解成单独的字符后，可以对每个字符进行位置和大小的调整，调整后用户可以通过按 Ctrl+G 组合键，再次将单独的字符组合成一个完整的文本。

将文本转换为矢量图形的过程是不可逆转的，即不能将矢量图形转换成单个文本。

3.2.2　编辑矢量文本

对于分离后转换成图形的矢量文本，可以使用绘图工具来编辑。例如，为文本填充渐变色、编辑文本路径和给文本添加边框路径等。

1. 为文本添加渐变色

为文本添加渐变色的具体操作步骤如下。

操作步骤

❶ 使用【文本工具】输入文本，然后单击工具箱中的【选择工具】按钮，选中要添加渐变色的文本，选择【修改】|【分离】命令将文本分离，如下图所示。

❷ 单击工具箱中的【选择工具】按钮，选中要进行填充的字母。

❸ 若要进行渐变色填充，可单击形状【属性】面板中的【填充颜色】按钮，打开调色板，如下图所示。

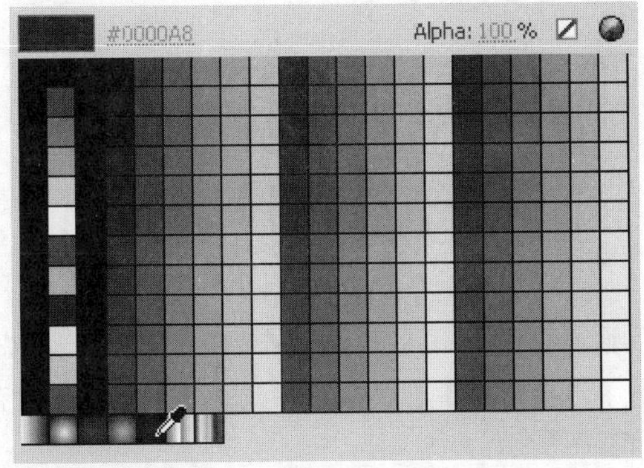

❹ 选择合适的渐变色对其进行填充，效果如下图所示。

❺ 或者使用【颜色】面板进行其他效果的填充。方法是：选择【窗口】|【颜色】命令，打开【颜色】面板进行设置，如下图所示(具体填充方法参见第 2 章的内容)。

❻ 这里，采用【位图】填充类型，为文本填充素材文件(光盘：\图书素材\第 3 章\back1.jpg)，位图的效果如下图所示。

2. 编辑文本路径

对于矢量文本，可以编辑其文本路径。这里，在给文本添加渐变色的基础上，再进行文本编辑操作，具体操作步骤如下。

操作步骤

❶ 打开素材文件(光盘：\图书素材\第 3 章\填充文本.fla)，并在工具箱中单击【选择工具】选中文本，如下图所示。

文本一旦被分离，转换为矢量图形后就无法再作为文本进行编辑。因此在分离文本之前一定要确保正确设置了文本内容及其字体等属性。

❷ 对文本进行编辑操作，从而改变文本的形状。效果如下图所示。

3. 给文本添加边框路径

如果用户要给文本添加边框路径，只要打开素材文件(光盘：\图书素材\第 3 章\变形文本.fla)，单击工具箱中的【墨水瓶工具】按钮，设置【笔触颜色】为红色，然后在文本上单击即可为文本添加边框，如下图所示。

提示

如果在文本上使用【橡皮擦工具】擦除字母的部分内容，还可以制作出文本的残缺效果。这里，打开素材文件(光盘:\图书素材\第 3 章\渐变色文本.fla)，进行擦拭后的效果如下图所示。

3.3 设置文本类型

在 Flash CS4 中，使用【文本工具】可以创建【静态文本】、【动态文本】和【输入文本】三种类型的文本，每种类型的文本，都适合不同的场合。用户可以根据自己预设的动画效果选择适当的文本类型。

❖ 【静态文本】：该类型的文本在动画播放过程中，内容不会发生变化。

❖ 【动态文本】：该类型的文本在动画播放过程中，可以动态地显示一些数据，如股票价格或者天气情况。

❖ 【输入文本】：该类型的文本支持动画播放过程中即时地输入文本。很多留言簿或者调查表都使用这种类型的文本，可以让 Flash CS4 和观众形成互动。

3.3.1 静态文本

默认情况下，创建的文本为静态文本。静态文本在动画播放的过程中内容不会发生改变。

如果文本类型是【静态文本】，用户可以在【文本工具】的【属性】面板中对文本进行 URL 链接编辑，从而在单击该文本的时候，跳转到其他文件、网页或者电子邮件，如下图所示。

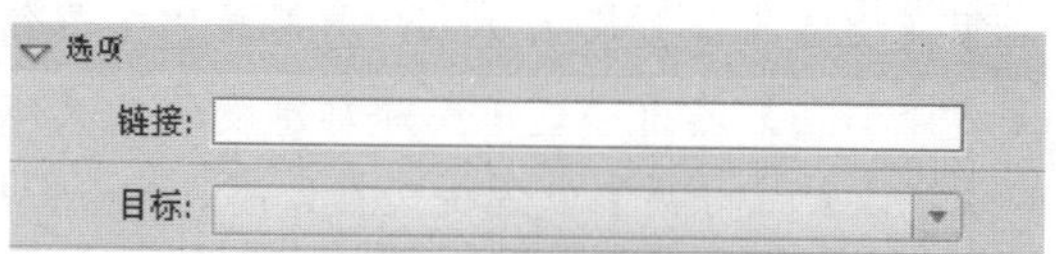

当输入链接地址后，【目标】下拉列表框将被激活。用户可以从中选择不同的选项，以控制浏览器窗口的打开方式。其中，包括_blank、_parent、_self 和_top 4 个选项，如下图所示。

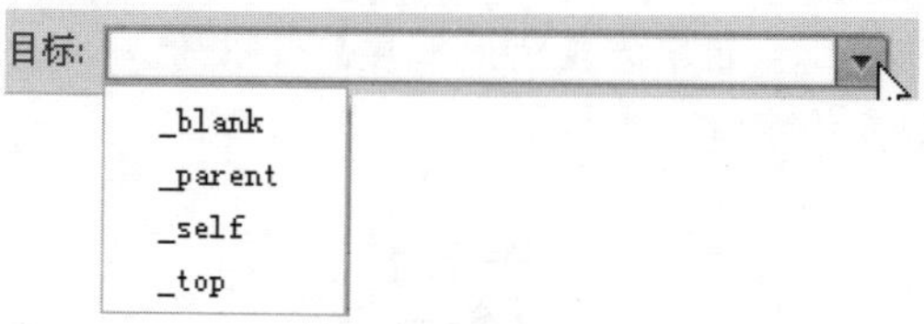

设置文本 URL 链接的具体操作步骤如下。

操作步骤

❶ 新建一个 Flash 文档，在工具箱中单击【文本工具】按钮，在舞台中输入“快乐天地 I Love Flash”文本，如下图所示。

快乐天地
I love Flash

❷ 下面将分别对汉字和英文进行属性设置。首先，使用【选择工具】在文本框中选中“快乐天地”字符，如下图所示。

在对文本进行 URL 链接时，在【文本工具】的【属性】面板中，动态文本的【选项】选项组中要比静态文本多一个【变量】选项。

3 在【文本工具】的【属性】面板中，设置汉字的【系列】为【隶书】，【大小】为50点，效果如下图所示。

4 选中英文，设置【系列】为Arial，【大小】为15点，【字母间距】为13，效果如下图所示。

5 将“快”和“Flash”文本的【颜色】设置为红色，效果如下图所示。

6 单击工具箱中的【选择工具】按钮，选中整个文本框。然后激活【文本工具】，在其【属性】面板的【链接】文本框中输入URL链接，并在【目标】下拉列表框中选择_blank选项，如下图所示。

7 此时在文本下方出现了两条链接线，如下图所示。

8 选择菜单栏中的【控制】|【测试影片】命令，或者按Ctrl+Enter组合键，在Flash播放器中即可预览动画的效果，如下图所示。

9 此时，单击文本即可访问相应的网页。

3.3.2 动态文本

动态文本在动画播放过程中是可以变化的，且文本框中的文本内容可以通过脚本语言进行控制。

要创建动态文本文本框，只需在【文本工具】的【属性】面板中的下拉列表框中选择【动态文本】选项，然后将光标移动到舞台上，使用标签方式或文本块方式创建文本框即可。

提示

创建好的动态文本框的文本内容周围会出现一个虚线的边框，该边框主要用于区别动态文本和静态文本。当播放动画时，该虚线将不会输出。创建的动态文本框如下图所示。

下面通过一个具体的实例来了解一下动态文本，具体操作步骤如下。

1 单击工具箱中的【文本工具】按钮T，在其【属性】面板中将文本类型设置为【动态文本】选项，如下图所示。

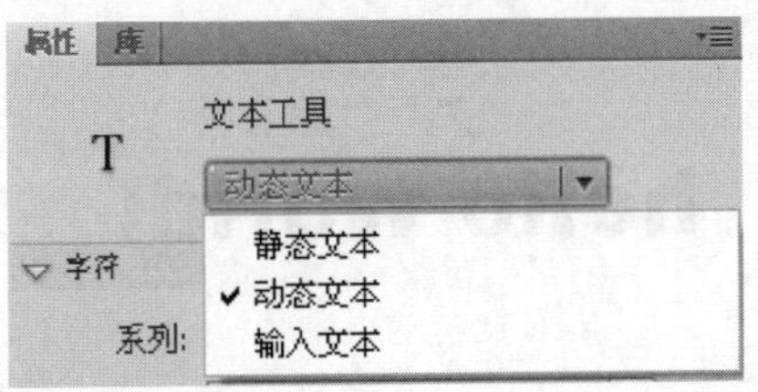

2 在舞台上拖动光标创建一个适当大小的虚线文本框，如下图所示。

无论是动态文本还是输入文本，在舞台上拖动鼠标创建一个文本框后，都会在舞台上显示出一个虚线文本框。这个文本框在输出时是不显示的。因此，如果在输出文本时，想要明确文本框的位置，则需在【文本工具】的【属性】面板中单击【在文本周围显示边框】按钮。

❸ 选中该文本框后，在【文本工具】的【属性】面板中将【实例名称】设置为 xx，如下图所示。

❹ 单击时间轴上的第 1 帧，如下图所示。

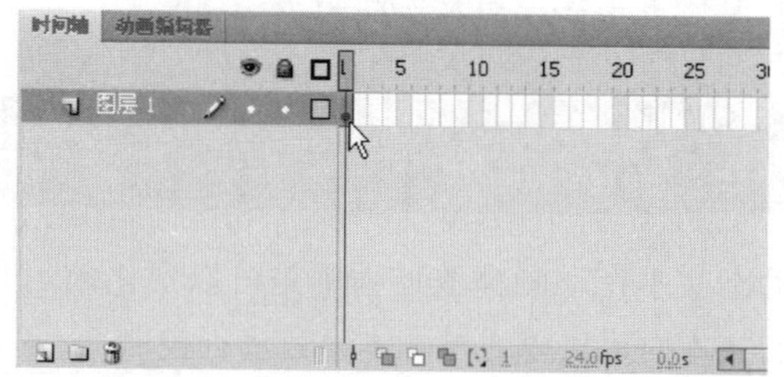

❺ 在菜单栏中选择【窗口】|【动作】命令，或者按 F9 键，打开【动作-帧】面板。然后在【动作-帧】面板中输入代码 xx.text="hello world!"，如下图所示。

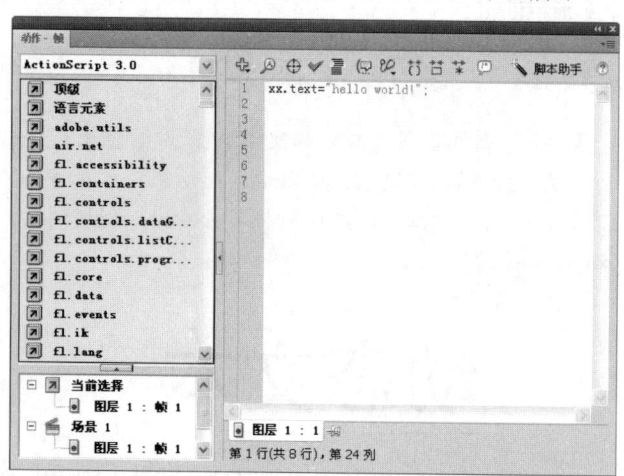

❻ 按 Ctrl+Enter 组合键即可测试影片的动画效果，如下图所示。

提示

这里只是一个动态文本的简单例子，有兴趣的用户可以学习 ActionScript 脚本语句编写出更多的脚本，制作出更加丰富的动态文本效果。

3.3.3 输入文本

输入文本是应用较为广泛的一种文本类型，该类型的文本可以大大提高动画和用户之间的交流。

要创建输入文本文本框，只需在【文本工具】的【属性】面板中的下拉列表框中选择【输入文本】选项，然后将光标移动到舞台上，使用标签方式或文本块方式创建文本框即可。

下面通过一个简单的实例来了解输入文本，具体操作步骤如下。

❶ 单击工具箱中的【文本工具】按钮，在其【属性】面板中将文本类型设置为【静态文本】，设置【系列】为【楷体_GB2312】，【颜色】为黑色，【大小】为 45.0 点，【字母间距】为 4.0，如下图所示。

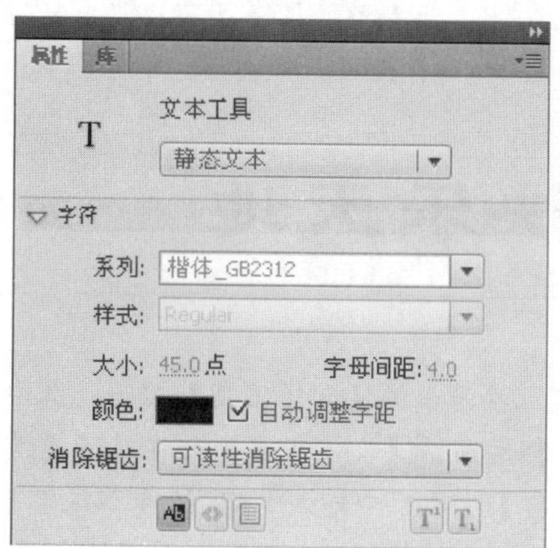

❷ 在舞台的适当位置创建 3 个静态文本框，分别输入“留言板”、“留言人”和“留言内容”文本，并调整 3 个文本框的位置，如下图所示。

留言板

留言人

留言内容

【文本工具】的【属性】面板中，【滤镜】选项可以为文本添加特殊的滤镜视觉效果，如斜角、投影、发光、模糊、渐变发光等。

❸ 在工具箱中再次单击【文本工具】按钮，在其【属性】面板中将文本类型设置为【输入文本】，并设置【系列】为【宋体】，【大小】为30.0点，【字母间距】为0.0，【颜色】为蓝色。单击【在文本周围显示边框】按钮，如下图所示。

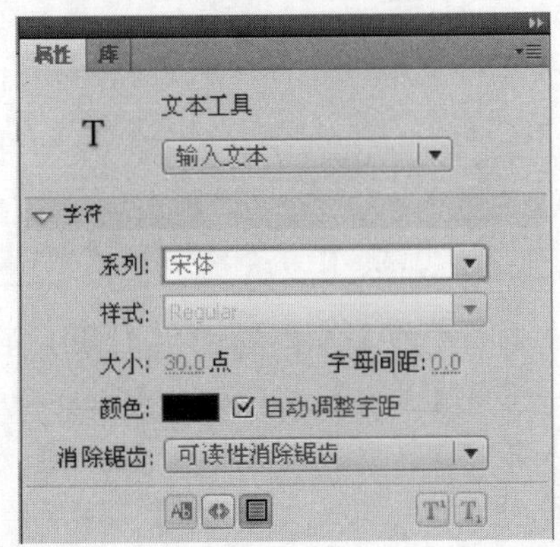

❹ 在舞台上拖动光标创建两个大小适当的文本框，并调整其位置，如下图所示。

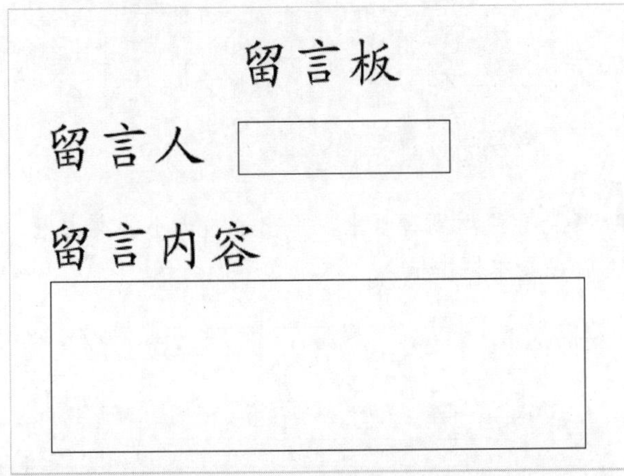

❺ 按Ctrl+Enter组合键测试效果，如下图所示。用户可以在文本框中输入相应的信息。

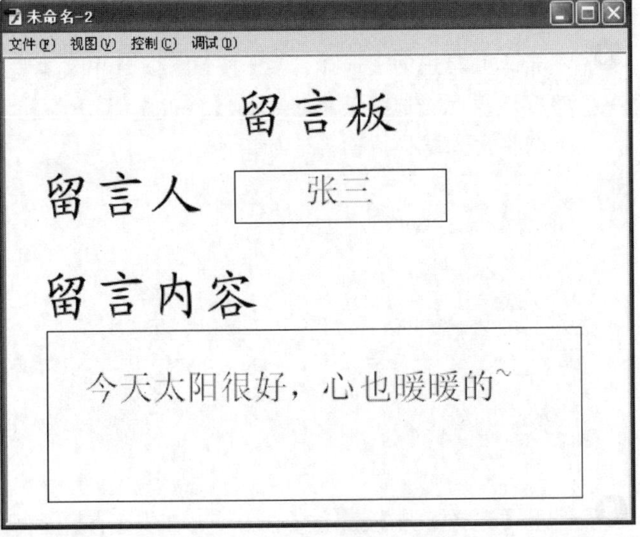

3.4 替换系统中的字体

在打开某些Flash文档时，文档中的某些字体可能并没有在Flash系统中安装，此时会弹出【字体映射】对话框，如下图所示。

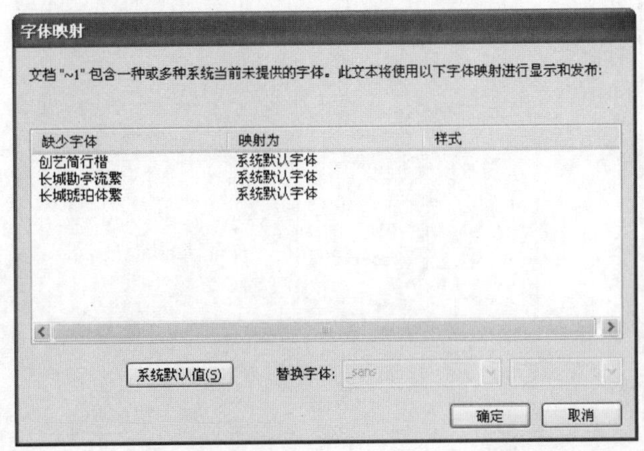

在【字体映射】对话框中，列出了文档中所有缺少的字体，用户可以为每种缺少的字体选择一种替换字体。具体操作步骤如下。

操作步骤

❶ 在【字体映射】对话框的列表框中选中需要替换的字体，再单击【替换字体】右侧的下拉按钮，从弹出的下拉列表中选择当前系统中安装的某种字体来替换缺少的字体，如下图所示。

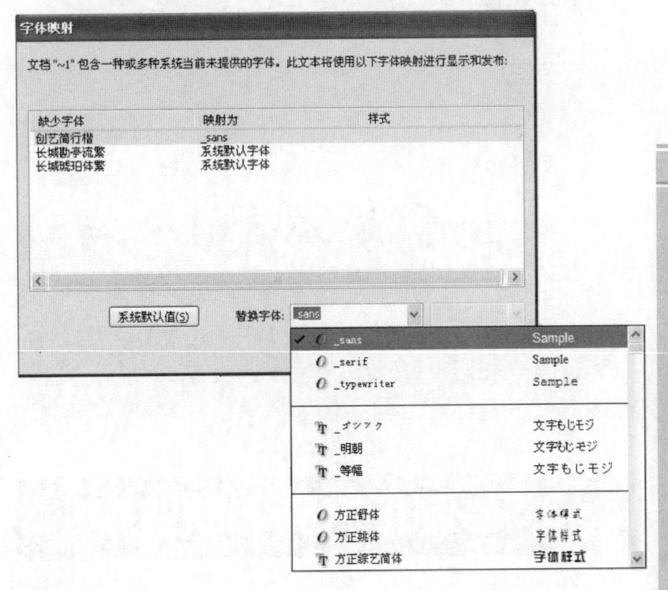

❷ 如果用户不选择替换的字体，Flash CS4会采用系统默认字体替换缺少的字体。如果要设置默认字体，则可以选择菜单栏中的【编辑】|【首选参数】命令，打开【首选参数】对话框，在【类别】列表框中选

如果用户在系统中安装了以前缺少的字体，然后重新启动Flash CS4，那么该字体将显示在使用它的文档中，并不显示在【字体映射】对话框中。

择【文本】选项，在右侧的【字体映射默认设置】下拉列表框中选择某种字体作为默认设置，如下图所示。

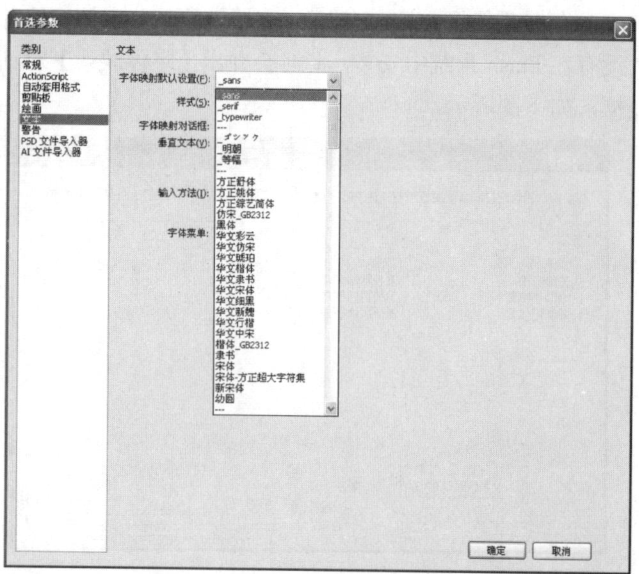

3 当处理完缺少的字体后，缺少的字体会显示在【文本工具】的【属性】面板【系列】下拉列表框中，并在括号中显示字体以示区别，如下图所示。

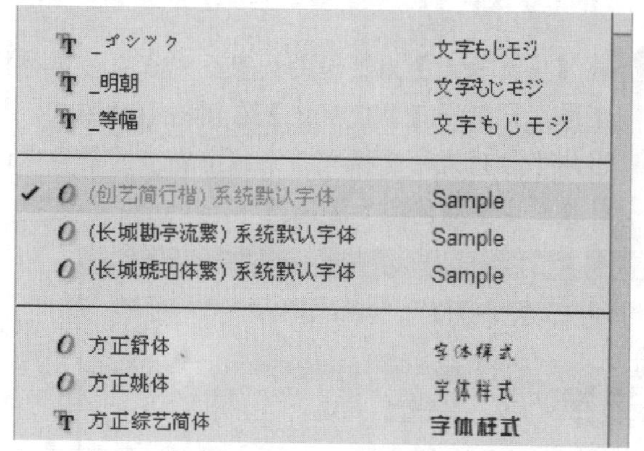

提示

如果用户需要重新为缺少的字体设置替换字体，可以选择菜单栏中的【编辑】|【字体映射】命令，打开【字体映射】对话框进行相关的设置。

3.5 制作特殊字体效果

制作特殊字体效果的具体操作步骤如下。

操作步骤

一个 Flash 文件，并在【文档属性】对话框中设置文档的【大小】为 450 像素 × 400 像素，【背景颜色】为粉红色(#FFCCCC)，如下图所示。

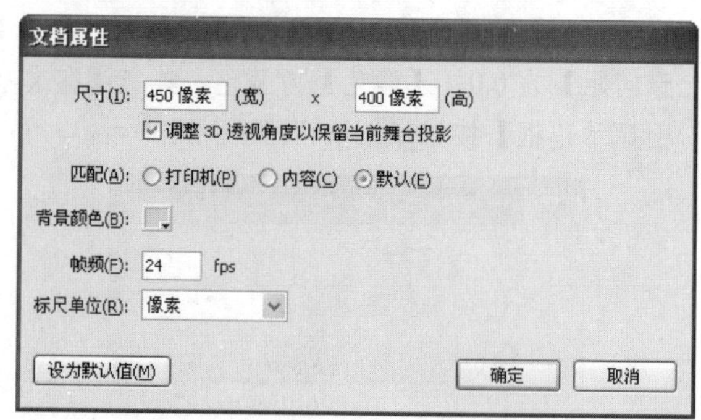

2 单击工具箱中的【文本工具】按钮 T，在其【属性】面板中设置【系列】为 Cooper Black(用户也可以根据个人喜好选择适当的字体)，【大小】为 96.0 点，【字母间距】为 30.0，【颜色】为黄色(#FFFF00)，如下图所示。

3 将光标移动到舞台上，拖出适当大小的文本框，然后在文本框中输入文本，如下图所示。

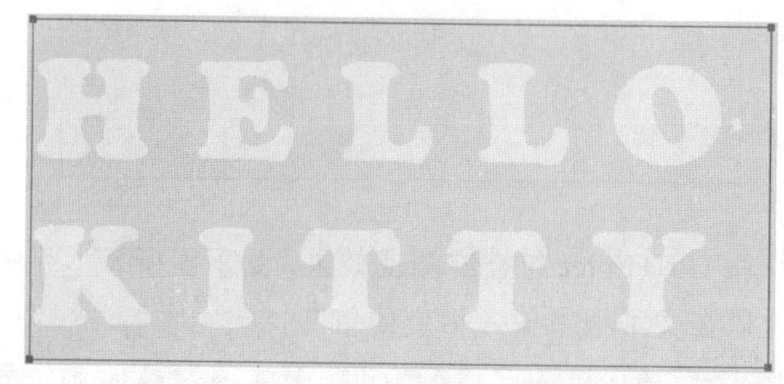

4 单击工具箱中的【选择工具】按钮，选中文本框。然后连续两次选择菜单栏中的【修改】|【分离】命令，将文本转换成图形，如下图所示。

5 使用【选择工具】和【任意变形工具】，将每

户以编辑模式处理文本对象时，在舞台上对象之外的任何地方单击即可脱离文本编辑模式，并返回舞台的编辑

个字母的位置进行调整，效果如下图所示。

❻ 两次单击工具箱中的【颜料桶工具】按钮，从弹出的下拉列表中选择【墨水瓶工具】选项，在其【属性】面板中设置【笔触颜色】为红色，【填充颜色】为【无】，【笔触】为 2.00，【样式】为【实线】，如下图所示。

属性　库
墨水瓶工具
填充和笔触
笔触: 2.00
样式: 实线
缩放: 一般　提示
端点:
接合:　尖角: 3

❼ 单击【编辑笔触样式】按钮，打开【笔触样式】对话框。设置【类型】为【斑马线】，【粗细】为【中等】，【间隔】为【非常远】，并在【粗细】下拉列表框中输入“2.00”，选中【4 倍缩放】和【锐化转角】复选框，单击【确定】按钮，如下图所示。

笔触样式
4 倍缩放(M)
粗细(T): 2.00 磅
锐化转角(Q)
类型(Y): 斑马线
粗细(I): 中等
间隔(S): 非常远
微动(J): 无
旋转(R): 无
曲线(C): 直线
长度(L): 相等
确定
取消

❽ 使用【颜料桶工具】分别在字母“H”、“L”和“T”上单击，添加红色的描边效果，得到的图像效果如下图所示。

❾ 采用类似的方法，使用【墨水瓶工具】并设置笔触【样式】为【虚线】，【笔触颜色】分别为红色和白色，为其他字母描边，效果如下图所示。

❿ 选择菜单栏中的【窗口】|【颜色】命令，打开【颜色】面板。然后设置【类型】为【位图】，打开【导入到库】对话框，选择文件所在的路径，分别导入背景图片(光盘：\图书素材\第 3 章\back1.gif 和 back2.gif)，如下图所示。

技巧

在【导入到库】对话框中，同时选中多个图形文件，并单击【打开】按钮，可以一次性导入多个素材文件。

⓫ 单击【打开】按钮，导入素材到库后，使用【颜料

桶工具】为相关字母填充位图图形，填充效果如下图所示。

12 单击工具箱中的【颜料桶工具】按钮，设置【填充颜色】为米黄色(#FFFFCD)，为相关字母填充颜色，得到的最终效果如下图所示。

上例中只是对文本作了比较简单的变化，用户还可以结合前面学习的方法制作出更加丰富的特殊文本效果。

3.6 思考与练习

选择题

1. 在 Flash CS4 中，如果在【字母间距】文本框中输入“－80”，则会为选中的文本设置字母间距为______。

A. －80　　B. －60

C. 0　　D. 60

2. 要快速分离文本，可以使用______组合键。

A. Ctrl+B　　B. Ctrl+G

C. Ctrl+Shift　　D. Ctrl+F8

操作题

1. 使用【文本工具】在舞台上输入“好好学习天天向上”文本，并设置文本的方向为【垂直，从左向右】，效果如下图所示。

好天
好天
学向
习上

2. 制作彩虹字特效(【系列】为【华文彩云】，【大小】为 96 点，【字母间距】为 0)，如下图所示。

提示：用户可以使用【渐变变形工具】更改渐变的方向，以达到不同的填充效果。

输入文本】类型的文本时，在其【属性】面板中单击【字符嵌入】按钮时，将弹出【字符嵌入】对话框，在其选择要嵌入的字符集，按 Ctrl 键，可以同时选择多个字符集或者取消多个字符集。

步步深入——Flash 对象的编辑和修饰

在使用 Flash CS4 制作动画的过程中，有时需要对创建的对象进行编辑，以满足实际动画制作的设计需求。本章就来介绍有关对象编辑的相关知识。

学习要点

- ❖ 在 Flash CS4 中导入对象
- ❖ 编辑图形
- ❖ 修饰图形
- ❖ 制作生日卡片

学习目标

通过本章的学习，读者应掌握如何在 Flash CS4 中导入对象并进行编辑，能够熟练地使用【修改】菜单中的各种命令修饰图形。

4.1 在 Flash CS4 中导入对象

在 Flash CS4 中，不仅可以导入绘制动画所需要的图片，还可以导入音乐、视频等对象，从而帮助用户节省时间，创作更加丰富的动画效果。

4.1.1 导入图像文件

在制作动画的过程中，获取图形的途径有 3 种：第一种是使用 Flash CS4 工具箱中的各种绘图工具绘制图形；第二种是复制图形；第三种是导入图形。本节将要介绍的是第三种方法。

Flash CS4 能够识别多种矢量位图格式，既可以将位图图像导入到当前的舞台中，也可以将位图图像导入到当前文档的库中。

即使将位图图像导入到舞台中，也会在 Flash CS4 中自动将位图图像添加到该文档的库中。

1. 将图像导入到舞台

导入图像文件到舞台的具体操作步骤如下。

操作步骤

❶ 选择菜单栏中的【文件】|【导入】|【导入到舞台】命令，如下图所示。

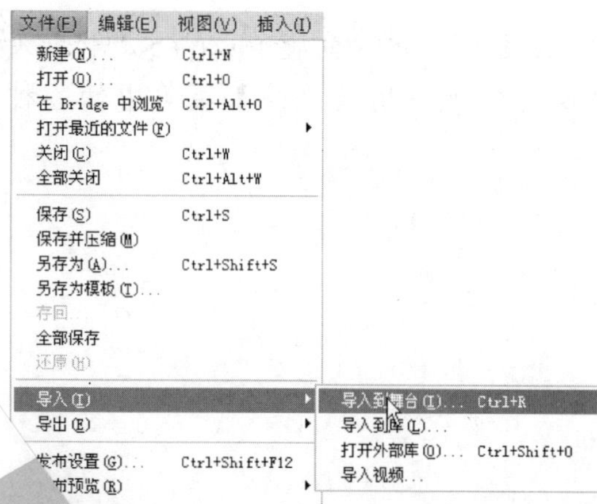

……的【导入】对话框中，选择图像文件的路径……的图像文件(光盘：\图书素材\第 4 章……g)，单击【打开】按钮，如下图所示。

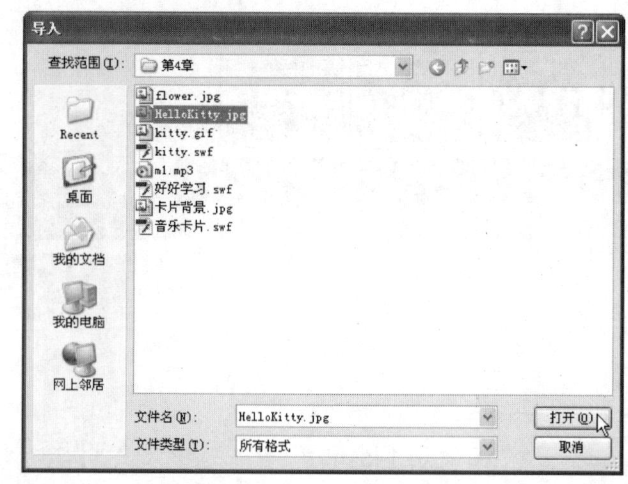

❸ 这样，就将图像直接导入到舞台中了，如下图所示。导入的位图也会自动保存在库中，并像元件一样可以重复使用。

2. 将图像导入到库

导入图像文件到库中的具体操作步骤如下。

操作步骤

❶ 选择菜单栏中的【文件】|【导入】|【导入到库】命令，如下图所示。

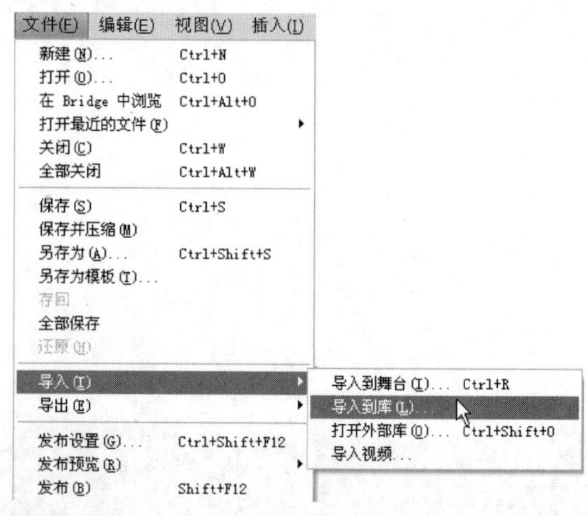

❷ 在弹出的【导入到库】对话框中，选择图像文件的

……h CS4 中的图形文件的尺寸至少要达到 2 像素×2 像素。如果导入的位图包含复杂的形状和许多颜色，则转……形的文件大小会比原来的稍大一些。

路径以及需要的图像文件，单击【打开】按钮，如下图所示。

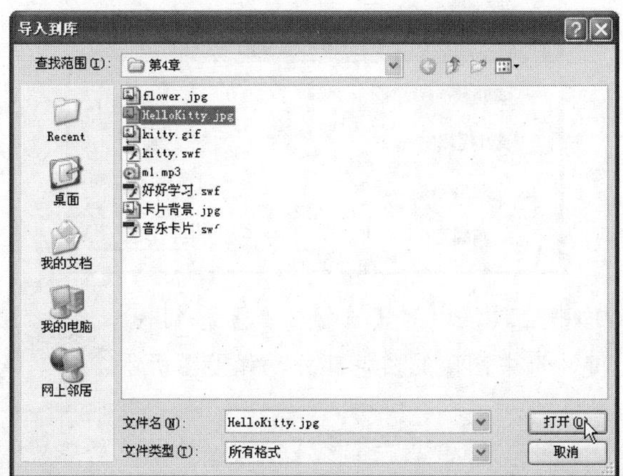

❸ 在【库】面板中即可查看导入的位图图像，如下图所示。

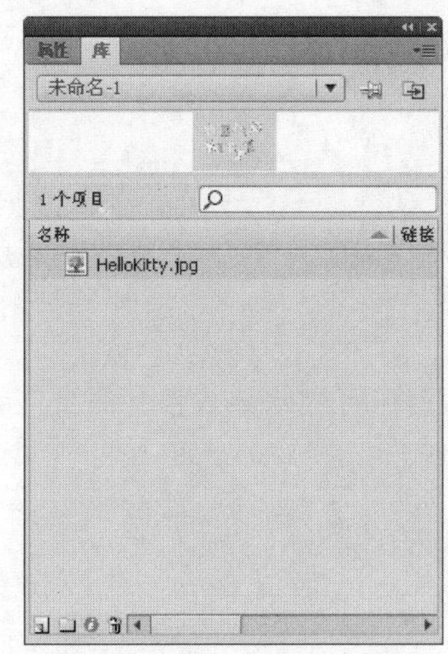

对于导入到【库】中的位图图像，用户可以对其进行修改，具体操作步骤如下。

操作步骤

❶ 选中【库】面板中的位图图像并右击，从弹出的快捷菜单中选择【属性】命令，如下图所示。

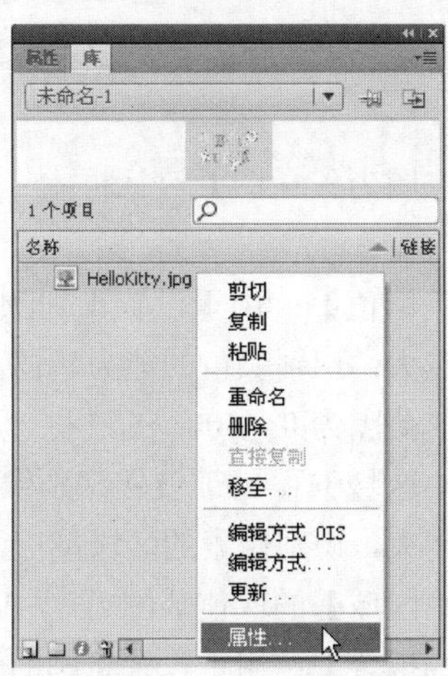

❷ 打开【位图属性】对话框，根据具体需要进行设置，然后单击【确定】按钮即可，如下图所示。

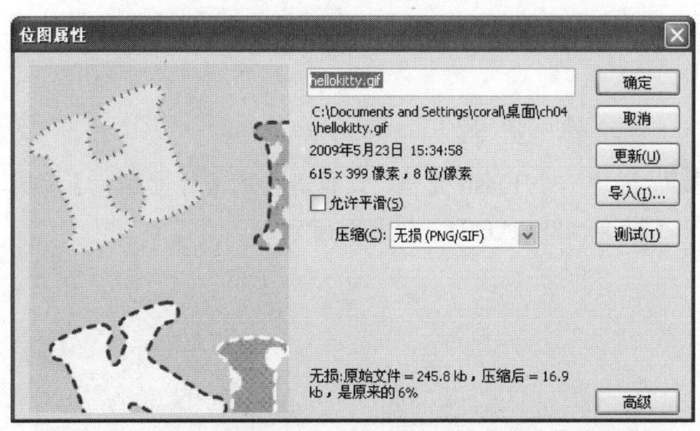

在【位图属性】对话框中，各参数的含义分别如下。

❖ 【允许平滑】：该复选框用于设置是否对图像进行平滑处理。

❖ 【压缩】：单击右侧的下拉按钮，通过弹出的下拉列表中的相应选项可以设置图像的压缩方式，如【照片(JPEG)】(以 JPEG 格式压缩图像)和【无损(PNG/GIF)】(使用无损压缩格式压缩图像)，如下图所示。

❖ 【更新】：单击该按钮，可以更新导入的图像文件。

❖ 【导入】：单击该按钮，可以打开【导入位图】对话框，如下图所示。用户可以重新导入一个新的图像文件。

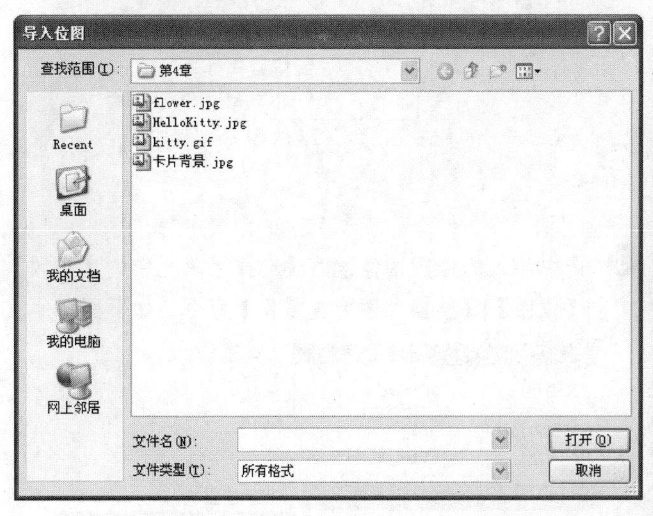

❖ 【测试】：单击该按钮，可以预览压缩后的效果。

如果 Flash CS4 文档中显示的导入位图的大小比原始位图大，则图像可能扭曲。通常为了确保正确显示图像，一般先预览导入的位图查看效果。

3. 转换导入的位图图像

导入位图图像后，可以将其转换为矢量图，具体操作步骤如下。

操作步骤

1. 新建一个 Flash 文档，设置舞台的【背景颜色】为天蓝色(#88BAD9)，如下图所示。

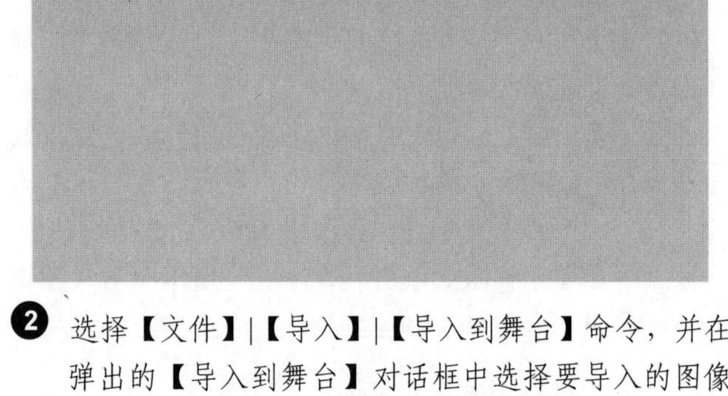

2. 选择【文件】|【导入】|【导入到舞台】命令，并在弹出的【导入到舞台】对话框中选择要导入的图像文件，单击【打开】按钮，导入位图图像文件(光盘:\图书素材\第 4 章\kitty.gif)，如下图所示。

3. 选中导入的位图图像，然后选择菜单栏中的【修改】|【位图】|【转换位图为矢量图】命令，如下图所示。

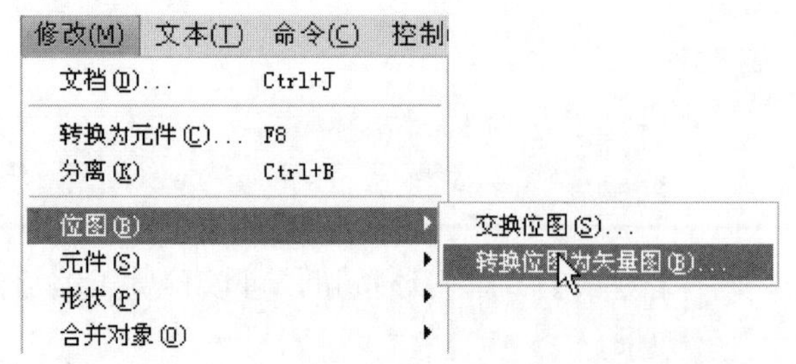

4. 弹出【转换位图为矢量图】对话框，按照具体需要进行设置，然后单击【确定】按钮即可将位图图像转换为矢量图，如下图所示。

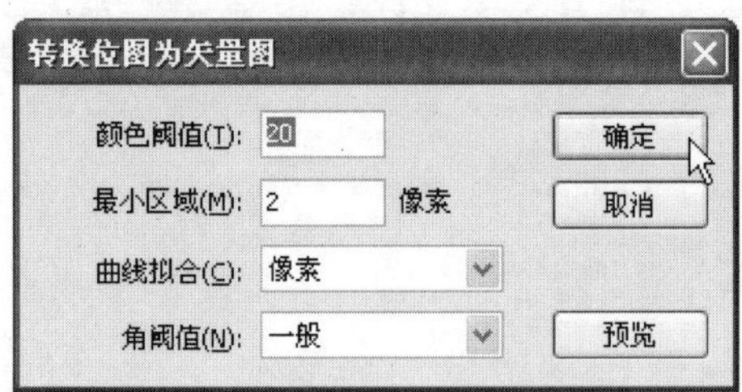

5. 单击工具箱中的【选择工具】按钮，按住 Shift 键，选中图像的白色部分，如下图所示。

6. 按 Delete 键即可删除导入素材的白色背景，最终效果如下图所示。

在【转换位图为矢量图】对话框中，各参数的含义分别如下。

- 【颜色阈值】：用于设置识别颜色的能力。该数值越大，识别颜色的能力越弱。【颜色阈值】的取值范围为 0～500。
- 【最小区域】：用于设置识别像素的区域。该数值越大，识别像素的区域越广，颜色越单调。【最小区域】的取值范围为 1～1000。
- 【曲线拟合】：用于设置轮廓的平滑程度。

如果用户对 Flash 动画的真实效果要求很高，最好使用位图图像，而不要将其转换为矢量图。因为将位图转换为矢量图后，会丢失大量的图像信息。

❖ 【角阈值】：用于选择是保留锐边，还是进行平滑处理。

4.1.2 导入声音文件

在动画制作中经常会用到各种声音。通过添加声音文件，可以使动画声情并茂，更具表现力，这样才能更吸引观众。在 Flash CS4 中用户可以选择在特定的情况下播放特定的声音。Flash CS4 提供了较佳的压缩方式，用户应该选择适当的压缩方式，降低动画文件的数据量。

1. Flash CS4 中的声音类型

Flash CS4 中有两种声音类型：事件声音和数据流声音。这两种类型的声音并不是它们格式上的区别，而是指它们导入 Flash CS4 影片中的方式的区别。

1) 事件声音

事件类型的声音必须在完全下载之后才能开始播放，在播放过程中不受动画的影响。该类型的声音比较适合制作较短的声音动画。

2) 数据流声音

数据流类型的声音不需要等到整个音乐完全下载完才开始播放，而只要下载的数据足够一帧就开始播放。

数据流声音可以随着动画的播放而播放，随着动画的停止而停止。

2. Flash CS4 中的声音格式

在 Flash CS4 中可以使用的声音格式很多，最常用的有两种声音格式：MP3 格式和 WAV 格式。

1) MP3 格式

MP3 是使用十分广泛的一种数字音频格式，由于其具有压缩的高效性，且体积小、传输方便，能使小文件产生高质量的音频效果，因此深受人们的喜爱。相同长度的音乐文件，如果用 MP3 格式来存储，一般只有 WAV 文件的十分之一。所以，现在较多的 Flash 音乐都存储为 MP3 格式。

2) WAV 格式

WAV 是微软公司和 IBM 公司共同开发的 PC 标准声音格式。该格式可以直接保存对声音波形的采样数据，而没有对其进行压缩，因此音质非常好。一些 Flash 动画的特殊音效常常会使用 WAV 格式。但是，因为其数据未进行压缩，所以体积比较大，占用的空间也就相对较大。用户可以根据自身的需求，选择合适的声音格式。

3. 声音的导入

Flash CS4 本身没有制作音频的功能，所以在制作好动画后，如果需要添加声音就必须先将声音导入到库中。具体操作步骤如下。

操作步骤

1. 选择菜单栏中的【文件】|【导入】|【导入到库】命令，打开【导入到库】对话框，选择声音文件(光盘:\图书素材\第 4 章\ml.mp3)，单击【打开】按钮，如下图所示。

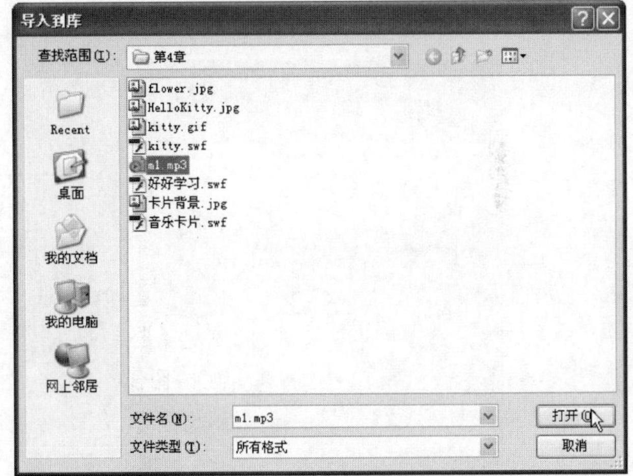

2. 这样，就将声音文件导入到【库】面板中了。选中【库】面板中的声音文件，在预览窗口即可观察到声音的波形，如下图所示。

3. 单击预览窗口中的【播放】按钮▸，即可播放声音文件。

要连续播放声音文件，可以在帧的【属性】面板中选择【重复】选项，并在【循环次数】文本框中输入数值。一般不建议使用【循环】选项进行播放。因为如果使用【循环】播放，帧就会被添加到文件中，文件的大小就会根据声音循环播放的次数而倍增。

长见识

4. 声音的应用

将声音导入到库中后，即可在动画中添加声音。一般情况下，在Flash动画中，声音主要应用于按钮和时间轴两个方面。下面将分别进行介绍。

1) 向时间轴添加声音

如果想让动画在时间轴的某一帧上开始播放音乐，就可以为该关键帧添加一些特殊的声音效果或者背景音乐。向时间轴添加声音的具体操作步骤如下。

操作步骤

1. 选择菜单栏中的【窗口】|【库】命令，打开【库】面板，并导入声音文件(光盘：\图书素材\第 4 章\ml.mp3)，如下图所示。

2. 选择时间轴上需要添加声音的帧(有关帧的知识将在第 5 章中详细介绍)，然后将【库】面板中的声音对象拖放到舞台上。此时会发现添加声音的帧上出现一条短线，这就是声音对象的波形起始位置，如下图所示。

3. 选择除开始帧的某一帧并右击，从弹出的快捷菜单中选择【插入帧】命令，如下图所示。

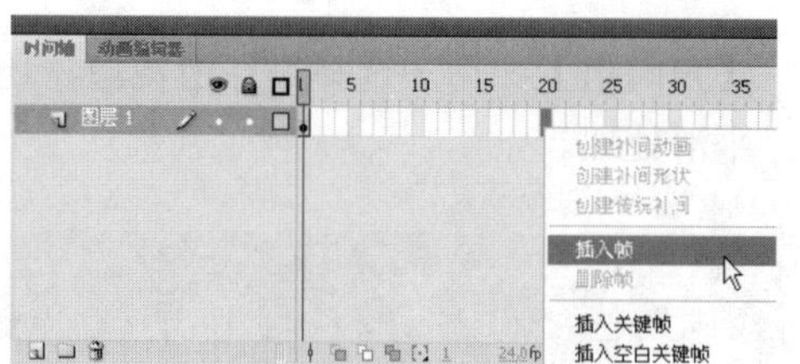

4. 插入帧后，就可以在时间轴上看到声音对象的波形，如下图所示。

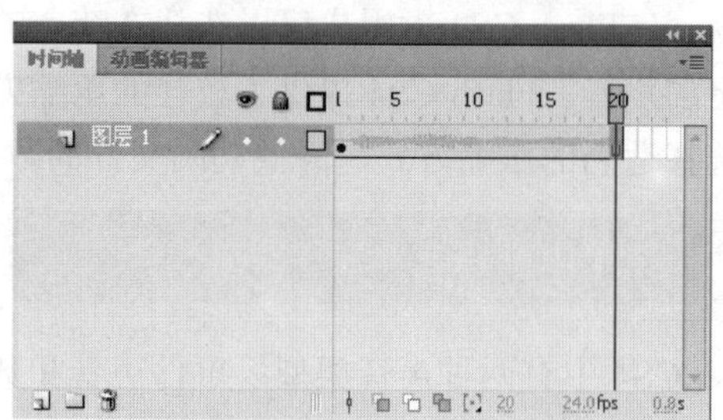

这里，帧的选择可以根据导入的音乐文件的大小来决定。

用户也可以直接通过帧的【属性】面板来添加声音。当音乐文件导入到【库】面板后，选择时间轴上需要添加声音的帧，然后切换到帧的【属性】面板。单击【声音】选项组中【名称】右侧的下拉按钮，从弹出的下拉列表中选择要添加的声音文件即可，如下图所示。

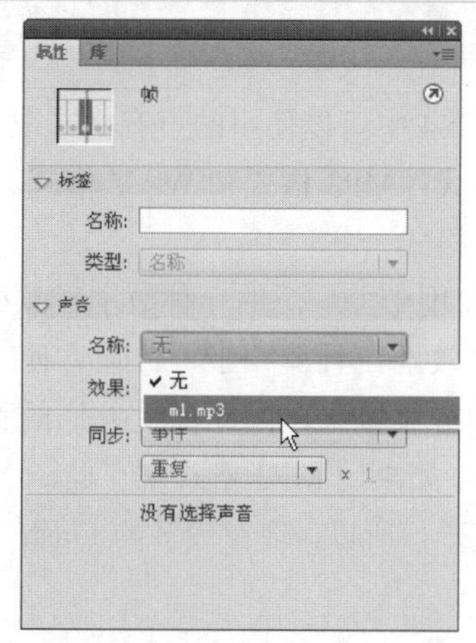

2) 向按钮添加声音

在制作交互动画时，常常会用到按钮元件。在Flash CS4中，为按钮的 4 种不同状态添加声音，可以使其在操作时具有更强的互动性。

向按钮添加声音的具体操作步骤如下。

学以致用系列丛书

在时间轴上的不同图层中，可以添加不同的声音。当播放动画时，所有的声音会融合在一起。

操作步骤

❶ 打开素材文件(光盘：\图书素材\第 6 章\按钮实例.fla)，如下图所示(按钮实例的制作方法将在第 6 章详细介绍)。

❷ 选择【文件】|【导入】|【导入到库】命令，将声音文件导入到【库】中，如下图所示。

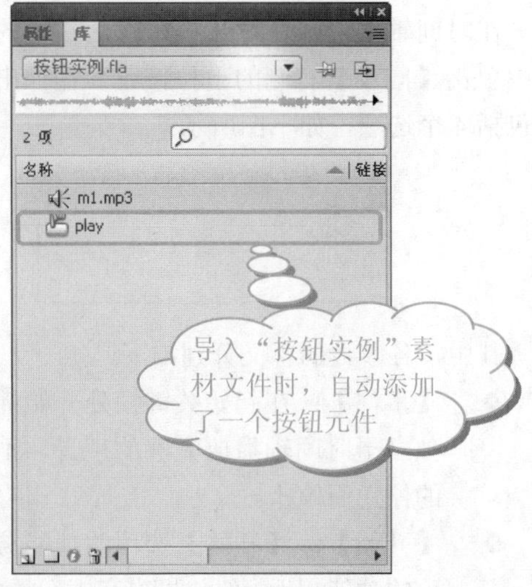

❸ 右击按钮元件，从弹出的快捷菜单中选择【编辑】命令，将其转换为可编辑状态。然后，在时间轴上单击【按下】帧，如下图所示。

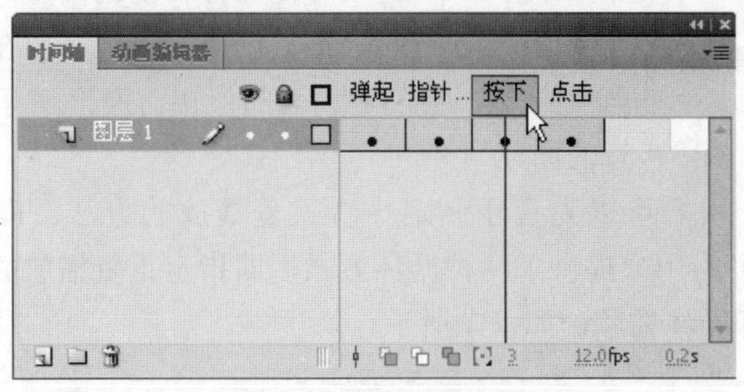

❹ 将声音文件拖到舞台上，在时间轴上查看声音波形，如下图所示。

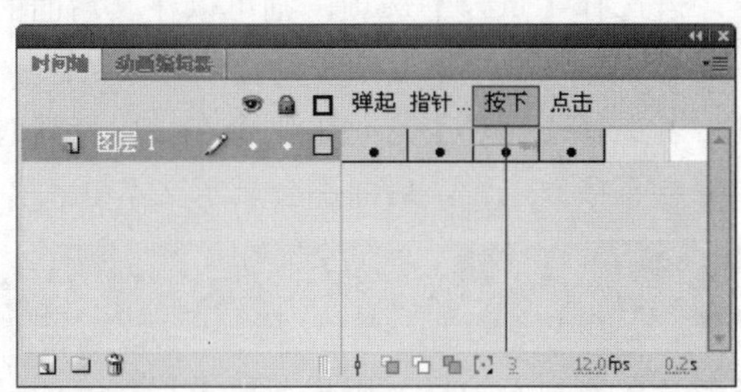

❺ 完成向按钮添加声音的操作后，按 Ctrl+Enter 组合键测试动画效果。当单击该按钮时，将会播放音乐，如下图所示。

5. 声音的编辑

Flash CS4 针对声音文件提供了一些简单的编辑功能。虽然不能和专业的声音处理软件相比，但是 Flash 声音的编辑对于一般的动画制作者来说，还是十分实用和方便的。

1) 声音效果

在时间轴上选择任意一帧，在帧的【属性】面板中单击【效果】右侧的下拉按钮，在弹出的下拉列表中包括【无】、【左声道】、【右声道】、【向右淡出】、【向左淡出】、【淡入】、【淡出】和【自定义】8 个选项，如下图所示。

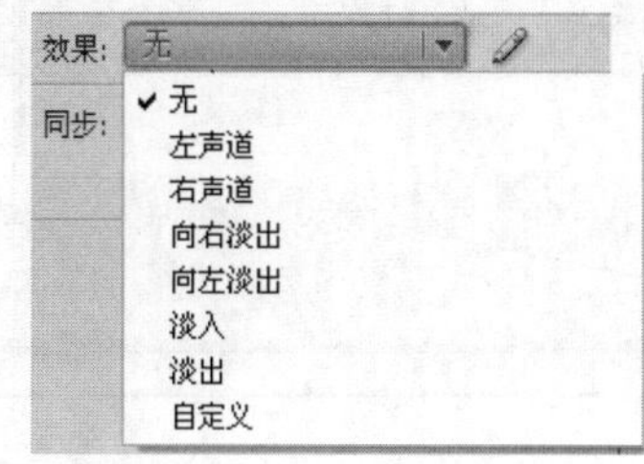

其中，各参数的含义分别如下。

❖ 【无】：不对声音文件应用效果。选择该选项，也可以删除以前应用过的声音效果。
❖ 【左声道】：只在左声道中播放声音。
❖ 【右声道】：只在右声道中播放声音。
❖ 【向右淡出】：将声音从左声道切换到右声道，并逐渐减小其幅度。
❖ 【向左淡出】：将声音从右声道切换到左声道，并逐渐减小其幅度。
❖ 【淡入】：在声音的持续时间内逐渐增大幅度。
❖ 【淡出】：在声音的持续时间内逐渐减小幅度。
❖ 【自定义】：选中该选项后会打开【编辑封套】对话框，如下图所示。用户可以根据需要创建声音的淡入点和淡出点。

如果导入的对象是 SWF 文件，那么显示的文件只是按帧排列的画面，而不能将原文件的图层、动作等其他相关的属性导入到文档中。

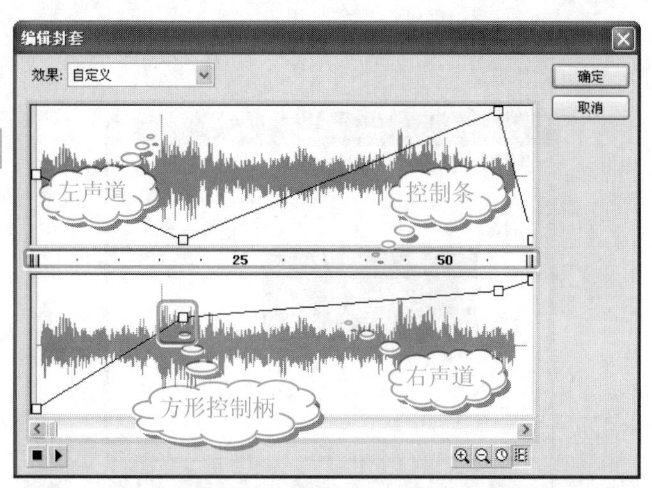

提示

单击【效果】右侧的【编辑声音封套】按钮，也可以打开【编辑封套】对话框。

通过【编辑封套】对话框，用户可以进一步设置声音的效果。【编辑封套】对话框分为上下两个声音波形编辑窗口，上面的是左声道声音波形，下面的是右声道声音波形。

在【效果】下拉列表框中，也可以设置声音的效果。下图所示为设置【淡入】的效果。

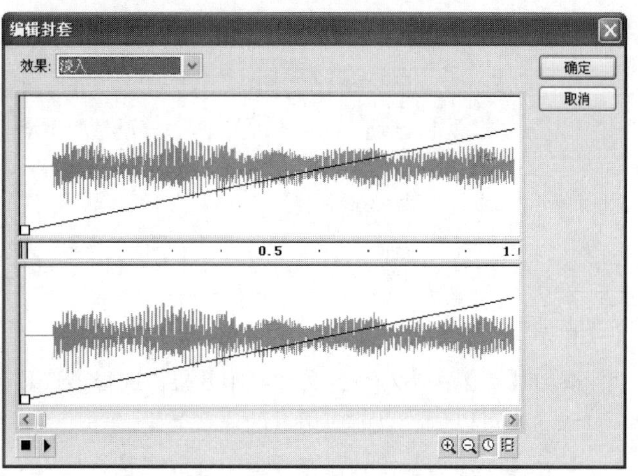

在【编辑封套】对话框的右下角单击【放大】按钮，可以将声音波形图像放大，从而更清晰地看到声音的波形；单击【缩小】按钮，可以将声音波形图像缩小，从而看到声音图像的整体情况；单击【秒】按钮，声音波形图像将以秒为单位显示声音的波形；单击【帧】按钮，声音波形图像将以帧为单位显示声音的波形。

在【编辑封套】对话框的左下角单击【播放声音】按钮，可以播放声音测试；单击【停止声音】按钮，可以停止声音测试。

在将【效果】设置为【自定义】选项的情况下，用户在声音波形编辑窗口中单击，即可增加一个方形控制柄(最多可以添加 8 个)。在方形控制柄之间由直线连接，拖动各方形控制柄可以调整声音段的音量。在声道列表框的顶部声音为最大，底部则为静音。

技巧

若要删除波形中的控制柄，可以通过将控制柄拖到波形窗口外来实现；或者通过拖动上下声音波形之间刻度栏内的灰色控制条，从而截取声音片段。

2) 同步选项

在时间轴上选择任意一帧，然后在帧的【属性】面板中单击【同步】右侧的下拉按钮，在弹出的下拉列表中包括 4 个选项，如下图所示。

其中，各参数的含义分别如下。

- 【事件】：在起始关键帧处开始播放声音，并独立于时间轴播放完整的声音，不会随着动画的停止而停止。
- 【开始】：【开始】选项的功能与【事件】选项的功能相近，但如果声音正在播放，使用【开始】选项则不会播放新的声音实例。
- 【停止】：该选项可将播放的声音变为静音。
- 【数据流】：该选项可使声音和动画同步。和【事件】声音不同，【数据流】声音需要在时间轴上播放，会随着动画的停止而停止。

3) 声音的循环

用户可以为音乐制定声音重复播放的方法。Flash CS4 为用户提供了两种循环方式，即指定重复播放的次数和循环播放，如下图所示。

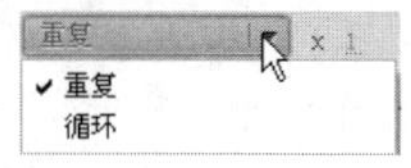

- 若选择【重复】选项，则可以在其后面的文本框中输入数字以制定重复播放的次数。
- 若选择【循环】选项，则会在一段持续时间内一直播放声音，后面不会显示文本框。

6. 设置声音

将声音导入到库中后，用户若要设置声音的输出质量和容量大小等参数，均可以通过【声音属性】对话框

当将声音导入到 Flash CS4 时，如果声音的记录格式不是 11 kHz 的倍数(如 8 kHz、32 kHz 或 96 kHz)，Flash CS4 会自动重新采样。Flash CS4 在导出声音时，会把声音转换成采样比率较低的声音。

来实现。打开【声音属性】对话框的方法很多，其中最简单的就是采用快捷菜单方法，具体操作步骤如下。

操作步骤

❶ 在【库】面板中选中声音文件并右击，从弹出的快捷菜单中选择【属性】命令，如下图所示。

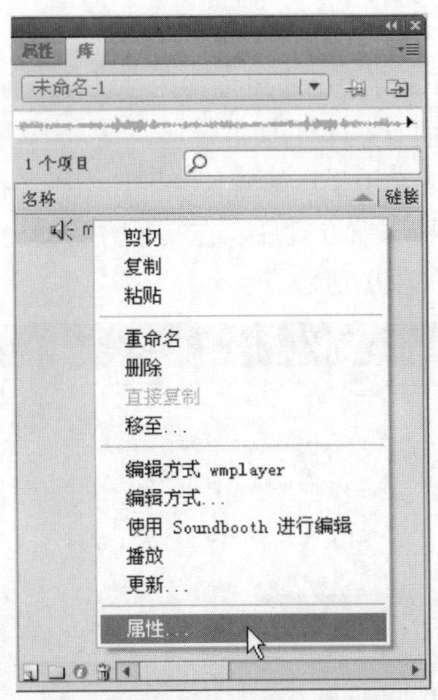

❷ 这样，即可打开该声音文件的【声音属性】对话框，如下图所示。

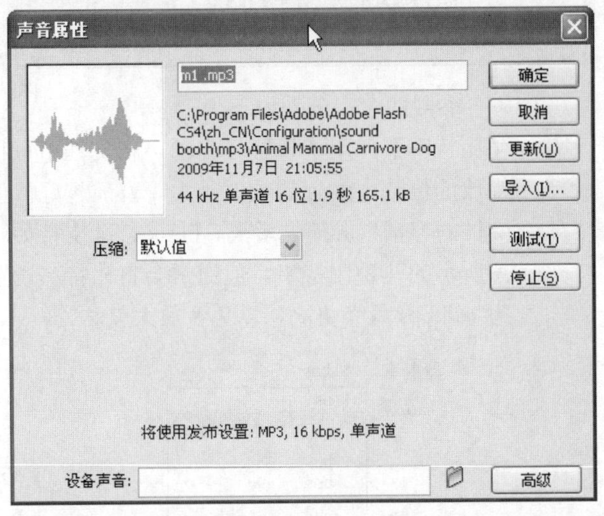

提示

另外，用户还可以采用以下两种方法打开【声音属性】对话框。

- ❖ 在【库】面板中选中声音文件，单击菜单项按钮，从弹出的下拉列表中选择【属性】命令。
- ❖ 双击【库】面板中声音文件左侧的喇叭按钮。

在【声音属性】对话框中，对话框的左上角显示了声波的形状；对话框上方的文本框中显示了声音文件的名称；对话框的下方显示了该声音文件的路径、修改日期及文件大小等信息，如下图所示。

另外，在【声音属性】对话框右侧有一排按钮，部分按钮的含义如下。

- ❖ 【更新】：单击该按钮，可以将【声音属性】对话框中进行的修改应用到当前编辑环境下相应的声音文件中。
- ❖ 【导入】：单击该按钮，将弹出【导入声音】对话框，如下图所示。在该对话框中，用户可以从外界导入新的声音文件，以代替当前正在编辑的声音文件。

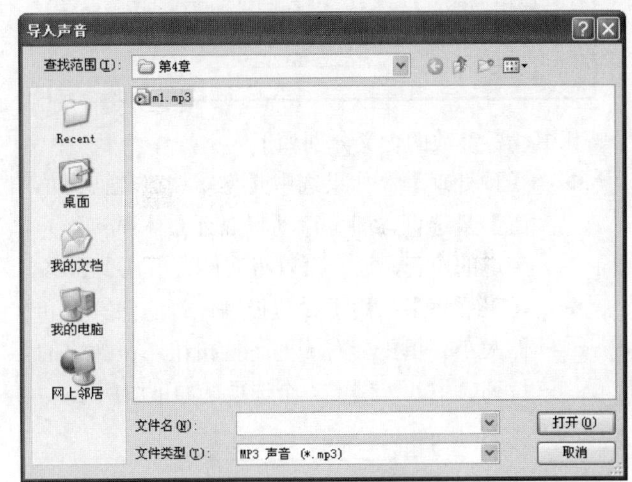

注意

当替换了当前正在编辑的声音实例后，与该声音文件有关的其他当前编辑环境下的所有应用声音实例都会同时被替换掉。

- ❖ 【测试】：对当前编辑的声音效果进行试听。
- ❖ 【停止】：终止对声音的试听。

单击【压缩】右侧的下拉按钮，在弹出的下拉列表中有【默认值】、ADPCM、MP3、【原始】和【语音】5 个选项，如下图所示。

学以致用系列丛书

1) 默认

【默认】是 Flash CS4 提供的一种通用的压缩方式，这种方式将对整个文件中的声音使用同一个压缩比进行压缩，而且不用分别对文件中不同的声音进行单独的属性设置，是一种比较简单的压缩方式。

2) ADPCM

ADPCM 压缩方式通常用于压缩按钮音效、事件声音等比较简短的声音。当选择了这种压缩方式后，在其下方将会出现一些相关的选项设置，如下图所示。

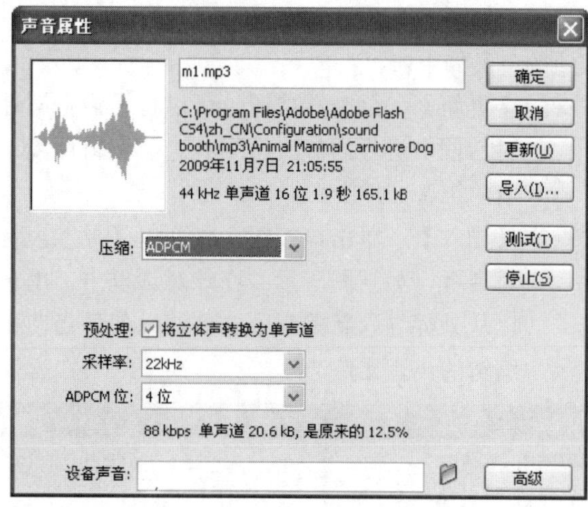

其中，各参数的含义分别如下。

❖ 【预处理】：如果选中【将立体声转换为单声道】复选框，即可自动将混合立体声转化为单声道的声音，通常可以将文件大小减少 50%。

❖ 【采样率】：用于设置控制声音的保真度和文件大小。单击其右侧的下拉按钮，在弹出的下拉列表中共提供了 4 个选项，如下图所示。

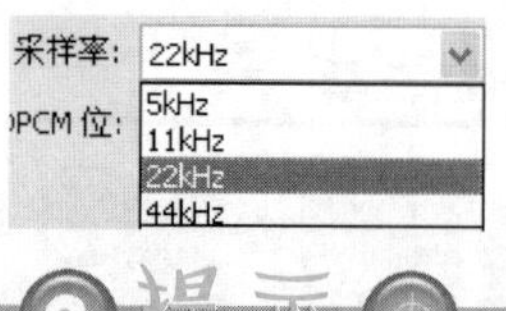

提示

较低的采样率可以减小文件大小，但同时也会降低声音的品质。5 kHz 的采样率一般只能达到人说话的音质；11 kHz 的采样率是播放一小段音乐所要求的最低标准，其声音质量可以达到 1/4 的 CD 音质；22 kHz 的采样率的声音质量可以达到一般的 CD 音质，是目前众多网站所选择的播放声音的采样率；44 kHz 的采样率是标准的 CD 音质，其视听效果较好。

❖ 【ADPCM 位】：设置编码时的比特率。其数值越大，生成声音的音质也就越好，而声音文件的容量也就越大。单击其右侧的下拉按钮，在弹出的下拉列表中共提供了 4 个选项，如下图所示。

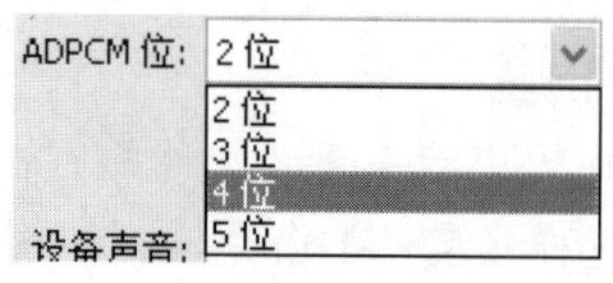

3) MP3

利用 MP3 方式压缩声音文件可以使声音文件的容量大大减小，而且基本不损害音质。这是一种比较高效的压缩方式，通常用于压缩较长且不使用循环播放的声音。当选择了这种压缩方式后，在其下方将会出现一些相关选项设置，如下图所示。

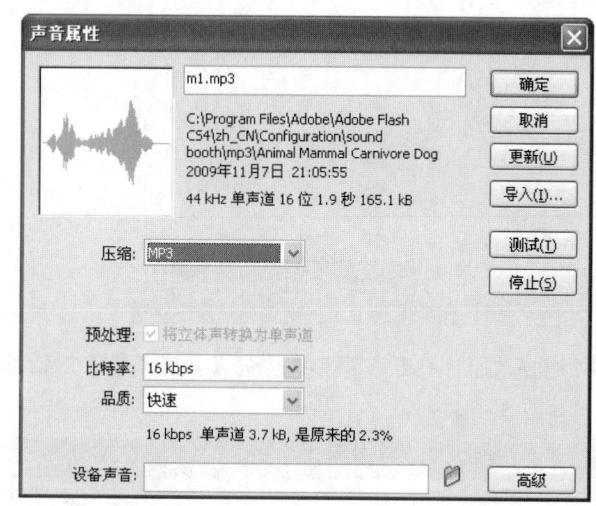

其中，各参数的含义分别如下。

❖ 【比特率】：用于设置导出的声音文件中每秒播放的位数。设置的数值越大，音质越好，但文件的容量也会随之增大。Flash CS4 支持如下图所示的几种比特率。但通常会将比特率设置为 16 kbps 或者更高，以免音质太差。

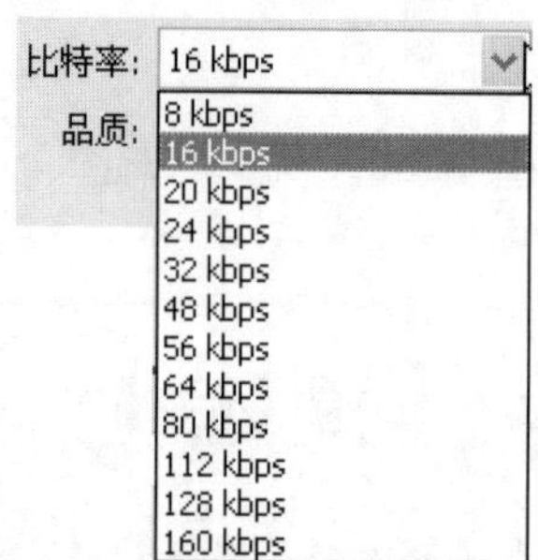

❖ 【品质】：用于设置导出声音时的压缩速度和质量，包括【快速】、【中等】和【最佳】3 个选项，如下图所示。

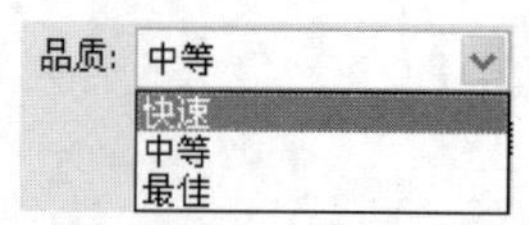

在 Flash CS4 中，可以创建视频演示文稿。如果要创建一个简单的视频演示文稿(带有线性描述且几乎没有交互功能)，则接受默认设置并将视频导入到舞台；若要创建动态效果更好的视频演示文稿，并且需要处理多个视频剪辑或者使用 ActionScript 脚本添加动态过渡或其他元素，则需要先将视频导入到库中。

其中【快速】选项可以获得较快的压缩速度，但会降低声音的质量；【中等】选项可以获得稍慢一些的压缩速度，但其声音质量较高；【最佳】选项的压缩速度最慢，但其声音质量最好。

4) 原始

【原始】压缩方式，表示导出声音时不进行压缩，如下图所示。

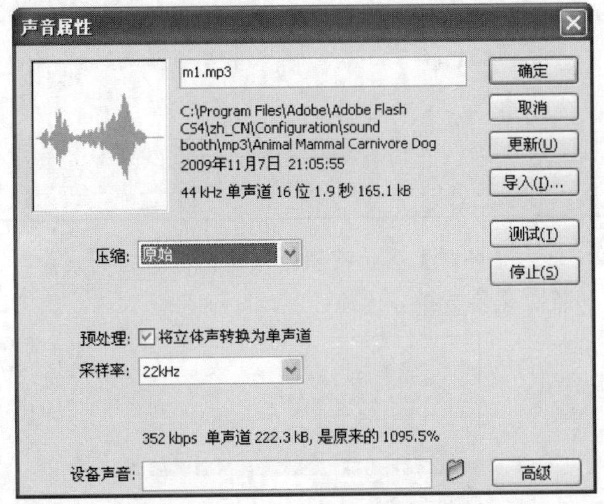

其中，【预处理】和【采样率】参数的含义和ADPCM压缩方式的参数含义一样，这里就不再赘述。

5) 语音

【语音】压缩方式适用于设定声音的采样率并对语音进行压缩，常用于动画中人物的配音。【语音】压缩方式的参数含义同上，如下图所示。

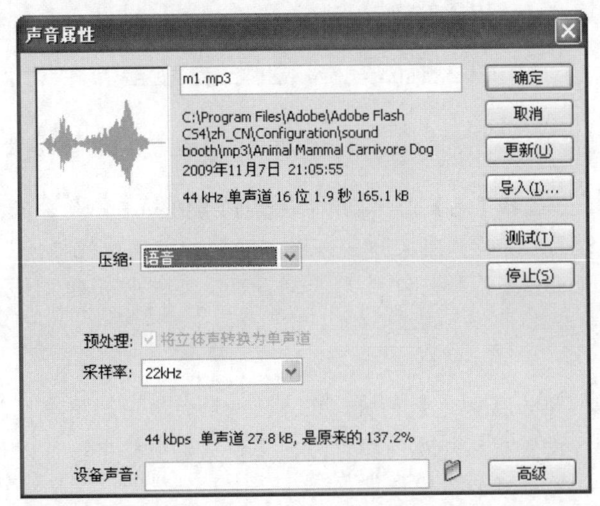

4.1.3　导入视频文件

在制作动画的过程中，用户经常会用到视频。Flash CS4允许用户将视频、数据、图形、声音和交互式控制融为一体。

1. 导入的视频格式

若要将视频导入到Flash CS4中，必须使用以FLV或H.264格式编码的视频。导入视频时，视频导入向导将自动检查导入的视频文件。如果导入的视频不是Flash CS4可以播放的格式，则会弹出Adobe Flash CS4对话框，如下图所示。如果导入的视频不是FLV或F4V格式，则可以使用Adobe Media Encoder以适当的格式对视频进行编码后，再重新导入视频。

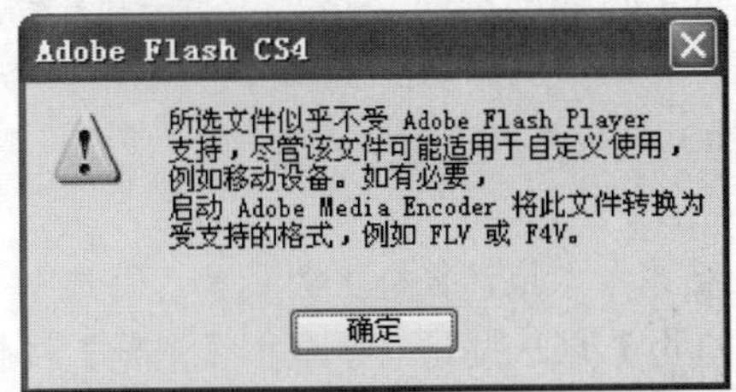

2. 导入视频文件

在Flash CS4中导入视频文件的具体操作步骤如下。

操作步骤

❶ 选择菜单栏中的【文件】|【导入】|【导入视频】命令，打开【导入视频】对话框，如下图所示。

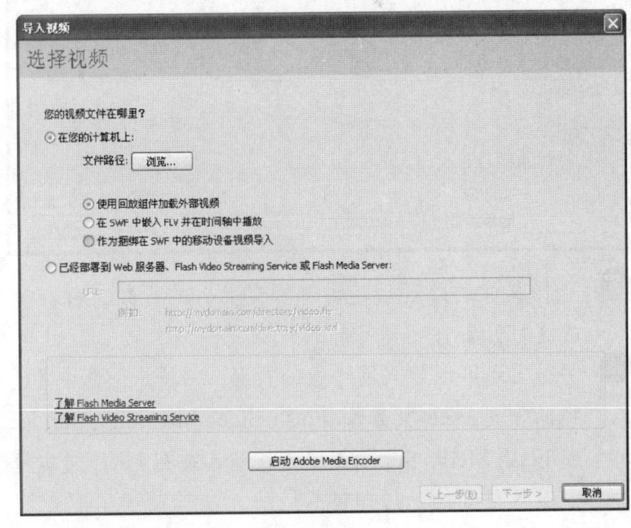

【导入视频】对话框中提供了3个视频导入选项，其含义分别如下。

❖ 【使用回放组件加载外部视频】：导入视频并创建FLVPlayback组件的实例，以控制视频回放。将Flash文档作为SWF发布并上传到Web服务器时，还必须将视频文件上传到Web服务器或Flash Media Server，并按照已上传视频文

学以致用系列丛书

Adobe Media Encoder是独立编码应用程序，Flash CS4程序可以使用该应用程序将视频输出为某种媒体格式。根据程序的不同，Adobe Media Encoder会在专用的【导出设置】对话框中，列出不同格式(如FLV格式和H.264格式)关联的各种不同的设置。

件的位置配置 FLVPlayback 组件。

- ❖ 【在 SWF 中嵌入 FLV 并在时间轴中播放】：将 FLV 视频文件嵌入到 Flash 文档中。这样导入视频后，可以在时间轴中查看每帧上的视频显示效果。嵌入的 FLV 视频文件成为 Flash 文档的一部分。
- ❖ 【作为捆绑在 SWF 中的移动设备视频导入】：与在 Flash 文档中嵌入视频类似，将视频绑定到 Flash Lite 文档以部署到移动设备中。

Flash Lite 是 Adobe 公司出品的一款软件。利用 Flash Lite 播放器，不仅能观看 Flash 视频，收听 Flash 音频，而且还能玩转 Flash 游戏。

❷ 如果要导入本地计算机上的视频，可选中【在您的计算机上】单选按钮，并单击【浏览】按钮，弹出【打开】对话框，如下图所示。

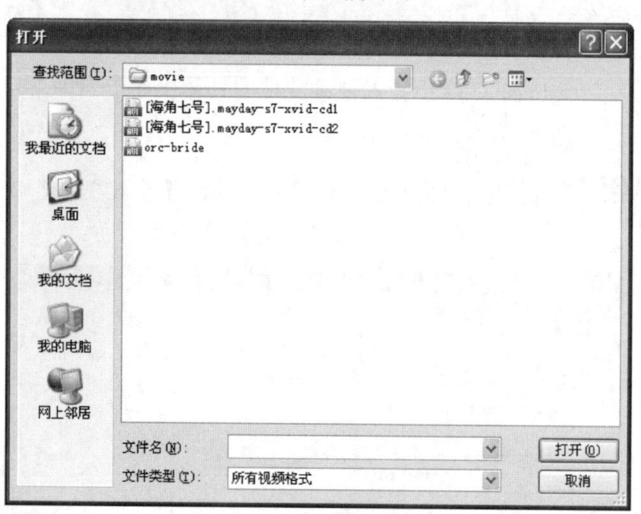

❸ 选择文件的路径后，再选择要导入的视频文件，单击【打开】按钮即可导入视频文件。

❹ 另外，还可以导入网络上的视频。方法是：选中【已经部署到 Web 服务器、Flash Video Streaming Service 或 Flash Media Server】单选按钮，并在 URL 文本框中输入正确的地址即可。

提示

位于 Web 服务器上的视频剪辑 URL 将使用 HTTP 通信协议。位于 Flash Media Server 或 Flash Streaming Service 上的视频剪辑 URL 将使用 RTMP 通信协议。

❺ 设置完毕后单击【下一步】按钮，进入视频的【外观】界面，如下图所示。

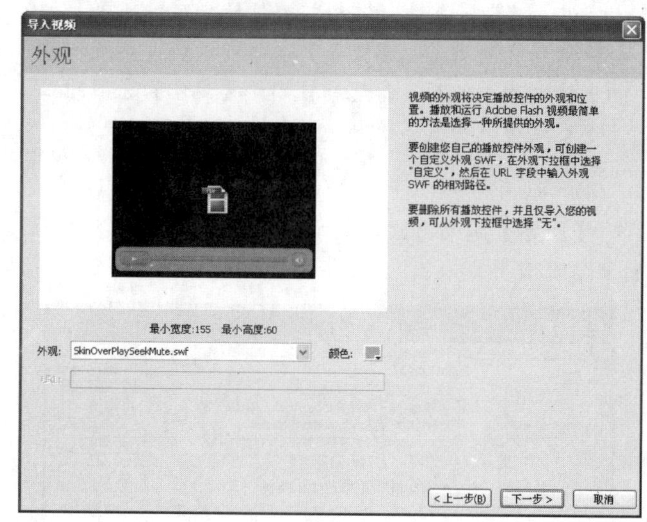

❻ 单击【外观】下拉按钮，从弹出的下拉列表中可以根据需要选择合适的外观，如下图所示。

注意

选择【无】选项，则不设置 FLVPlayback 组件的外观；选择预定义的 FLVPlayback 组件的外观之一，Flash CS4 会将外观复制到 FLA 文件所在的文件夹中。

❼ 单击【颜色】色块，在弹出的调色板中，用户可以设置视频外观的颜色；在【预览】窗格中，可以预览外观的设置效果。

❽ 设置完毕后单击【下一步】按钮，进入【完成视频导入】界面，如下图所示。

FLVPlayback 组件的外观会稍有不同，具体取决于用户创建的 Flash 文档类型。

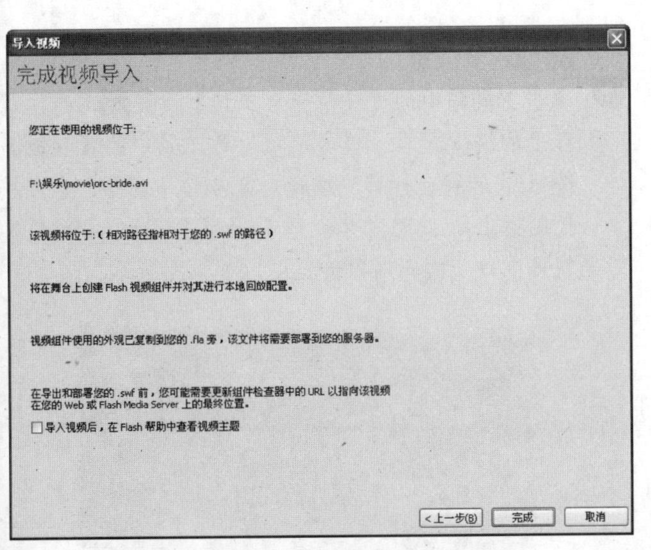

❾ 单击【完成】按钮即可把视频导入到场景中，如下图所示。

❿ 选择菜单栏中的【控制】|【测试影片】命令(或者按 Ctrl+Enter 组合键)，就可以查看视频的播放效果。

4.2 编辑图形

Flash CS4 为用户提供了强大的图形编辑功能，使用这些功能，用户可以制作出更加精美的图形。

4.2.1 任意变形工具

【任意变形工具】的主要作用是使图形对象变形，在 Flash 动画制作过程中经常用到这个工具。在工具箱中单击【任意变形工具】按钮后，其对应的选项设置工具如下图所示。

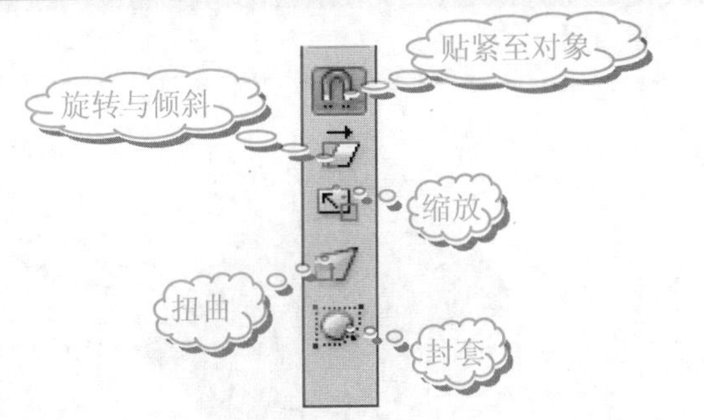

其中，后面 4 个参数的含义分别如下。

- 【旋转与倾斜】：用来旋转对象，调整对象的角度。
- 【缩放】：用来放大或缩小对象，调整对象的大小。
- 【扭曲】：用来调整对象的形状，使其自由扭曲变形。
- 【封套】：得到一些更加特殊的效果。

使用【任意变形工具】可以进行如下操作。

1) 旋转与倾斜

【任意变形工具】不能变形元件、位图、视频对象、声音、渐变或文本。如果多项选区包含以上任意一项，则只能扭曲形状对象。要将文本块变形，首先要将字符转换成形状对象。在 Flash CS4 中，将图形进行旋转与倾斜的具体操作步骤如下。

操作步骤

❶ 选择【文件】|【导入】|【导入到舞台】命令，导入素材文件(光盘: \图书素材\第 4 章\flower.jpg)，如下图所示。

❷ 单击工具箱中的【任意变形工具】按钮，选中舞台上的编辑对象。单击【任意变形工具】对应的选项设置工具中的【旋转与倾斜】按钮(或者直接将光标移动到舞台上的编辑对象的 4 个角附近)，当光标变成形状时，就可以按住鼠标左键不放，并拖动以旋转对象，如下图所示。

使用【任意变形】工具时，可以单独执行某个变形操作，也可以将移动、旋转、缩放、倾斜和扭曲等多个变形操作组合在一起执行。

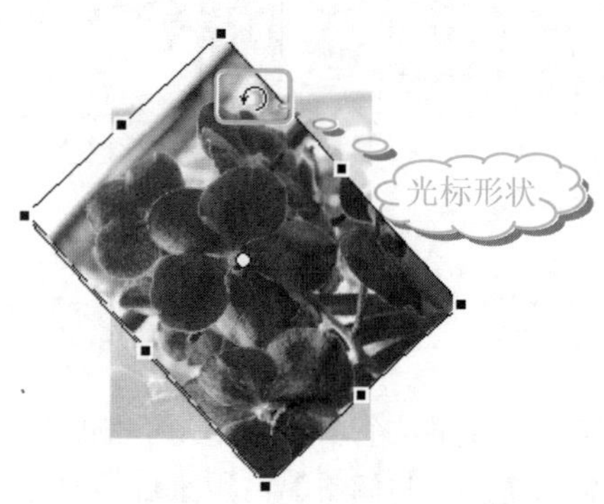

❸ 将光标移到编辑对象四条边上的任何位置，当光标变成⇆或⇅形状时，就可以按住鼠标左键不放，并拖动以倾斜对象，如下图所示。

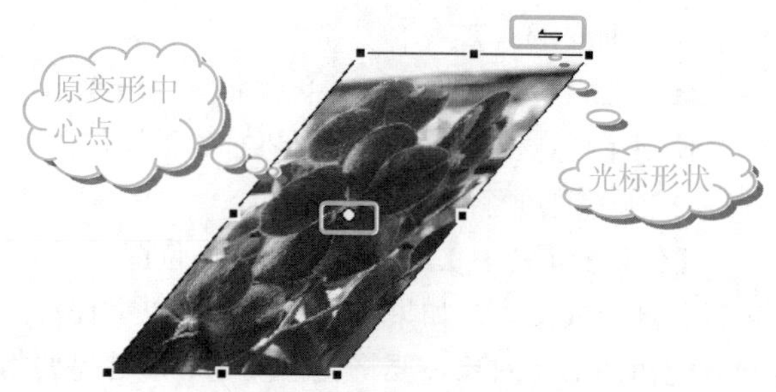

技巧

在 Flash CS4 中，无论使用何种工具对对象进行旋转、倾斜、缩放和扭曲等变形操作，都是以对象的变形中心点为基准进行的。默认的变形中心点为对象中心的小圆圈。下图所示为改变变形点位置后，对相同对象进行旋转所得到的效果。

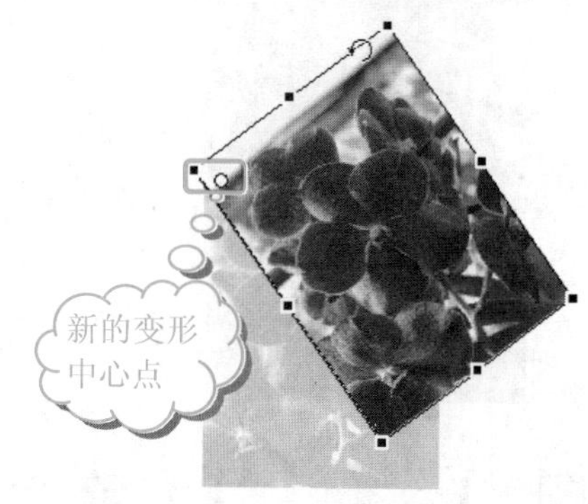

2) 缩放

使用【任意变形工具】还可以对编辑对象进行任意方向的缩放，具体操作步骤如下。

操作步骤

❶ 单击工具箱中的【任意变形工具】按钮，选中舞台上的编辑对象。单击选项设置工具中的【缩放】按钮(或者将光标移到编辑对象 4 边中间的黑色方块控制柄上)，此时光标会变成↔或↕形状。拖动鼠标就可以改变编辑对象的宽度，如下图所示。

❷ 如果只改变编辑对象的高度，效果如下图所示。

❸ 当光标变成⤡形状时，拖动鼠标就可以同时改变编辑对象的宽度和高度，效果如下图所示。

学以致用系列丛书

在使用【任意变形工具】时，若要使对象围绕对角旋转，可以先按住 Alt 键，再对对象进行旋转操作；若要扭曲对象的形状，可以先按住 Ctrl 键，再对对象进行操作。

若按住 Shift 键的同时拖动鼠标，则可以等比例缩放图像。

3)　扭曲

使用【任意变形工具】可以对编辑对象进行任意扭曲变形操作，将编辑对象的形状修改为任意形状。如果用户能够熟练地运用【任意变形工具】的扭曲功能，就可以制作出形态丰富的动画效果。

要进行扭曲变形的对象必须是填充形式(如矢量图)。如果是其他形式的对象(如位图)，则需要先进行分离或转换为矢量图的操作才能进行扭曲操作。

单击工具箱中的【任意变形工具】按钮，选中舞台上的编辑对象，并单击选项设置工具中的【扭曲】按钮(或者将光标移动到编辑对象的黑色方块控制柄上，按住 Ctrl 键)。当光标变成▷形状时，按住鼠标左键不放并拖动，即可扭曲图像。下图所示为对象应用【扭曲】后的效果。

4)　封套

使用【任意变形工具】的【封套】设置工具，可以得到更加细致和精确的变形效果。

单击工具箱中的【任意变形工具】按钮，选中舞台上的编辑对象，并单击选项设置工具中的【封套】按钮，会发现对象的边框上比进行以上 3 项操作时多了 4 个黑色圆形控制柄。拖动这些黑色圆形控制柄或其他的黑色方块控制柄，可以制作出更精细的变形效果。下图所示为应用【封套】后的效果。

4.2.2　【变形】与【对齐】面板

在 Flash CS4 中可以使用【变形】和【对齐】面板对图形进行编辑。

1. 【变形】面板

使用【变形】面板缩放、旋转和倾斜实例、组以及文本时，Flash CS4 会保存对象的初始大小及旋转值。该过程可以删除已经应用的变形并还原为初始值。

选中需要变形的对象，再选择菜单栏中的【窗口】|【变形】命令(或者按 Ctrl+T 组合键)，即可打开【变形】面板，如下图所示。

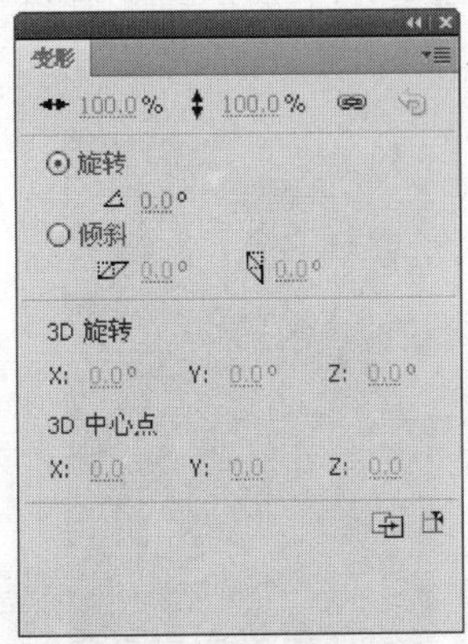

其中，各参数的含义分别如下。

- 【缩放宽度】：用于设置图形的缩放宽度。
- 【缩放高度】：用于设置图形的缩放高度。
- 【约束】：单击该按钮，可以强制约束图形的长宽比例，使其变成形状。
- 【重置】：单击该按钮，可以恢复图形的原始高度和宽度。
- 【旋转】：选中该单选按钮后，可以在下面的文本框中设置图形的旋转角度。
- 【倾斜】：选中该单选按钮后，可以在下面的文本框中设置图形的水平倾斜和垂直倾斜角度。
- 【3D 旋转】：只有在图形为 3D 图形时，该选项才会被激活。该选项可以设置 3D 图形的 X 旋转、Y 旋转和 Z 旋转。
- 【3D 中心点】：同样，只有在图形为 3D 图形时，该选项才会被激活。该选项可以设置 3D 图形的 X 中心点、Y 中心点和 Z 中心点。
- 【重置选区和变形】：单击该按钮，可以应用变形并复制选中的对象。
- 【取消变形】：单击该按钮，可以取消对图

在对图形进行变形后，可以选择【窗口】|【信息】命令，打开【信息】面板，查看当前图片的宽度及高度等相关信息。

形的所有变形操作。

选择【编辑】|【撤消】命令，只能撤消在【变形】面板中执行的最近一次变形。在取消选择对象之前，单击【变形】面板中的【取消变形】按钮，可以重新设置在该面板中执行的所有变形。

使用【变形】面板对图形进行编辑的具体操作步骤如下。

操作步骤

❶ 选择【文件】|【导入】|【导入到舞台】命令，导入素材文件(光盘：\图书素材\第 4 章\flower.jpg)，如下图所示。

❷ 选择菜单栏中的【窗口】|【变形】命令，打开【变形】面板，设置如下图所示的参数。

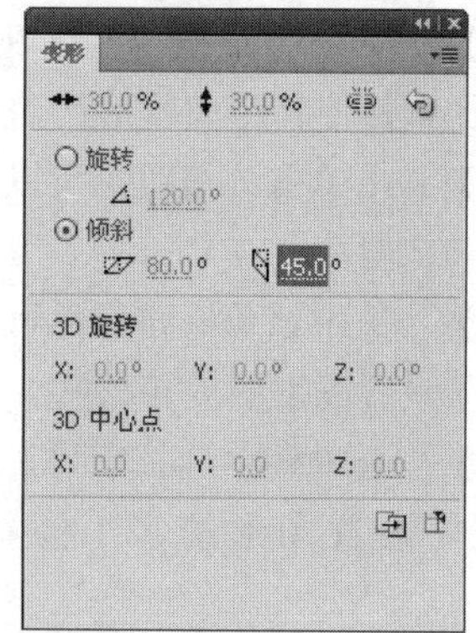

❸ 应用变形后的效果如下图所示。

2. 【对齐】面板

在制作动画的过程中，用户经常需要对创作的对象进行位置调节。使用【对齐】面板可以快速地调整对象的位置。特别是在有很多对象的时候，手动移动对象比较麻烦，而巧妙地使用【对齐】面板可以节省创作动画的时间。

选择菜单栏中的【窗口】|【对齐】命令(或按 Ctrl+K 组合键)，即可打开【对齐】面板，如下图所示。

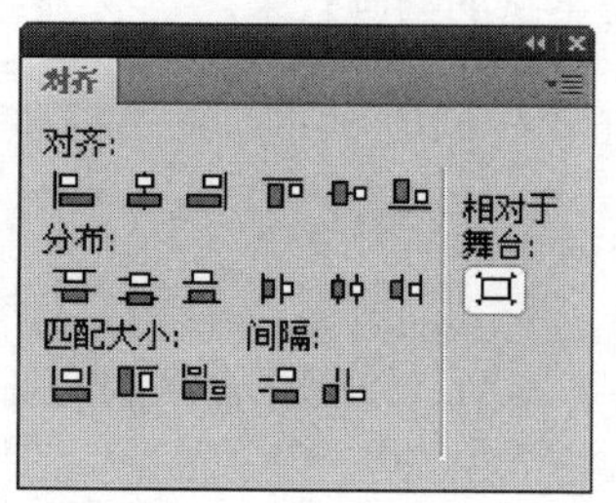

在【对齐】面板中，包括【对齐】、【分布】、【匹配大小】、【间隔】和【相对于舞台】5 个选项，下面将分别进行介绍。

1) 对齐

在【对齐】选项中，提供了 6 种图形对齐方式，其含义分别如下。

- ❖ 【左对齐】：将所选的对象靠左端对齐。
- ❖ 【水平中齐】：将所选的对象沿垂直线居中对齐。
- ❖ 【右对齐】：将所选的对象靠右端对齐。
- ❖ 【顶对齐】：将所选的对象靠顶端对齐。
- ❖ 【垂直中齐】：将所选的对象沿水平线居中对齐。
- ❖ 【底对齐】：将所选的对象靠底端对齐。

2) 分布

在【分布】选项中，提供了 6 种图形分布方式，其含义分别如下。

- ❖ 【顶部分布】：使所选对象在水平方向上顶端间距相等。
- ❖ 【垂直居中分布】：使所选对象在水平方向上中心间距相等。
- ❖ 【底部分布】：使所选对象在水平方向上底端间距相等。
- ❖ 【左侧分布】：使所选对象在垂直方向上左端间距相等。
- ❖ 【水平居中分布】：使所选对象在垂直方向上中心间距相等。
- ❖ 【右侧分布】：使所选对象在垂直方向上右

长见识：使用【对齐】面板，用户能够沿水平或垂直轴对齐所选对象。

端间距相等。

3)　匹配大小

在【匹配大小】选项中，提供了 3 种图形匹配大小方式，其含义分别如下。

- 【匹配宽度】：以所选对象中最长的宽度为基准，在水平方向上等尺寸变形。
- 【匹配高度】：以所选对象中最高的高度为基准，在垂直方向上等尺寸变形。
- 【匹配高和宽】：以所选对象中最长的宽度和最高的高度为基准，在水平和垂直方向上同时等尺寸变形。

4)　间隔

在【间隔】选项中，提供了两种图形间隔方式，其含义分别如下。

- 【垂直平均间隔】：使所选的对象在垂直方向上间距相等。
- 【水平平均间隔】：使所选的对象在水平方向上间距相等。

5)　相对于舞台

单击【相对于舞台】按钮，在调整图像的位置时，将以整个舞台为标准，使图像相对于舞台左对齐、右对齐或者居中对齐。如果该按钮为未激活状态，则对齐图形时是以各图形的相对位置为标准。

下面通过一个简单的例子来熟悉【对齐】面板的使用方法，具体操作步骤如下。

操作步骤

1. 单击工具箱中的【选择工具】按钮，在舞台上选中需要对齐的对象。这里以 3 个矩形对象为例，它们在舞台上的位置如下图所示。

2. 选择菜单栏中的【窗口】|【对齐】命令，打开【对齐】面板，依次单击【相对于舞台】、【水平居中分布】和【垂直中齐】按钮。得到的对齐效果如下图所示。

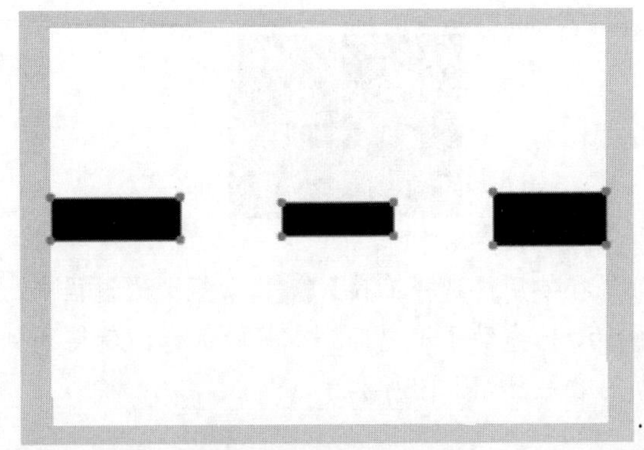

提示

【对齐】面板中所有的功能也可以通过菜单栏中的【修改】|【对齐】子菜单中的相应命令来实现，如下图所示。

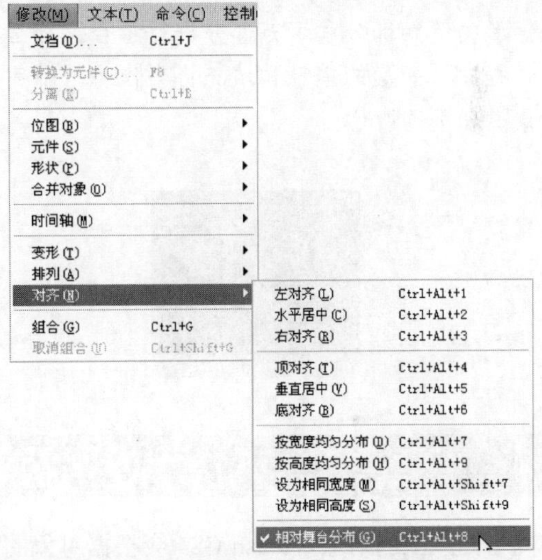

4.2.3　组合与排列

Flash CS4 中还提供了组合与排列功能，以帮助用户编辑图形。

1. 组合

在 Flash CS4 中绘制的图形往往都是分散的，如果用户要将多个元素作为一个对象来处理，那么可以在选中需要组合的对象后，使用菜单栏中的【修改】|【组合】命令(或者按 Ctrl+G 组合键)，将这些对象进行组合。

组合对象后，可以同时对多个有关图形进行整体调整，具体操作步骤如下。

操作步骤

1. 单击工具箱中的【矩形工具】按钮，先绘制出一个矩形，如下图所示。

【对齐】面板中的匹配大小功能，以对象中的宽度或高度的最大值为基准，可以将其他对象的宽度或高度进行拉伸，从而达到与最大值匹配的效果。

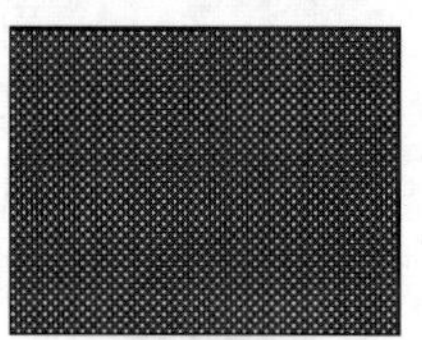

❷ 如果在使用【选择工具】拖动矩形的过程中，一不小心只拖动了填充部分或笔触部分，就得不到预期的效果，如下图所示。

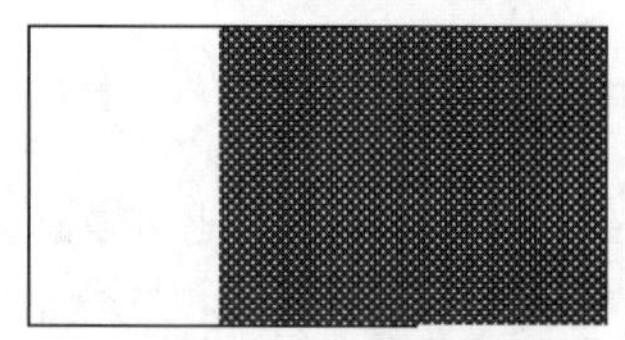

❸ 此时，可以使用菜单栏中的【修改】|【组合】命令，将矩形的笔触部分和填充部分进行组合。那么在拖动过程中，矩形的笔触和填充将会作为一个完整的对象，如下图所示。

2. 排列

在同一图层上的对象，Flash CS4 会根据对象的创建顺序层叠对象，将最新创建的对象放在最上面，最先创建的对象放在最下面。对象的层叠顺序决定了它们在重叠时的显示顺序。

如果用户想改变对象的层叠顺序，可以通过菜单栏中的【修改】|【排列】命令。其中，【排列】命令主要包含如下几种命令。

- 【移至顶层】：可以将选中的对象放置在所有对象的最上面。
- 【上移一层】：可以将选中的对象在排列顺序中上移一层。
- 【下移一层】：可以将选中的对象在排列顺序中下移一层。
- 【移至底层】：可以将选中的对象放置在所有对象的最下方。

使用【排列】命令的具体操作步骤如下。

操作步骤

❶ 在舞台上分别创建两个对象，并将笔触与填充组合在一起(方框上的数字为创建的顺序)，如下图所示。

❷ 在默认情况下将两个对象进行重叠，得到的效果如下图所示。

❸ 如果选中第一个创建的对象后，选择菜单栏中的【修改】|【排序】|【移至顶层】命令，再将两个对象进行重叠，则得到的效果如下图所示。

4.3 修饰图形

Flash CS4 提供了几种对图形的修饰方法，主要包括【将线条转换为填充】、【扩展填充】和【柔化填充边缘】等。

4.3.1 将线条转换为填充

将线条转换成可填充的图形，不但可以对线条的色彩范围进行更精确的编辑，还可以避免在视图显示比例被缩小的情况下，线条出现锯齿和相对变粗的现象。将线条转换为填充的具体操作步骤如下。

操作步骤

❶ 在工具箱中单击【椭圆工具】按钮，设置【笔触颜色】为蓝色，【填充颜色】为绿色，【笔触】为

长见识：选取组合的对象后，选择【编辑】|【编辑所选项目】命令(或者双击组合的对象)，将进入该组合的编辑状态，可以对该组合中的对象分别进行编辑。

5.00，在舞台上绘制一个椭圆，如下图所示。

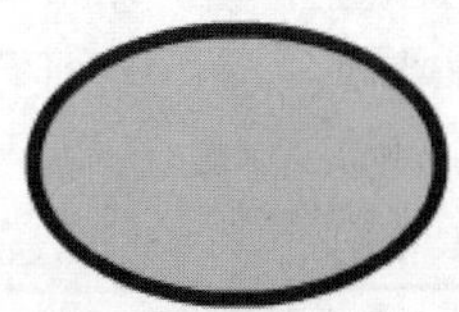

❷ 此时，【椭圆工具】的【属性】面板部分属性如下图所示。

❸ 选择菜单栏中的【修改】|【形状】|【将线条转换为填充】命令，如下图所示。

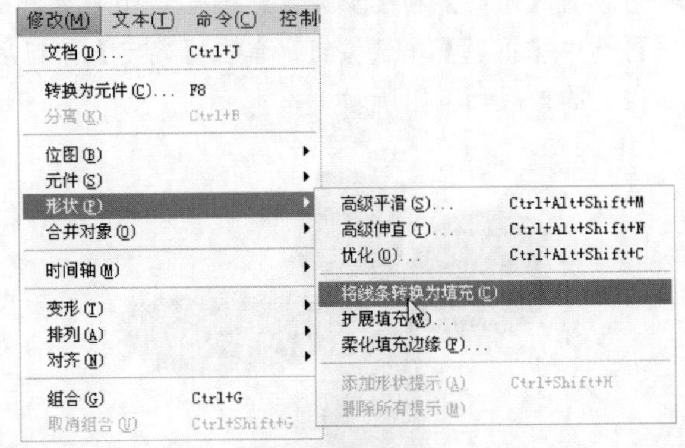

❹ 此时用户就可以像对矢量图形一样对线条进行变形操作，其效果如下图所示。

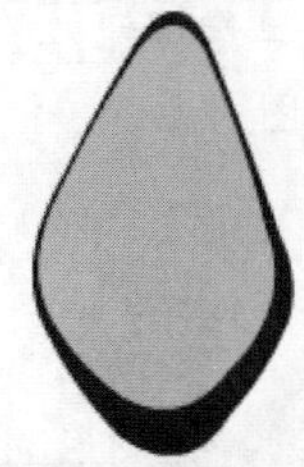

❺ 当前形状的【属性】面板部分属性如下图所示。

4.3.2　扩展填充

使用【扩展填充】命令可以向内或向外扩展填充对象，具体操作步骤如下。

操作步骤

❶ 使用工具箱中的【多角星形工具】绘制一个五角星，并使用【选择工具】选中该五角星的填充部分，如下图所示。

❷ 选择菜单栏中的【修改】|【形状】|【扩展填充】命令，如下图所示。

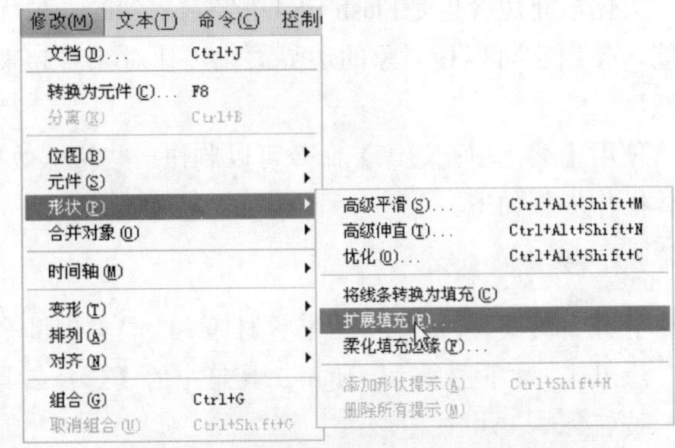

❸ 打开【扩展填充】对话框，如下图所示。

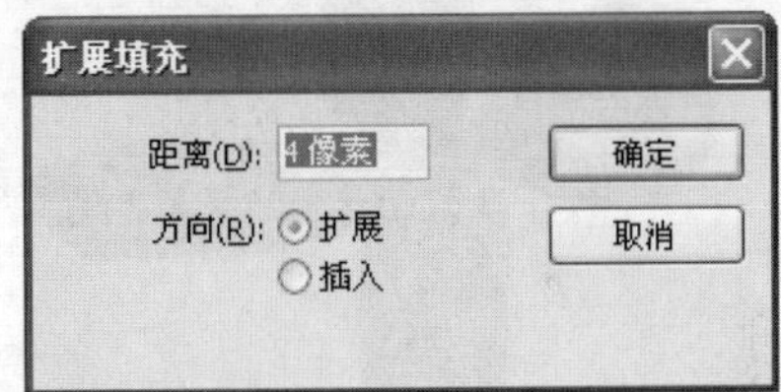

在【扩展填充】对话框中，各参数的含义如下。

❖ 【距离】：用于设置扩展或插入的尺寸。

❖ 【方向】：用于设置形状的变化方式是扩展还是插入。

❹ 若在【距离】文本框中输入“10 像素”，选中【扩展】单选按钮，并单击【确定】按钮，得到的效果如下图所示。

❺ 若在【距离】文本框中输入“10 像素”，选中【插入】单选按钮，并单击【确定】按钮，得到的效果如下图所示。

扩展填充功能在没有笔触的单一填充形状上使用效果最好，但可能会增加 Flash 文档和生成的 SWF 文件的文件大小。

4.3.3 柔化填充边缘

柔化填充边缘也是Flash CS4中经常用到的一种优化功能，使用它可以使对象的边界柔化，让对象看起来更自然。

使用【柔化填充边缘】命令可以制作一些特殊效果，具体操作步骤如下。

操作步骤

❶ 打开素材文件(光盘：\图书素材\第 4 章\柔化填充边缘.flà)，如下图所示。使用工具箱中的【选择工具】按钮，选中该图形。

❷ 选择菜单栏中的【修改】|【形状】|【柔化填充边缘】命令，如下图所示。

修改(M) 文本(T) 命令(C) 控制
文档(D)... Ctrl+J
转换为元件(C)... F8
分离(K) Ctrl+B
位图(B)
元件(S)
形状(P)
合并对象(O)
时间轴(M)
变形(T)
排列(A)
对齐(N)
组合(G) Ctrl+G
取消组合(U) Ctrl+Shift+G
高级平滑(S)... Ctrl+Alt+Shift+M
高级伸直(T)... Ctrl+Alt+Shift+N
优化(O)... Ctrl+Alt+Shift+C
将线条转换为填充(C)
扩展填充(E)...
柔化填充边缘(F)...
添加形状提示(A) Ctrl+Shift+H
删除所有提示(M)

❸ 打开【柔化填充边缘】对话框，如下图所示。

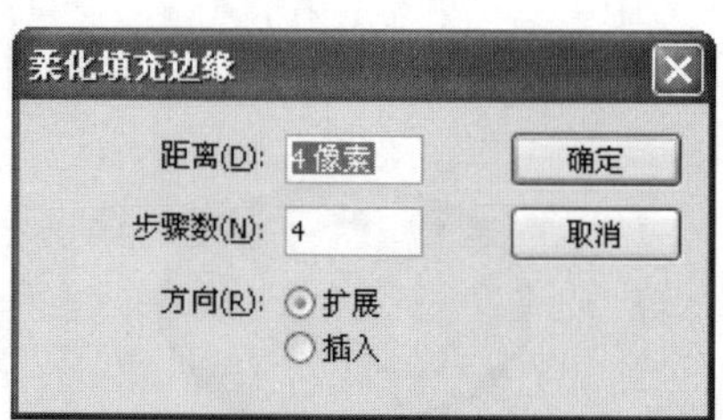

在【柔化填充边缘】对话框中，相关参数的含义分别如下。

- ❖ 【距离】：用于设置柔化宽度。
- ❖ 【步骤数】：用于设置柔化边缘的数目。该数值越大，柔化边缘数越多，柔化效果就越明显。
- ❖ 【方向】：用于设置对象边缘的柔化方向是向外柔化(扩展)，还是向内柔化(插入)。

❹ 若设置【距离】和【步骤数】分别为 10 像素和 10，再选中【扩展】单选按钮，单击【确定】按钮后，得到的效果如下图所示。

❺ 若设置【距离】和【步骤数】分别为 10 像素和 10，再选中【插入】单选按钮，单击【确定】按钮后，得到的效果如下图所示。

4.3.4 高级平滑和高级伸直

【高级平滑】和【高级伸直】是一对效果相反的操作命令，下面将分别进行介绍。

1. 高级平滑

【高级平滑】命令可以使曲线变柔并减少曲线整体

实际上，柔化填充边缘功能的原理就是以图形填充色为依据，用距离作为宽度，以步骤数作为步长，复制不同 Alpha 值的图形边缘。

方向上的突起或其他变化。不过，平滑只是相对的，它并不会影响直线段的平滑度。

使用【高级平滑】命令的具体操作步骤如下。

操作步骤

1. 单击工具箱中的【铅笔工具】按钮，以【伸直】铅笔模式绘制一条曲线，如下图所示。

2. 单击工具箱中的【选择工具】按钮，选中该图形，然后选择菜单栏中的【修改】|【形状】|【高级平滑】命令，如下图所示。

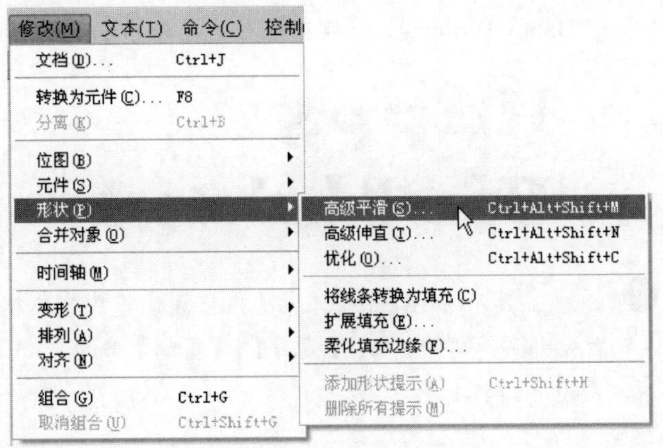

3. 打开【高级平滑】对话框，选中【下方的平滑角度】和【上方的平滑角度】复选框，并在这两个文本框中均输入“50”，设置【平滑强度】为 100，再单击【确定】按钮，如下图所示。

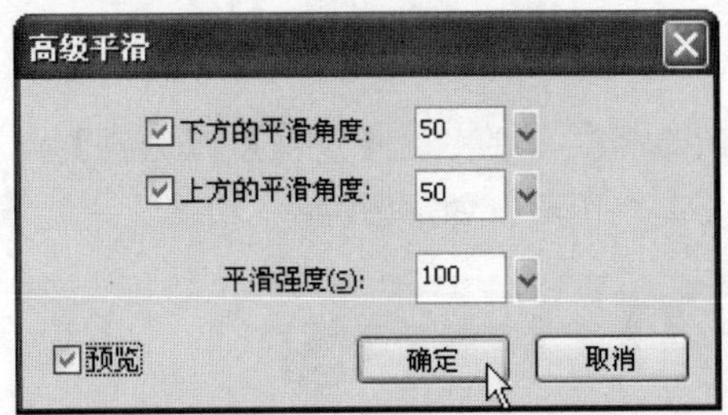

4. 得到的平滑曲线如下图所示。

2. 高级伸直

【高级伸直】命令可以使用户已经绘制的线条或曲线变得更趋向于直线段。所以，该操作对已经伸直的线段不起作用。

使用【高级伸直】命令的具体操作步骤如下。

操作步骤

1. 单击工具箱中的【铅笔工具】按钮，以【平滑】铅笔模式绘制一条曲线，如下图所示。

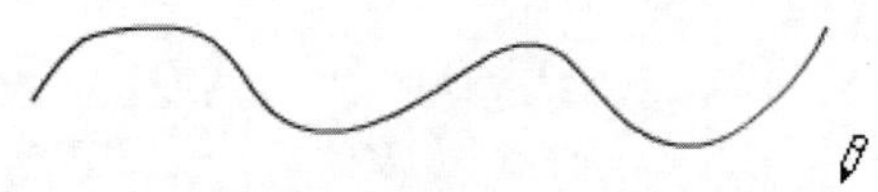

2. 单击工具箱中的【选择工具】按钮，选中该图形，然后选择菜单栏中的【修改】|【形状】|【高级伸直】命令，如下图所示。

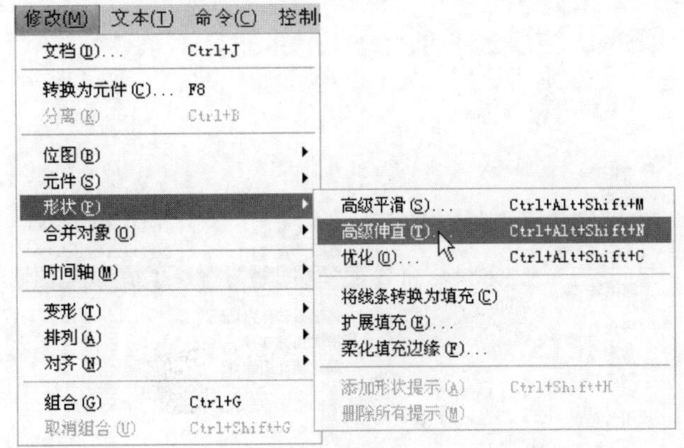

3. 打开【高级伸直】对话框，在【伸直强度】文本框中输入“100”，并单击【确定】按钮，如下图所示。

4. 得到的伸直效果如下图所示。

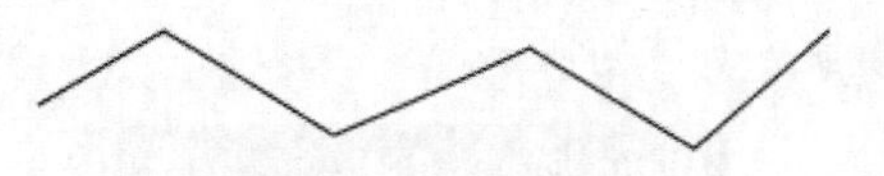

4.3.5 优化曲线

Flash CS4 提供的优化功能是：通过改进曲线和填充轮廓，减少用于定义这些元素的曲线数量，达到平滑曲线的目的。优化曲线还会减小 Flash 文档(FLA 文件)和导

学以致用系列丛书

用户可以根据需要对同一个图形多次使用【高级平滑】、【高级伸直】和【优化】等功能，直到满意为止。

出的 Flash 应用程序(SWF 文件)的大小。

优化曲线的具体操作步骤如下。

操作步骤

❶ 打开素材文件(光盘：\图书素材\第 4 章\优化曲线.fla)，并使用【选择工具】选择该对象，如下图所示。

❷ 选择菜单栏中的【修改】|【形状】|【优化】命令，如下图所示。

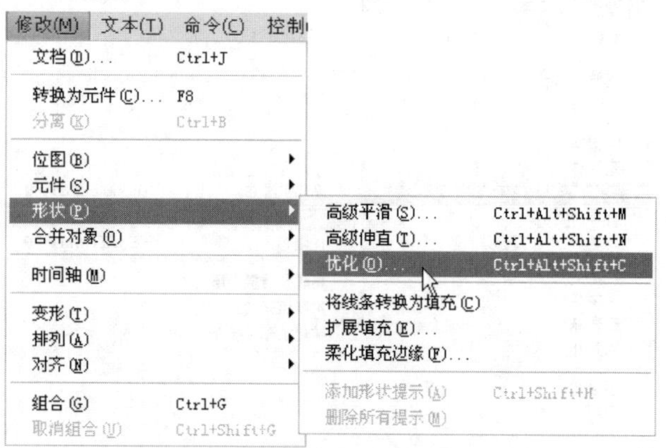

❸ 打开【优化曲线】对话框，如下图所示。

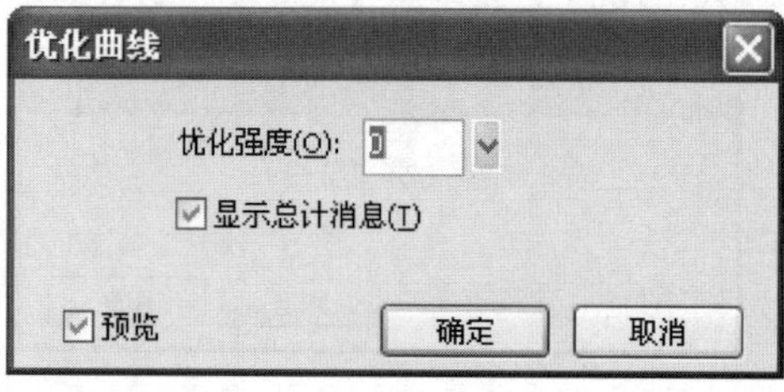

❹ 设置适当的优化强度后，单击【确定】按钮。此时会弹出 Adobe Flash CS4 提示框，提示优化结果的相关数据，如下图所示。

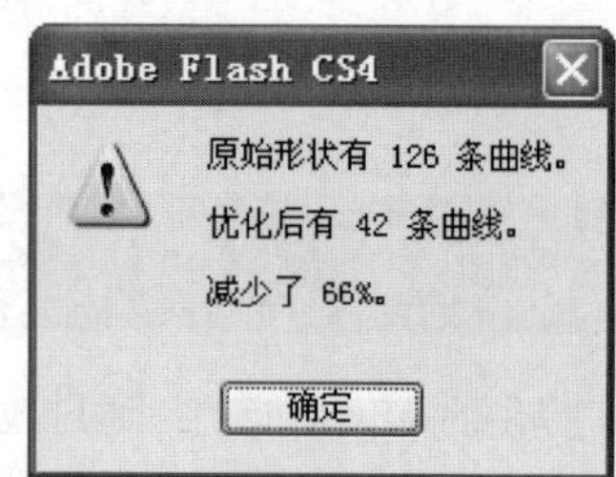

❺ 单击【确定】按钮，得到优化后的效果如下图所示。

4.4 制作生日卡片

下面使用本章所介绍的对象编辑和修饰方法，给朋友制作一张生日卡片。

操作步骤

❶ 新建一个文件，在工具箱中单击【文本工具】按钮 T，设置【大小】为 40 点，【字母间距】为 4，【系列】为 Ravie，【颜色】为红色(#FF0000)。在舞台中输入"Happy Birthday！"字符，如下图所示。

Happy
Birthday!

❷ 单击工具箱中的【选择工具】按钮，选中文本框，然后选择菜单栏中的【编辑】|【复制】命令，如下图所示。

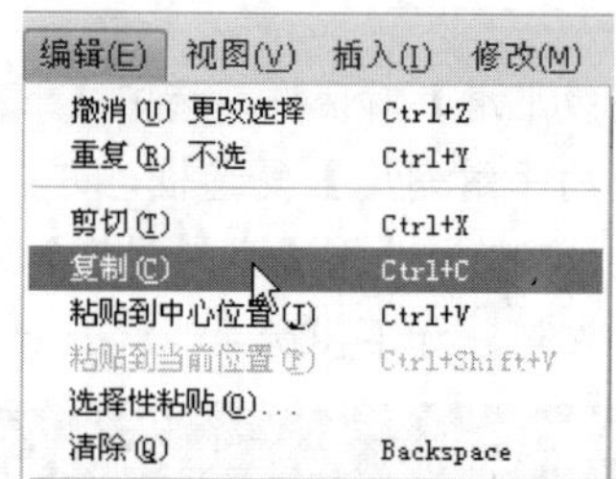

❸ 两次选择菜单栏中的【修改】|【分离】命令，将文本分离成图形，如下图所示。

Happy
Birthday!

❹ 选择菜单栏中的【修改】|【形状】|【扩展填充】命令，打开【扩展填充】对话框。设置【距离】为 4 像素，并在【方向】选项组中选中【扩展】单选按钮，如下图所示。

长见识 如果用户想将变形的对象还原为初始状态，则可以在变形对象仍处于选中状态时，单击【变形】面板中的【取消变形】按钮。

❺ 单击【确定】按钮后，得到的效果如下图所示。

❻ 选择菜单栏中的【编辑】|【粘贴到当前位置】命令，如下图所示。

❼ 设置文本的【填充颜色】为草绿色(#00FF00)，效果如下图所示。

❽ 选择菜单栏中的【编辑】|【全选】命令后，再选择菜单栏中的【修改】|【组合】命令，将舞台中的所有对象进行组合。

❾ 选择菜单栏中的【文件】|【导入】|【导入到舞台】命令，将图像素材文件(光盘：\图书素材\第 4 章\卡片背景.jpg)导入到舞台，并将图片【大小】设置为 550 像素 × 400 像素，如下图所示。

❿ 选择菜单栏中的【窗口】|【对齐】命令，打开【对齐】面板。单击【相对于舞台】按钮后，再单击【水平中齐】和【垂直中齐】按钮，如下图所示。

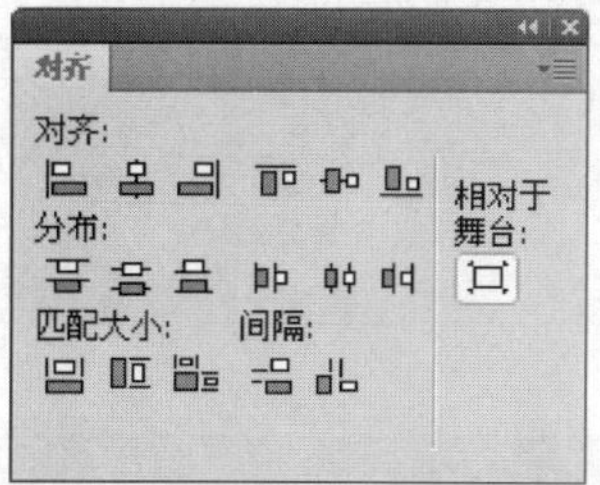

⓫ 选中图片，然后选择菜单栏中的【修改】|【排列】|【移至底层】命令，将组合“Happy Birthday！”显示出来，效果如下图所示。

⓬ 使用【选择工具】调整组合“Happy Birthday!”的位置，效果如下图所示。

⓭ 选择菜单栏中的【文件】|【导入】|【导入到库】命令，将音频文件 m1.mp3 导入到库中。

⓮ 然后将【库】面板中的音乐拖动到舞台。选中时间轴上的第 1 帧，在帧的【属性】面板中将音乐的同步类型设置为【数据流】选项。

⓯ 选中时间轴上的第 60 帧并右击，从弹出的快捷菜单

在舞台上选中对象后右击，从弹出的快捷菜单中可以选择相应的命令，直接对对象进行任意变形、排列和分离操作。

中选择【插入帧】命令，完成音乐卡片的制作。此时的时间轴如下图所示。

4.5 思考与练习

选择题

1. 使用______组合键，可以打开【对齐】面板。

   A. Ctrl+B　　B. Ctrl+I

   C. Ctrl+T　　D. Ctrl+K

2. Flash CS4 支持的导出图像格式有______。

   A. GIF　　B. JPG

   C. BMP　　D. PSD

操作题

1. 使用所学的工具，制作 4 个有彩色边框的字，效果如下图所示。

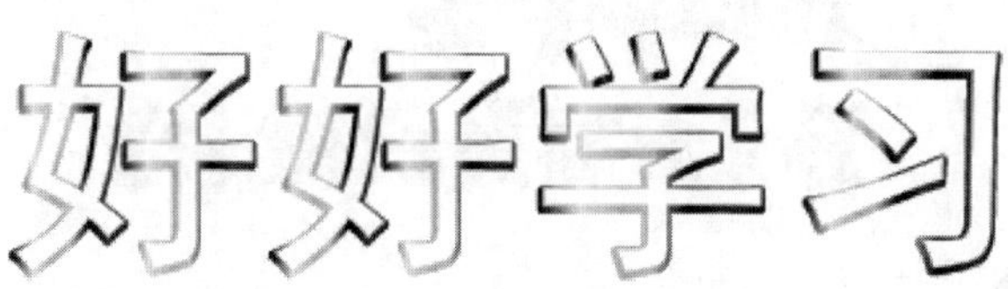

2. 参照生日卡片的制作方法，自己动手制作一张个性化的圣诞卡片。

长见识：如果使用 MP3 声音作为音频流，则必须重新压缩声音文件以便能够导出声音。用户可以选择将声音导出为 MP3 文件，所用的压缩设置与导入 MP3 文件时的设置相同。

有条有理——Flash 帧和图层的操作

前面几章已经对 Flash CS4 的基础知识作了详细的介绍，从这一章开始就要了解 Flash CS4 的重要组成部分：帧和图层。

学习要点

- ❖ Flash CS4 中的帧
- ❖ Flash CS4 中的图层

学习目标

通过本章的学习，读者应该能够熟练地掌握帧和图层的各种操作，并能够使用所学知识创建简单动画。

5.1 Flash CS4 中的帧

Flash 动画中最基本的单元就是帧，Flash CS4 中应用的元素都位于帧上，当播放头移动到某帧时，该帧的内容就显示在舞台上。帧的前后顺序关系到帧中内容在影片播放中出现的顺序。

在 Flash CS4 中，一个完整的动画实际就是由许多不同的帧组成的，通过帧的连续播放，来实现所要表达的动画效果。在 Flash CS4 中，组成动画的每一个画面就是一个帧，即帧就是 Flash 动画中在最短时间单位内出现的画面。

动画的制作实际就是改变连续帧中内容的过程和不同帧表现在动画不同时刻的某一动作，所以对帧的操作其实就是对动画的操作。在学习制作动画之前，首先来学习帧的相关知识。

5.1.1 帧的类型

时间轴主要用于组织和控制文档内容在一定时间内播放的图层数和帧数。时间轴的主要组件是图层、帧和播放头。其中，帧分为普通帧、关键帧和空白关键帧三种类型，它们的标记分别如下图所示。

下面分别介绍这三种帧的相关知识。

1. 普通帧

普通帧可以用来记录舞台的内容，用户不可以对普通帧的内容进行修改编辑逻辑。普通帧的作用是延长动画内容显示的时间。在时间轴上，普通帧以空心矩形或单元格表示。

如果要修改普通帧的内容，就必须将其转化为关键帧，或者更改距离需要修改的普通帧左侧最近的关键帧中的动画内容。

2. 关键帧

关键帧是指在动画播放过程中，呈现出关键性动作或内容变化的帧。它可以包含 ActionScript 代码以控制文档的动作。关键帧在时间轴上以实心的圆点表示，所有参与动画的对象都必须插在关键帧中。

Flash CS4 可以在关键帧之间添加普通帧，并通过制作补间动画效果生成流畅的动画。在时间轴上拖动关键帧即可更改补间动画的播放时间。创建的动画类型不同，其关键帧的表达方式也不同。下面将分别进行介绍。

❖ 关键帧之间有浅紫色背景的黑色箭头，表示创建的是传统补间动画，如下图所示。

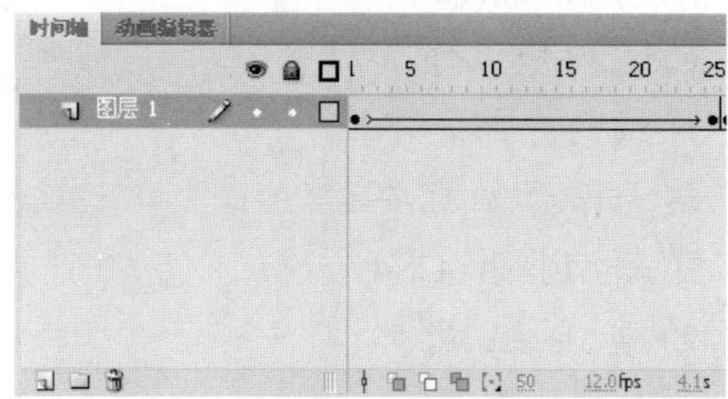

❖ 关键帧之间有浅绿色背景的黑色箭头，表示创建的是形状补间动画，如下图所示。

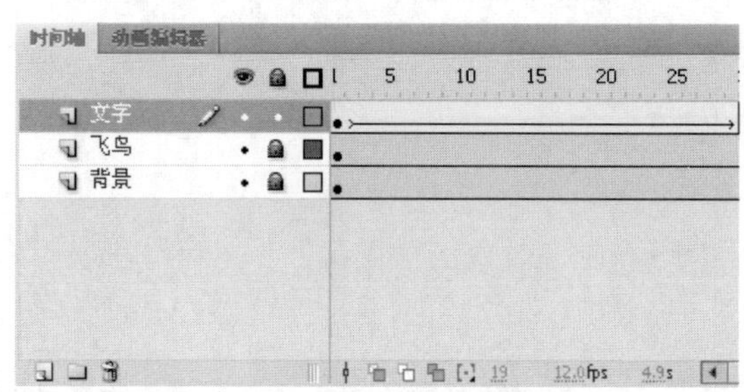

灰色背景的帧表示将单个关键帧的内容延续到后面的普通帧中。

❖ 在传统补间动画中，关键帧的线条如果是虚线，表示补间是不完整或者间断的，如下图所示。这可能是两个关键帧之间的动作没有创建成功或者在创建动作时操作错误造成的。

学以致用系列丛书

长见识：无论是普通帧还是关键帧，都可以进行复制操作，且复制后的目标帧都是关键帧。

❖ 关键帧上如果有“α”符号，表示该帧设置了交互动作，如下图所示。

❖ 关键帧上若有一个小红旗标记，表示在该帧上设置了标签或者注释，如下图所示。

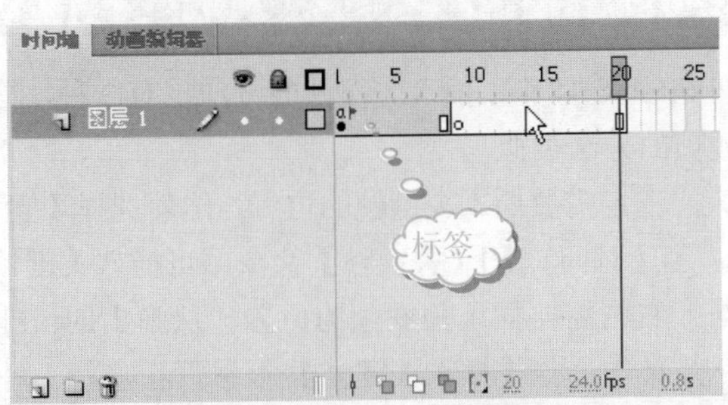

如果在图中既设定了交互动作，也设定了标签，则标签标记为“S”。

3. 空白关键帧

空白关键帧是特殊的关键帧，它里面没有任何对象存在，可以作为添加对象的占位符。若在空白关键帧中添加对象，它会自动转化为关键帧。如果将关键帧中的所有对象都删除，则关键帧也会自动转化为空白关键帧。在创建一个新的图层时，每个图层的第一帧默认为空白关键帧。空白关键帧在时间轴上以空心的圆点表示。

5.1.2　选择帧

用户要编辑帧，则必须先选择帧。在不同情况下，可采用不同的方法选择帧。

❖ 选择单个帧：将鼠标指针移动到时间轴上需要选择的帧上，单击即可选择该帧。如下图所示为选中了第 10 帧。

❖ 同时选择多个不相连的帧：选择一帧后，按住 Ctrl 键的同时单击要选择的帧，即可选择不连续的多个帧。如下图所示，蓝色单元格显示的就是选中的不连续的帧。

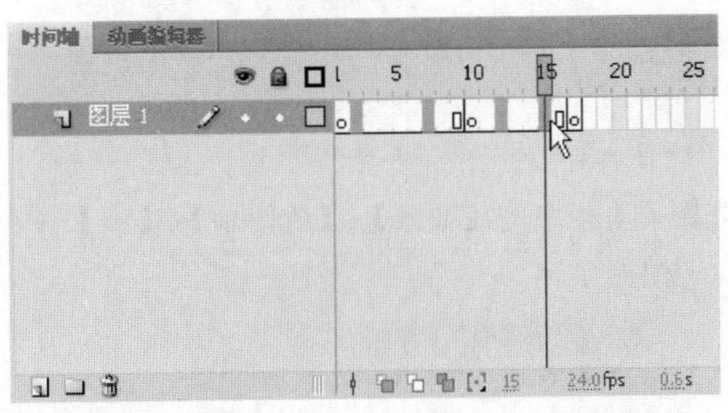

❖ 同时选择多个相连的帧：选择一帧后，按住 Shift 键的同时按住鼠标左键不放，在时间轴上拖动选中要选择的多个相连的帧(或者单击要选择的帧的第一帧和最后一帧)，如下图所示。

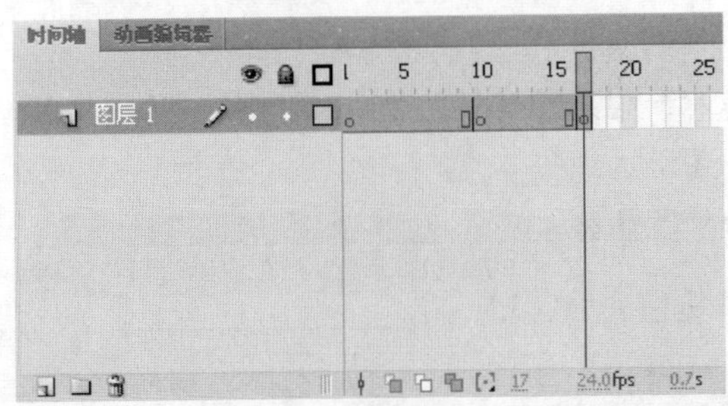

5.1.3　插入帧

在编辑动画的过程中，根据动画制作的需要，在很多时候都需要在已有帧的基础上再插入新的帧。帧的类型不同，插入帧的方法也有所不同。用户可以在时间轴上插入任意多个普通帧、关键帧和空白关键帧。下面将分别介绍不同帧的插入方法。

1. 插入普通帧

在 Flash CS4 中，插入普通帧的方法主要有三种：菜单命令、快捷菜单和快捷键。下面将分别介绍。

1)　菜单命令

使用【插入】菜单中的命令可以插入普通帧，具体操作步骤如下。

操作步骤

❶ 在时间轴上将光标定位在需要插入普通帧的地方，如下图所示。

在 Flash CS4 中，选择相应的图层即可选择该图层中的所有帧。

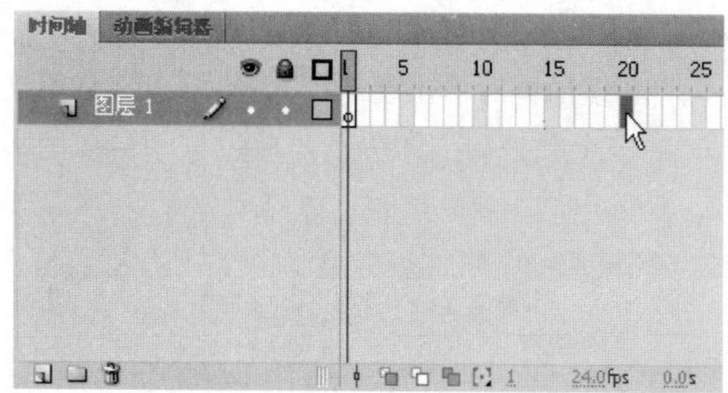

❷ 选择菜单栏中的【插入】|【时间轴】|【帧】命令，如下图所示。

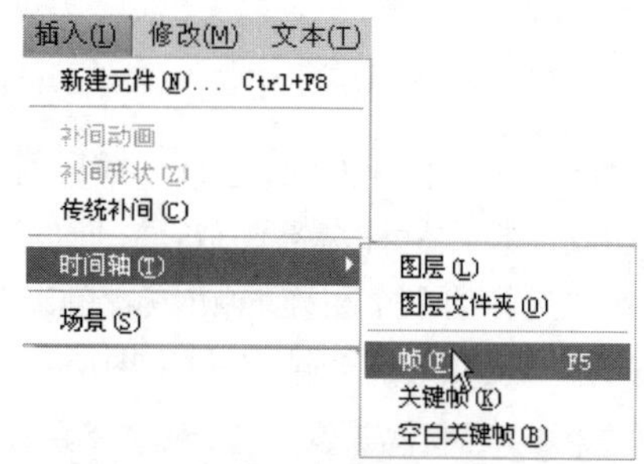

❸ 这样，在第20帧的位置处即可插入一个普通帧，如下图所示。

2) 快捷菜单

使用快捷菜单中的命令也可以插入普通帧，具体操作步骤如下。

操作步骤

❶ 在时间轴上右击要插入普通帧的第20帧，从弹出的快捷菜单中选择【插入帧】命令，如下图所示。

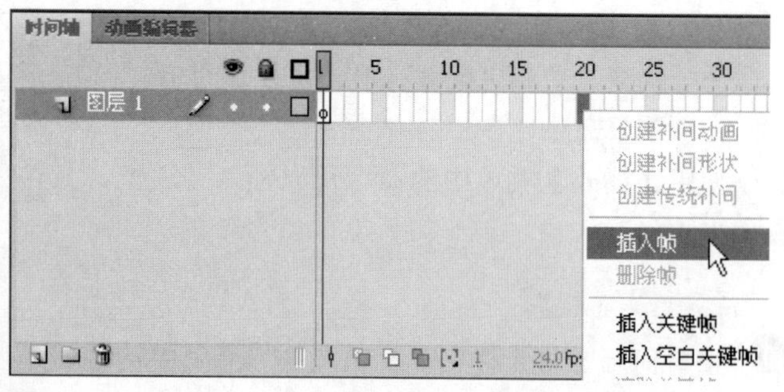

❷ 这样，在第20帧的位置处即可插入一个普通帧，如下图所示。

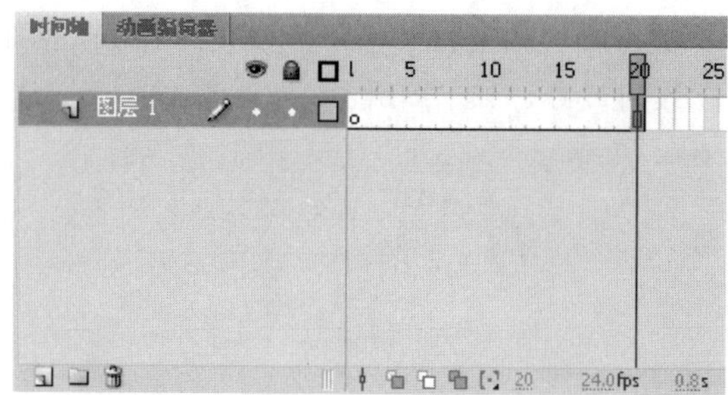

3) 快捷键

使用快捷键插入普通帧时，只要在要插入普通帧的位置上单击并按F5键即可。

2. 插入关键帧

在Flash CS4中，插入关键帧的方法也有3种，与插入普通帧的方法类似。

❖ 选定需要插入关键帧的位置，然后选择【插入】|【时间轴】|【关键帧】命令即可插入关键帧。
❖ 右击需要插入关键帧的位置，从弹出的快捷菜单中选择【插入关键帧】命令即可。
❖ 将光标定位在需要插入关键帧的位置上并单击，按F6键即可插入关键帧。

例如，在第20帧上插入关键帧，效果如下图所示。

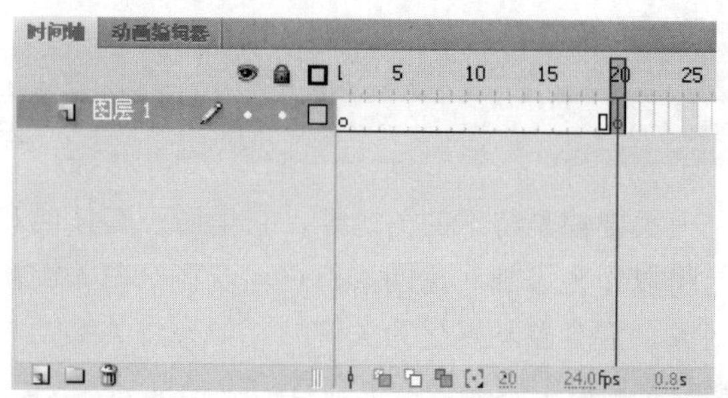

3. 插入空白关键帧

根据空白关键帧的前一个关键帧的类型，可以采用以下两种方式插入空白关键帧。

如果要插入空白关键帧的前一个关键帧为空白关键帧，采用插入关键帧的方法，即可插入空白关键帧。

如果要插入空白关键帧的前一个关键帧为关键帧，则可以采用以下3种方法插入空白关键帧。

❖ 选定要插入空白关键帧的位置，然后选择【插入】|【时间轴】|【空白关键帧】命令即可插入空白关键帧。
❖ 右击要插入空白关键帧的位置，从弹出的快捷菜单中选择【插入空白关键帧】命令，即可插入空白关键帧。

在补间动画中，移动关键帧的位置，可以改变动画的播放速度。

❖ 将光标定位在需要插入空白关键帧的位置上，按 F7 键即可插入空白关键帧。

5.1.4　复制和粘贴帧

在创作动画的过程中，经常要用到一些相同的帧。如果对帧进行复制和粘贴操作，就可以得到内容完全相同的帧，从而在一定程度上提高工作效率，避免重复操作。

复制和粘贴帧的具体操作步骤如下。

操作步骤

1. 在第 20 帧上插入普通帧，并选择需要复制的帧(第 1 帧到第 20 帧)，如下图所示。

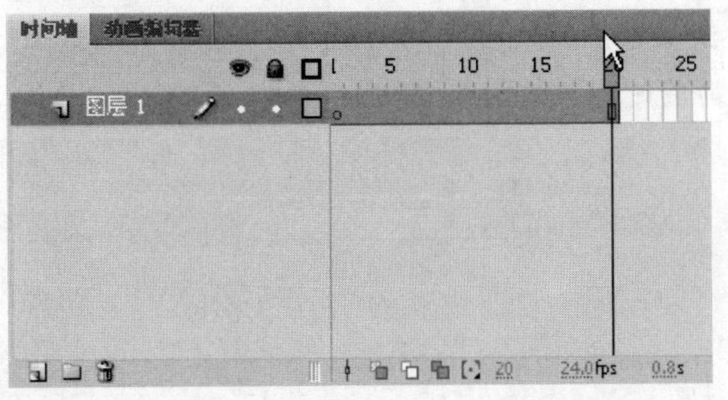

2. 选择菜单栏中的【编辑】|【时间轴】|【复制帧】命令，如下图所示。

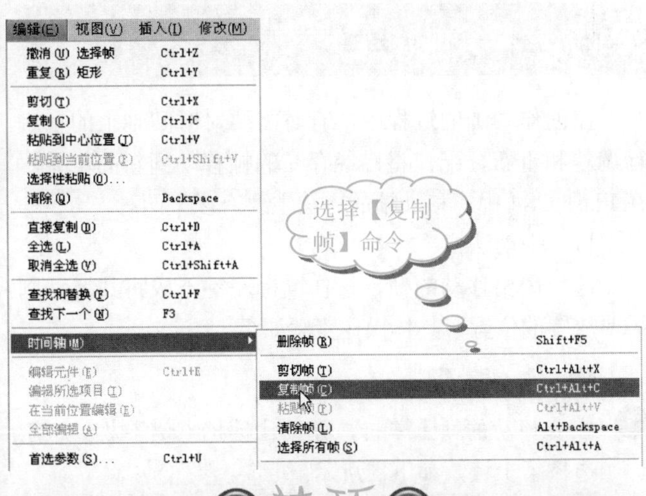

或者右击第 20 帧，从弹出的快捷菜单中选择【复制帧】命令。

3. 在时间轴上选择目标帧，这里在第 21 帧上单击，如下图所示。

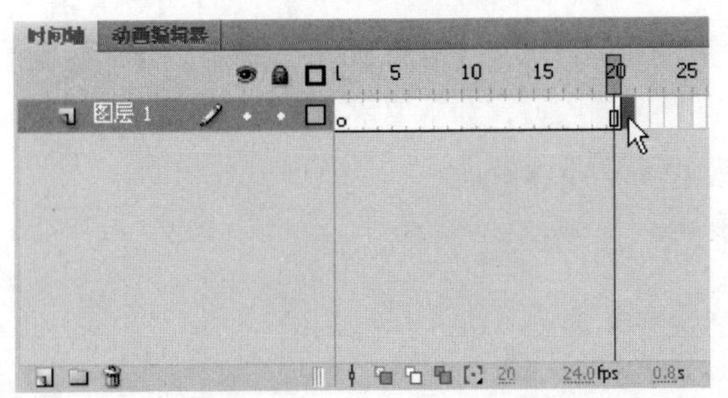

4. 选择菜单栏中的【编辑】|【时间轴】|【粘贴帧】命令，如下图所示。

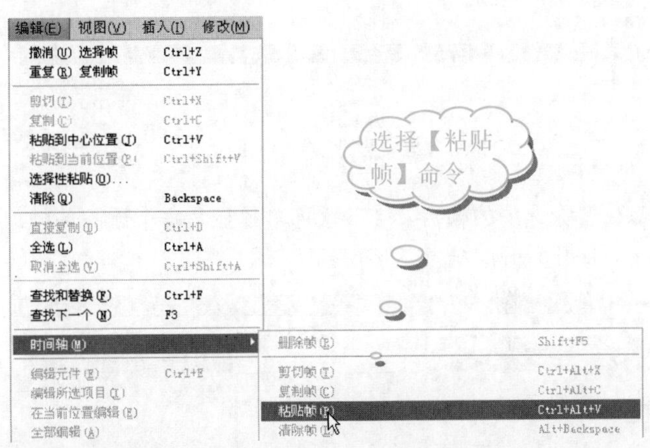

5. 复制粘贴帧后的效果，如下图所示。

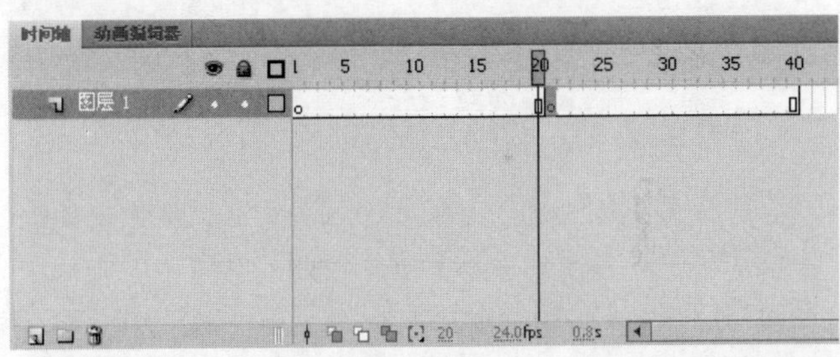

5.1.5　删除帧

在创建动画的过程中，如果用户发现文档中某几帧是错误或无意义的，那么可以将其删除。删除帧的具体操作步骤如下。

操作步骤

1. 选择需要删除的帧(一个或多个帧)。这里选择第 21 帧到第 40 帧，如下图所示。

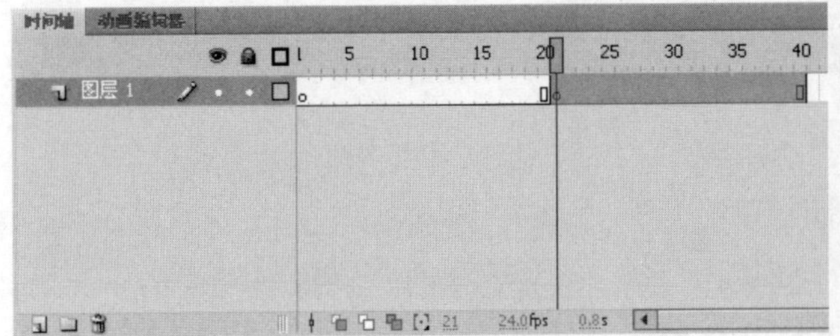

学以致用系列丛书

如果选择要复制的帧，然后按住 Alt 键的同时将其拖到要复制的位置，也可以实现复制帧操作。

❷ 选择菜单栏中的【编辑】|【时间轴】|【删除帧】命令即可删除帧，如下图所示。

❸ 删除选中的帧后，会以蓝色单独显示每个删除的帧。此时的时间轴如下图所示。

提示

选择需要删除的一个或多个帧并右击，从弹出的快捷菜单中选择【删除帧】命令，也可以删除不再使用的帧。

5.1.6 清除帧

清除帧就是清除关键帧中所有的内容，但是可以保留帧所在的位置，具体操作步骤如下。

操作步骤

❶ 选择需要清除的帧(一个或者多个帧)。这里选择第21帧到第40帧，如下图所示。

❷ 选择菜单栏中的【编辑】|【时间轴】|【清除帧】命令即可清除帧，如下图所示。

❸ 清除选中的帧后，会以蓝色显示删除的帧区域。此时的时间轴如下图所示。

5.1.7 移动帧

在创作动画的过程中，有时需要对时间轴上的帧进行调整和重新分配，将已经存在的帧移动到新的位置。在Flash CS4中，移动帧的方法主要有以下两种。

1) 拖动法

选择需要移动的帧，按住鼠标左键不放将其拖动到需要放置的位置，具体操作步骤如下。

操作步骤

❶ 在要移动的帧上单击，并按住鼠标左键不放。这里选择第1帧，如下图所示。

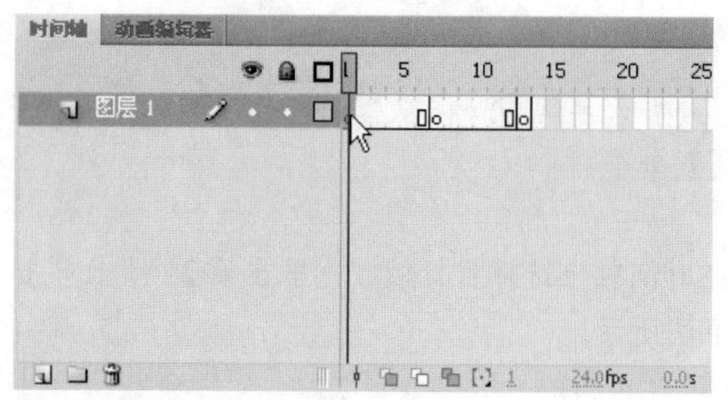

❷ 在时间轴上拖动，移动到新位置，如第20帧处，然

锁定某个图层可防止在舞台上对该图层上的对象进行编辑，但此时时间轴上的相关编辑操作仍然是正常的。

后释放鼠标左键即可移动帧。效果如下图所示。

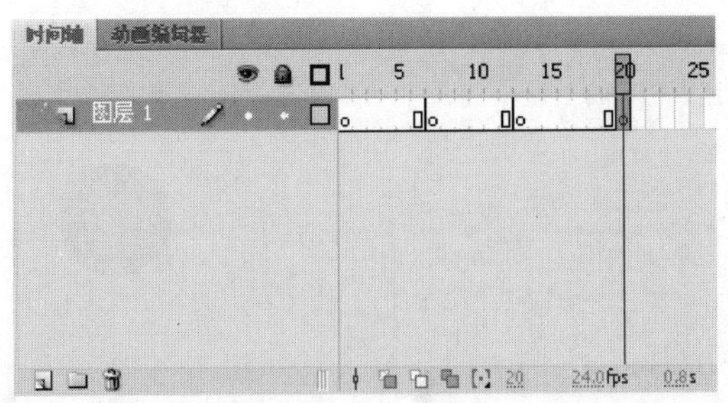

❸ 除了可以在单个图层(本章 5.2 节中将会介绍)中移动帧外，还可以在多个图层中移动帧。先在一个图层中选择需要移动的帧，按住鼠标左键不放，如下图所示。

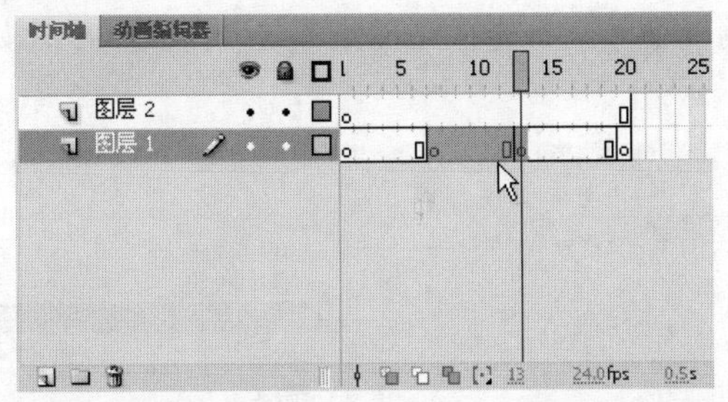

❹ 将其拖动到适当的位置，如“图层 2”中的第 5 帧，再释放鼠标左键即可。移动帧后，原“图层 1”中的帧将消失，如下图所示。

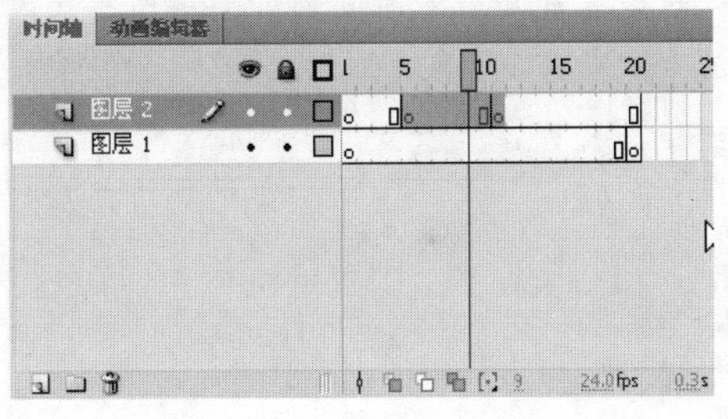

2)　剪切帧

另外，还可以选择【剪切帧】命令移动帧，具体操作步骤如下。

操 作 步 骤

❶ 在要移动的帧上单击，并按住鼠标左键不放。这里选择第 20 帧，如下图所示。

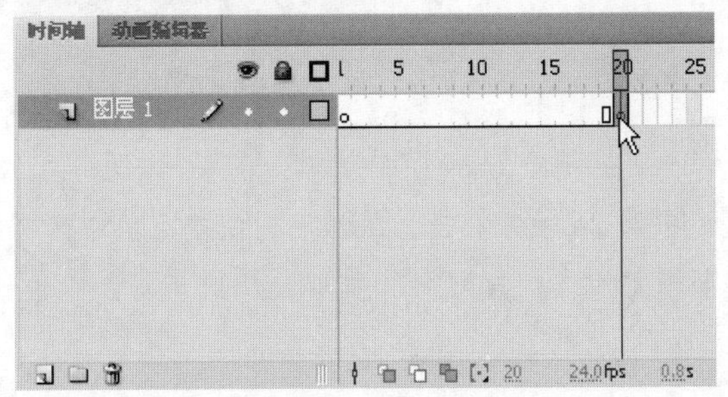

❷ 在菜单栏中选择【编辑】|【时间轴】|【剪切帧】命令，如下图所示。

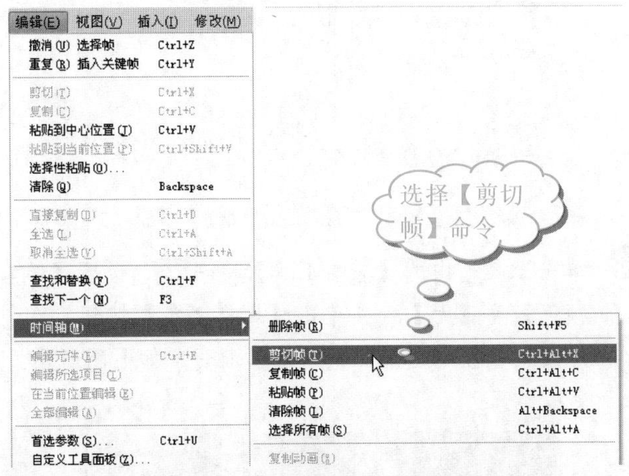

❸ 在要移动到的位置，如第 25 帧处单击，如下图所示。

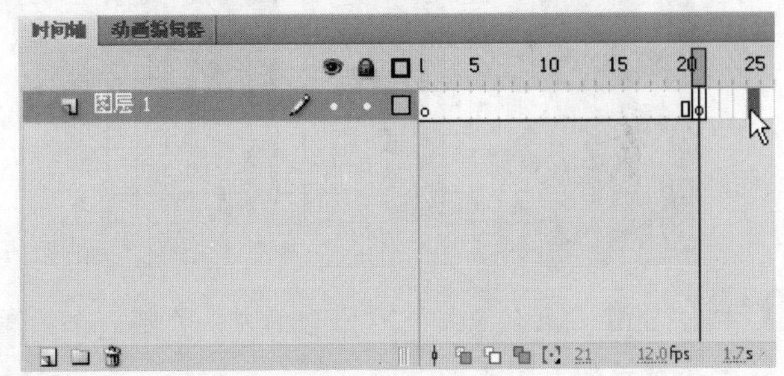

❹ 选择菜单栏中的【编辑】|【时间轴】|【粘贴帧】命令；或者右击第 25 帧，从弹出的快捷菜单中选择【粘贴帧】命令即可。移动帧后，没有帧的地方将自动填充单元格，效果如下图所示。

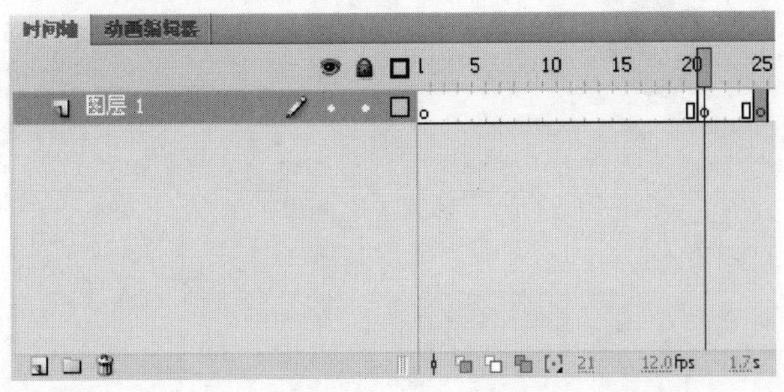

5.1.8　翻转帧

翻转帧功能可以将选中的所有帧的播放序列进行颠倒。例如，创作了一个物体从左移动到右的动画，如果想改变物体的运动方向，让物体从右移动到左，即可使用翻转帧功能。

操 作 步 骤

❶ 选择【文件】|【新建】命令，新建一个 Flash 文件(ActionScript 3.0)，文档属性均采用默认设置。

❷ 在时间轴上选中图层 1 的第 1 帧，如下图所示。

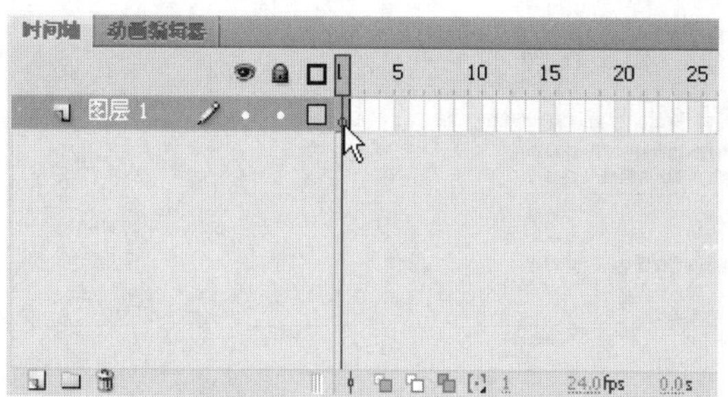

❸ 单击工具箱中的【椭圆工具】按钮，设置【笔触颜色】为【无】，并单击【填充颜色】按钮，在打开的调色板中选择绿色放射状渐变，如下图所示。

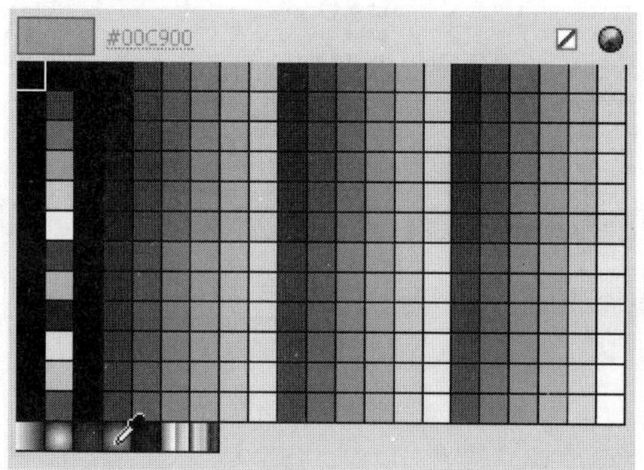

❹ 按住 Shift+Alt 组合键，在舞台的左侧绘制一个正圆形小球，如下图所示。

❺ 选中图层 1 的第 25 帧并右击，从弹出的快捷菜单中选择【插入关键帧】命令，如下图所示。

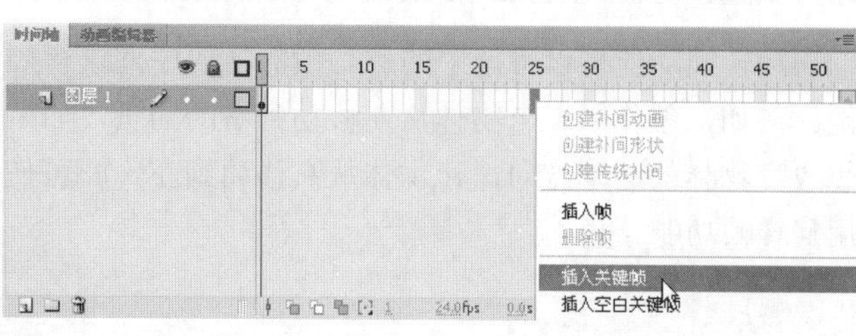

❻ 单击工具箱中的【选择工具】按钮，选中舞台上的小球，将其移动到舞台的右侧，如下图所示。

❼ 选中第 1 帧到第 25 帧中的任意一帧并右击，从弹出的快捷菜单中选择【创建传统补间】命令，如下图所示。

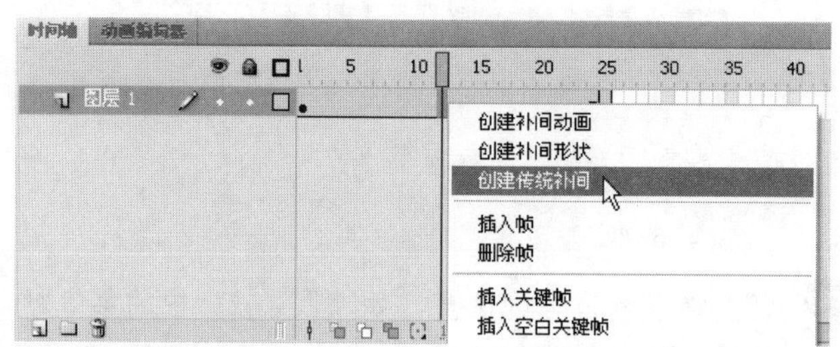

❽ 此时就创建了一个小球从舞台左侧移动到右侧的动画。创建完补间后的时间轴如下图所示。

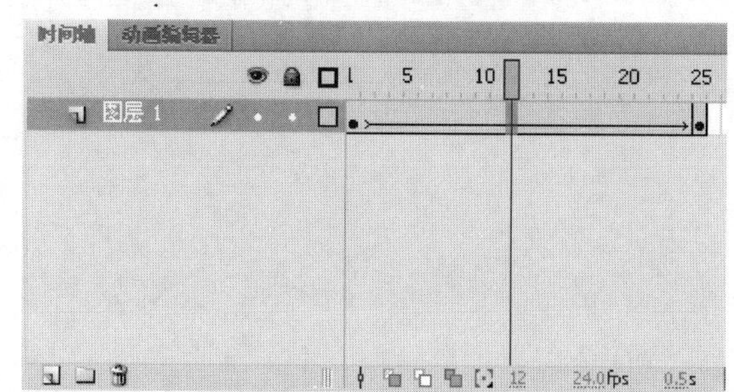

❾ 选中第 1 帧到第 25 帧并右击，从弹出的快捷菜单中选择【复制帧】命令，如下图所示。

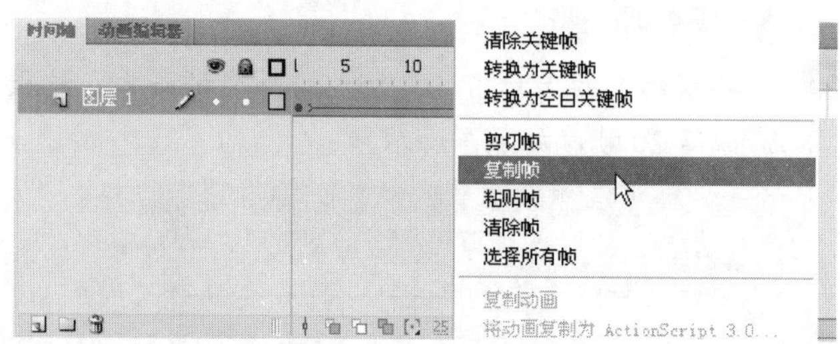

❿ 选中第 26 帧并右击，从弹出的快捷菜单中选择【粘贴帧】命令，此时时间轴如下图所示。

长见识 在制作复杂动画时，为特殊的帧或者需要更改的帧添加标签可以更容易地识别出该帧。

⓫ 选择第 26 帧到第 50 帧并右击，从弹出的快捷菜单中选择【翻转帧】命令，如下图所示。

⓬ 此时就创建了一个小球从舞台左侧移动到右侧，又从右侧移动到左侧的动画。通过复制帧、翻转帧等操作大大简化了动画的制作过程。按 Ctrl+Enter 组合键，可以测试动画效果，如下图所示。

5.1.9　帧的显示模式

时间轴上的显示状态并非一成不变的，在创作动画过程中，用户可以根据需要调整帧的显示模式，包括设置帧的大小，是否在关键帧上预览具体内容等。

单击时间轴右侧的菜单项按钮，在弹出的下拉列表框中包括 9 种帧的显示模式，分别为【很小】、【小】、【标准】、【中等】、【大】、【预览】、【关联预览】、【较短】和【彩色显示帧】等，如下图所示。

其中，各选项的含义分别如下。

❖ 【很小】：用于控制单元格的大小。选择该选项，则时间轴上每个帧的单元格宽度很小，此时的时间轴如下图所示。

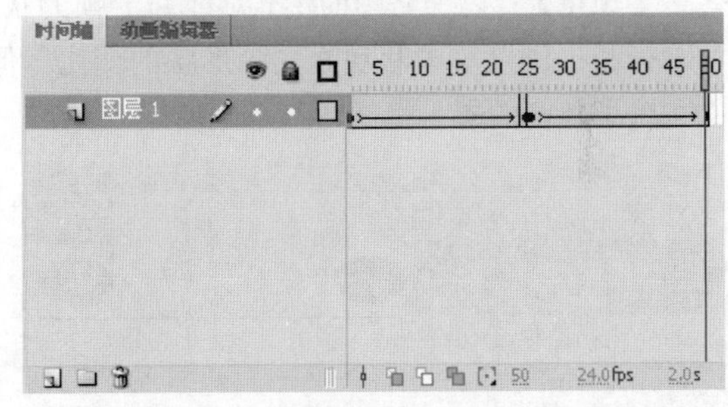

❖ 【小】：用于控制单元格的大小。选择该选项，则时间轴上每个帧的单元格宽度较小，此时的时间轴如下图所示。

❖ 【标准】：用于控制单元格的大小。选择该选项，则时间轴上每个帧的单元格宽度适中。帧的默认显示模式即【标准】模式，此时的时间轴如下图所示。

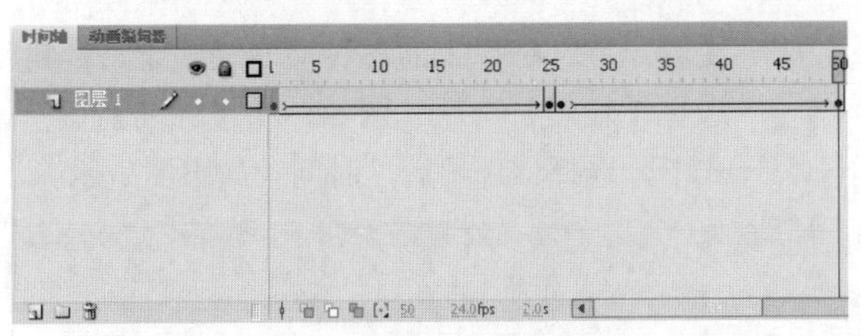

❖ 【中】：用于控制单元格的大小。选择该选项，则时间轴上每个帧的单元格宽度比【标准】模式略大，此时的时间轴如下图所示。

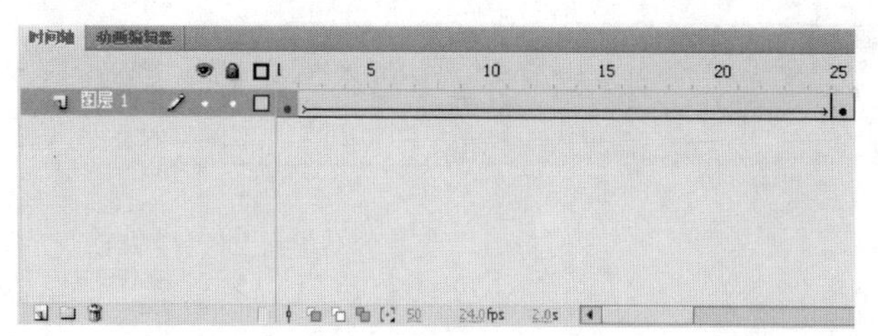

❖ 【大】：用于控制单元格的大小。选择该选项，则时间轴上每个帧的单元格宽度较大，此时的时间轴如下图所示。

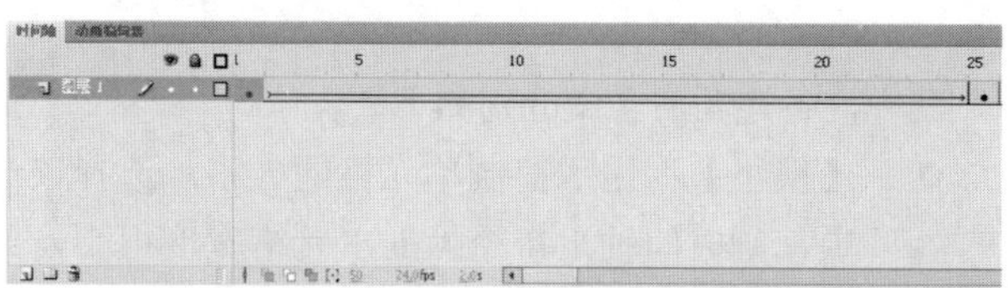

❖ 【预览】：以缩略图的形式显示每一帧的状态，有利于浏览动画和观察动画形状的变化，但占用了较多的屏幕空间，如下图所示。

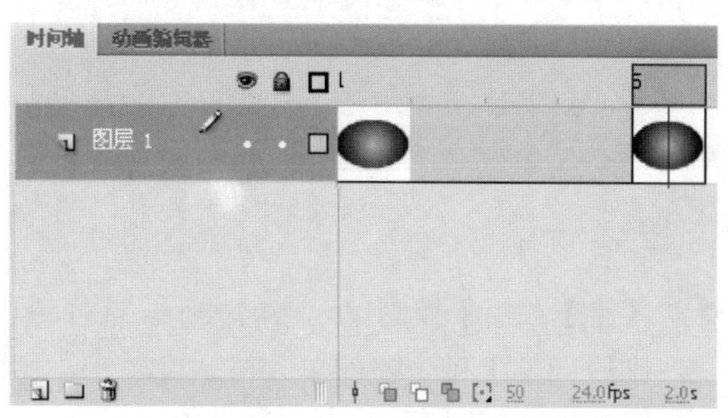

❖ 【关联预览】：显示对象在各帧中的位置，有利于观察对象在整个动画过程中的位置变化，显示的图像比【预览】显示模式小一些，如下图所示。

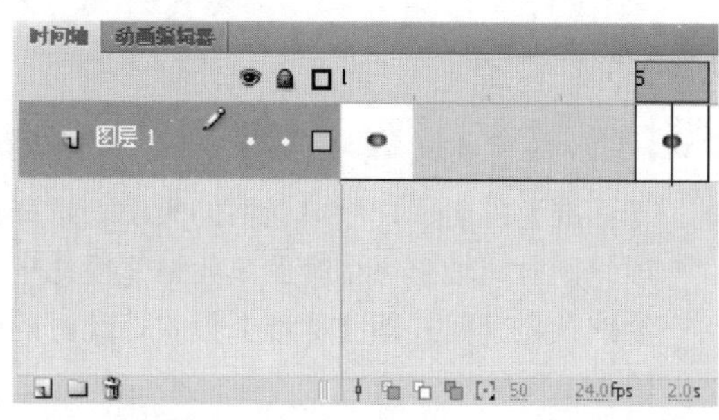

❖ 【较短】：在以上的各种显示模式下，还可以选择【较短】选项。例如，在【标准】显示模式下，选择该选项后，时间轴如下图所示。

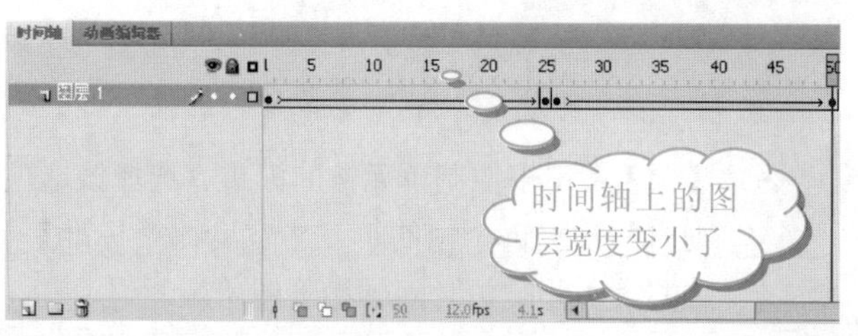

❖ 【彩色显示帧】：默认情况下，帧是以彩色形式显示的。如果取消该选项，则时间轴将以白色的背景红色的箭头显示，如下图所示。

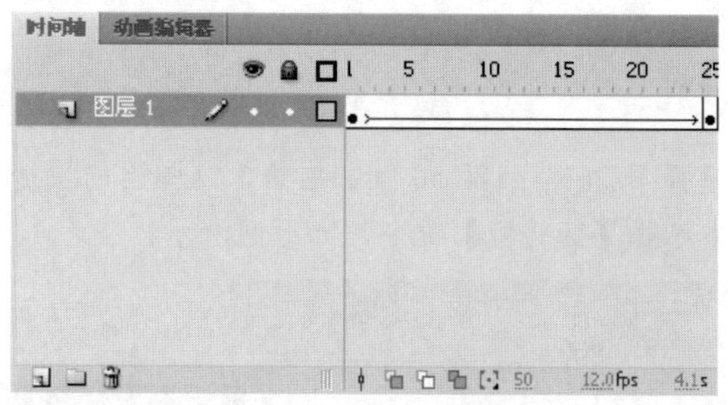

注意

选择【关闭】选项，可以关闭当前的【时间轴】面板；选择【关闭组】选项，可以同时关闭【时间轴】面板和【动画编辑器】面板。

如果用户想要再次显示出【时间轴】和【动画编辑器】面板，可以在菜单栏中的【窗口】下拉菜单中选择相应的命令。

5.1.10 绘图纸功能

在默认情况下，舞台中显示的是动画序列的一帧的图像，如果想在动画创作过程中，同时查看两个或多个帧的内容，可以通过绘图纸功能来实现。

使用绘图纸功能后，当前帧中的内容以实色显示，其他帧中的内容以半透明色显示，从而使得当前帧中的内容相互重叠在一起。绘图纸功能按钮在【时间轴】面板的下方，从左至右分别为【绘图纸外观】、【绘图纸外观轮廓】、【编辑多个帧】和【修改绘图纸标记】，如下图所示。

1) 绘图纸外观

单击该按钮，可以显示播放头所在帧以及播放头所在的帧前后数帧的内容。播放头周围会出现方括号形状的标记，如下图所示。

提示

标记之间的所有帧会重叠为窗口中的一个帧，并以虚影显示，如下图所示。用户可以通过拖动时间轴上的标记，来增加或减少同时显示的帧数量。

2) 绘图纸外观轮廓

单击该按钮，可以同时显示标记之间各帧图形的轮廓线，如下图所示。

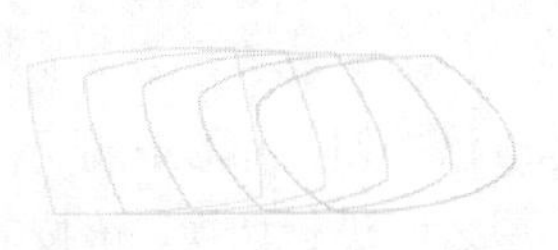

3) 编辑多个帧

单击该按钮，可编辑绘图纸外观标记的所有帧。

4) 修改绘图纸标记

单击该按钮，可以打开如下图所示的下拉列表。

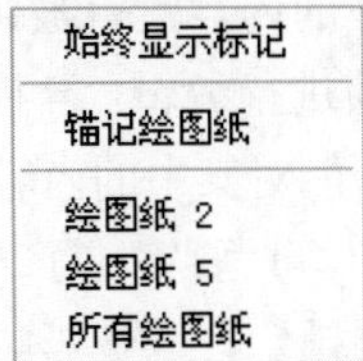

其中，各参数的含义分别如下。

- 【始终显示标记】：选择该选项后，无论绘图纸外观是否打开，在时间轴中始终显示绘图纸外观标记。
- 【锚记绘图纸】：将绘图纸外观标记锁定在时间轴中的当前位置。通常情况下，绘图纸外观范围和当前帧的指针以及绘图纸外观标记相关。通过绘图纸外观标记，可以防止帧随当前帧的指针而移动。
- 【绘图纸 2】：在当前帧的两边显示两个帧，如下图所示。
- 【绘图纸 5】：在当前帧的两边显示 5 个帧，如下图所示。
- 【绘制全部】：在当前帧的两边显示全部帧，如下图所示。

5.1.11 设置帧频

在 Flash CS4 中，将每一秒钟播放的帧数称为帧频。也就是说，帧频就是动画播放的速度，以每秒播放的帧数为度量单位。默认情况下，Flash CS4 的帧频是 12 帧/秒，即每一秒钟要播放动画中 12 帧的画面。如果动画有 72 帧，那么动画播放的时间就是 6 秒。

帧频的单位是 fps，时间轴和帧的【属性】面板中都会显示出帧频。设置帧频就是设置动画的播放速度。帧频越大，播放速度越快；相反，帧频越小，播放速度越慢。

在时间轴中设置帧频的具体操作步骤如下。

操作步骤

1. 在文档的【属性】面板中单击【属性】选项组中 FPS 右侧的超链接，如下图所示。

2. 显示出文本框后，输入需要设置的帧频数，如下图所示。

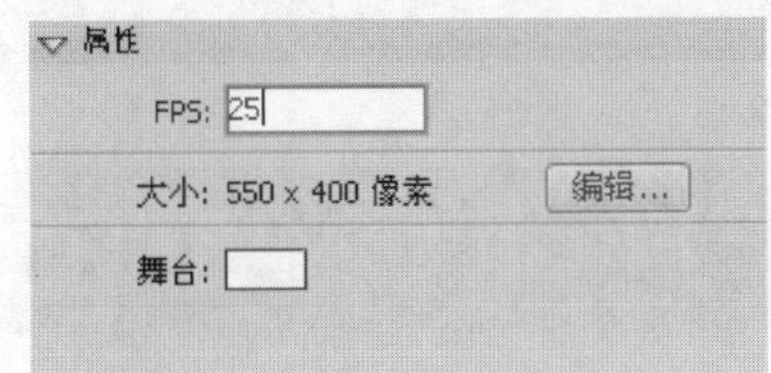

3. 按 Enter 键或者在文档【属性】面板的其他位置单击确定帧频的输入，即可更改帧频，如下图所示。

4. 如果在【属性】面板的【属性】选项组中单击【编辑】按钮，将弹出【文档属性】对话框，如下图所示。在该对话框中的【帧频】文本框中可以直接输入需要设置的数值。

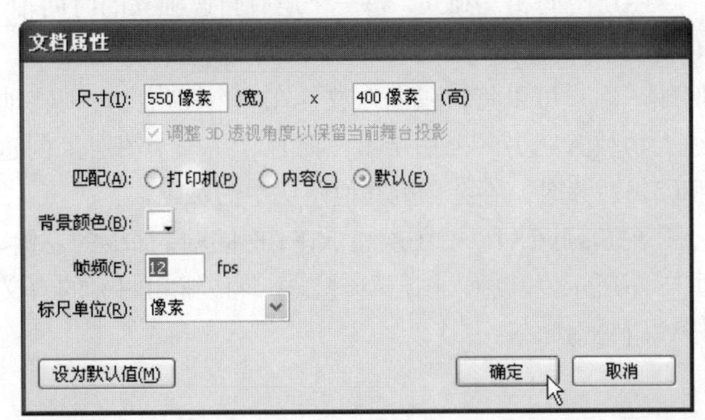

单击需要移动的图层，将整个图层选中，然后将光标移动到时间轴上，按住鼠标左键向右移动，可以将整个图层中的帧同时向后移动。

5 单击【确定】按钮后，返回到文档的【属性】面板查看，即会发现帧频已经被修改了，如下图所示。

提示

另外，还可以利用时间轴设置帧频。方法是：单击时间轴下方的帧频超链接，打开文本框后，直接输入帧频数，然后在时间轴的空白处单击或者按 Enter 键确定即可。

5.2 Flash CS4 中的图层

图层是 Flash 对动画重要的组织手段。Flash 动画通常有多个图层，用户可以在不同的图层上创建对象和对象的动画行为。

5.2.1 图层的基本概念

一个图层就像一张透明的纸，在上面用户可以绘制任何对象或书写任何文字，动画中的多个图层就像堆叠在一起的透明纸。在一个不包含内容的图层中，可以看到下一个图层中的内容。

图层之间相互独立，每一个层有自己独立的时间轴，有自己独立的帧。图层有助于用户组织文档中的内容。例如，用户可以将背景图像放置在一个图层上，而将动画人物放置在另一个图层上。而且，在一个图层上创建和编辑对象时，不会影响其他图层中的对象。

在 Flash CS4 中，图层显示在【时间轴】面板的左侧，如下图所示。其中，图层管理器中各按钮和图标的含义及作用分别如下。

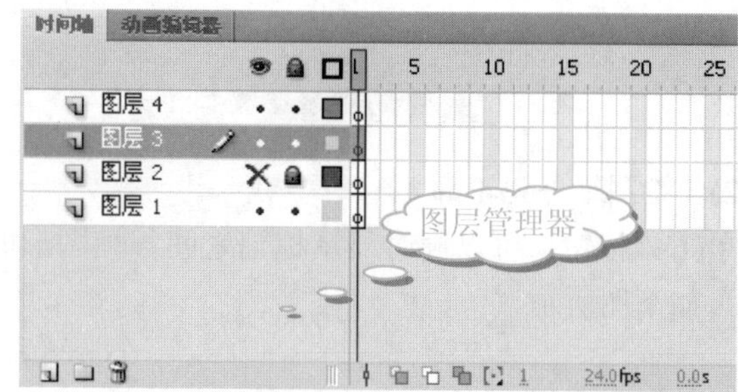

- 👁：单击该按钮，可以在显示所有图层和隐藏所有图层之间进行切换。该按钮下方的列表中，• 图标表示该图层中的内容为显示状态；✕ 图标表示该图层中的内容为隐藏状态。
- 🔒：单击该按钮，可以在锁定图层和解锁图层之间进行切换。该按钮下方的列表中，• 图标表示该图层中的内容没有被锁定，用户可对其中的内容和帧进行编辑；🔒 图标表示该图层被锁定，用户不能对其中的内容进行编辑。在 Flash 制作过程中，只要完成了一个图层的制作就可以将该图层锁定，以免影响该图层中的内容。
- □：单击该按钮，可以显示所有图层中内容的线条轮廓；再次单击该按钮，则不仅显示线条轮廓，还显示填充内容。如果该按钮下方的列表中显示的是实心图标■，则表示该图层中的内容显示完全；如果显示的是空心图标□，则表示该图层中的内容以轮廓方式显示。
- ✏：表明此图层处于活动状态，用户可以对该图层进行各种操作。
- 单击该按钮，可以创建一个新图层。
- 单击该按钮，可以创建一个新文件夹。
- 单击该按钮，可以删除当前选中的图层或者文件夹。

另外，图层的作用主要体现在以下两个方面。

- 可以对某个图层中的对象进行编辑修改，而不影响其他图层中的内容。
- 利用特殊的图层，可以制作特殊的动画效果。例如利用引导层可以制作引导动画，利用遮罩层可以制作遮罩动画。它们的使用方法将在第 8 章中详细介绍。

5.2.2 图层的基本操作

图层的基本操作包括选择图层、新建图层和更改图层顺序等，下面将进行详细介绍。

长见识

尽管一次可以选中多个图层，但是只能有一个图层处于活动状态。用户创作的对象或者导入的场景都将放置在处于活动状态的图层上。

1. 选择图层

在制作动画的过程中，常常需要对图层进行复制、移动、删除和重命名等操作。在进行这些操作之前，必须先学会如何选择图层。

选择单个图层的方法有如下 3 种。

❖ 在图层管理器中直接单击需要编辑的图层。

❖ 单击时间轴上任意一个帧即可选中该帧所在的图层。

❖ 在场景中选择需要编辑的对象即可选中该对象所对应的图层。

选择多个图层时，可以分为选取相邻图层和选取不相邻图层两种情况，具体操作步骤如下。

操作步骤

❶ 选择多个相邻图层时，首先要选择第一个图层，如下图所示。

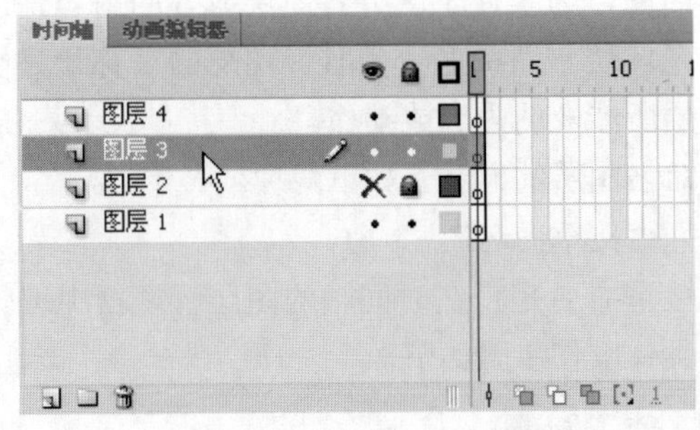

❷ 按住 Shift 键不放，选择最后一个图层即可选取两个图层之间的所有图层，如下图所示。

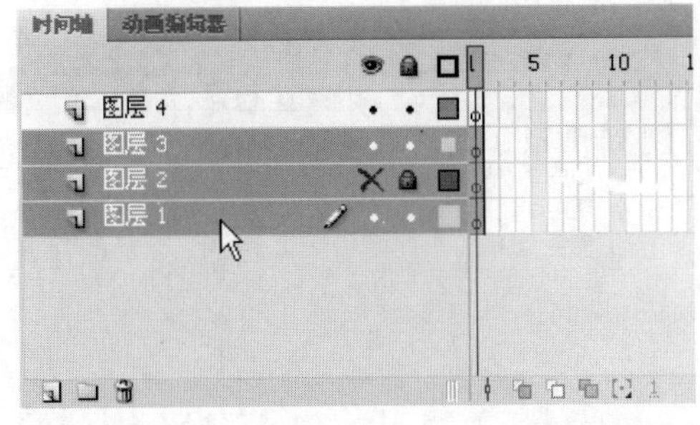

❸ 要选择多个不相邻的图层，可以在选择第一个图层后，按住 Ctrl 键不放，分别选择需要选中的图层，如下图所示。

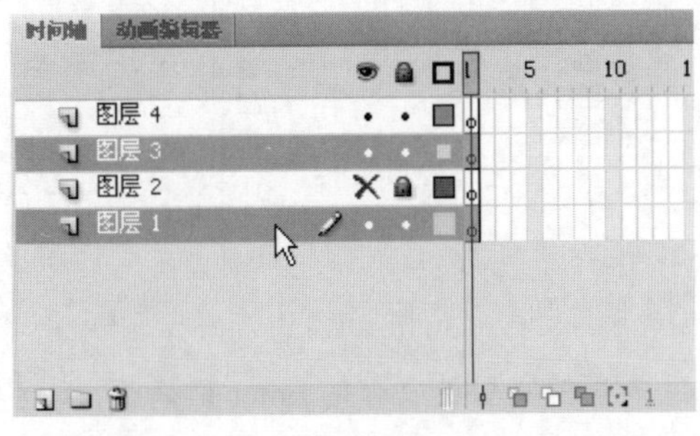

2. 新建图层

新建一个 Flash 文档后，默认情况下只有一个图层。但在一个完整的 Flash 动画中，往往会用到多个图层，每个图层分别控制不同的动画效果。所以，要创建效果较好的 Flash 动画，就需要为一个动画创建多个图层，以便在不同的图层中制作不同的动画，从而通过多个图层的组合形成复杂的动画效果。

在 Flash CS4 中，创建的图层只受计算机内存的限制，而且不会增加发布的 SWF 文件的大小。

系统默认的图层为“图层 1”，如果用户需要创建新的图层，可以通过【新建图层】按钮、菜单命令或者快捷菜单 3 种方式来实现。下面将分别介绍。

1)　通过【新建图层】按钮创建图层

单击图层管理器中的【新建图层】按钮，会在图层 1 上方新建一个图层，并自动命名为“图层 2”，显示为激活状态，如下图所示。

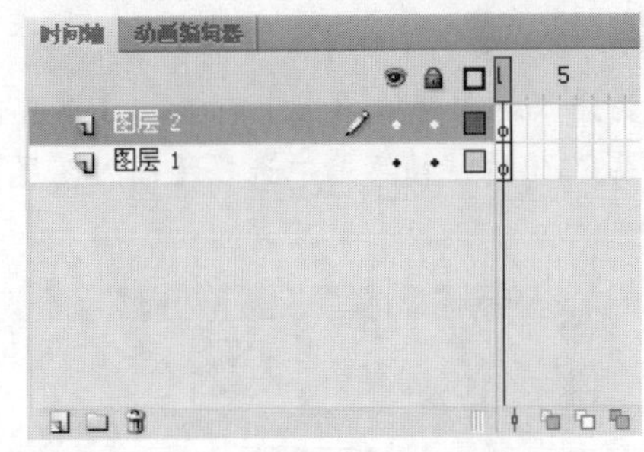

2)　利用菜单命令创建图层

利用菜单命令创建图层的具体操作步骤如下。

操作步骤

❶ 在需要插入新图层的图层上单击，这里选择“图层 1”，如下图所示。

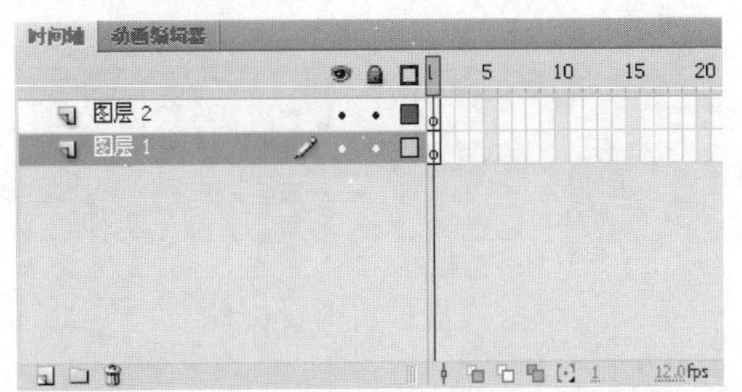

❷ 在菜单栏中选择【插入】|【时间轴】|【图层】命令，如下图所示。

图层中的特殊图层(如遮罩层、引导层)只对与它本身相关联的图层起作用。如果特殊图层单个存在，那么它将无任何意义。

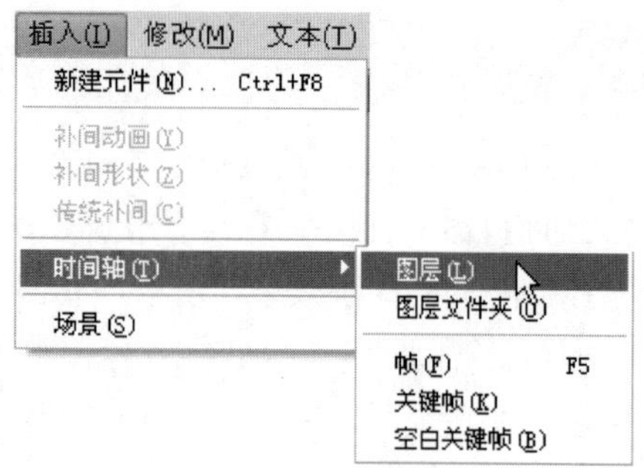

❸ 这样，在图层 1 上方就创建了“图层 3”，如下图所示。

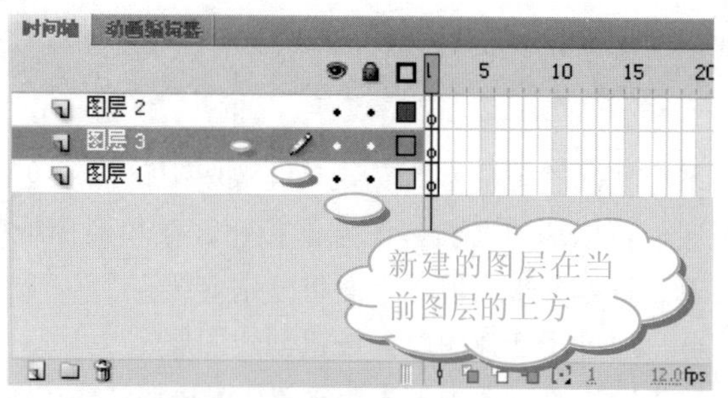

3) 利用快捷菜单创建图层

利用快捷菜单创建图层的具体操作步骤如下。

操作步骤

❶ 在需要插入新图层的图层上右击，这里右击“图层 2”，从弹出的快捷菜单中选择【插入图层】命令，如下图所示。

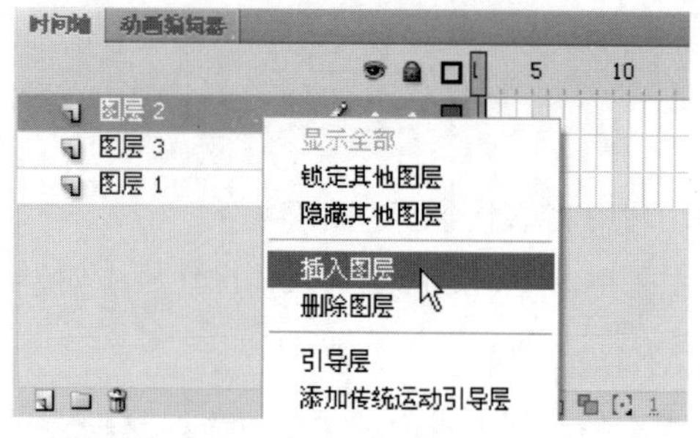

❷ 这样，就在图层 2 的上方创建了“图层 4”，如下图所示。

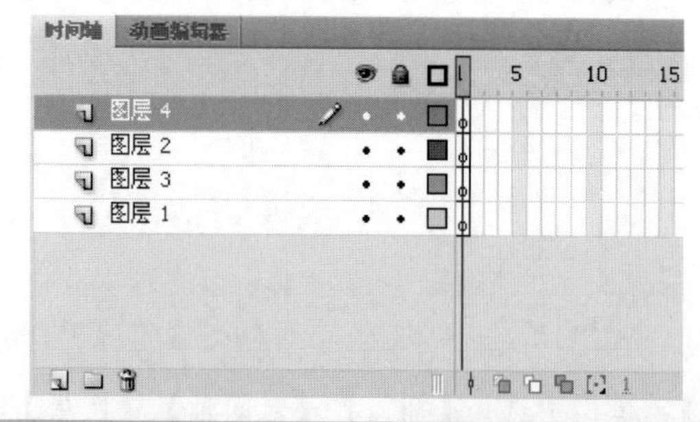

3. 删除图层

当不需要某个图层中的内容时，可以将该图层删除。要删除某个图层，用户必须先选中该图层，然后可以采用以下 3 种方法来删除图层。

- 单击图层管理器左下角的【删除】按钮删除图层。
- 在要删除的图层上右击，从弹出的快捷菜单中选择【删除图层】命令。
- 按住鼠标左键不放，将需要删除的图层拖动到【删除】按钮上，再释放鼠标左键即可删除该图层。

提示

删除图层后，被删除的图层下面的第一个图层将自动转换为当前图层。

4. 重命名图层

Flash CS4 默认的图层名是以“图层 1”、“图层 2”形式命名的，为了便于区分各图层放置的内容，用户可以为每个图层重新命名。而且，图层的名称最好能够反映该图层所涉及的内容或动作。

重命名图层的方法有如下两种。

1) 直接重命名

直接重命名是指在时间轴的图层管理器中编辑图层名称，具体操作步骤如下。

操作步骤

❶ 在需要重命名的图层名称上双击，使其变成可编辑状态，如下图所示。

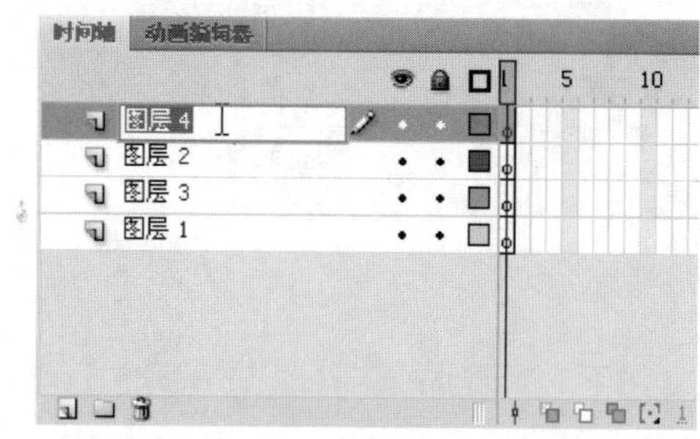

❷ 在文本框中输入新的名称，如下图所示。

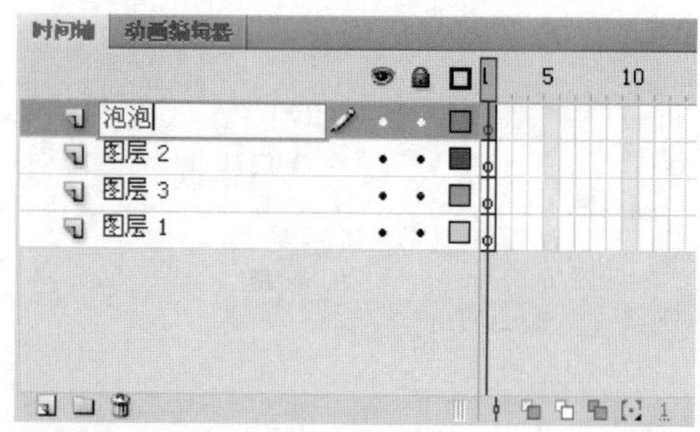

❸ 然后单击其他图层或者按 Enter 键确认，即可重命名

学以致用系列丛书

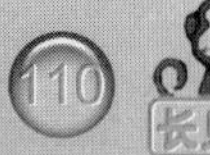

长见识 复制到剪贴板中的元素都会被消除锯齿，因而它们在其他应用程序中看起来与在 Flash 中可能不一样。对于包含位图图像、渐变、透明或蒙版图层的帧，此功能非常有用。

图层，如下图所示。

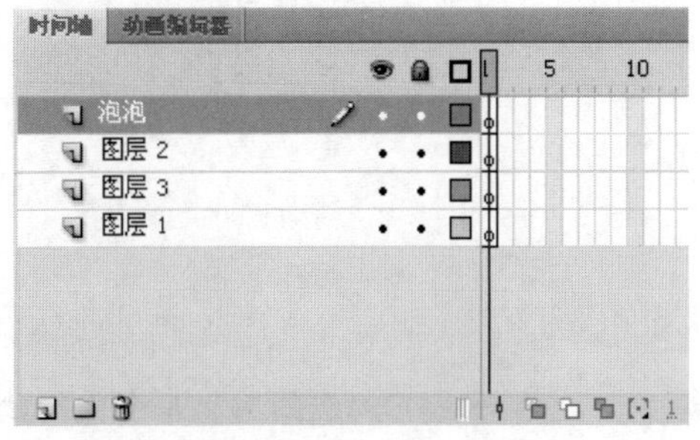

2)　在【图层属性】对话框中重命名

用【图层属性】对话框重命名图层的具体操作步骤如下。

操作步骤

❶ 右击要重命名的图层，从弹出的快捷菜单中选择【属性】命令，如下图所示。

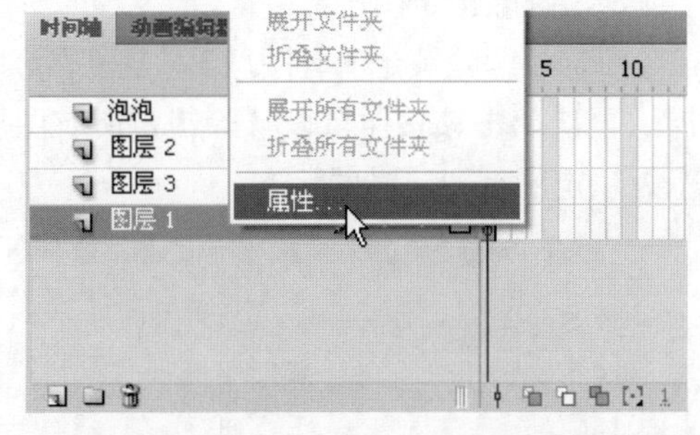

❷ 打开【图层属性】对话框，在【名称】文本框中输入新的图层名，如下图所示。

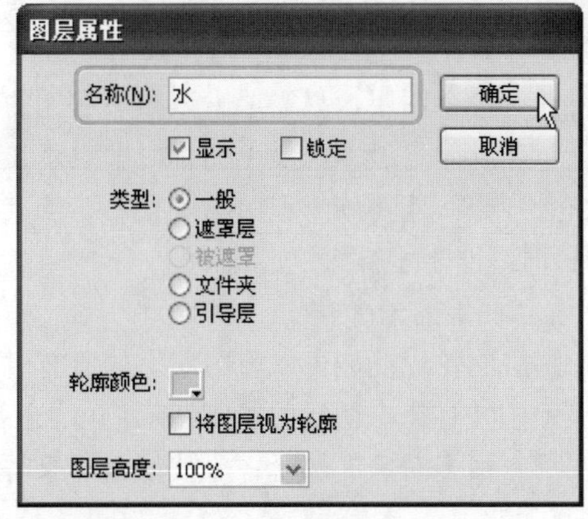

❸ 单击【确定】按钮即可重命名图层，如下图所示。

提示

在【图层属性】对话框中，除了可以重命名图层外，还可以设置图层的其他属性。如是否显示图层、是否锁定图层、图层的类型、图层的轮廓颜色、是否将图层视为轮廓以及图层的高度等。

5. 复制图层

制作动画时，如果要在两个图层中制作相似的动画，可以只在一个图层中制作动画，然后将该图层中的内容全部复制到另一个图层中再进行编辑。

在Flash CS4中，将某个图层中所有帧的内容复制到新图层的具体操作步骤如下。

操作步骤

❶ 选取需要复制的图层，选择【编辑】|【时间轴】|【复制帧】命令(或者在时间轴上右击需要复制的帧，从弹出的快捷菜单中选择【复制帧】命令)，复制该图层中所有的帧，如下图所示。

❷ 单击时间轴下方的【新建图层】按钮，创建"图层2"，如下图所示。

❸ 选择【编辑】|【时间轴】|【粘贴帧】命令，即可将复制的帧内容粘贴到新建的图层中，如下图所示。

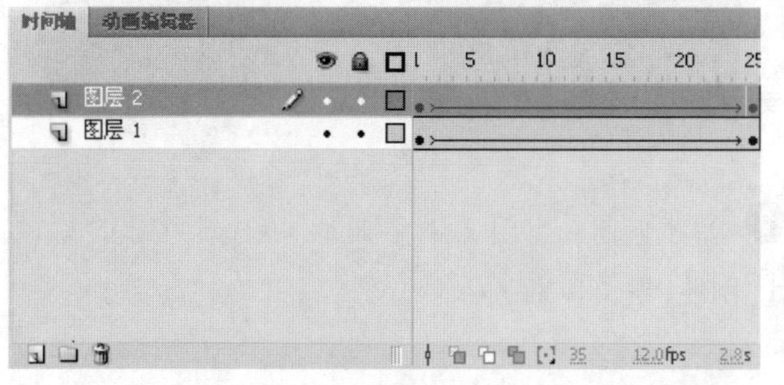

学以致用系列丛书

如果想要隐藏或者锁定除某个图层外的其他图层，只要在该图层上右击，从弹出的快捷菜单中选择【隐藏其他图层】或者【锁定其他图层】命令即可。

6. 设置图层状态

对于图层较多的动画，往往需要对这些图层进行合理的管理，以提高创建动画的工作效率。下面就来介绍如何设置图层的状态。

1) 显示与隐藏图层

单击【显示或隐藏所有图层】按钮，可以隐藏所有图层，再次单击该按钮则可以显示所有图层。如下图所示为隐藏所有图层时的状态。

若要隐藏某个图层，只要单击该图层右侧的第一个黑色小圆点图标•，当其变为✕图标时即表示该图层为隐藏状态。若要取消隐藏图层，则单击✕图标，使其变为小圆点图标即可显示该图层。

隐藏或者显示图层，对舞台的对象有一定的影响。

操作步骤

❶ 新建一个 Flash 文档，单击工具箱中的【矩形工具】按钮，设置适当的属性后在舞台上绘制一个矩形，如下图所示。

❷ 新建“图层 2”，使用工具箱中的【椭圆工具】绘制一个椭圆，如下图所示。

❸ 单击时间轴上图层 1 右侧的•图标，将其变成✕图标，如下图所示。

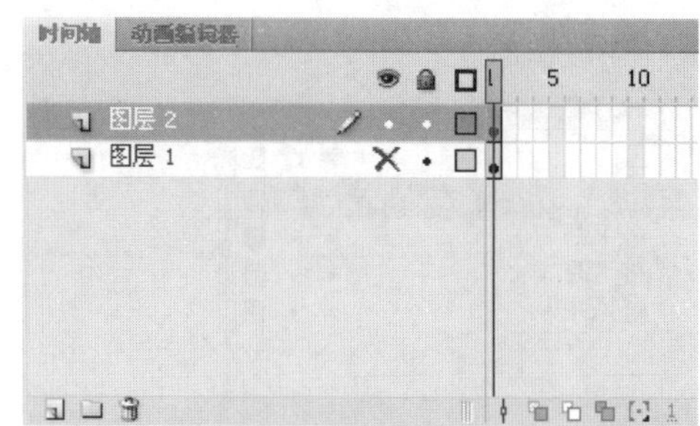

❹ 在舞台上，与图层 1 对应的对象也会被隐藏起来，且图层 2 中的对象为激活状态，如下图所示。

2) 锁定与解除锁定图层

单击【锁定或解除锁定所有图层】按钮，可以锁定所有图层，再次单击该按钮可以解除锁定所有图层。如下图所示为锁定所有图层时的状态。

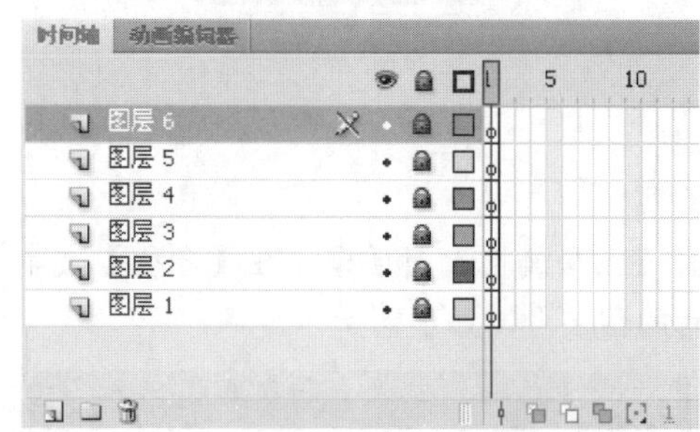

若要锁定某个图层，只需单击该图层右侧的第二个黑色小圆点图标•，当其变为图标时即表示该图层为锁定状态。若要取消锁定，则单击图标，当其变为小圆点图标时，即表示解除锁定该图层。

3) 显示图层的轮廓

显示图层的轮廓功能可以将图层上的所有对象都以轮廓线显示，并且每个图层的轮廓线颜色可以不相同，该功能在具有很多对象的舞台中寻找特定对象时，十分有用。

单击【将所有图层显示为轮廓】按钮，可以将所有图层上的对象均只显示轮廓线，再次单击则可以让所有图层恢复正常显示状态。

如果要让某个图层中的对象显示轮廓，则只需单击该图层右侧的矩形图标，当其变为图标时，即可显示该图层的轮廓线。若要让该图层上的对象恢复正常显示，则单击图标即可。

如下图所示为显示所有图层的轮廓状态。

在时间轴上每添加一个图层，Flash CS4 就会自动在图层上增加足够多的帧以匹配时间轴上的最长帧序列。

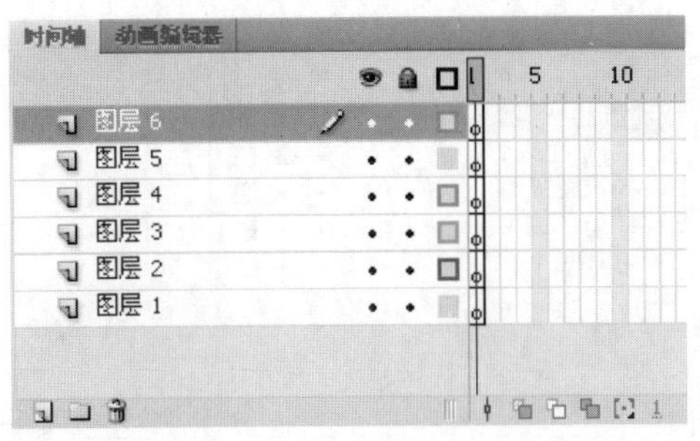

只显示图形的轮廓，具体操作步骤如下。

操作步骤

❶ 在上例的基础上，单击图层 2 右侧的按钮，使其变成空心的轮廓图标，如下图所示。

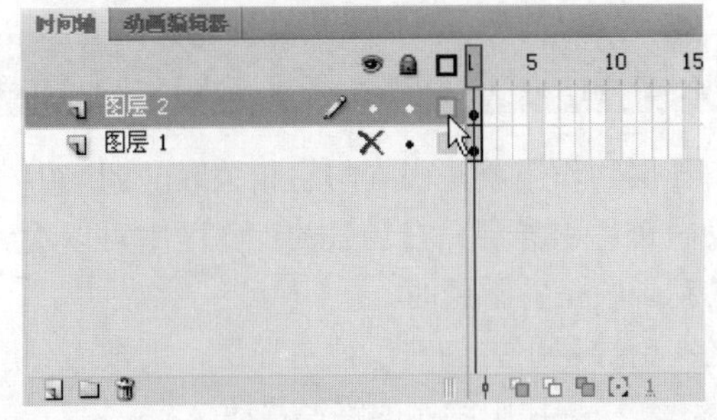

❷ 此时，在舞台上的椭圆对象将只剩下轮廓线，如下图所示。

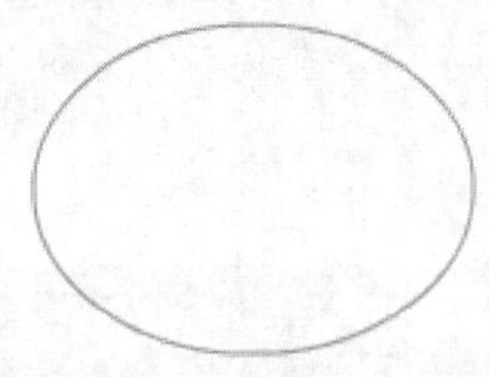

7. 更改图层的顺序

在制作 Flash 动画时，以显示出适当的内容常常需要重新调整图层的排列顺序。

更改图层的顺序的具体操作步骤如下。

操作步骤

❶ 使用工具箱中的【矩形工具】，在舞台上创建一个矩形，如下图所示。

❷ 新建“图层 2”，使用【多角星形工具】在舞台上创建一个五角星，如下图所示。

❸ 此时的图层排列顺序，如下图所示。

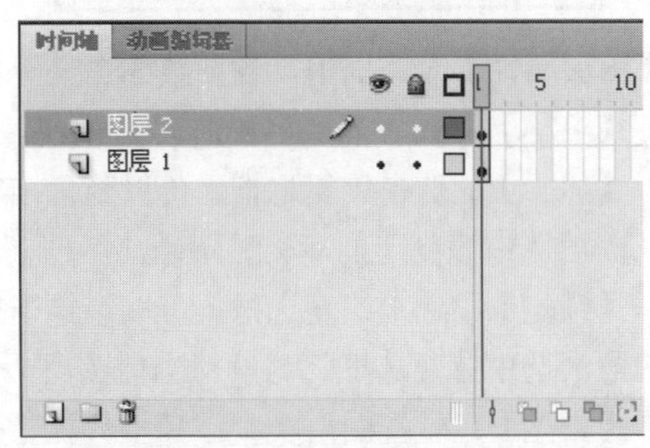

❹ 在图层 1 上单击并按住鼠标左键不放，向上拖动该图层，当拖到图层 2 的上方位置时再释放鼠标左键，得到的时间轴如下图所示。

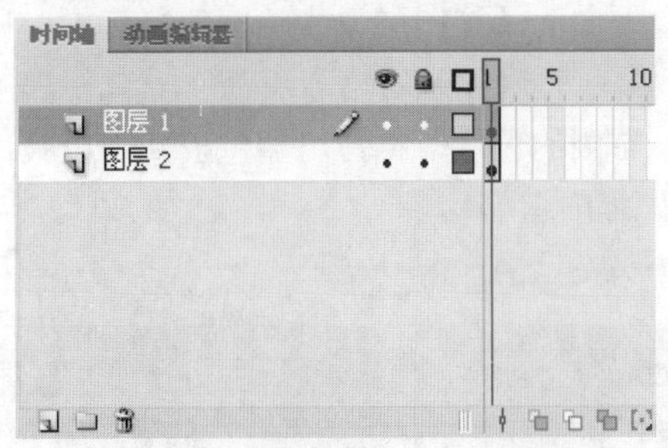

❺ 此时的舞台对象效果如下图所示。图层 1 所对应的矩形对象被移到了图层 2 所对应的五角星对象的上方，且矩形对象为选中状态。

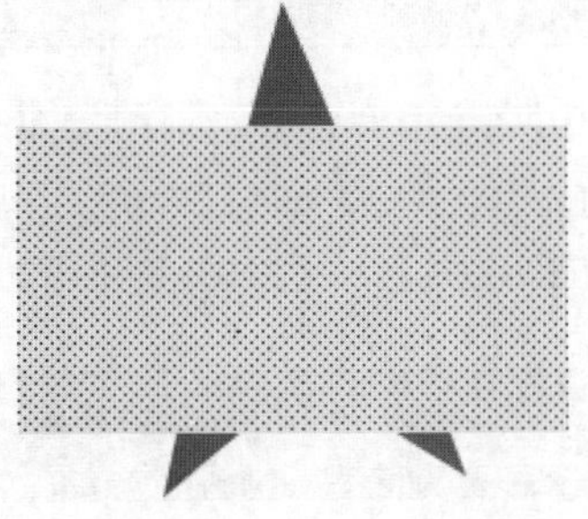

8. 图层属性

在时间轴的图层管理器中右击图层，从弹出的快捷

学以致用系列丛书

在复制对象后，选择【编辑】|【选择性粘贴】命令，将弹出【选择性粘贴】对话框，在该对话框中，用户可以选择将复制的对象作为 PNG 位图，还是作为一幅图片粘贴到相应的位置。

菜单中选择【属性】命令，即可打开【图层属性】对话框，如下图所示。

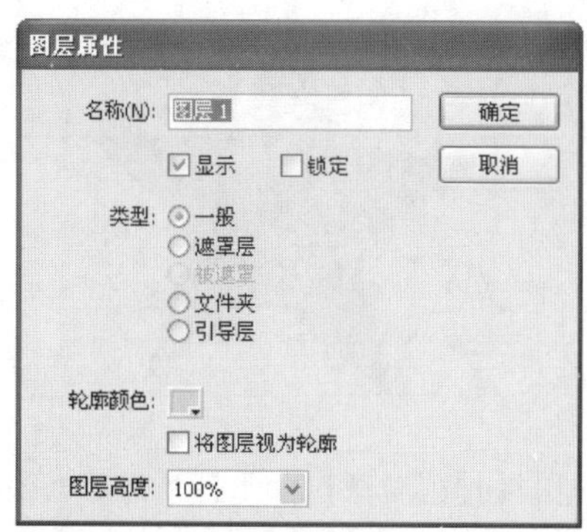

在【图层属性】对话框中，各参数的含义分别如下。

- ❖ 【名称】：设置图层名称。
- ❖ 【显示】：选中该复选框，可以隐藏当前图层；取消选中该复选框，将显示当前图层。
- ❖ 【锁定】：选中该复选框，可以锁定当前图层；取消选中该复选框，将解锁当前图层。
- ❖ 【类型】：设置图层类型，其中包括【一般】、【遮罩层】、【被遮罩】、【文件夹】和【引导层】5 个选项。
- ❖ 【轮廓颜色】：设置图层轮廓颜色。如果选中下面的【将图层视为轮廓】复选框，则表示只显示轮廓线时的轮廓线颜色。单击【轮廓颜色】右侧的色块，将弹出调色板，可以吸取颜色，如下图所示。

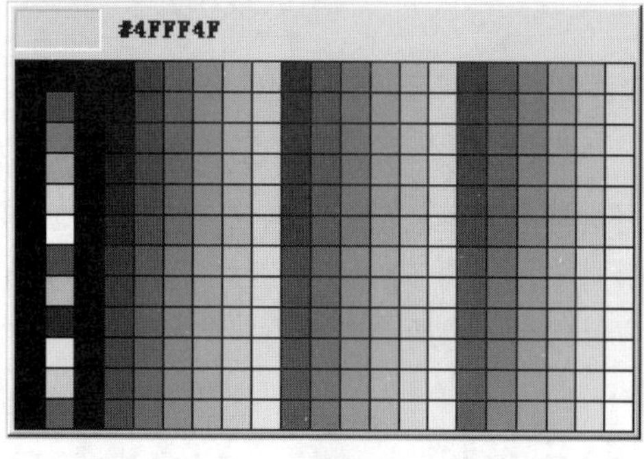

- ❖ 【图层高度】：设置当前图层在时间轴上所显示的高度比例。Flash CS4 提供了 3 个选项，分别为【100%】、【200%】和【300%】。

5.2.3 图层的类型

在 Flash CS4 中，按照图层的不同功能，可以将图层分为普通层、引导层、被引导层、遮罩层和被遮罩层 5 种类型，如下图所示。

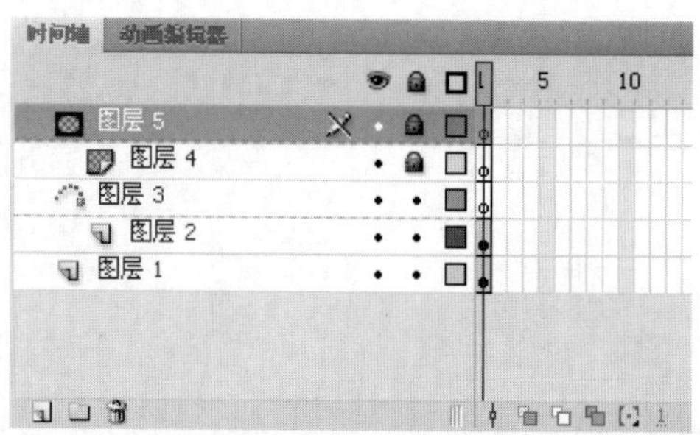

1. 普通层

普通层是指无任何特殊效果的图层，它只用于放置对象。普通层的图标为。新建的图层默认情况下均为普通层。

2. 引导层和被引导层

引导层的作用就是引导与它相关联的图层中的对象的运动轨迹。引导层只在场景的工作区中可以看到，在输出的动画中是看不到的。

当在引导层下方创建了被引导层，则被引导层上的对象将沿着引导层中绘制的路径移动。

注意

引导层的图标为，而它与被引导层一起使用时，该图标将变成，且被引导层的图标仍为普通层的图标。

3. 遮罩层和被遮罩层

遮罩层的图标为，被遮罩图层的图标为。如下图所示，图层 1 是遮罩层，图层 2 是被遮罩层。

在遮罩层中创建的对象具有透明效果，如果遮罩层中的某一位置有对象，那么被遮罩层中相同位置的内容将显露出来，被遮罩层的其他部分将被遮住。

如下图所示为未使用遮罩的效果。

如下图所示为使用遮罩后的效果。

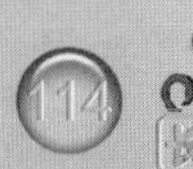

长见识　当创建多个图层时，为了便于管理，可以将具有统一属性的图层合并到一个文件夹中。

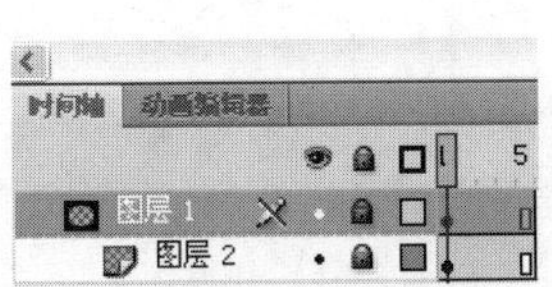

使用遮罩层和引导层，用户可以创作出丰富的动画效果。在第 8 章中，将详细介绍引导层和遮罩层的使用方法，这里不再赘述。

5.3　制作美丽的泸沽湖文本效果

下面通过创建美丽的泸沽湖实例，熟悉一下帧和图层的基本操作。

操作步骤

1. 新建一个文件，将【图层 1】图层重命名为“背景”，此时的时间轴如下图所示。

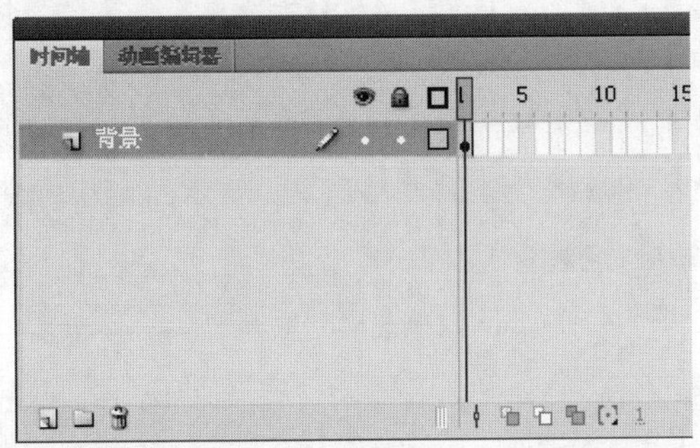

2. 选择【文件】|【导入】|【导入到舞台】命令，打开【导入】对话框，选择文件路径和素材文件(光盘: /图书素材/第 5 章/back.jpg)，如下图所示。

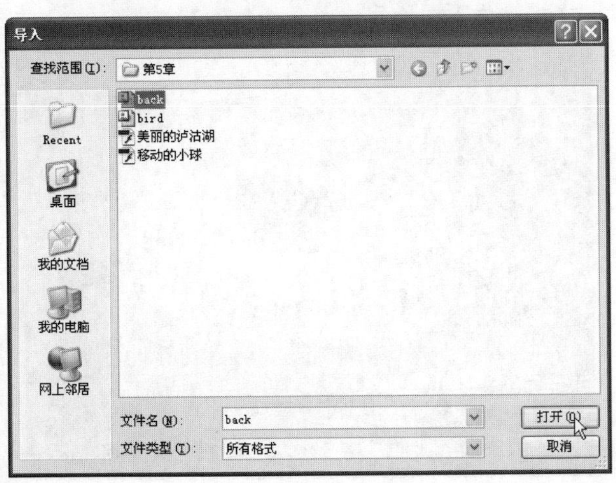

3. 单击【打开】按钮，将素材图片导入到舞台中，如下图所示。

4. 在时间轴上的第 60 帧处右击，从弹出的快捷菜单中选择【插入帧】命令插入一个普通帧，效果如下图所示。

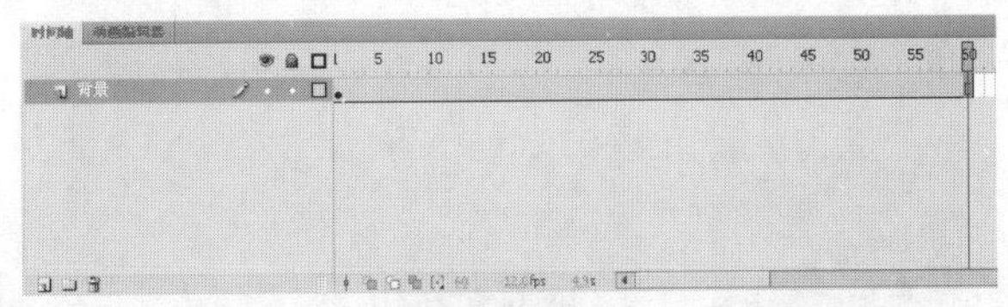

5. 将【背景】图层锁定，并新建一个图层，重命名为“飞鸟”。此时的时间轴如下图所示。

6. 参照前面的方法，将 bird 图片(光盘: /图书素材/第 5 章/bird.gif)导入到舞台。单击工具箱中的【选择工具】按钮，调整图片的位置，如下图所示。

学以致用系列丛书

在新建图层时，可以为每个图层起一个直观的图层名称，并将相关资源放在相同位置。尽量避免使用默认的图层名，否则当图层很多时，用户很难从众多的图层中找到想要编辑的图层。

7 将“飞鸟”图层锁定，再单击【新建图层】按钮新建一个图层，并重命名为“文字”。此时的时间轴如下图所示。

8 选中【文字】图层的第1帧，单击工具箱中的【文本工具】按钮T，插入一个静态文本框。设置文字的【大小】为40.0点，【系列】为【隶书】，【颜色】为白色，【方向】为【垂直，从左到右】，然后输入文本“美丽的泸沽湖”，如下图所示。

9 选中文字图层的第1帧，选择【修改】|【分离】命令，如下图所示。

修改(M) 文本(T) 命令(C) 控制(
文档(D)... Ctrl+J
转换为元件(C)... F8
分离(K) Ctrl+B

10 文字被分离后，效果如下图所示。

11 选择【修改】|【分离】命令，将输入的文本分离为图形，如下图所示。

12 右击文字图层的第30帧，从弹出的快捷菜单中选择【插入关键帧】命令，如下图所示。

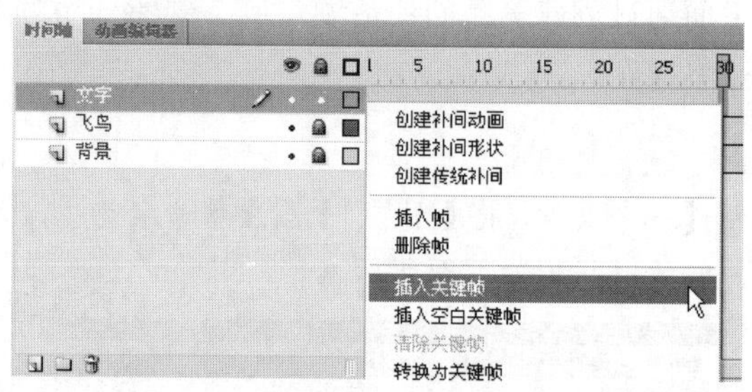

13 单击文字图层的第30帧，选中该帧，如下图所示。

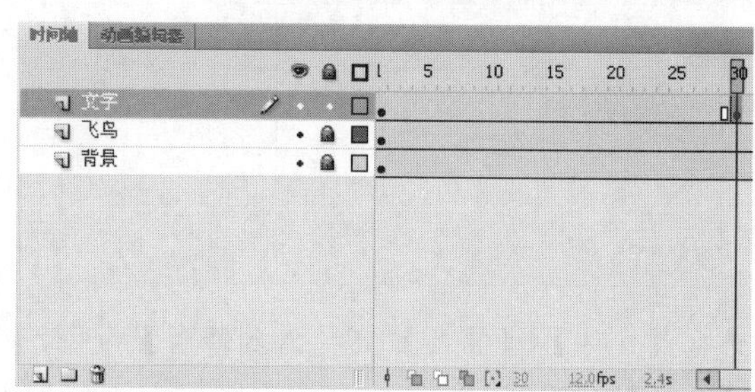

14 这样，在舞台上就选中了分离后的“美丽的泸沽湖”文本，如下图所示。

15 在形状的【属性】面板中单击【填充颜色】按钮，

如果需要将文件夹中的图层拖出文件夹，可以先选择需要脱离的图层，然后按住鼠标左键不放并拖动，将其拖出文件夹的范围再释放鼠标即可。

如下图所示。

16 打开调色板，将文本的 Alpha 值设置为 0%，如下图所示。

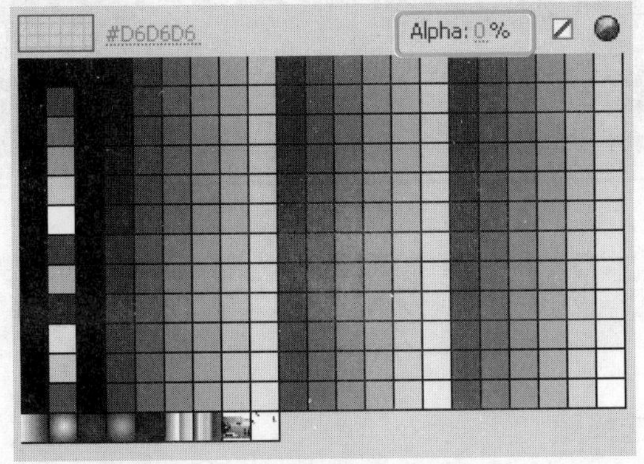

17 右击文字图层的第 1 帧，从弹出的快捷菜单中选择【创建补间形状】命令，如下图所示。

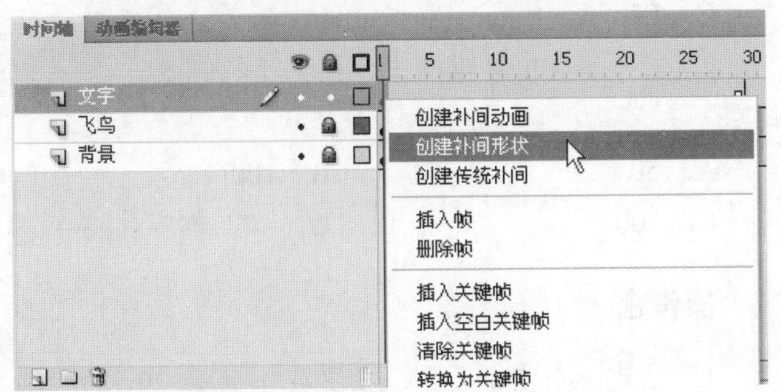

18 这样，就在文字图层的第 1 帧和第 30 帧之间创建了补间形状，如下图所示。

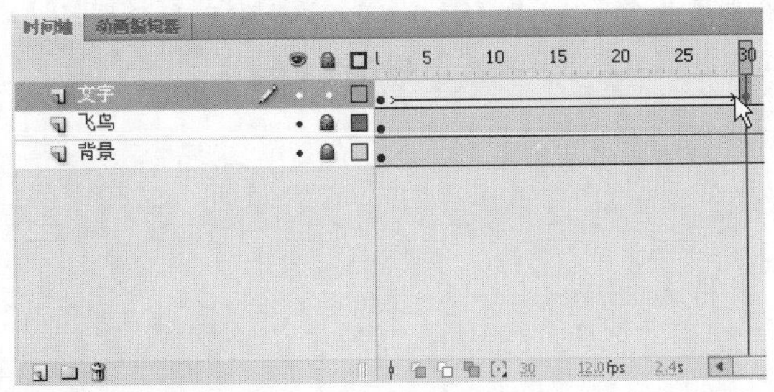

19 在文字图层的第 1 帧上单击，按住鼠标左键不放并拖动到第 30 帧处再释放鼠标，选中第 1 帧到第 30 帧中的所有帧，如下图所示。

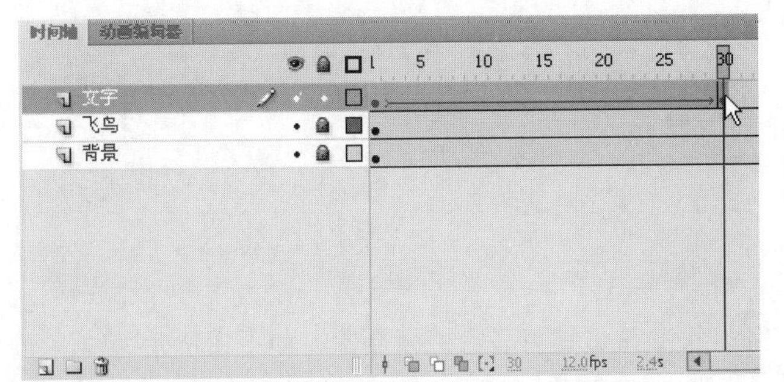

20 选择【编辑】|【时间轴】|【复制帧】命令，如下图所示。

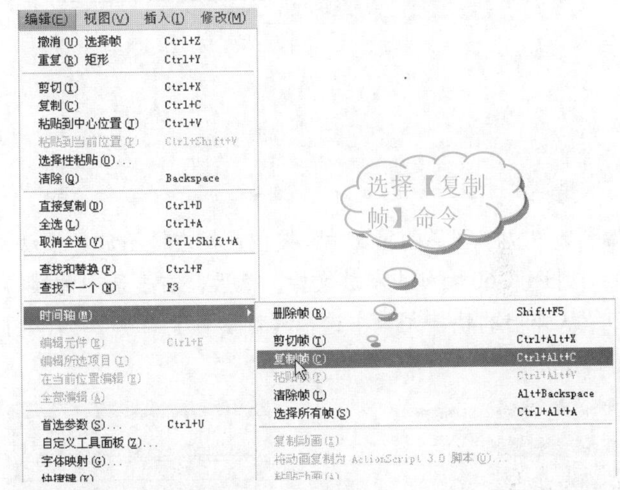

21 选中文字图层的第 31 帧并右击，从弹出的快捷菜单中选择【粘贴帧】命令，如下图所示。

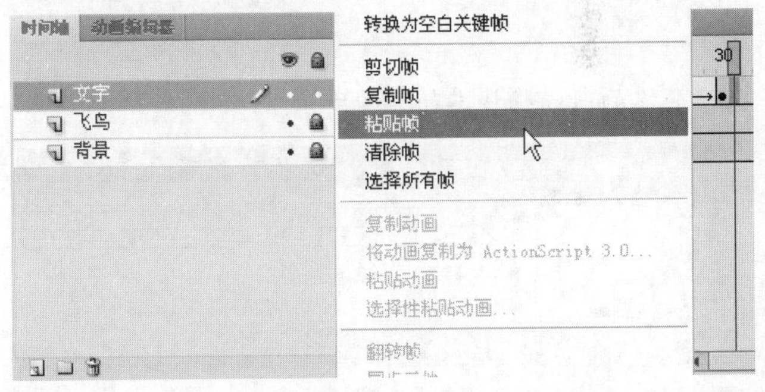

22 此时，将选中的所有帧就复制到了以第 31 帧为起始点，以第 60 帧为终点的帧区域中，如下图所示。

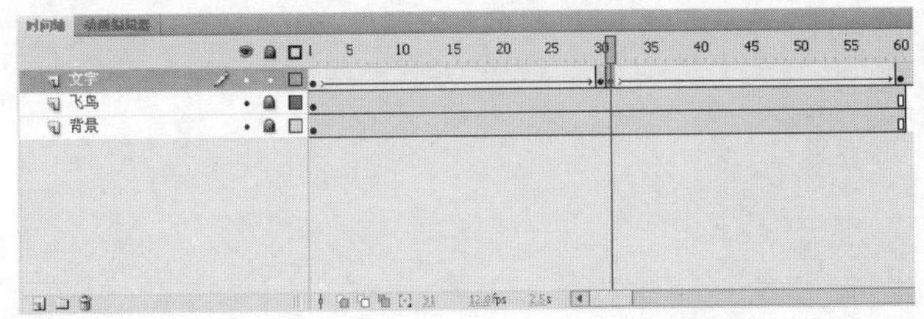

23 单击时间轴下方的滑块，将其向右拖动，显示出文字图层第 61 帧后的所有帧，如下图所示。

学以致用系列丛书

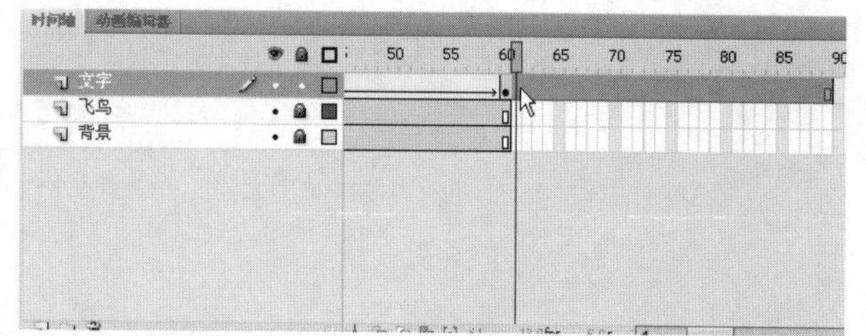

❷❹ 按 Delete 键将多余的帧删除，如下图所示。

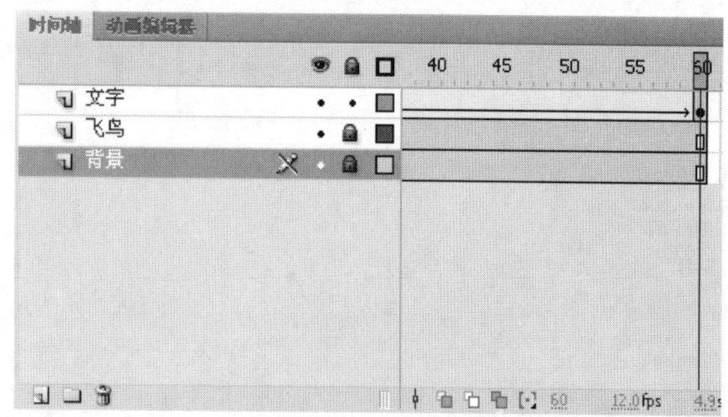

❷❺ 选中文字图层的第 31 帧，按住鼠标左键不放并拖动，到达第 60 帧处再释放鼠标。然后，右击选中的帧，从弹出的快捷菜单中选择【翻转帧】命令，如下图所示。

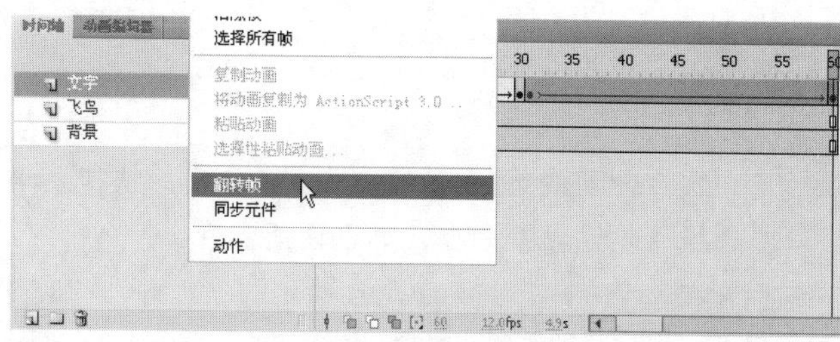

❷❻ 最终的时间轴状态如下图所示。

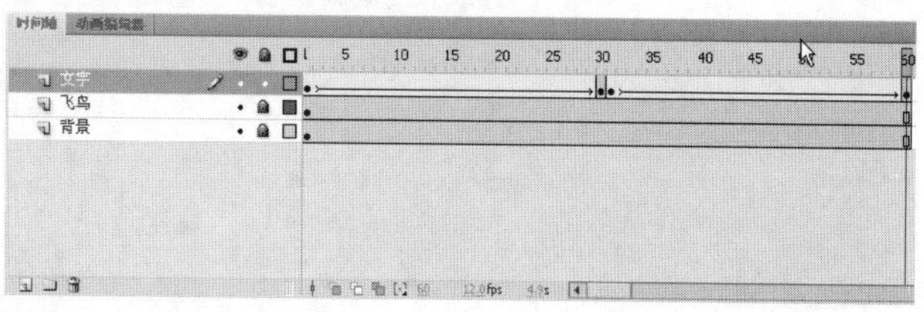

❷❼ 按 Ctrl+Enter 组合键，测试动画，会发现动画中的“美丽的泸沽湖”文字会翻转，如下图所示。

5.4 思考与练习

选择题

1. 插入关键帧的快捷键是______。

A. F5　　B. F6

C. F7　　D. F8

2. 在一个 Flash 动画中，最多可以创建________个图层。

A. 50　　B. 100

C. 200　　D. 以上都不对

操作题

1. 创建一个空白文档，在图层 1 的第 20 帧处插入一个关键帧，在第 23 帧处插入一个空白关键帧。

2. 创建一个空白文档，在时间轴上新建 5 个图层，分别重命名为 A、B、D、E、F，并隐藏 B 和 D 图层，锁定 F 图层，只显示所有图层的轮廓线。

长见识　默认情况下，时间轴显示在主文档窗口下方，要更改其位置，可以将时间轴与文档窗口分离，然后在单独的窗口中使时间轴浮动，或将其放置在选择的任何其他面板上。

秘籍攻略——Flash元件、实例和库

在本章中，我们将了解Flash CS4中的库。等熟悉库以后读者就会发现，原来动画制作也可以如此简单，那些繁琐的、重复的操作，只要利用库就可以轻松解决。

学习要点

❖ 元件的类型
❖ 创建元件
❖ 编辑元件
❖ 将元件创建为实例
❖ 使用元件库

学习目标

通过本章的学习，读者应该熟悉并掌握元件的类型，然后学会创建各种类型的元件，熟练地将元件创建为实例，并能够使用元件库简化动画创作。

6.1 元件的类型

元件是可反复取出使用的图形、按钮或影片剪辑，可以在当前影片或其他影片中重复使用。在制作动画的过程中，用户创建的元件会自动变成当前动画元件库中的一部分。每个元件都有唯一的时间轴和舞台以及若干个图层，它可以独立于主动画进行播放。

元件是构成动画的基础，它的运用可以使影片的编辑变得更容易。因为元件一旦被创建，当需要对许多重复的对象进行修改的时候，只需要对元件做出修改，Flash CS4 便会自动根据修改的内容对所有元件的实例进行更新，从而大大提高了工作效率。

提示

元件的使用也可以显著地减小文件的大小，保存一个元件的几个实例比保存该元件内容的几个副本占用的空间小。并且使用元件还可以加快影片的播放速度，因为一个元件只需下载到 Flash Player 中一次即可，实例中重复使用的元件不必再次下载。

创建元件时要选择元件类型，而元件的类型取决于制作动画文档中如何使用该元件。在 Flash CS4 中，元件可以分为 3 种，分别是图形元件、按钮元件和影片剪辑元件。下面将分别进行介绍。

6.1.1 图形元件

图形元件是可反复使用的静态图形，是制作动画的基本元素之一。如下图所示就是一个图形元件。

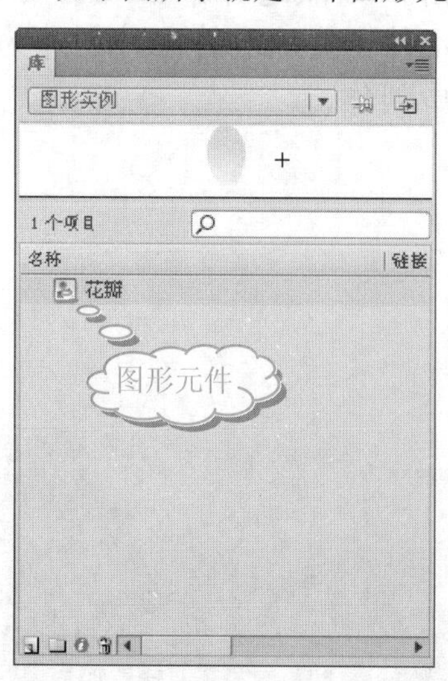

图形元件可以是静止的图片，用来创建链接到主时间轴的可重复使用的动画片段；也可以是多个帧组成的动画。不过，图形元件不能添加交互行为和声音控制。一般情况下，图形元件在 FLA 文件中的尺寸小于影片剪辑元件和按钮元件。

6.1.2 按钮元件

按钮元件用于创建动画的交互控制以响应鼠标的各种事件，如弹起、指针经过、按下和点击等。例如，创建一个可重新播放动画的按钮元件，当按下该按钮后，Flash CS4 将会使动画重新播放。

按钮元件有 4 种不同状态的帧：【弹起】、【指针经过】、【按下】和【点击】。在这 4 种不同的状态帧上可以创建不同的内容，既可以是静止的图形，也可以是影片剪辑。而且用户可以给按钮添加事件的交互性动作，使按钮具有交互功能。

如下图所示就是一个按钮元件。

6.1.3 影片剪辑元件

影片剪辑元件是构成 Flash 动画的一个片段，它能独立于主动画进行播放，因为它本身就是一段动画。使用影片剪辑元件可以反复使用动画片段中多个帧。当播放主动画时，影片剪辑元件也在循环播放。

影片剪辑元件可以用于创建交互性控件、声音，甚至其他影片剪辑实例。或者将影片剪辑实例作为一段动画应用于按钮元件的某一帧。

如下图所示就是一个影片剪辑元件。

长见识：场景中的某个对象被转换成元件之后，它自身就变成了元件的一个实例。

提示

图形元件、按钮元件和影片剪辑元件的使用方法将在下面的小节中详细介绍，这里就不再赘述。

6.2 创建元件

创建元件时既可以创建一个空元件，然后在元件编辑模式下制作或导入内容，也可以在舞台上选定对象后，将其转换成元件。

6.2.1 直接创建元件

直接创建元件即先利用【创建新元件】命令创建一个空元件，然后在元件编辑模式下制作元件。具体操作步骤如下。

操作步骤

❶ 选择菜单栏中的【插入】|【新建元件】命令，如下图所示。

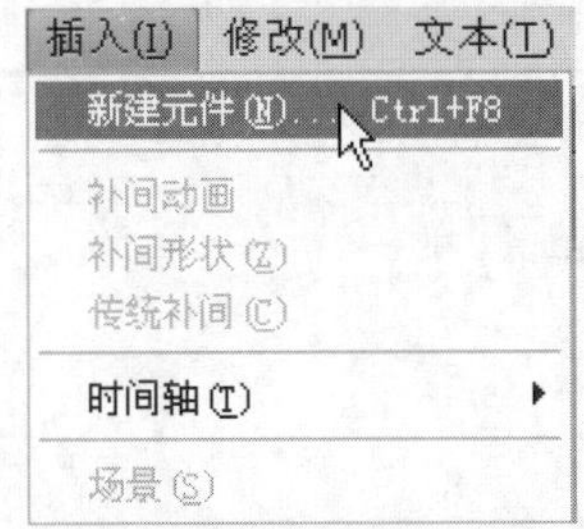

❷ 打开【创建新元件】对话框，在【名称】文本框中为要创建的元件命名，在【类型】下拉列表框中选择要创建的元件类型，如下图所示。设置完毕后，单击【确定】按钮即可进入元件编辑状态。

6.2.2 创建元件实例

在制作动画之前，首先必须要设计好动画情节以及要使用到的人物、场景。仔细分析需要经常使用的画面，或者相同的人物和物品，如果需要多次出现，则应该考虑将它们创建为元件实例。

1. 创建图形元件实例

在 Flash 动画创作中，对于一些经常使用的图形均可将其创建为图形元件，以便下次从库中反复调用。

下面通过一个例子来了解一下图形元件的创建方法，具体操作步骤如下。

操作步骤

❶ 选择菜单栏中的【插入】|【新建元件】命令，如下图所示。

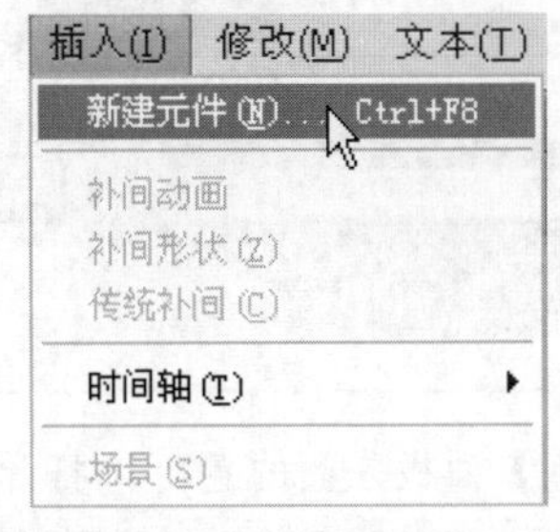

❷ 弹出【创建新元件】对话框，在【名称】文本框中输入“花瓣”，在【类型】下拉列表框中选择【图形】选项，如下图所示。

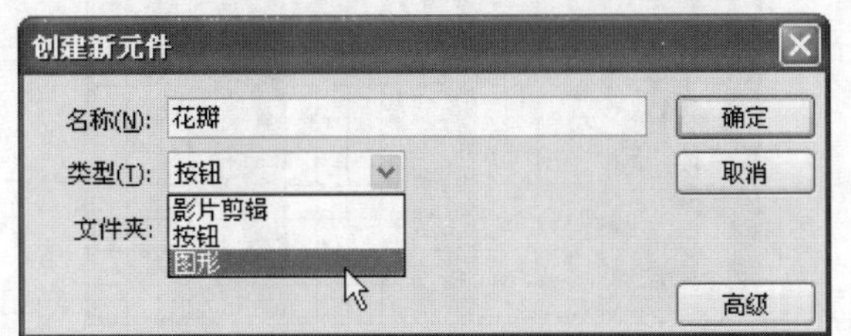

❸ 单击【确定】按钮，即可进入图形元件的编辑界面。单击工具箱中的【椭圆工具】按钮，设置【填充

图形元件不能添加交互行为和声音控制，而影片剪辑元件和按钮元件则可以添加交互行为和声音控制。

颜色】为【无】，【笔触颜色】为黑色，在舞台上画出一个椭圆，如下图所示。

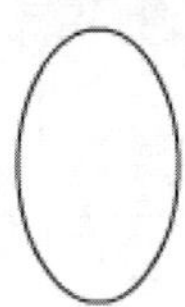

❹ 使用【选择工具】对该椭圆进行调整，使其成花瓣形状，如下图所示。

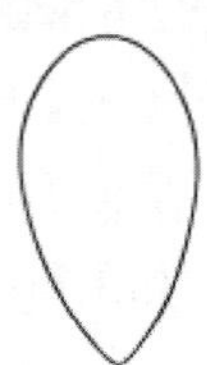

❺ 选择菜单栏中的【窗口】|【颜色】命令(或者按 Shift+F9 组合键)，打开【颜色】面板，将【类型】设置为【线性】，如下图所示。

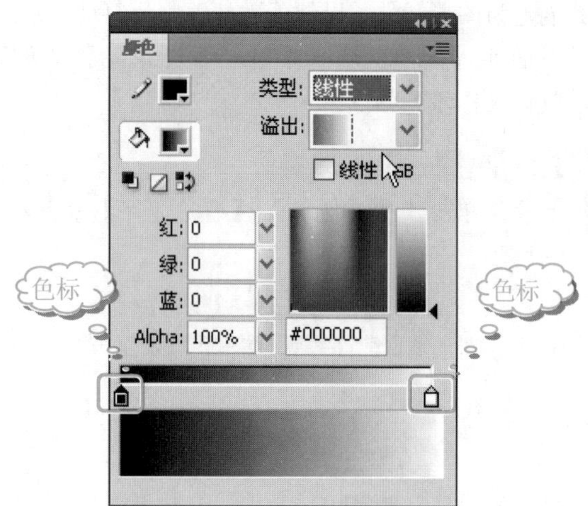

❻ 双击【颜色】面板左侧的色标，打开调色板，设置颜色为粉红色(#FFCCCC)，如下图所示。

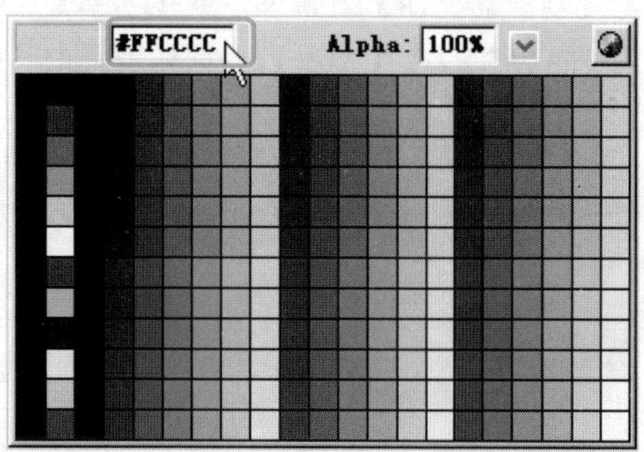

❼ 采用同样的方法，设置【颜色】面板右侧的色标颜色为淡黄色(#FFFFCC)。此时得到的【颜色】面板如下图所示。

❽ 单击工具箱中的【颜料桶工具】按钮，在花瓣中从上向下拖动以填充渐变色，如下图所示。

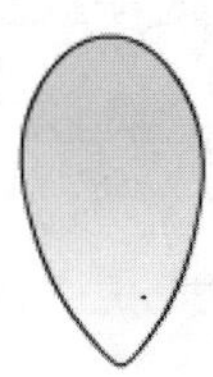

❾ 单击工具箱中的【选择工具】按钮，选择花瓣的笔触，然后按 Delete 键删除笔触线条，得到的效果如下图所示。

❿ 在场景的左上角单击【返回场景】按钮，回到场景编辑状态。选择菜单栏中的【窗口】|【库】命令，打开【库】面板，会看到刚才制作的图形元件已经自动添加到库中了，如下图所示。

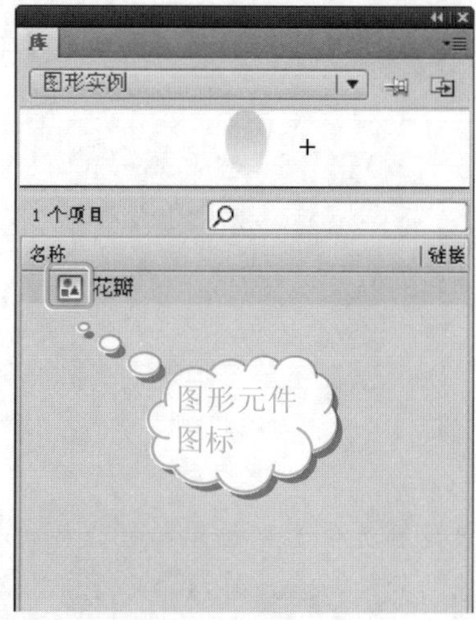

学以致用系列丛书

在直接创建元件时，当完成元件的创建和制作后，都需要单击场景左上角的【返回到场景】按钮(或者单击场景名称场景 1)，切换到场景编辑状态继续制作动画。

⓫ 把图形元件拖动到舞台上，即创建了一个图形元件的实例，如下图所示。

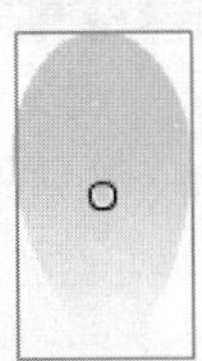

⓬ 选中花瓣图形元件，单击工具箱中的【任意变形工具】按钮，将花瓣的中心点(对象的变形点)拖动到花瓣底部，如下图所示。

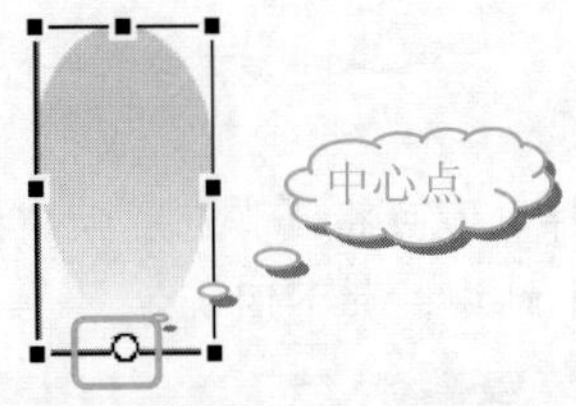

⓭ 选择菜单栏中的【窗口】|【变形】命令(或按 Ctrl+T 组合键)，打开【变形】面板。选中【旋转】单选按钮，并设置旋转角度为 72°，然后单击【变形】面板右下角的【重制选区和变形】按钮四次，如下图所示。

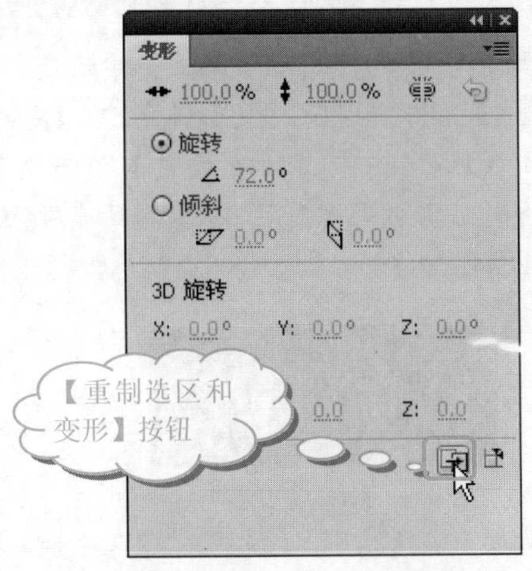

⓮ 这样，就可以创作出一个完整的花，如下图所示。

⓯ 将舞台上的所有元件选中，如下图所示。

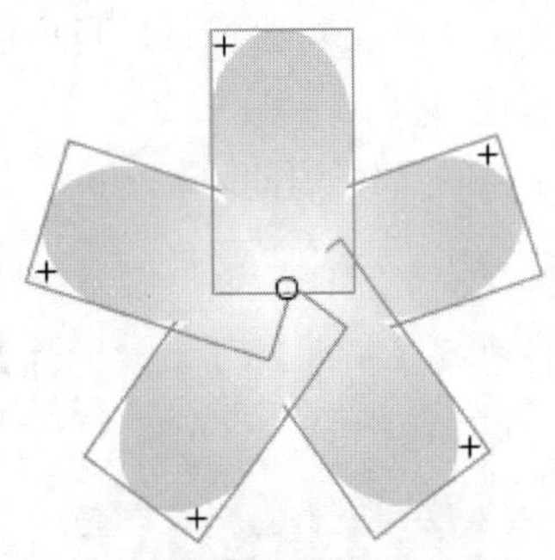

⓰ 选择菜单栏中的【修改】|【组合】命令(或按 Ctrl+G 组合键)，如下图所示。

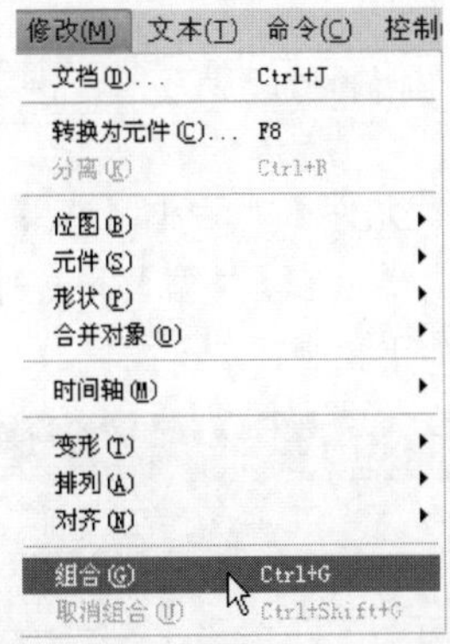

⓱ 将 5 个单独的元件组合成一个组并保存起来，在以后的动画创作中即可直接导入该图形元件加以使用，如下图所示。

2. 创建按钮元件实例

按钮实际上就是一个 4 帧的影片剪辑。按钮无法按帧的顺序进行播放，它只是根据用户的动作作出响应，并且跳转到所指示的帧。

按钮的 4 帧的具体含义分别如下。

❖ 【弹起】：鼠标指针不在按钮上时的状态。如果不定义【点击】帧，该状态下的对象会作为鼠标响应区。

❖ 【指针经过】：鼠标指针在按钮上时的状态。

学以致用系列丛书

❖ 【按下】：单击按钮时的状态。

❖ 【点击】：定义对鼠标做出反应的区域，该区域在影片中是看不见的。

创建按钮元件的具体操作步骤如下。

操作步骤

1 选择菜单栏中的【插入】|【新建元件】命令，如下图所示。

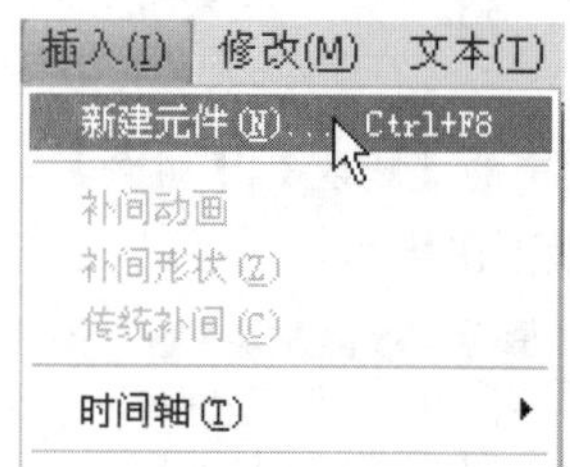

2 弹出【创建新元件】对话框，在【名称】文本框中输入“play”，然后在【类型】下拉列表框中选择【按钮】选项，如下图所示。

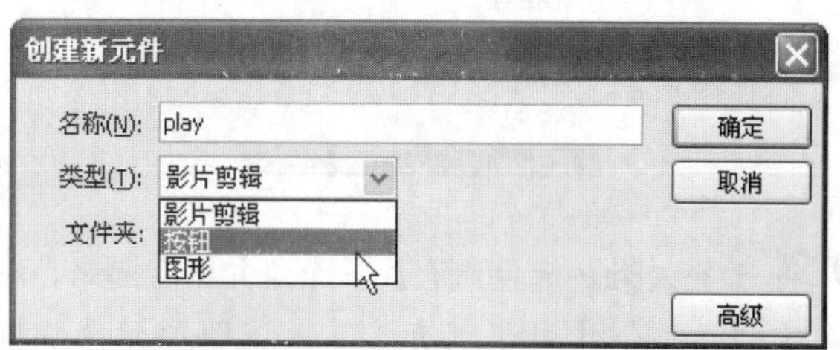

3 单击【确定】按钮，即可进入按钮元件的编辑界面。此时的时间轴状态如下图所示。

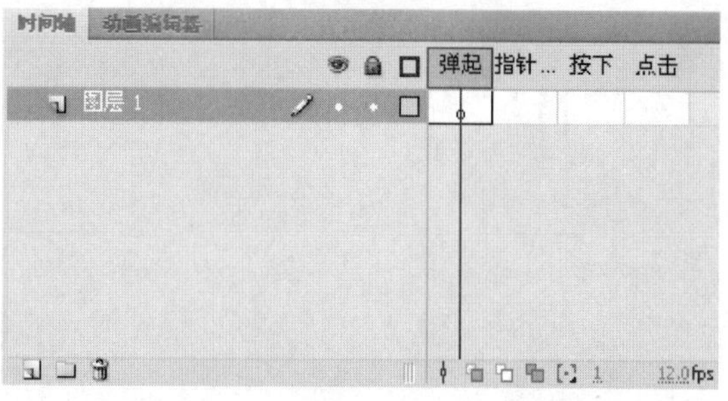

4 单击工具箱中的【矩形工具】按钮，设置【笔触颜色】为【无】，【填充颜色】为黑色，在场景的适当位置绘制一个矩形，如下图所示。

5 单击工具箱中的【文本工具】按钮T，【笔触颜色】为白色，设置【系列】为 MonotypeCorsiva，输入单词“Play”，如下图所示。

6 右击【指针经过】帧，从弹出的快捷菜单中选择【插入关键帧】命令，如下图所示。

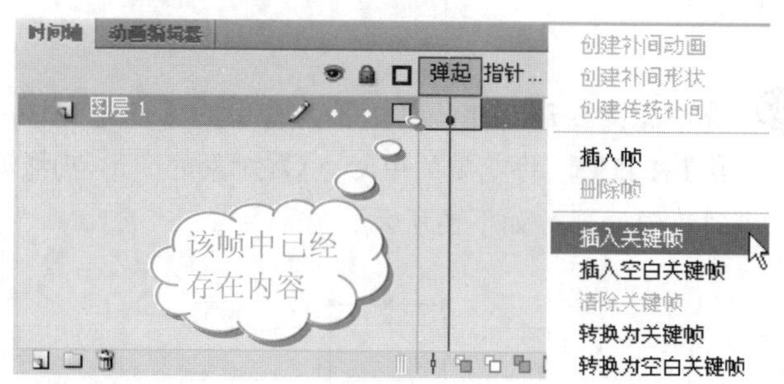

7 这样，即可将【弹起】帧中的图形复制到【指针经过】帧中，如下图所示。

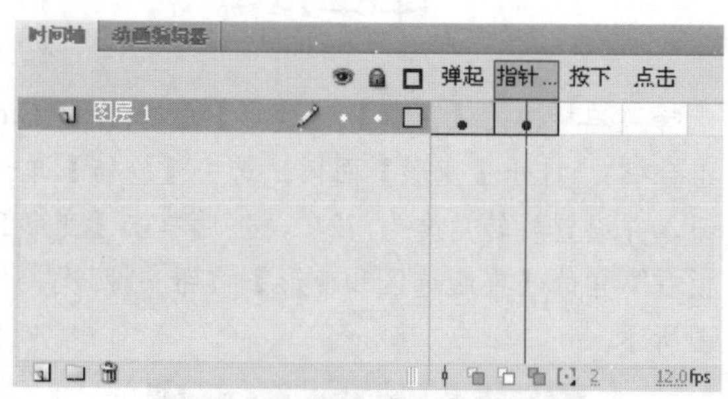

8 使用工具箱中的【选择工具】，选中场景中的矩形对象。然后单击工具箱中的【颜料桶工具】按钮，在其【属性】面板中将【填充颜色】设置为蓝色(#0000FF)，在舞台上单击矩形区域以填充颜色。效果如下图所示。

9 使用工具箱中的【选择工具】选中文本框，使用【颜料桶工具】将文本的【填充颜色】更改为黄色(#FFFF00)，如下图所示。

10 右击【按下】帧，从弹出的快捷菜单中选择【插入关键帧】命令，在该帧处插入关键帧，如下图所示。

学以致用系列丛书

长见识

【点击】帧中的图形必须是一个实心区域，它包括【弹起】、【按下】和【指针经过】帧中的所有图形元素。

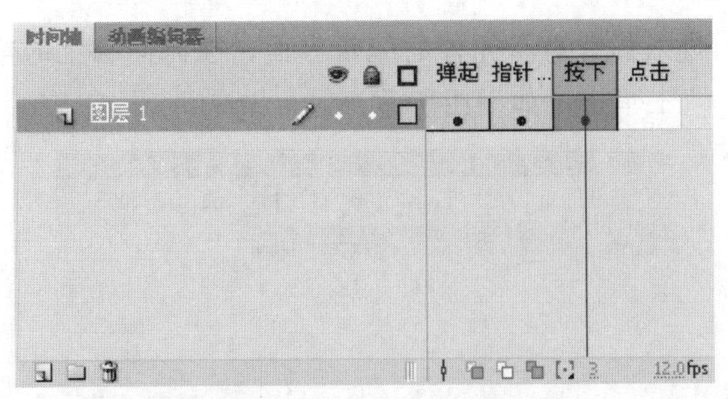

⓫ 参照前面的步骤，使用【颜料桶工具】，填充矩形为绿色，填充文本为红色，效果如下图所示。

⓬ 右击【点击】帧，从弹出的快捷菜单中选择【插入关键帧】命令，效果如下图所示。

⓭ 单击工具箱中的【矩形工具】按钮，绘制一个任意填充颜色的矩形，将场景中的矩形覆盖，作为按钮的有效点击区，如下图所示。

⓮ 单击【返回场景】按钮，返回到场景编辑状态。切换到【库】面板，会看到刚才制作的按钮元件已经自动添加到库中了，如下图所示。

⓯ 把按钮元件拖动到舞台，即可创建按钮元件实例，如下图所示。

⓰ 此时的时间轴状态如下图所示。

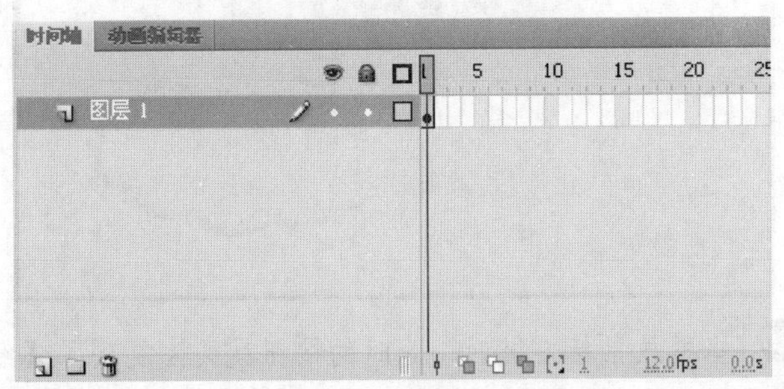

⓱ 选择菜单栏中的【控制】|【测试影片】命令，就可以在 Flash Player 中测试按钮元件。如下图所示是没有任何操作的按钮效果。

⓲ 将指针定位到按钮上，此时的效果如下图所示。

学以致用系列丛书

在按钮元件中不可以放入另一个按钮元件。

⑲ 单击按钮，此时的效果如下图所示。

⑳ 当释放鼠标左键时，此时的按钮就又恢复到了【经过】帧中的颜色。

这个例子中的按钮比较简单，用户可以根据以上方法创作出不同形状、不同背景色的按钮。

3. 创建影片剪辑元件实例

影片剪辑就像电影中的小电影，可以包含交互控制、声音，甚至其他的影片剪辑实例，运行时不受主时间轴的限制，并拥有属于自己的时间轴。

创建影片剪辑的具体操作步骤如下。

操作步骤

❶ 选择菜单栏中的【插入】|【新建元件】命令，如下图所示。

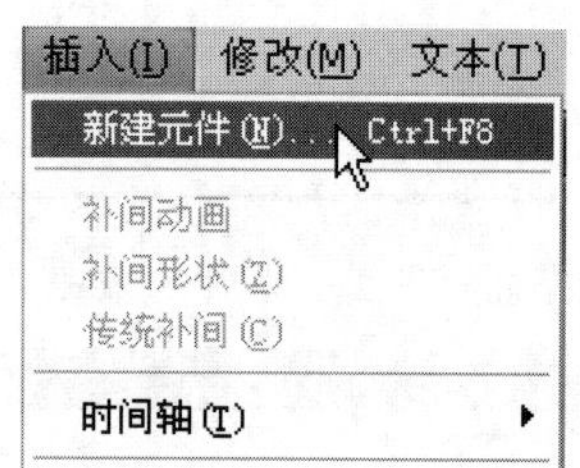

❷ 弹出【创建新元件】对话框，在【名称】文本框中输入“闪动的五角星”，然后在【类型】下拉列表框中选择【影片剪辑】选项，单击【确定】按钮，如下图所示。

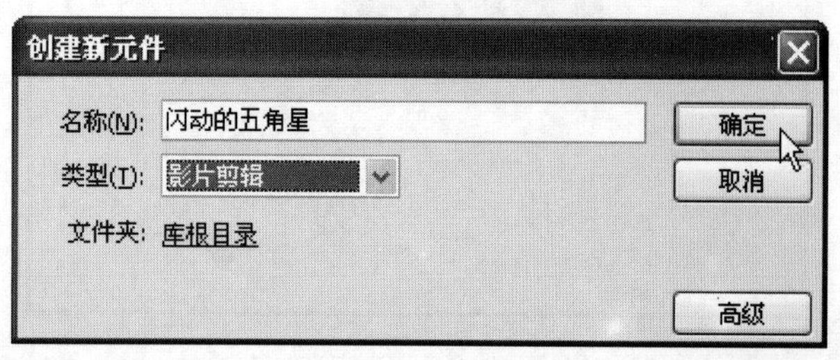

❸ 进入影片剪辑元件的编辑界面，在时间轴上的第 1 帧上单击，如下图所示。

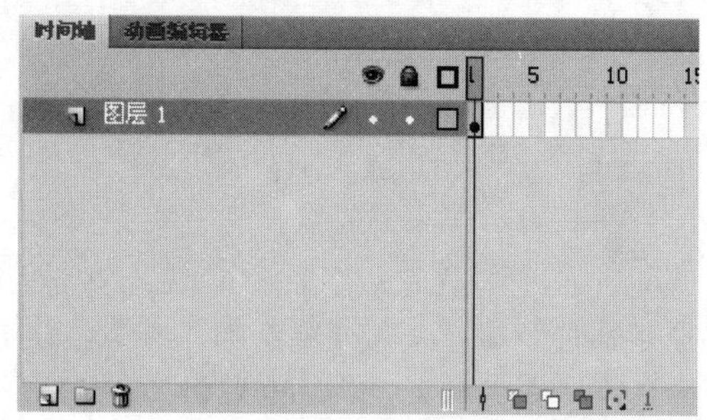

❹ 单击工具箱中的【多角星形工具】按钮，设置【笔触颜色】为【无】，【填充颜色】为黄色(#FFFF00)，在舞台上绘制一个五角星，如下图所示。

❺ 在时间轴的第 3 帧上右击，从弹出的快捷菜单中选择【插入关键帧】命令，如下图所示。

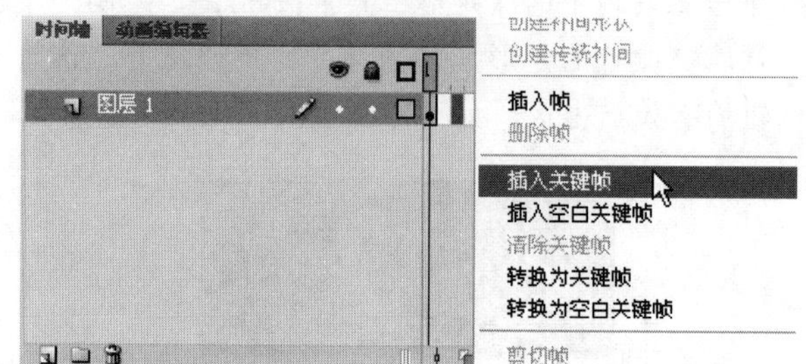

❻ 采用同样的方法，在时间轴上的第 5 帧上插入关键帧。此时的时间轴状态如下图所示。

❼ 选择时间轴上的第 3 帧，在该帧中制作动画效果，如下图所示。

由于元件可以被多次使用，所以元件可以同时拥有多个实例，修改元件的属性会影响到实例的属性，但修改实例的属性不会影响到元件的本身。

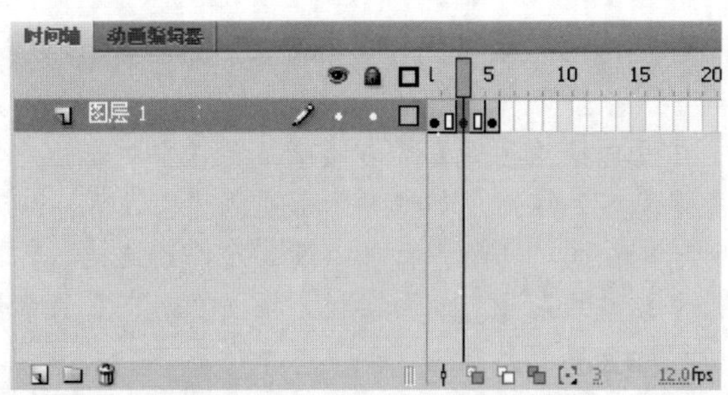

❽ 选择【窗口】|【变形】命令(或按 Ctrl+T 组合键)，打开【变形】面板。在【缩放宽度】和【缩放高度】文本框中均输入“50.0%”，如下图所示。

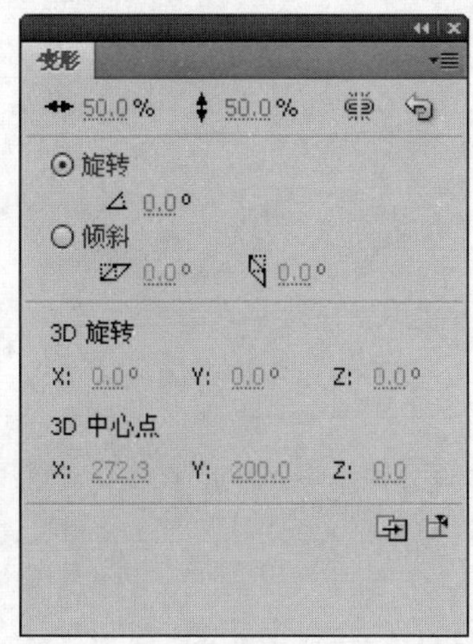

❾ 单击【返回场景】按钮，返回到场景编辑状态。切换到【库】面板，就会看到刚才制作的“闪动的五角星”影片剪辑元件已经被添加到库中了，如下图所示。

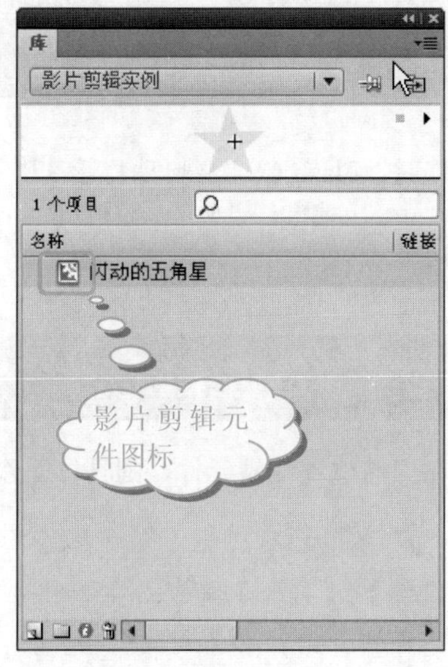

❿ 把影片剪辑元件拖动到舞台，即创建了一个影片剪辑元件实例，如下图所示。

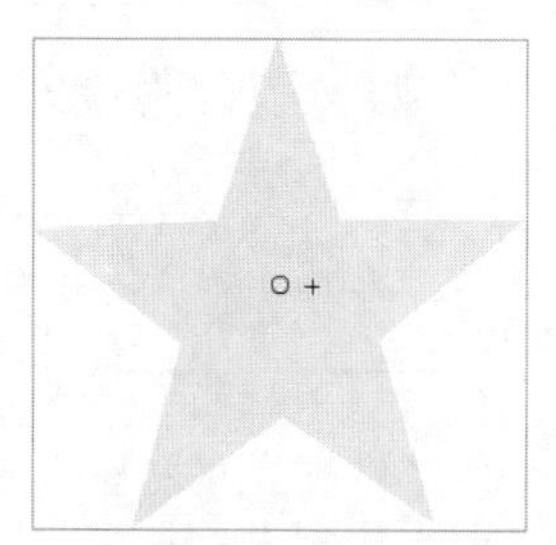

⓫ 选择菜单栏中的【控制】|【测试影片】命令，或者按 Ctrl+Enter 组合键导出 SWF 影片，就可以预览影片剪辑的动画效果，如下图所示。

影片剪辑可以作为一个独立的对象出现，其内部还可以包含图形元件或者按钮元件，支持嵌套功能。影片剪辑的嵌套功能在编辑影片的时候很有用。例如，制作某个动画时想要在某一帧处停止，但是其中的一部分内容可以继续循环播放，那么就可以将这部分内容制作成独立的影片剪辑，然后插入到原有的影片剪辑中。

6.2.3　转换为元件

制作 Flash 动画时往往要使用大量的素材，为了更加方便快捷地使用这些素材，可以将素材转化为元件。

在舞台上将素材转换成元件的具体操作步骤如下。

操作步骤

❶ 新建一个 Flash 空白文档，选择菜单栏中的【文件】|【导入】|【导入到舞台】命令，将图像素材文件(光盘：\图书素材\第 6 章\QQ 表情.jpg)导入到舞台中，如下图所示。

选中要导入到舞台中的图片素材，直接将其拖动到【库】面板中，也可以打开【转换为元件】对话框，在该对话框中，选择需要转换的元件类型后，单击【确定】按钮即可对图片素材转换为相应类型的元件。

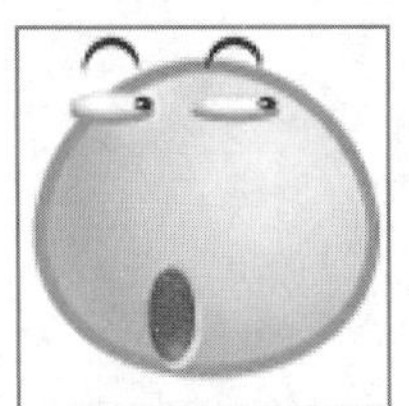

❷ 选择菜单栏中的【修改】|【转换为元件】命令(也可以按 F8 键)，如下图所示。

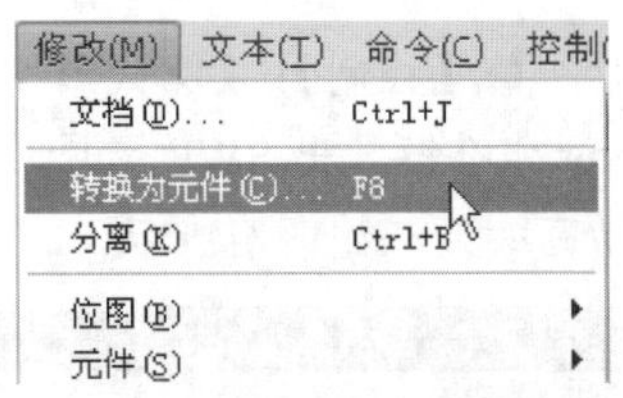

提示

或者右击舞台上需要转换为元件的对象，从弹出的快捷菜单中选择【转换为元件】命令，打开【转换为元件】对话框。

❸ 打开【转换为元件】对话框，在【名称】文本框中为创建的元件命名，在【类型】下拉列表框中选择要创建元件的类型，设置完毕后，单击【确定】按钮即可，如下图所示。

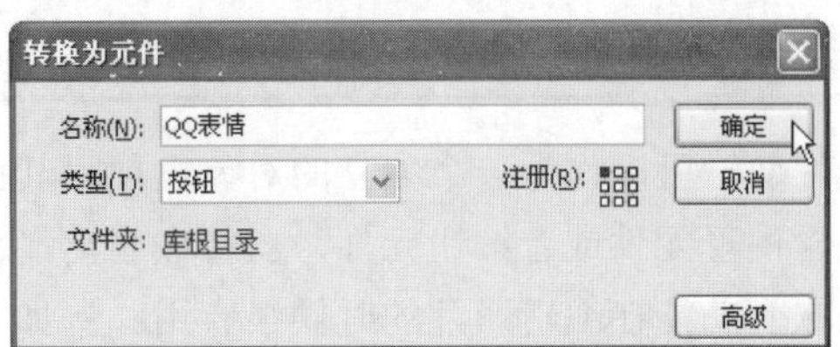

❹ 返回到【库】面板中查看，即可发现刚才导入的图片文件已经被转换成元件了，如下图所示。

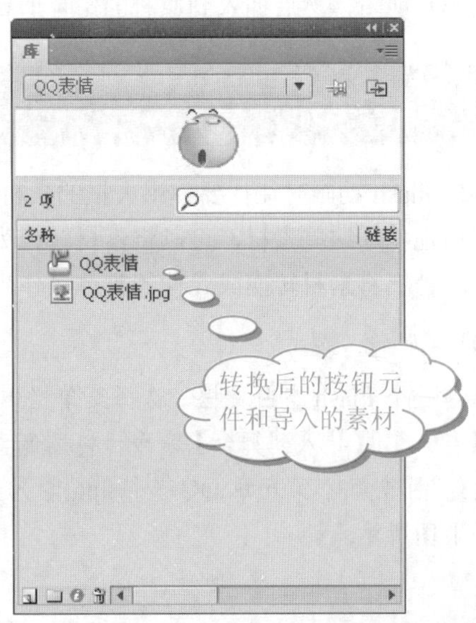

注意

在【转换为元件】或者【新建元件】对话框中，单击【高级】按钮，都将显示出高级选项设置，如下图所示。在该对话框中，可以设置元件的链接、共享和源参数。单击【基本】按钮，将恢复到基本的参数对话框设置界面。

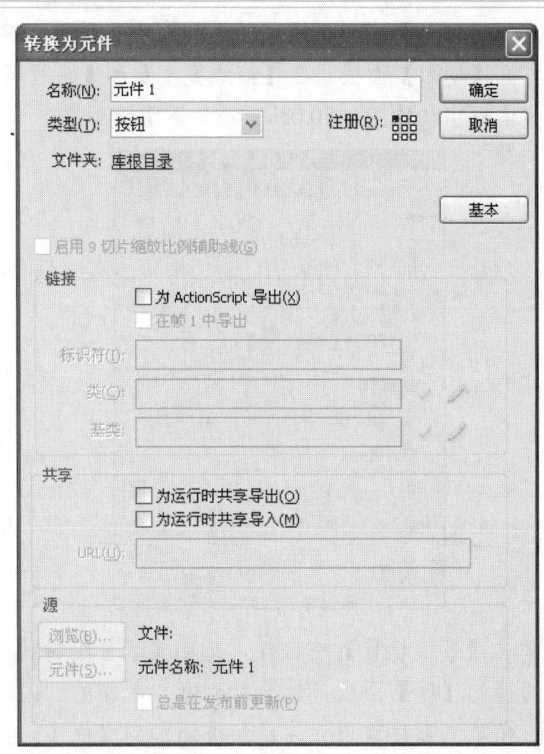

6.3 编辑元件

编辑元件时，Flash CS4 会自动将影片中该元件的所有实例都进行更新。用户一般可以通过以下 3 种方法对元件进行编辑。

6.3.1 在当前位置编辑元件

如果要在当前位置编辑元件，则具体操作步骤如下。

操作步骤

❶ 选择【文件】|【打开】命令，在弹出的【打开】对话框中选择文件路径和素材文件(光盘：\图书素材\第 6 章\图形实例.fla)。然后，在【库】面板中查看导入的图形元件，如下图所示。

库的名称和文档的名称是一样的。如果是新建的 Flash 文档，则以“未命名-1”的形式显示。当 Flash 文档保存后，库的名称也会自动随着文档的名称而改变。

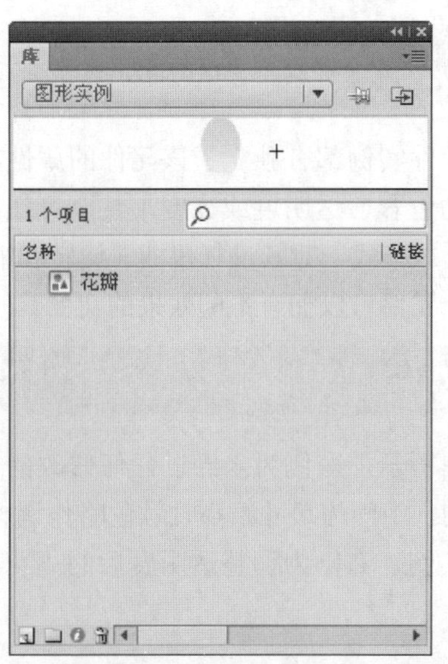

❷ 将图形元件拖动到舞台中并右击，从弹出的快捷菜单中选择【在当前位置编辑】命令，如下图所示。也可以选择菜单栏中的【编辑】|【在当前位置编辑】命令。

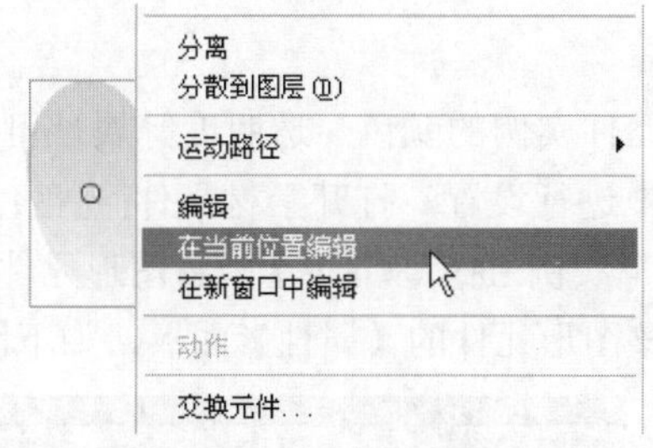

❸ 此时，即可在舞台上编辑该元件。如果舞台上有其他对象，则会显示为不可编辑状态，效果如下图所示。

提示

用户可以在舞台左上角的信息栏内看到正在编辑的元件名称，如“花瓣”。

6.3.2　在新窗口中编辑元件

使用新窗口，可以在一个单独的窗口中编辑元件。使用这种方法可以同时看到该元件和主时间轴，而且正在编辑的元件名称会显示在舞台左上角的信息栏中。

在新窗口中编辑元件，需要首先选中该元件，具体操作步骤如下。

操作步骤

❶ 在上例的“花瓣”图形元件上右击，从弹出的快捷菜单中选择【在新窗口中编辑】命令，如下图所示。

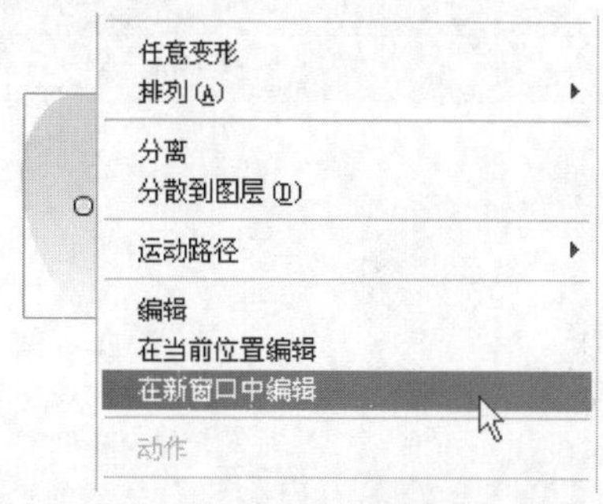

❷ 此时将打开一个新的文档编辑窗口，如下图所示。在该窗口中用户可以继续编辑该图形元件。

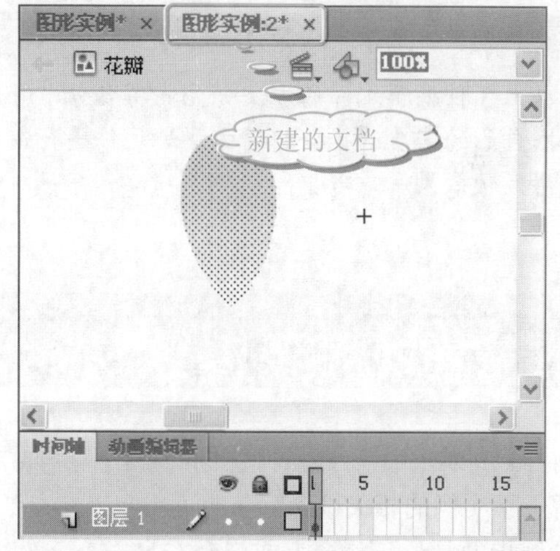

6.3.3　在元件编辑模式下编辑元件

用户也可以选择在元件编辑模式下编辑元件，具体操作步骤如下。

操作步骤

❶ 在上例的“花瓣”图形元件上右击，从弹出的快捷菜单中选择【编辑】命令，如下图所示。

在【库】面板的预览窗格中右击元件，从弹出的快捷菜单中可以选择元件显示的背景效果，包括【影片背景】、【白色背景】和【显示网格】3 个选项。

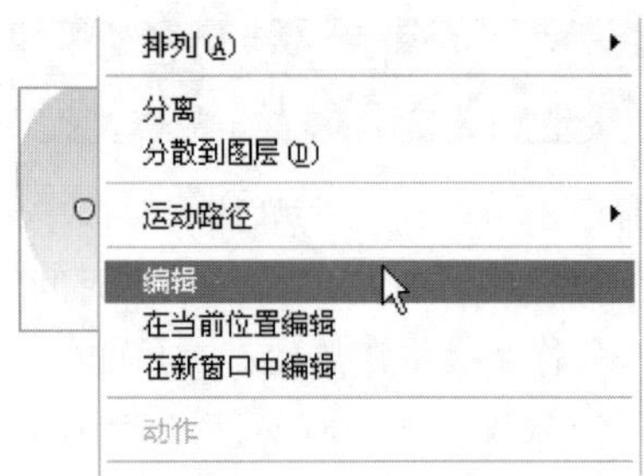

❷ 这样，即可将窗口从舞台视图改为只显示该元件的单独视图。正在编辑的元件名称会显示在舞台左上角的信息栏中，如下图所示。

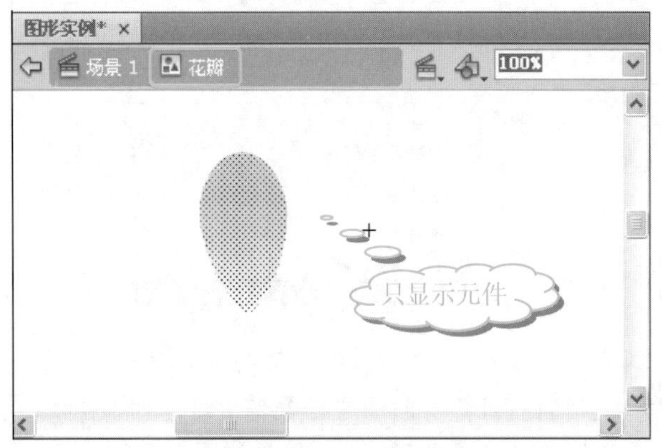

以上 3 种编辑元件的方法并无优劣之分，用户可以根据自己的需要选择合适的方法对元件进行编辑，以获得最佳效果。

6.4 实 例

前面已经介绍了创建元件实例的方法，下面再来深入了解一下实例的相关概念。

实例指的是位于舞台上或嵌套在另一个元件内的元件副本，又称为“实例化的元件”。元件实例与原元件无须完全相同，每个元件实例都可以有不同的颜色、大小和功能。

当元件创建完成后，用户可以在影片中任意创建多个元件实例。创建元件实例的方法非常简单，只要从【库】面板中拖动一个元件到舞台即可。用户可以根据不同的场景编辑创建的实例，对元件的实例所进行的修改和编辑只会更新该实例，而对元件或者其他元件的实例没有任何影响。但修改元件之后，则会相应地更新该元件在影片中的所有相关实例。

6.4.1 实例的编辑

每个元件实例都有独立于该元件的属性，可以单独改变实例的色彩、透明度或亮度，甚至可在图形模式中改变动画播放模式，对其进行扭曲、旋转和缩放等操作。因此同一个元件可以拥有不同效果的实例。

1. 设置图形元件实例属性

如下图所示，左侧为未经过任何修改的“花瓣”图形元件实例，中间为尺寸缩小且颜色略作调整的“花瓣”图形元件实例，右侧为调整透明度后的“花瓣”图形元件实例。

有关元件实例的颜色、透明度等属性可以在其【属性】面板中进行设置。打开素材文件(光盘：\图书素材\第 6 章\图形实例.fla)。从【库】中将图形元件拖动到舞台中，查看该图形元件的【属性】面板，如下图所示。

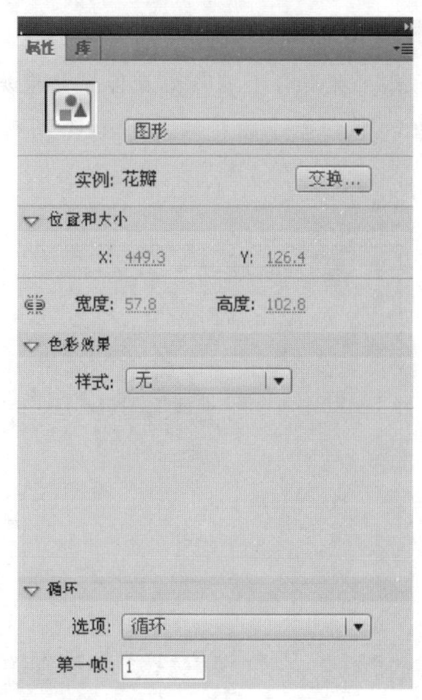

1) 图形属性

单击【图形】右侧的下拉按钮，在弹出的下拉列表中可以改变对象的类型，如图形、按钮和影片剪辑。

单击【交换】按钮，将弹出【交换元件】对话框，

若要使图形元件实例的动画和主时间轴同步，可以选择【修改】|【时间轴】|【同步元件】命令，重新计算补间的帧数，从而匹配时间轴上分配给元件的帧数。

可以替换场景中的实例。

2)　位置和大小

【X】、【Y】、【高度】和【高度】这 4 个文本框用于设置对象的大小以及元件在场景中的具体位置。单击【将宽度值和高度值锁在一起】按钮，可以同时更改对象的宽度值和高度值。

3)　色彩效果

单击【样式】下拉按钮，在弹出的下拉列表中包括【无】、【亮度】、【色调】、【高级】和 Alpha 5 个选项，如下图所示。

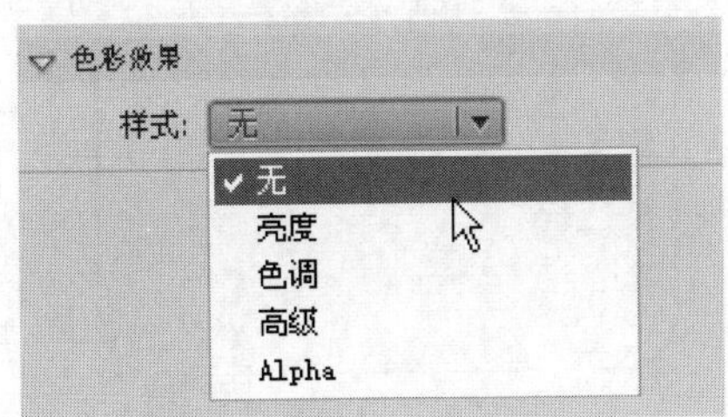

其中，各选项的具体含义如下。

❖　【亮度】：该选项用于调整图像的相对亮度和暗度。选择该选项后，将在【样式】下方显示出【亮度】滑杆和文本框，如下图所示。亮度值的范围为-100%～100%。其中，-100%为黑色，100%为白色。如果用户想要设置图像的亮度，可以在右边的文本框中直接输入数值，也可以通过拖动滑块来调节亮度值。默认情况下，亮度值为 0%。

❖　【色调】：该选项用于增加图像的色调。选择该选项后，将在【样式】下方显示出【色调】、【红】、【绿】和【蓝】4 个选项，如下图所示。

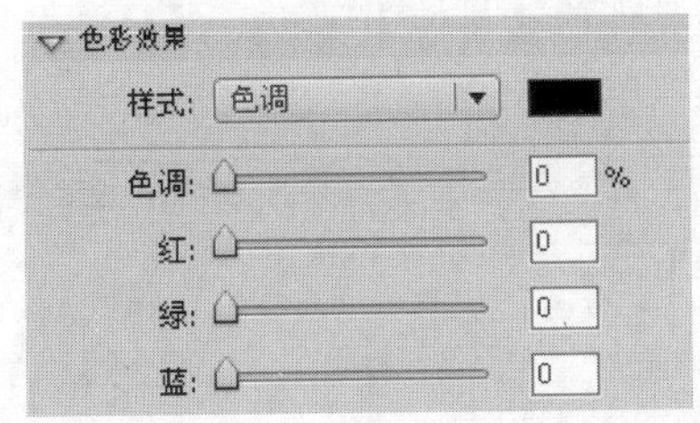

❖　【高级】：该选项用于对色彩效果进行更加详细的设置。选择该选项后，将在【样式】下方显示出 Alpha、【红】、【绿】和【蓝】4 个选项，如下图所示。

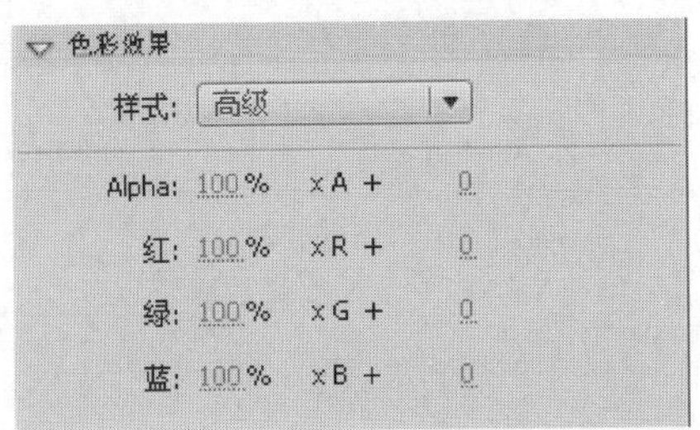

❖　Alpha：该选项用于设置元件实例的透明度。选择该选项后，将在【样式】下方显示出 Alpha 参数的滑杆和文本框，如下图所示。其中，Alpha 的取值范围为 0%～100%。当其值为 0%时，实例将完全不可见；当为 100%时，实例完全可见，如下图所示。

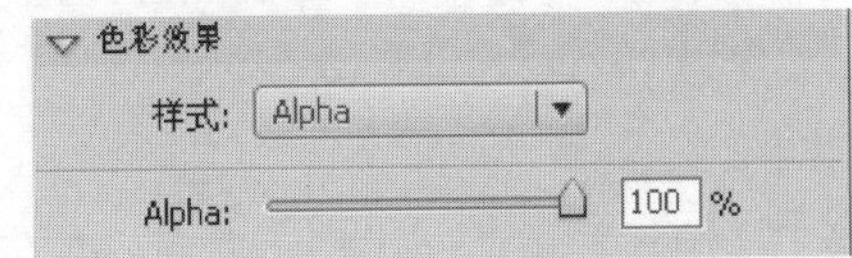

4)　循环

在该下拉列表框中可以设置元件的播放状态，包括【循环】、【播放一次】和【单帧】3 个选项，如下图所示。

❖　选择【循环】选项，实例会以无限循环的方式播放。

❖　选择【播放一次】选项，实例只在舞台上播放一次。

❖　选择【单帧】选项，则当用户选取实例中的某一帧时，才会显示该帧中的对象。

2. 设置按钮元件实例属性

在场景中选取按钮元件后，其【属性】面板如下图所示。

按钮元件的【属性】面板和图形元件实例的【属性】面板相比，多了 1 个【实例名称】文本框以及 3 个选项组(【显示】、【音轨】和【滤镜】)。其中，滤镜将在第 7 章中详细介绍，这里不再赘述。

对于影片剪辑元件和按钮元件，可以设置元件的混合模式，如变暗、正片叠底、变亮、滤色、叠加、强光、增加、减去、差值、反相、Alpha 和擦除等；而图形元件不能应用混合模式。

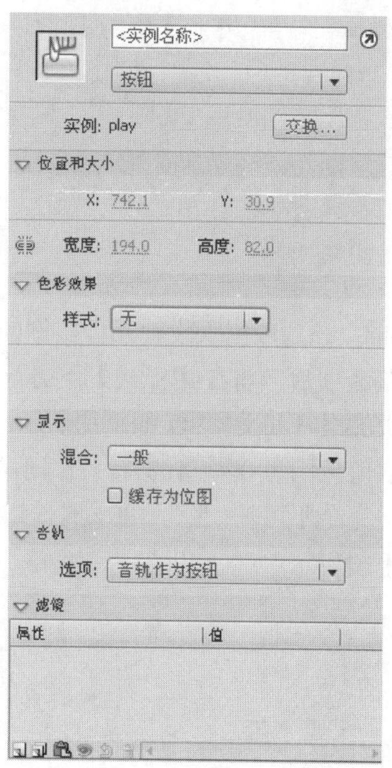

❖ 【实例名称】：在该文本框中可以重命名按钮元件。

❖ 【显示】：单击【混合】右侧的下拉按钮，弹出的下拉列表如下图所示。用户可以根据需要选择不同的混合模式。

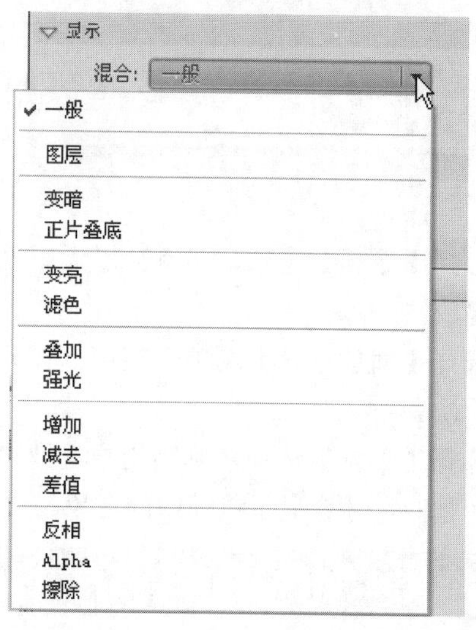

❖ 【音轨】：单击【选项】右侧的下拉按钮，弹出的下拉列表如下图所示。用户可以根据需要选择音轨的方式。

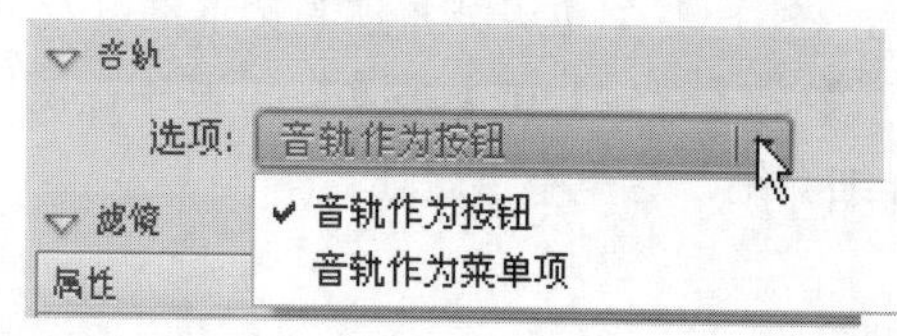

3. 设置影片剪辑元件实例属性

影片剪辑元件实例的【属性】面板和按钮元件实例的【属性】面板相比，增加了【3D 定位和查看】选项组，在此用户可以对 3D 对象进行编辑，如下图所示。

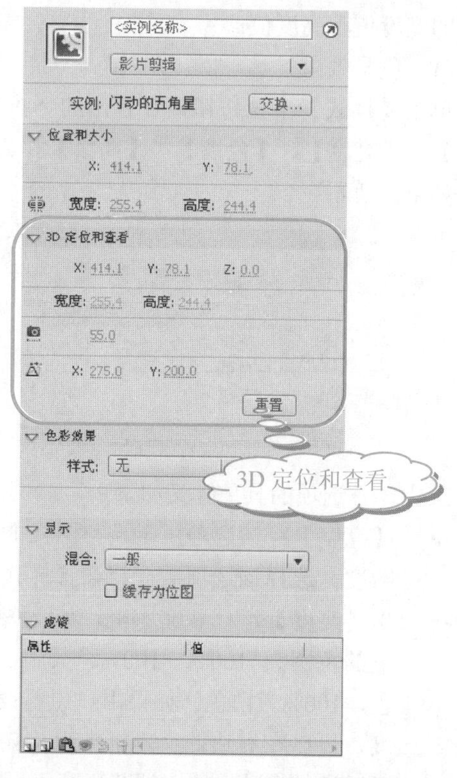

6.4.2 实例的交换

在舞台上创建实例后，可以为实例指定另外的元件，让舞台上出现一个完全不同的实例，而不改变原来实例的属性。实例交换的具体操作步骤如下。

操作步骤

1. 打开素材文件(光盘：\图书素材\第 6 章\图形实例.fla)。从【库】中将图形元件拖动到舞台中，查看该图形元件的【属性】面板，然后单击【交换】按钮，如下图所示。

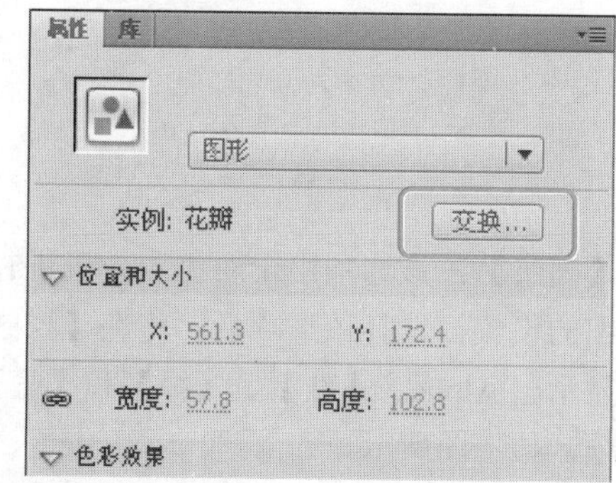

如果导入的资源和库中已有的资源同名，那么就需要解决命名冲突，否则新导入的资源会覆盖掉原有的资源。

❷ 弹出【交换元件】对话框，在列表框中选择需要交换的元件，单击【确定】按钮，即可将舞台上的元件实例替换为新选择的元件实例。在对话框左侧的预览框中可以查看选中的元件，如下图所示。

6.5 元 件 库

库是元件和实例的载体，Flash CS4 中的库分为两种：一种是在前面章节中多次用到的专用库；另一种是 Flash CS4 中自带的公用库。有效地使用库可以省去很多重复操作，大大简化动画的创作。

6.5.1 元件库的基本操作

元件库在动画制作中经常会用到，因此用户应该十分熟悉元件库的基本操作。

1. 认识【库】面板

在了解元件库的基本操作之前，先来认识一下【库】面板。想要快速打开【库】面板，可以按 F11 键或者 Ctrl+L 组合键。打开的【库】面板如下图所示。

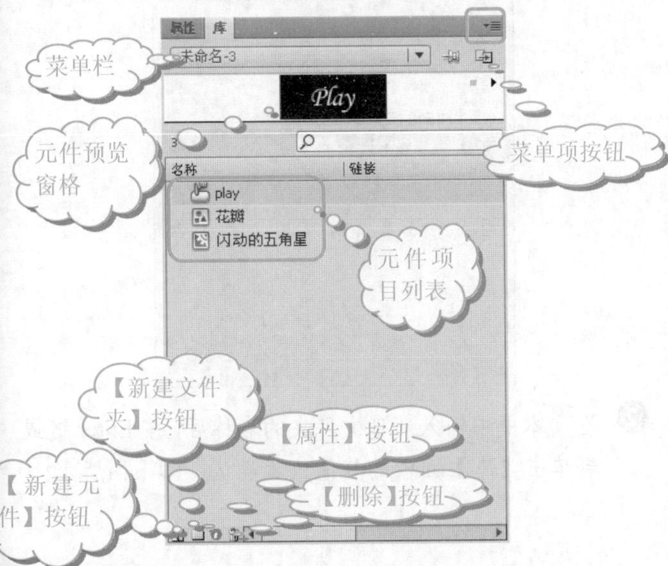

❖ 标题栏：用于显示当前文档的标题。单击标题栏右侧的下拉按钮，在弹出的下拉列表中列出了当前 Flash 窗口中打开的所有文档名称。选择名称后，即可切换到相应的文档。

❖ 元件预览窗格：用于预览元件项目列表中选定的某个文件。如果选定的是一个多帧动画文件，还可以通过预览窗格右上角的【播放】按钮▶和【停止】按钮■观看动画的播放效果。

❖ 元件项目列表：该列表中列出了库中所有元素的各种属性，包括名称、链接、使用次数、修改日期和类型。由于元件的【属性】面板空间的限制，元件项目列表中一般只显示元件的名称和链接信息，用户只要单击面板下方的滑块并向右拖动，即可查看元件的其他属性。

❖ 菜单项：单击该按钮，可以打开【库】面板菜单，该菜单中包含了【库】面板中的所有操作，如下图所示。

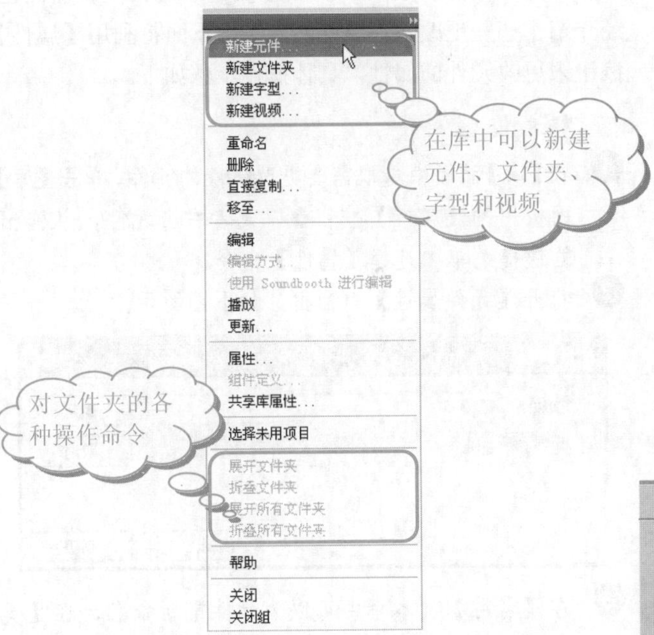

❖ 【新建元件】：单击该按钮，相当于选择了菜单栏中的【插入】|【新建元件】命令，会弹出【创建新元件】对话框，在此用户可以为新元件命名并选择类型。

❖ 【新建文件夹】：单击该按钮可以新建一个文件夹，对其进行重命名后可将类似或相互关联的一些文件存放在该文件夹中。

❖ 【属性】：单击该按钮，将弹出【元件属性】对话框，在此用户可查看和修改库中文件的属性。

❖ 【删除】：单击该按钮，可以删除库中元件项目列表中被选中的元件。

在【库】的元件项目列表中，选择某一个元件并右击，在弹出的快捷菜单中包括各种元件的操作命令，如【播放】、【编辑】、【复制】等。充分利用快捷菜单中的命令，往往会使动画制作变得更加快捷、简单。

2. 库的基本操作

库的基本操作包括新建元件、更改元件属性、删除元件、使用库文件夹管理元件以及元件排序等，下面将分别进行介绍。

1) 新建元件

直接单击【库】面板中左下角的【新建元件】按钮，或者选择菜单栏中的【插入】|【新建元件】命令，打开【创建新元件】对话框，即可新建元件，如下图所示。

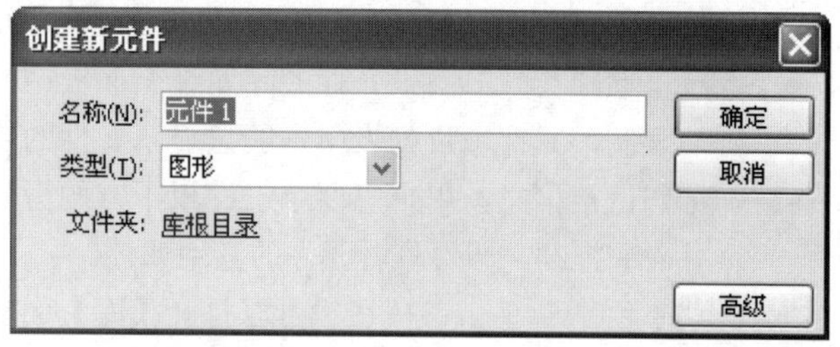

2) 更改元件属性

创建一个元件以后，仍然可以更改其属性。前面已经介绍了一些更改元件属性的方法，下面将利用【属性】按钮来更改元件的属性，具体操作步骤如下。

操作步骤

1. 在【库】面板中选取需要更改属性的元件，单击【库】面板中的【属性】按钮，或者右击元件，从弹出的快捷菜单中选择【属性】命令。
2. 打开【元件属性】对话框，如下图所示。

元件属性
名称(N): 花瓣
类型(T): 图形
确定
取消
编辑(E)
高级

3. 在【名称】文本框中可以为元件重新命名，在【类型】下拉列表框中可以为元件重新设置新的元件类型，如下图所示。

元件属性
名称(N): 花瓣
类型(T): 影片剪辑
影片剪辑
按钮
图形
确定
取消
编辑(E)
高级

3) 删除元件

用户将一个动画制作完成后，有时会发现【库】中存在一些无用的元件，此时就可以把它们删除，以减小动画文件的大小。

删除元件的方法非常简单，在【库】面板中选择需要删除的元件并右击，从弹出的快捷菜单中选择【删除】命令；或者单击【库】面板中的【删除】按钮，即可删除当前选中的元件。

当元件较多的时候，如果要在元件项目列表中一个个地查找无用的元件再删除会很浪费时间，而且还有可能误删掉一些有用的元件。此时，可以单击【库】面板右上角的【菜单项】按钮，在弹出的下拉列表中选择【选择未用项目】命令，选中库中所有未用项目后，再进行删除操作，就方便快捷得多了。

4) 使用库文件夹管理元件

在比较复杂的动画中，通常会用到很多元件。如果将元件简单地排列在元件项目列表中，元件少的时候还可以，如果元件比较多时，列表就会拉得很长，用户要在短时间内找到自己需要的元件就会很困难。

此时，用户可以使用文件夹来实现对元件的管理，让元件分门别类，以方便用户按照类别进行查找。使用库文件夹管理元件的具体操作步骤如下。

操作步骤

1. 单击【库】面板中的【新建文件夹】按钮，创建新文件夹。此时，新建的文件夹名称以高亮显示，如下图所示。

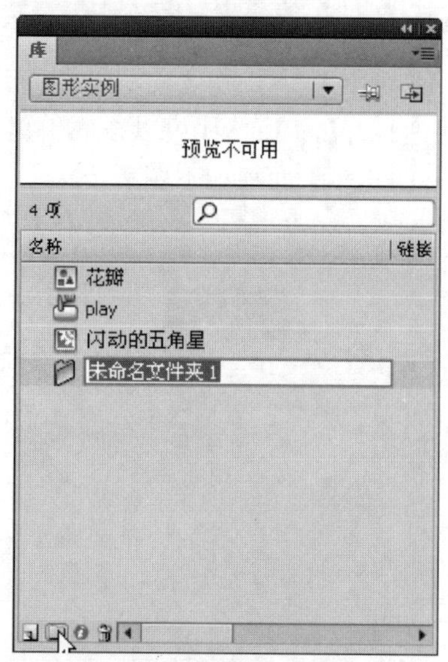

2. 在文本框中输入新建文件夹的名称后，按 Enter 键或者单击【库】面板的其他位置确认，如下图所示。

学以致用系列丛书

单击【库】面板右上角的菜单项按钮，从弹出的下拉列表中选择【选择未用项目】命令时，也会选中【库】中导入后被分离的位图。如果删除【库】中的位图，舞台上与其相对应的被分离的位图就只能以红色色块显示，所以在删除位图的时候要特别慎重。

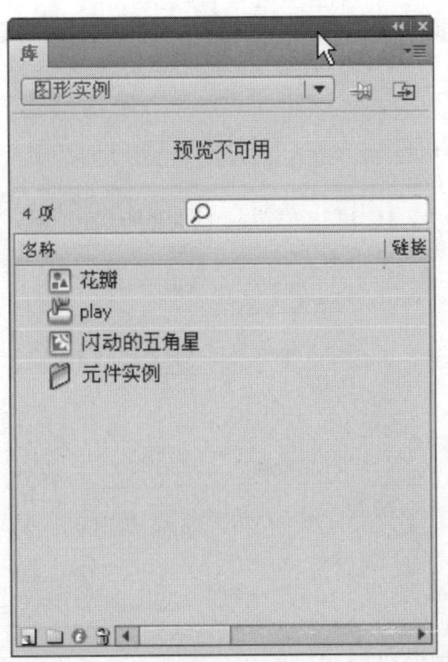

❸ 如果要将元件放入到文件夹中，只要选中该元件，然后按住鼠标左键不放，将元件拖动至该文件夹中，如下图所示。

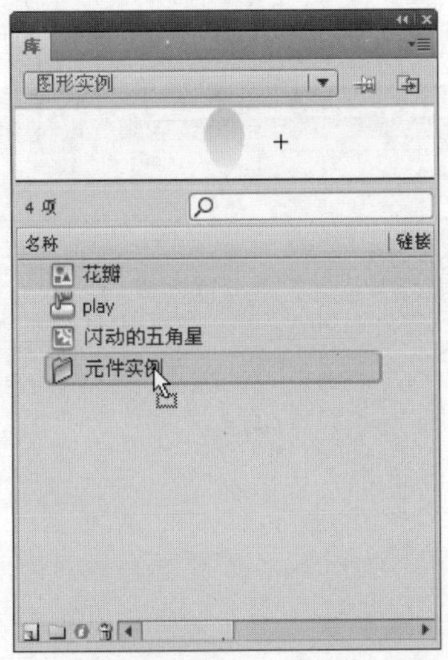

❹ 释放鼠标左键即可将元件移动到文件夹中，如下图所示。

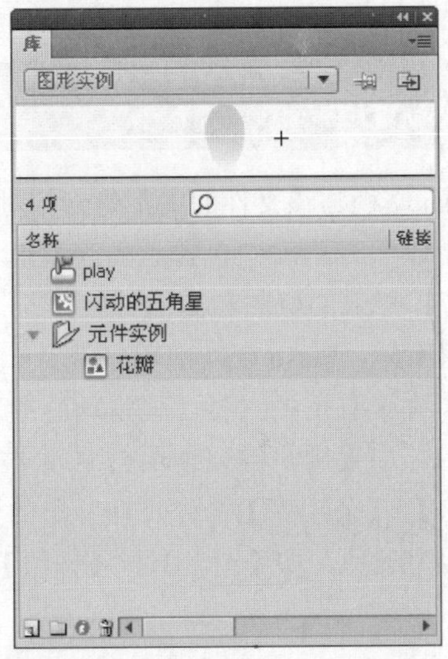

注意

如果要使某元件脱离文件夹，只要单击该元件，按住鼠标左键不放并向文件夹外拖动，到达合适的位置后再释放鼠标左键即可。

如果要将批量元件放进某个文件夹，一个一个地拖动文件比较麻烦，这时可以通过下面的方法简化操作。

操作步骤

❶ 选择要放进文件夹的多个相关元件项目并右击，从弹出的快捷菜单中选择【移至】命令，如下图所示。

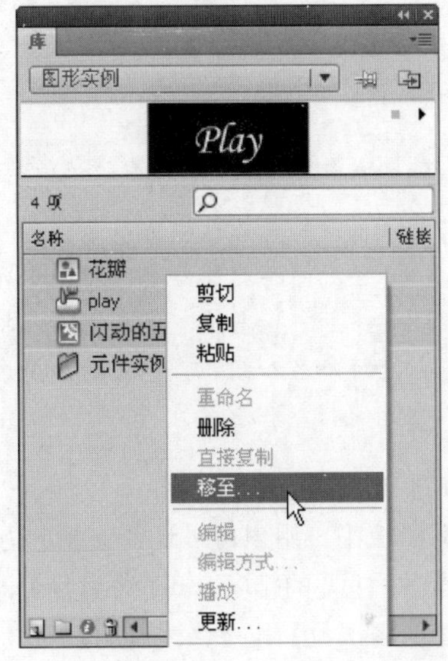

❷ 打开【移至...】对话框，可以将元件移至现有文件夹；或者新建一个文件夹，将元件保存到新建的文件夹中。这里，选中【现有文件夹】单选按钮，并选择列表框中的【元件实例】文件夹，然后单击【选择】按钮，如下图所示。

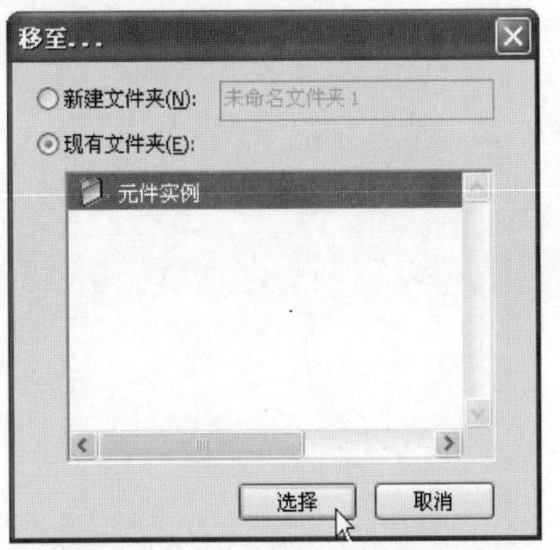

❸ 返回到【库】面板中，即会发现所有选中的元件已经被拖动到了文件夹中，如下图所示。

学以致用系列丛书

在Flash CS4中，不同类型的元件的显示图标也是不同的，用户可以通过这些图标的外观快速地识别元件的类型。图形元件的图标是▣；按钮元件的图标是▣；影片剪辑元件的图标是▣。

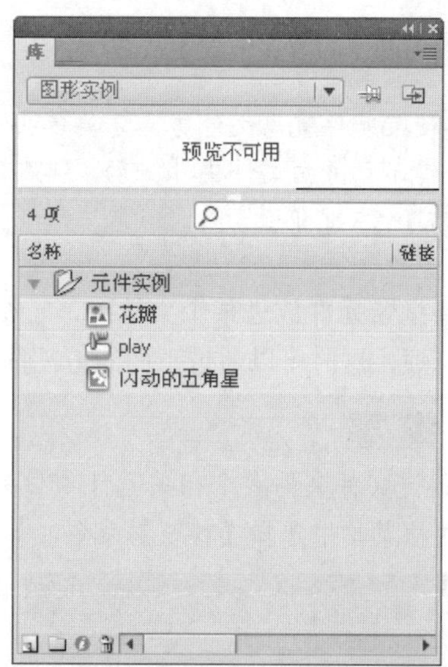

提示

在创建文件夹时，其名称应该尽量按照一定规律命名。例如，按照元件的类型命名，将图形元件都拖入到“图形”文件夹中。当然，用户也可以按照其他形式对文件夹进行命名和组织，重要的是符合个人习惯，方便自己迅速找到相应的元件。

5) 元件排序

在【库】面板中，用户可以选择适当的方式对所有的元件进行排序。主要的排序方式有【名称】、【链接】、【类型】、【使用次数】和【修改日期】等。

在默认状态下，【库】面板中只显示【名称】和【链接】两种排序方式。用户只需要拖动【库】面板下方的滚动条即可显示出其他的排序方式按钮，如下图所示。

另外，用户也可以通过调整【库】面板的大小将所有的项目按钮显示出来以便对元件进行排序，如下图所示。

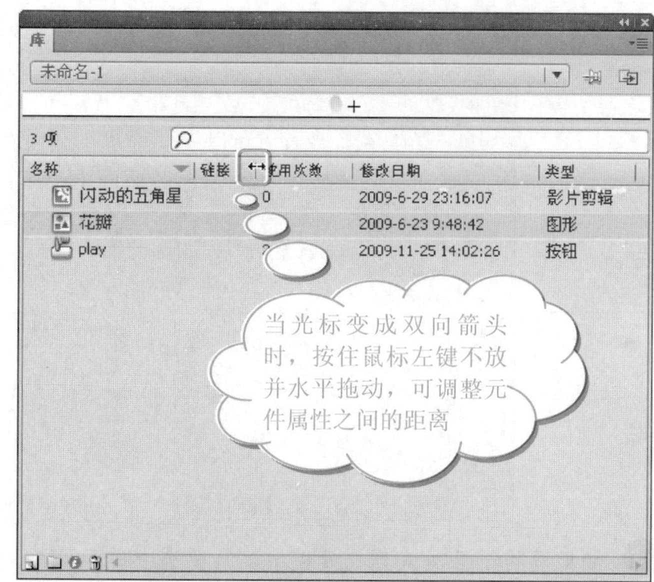

单击某个排序方式按钮，项目列表就会按照该方式进行排列。例如，单击【修改日期】项目按钮，所有的元件将会按照修改的日期进行排序，如下图所示。

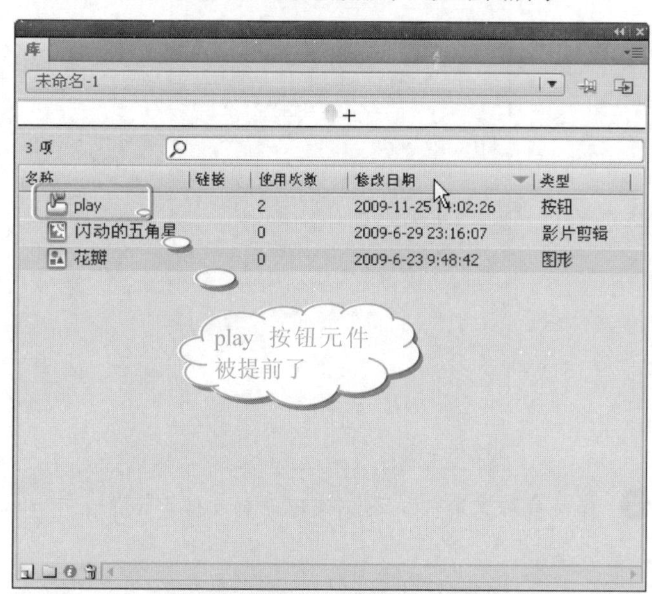

6.5.2 公用库

每个Flash文档与该文件的库都是一一对应的，通常将其称为专用库。专用库中包含了当前编辑环境下所有的元件、声音、导入的位图和其他对象。

除了专用库外，Flash CS4中还自带了一个公用库，为用户提供了许多有用的素材，使得动画的制作变得更为方便、简单。如果用户需要使用公用库中的素材，可以选择【窗口】|【公用库】命令，在弹出的子菜单中选择相应的公用库类型，如【声音】、【按钮】和【类】，如下图所示。

公用库是内置于Flash CS4程序中的，即使新建的Flash空白文档，也包含了公用库中的元件。

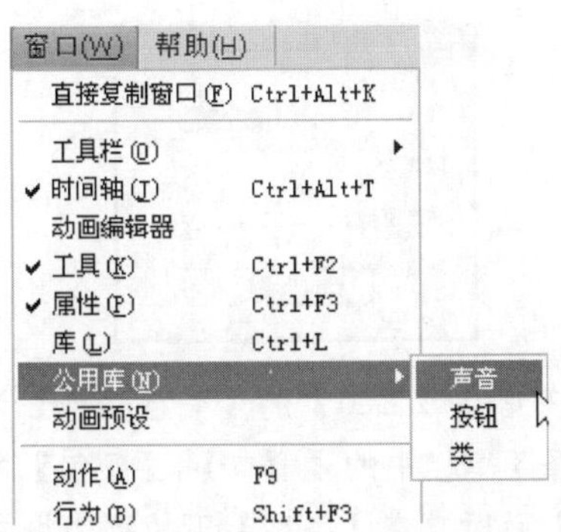

选择【声音】命令，可打开【库-SOUNDS.FLA】面板，如下图所示。

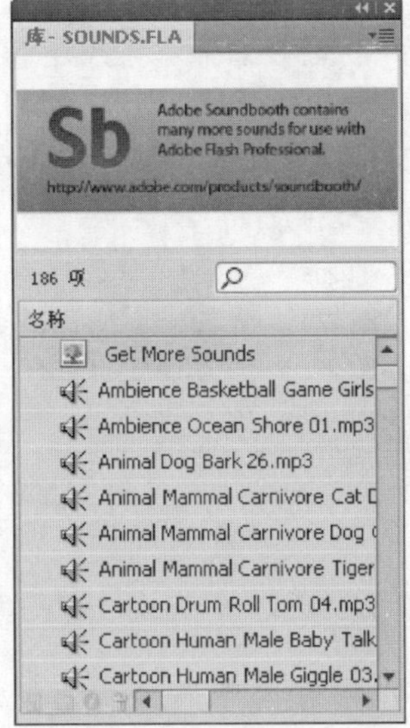

选择【按钮】命令，可打开【库-BUTTONS.FLA】面板，如下图所示。

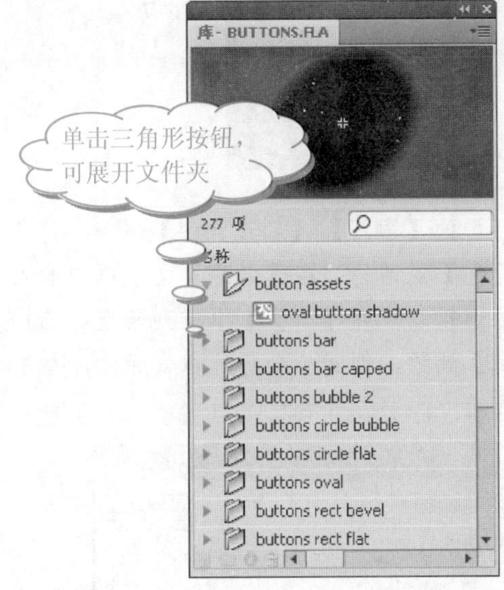

选择【类】命令，可打开【库-CLASSES.FLA】面板，如下图所示。

公用库面板中素材的使用方法和【库】面板中素材的使用方法相同，这里就不再赘述。

如果将公用库中的元件拖动到舞台中，在【库】面板中，也会自动显示出该元件。例如，将“Animal Dog Bark 26.mp3”声音文件拖动到舞台上，此时的【库】面板如下图所示。

6.6 制作星空效果

下面的实例中将使用元件，制作出沿着光标滑过的轨迹而闪烁的星星，具体操作步骤如下。

操作步骤

❶ 新建一个 Flash 文件(ActionScript 2.0)，在文档的【属

学以致用系列丛书

性】面板中的【属性】选项组中单击【编辑】按钮，如下图所示。

❷ 打开【文档属性】对话框，设置【背景颜色】为黑色，保持其他参数不变，再单击【确定】按钮，如下图所示。

❸ 进入按钮元件的编辑模式后，选择菜单栏中的【插入】|【新建元件】命令，打开【创建新元件】对话框。在【类型】下拉列表框中选择【按钮】选项，在【名称】文本框中输入“星星按钮”，并单击【确定】按钮，如下图所示。

❹ 连续两次单击工具箱中的【矩形工具】按钮，在弹出的列表中选择【多角星形工具】选项。然后，在其【属性】面板中的【工具设置】选项组中，单击【选项】按钮，如下图所示。

❺ 打开【工具设置】对话框，单击【样式】右侧的下拉按钮，从弹出的下拉列表中选择【星形】选项，并在【边数】文本框中输入“5”，单击【确定】按钮，如下图所示。

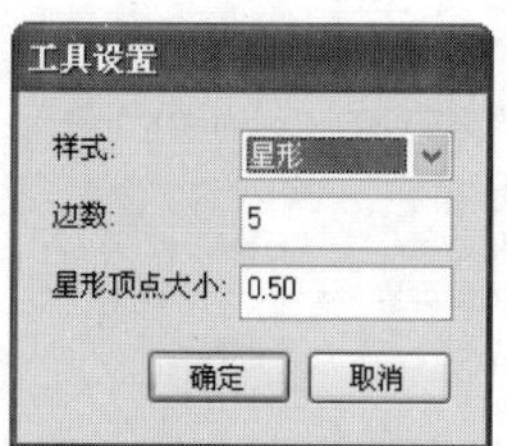

❻ 设置【多角星形工具】的【笔触颜色】为【无】。然后选择菜单栏中的【窗口】|【颜色】命令，打开【颜色】面板，在【类型】下拉列表框中选择【放射状】选项，并设置渐变为从黄色到白色的透明渐变，如下图所示。

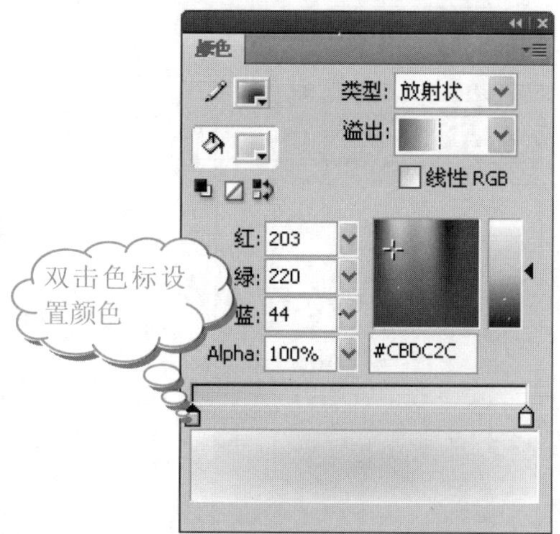

❼ 在舞台上拖动光标，绘制一个五角星形，如下图所示。

❽ 选择菜单栏中的【插入】|【新建元件】命令，打开【创建新元件】对话框。在【名称】文本框中输入“星星影片剪辑”，在【类型】下拉列表框中选择【影片剪辑】选项，创建一个影片剪辑元件，单击【确定】按钮，如下图所示。

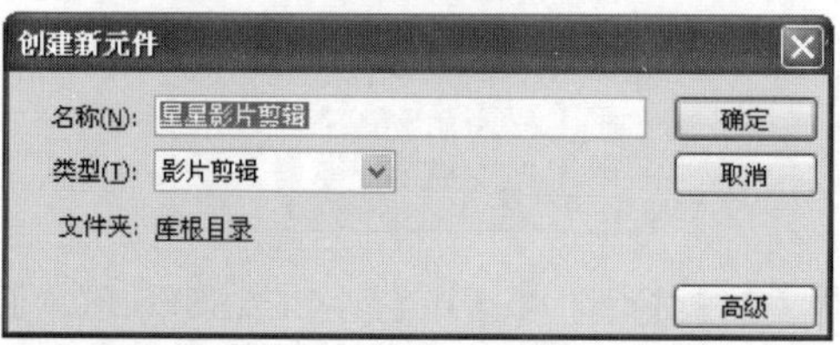

❾ 打开【库】面板，如下图所示。把库中的“星星按钮”元件拖到场景中(最好是中心位置)，如下图所示。

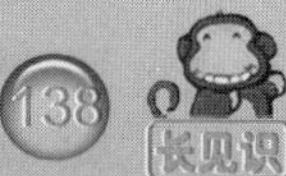

在【库-CLASSES.FLA】面板中有 3 个元件，分别是 DataBindingClasses(数据绑定组件)、UtilsClasses(应用组件)和 WebServiceClasses(网络服务组件)。

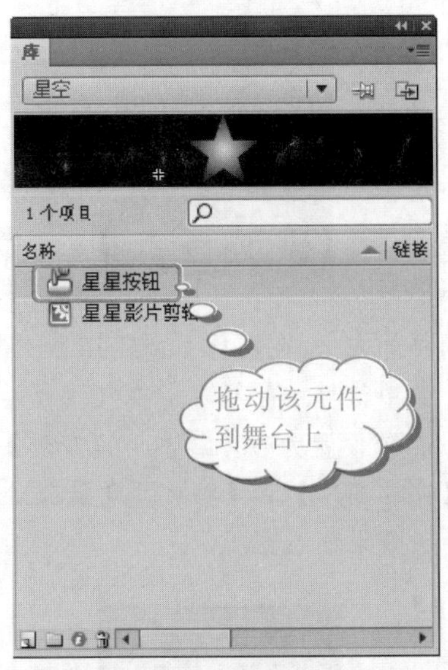

10 选择舞台上的星星，在其【属性】面板中展开【色彩效果】选项组，单击【样式】右侧的下拉按钮，从弹出的下拉列表中选择 Alpha 选项，并保持 Alpha 值为默认(0%)，如下图所示。

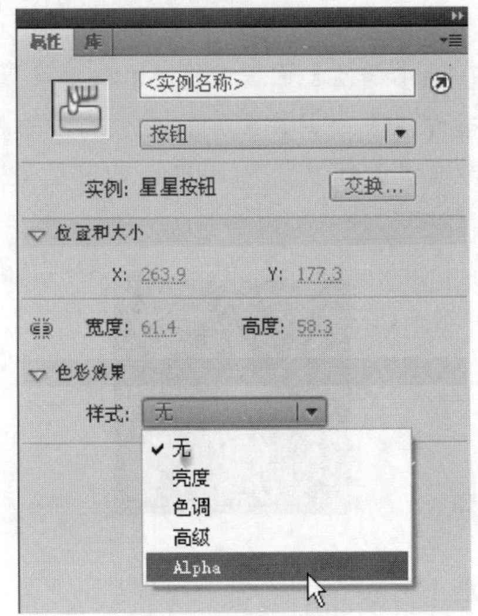

11 在时间轴上右击图层 1 的第 2 帧，从弹出的快捷菜单中选择【插入关键帧】命令，如下图所示。

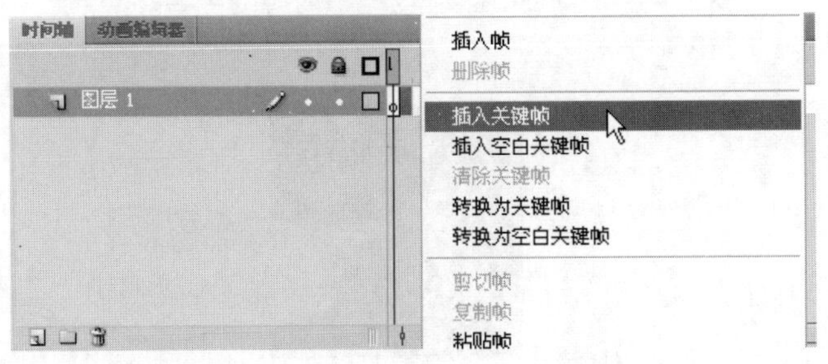

12 单击工具箱中的【选择工具】按钮，在舞台上单击时间轴上第 2 帧的星星图形，如下图所示。

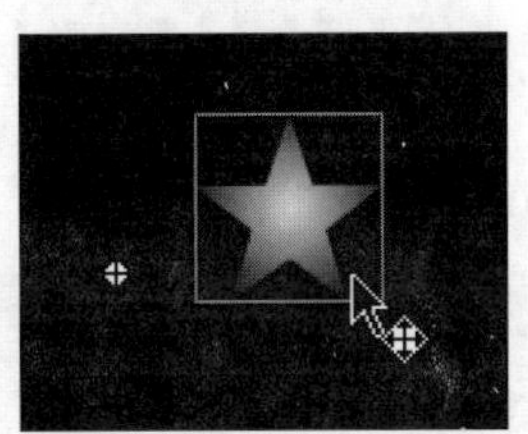

13 在其【属性】面板中将 Alpha 值设置为 70%，如下图所示。

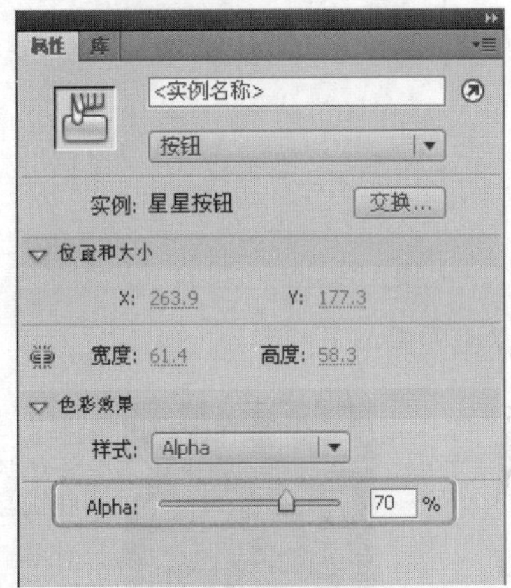

14 此时的星星效果如下图所示。

15 在图层 1 的第 6 帧处右击，从弹出的快捷菜单中选择【插入关键帧】命令，插入关键帧，如下图所示。

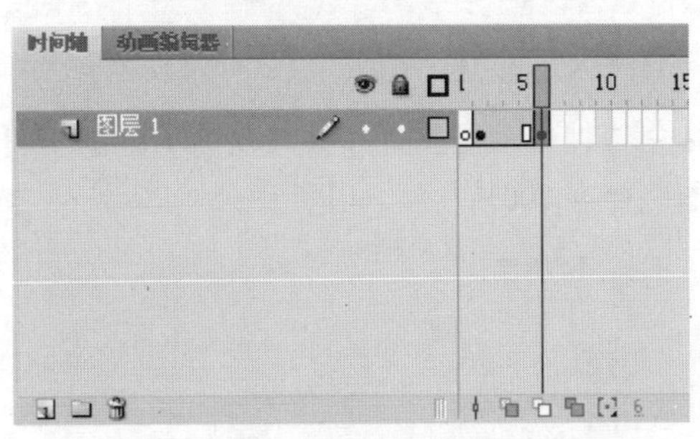

16 选中该帧中的星星，在其【属性】面板中将 Alpha 值设置为 55%，如下图所示。

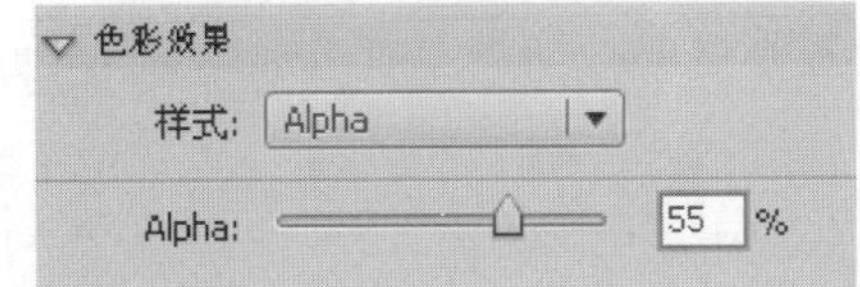

在公用库中，无法执行新建元件、新建文件夹以及删除操作。

17 选择菜单栏中的【窗口】|【变形】命令，打开【变形】面板，将星星的【缩放高度】和【缩放宽度】都设置为 70.0%，如下图所示。

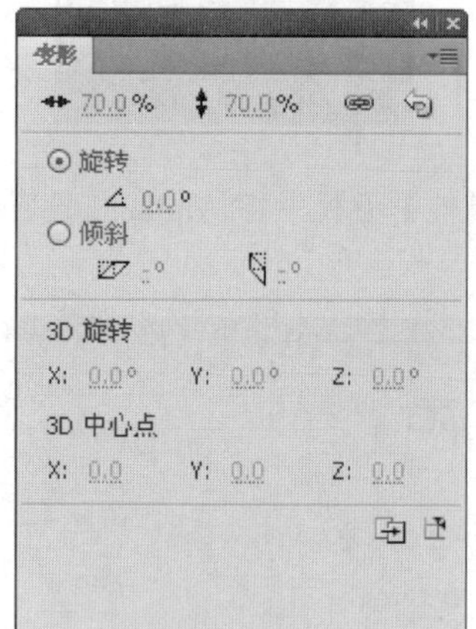

18 此时星星效果如下图所示。

19 在图层 1 的第 10 帧处插入关键帧，此时的时间轴如下图所示。

20 选中该帧中的星星，在其【属性】面板中将 Alpha 值设置为 100%，如下图所示。

21 选择菜单栏中的【窗口】|【变形】命令，打开【变形】面板，将星星的【缩放高度】和【缩放宽度】都设置为 100%。此时星星效果如下图所示。

22 采用同样的方法，在图层 1 的第 13 帧处插入关键帧。然后，选中该帧中的星星，在其【属性】面板中将其 Alpha 值设置为 90%。打开【变形】面板，将星星的【缩放高度】和【缩放宽度】都设置为 80%。此时星星效果如下图所示。

23 在图层 1 的第 18 帧处插入关键帧，选中该帧中的星星。在其【属性】面板中将 Alpha 值设置为 100%，然后打开【变形】面板，将星星的【缩放高度】和【缩放宽度】都设置为 100%。此时星星效果如下图所示。

24 在图层 1 的第 25 帧处插入关键帧。选中该帧中的星星，在其【属性】面板中将 Alpha 值设置为 15%。接着打开【变形】面板，将星星的【缩放高度】和【缩放宽度】都设置为 30%。此时星星效果如下图所示。

25 在时间轴上同时选中图层 1 的第 2 帧到第 25 帧，如下图所示。

学以致用系列丛书

长见识 在导入多张图片时，不需要一张一张地导入，只要在【导入】对话框中按住 Ctrl 键同时选中多个图片文件，单击【打开】按钮即可。

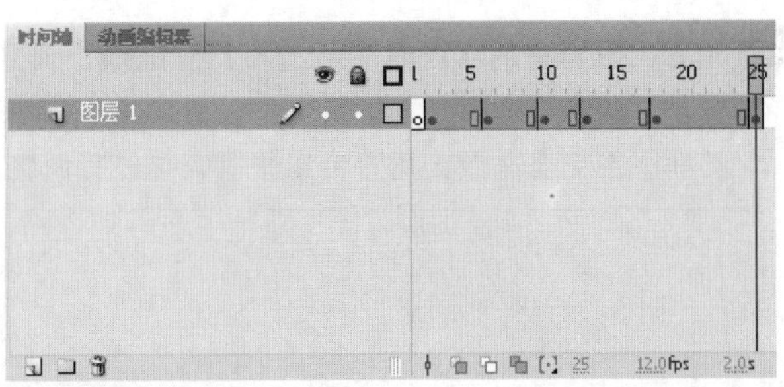

26 右击选中的帧，从弹出的快捷菜单中选择【创建传统补间】命令，如下图所示。

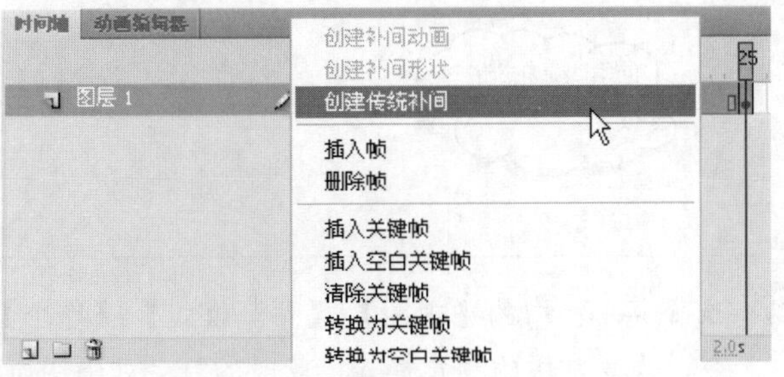

27 此时的时间轴如下图所示。

注意

传统补间动画是在第 2 帧到第 25 帧中创建的，注意不要选中第 1 帧。

28 选择图层 1 的第 1 帧，按 F9 键，打开【动作】面板，写下代码 “stop();”，如下图所示。

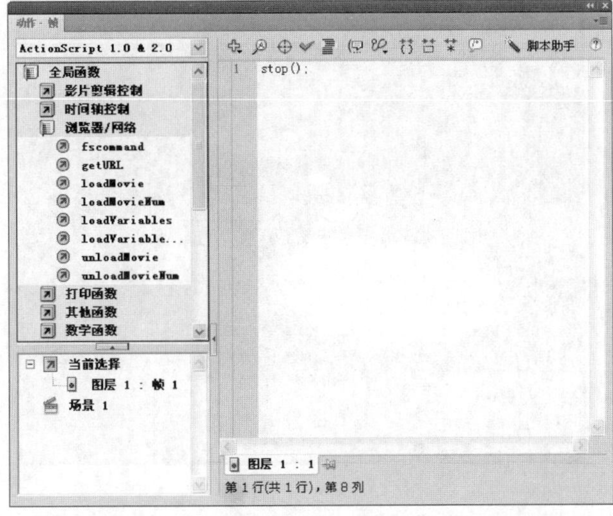

29 选择舞台上的星星按钮元件实例，在【动作】面板中继续输入如下代码。

```
on(rollOver){
    gotoAndPlay(2);
}
```

此时的【动作】面板如下图所示。

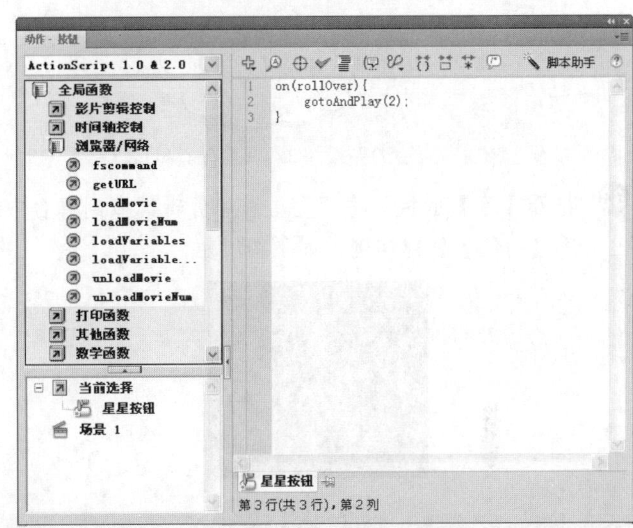

30 单击【返回到场景】按钮，返回到场景中，将“图层 1”重命名为“背景”，如下图所示。

31 选择菜单栏中的【文件】|【导入】|【导入到舞台】命令，将“星空”图片(光盘：\图书素材\第 6 章\星空.jpg)导入到舞台中，如下图所示。

学以致用系列丛书

有的图层中的动画帧不是从第 1 帧开始的，所以不能选中所有的图层复制帧。需要在时间轴左侧的图层管理器中选择单个图层，然后在该图层的任意帧上右击，从弹出的快捷菜单中选择【复制帧】命令复制该图层中的动画帧。

32 单击【新建图层】按钮，新建“图层 2”，并将其重命名为“星星”。将【背景】图层锁定，如下图所示。

33 打开【库】面板，将“星星影片剪辑”拖到舞台中适当的位置创建实例，如下图所示。

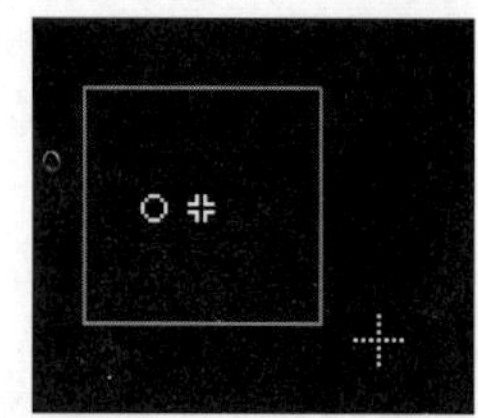

由于星星影片剪辑元件是透明的，拖动到舞台上后不容易识别其位置，用户可以选择菜单栏中的【视图】|【预览模式】|【轮廓】命令，将影片剪辑元件的轮廓显示出来，如下图所示。

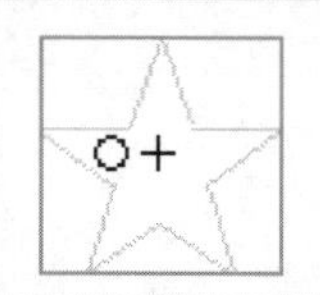

通过【视图】|【预览模式】命令可以更改画面的显示方式，从而更便于用户调整星星的位置。

34 在舞台中选择制作的星星元件，按住 Alt 键的同时拖动鼠标以复制多个星星元件，如下图所示。

35 单击工具箱中的【任意变形工具】按钮，调整每个星星的位置和大小，效果如下图所示(最终效果不必和下图完全一致，用户可以根据需要进行调整)。

36 选择菜单栏中的【视图】|【预览模式】|【整个】命令，恢复常用的预览模式。此时的舞台如下图所示。

37 至此，整个动画就制作好了，按 Ctrl+Enter 组合键即可测试影片。当光标移动至有星星影片剪辑的地方，将会有星星闪烁，如下图所示。

学以致用系列丛书

长见识 如果用户想要将超过 4 帧的影片剪辑制作成按钮元件的某个效果，则需要在【属性】面板的【类型】下拉列表框中选择【按钮】选项，为影片剪辑元件添加按钮属性。此时该影片剪辑就会和按钮一样，可以对鼠标事件给予响应并通过相应的动作实现交互效果。

如果对动画稍作变动，即可制作出其他有趣的光标跟随事件，用户不妨开动脑筋，自己动手试试！

6.7　思考与练习

选择题

1. 【库】面板是使用频率比较高的面板之一，打开【库】面板的快捷键为________。

   A. F11　　B. Ctrl+K

   C. F8　　D. Ctrl+L

2. 在实例的属性中，________可以用于更改实例的透明度。

   A. 色调　　B. Alpha

   C. 亮度　　D. 均不可以

3. 在按钮的 4 个状态帧中，________帧中的内容将作为鼠标的响应区域。

   A. 【弹起】　　B. 【按下】

   C. 【指针经过】　　D. 【点击】

操作题

1. 创建一个任意的影片剪辑元件，在舞台上为其创建一个实例，并测试其效果。

2. 在【库－BUTTONS.FLA】面板中，找到 classic buttons 文件夹中的 arcade button-orange 按钮，在舞台上创建一个实例。

第7章 妙想天开——Flash 特效应用

在本章中，将学习 Flash CS4 中的特效应用，使用这些特效，可制作出很多以前要借助其他软件，如 Photoshop 才能完成的阴影、模糊、发光等滤镜特效和混合模式。

学习要点

- ❖ 添加滤镜效果
- ❖ 使用 Flash CS4 混合模式
- ❖ 添加 3D 效果

学习目标

通过本章的学习，读者首先应该掌握如何添加滤镜效果；其次要了解 Flash CS4 中的混合模式，并且能够掌握时间轴特效的应用。

7.1 添加滤镜效果

在 Flash CS4 中，特殊效果包括滤镜效果、混合模式和 3D 效果。其中，使用滤镜可以为文本、按钮和影片剪辑以及场景中的其他对象添加视觉效果。滤镜是扩展图像处理能力的主要手段，大大增强了 Flash CS4 的动画设计能力。

应用滤镜后，用户可以随时改变滤镜的选项设置，或者重新调整滤镜的顺序以测试出不同的组合效果。

值得注意的是，使用的滤镜数量越多、质量越高，则正确显示要创建的视觉效果所需要的处理量也就越大，那么影片的运行速度相对也就越慢。在使用滤镜的时候，可以通过调整其强度和质量，使用较低的设置实现最佳的回放性能。

如果某个滤镜在补间动画的一端没有相匹配的滤镜(相同类型的滤镜)，Flash CS4 会自动添加匹配的滤镜以确保在动画序列的末端出现该效果。为了防止在补间动画中缺少某个滤镜或者动画两端的滤镜不相同的情况出现，Flash CS4 会自动执行以下操作。

- ❖ 如果将补间动画应用于已应用了滤镜的影片剪辑，则在补间的另一端插入关键帧时，该影片剪辑在补间的最后一帧上自动添加补间开头所应用的滤镜，并且层叠顺序相同。
- ❖ 如果将影片剪辑放在两个不同帧上，并且对每个影片剪辑应用不同的滤镜，同时两帧之间又应用了补间动画，则 Flash CS4 首先处理带滤镜最多的影片剪辑，然后比较应用于第一个影片剪辑和第二个影片剪辑的滤镜。如果在第二个影片剪辑中找不到匹配的滤镜，Flash CS4 会生成一个不带参数并具有现有滤镜颜色的虚拟滤镜。
- ❖ 如果两个关键帧之间存在补间动画并且向其中一个关键帧中的对象添加了滤镜，则 Flash CS4 会在补间另一端的关键帧处自动将一个虚拟滤镜添加到影片剪辑中。
- ❖ 如果两个关键帧之间存在补间动画并且从其中一个关键帧中的对象上删除了滤镜，则 Flash CS4 会在补间另一端的关键帧处自动从影片剪辑中删除匹配的滤镜。
- ❖ 如果补间动画起始处和结束处的滤镜参数设置不一致，Flash CS4 会将起始帧的滤镜应用到结束帧中。例如，滤镜的挖空、内侧阴影、内侧发光、渐变发光和渐变斜角的类型参数可能在补间起始处和结束处的设置有所不同。

7.1.1 滤镜的操作

对一个对象可以同时应用多个滤镜，也可以删除以前应用的滤镜。由于只能对文本、按钮和影片剪辑对象应用滤镜，所以在使用滤镜之前，应该先创建文本、按钮或者影片剪辑。

如果用户想要打开【滤镜】设置界面，可以先选中要应用滤镜的对象，在其对应的【属性】面板中，单击滤镜左侧的三角形按钮将其展开，设置滤镜的属性。

例如，在【文本工具】的【属性】面板中，单击滤镜左侧的三角形按钮将其展开，然后为其添加【投影】滤镜效果，得到的【滤镜】设置界面如下图所示。

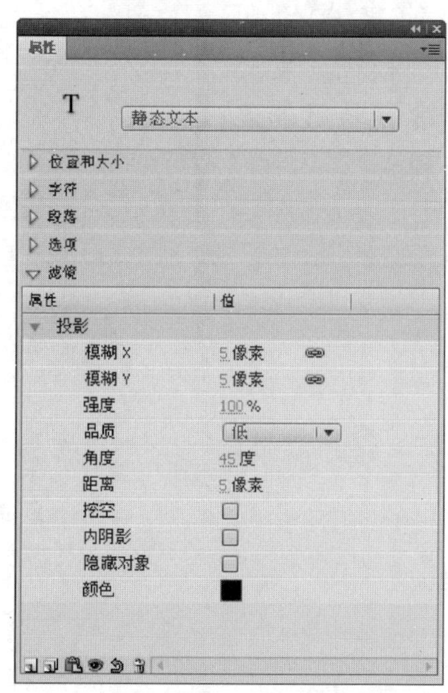

在【滤镜】设置界面底部有一些按钮，它们的含义分别如下。

- ❖ 【添加滤镜】：单击该按钮，从弹出的下拉列表中可以为选中的对象添加不同类型的滤镜。
- ❖ 【预设】：单击该按钮，可以对当前的滤镜进行重命名、另存为和删除操作。
- ❖ 【剪贴板】：暂时保存复制或者剪切的滤镜。
- ❖ 【启用或禁用滤镜】：单击该按钮，将禁用当前的滤镜，使其变成不可编辑状态。

将滤镜预设应用于对象时，Flash CS4 会将当前应用于所选对象的所有滤镜替换为该预设中使用的滤镜。

❖ 【重置滤镜】：设置滤镜后，单击该按钮，可以重新设置当前滤镜的参数。

❖ 【删除滤镜】：单击该按钮，可以删除当前选中的滤镜。

【启用或禁用滤镜】、【重置滤镜】和【删除滤镜】按钮，只有在添加了相应的滤镜效果并选中滤镜后，才会被激活。

1. 应用滤镜

如果想要对某个对象应用某种滤镜，如“投影”，具体操作步骤如下。

操作步骤

❶ 单击工具箱中的【文本工具】按钮，在舞台上输入文字，如“滤镜效果”，如下图所示。

滤镜效果

❷ 单击工具箱中的【选择工具】按钮，选中文本框，如下图所示。

滤镜效果

❸ 在【文本工具】的【属性】面板中展开【滤镜】选项组，单击【添加滤镜】按钮，在弹出的滤镜列表中选择【投影】选项，如下图所示。

❹ 显示默认的【投影】滤镜效果，如下图所示。

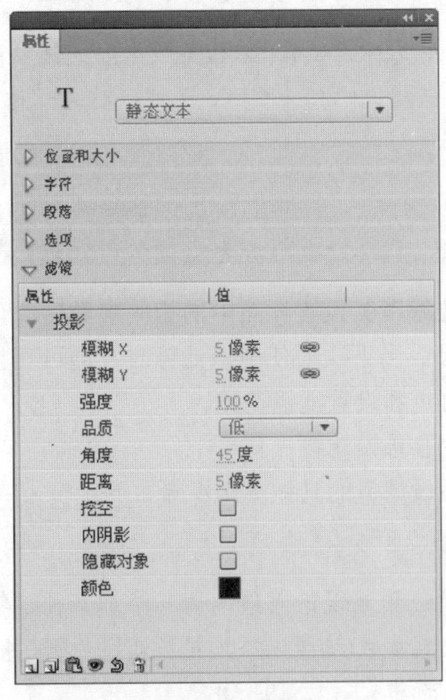

❺ 应用滤镜后的文本效果如下图所示。

滤镜效果

❻ 更改【投影】滤镜的参数，如下图所示。

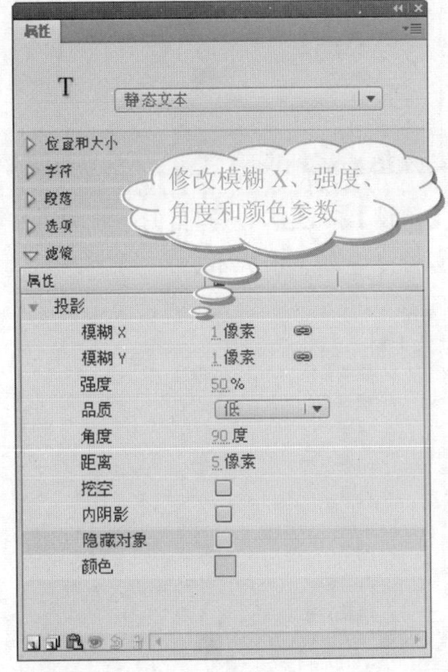

❼ 得到的滤镜效果如下图所示。

滤镜效果

学以致用系列丛书

应用于对象的滤镜类型、数量和质量都会影响 SWF 文件的播放性能。应用于对象的滤镜越多，Flash Player 的处理量也就越大。

在使用某种滤镜时，不仅可以不断地调整【滤镜】设置界面中滤镜的相关参数，还可以对同一对象应用多种滤镜。

2. 预设滤镜

调整【滤镜】设置界面中的相关参数后，可以保存该滤镜效果。当下次要使用该滤镜时，即可直接调用，而不需要再重新设置滤镜参数。

1) 保存预设滤镜

保存预设滤镜的具体操作步骤如下。

操作步骤

❶ 选中要应用滤镜的对象，为其添加某种滤镜效果，并更改其参数(这里以添加投影滤镜为例，并选中【挖空】复选框)，如下图所示。

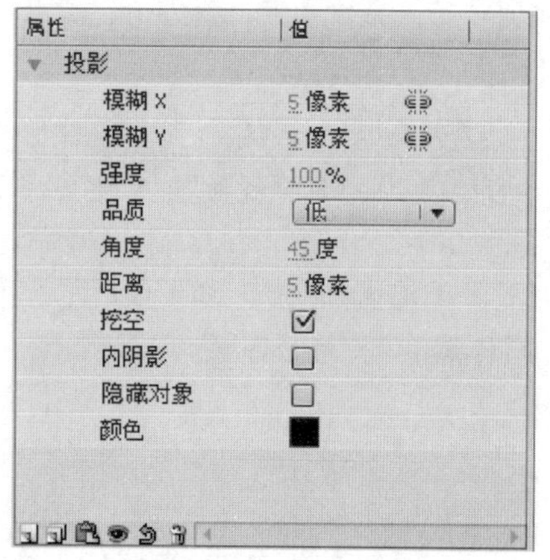

❷ 单击【预设】按钮，从弹出的下拉列表中选择【另存为】命令，如下图所示。

❸ 打开【将预设另存为】对话框，在【预设名称】文本框中输入滤镜名称后，单击【确定】按钮即可保存滤镜效果，如下图所示。

这里的名称尽量和最终的效果相对应，使得用户通过名字就能够了解到该滤镜应用后的效果，以便于下次使用该滤镜。

❹ 再次单击【预设】按钮，在弹出的下拉列表中即可看到刚才保存的“投影”滤镜效果，如下图所示。选择该选项，即可应用该预设滤镜。

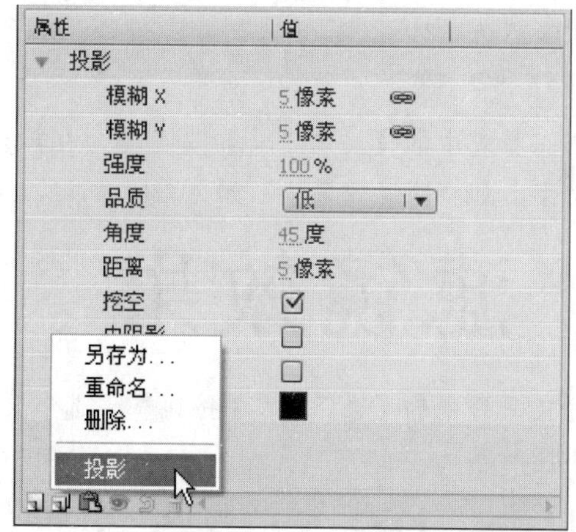

2) 重命名预设滤镜

对于已经保存好的预设滤镜，如果需要重新命名，则进行如下操作。

操作步骤

❶ 单击【预设】按钮，从弹出的下拉列表中选择【重命名】命令，如下图所示。

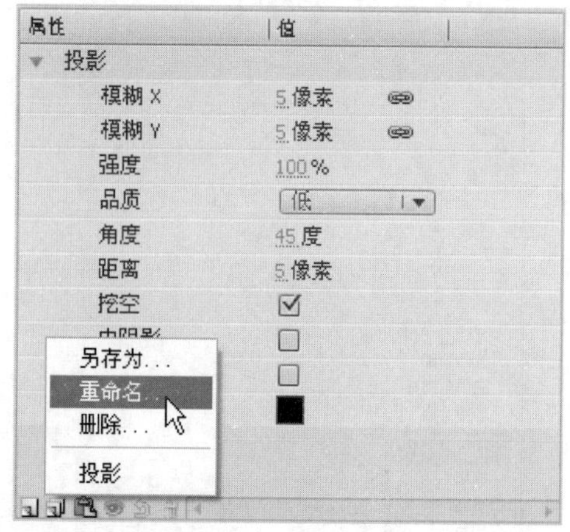

❷ 打开【重命名预设】对话框，在列表框中显示了当前预设滤镜的名称，如下图所示。

将某预设应用于对象时，Flash CS4 会将当前应用于所选对象的所有滤镜替换为该预设中使用的滤镜。

❸ 双击要重命名的滤镜效果后，以高亮显示滤镜名称，此时即可重命名该预设滤镜，如下图所示。

❹ 在【重命名预设】对话框的空白处单击或者按 Enter 键确认新名称的输入，再单击【重命名】按钮即可保存新名称，如下图所示。

❺ 重命名预设滤镜后，再次单击【预设】按钮，在弹出的下拉列表中即显示了刚才重命名的预设滤镜名称，如下图所示。

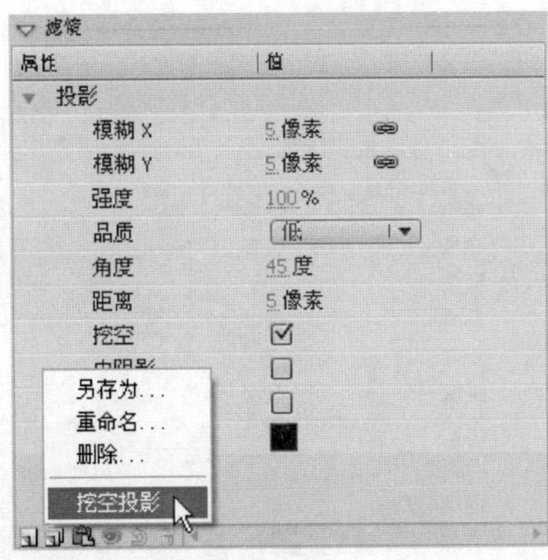

3)　删除预设滤镜

如果想要删除某个已经保存的预设滤镜，则进行如下操作。

操作步骤

❶ 单击【预设】按钮，从弹出的下拉列表中选择【删除】命令，如下图所示。

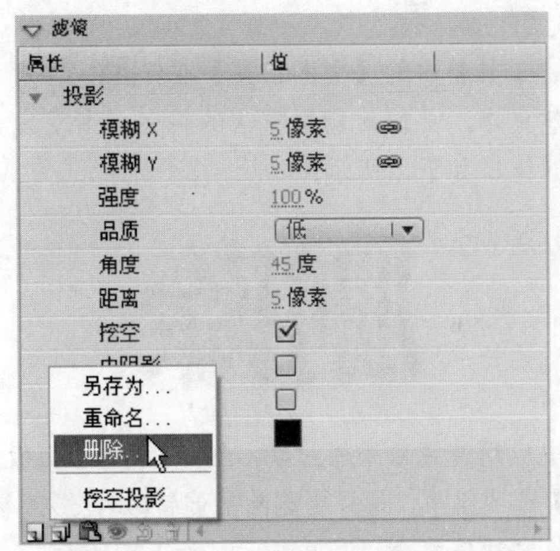

❷ 打开【删除预设】对话框，选择要删除的预设滤镜，单击【删除】按钮，如下图所示。

❸ 删除预设滤镜后，再次单击【预设】按钮，在弹出的下拉列表中即可看到该预设滤镜消失了，如下图

制作倾斜投影效果的方法是：复制一个对象副本，使用【任意变形工具】使其倾斜，并应用投影滤镜。将对象副本及其投影放置在原对象之后，调整投影滤镜设置和倾斜投影的角度即可。

所示。

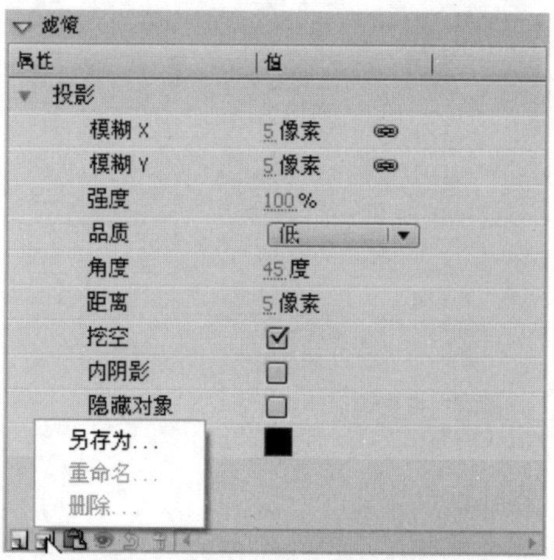

3. 删除滤镜

对于已经应用滤镜的对象，如果要删除滤镜效果，可进行如下操作。

操作步骤

1. 单击工具箱中的【文本工具】按钮T，在舞台上先创建文本，并依次应用默认的斜角、渐变发光和投影滤镜，如下图所示。

2. 选中应用滤镜效果的对象，在其【属性】面板的【滤镜】选项组下，选择要删除的滤镜(如投影滤镜)，此时这种滤镜将会以高亮显示，如下图所示。

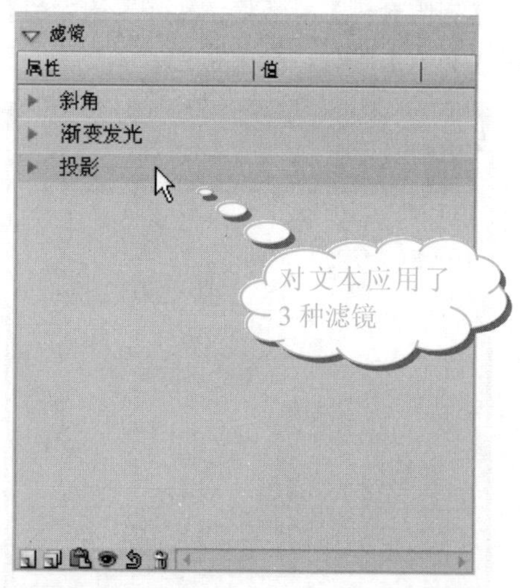

3. 单击【滤镜】设置界面中的【删除】按钮即可将该滤镜删除，如下图所示。

4. 此时，文本效果也发生了变化，如下图所示。

技巧

如果对某个对象同时应用了多个滤镜后，想要一次性删除对象应用的所有滤镜，只要单击【添加滤镜】按钮，从弹出的下拉列表中选择【删除全部】命令即可，如下图所示。

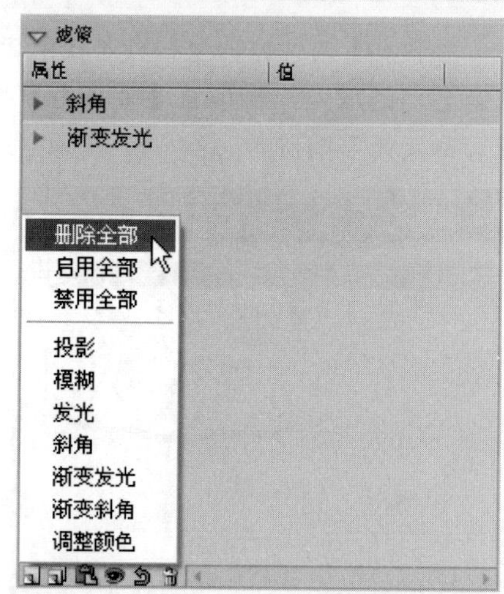

4. 复制和粘贴滤镜

如果想要重复使用某个滤镜效果，除了使用预设滤镜外，还可以使用Flash中的复制粘贴功能。

下面通过一个具体的例子来介绍如何复制和粘贴滤镜，具体操作步骤如下。

长见识 可以将滤镜设置保存为预设库，以便轻松应用到影片剪辑和文本对象。如果是Windows XP系统，则滤镜配置文件保存在C:\Documents and Settings\<用户名>\Local Settings\Application Data\Adobe\Flash CS4\<语言>\Configuration\Filters文件夹中，以".xml"格式存在。

操作步骤

❶ 使用工具箱中的【文本工具】输入两个文本，均设置【颜色】为粉红色(#FF99CC)，并对“复制”文本应用默认的渐变斜角和发光滤镜，效果如下图所示。

❷ 选中“复制”文本，查看其【属性】面板中的【滤镜】选项组，如下图所示。选择要复制的某种滤镜效果，使其高亮显示，如下图所示。

❸ 单击【滤镜】选项组左下角的【剪贴板】按钮，从弹出的下拉列表中选择【复制所选】命令，如下图所示。

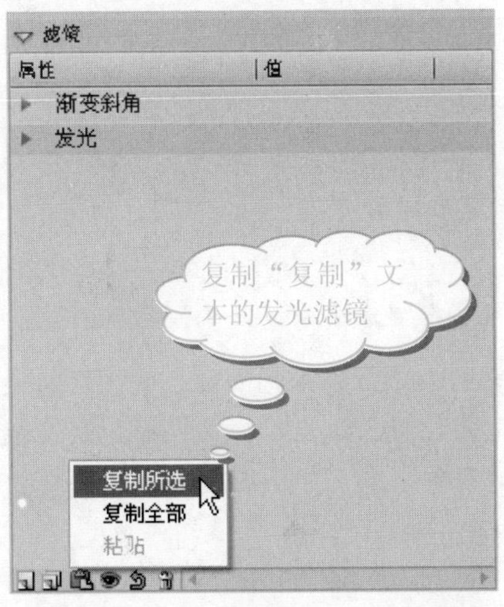

❹ 单击工具箱中的【选择工具】按钮，选中需要应用相同滤镜效果的“粘贴”文本，如下图所示。

❺ 单击【剪贴板】按钮，从弹出的下拉列表中选择【粘贴】命令，如下图所示。

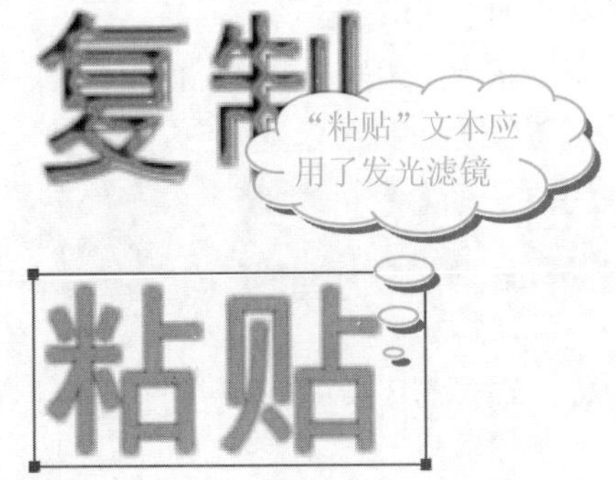

❻ 此时就将发光滤镜效果应用于要粘贴滤镜的对象，如下图所示。

❼ 如果用户希望将“复制”文本中的所有滤镜效果都应用到“粘贴”文本上，可以在选中复制滤镜的对象后单击【剪贴板】按钮，从弹出的下拉列表中选择【复制全部】命令，如下图所示。

如果是 Windows Vista 系统，则滤镜配置文件保存在 C:\Users\<用户名>\Local Settings\Application Data\Adobe\Flash CS4\<语言>\Configuration\Filters 文件夹中，以“.xml”格式存在。

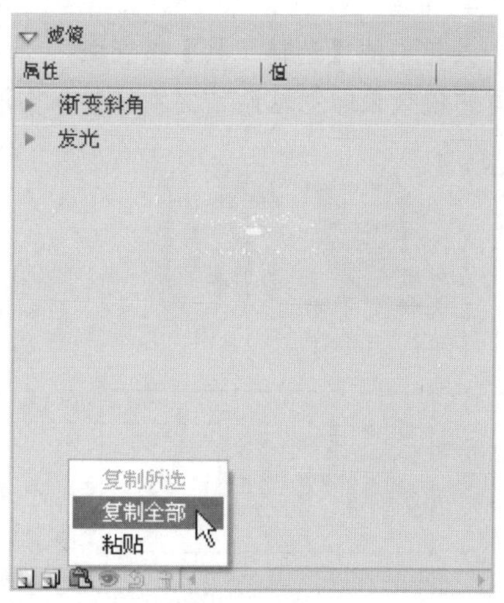

8 再重复步骤 4 和步骤 5 的操作，即可将所有滤镜效果应用于要粘贴滤镜的对象，如下图所示。

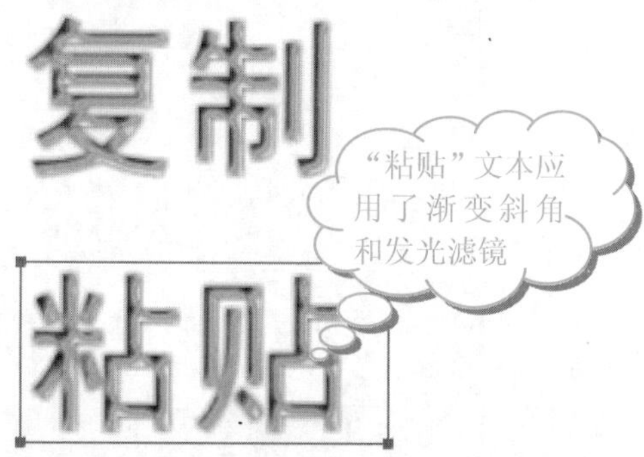

5. 改变滤镜的应用顺序

对对象应用多个滤镜时，滤镜应用的顺序不同，产生的效果往往也是不同的。例如，对文本分别应用发光滤镜、模糊滤镜和投影滤镜，不同的应用顺序所产生的不同效果如下图所示。

❖ 依次应用发光滤镜、模糊滤镜、投影滤镜：

发光模糊投影

❖ 依次应用发光滤镜、投影滤镜、模糊滤镜：

发光投影模糊

❖ 依次应用模糊滤镜、投影滤镜、发光滤镜：

模糊投影发光

❖ 依次应用模糊滤镜、发光滤镜、投影滤镜：

模糊发光投影

❖ 依次应用投影滤镜、发光滤镜、模糊滤镜：

投影发光模糊

❖ 依次应用投影滤镜、模糊滤镜、发光滤镜：

投影模糊发光

在应用了多个滤镜效果之后，用户如果想要改变应用到对象的滤镜顺序，可以通过如下方法来实现。

操作步骤

1 在使用的滤镜列表中单击想要改变应用顺序的滤镜名称，使选中的滤镜以高亮显示。这里，选择“模糊”滤镜，如下图所示。

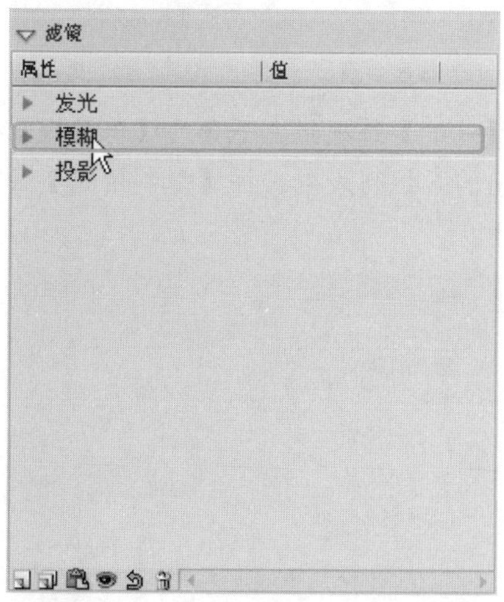

2 在滤镜列表中按住鼠标左键不放，拖动选中的滤镜到合适的位置。这里，将“模糊”滤镜拖动到“投影”滤镜的下方，如下图所示。

长见识 Adobe Pixel Bender 是 Adobe 公司开发的一种编程语言，用户可以使用该语言创建自定义滤镜、效果和混合模式，以用于 Flash 中。

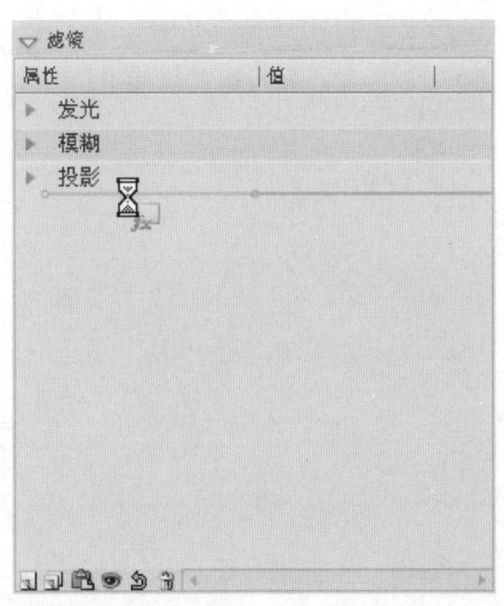

❸ 释放鼠标左键即可将模糊滤镜置于投影滤镜的下方，如下图所示。

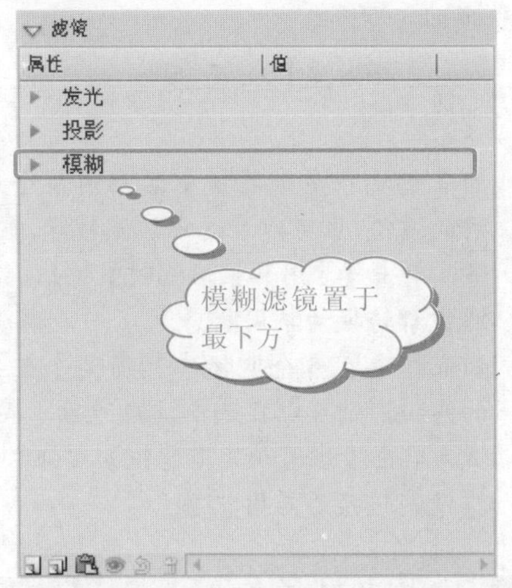

6. 启用和禁用滤镜

对于已经应用了多个滤镜的对象，如果想要暂时关闭某个滤镜效果，而不希望将该滤镜删除，则可以使用滤镜的启用和禁用功能。具体操作步骤如下。

操作步骤

❶ 使用工具箱中的【文本工具】输入文本，并设置【颜色】为紫色(#6600FF)。单击【添加滤镜】按钮，为文本依次添加投影、发光和渐变斜角滤镜，效果如下图所示。

启用和禁用

❷ 选中需要禁用的滤镜，如“渐变斜角”滤镜，然后单击【滤镜】选项组下的【启用和禁用滤镜】按钮，如下图所示。

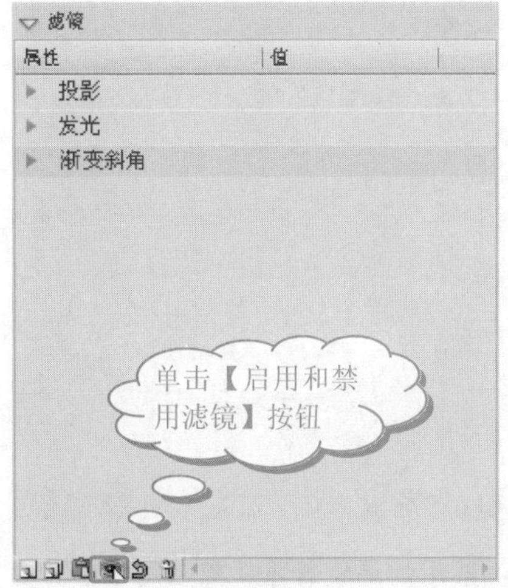

❸ 此时，渐变斜角滤镜就被禁用了，其名称以斜体显示，并在名称的右侧显示一个红色的禁用标记×，如下图所示。

❹ 此时的文本渐变斜角滤镜效果也就暂时被禁用了，如下图所示。

启用和禁用

提示

由此可以看出，使用滤镜的启用和禁用功能，就相当于暂时隐藏某个滤镜效果。这样，用户就可以在不删除滤镜的同时查看除了禁用滤镜外的其他滤镜效果。

❺ 如果想要再次启用该滤镜，只要选择禁用的滤镜，再单击【启用和禁用滤镜】按钮即可，如下图所示。

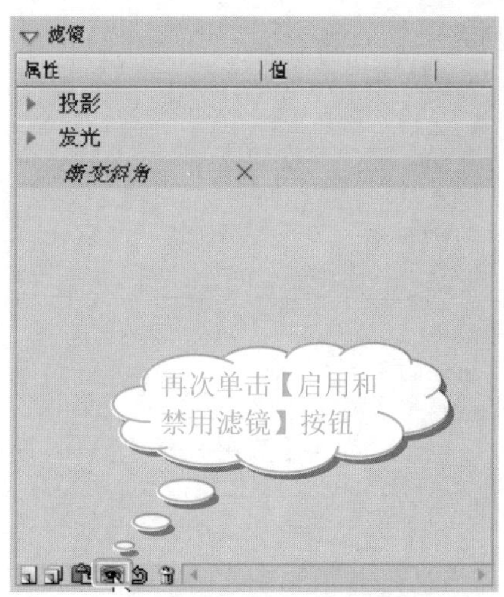

❻ 这样，禁用的滤镜就重新被启用了，舞台上的文本也恢复到了步骤 1 中的效果，如下图所示。

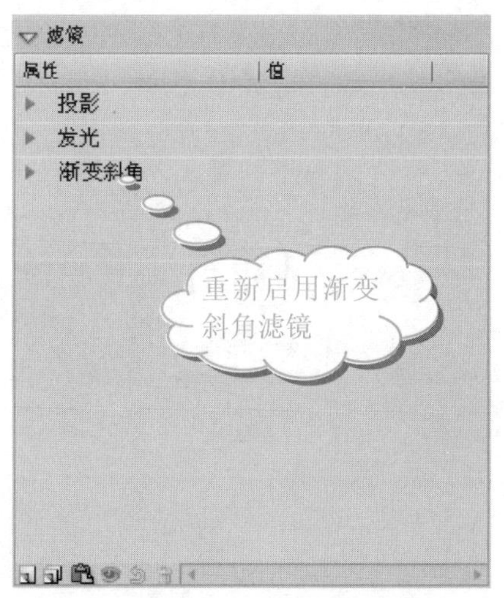

❼ 如果想要同时禁用所有的滤镜，需要单击【添加滤镜】按钮，在弹出的下拉列表中选择【禁用全部】选项，如下图所示。

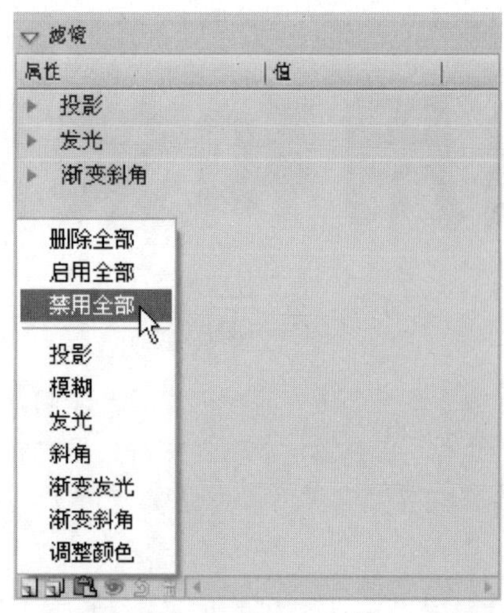

❽ 此时，【滤镜】选项组的所有滤镜效果就一次性被全部禁用了，如下图所示。

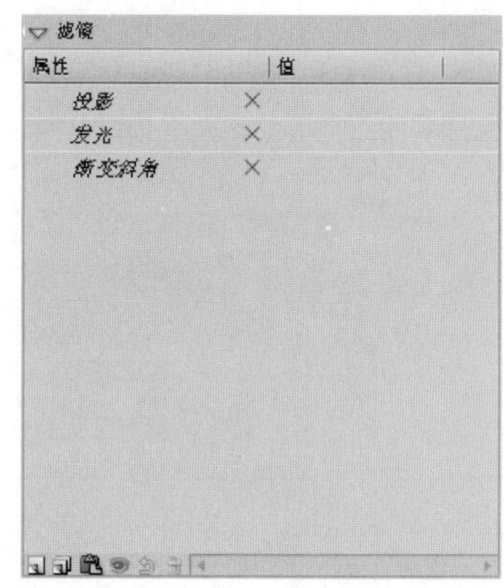

❾ 如果想要重新启用所有的滤镜，只要再次单击【添加滤镜】按钮，在弹出的下拉列表中选择【启用全部】选项即可。

注意

- ❖ 如果想要在多个滤镜中只启用某个已经启用的滤镜，则可以在选中该滤镜后，按住 Alt 键，单击【启用和禁用滤镜】按钮，将其他滤镜都转换为禁用状态。
- ❖ 如果想要在多个滤镜中禁用某个已经禁用的滤镜，则可以在选中该滤镜后，按住 Alt 键，单击【启用和禁用滤镜】按钮，将其他滤镜都转换为启用状态。

7．重置滤镜

对对象应用某滤镜后，可以修改该滤镜的具体参数。如果用户对参数设置效果不满意，还可以将其恢复到 Flash CS4 默认的参数设置，具体操作步骤如下。

操作步骤

❶ 使用工具箱中的【文本工具】在舞台上输入文本，设置【颜色】为蓝绿色(#00FFFF)。然后单击【添加滤镜】按钮，在弹出的下拉列表中选择【投影】选项，为“重置”文本对象应用默认的投影滤镜，如下图所示。

❷ 默认的投影滤镜参数设置如下图所示。

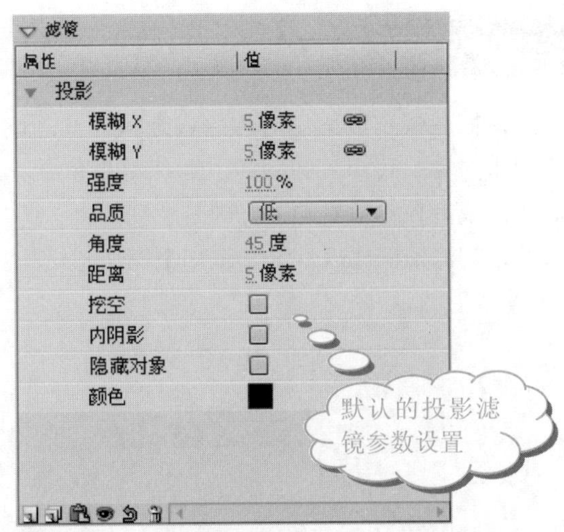

❸ 在【滤镜】选项组中设置【模糊 X】和【模糊 Y】均为 10 像素，【品质】为【中】，并选中【挖空】复选框，如下图所示。

属性	值
投影	
模糊 X	10 像素
模糊 Y	10 像素
强度	100 %
品质	中
角度	45 度
距离	5 像素
挖空	☑
内阴影	☐
隐藏对象	☐
颜色	■

❹ 得到的投影滤镜效果如下图所示。

❺ 单击【重置滤镜】按钮后，【滤镜】选项组中的所有参数即可恢复到步骤 2 中的设置，而文本也会恢复到步骤 1 中的效果。

7.1.2 滤镜的类型

滤镜主要有【投影】、【模糊】、【发光】、【斜角】、【渐变发光】、【渐变斜角】和【调整颜色】等几种类型，如下图所示。下面将分别对滤镜的各种类型进行详细的介绍。

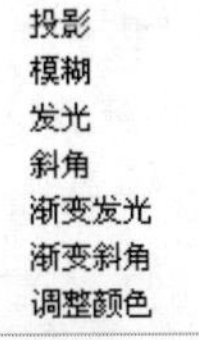

1. 投影

投影滤镜可以模拟对象向对象表面投影的效果。投影滤镜的【属性】面板如下图所示。

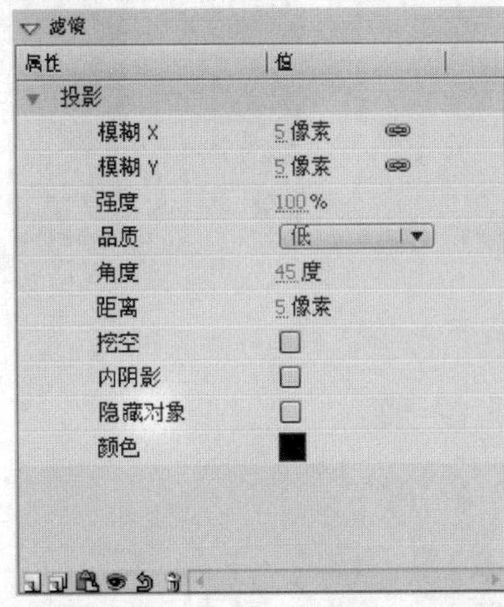

其中，各参数的含义分别如下。

❖ 【模糊 X】：设置投影的宽度。

❖ 【模糊 Y】：设置投影的高度。

单击【链接 X 和 Y 属性值】按钮 ，将使得【模糊 X】和【模糊 Y】的值链接在一起，即更改其中的一个参数值，另一个参数值也会随之发生变化。

❖ 【强度】：设置阴影暗度。其值越大，阴影就越暗。

❖ 【品质】：选择投影的质量级别。单击右侧的下拉按钮，在弹出的下拉列表框中包括 3 个选项，如下图所示。一般设置为【低】选项，此时回放性能最佳。

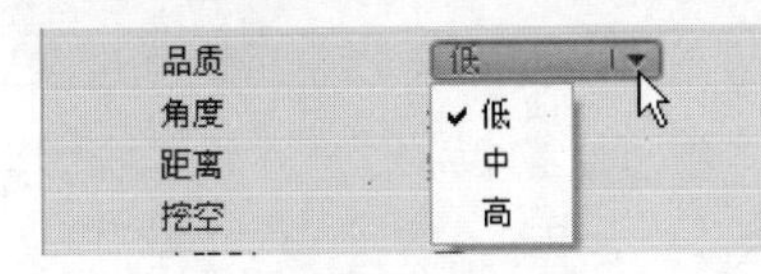

❖ 【角度】：设置阴影的角度，用户可以直接在后面的文本框中输入数值。

❖ 【距离】：设置阴影与对象之间的距离。

❖ 【挖空】：挖空(从视觉上隐藏)源对象，并在挖

学以致用系列丛书

如果要创建要在一系列不同性能的计算机上回放的内容或者不能确定计算机的计算能力，需要将质量级别设置为【低】选项，以实现最佳的回放性能。

空图像上只显示投影。

❖ 【内阴影】：在对象边界内应用阴影。
❖ 【隐藏对象】：隐藏对象，只显示对象的阴影。
❖ 【颜色】：单击右侧的颜色块，可以打开调色板，设置阴影的颜色，如下图所示。

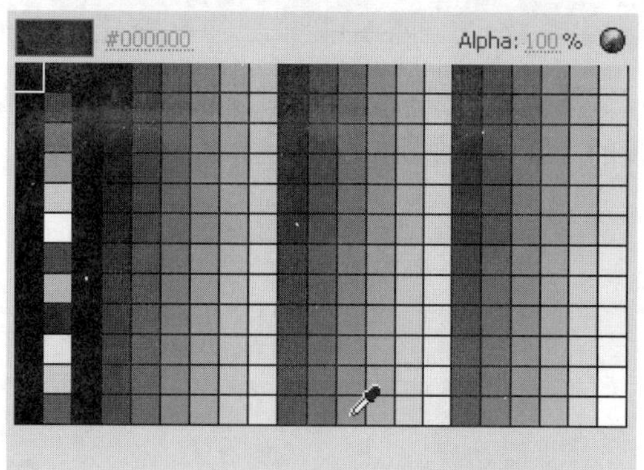

应用投影滤镜的具体操作步骤如下。

操作步骤

❶ 使用【文本工具】输入文本，如下图所示。

投影效果

❷ 单击【添加滤镜】按钮，在弹出的下拉列表中选择【投影】命令，在投影滤镜的【属性】面板中设置投影滤镜的参数，如下图所示。

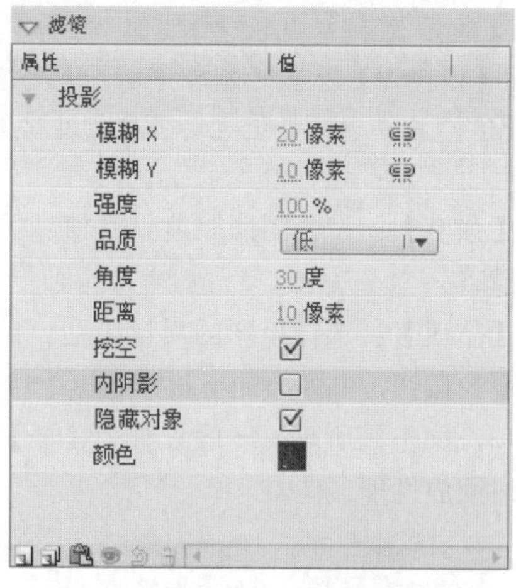

❸ 得到的投影滤镜效果如下图所示。

投影效果

2. 模糊

模糊滤镜可以柔化对象的边缘和细节，将模糊滤镜应用于对象，可以使该对象看起来好像位于其他对象的后面，或者使对象看起来好像是运动的。

模糊滤镜的【属性】面板如下图所示。

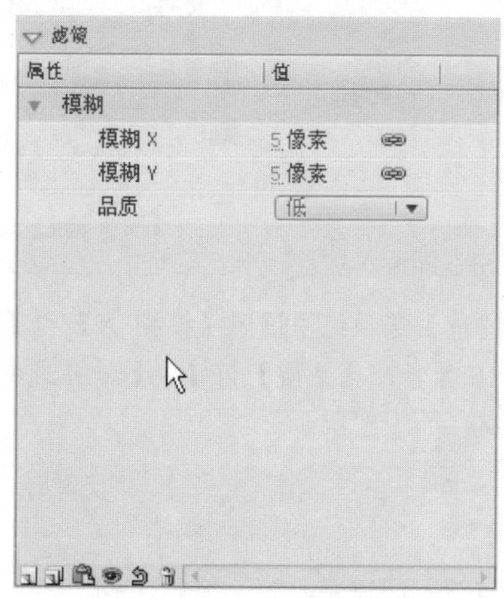

其中，各参数的含义分别如下。

❖ 【模糊 X】：设置模糊的宽度。
❖ 【模糊 Y】：设置模糊的高度。
❖ 【品质】：设置模糊的级别，设置为【高】则近似于高斯模糊；设置为【低】可以实现最佳的回放性能。

应用模糊滤镜的具体操作步骤如下。

操作步骤

❶ 使用【文本工具】输入一个文本，如下图所示。

模糊效果

❷ 单击【添加滤镜】按钮，在弹出的下拉列表中选择【模糊】命令，在模糊滤镜的【属性】面板中设置模糊滤镜的参数，如下图所示。

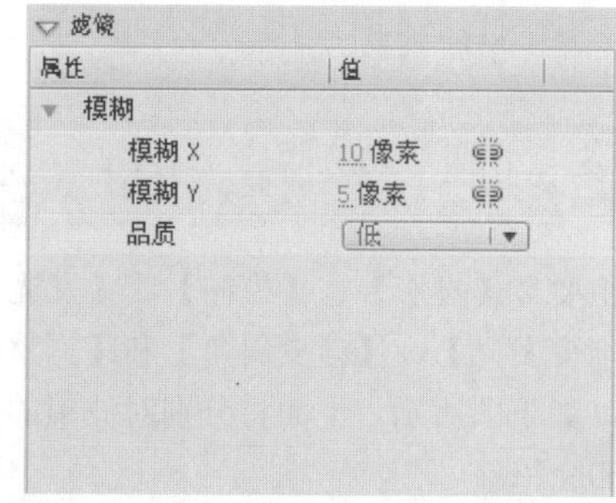

使用模糊滤镜，可以使对象产生一种朦胧效果，该滤镜对于不需要清晰显示的对象十分有用。例如，使用模糊滤镜，可以制作出远距离拍摄的效果。

❸ 得到的模糊滤镜效果如下图所示。

模糊效果

3. 发光

使用发光滤镜，可以为对象的整个边缘应用颜色。发光滤镜的【属性】面板如下图所示。

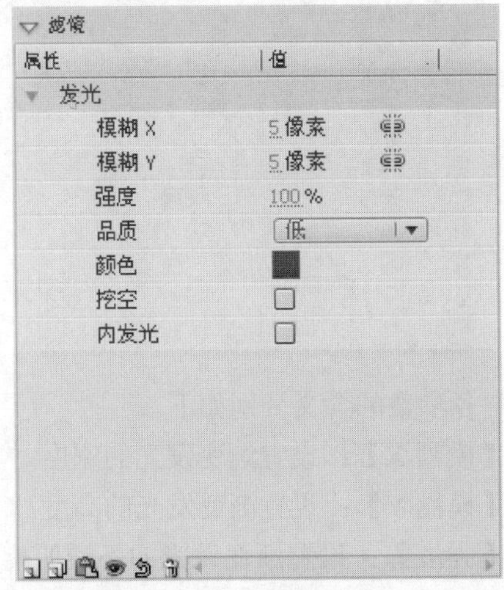

其中，各参数的含义分别如下。

- 【模糊 X】：设置发光的宽度。
- 【模糊 Y】：设置发光的高度。
- 【强度】：设置发光的清晰度。
- 【品质】：设置发光的质量级别。设置为【低】可以实现最佳的回放性能。
- 【颜色】：打开调色板，设置发光颜色。
- 【挖空】：挖空(从视觉上隐藏)源对象，并在挖空图像上显示出发光效果。
- 【内发光】：在对象边界内应用发光。

应用发光滤镜的具体操作步骤如下。

操作步骤

❶ 使用【文本工具】输入一个文本，如下图所示。

发光效果

❷ 单击【添加滤镜】按钮，在弹出的下拉列表中选择【发光】命令，在发光滤镜的【属性】面板中设置发光滤镜的参数，如下图所示。

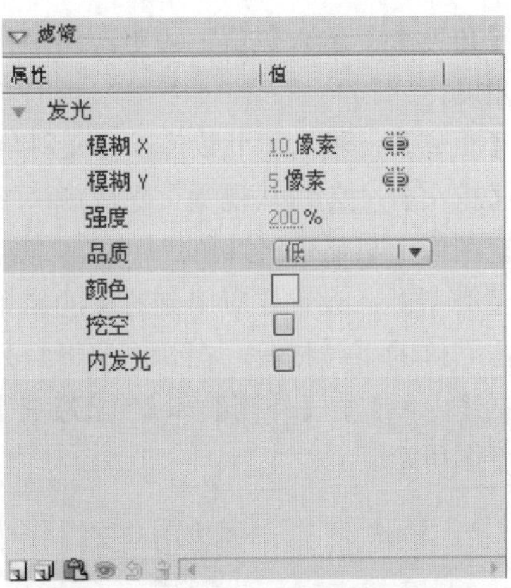

❸ 得到的发光滤镜效果如下图所示。

发光效果

4. 斜角

应用斜角滤镜实际上就是向对象应用加亮效果，使其看起来凸出于背景表面。斜角滤镜可以创建内斜角、外斜角或者完全斜角。

斜角滤镜的【属性】面板，如下图所示。

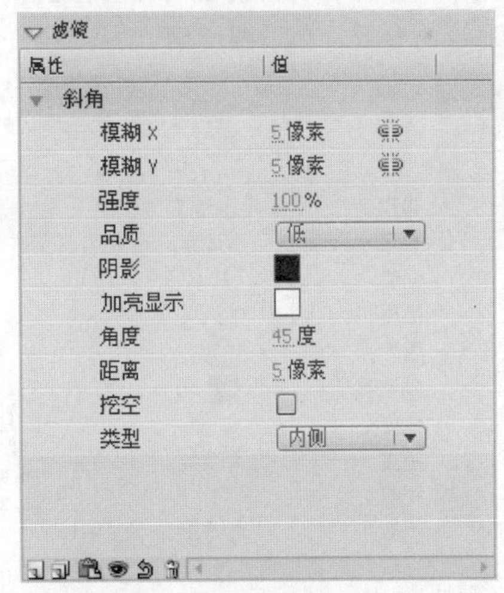

其中，各参数的含义分别如下。

- 【模糊 X】：设置斜角的宽度。
- 【模糊 Y】：设置斜角的高度。
- 【强度】：设置斜角的不透明度，不影响其宽度。
- 【品质】：设置斜角的质量级别。
- 【阴影】：设置斜角的阴影颜色。
- 【加亮显示】：设置加亮颜色。

为了将投影、发光、模糊特效保留为可编辑的滤镜，Flash 将应用这些特效的对象导入为 Flash 影片剪辑。如果用户尝试将具有这些属性的对象导入为非影片剪辑对象，则 Flash 会显示不兼容性警告，并建议将该对象导入为影片剪辑。

- ❖ 【角度】：输入数值，可更改斜边投下的阴影角度。
- ❖ 【距离】：输入一个数值以定义斜角的宽度。
- ❖ 【挖空】：挖空(从视觉上隐藏)源对象，并在挖空图像上只显示出斜角。
- ❖ 【类型】：设置要应用到对象的斜角类型。单击右侧的下拉按钮，在弹出的下拉列表框中包括【内侧】、【外侧】和【全部】3 个选项，如下图所示。

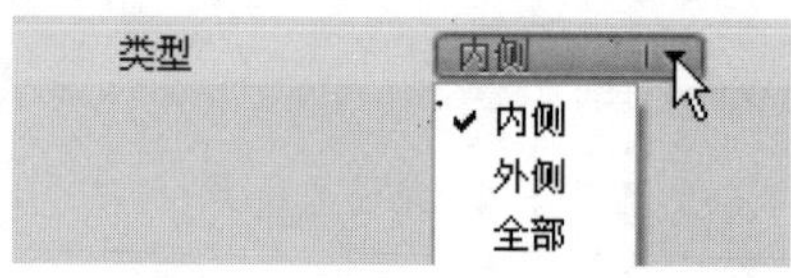

应用斜角滤镜的具体操作步骤如下。

操作步骤

❶ 使用【文本工具】输入一个文本，如下图所示。

斜角效果

❷ 单击【添加滤镜】按钮，在弹出的下拉列表中选择【斜角】命令，在斜角滤镜的【属性】面板中设置斜角滤镜的参数，如下图所示。

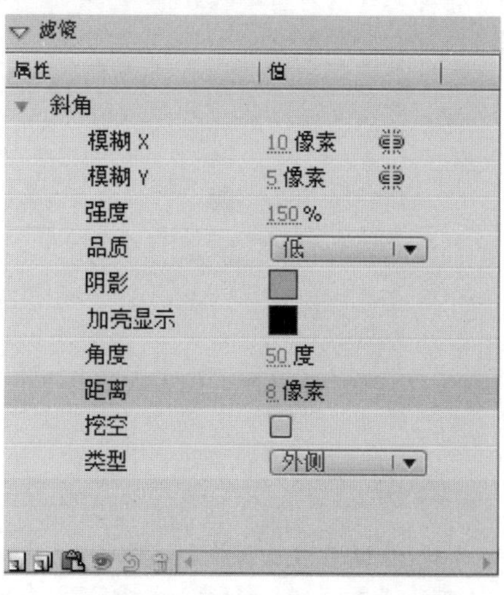

❸ 得到的斜角滤镜效果如下图所示。

斜角效果

5. 渐变发光

应用渐变发光滤镜，可以在发光表面产生带渐变颜色的发光效果。渐变发光滤镜使用一种颜色作为渐变开始的颜色，该颜色的 Alpha 值必须为 0%。用户无法更改渐变的程度，但可以改变渐变的颜色。

渐变发光滤镜的【属性】面板如下图所示。

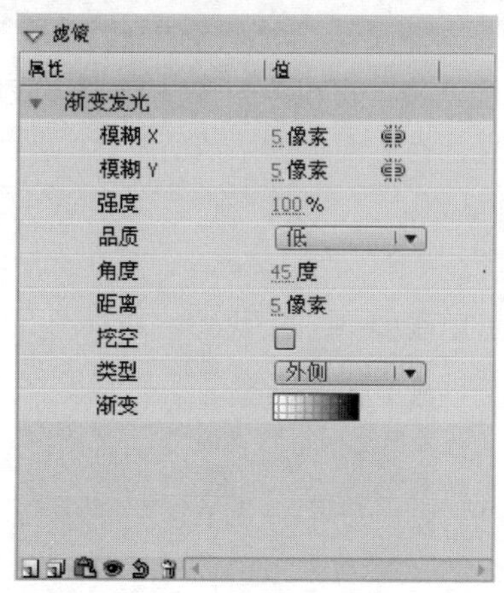

其中，各参数的含义分别如下。

- ❖ 【模糊 X】：设置渐变发光的宽度。
- ❖ 【模糊 Y】：设置渐变发光的高度。
- ❖ 【强度】：设置渐变发光的不透明度，不影响宽度。
- ❖ 【品质】：设置渐变发光的质量级别。
- ❖ 【角度】：更改渐变发光投下的阴影角度。
- ❖ 【距离】：设置阴影与对象之间的距离。
- ❖ 【挖空】：挖空(从视觉上隐藏)源对象，并在挖空图像上只显示渐变发光。
- ❖ 【类型】：选择要为对象应用的类型，包括【内侧】、【外侧】和【整个】3 种类型。
- ❖ 【渐变】：指定渐变发光的渐变颜色。单击该按钮，将弹出渐变条，如下图所示。

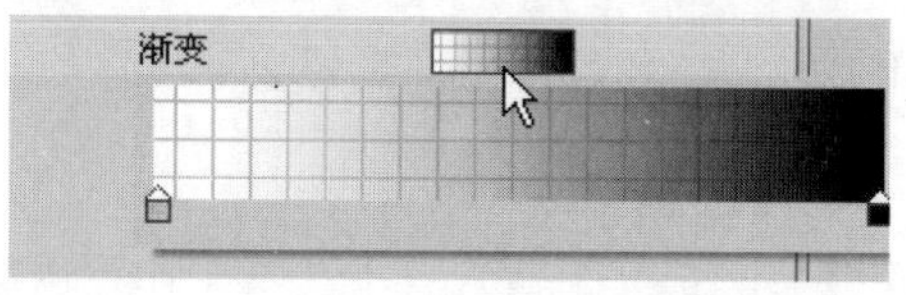

应用渐变发光滤镜的具体操作步骤如下。

操作步骤

❶ 使用【文本工具】输入一个文本，如下图所示。

渐变发光

❷ 单击【添加滤镜】按钮，在弹出的下拉列表中选择

【渐变发光】命令，在渐变发光滤镜的【属性】面板中设置渐变发光滤镜的参数，如下图所示。

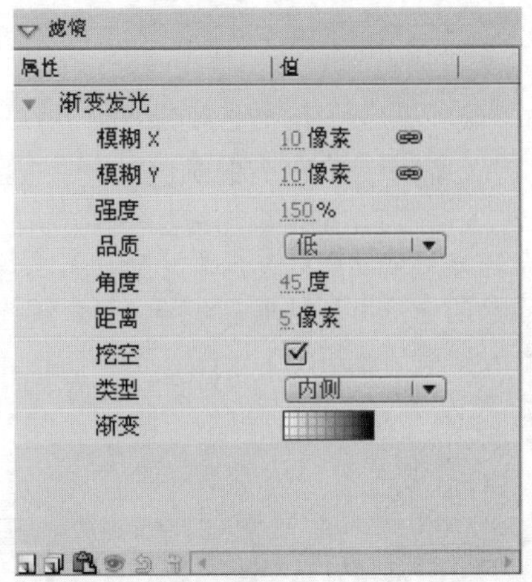

❸ 得到的渐变发光滤镜效果如下图所示。

6. 渐变斜角

应用渐变斜角滤镜可以产生一种凸起效果，使对象看起来好像从背景上凸起，并且斜角表面有渐变颜色。渐变斜角滤镜要求渐变的中间有一种颜色，并且该颜色的 Alpha 值为 0%。

渐变斜角滤镜的【属性】面板，如下图所示。

其中，各参数的含义分别如下。

- ❖ 【模糊 X】：设置渐变斜角的宽度。
- ❖ 【模糊 Y】：设置渐变斜角的高度。
- ❖ 【强度】：输入一个数值用以改变渐变斜角的平滑度，不影响斜角宽度。
- ❖ 【品质】：设置渐变斜角的质量级别。
- ❖ 【角度】：设置光源的角度。
- ❖ 【距离】：设置阴影与对象之间的距离。
- ❖ 【挖空】：挖空(从视觉上隐藏)源对象，并在挖空图像上只显示渐变斜角。
- ❖ 【类型】：选择要应用到对象的渐变斜角类型，包括【内侧】、【外侧】和【全部】3 种类型。
- ❖ 【渐变】：指定渐变斜角的渐变色。单击该按钮，将弹出渐变条。

应用渐变斜角滤镜的具体操作步骤如下。

操作步骤

❶ 使用【文本工具】输入一个文本，如下图所示。

❷ 单击【添加滤镜】按钮，在弹出的下拉列表中选择【渐变斜角】命令，在渐变斜角滤镜的【属性】面板中设置渐变斜角滤镜的参数，如下图所示。

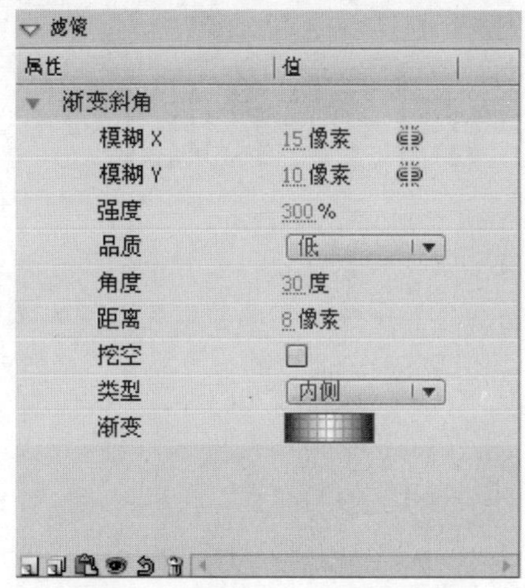

❸ 得到的渐变斜角滤镜效果如下图所示。

7. 调整颜色

使用调整颜色滤镜，可以调整对象的亮度、对比度、色相和饱和度。

如果想要给渐变斜角中添加多层渐变效果，只要在渐变斜角的【属性】面板中，单击【渐变】右侧的按钮，在弹出的渐变条下方单击添加色标，并设置色标的颜色即可。

调整颜色滤镜的【属性】面板，如下图所示。

属性	值
▼ 调整颜色	
亮度	0
对比度	0
饱和度	0
色相	0

其中，各参数的含义分别如下。

❖ 【亮度】：调整对象的亮度。

❖ 【对比度】：调整图像的高光、阴影及中间调。

❖ 【饱和度】：调整颜色的强度。

❖ 【色相】：调整颜色的深浅。

应用调整颜色滤镜的具体操作步骤如下。

操作步骤

❶ 使用【文本工具】输入一个文本，如下图所示。

调整颜色

❷ 单击【添加滤镜】按钮，在弹出的下拉列表中选择【调整颜色】命令，在调整颜色滤镜的【属性】面板中设置调整颜色滤镜的参数，如下图所示。

属性	值
▼ 调整颜色	
亮度	100
对比度	50
饱和度	100
色相	50

❸ 得到的调整颜色滤镜效果如下图所示。

调整颜色

如果只需要对某个对象设置【亮度】参数值，那么用户尽量不要使用调整颜色滤镜，而应该优先考虑【颜色】面板中的【亮度】设置。这样，才能保证动画的性能更高一些。

7.2 Flash CS4 混合模式

使用混合模式，可以创建复合图像。复合指的是改变两个或两个以上重叠对象的透明度或者颜色相互关系的过程。使用混合模式，可以混合重叠影片剪辑中的颜色，从而创造独特的效果。

混合模式为对象的不透明度增添了控制尺度。使用Flash CS4 混合模式，可以创建图像细节的加亮或阴影效果，对不饱和的图像进行涂色。

混合模式只能应用于影片剪辑元件和按钮元件，而不能应用于图形元件。

混合模式主要包含如下 4 种元素。

❖ 混合颜色：设置混合模式的颜色。

❖ 不透明度：设置混合模式的透明度。

❖ 基准颜色：设置混合颜色下的像素值。

❖ 结果颜色：在基准颜色中，使用混合模式所得到的颜色结果。

7.2.1 应用混合模式

应用混合模式的具体操作步骤如下。

操作步骤

❶ 使用工具箱中的【选择工具】，选择要应用混合模式的对象。

❷ 在其【属性】面板中，展开【显示】选项组，单击【混合】右侧的下拉按钮，在弹出的下拉列表框中包括多种混合模式，如下图所示。

在渐变斜角的渐变条中最多只能创建 15 种颜色渐变。如果用户想要重新调整渐变条上的指针位置，只要单击色标，按住鼠标左键不放并沿着渐变条拖动色标即可。

❸ 选择需要的混合模式，即可对所选对象应用该混合模式。

提示

由于混合模式取决于要应用混合的对象的颜色和基准颜色，因此建议用户多次试验不同的颜色，以达到最佳的预期效果。

7.2.2 混合模式的效果

Flash CS4 共提供了【一般】、【图层】、【变暗】、【正片叠底】、【变亮】、【滤色】、【叠加】、【强光】、【增加】、【减去】、【差值】、【反相】、Alpha 和【擦除】14 种混合模式。

打开素材文件(光盘：\图书素材\第 7 章\金字塔.fla)，如下图所示。

下面就以该素材文件为例，来介绍各种混合模式的含义，并查看各种混合模式的不同效果。为了便于查看不同的混合模式效果，可按住 Alt 键向右拖动复制一个新的图片，并更改新图片的混合模式与原图片(一般混合模式)重叠，查看得到的效果。

❖ 【一般】：正常应用颜色，不与基准颜色发生交互。效果如下图所示。

❖ 【图层】：可以层叠各个影片剪辑，而不影响其颜色。效果如下图所示。

❖ 【变暗】：只替换比混合颜色亮的区域，比混合颜色暗的区域保持不变。效果如下图所示。

❖ 【正片叠底】：将基准颜色与混合颜色复合，从而产生较暗的颜色。效果如下图所示。

❖ 【变亮】：只替换比混合颜色暗的像素，比混合颜色亮的区域保持不变。效果如下图所示。

学以致用系列丛书

因为发布 SWF 文件时多个图形元件会合并为一个形状，所以不能对不同的图形元件应用不同的混合模式。

❖ 【滤色】：将混合颜色的反色与基准颜色复合，从而产生漂白效果。效果如下图所示。

❖ 【叠加】：复合或过滤颜色，具体操作取决于基准颜色。效果如下图所示。

❖ 【强光】：复合或过滤颜色，具体操作取决于混合模式颜色。强光类似于用光源照射对象，效果如下图所示。

❖ 【增加】：通常用于在两个图像之间创建动画的变亮分解效果。效果如下图所示。

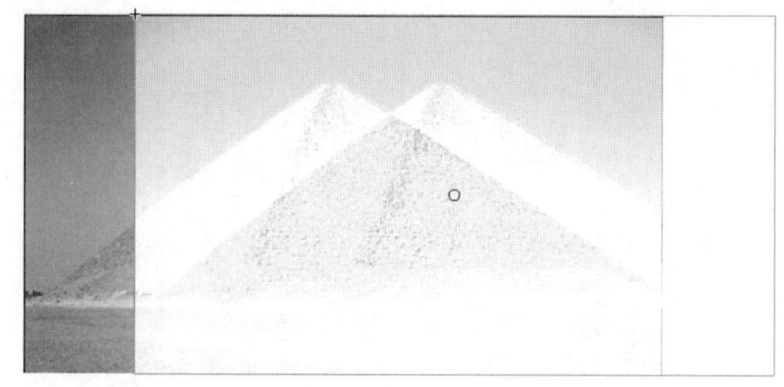

❖ 【减去】：通常用于在两个图像之间创建动画的变暗分解效果。效果如下图所示。

❖ 【差值】：到底是从基准色减去混合色还是从混合色减去基准色，具体取决于基准色和混合色中哪一种颜色的亮度值较大。差值效果类似于彩色底片，如下图所示。

❖ 【反相】：反转基准色，效果如下图所示。

❖ Alpha：应用 Alpha 遮罩层，效果如下图所示。

长见识 在使用混合模式时，尽量将影片剪辑的颜色设置和透明度设置以及不同的混合模式进行多次调整，以获得最佳效果。

❖ 【擦除】：删除所有基准色像素，效果如下图所示。

注意

【擦除】和 Alpha 混合模式要求将图层混合模式应用于父级影片剪辑。不能将背景剪辑更改为【擦除】混合模式，因为该对象将不可见。

一种混合模式产生的效果可能会有很大差异，这取决于图像的基准色和应用的混合模式类型，用户在使用时应多次试验。

7.3 3D 效果

在 Flash CS4 中。通过每个影片剪辑实例的坐标轴属性来表示 3D 空间。使用【3D 平移工具】和【3D 旋转工具】，不反可以沿 Z 轴移动和旋转影片实例，还可以向影片剪辑实例添加 3D 透视效果。

如果舞台上有多个 3D 对象，则可以通过调整 FLA 文件的“透视角度”和“消失点”属性将特定的 3D 效果添加到所有对象(这些对象作为一组)。

若要使用 Flash 的 3D 功能，FLA 文件的发布设置必须为 Flash Player 10 和 ActionScript 3.0。

下面将介绍在 3D 空间移动和旋转对象，以及调整透视角度和消失点的方法。

7.3.1 在 3D 空间移动对象

用户可以使用【3D 平移工具】在 3D 空间中移动影片剪辑实例。在使用该工具选择影片剪辑后，影片剪辑的 X、Y 和 Z 轴将显示在舞台上对象的顶部。其中，X 轴为红色、Y 轴为绿色，Z 轴为蓝色。

单击工具箱中的【3D 旋转工具】按钮，从弹出的列表中选择【3D 平移工具】选项，即可使用【3D 平移工具】，其选项设置工具如下图所示。

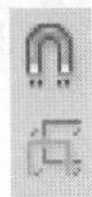

其中，为【全局模式】按钮。单击该按钮，可以在全局模式和局部模式之间进行切换。

在使用【3D 平移工具】进行拖动的同时按 D 键，可以临时从全局模式切换到局部模式。

【3D 平移工具】的默认模式是【全局模式】。在全局 3D 空间中移动对象与相对舞台移动对象等效；在局部 3D 空间中移动对象与相对父级影片剪辑移动对象等效。

【3D 平移工具】的【属性】面板如下图所示。

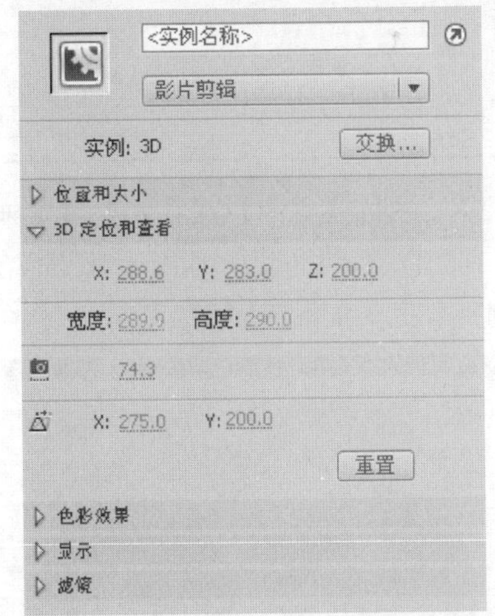

其中，【位置和大小】、【色彩效果】、【显示】和【滤镜】选项卡参数的含义与第 2 章中介绍的工具按钮属性参数的含义类似，这里就不再赘述。

下面将分别介绍【3D 定位和查看】选项组中的参数含义。

❖ 【X】、【Y】、【Z】：分别表示在 3D 空间中，对象在 X 轴、Y 轴和 Z 轴上的位置。

❖ 【宽度】：表示透视 3D 的宽度。

在 3D 术语中，在 3D 空间中移动一个对象称为平移，在 3D 空间中旋转一个对象称为变形。

❖ 【高度】：表示透视 3D 的高度。
❖ 【透视角度】：表示当前对象的透视角度。
❖ 【消失点】：分别表示消失点 X 和消失点 Y 的位置。
❖ 【重置】：单击该按钮，可以恢复消失点的位置为默认状态。

默认情况下，应用了 3D 平移的影片剪辑在舞台上会显示出 3D 轴。如果用户不想显示 3D 轴，则可以在【首选参数】对话框中的【常规】类别中，关闭该功能。

使用【3D 平移工具】移动对象分为两种情况：移动 3D 空间中的单个对象和移动 3D 空间中的多个对象。下面将分别进行介绍。

1. 移动 3D 空间中的单个对象

操作步骤

1. 新建一个文档，打开【文档属性】对话框，设置【背景颜色】为黑色，其余参数保持默认设置，如下图所示。

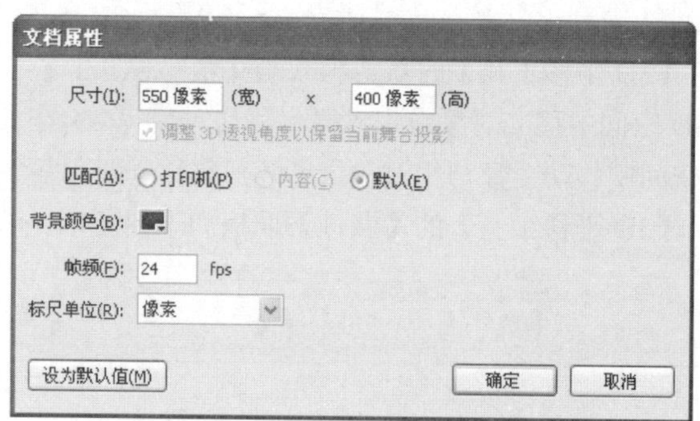

2. 选择菜单栏中的【文件】|【导入】|【导入到舞台】命令，将 3D 图片(光盘：\图书素材\第 7 章\3D.jpg)导入到舞台上，如下图所示。

3. 选中图片，选择菜单栏中的【修改】|【转换为元件】命令，打开【转换为元件】对话框。在【名称】文本框中输入“3D”，在【类型】下拉列表框中选择【影片剪辑】选项，并单击【确定】按钮，如下图所示。

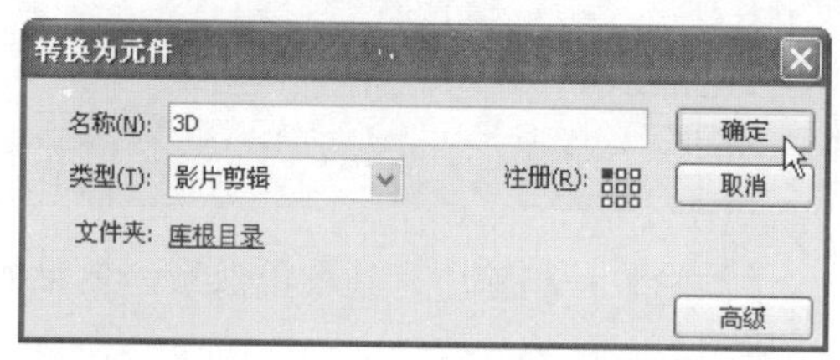

4. 将该图片转换为一个影片剪辑元件后，单击工具箱中的【3D 旋转工具】按钮，从弹出的列表中选择【3D 平移工具】选项。在图像的中间将会出现一个由红色箭头、绿色箭头以及黑点组成的坐标轴，如下图所示。

5. 红色为 X 轴，单击 X 轴图标后，按住鼠标左键不放并水平拖动(这里向右拖动)，到达合适位置后再释放鼠标左键，即可水平移动对象，如下图所示。

将 3D 平移和变形效果中的任意一种应用于影片剪辑后，Flash CS4 都会将该影片剪辑视为一个 3D 影片剪辑。

6 绿色为 Y 轴，单击 Y 轴图标后，按住鼠标左键不放并垂直拖动(这里向下拖动)，到达合适位置后再释放鼠标左键，即可垂直移动对象，如下图所示。

7 中间的黑色圆点为 Z 轴，单击 Z 轴图标后，按住鼠标左键不放并拖动(这里向左上角拖动)，到达适合位置后再释放鼠标左键，即可同时水平和垂直移动对象，如下图所示。

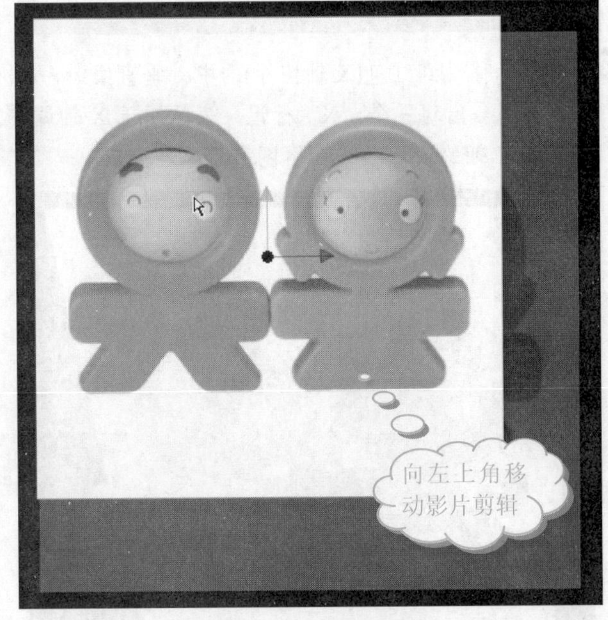

提示

Z 轴图标是影片剪辑中间的黑点。用户可以以影片剪辑的左上角为基准点在 Z 轴上移动该影片剪辑。

2：移动 3D 空间中的多个对象

若要移动 3D 空间中的多个对象，可先选择多个影片剪辑，然后使用【3D 平移工具】移动其中一个选定对象，其他对象将以相同的方式移动。具体操作步骤如下。

操作步骤

1 选择菜单栏中的【文件】|【导入】|【导入到舞台】命令，将素材文件(光盘：\图书素材\第 7 章\金字塔.jpg)导入到舞台上，并转换为影片剪辑。然后使用【3D 平移工具】在“3D”对象上单击，如下图所示。

2 单击 X、Y、Z 轴上的图标，按照单个对象的平移方法即可单独移动“3D”影片剪辑，如下图所示。

3 若要移动组中的每个对象，需要在【3D 平移工具】的全局模式下，按住 Shift 键的同时在另一个对象上

学以致用系列丛书

若要使对象看起来离查看者更近或更远，可以使用【3D 平移工具】或设置其【属性】面板中的【3D 定位和查看】选项组中的参数沿 Z 轴移动该对象。

单击，如下图所示。

❹ 然后释放 Shift 键，按照单个对象的平移方法即可同时移动多个对象，如下图所示。

7.3.2 在 3D 空间旋转对象

使用【3D 旋转工具】可以在 3D 空间中旋转影片剪辑实例。在 3D 空间中旋转对象时，3D 旋转控件出现在舞台上的选定对象之上，同样，X 轴为红色、Y 轴为绿色，Z 轴为蓝色。并且添加了橙色的自由旋转控件，可以同时绕 X 轴和 Y 轴旋转。

单击工具箱中的【3D 旋转工具】，其选项设置工具和【属性】面板与【3D 平移工具】相同，这里就不再赘述。

【3D 旋转工具】的默认模式为【全局模式】。在全局 3D 空间中旋转对象与相对舞台移动对象等效；在局部 3D 空间中旋转对象与相对父级影片剪辑移动对象等效。

使用【3D 旋转工具】旋转对象也分为两种情况，即旋转 3D 空间中的单个对象和旋转 3D 空间中的多个对象。下面将分别进行介绍。

1. 旋转 3D 空间中的单个对象

旋转 3D 空间中的单个对象的具体操作步骤如下。

❶ 打开素材文件(光盘：\图书素材\第 7 章\3D.jpg)单击工具箱中的【3D 旋转工具】按钮，此时在图像中央会出现一个类似瞄准镜的图标，中间由一条红色和一条绿色的线条组成十字形，十字形的外围是蓝色和橙色的圆圈，如下图所示。

❷ 当光标移动到红色(X 轴控件)的中心垂直线时，光标右下角会出现一个“X”标记，表示用于 X 轴调整。调整 X 轴的图像效果如下图所示。

❸ 当光标移动到绿色水平线(Y 轴控件)时，光标右下角会出现一个“Y”标记，表示用于 Y 轴调整。调整 Y

若要相对于影片剪辑重新定位旋转中心点，可以直接拖动中心点。若要按 45°的增量约束中心点的移动，可以先按住 Shift 键，再拖动中心点。

轴的图像效果如下图所示。

❹ 当光标移动到蓝色圆圈(Z 轴控件)时，光标右下角会出现一个“Z”标记，表示用于 Z 轴调整。调整 Z 轴的图像效果如下图所示。

提示

指针在经过【3D 旋转工具】四个控件中的任意一个控件时，都会显示出该控件的标记。▶x图标表示可以绕 X 轴旋转，▶y图标表示可以绕 Y 轴旋转，▶z图标表示可以绕 Z 轴旋转，▶表示可以同时绕 X 轴和 Y 轴旋转。

❺ 当光标移动到橙色的圆圈(自由控件)时，可以对图像进行 X 轴和 Y 轴的综合调整。自由调整的图像效果如下图所示。

❻ 单击中心点，按住鼠标左键不放并拖动，使其上移到如下图所示的位置。

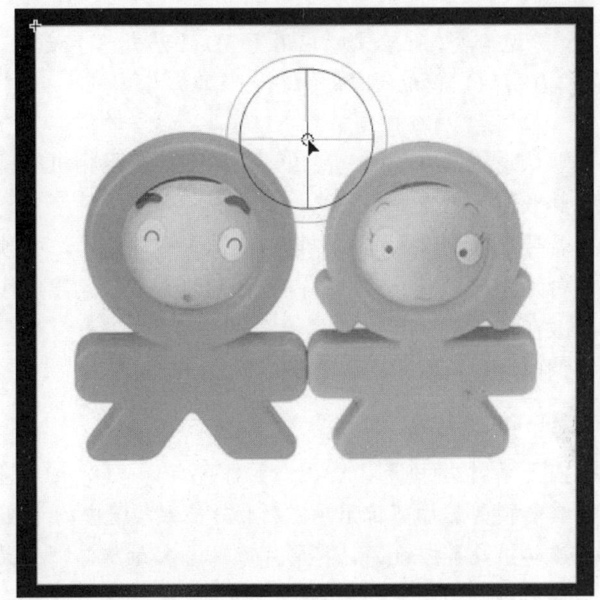

❼ 沿 Z 轴旋转对象，效果如下图所示。

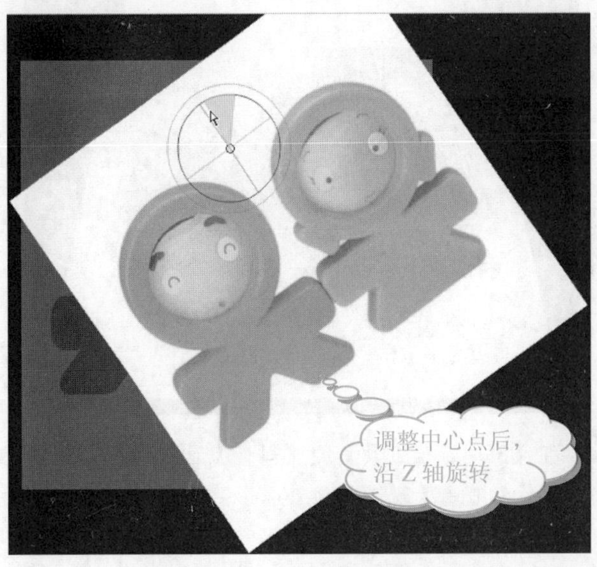

学以致用系列丛书

2. 旋转 3D 空间中的多个对象

使用【3D 旋转工具】移动多个对象的方法是：按住 Shift 键的同时单击另一个对象，使多个对象组合在一起，从而同时旋转组中的所有对象。

7.3.3 调整透视角度

FLA 文件的透视角度属性，可以控制 3D 影片剪辑视图在舞台上的外观视角。增大或减小透视角度将影响 3D 影片剪辑的外观尺寸及其相对于舞台边缘的位置。增大透视角度，可使 3D 对象看起来更接近查看者；减小透视角度属性，可使 3D 对象看起来更远。

透视角度属性会影响应用了 3D 平移或 3D 旋转的影片剪辑，但是不会影响到一般的影片剪辑。

默认透视角度为 55°视角，类似于普通照相机的镜头，其取值范围为 1°～180°。

若要在【属性】面板中查看或设置透视角度，必须在舞台上先选择一个 3D 影片剪辑，这样对透视角度所作的更改在舞台上才可见。

调整透视角度的具体操作如下。

操作步骤

❶ 打开素材文件(光盘：\图书素材\第 7 章\3D.jpg)，将其转换为影片剪辑元件。然后单击工具箱中的【3D 旋转工具】按钮，将影片剪辑沿 X 轴旋转，效果如下图所示。

❷ 在【3D 旋转工具】的【属性】面板中，展开【3D 定位和查看】选项组，查看影片剪辑的原透视角度，如下图所示。

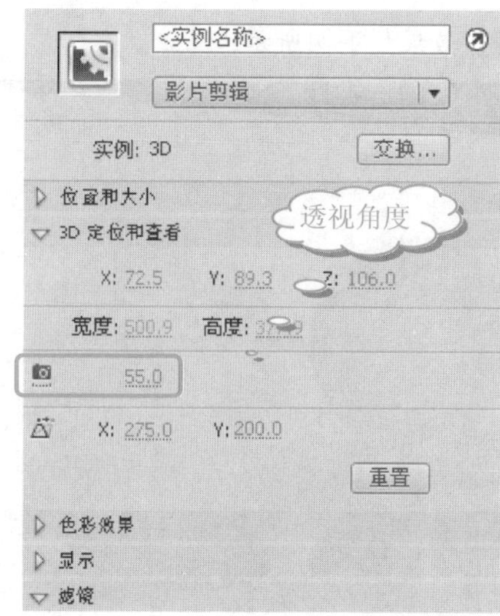

❸ 更改透视角度为“80.0”，如下图所示。

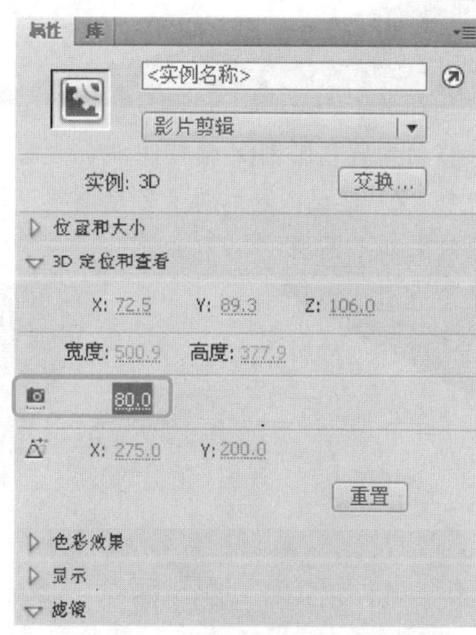

❹ 此时的图像效果更接近使用者，而且影片剪辑的部分图像已经超出了舞台的范围，延伸到工作区中了，如下图所示。

长见识 在为影片剪辑实例添加 3D 效果后，不能在【在当前位置编辑】模式下编辑该实例的影片剪辑元件。

注意

在更改舞台大小时，透视角度会自动更改，以便 3D 影片剪辑的外观不发生改变。不过，用户可以在【文档属性】对话框中取消选中【调整 3D 透视角度以保留当前舞台投影】复选框，将该功能关闭，如下图所示。

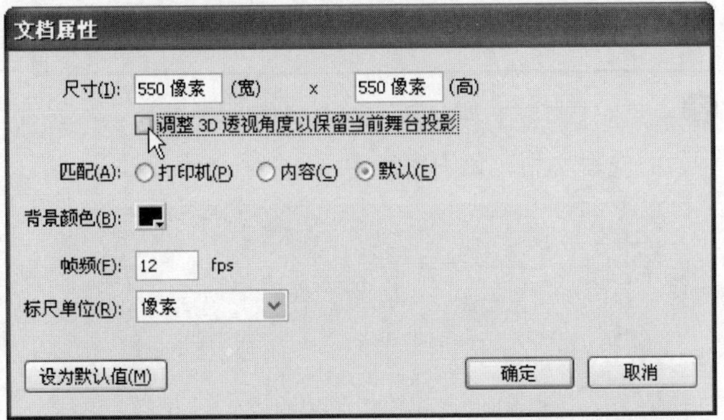

7.3.4　调整消失点

消失点用于控制舞台上 3D 对象的 Z 轴方向。FLA 文件中所有 3D 对象的 Z 轴都朝着消失点后退。通过重新定位消失点，可以更改沿 Z 轴平移对象时的移动方向。通过调整消失点的位置，可以精确控制舞台上 3D 对象的外观和动画。

例如，如果将消失点定位在舞台的左上角(0，0)，则增大影片剪辑在 3D 空间的 Z 轴坐标，可使影片剪辑远离查看者并向着舞台的左上角移动。

因为消失点影响所有 3D 影片剪辑，所以更改消失点也会更改应用了 Z 轴平移的所有影片剪辑的位置。

提示

消失点是一个文档属性，它会影响应用 Z 轴平移或旋转的所有影片剪辑，但是不会影响一般的影片剪辑。消失点的默认位置是舞台中心。

若要在【属性】面板中查看或设置消失点，必须在舞台上选择一个 3D 影片剪辑，这样对消失点进行的更改在舞台上才可见。具体操作步骤如下。

操作步骤

1. 打开素材文件(光盘：\图书素材\第 7 章\3D.jpg)，将其转换为影片剪辑元件。然后，单击工具箱中的【3D 旋转工具】按钮，将影片剪辑沿 Y 轴旋转，效果如下图所示。

2. 此时其【属性】面板中的【消失点】参数如下图所示。

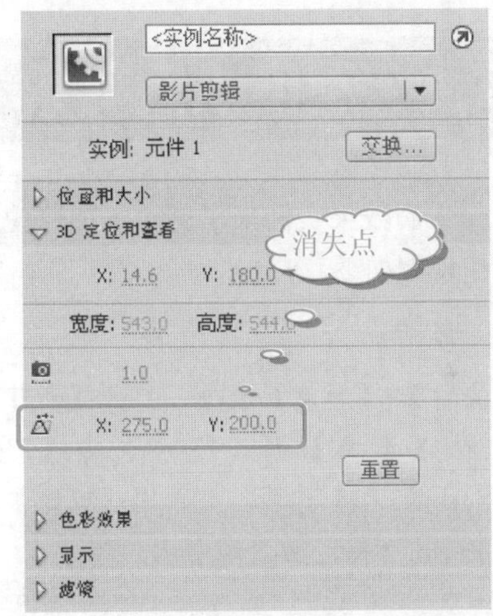

3. 在【消失点】文本框中分别输入新的参数值，如下图所示。

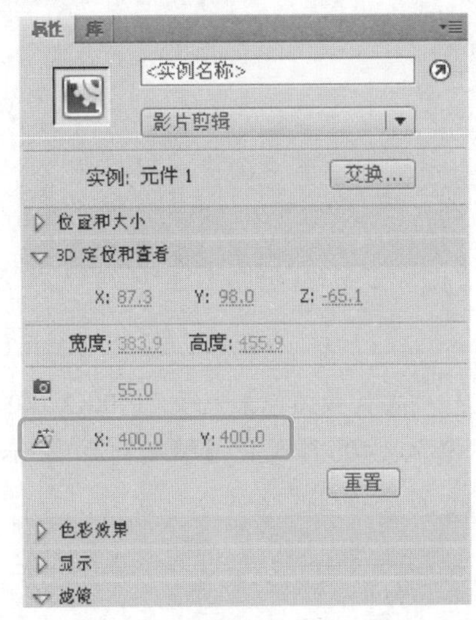

学以致用系列丛书

❹ 得到的效果如下图所示。

7.4 制作水滴效果

通过制作水滴效果实例来了解一下如何使用滤镜效果，具体操作步骤如下。

操作步骤

❶ 选择【文件】|【新建】命令，打开【新建文档】对话框。在【类型】列表框中选择【Flash 文件(ActionScript 2.0)】选项，并单击【确定】按钮，新建一个 Flash 文档，如下图所示。

新建文档
常规 模板
类型(T)：
Flash 文件(ActionScript 3.0)
Flash 文件(ActionScript 2.0)
Flash 文件 (Adobe AIR)
Flash 文件(移动)
Flash 幻灯片演示文稿
Flash 表单应用程序
ActionScript 文件
ActionScript 通信文件
Flash JavaScript 文件
Flash 项目
描述(D)：
在 Flash 文档窗口中创建一个新的 FLA 文件 (*.fla)。将会设置 ActionScript 2.0 的发布设置。使用 FLA 文件设置为 Adobe Flash Player 发布的 SWF 文件的媒体和结构。
确定 取消

❷ 设置文档的【背景颜色】为绿色(#00CC00)，【尺寸】为 550 像素 × 400 像素，【帧频】为 12fps，其他参数保持不变，如下图所示。

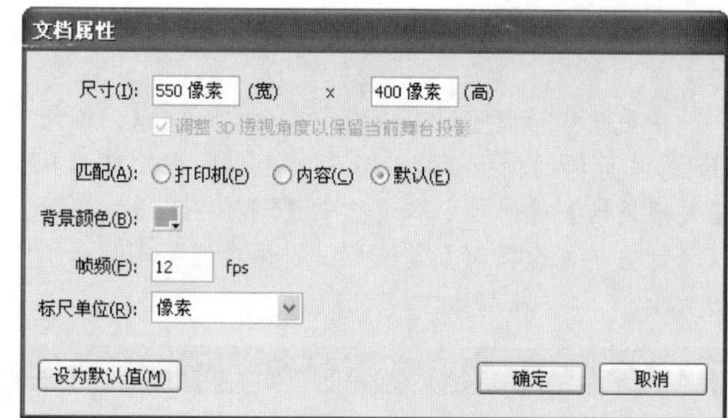

❸ 单击【确定】按钮后，即可在舞台上创建一个绿色的空白文档，如下图所示。

❹ 单击两次工具箱中的【矩形工具】按钮，从弹出的列表中选择【椭圆工具】选项，设置【笔触颜色】为【无】，【填充颜色】为白色。此时，椭圆工具的【属性】面板如下图所示。

椭圆工具
填充和笔触
笔触： 1.00
样式： 实线
缩放： 提示
端点：
接合： 尖角： 3
椭圆选项
开始角度： 0.00
结束角度： 0.00
内径： 0.00
闭合路径 重置

❺ 在舞台上利用【椭圆工具】绘制一个白色的椭圆，如下图所示。

长见识：如果更改了 3D 影片剪辑的 Z 轴位置，则该影片剪辑在显示时也会改变其 X 轴和 Y 轴的位置。因为 Z 轴上的移动是沿着从 3D 消失点辐射到舞台边缘的透视线进行操作的。

❻ 单击工具箱中的【选择工具】按钮，在舞台上单击椭圆以选中椭圆，如下图所示。

❼ 选择菜单栏中的【修改】|【转换为元件】命令，打开【转换为元件】对话框。在【名称】文本框中输入“水滴主体”，在【类型】下拉列表框中选择【影片剪辑】选项，并单击【确定】按钮，如下图所示。

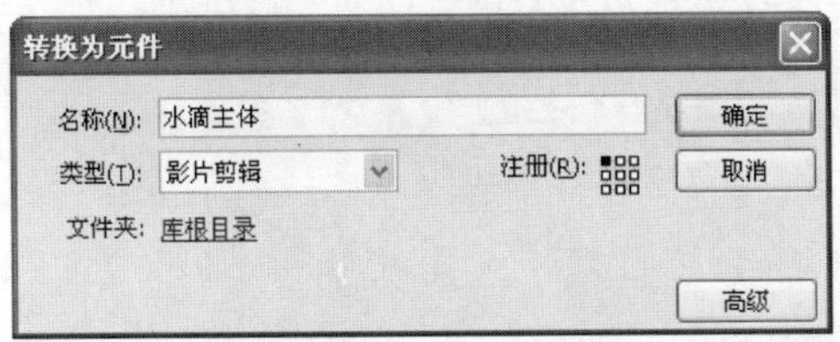

❽ 使用【选择工具】选中该影片剪辑元件，如下图所示。

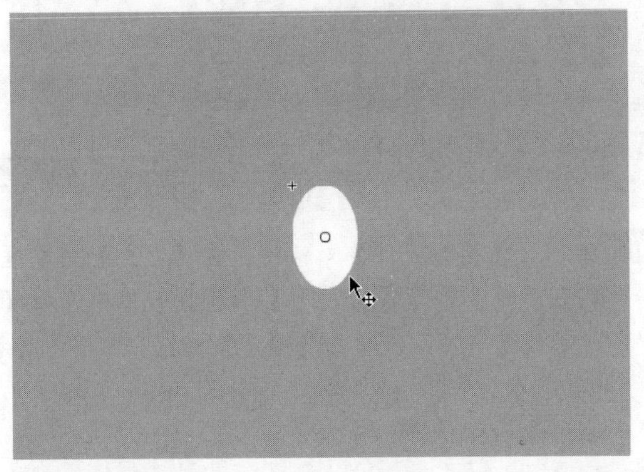

❾ 在影片剪辑元件的【属性】面板中展开【滤镜】选项组，单击【添加滤镜】按钮，在弹出的下拉列表中选择【发光】选项，如下图所示。

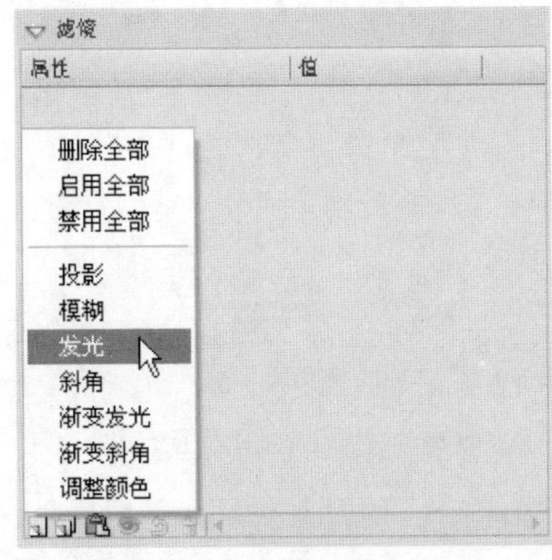

❿ 为该影片剪辑元件添加发光滤镜效果，具体参数设置如下图所示。

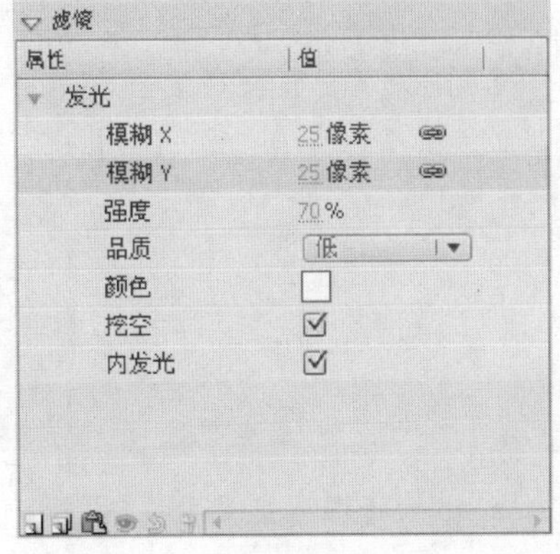

⓫ 此时，在舞台上的对象效果如下图所示。

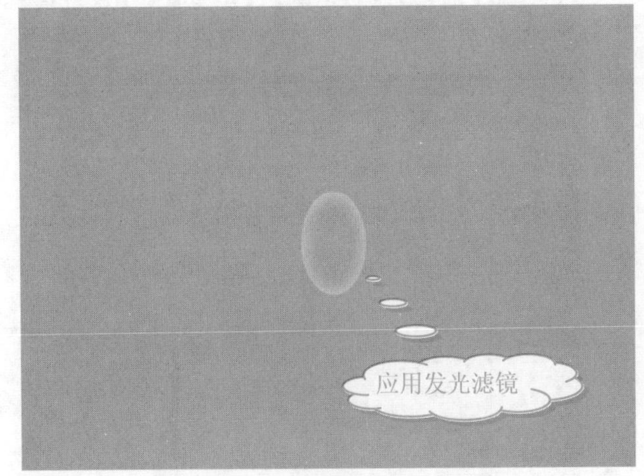

⓬ 继续单击【滤镜】选项组中的【添加滤镜】按钮，在弹出的下拉列表中选择【投影】选项，为该影片剪辑元件添加投影滤镜效果，具体参数设置如下图所示。

3D 旋转可在全局 3D 空间或局部 3D 空间中进行，具体取决于 3D 旋转工具的当前模式。

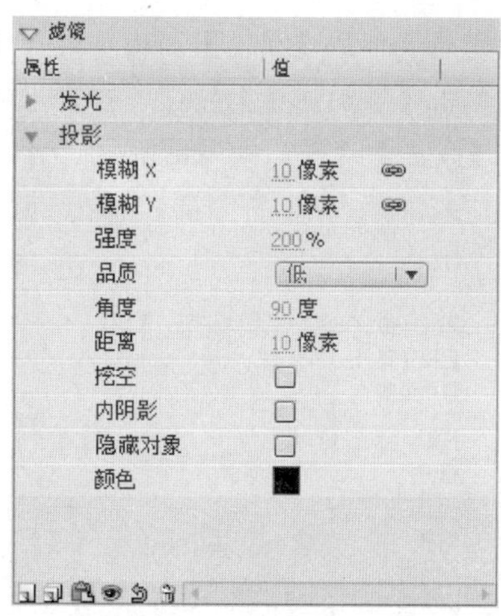

⑬ 此时，在舞台上的对象效果如下图所示。

⑭ 单击工具箱中的【椭圆工具】按钮，设置【笔触颜色】为【无】。然后，选择【窗口】|【颜色】命令，打开【颜色】面板，设置【类型】为【放射状】，如下图所示。

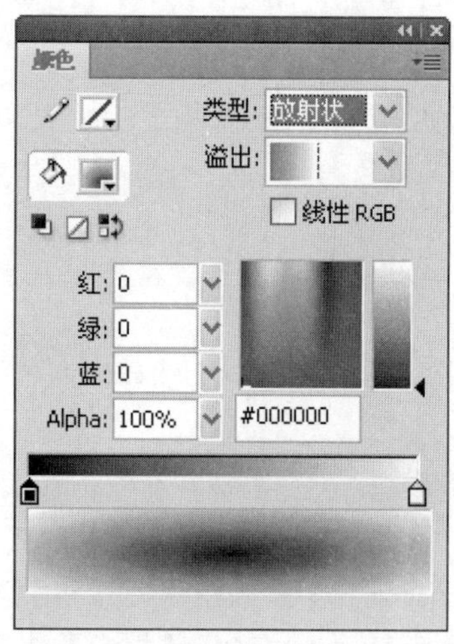

⑮ 单击【颜色】面板上左侧的色标，设置为白色，并设置 Alpha 值为 0%，使颜色为从白色到白色透明渐变，如下图所示。

⑯ 在舞台上绘制一个小一点的椭圆，用于制作该水滴的高光部分，如下图所示。

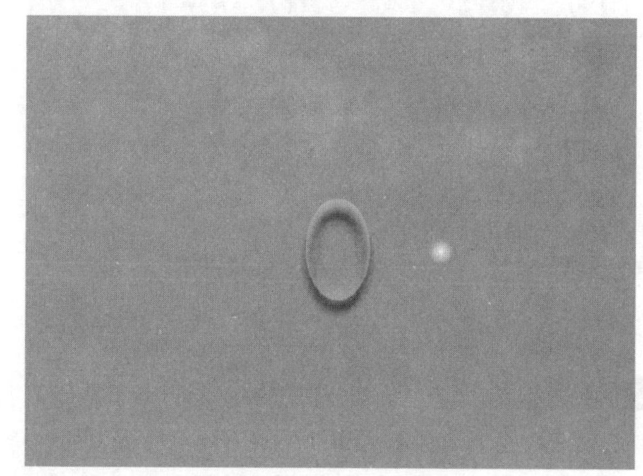

⑰ 选中绘制的小椭圆并右击，从弹出的快捷菜单中选择【转换为元件】命令，如下图所示。

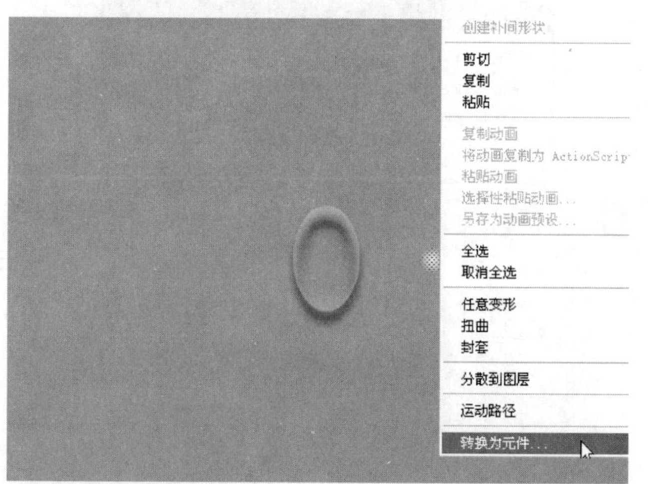

⑱ 弹出【转换为元件】对话框，在【名称】文本框中输入“高光”，在【类型】下拉列表框中选择【影片剪辑】选项，并单击【确定】按钮，如下图所示。

长见识 选择【窗口】|【变形】命令(或者按 Ctrl+T 组合键)，打开【变形】面板，可以设置在 3D 空间上的旋转角度和中心点位置。

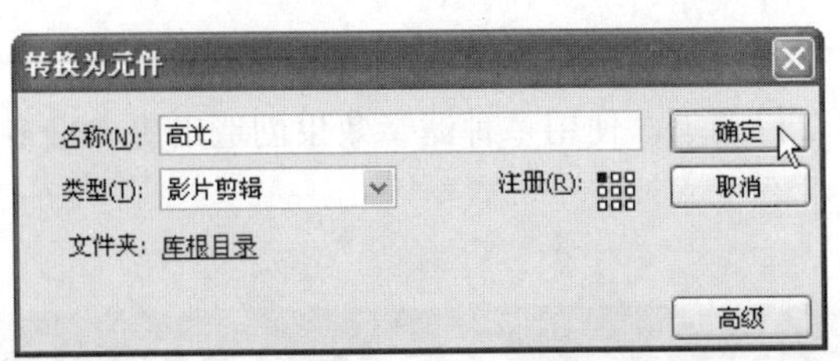

⓳ 转换为影片剪辑后，在其【属性】面板中展开【滤镜】选项组，单击【添加滤镜】按钮，在弹出的下拉列表中选择【模糊】选项，如下图所示。

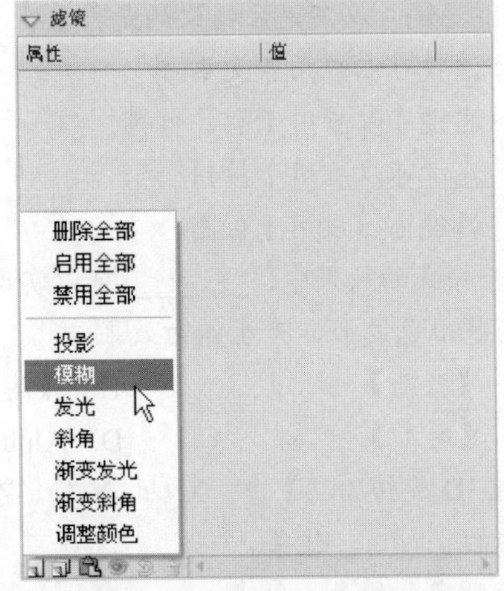

⓴ 设置模糊滤镜的具体参数如下图所示。

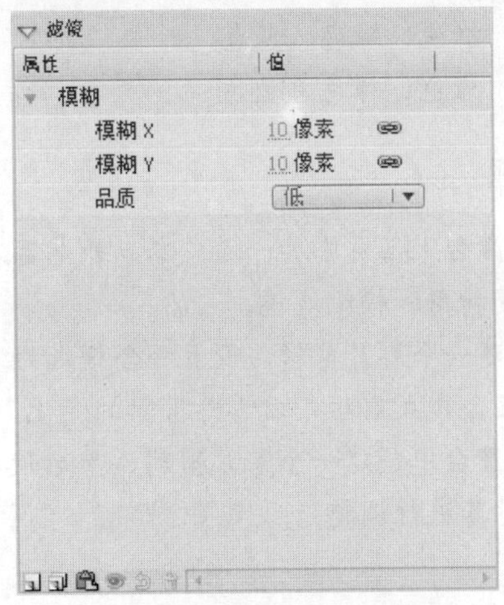

㉑ 此时，在舞台上的对象效果如下图所示。

㉒ 使用工具箱中的【选择工具】，将设置好的“高光”影片剪辑移动到之前制作的“水滴主体”影片剪辑的左上角，效果如下图所示。

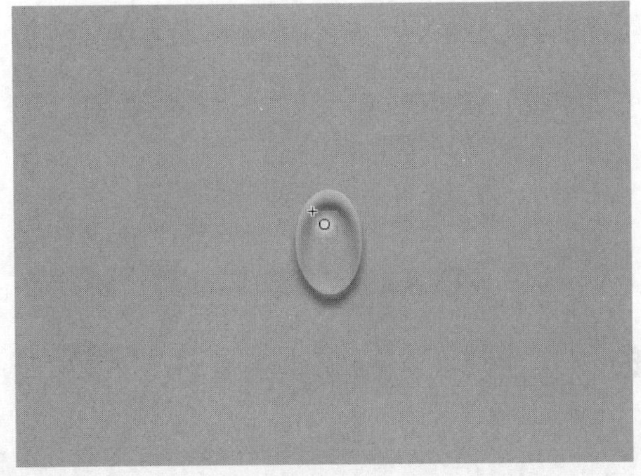

㉓ 选择菜单栏中的【编辑】|【全选】命令(或按 Ctrl+A 组合键)，如下图所示。

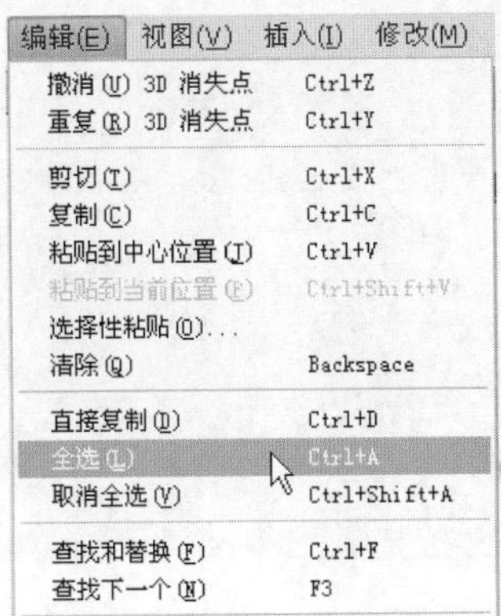

㉔ 将舞台上的“高光”和“水滴主体”影片剪辑元件全部选中，如下图所示。

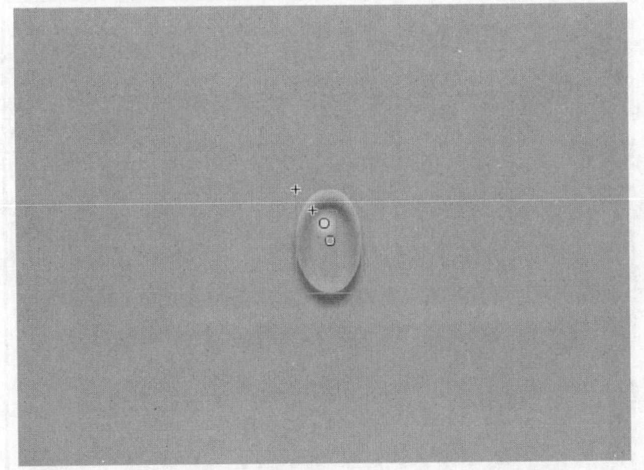

㉕ 选择菜单栏中的【修改】|【组合】命令(或按 Ctrl+G 组合键)，如下图所示。

在【首选参数】对话框中，可以设置是否显示 3D 的轴。在所有的 3D 影片剪辑上显示 X、Y 和 Z 轴的重叠部分，就能够在舞台上轻松标识坐标轴。

修改(M) 文本(T) 命令(C) 控制(
文档(D)... Ctrl+J
转换为元件(C)... F8
分离(K) Ctrl+B
位图(B)
元件(S)
形状(P)
合并对象(O)
时间轴(M)
变形(T)
排列(A)
对齐(N)
组合(G) Ctrl+G
取消组合(U) Ctrl+Shift+G

26 这样，整个水滴滤镜效果就制作完成了。最终效果如下图所示。

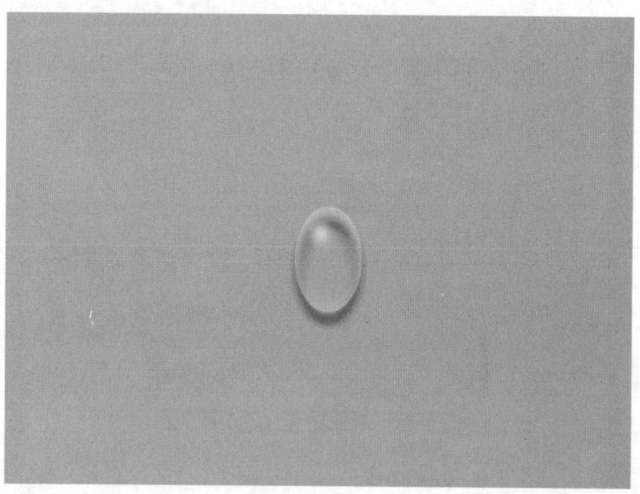

27 按 Ctrl+Enter 组合键，可以打开 SWF 文件，查看动画制作的效果，如下图所示。

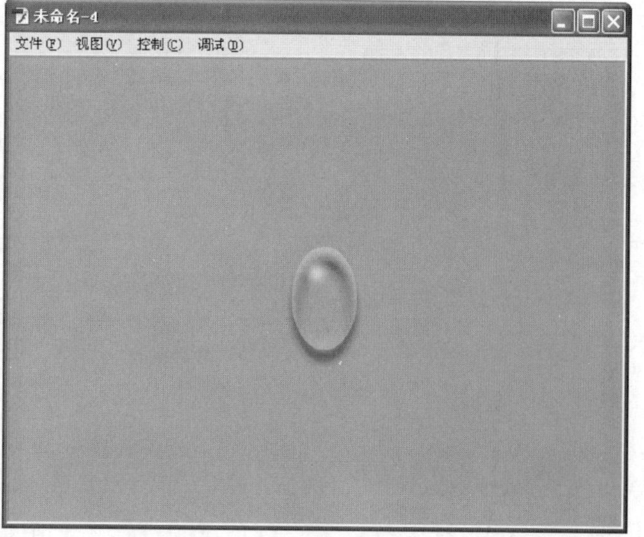

在本实例中只是简单地应用了几个滤镜效果，用户可以自己动手，使用多种滤镜效果创造出更丰富多彩的动画。

7.5 思考与练习

选择题

1. 关于滤镜，以下说法错误的是________。
   A. 滤镜可以应用于文本
   B. 滤镜可以应用于影片剪辑
   C. 滤镜可以应用于按钮
   D. 滤镜可以应用于位图

2. 混合模式的效果中，________可以实现将混合颜色的反色与基准色复合，产生漂白效果。
   A. 【变亮】　　B. 【滤色】
   C. 【叠加】　　D. Alpha

3. 在【3D 旋转工具】中，X 轴、Y 轴、Z 轴调整分别对应下面的________线条。
   A. 蓝色、绿色、红色
   B. 绿色、红色、蓝色
   C. 红色、绿色、蓝色
   D. 橙色、绿色、蓝色

操作题

1. 在舞台上任意添加一段文本，并先后为文本添加发光、渐变斜角和模糊滤镜。

2. 创建一个影片剪辑，设置混合模式为【强光】。比较应用混合模式前后，该影片剪辑的变化。

3. 在舞台中创建一个影片剪辑，然后使用【3D 旋转工具】对其进行调整。

 只可以使用补间动画来为 3D 对象创建动画效果，而无法使用传统补间为 3D 对象创建动画效果。

第 8 章 惊世绝俗——Flash 的各种动画

在前面的章节中已经学习了动画的基础操作，本章将在此基础上，对 Flash CS4 中的各种动画进行讲解，以帮助用户制作出属于自己的简单的动画作品。

学习要点

- ❖ 动画制作基础
- ❖ 创建逐帧动画
- ❖ 创建传统补间动画
- ❖ 创建补间形状动画
- ❖ 创建补间动画
- ❖ 创建引导动画
- ❖ 创建遮罩动画
- ❖ 创建骨骼动画

学习目标

通过本章的学习，读者首先应该掌握一些动画制作的基础知识；其次要求掌握各种动画的制作方法；最后要求能够为对象添加各种动作，从而制作出风格迥异的动画效果。

8.1 动画制作基础

在介绍 Flash CS4 中的各种动画之前，首先了解一下 Flash 动画中的一些简单原理和基本知识，以便接下来制作各种动画效果。

8.1.1 动画的基本类型

下面先来简单介绍一下 Flash CS4 所支持的动画类型。

- ❖ 逐帧动画：逐帧动画由许多单个的连续关键帧组成，通常用于表现对象变化不大的动画。使用此动画技术，可以为时间轴的每个帧中的图形元素指定不同的动作。
- ❖ 补间动画：补间动画是根据同一个对象在两个不同的关键帧中的大小、位置、旋转、倾斜和透明度等属性的差别计算生成的。补间动画在时间轴中显示为连续的帧范围，默认情况下可以作为单个对象进行选择。补间动画的特点是功能强大，易于创建。
- ❖ 补间形状动画：在补间形状动画中，可在时间轴的特定帧中绘制一个形状，并允许更改该形状或在另一个特定帧中绘制另一个形状。然后，Flash CS4 将自动修改中间帧的形状，以表现图形对象形状间的自然过渡。
- ❖ 传统补间动画：传统补间动画与补间动画类似，但是其创建方法比较复杂。传统补间动画的特点是允许创建一些特定的动画效果，而使用基于范围的补间则不能实现特定效果。
- ❖ 骨骼动画：骨骼动画(反向运动姿势)用于伸展和弯曲形状对象以及链接元件实例组，使它们以自然方式一起移动。

8.1.2 动画帧标识

Flash CS4 程序通过在时间轴上显示不同的动画帧标识，帮助用户快速识别文档中的各种动画类型和含义。下面就来介绍 Flash CS4 中常见的动画类型标识。

- ❖ ：一段具有蓝色背景的帧表示补间动画。其中，第一帧中的黑点表示补间范围分配有目标对象；黑色菱形表示最后一个帧和任何其他属性的关键帧(包括用户自定义属性的帧)。用户可以在表示补间动画的帧上右击，从弹出的快捷菜单中选择【插入关键帧】命令，此时在弹出的子菜单中即可选择关键帧的类型，如下图所示。

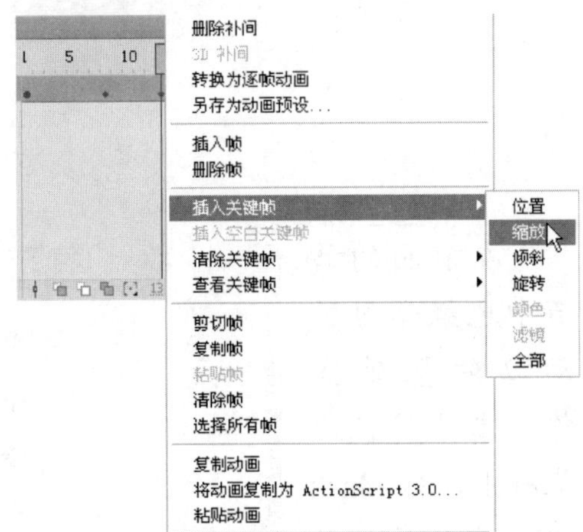

- ❖ ：第一帧中的空心点表示补间动画的目标对象已删除。补间范围仍包含其属性关键帧，并可应用到新的目标对象上。
- ❖ ：一段具有绿色背景的帧表示反向运动(IK)姿势图层。姿势图层包含 IK 骨架和姿势，每个姿势在时间轴中显示为黑色菱形。Flash CS4 会在姿势之间自动添加帧中缺少的骨架位置动画。
- ❖ ：带有黑色箭头、蓝色背景，并在第 1 帧中以黑色圆点显示的动画帧表示传统补间动画。
- ❖ ：表示传统补间动画是断开或不完整的。
- ❖ ：带有黑色箭头、淡绿色背景，并在起始关键帧处以黑色圆点显示的动画帧表示补间形状。
- ❖ ：一个没有任何动画效果的普通动画帧区域。其中，黑色圆点表示一个关键帧；其他浅灰色的帧区域和最后一个空心矩形均表示普通帧。
- ❖ ：在普通动画帧区域中显示出一个标识，则表示已使用【动作】面板为该帧分配了一个帧动作。
- ❖ ：红色的小旗标识表示该帧中包含一个标签。
- ❖ ：绿色的双斜杠标识表示该帧中包含一个注释，且帧中的文字为注释的内容。用户可

长见识 对于由对象的连续运动或变形构成的动画，则应该考虑将其创建为补间动画。

以在帧的【属性】面板中自定义注释的内容。

❖ 标签：金色的锚记标识表示该帧是一个命名锚记。同样，其中的文字也可以在帧的【属性】面板中进行编辑。

8.2　创建各种动画

Flash 动画实际上是根据人类的视觉特点，将一组静止的画面快速地呈现在人的眼前，给人的视觉造成连续变化的效果。实际上，动画效果就是由一系列先后排序的帧组成的。当相邻的帧之间的变化较小时，播放的动画就会呈现出动态效果。

8.2.1　逐帧动画

逐帧动画是在时间轴上以关键帧形式逐帧绘制帧内容而形成的动画。它按照一帧一帧的顺序来播放动画，因此逐帧动画具有非常大的灵活性，几乎可以表现任何想要表现的内容。在很多 Flash 动画中，相信用户常常会看到一些动画人物在眨眼、在说话，其实这些简单的动画效果就是利用逐帧动画来实现的。

逐帧动画在时间轴上表现为连续的关键帧，如下图所示。

1. 逐帧动画的特点

制作逐帧动画时，需要在动画的每一帧中创建不同的内容。当动画播放时，Flash CS4 就会一帧一帧地显示每帧中的内容。逐帧动画的特点主要有如下几点。

❖ 逐帧动画中的每一帧都是关键帧，每个帧的内容都需要手动编辑，工作量很大。不过，逐帧动画非常适合表现细腻的动画效果，如人物转身等。

❖ 逐帧动画由许多单个关键帧组合而成，每个关键帧均可以独立进行编辑，且相邻关键帧中的对象变化不明显。

❖ 逐帧动画的文件较大，不利于编辑。

2. 逐帧动画的制作技巧

在制作逐帧动画的过程中，通过运用一定的制作技巧，可以快速地提高制作逐帧动画的效率，也能使制作的逐帧动画的质量得到大幅度提高。

1)　预先绘制草图

如果逐帧动画中的对象动作变化较多，且动作变化幅度较大(如人物的奔跑动作等)，则在制作这类动画时，为了确保动作的流畅和连贯，通常应在正式制作之前绘制各关键帧动作的草图。在草图中，大致确定各关键帧中图形的形状、位置、大小以及各关键帧之间因为动作变化而需要产生变化的图形部分。在修改并最终确认草图内容后，即可参照草图对逐帧动画进行制作。

2)　修改关键帧中的图形

如果在逐帧动画中，各关键帧中需要变化的内容不多，且变化的幅度较小(如头发的轻微摆动)，则可以选择最基本的关键帧中的图形，将其复制到其他关键帧中。然后使用工具箱中的【选择工具】和【部分选择工具】，并结合适当的绘图工具对这些关键帧的图形进行调整和修改即可。

3. 制作逐帧动画

下面是一个简单的逐帧动画制作实例，在每一帧中都对鸟的飞翔动作做了分解，整个动画效果非常逼真。具体操作步骤如下。

操作步骤

❶ 选择【文件】|【新建】命令，打开【新建文档】对话框，新建一个 Flash 文件(ActionScript 2.0)，如下图所示。

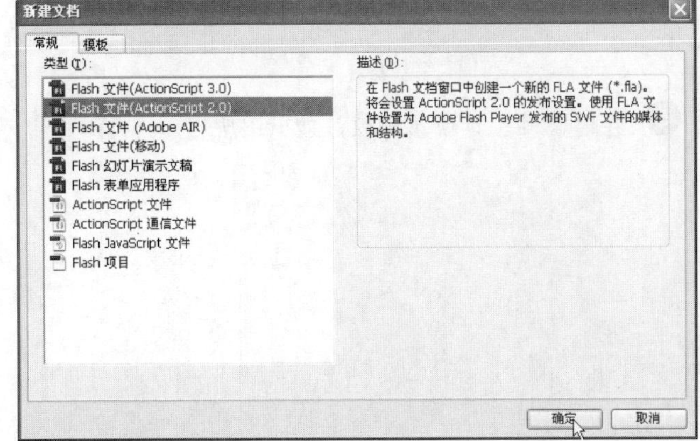

动画的复杂程度和计算机的相应速度都会影响回放的流畅程度，因此如果要保证最佳帧频，则可以在各种不同的计算机上测试动画以取得最佳动画效果。

❷ 在其【属性】面板中的【属性】选项组中单击【编辑】按钮，如下图所示。

❸ 弹出【文档属性】对话框，设置【背景颜色】为天蓝色(#00CBFF)，【帧频】为 8 fps，再单击【确定】按钮，如下图所示。

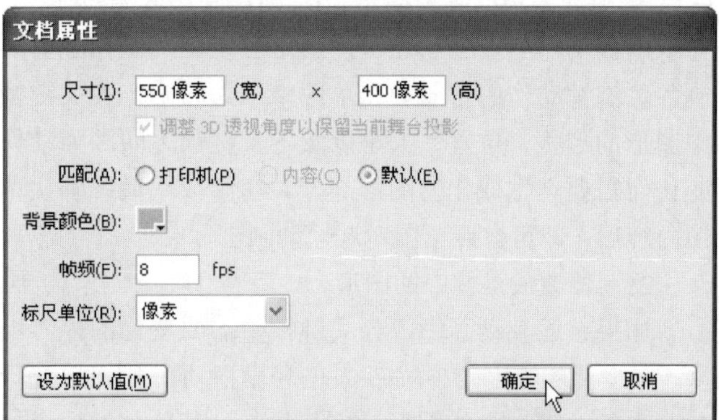

❹ 在工具箱中单击【刷子工具】按钮，并在其【属性】面板中单击【填充颜色】按钮，打开调色板，设置【填充颜色】为白色，保持其他参数为默认值，如下图所示。

❺ 在时间轴上选中第 1 帧，如下图所示。

❻ 在舞台中心位置绘制图形，如下图所示。

❼ 在工具箱中单击【文本工具】按钮T，在其【属性】面板中设置文本【系列】为【黑体】，【大小】为 20.0 点，如下图所示。

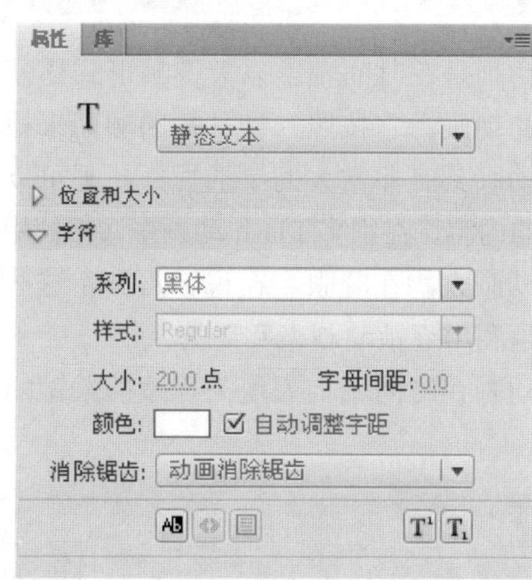

❽ 在舞台上创建一个静态文本，并输入“1”，效果如下图所示。

❾ 在时间轴的第 2 帧处右击，从弹出的快捷菜单中选择【插入关键帧】命令，插入一个关键帧。此时的时间轴如下图所示。

长见识：帧频的设置应该根据用户期望动画播放的效果来定。一般情况下，帧频设置在 8 fps ~ 24 fps 之间比较合适。

10 这时可以发现舞台中的内容与第一帧中的内容完全相同。然后，使用工具箱中的【选择工具】对该图形略作调整，最终效果如下图所示。

11 再使用【文本工具】在舞台上的图形右下角创建一个静态文本，输入“2”，如下图所示。

12 以此类推重复之前的步骤，分别在第 3 帧到第 15 帧中插入关键帧，并对每一帧中的图形略作调整，输入文本序号。如下图所示为每帧中的图形。

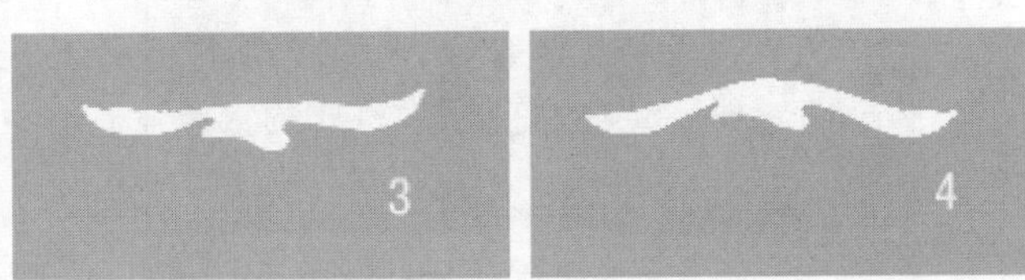

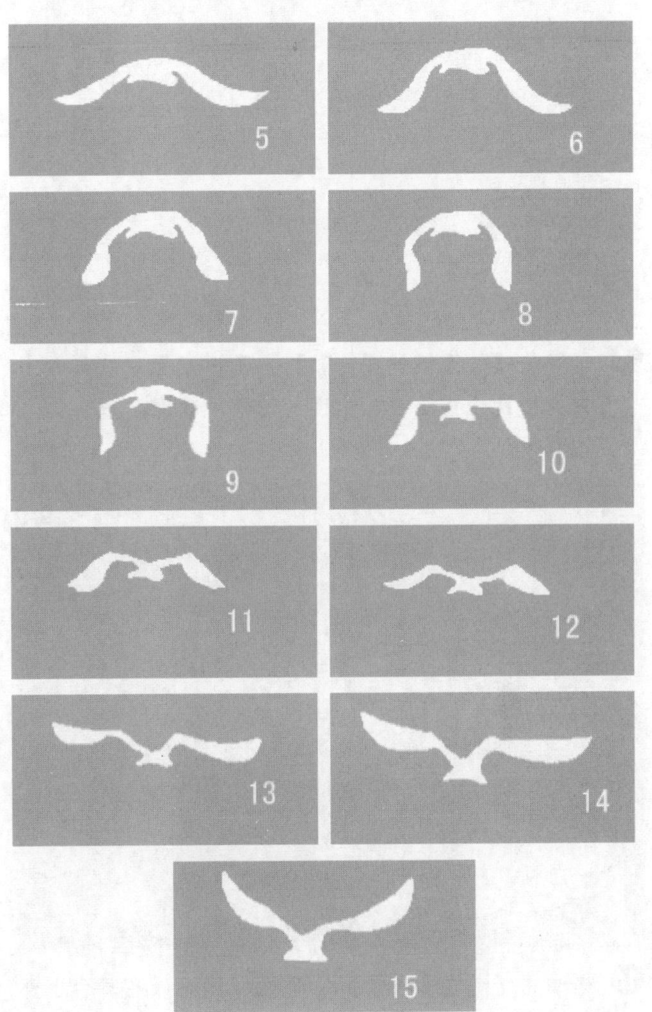

13 为了便于定位和编辑逐帧动画，可以在【时间轴】面板中单击【绘图纸外观】按钮，这样即可在舞台上查看前两个或更多帧中图形的外观，以确保实例中每一帧中的图形的位置和大小符合逻辑，如下图所示。

14 此时的时间轴如下图所示。

学以致用系列丛书

打开绘图纸外观时，不会显示被锁定的图层。所以，为清晰地查看图形，应静态锁定或隐藏不希望对其使用绘图纸外观的图层。

长见识

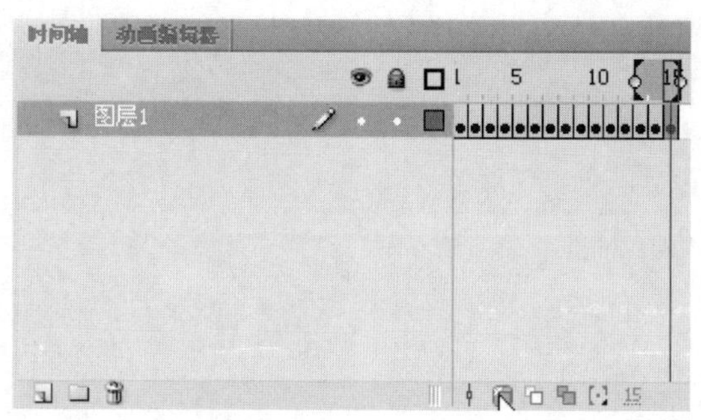

⑮ 若单击【绘图纸外观轮廓】按钮，可以在舞台上查看前两个或更多帧中图形的外观轮廓，效果如下图所示。

⑯ 若单击【编辑多个帧】按钮，则可以在舞台上查看前两个或更多帧中图形的完整形状，如下图所示。

⑰ 用以上 3 种方法查看逐帧动画后，可以对其进行调整。当对制作的逐帧动画感到满意后，即可将其保存起来。方法是在菜单栏中选择【文件】|【保存】命令，如下图所示。

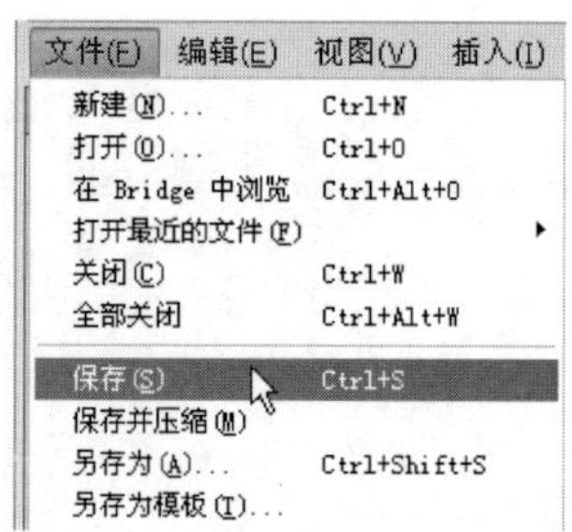

⑱ 弹出【另存为】对话框，选择文件的保存位置，然后在【文件名】文本框中输入文件名称，再单击【保存】按钮，如下图所示。

⑲ 下面再来查看动画效果。在菜单栏中选择【窗口】|【工具栏】|【控制器】命令，如下图所示。

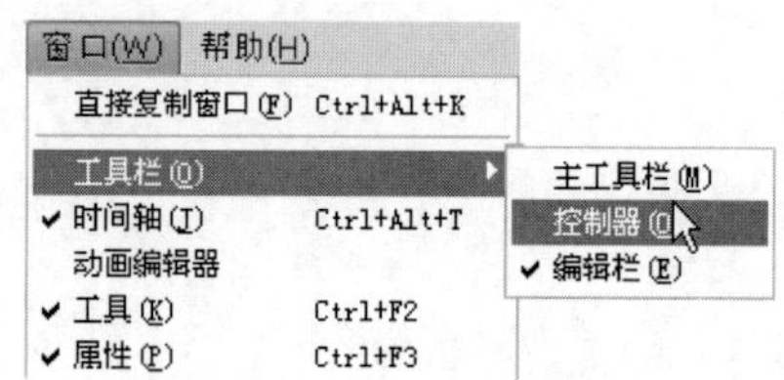

⑳ 打开【控制器】窗格，单击其中的【播放】、【停止】、【前进一帧】、【后退一帧】等按钮，可以控制动画播放，查看设置的动画效果，如下图所示。

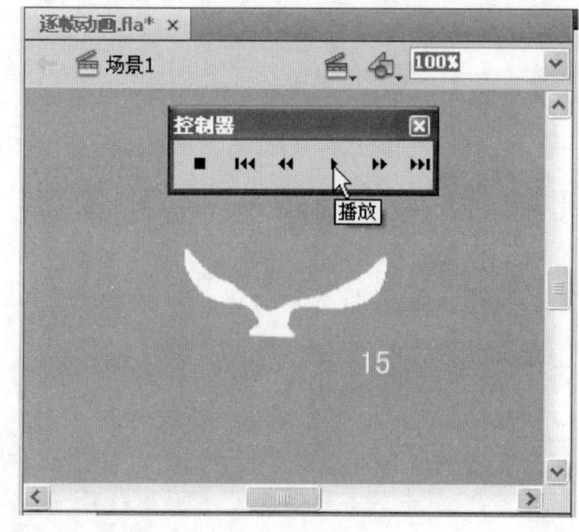

学以致用系列丛书

长见识　在制作形状补间动画时，如果想要控制变形动画的变形过程，或者使变形过程的变化更加精确细致，可以选择菜单栏中的【修改】|【形状】|【添加形状提示】命令来添加形状提示。

4. 导入外部图像生成逐帧动画

通过导入外部图像生成逐帧动画，操作起来十分简单，只要使用 Flash 提供的导入功能将需要的素材文件导入到舞台即可。具体操作步骤如下。

操作步骤

❶ 新建一个 Flash 文档，然后选择【文件】|【导入】|【导入到舞台】命令，打开【导入】对话框。选择文件路径和文件(光盘: \图书素材\第 8 章\开花.gif))，单击【打开】按钮，如下图所示。

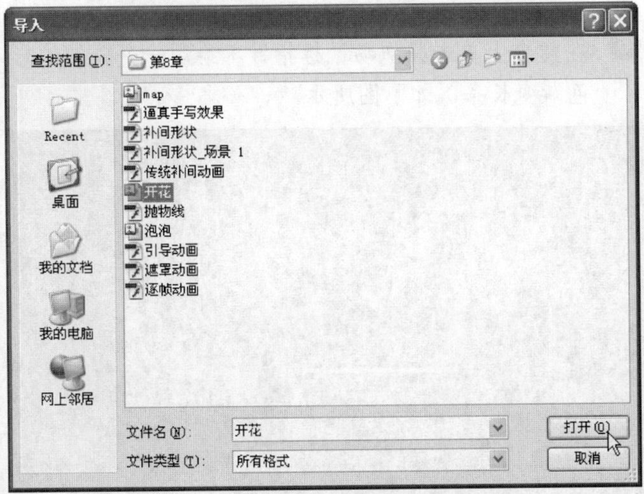

❷ 如果生成的对象是按照图像序列排列的，将弹出 Adobe Flash CS4 对话框，询问是否继续导入序列中的所有图像，如下图所示。这里，单击【是】按钮继续导入图像。

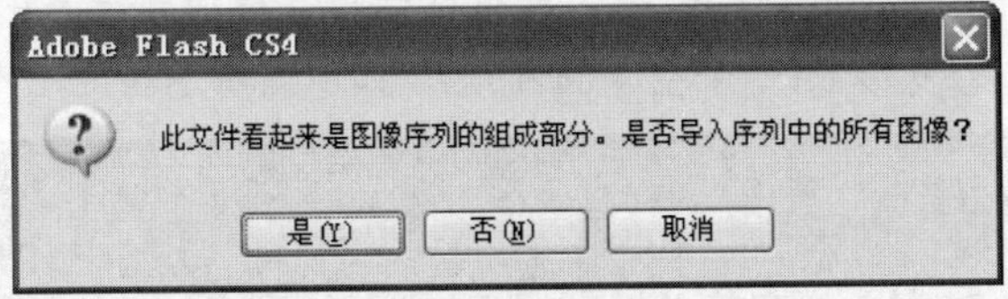

❸ 所有的图片都被导入到舞台中，如下图所示。

❹ 此时，图像按照顺序排列到时间轴的不同帧上，如下图所示。

❺ 选择菜单栏中的【控制】|【测试影片】命令(或者按 Ctrl+Enter 组合键)，查看导入的逐帧动画的预览效果，如下图所示。

提示

在许多动画中，文字说明字母都是逐字出现在画面中的，所以逐帧动画也可以应用到文字上。用户可以自己试试在每帧上插入一个文本制成逐帧动画。

8.2.2　传统补间动画

传统补间动画是一种以最大程度减小文件大小并创建随时间移动和变化的动画。在传统补间动画中，只保存帧之间更改的值。它是 Flash CS4 动画类型之一，下面就来详细介绍如何创建传统补间。

传统补间动画相当于 Flash CS4之前版本中的动作补间动画，根据同一个对象在两个关键帧中的大小、位置、旋转、倾斜和透明度等属性的差别计算生成中间的补间；传统补间动画可以用于组、图形元件、按钮和影片剪辑等，但是不能用于矢量图。

下面通过一个实例来了解传统补间动画，具体操作步骤如下。

操作步骤

❶ 启动 Flash CS4 程序，新建一个文档。然后，在其【属

对于补间动画，无法交换元件，也无法设置属性关键帧中显示的图形元件的帧数，如果要应用这些技术的动画，则要使用传统补间。

性】面板的【属性】选项组中单击【编辑】按钮，如下图所示。

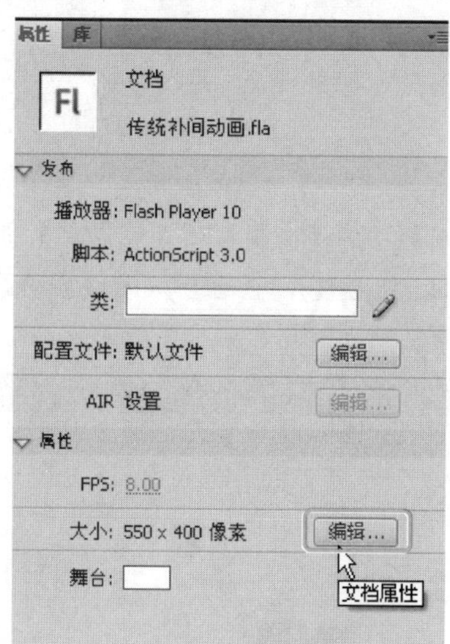

❷ 打开【文档属性】对话框，设置【背景颜色】为黑色，其他参数保持不变，并单击【确定】按钮，如下图所示。

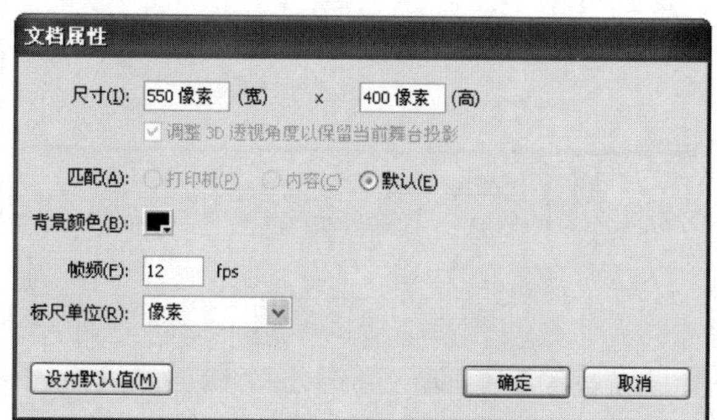

❸ 在工具箱中单击【矩形工具】按钮，然后在其【属性】面板中设置【笔触颜色】为【无】，并单击【填充颜色】按钮，如下图所示。

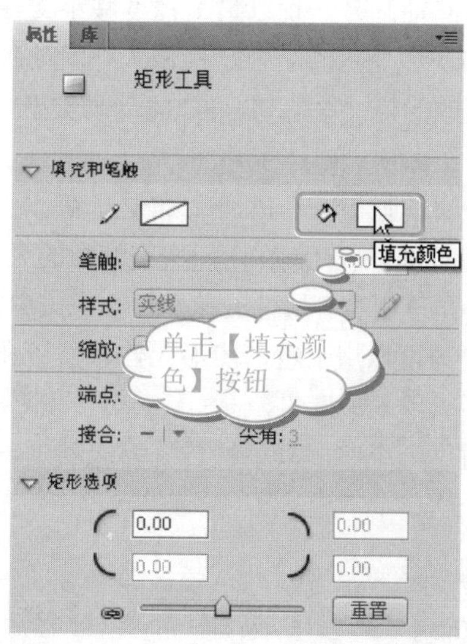

❹ 打开调色板后，单击调色板底部的彩虹渐变颜色，如下图所示。

❺ 在舞台上单击并拖动鼠标指针，绘制一个较细的彩色渐变长条，如下图所示。

❻ 在工具箱中单击【任意变形工具】按钮，在舞台上单击绘制的长条，并将鼠标指针移动到长条中间的变形点(一个空心圆圈)上，如下图所示。

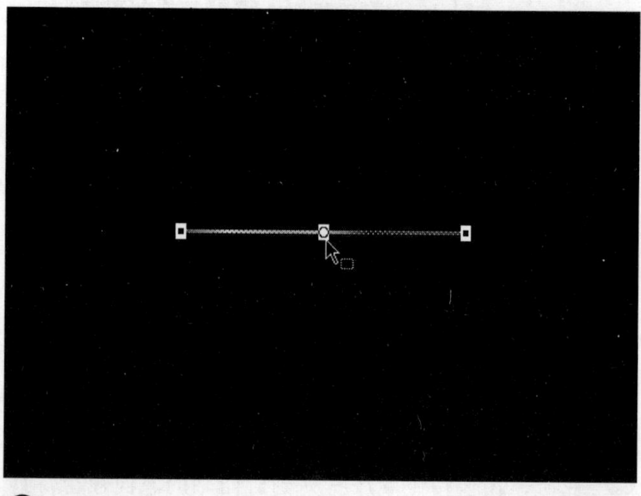

❼ 按下鼠标左键不放并向左拖动变形点，将其移动到长条的最左端。然后在菜单栏中选择【窗口】|【变形】命令，打开【变形】面板。选中【旋转】单选

学以致用系列丛书

长见识 如果用户要一次性创建多个补间，则可以将补间对象放在多个图层上，然后选择这些图层，再选择菜单栏中的【插入】|【补间动画】命令即可。

按钮，并设置旋转角度为 15.0°，如下图所示。

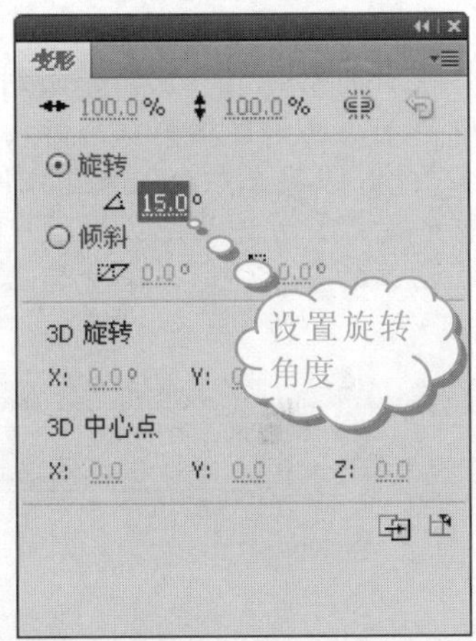

8 此时会发现舞台中的图形发生了旋转，如下图所示。

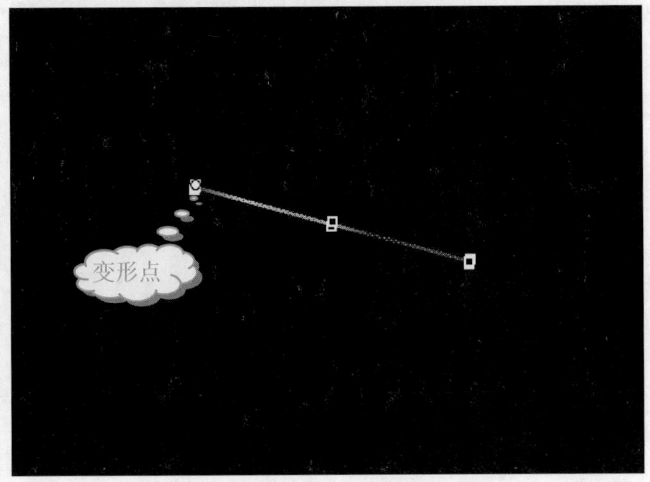

9 在【变形】面板中连续单击 23 次【重制选区和变形】按钮，如下图所示。

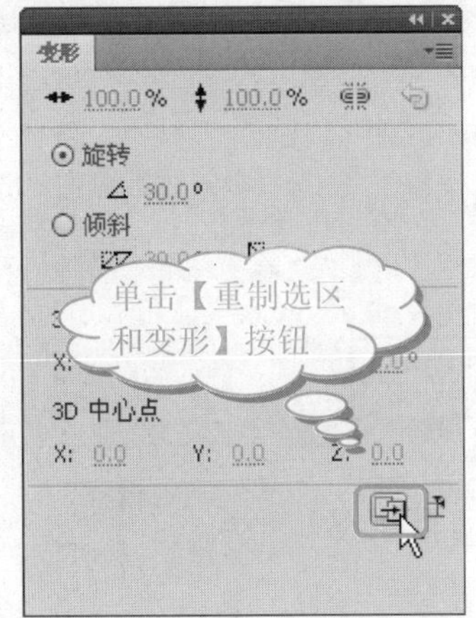

10 此时舞台上的效果如下图所示。然后，在工具箱中单击【选择工具】按钮，选取舞台上的所有对象。

11 在菜单栏中选择【修改】|【组合】命令，如下图所示。

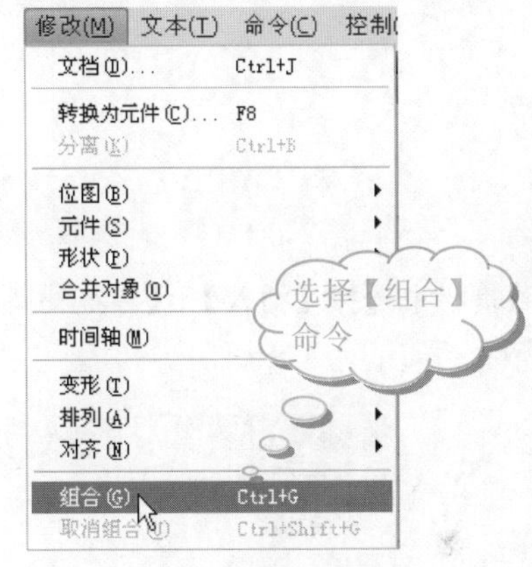

12 这样，即可将所有重置的图形组合为一个对象进行操作。然后在菜单栏中选择【修改】|【转换为元件】命令。

13 弹出【转换为元件】对话框，在【名称】文本框中输入“补间 1”，在【类型】下拉列表框中选择【图形】选项，再单击【确定】按钮，如下图所示。

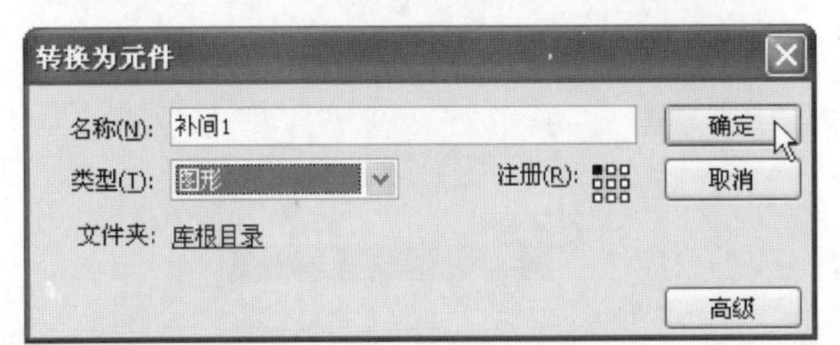

在补间动画的重要位置定义关键帧，Flash CS4 会自动创建关键帧之间的帧内容。补间动画之间的帧显示为浅蓝色或浅绿色，并会在关键帧之间绘制一个箭头。

长见识

14 在时间轴中选中【图层 1】图层的第 30 帧并右击，从弹出的快捷菜单中选择【插入关键帧】命令，如下图所示。

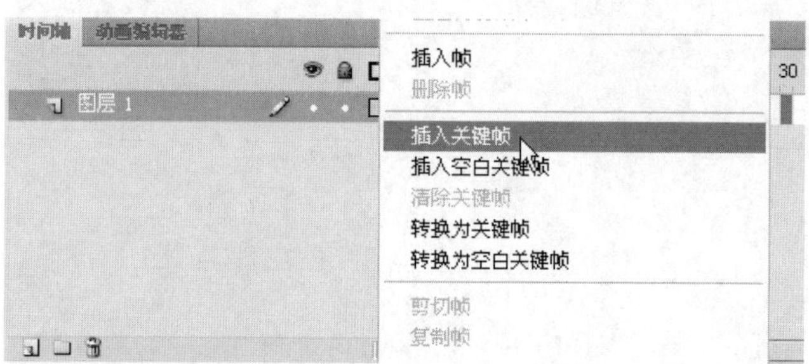

15 在时间轴上第 1 帧到第 30 帧之间的任意帧上单击，如下图所示。

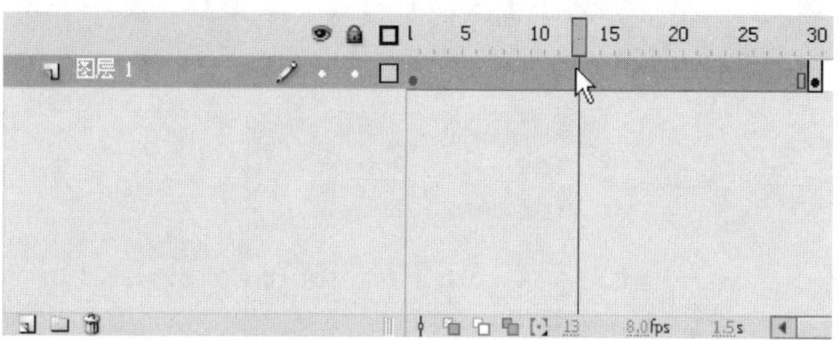

16 在菜单栏中选择【插入】|【传统补间】命令，如下图所示。

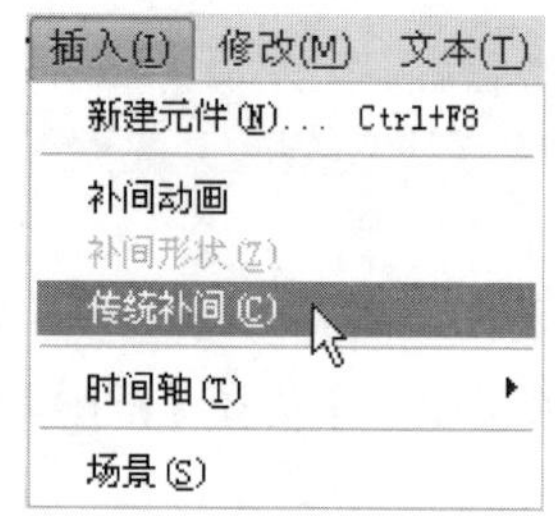

17 在帧的【属性】面板中，展开【补间】选项组，单击【旋转】右侧的下拉按钮，从弹出的下拉列表中选择【顺时针】选项，如下图所示。

注意

在创建传统补间动画过程中，若遇到【创建传统补间动画】命令是灰色不可编辑状态，或者在创建传统补间动画之后，时间轴上两个关键帧之间是虚线(如下图所示)，用户就需要考虑两个关键帧中的对象是否符合创建补间动画的要求，是否缺少起始关键帧或结束关键帧。

提示

在【旋转】下拉列表框中共有【无】、【自动】、【顺时针】和【逆时针】四个选项，其含义分别如下。

- 【无】：表示动画过程中不旋转对象。
- 【自动】：表示对象以最小的角度旋转到终点位置。
- 【顺时针】：表示对象按顺时针旋转。
- 【逆时针】：表示对象按逆时针旋转。

18 单击【旋转】右侧的旋转次数，在激活的文本框中输入要旋转的次数，如下图所示。

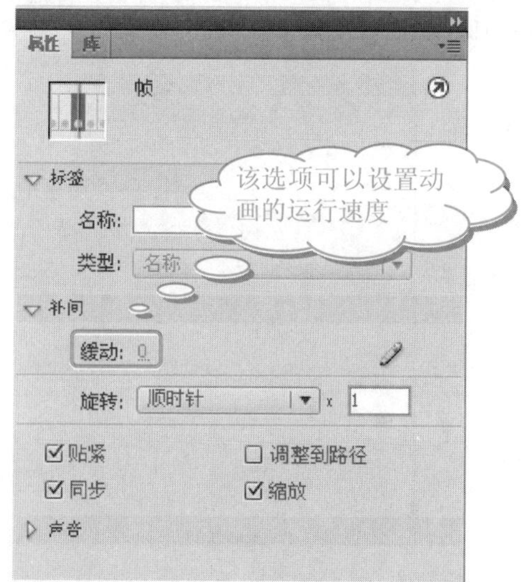

在【属性】面板的【补间】选项组中，通过设置【缓动】选项，可以设置对象在动画过程中的加速度

学以致用系列丛书

长见识

Flash CS4 中的传统补间动画与补间动画类似，但在某种程度上，传统补间动画的创建过程更为复杂，也不那么灵活。不过，传统补间动画所具有的某些动画控制功能是补间动画所不具备的。

度和减速度。若用户希望运动按变速(默认为匀速)运行，可以在【缓动】文本框中输入数值，或者单击右侧的【编辑缓动】按钮，然后在弹出的【自定义缓入/缓出】对话框中精确地设置对象的速度变化，最后单击【确定】按钮即可，如下图所示。

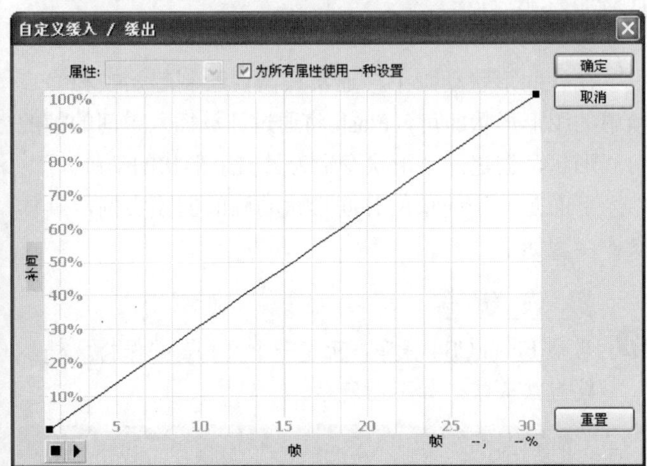

19 在时间轴中的图层管理器中，单击【新建图层】按钮创建“图层 2”，如下图所示。

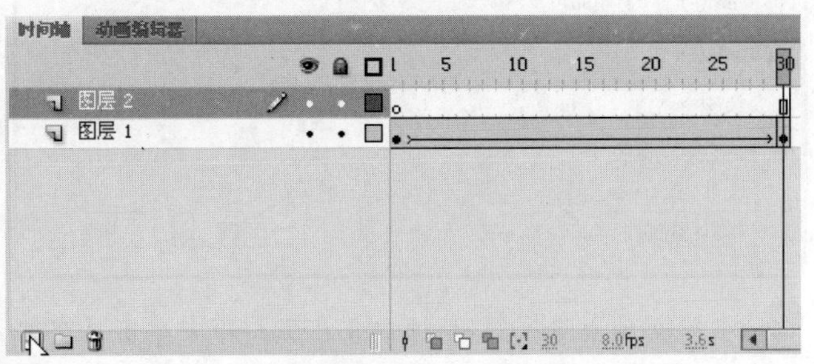

20 在图层 1 中选中第 1 帧，如下图所示。

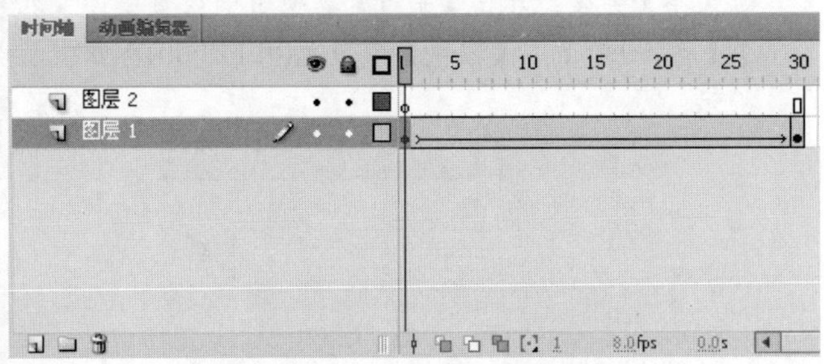

21 在菜单栏中选择【编辑】|【复制】命令，如下图所示。

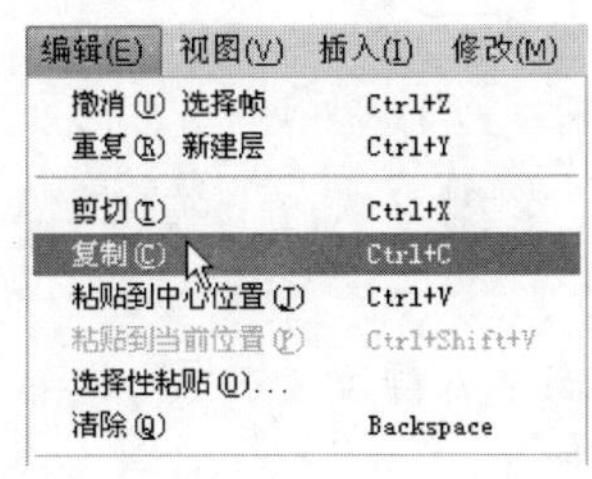

22 在图层 2 中选择第 1 帧，并在菜单栏中选择【编辑】|【粘贴到当前位置】命令，如下图所示。

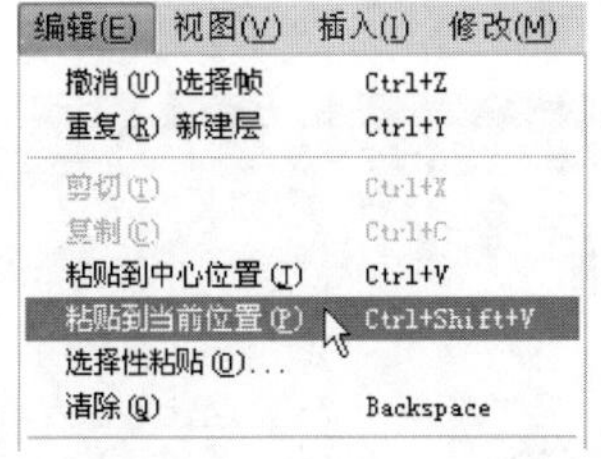

23 这样，两个图层中的图形就完全重合了。此时的时间轴如下图所示。

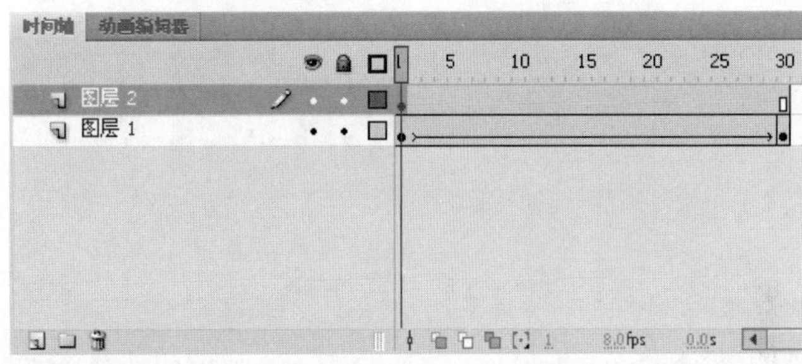

24 在图层 2 的第 30 帧处右击，从弹出的快捷菜单中选择【插入关键帧】命令，如下图所示。

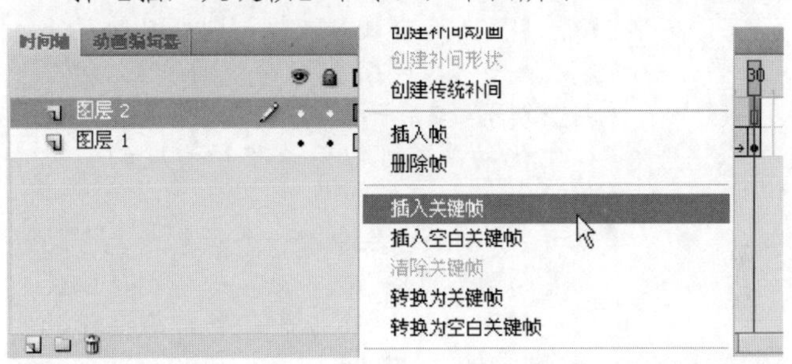

25 在图层 2 中的第 1 帧到第 30 帧之间的任意帧上右击，从弹出的快捷菜单中选择【创建传统补间】命令，如下图所示。

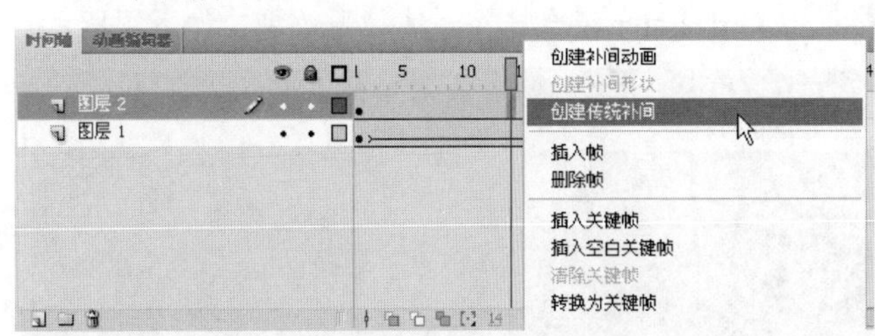

26 此时的时间轴如下图所示。

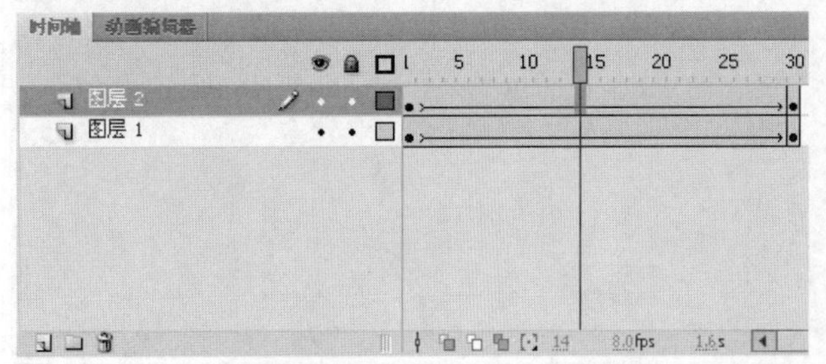

学以致用系列丛书

在 Flash CS4 中，形状补间动画只适用于图形对象而不适用于元件实例。对于图形元件和文字等，必须先将其分离，然后才能创建形状补间动画。

长见识

27 在帧的【属性】面板的【补间】选项选中，选择【旋转】下拉列表框中的【逆时针】选项，并设置【旋转次数】为 1，如下图所示。

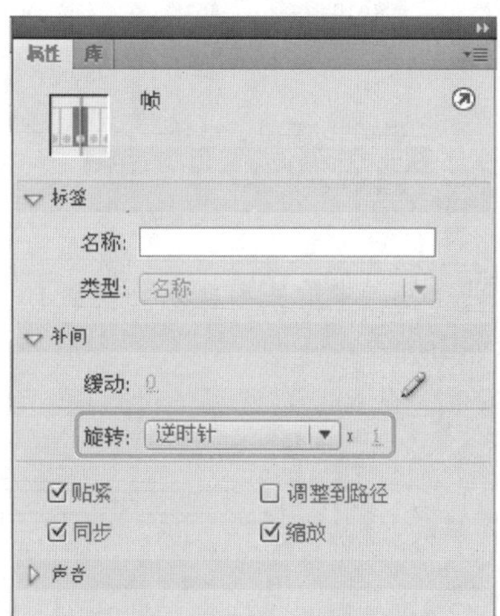

提示

在【属性】面板的【补间】选项中有 4 个复选框，其含义分别如下。

- 【贴紧】：若选中该复选框，则可以使某一对象在某一帧处对齐到引导线的位置。
- 【调整到路径】：若选中该复选框，对象在路径变化动画中可以沿着路径曲度的变化而改变方向。
- 【同步】：如果对象中有一个对象是包含动画效果的图形元件，选中该复选框则可以使图形元件的动画播放与舞台中的动画播放同步进行。
- 【缩放】：若选中该复选框，表示允许在动画过程中改变对象的比例。

28 按 Ctrl+Enter 组合键，测试动画效果，如下图所示。

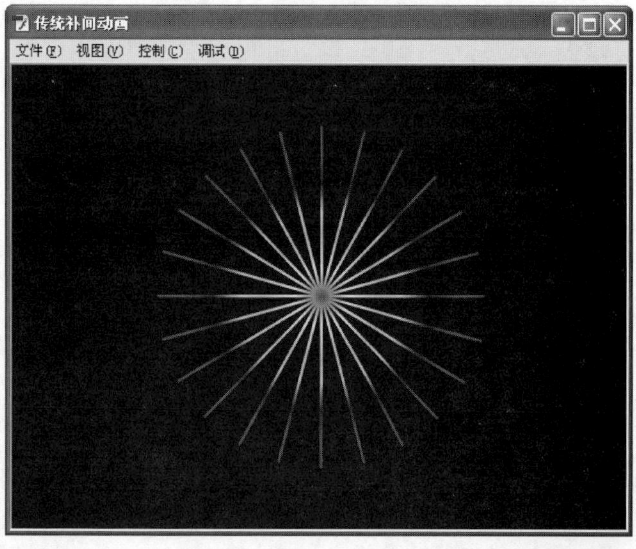

8.2.3 补间形状动画

使用补间形状动画可以创建一个形状变形为另一个形状的动画，补间形状最适合用于简单形状，可以使形状的位置、大小以及颜色进行渐变。

1. 创建补间形状

在补间形状动画中，通常只需要绘制起始帧和终点帧中的图形形状即可，Flash 将通过计算插入中间的帧的中间形状，创建一个形状变形为另一个形状的动画。

下面是一个简单的补间形状动画的创建实例，具体操作步骤如下。

操作步骤

1 启动 Flash CS4 程序，新建一个文档，并保持文档参数为默认值，如下图所示。

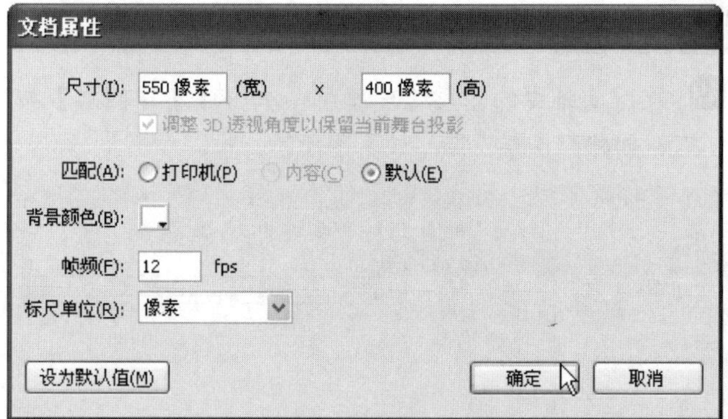

2 在时间轴上选择第 1 帧，并在工具箱中单击【文本工具】按钮T。接着，在其【属性】面板中选择【静态文本】类型，并在【字符】选项组中设置字体【大小】为 90.0 点，【颜色】为黄色(#FFFF00)，如下图所示。

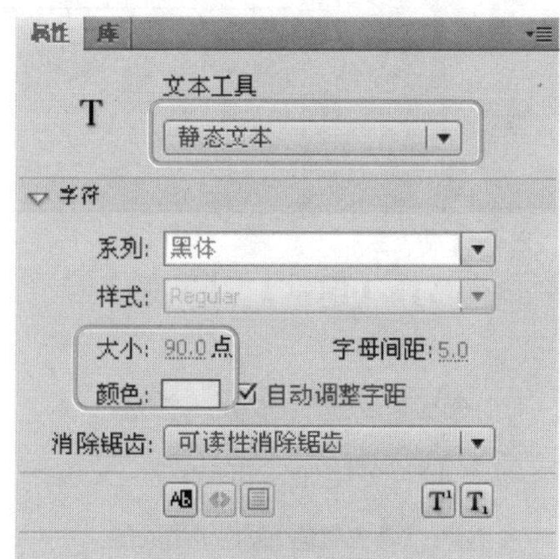

3 在舞台上单击插入静态文本框，并输入“LOVE”文本，如下图所示。

补间形状最适合用于简单形状，如避免使用有一部分被挖空的形状。

❹ 单击工具箱中的【选择工具】按钮，在舞台上选中文本框，如下图所示。

❺ 在菜单栏中选择【窗口】|【对齐】命令(或按 Ctrl+K 组合键)，打开【对齐】面板。依次单击【左对齐】和【垂直中齐】按钮，如下图所示。

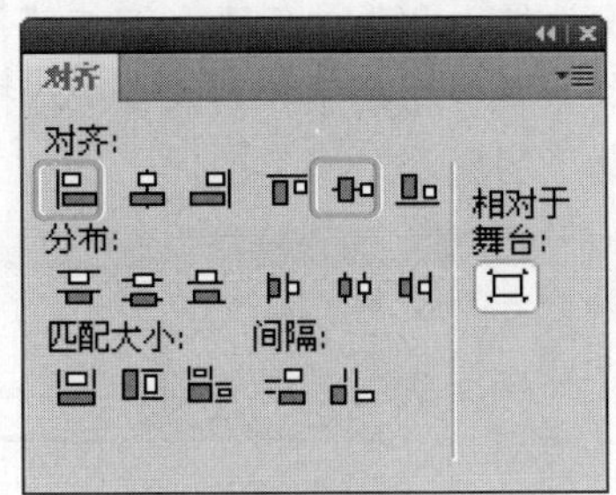

❻ 单击【关闭】按钮，关闭【对齐】面板，即可发现舞台中的文本靠左垂直居中对齐了，如下图所示。

❼ 在菜单栏中选择【修改】|【分离】命令，如下图所示。

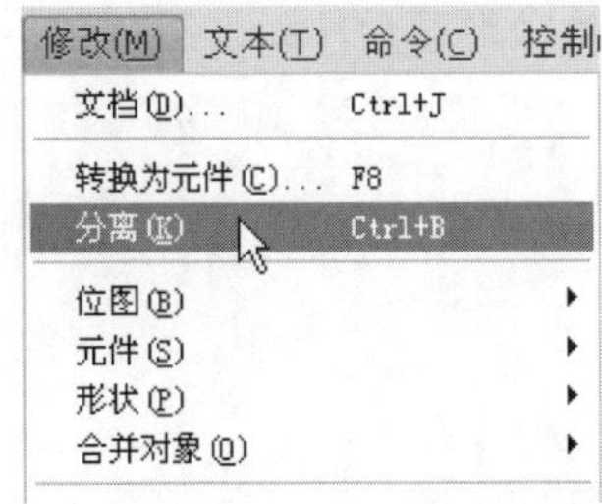

❽ 这时即可发现文本框中的文本被分离开来，如下图所示。

❾ 再次选择菜单栏中的【修改】|【分离】命令，将文本转换为图形，如下图所示。

❿ 在时间轴上选中图层 1 的第 25 帧，如下图所示。

⓫ 在菜单栏中选择【插入】|【时间轴】|【空白关键帧】命令，如下图所示。

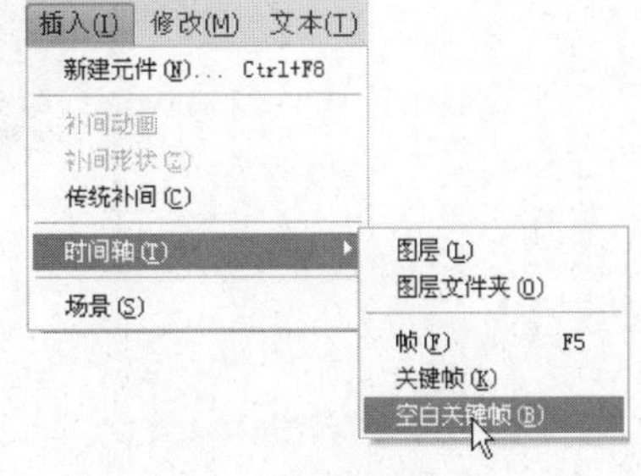

学以致用系列丛书

使用补间形状功能，不仅可以对形状进行补间，还可以对补间形状内的形状位置和颜色进行补间。

长见识

⑫ 使用工具箱中的【刷子工具】，在舞台的右侧绘制一个红色的心形图形，如下图所示。

⑬ 单击工具箱中的【选择工具】按钮，在舞台上选中刚绘制的图形。然后按Ctrl+K组合键打开【对齐】面板，在【对齐】选项组中单击【右对齐】和【垂直中齐】按钮，如下图所示。

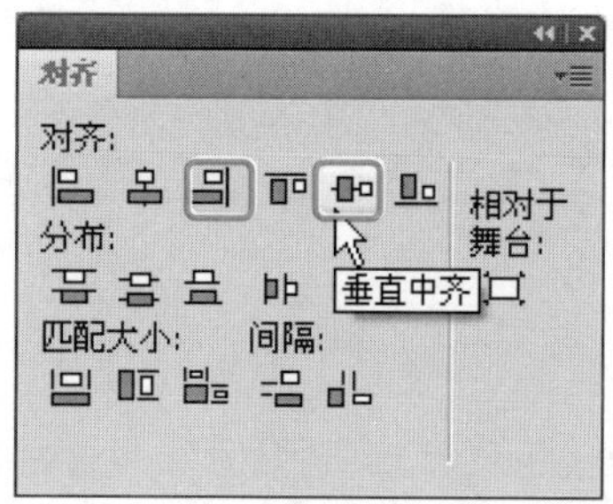

⑭ 这样，就可以更准确地排列文本和图形的位置，如下图所示。

⑮ 在时间轴上选中第1帧到第25帧中的任意一帧并右击，从弹出的快捷菜单中选择【创建补间形状】命令，如下图所示。

⑯ 此时的时间轴如下图所示。

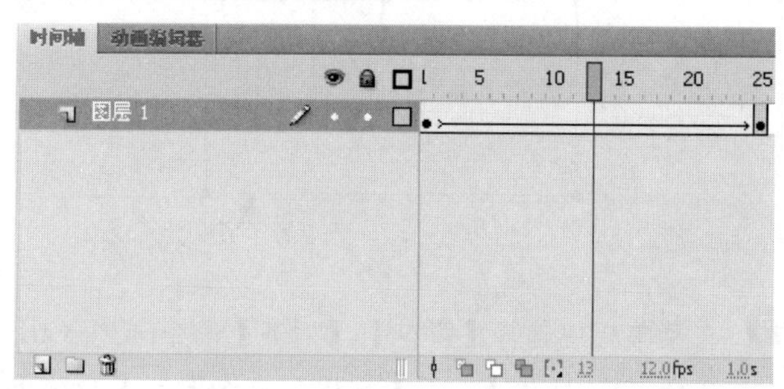

⑰ 在帧的【属性】面板中的【补间】选项组中，设置【缓动】速度为0(表示匀速)，单击【混合】右侧的下拉按钮，从弹出的下拉列表框中选择【分布式】选项，如下图所示。

提示

在【混合】下拉列表框中有【分布式】和【角形】两个选项，其含义如下。

❖ 【分布式】：选择该选项，创建的动画形状比较平滑和不规则。

❖ 【角形】：选择该选项，创建的动画形状会保留明显的角和直线。【角形】选项适合于锐化转角和直线的混合形状。如果选择的形状没有角，即使选择【角形】选项，Flash还是会自动地还原到分布式补间形状。

在补间形状中，添加到同一图层的普通帧的内容和关键帧的内容相同。

⑱ 按 Ctrl+Enter 组合键，即可测试动画的效果，如下图所示。

2. 添加形状提示

若要控制更加复杂或罕见的形状变化，可以使用形状提示。形状提示会标识起始形状和结束形状中相对应的点。例如，如果要补间一张正在改变表情的脸部图画时，可以使用形状提示来标记每只眼睛。这样在形状发生变化时，脸部就不会乱成一团，每只眼睛还都可以辨认，并在转换过程中分别变化。

形状提示包含从 a 到 z 的字母，用于识别起始形状和结束形状中相对应的点。最多可以使用 26 个形状提示。起始关键帧中的形状提示是黄色的；结束关键帧中的形状提示是绿色的，当不在一条曲线上时为红色。

要在补间形状时获得最佳效果，需要遵循以下原则。

❖ 在复杂的补间形状中需要创建中间形状，然后再进行补间，而不要只定义起始和结束的形状。
❖ 确保形状提示是符合逻辑的。例如，如果在一个三角形中使用 3 个形状提示，则在原始三角形和要补间的三角形中它们的顺序必须相同。它们的顺序不能在第一个关键帧中是 abc，而在第二个关键帧中是 acb。
❖ 如果按逆时针顺序从形状的左上角开始放置形状提示，它们的工作效果最好。

下面通过一个实例来了解添加形状实例的具体操作步骤。

操作步骤

❶ 打开素材文件(光盘：\图书素材\第 8 章\补间形状.fla)，并在时间轴上选择补间形状序列中的第 1 帧，效果如下图所示。

LOVE

❷ 在菜单栏中选择【修改】|【形状】|【添加形状提示】命令，如下图所示。

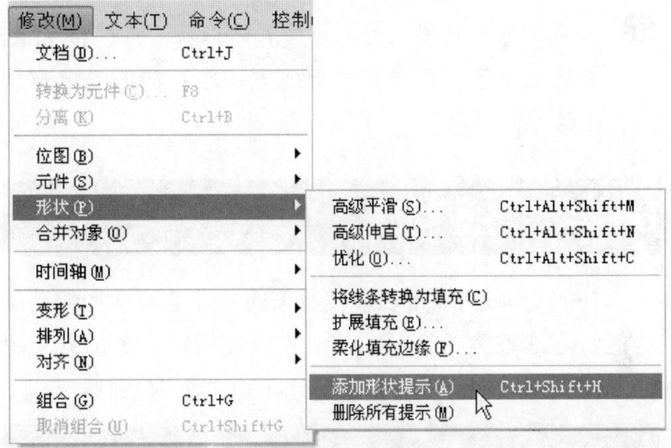

❸ 此时，在舞台上起始形状提示会在该形状的某处显示一个带有字母 a 的红色圆圈，如下图所示。

❹ 单击并拖动形状提示，可以将其移动到所要标记的任意位置。如下图所示为标记字母“E”。

LOVE

❺ 在时间轴上选择补间序列中的最后一个关键帧，如下图所示。

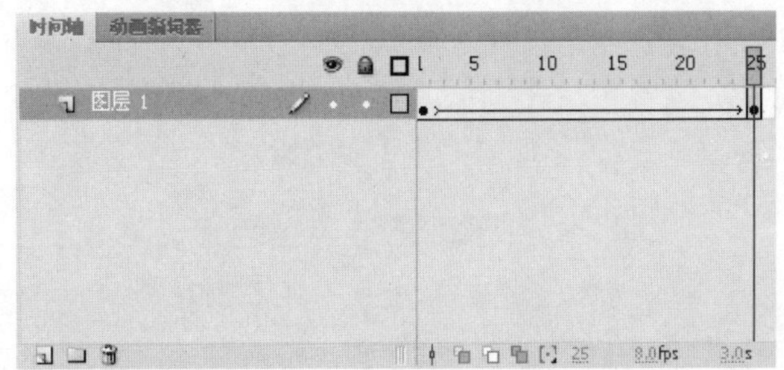

❻ 在舞台上，结束形状提示也会在该形状的某处显示一个带有字母 a 的红色圆圈，如下图所示。

❼ 若要查看形状提示如何更改补间形状，可以按 Enter 键播放动画，并参照前面的方法在补间的其他形状上添加形状提示。

8.2.4 补间动画

补间动画是 Flash CS4 在原来的基础上新增加的动画功能，它通过为一个帧中的对象属性指定一个值并为另一个帧中的该相同属性指定另一个值来生成动画。

1. 创建补间动画

细心的用户会发现如果要创建传统补间动画或者补间形状动画就一定要有关键帧，在关键帧中对象或对象的属性发生变化就形成了动画效果。那么补间动画是怎样创建的呢？下面将通过具体实例来学习创建补间动画的具体操作步骤。

操作步骤

❶ 启动 Flash CS4 程序，新建一个文档。然后，在其【属性】面板中的【属性】选项组中单击【编辑】按钮，如下图所示。

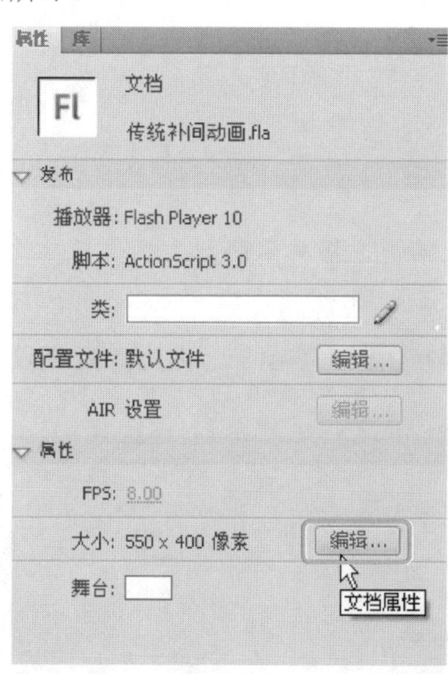

❷ 打开【文档属性】对话框，设置【背景颜色】为黄色(#FFFE65)，其他参数保持不变，并单击【确定】按钮，如下图所示。

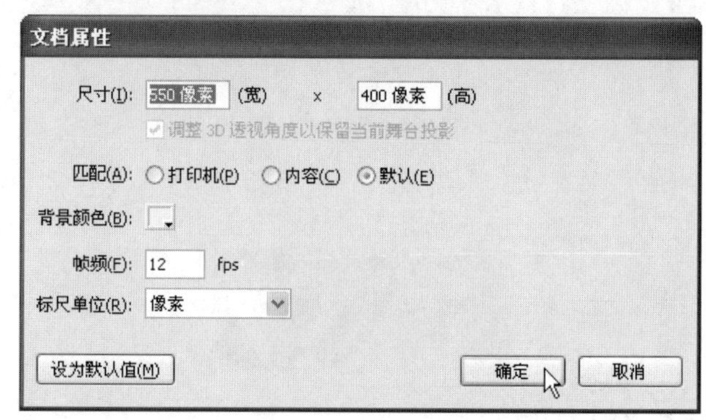

❸ 在工具箱中单击【矩形工具】按钮，从弹出的列表中选择【椭圆工具】选项。然后，在菜单栏中选择【窗口】|【颜色】命令，打开【颜色】面板，如下图所示。

❹ 在【颜色】面板中设置【笔触颜色】为【无】，并单击【填充颜色】按钮。打开调色板后，选择适当的渐变颜色，如下图所示。

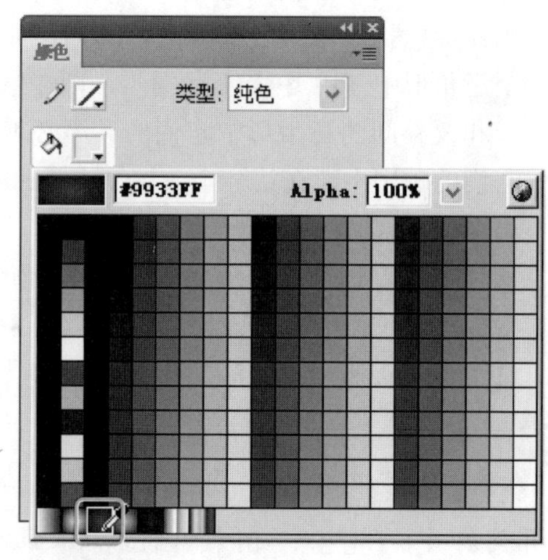

❺ 返回【颜色】面板后，就会发现【填充颜色】的【类

学以致用系列丛书

在使用补间形状功能时，若要对组、实例或位图图像应用形状补间，必须先将它们分离；若要对文本应用形状补间，必须将文本分离两次，从而将文本转换为图形对象。

型】自动变成了【放射状】选项，如下图所示。

❻ 在时间轴上选中第 1 帧，然后在舞台中绘制一个圆形图形，如下图所示。

❼ 在工具箱中单击【线条工具】按钮，然后设置【笔触颜色】为黑色，【填充颜色】为【无】。接着，在舞台的圆形图形上绘制竖线，如下图所示。

❽ 采用同样的方法，在圆形图形上再添加 4 条线段，如下图所示。

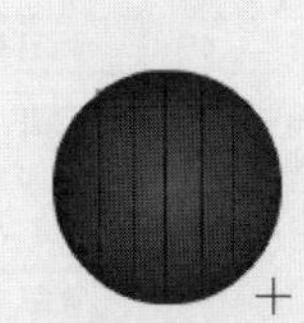

❾ 使用工具箱中的【选择工具】按钮，调整线段(中间一条线段除外)的弧度，使其变成一个篮球形状，最终效果如下图所示。

❿ 使用工具箱中的【选择工具】按钮，选中舞台中的所有图形，然后在菜单栏中选择【修改】|【转换为元件】命令，如下图所示。

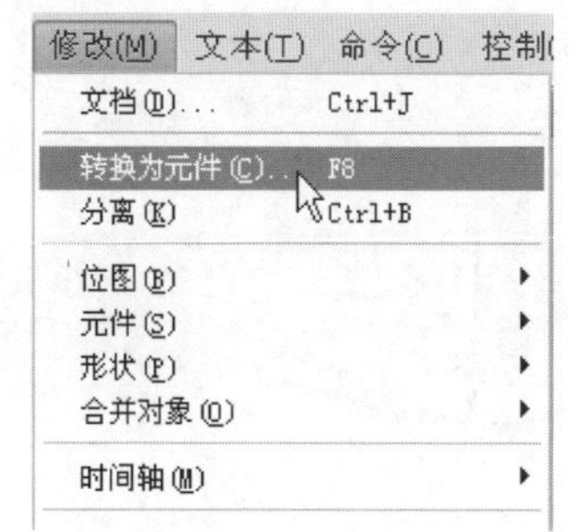

⓫ 打开【转换为元件】对话框，在【名称】文本框中输入元件名称“篮球”，单击【类型】右侧的下拉按钮，在弹出的下拉列表框中选择【图形】选项，再单击【确定】按钮，如下图所示。

在 Flash CS4 中，可补间的对象类型包括影片剪辑、图形和按钮元件以及文本字段。

⑫ 在【时间轴】面板中的第40帧处右击，从弹出的快捷菜单中选择【插入帧】命令，插入一个普通帧，如下图所示。

⑬ 在时间轴面板中选择第1帧到第40帧中的任意一帧并右击，从弹出的快捷菜单中选择【创建补间动画】命令，如下图所示。

⑭ 在时间轴中选择第40帧，然后移动舞台中的图形，在舞台上就会出现一条绿色的线段，这条线段就是Flash CS4补间动画的运动路径，如下图所示。

⑮ 此时，在时间轴上也会在第40帧位置上出现一个黑色菱形标识(表示关键帧)，如下图所示。

提示

在创建补间动画后，用户可以在其【属性】面板中设置补间动画的属性，如下图所示。

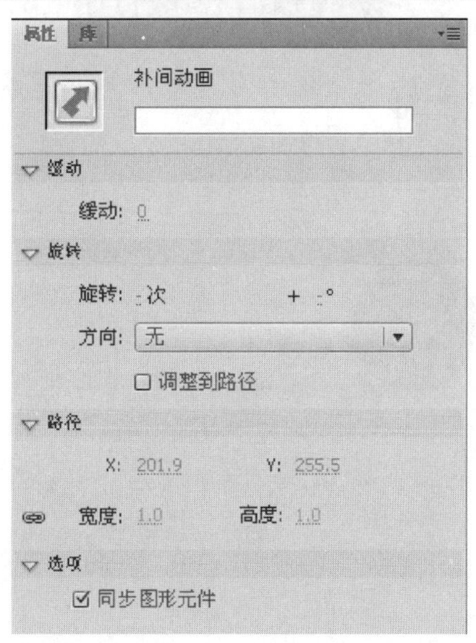

⑯ 在时间轴中选择第10帧，再次移动舞台中的图形。此时的舞台效果如下图所示。

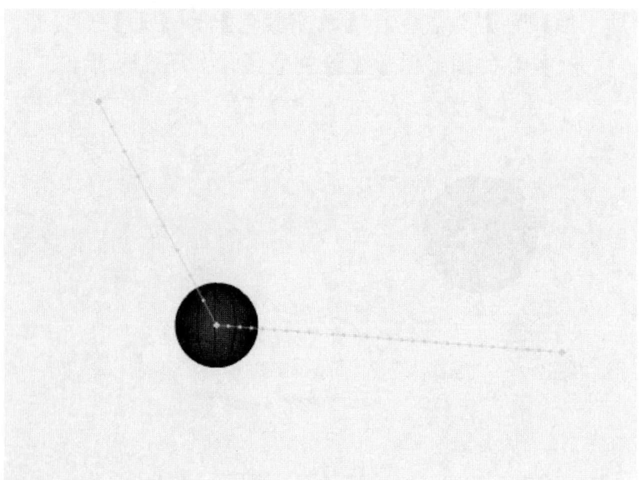

⑰ 这时，在时间轴上的第10帧处也自动插入了关键帧，如下图所示。

长见识：在选择【补间动画】命令后，会发现舞台上的图形运动路径是由一些线段组成的，线段多少由时间轴中的帧决定，多少帧就对应多少线段。

18 在时间轴中选择第 20 帧，再次移动舞台中的图形，效果如下图所示。

19 此时，在时间轴上的第 20 帧处自动插入了关键帧，如下图所示。

20 参照前面的方法，分别在时间轴上的第 30 帧和第 35 帧处调整篮球图形的位置。此时，在舞台上的图形的最终运行路径如下图所示。

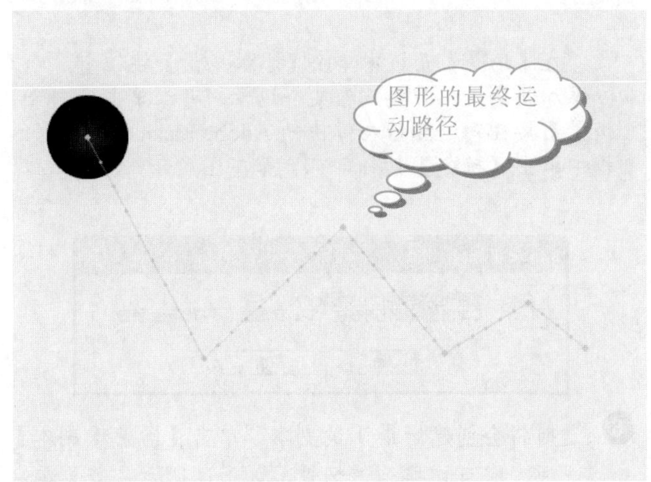

21 使用工具箱中的【选择工具】或【部分选择工具】对舞台中的线段进行弧度和曲度的调整，最终效果如下图所示。

22 按 Enter 键在舞台上测试图形的运动效果，下图所示是图形运动到第 14 帧时的图像。

提示

细心的用户会发现，由于图形后 20 帧路径上的线段比较紧密，所以图形在前 20 帧的运动速度较慢，而后 20 帧的运动速度较快。若用户希望图形按这个路径匀速运动，只要在时间轴的任意帧上右击，从弹出的快捷菜单中选择【运动路径】|【将关键帧切换为浮动】命令即可，如下图所示。

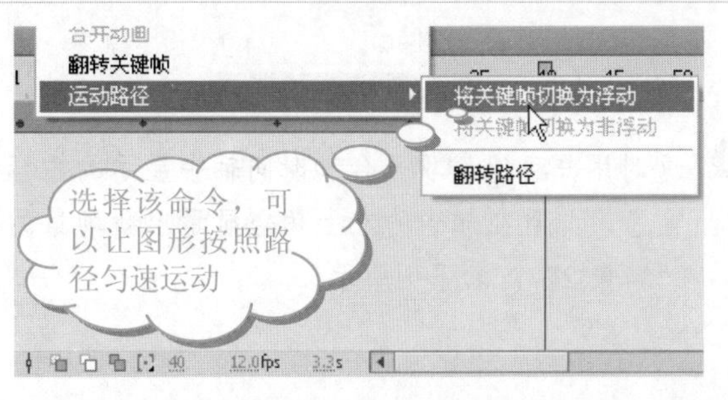

学以致用系列丛书

可补间的对象属性中包括如下信息：①2D X 和 Y 位置；②3D Z 位置(仅限影片剪辑)；③2D 旋转(绕 Z 轴)；④3D X、Y 和 Z 旋转(仅限影片剪辑)；⑤倾斜 X 和 Y；⑥缩放 X 和 Y；⑦颜色效果；⑧滤镜属性(不包括应用于图形元件的滤镜)。

技巧

在补间动画中，若运动的图形是不规则的形状，为了让图形运动看起来更加自然，用户可以在补间动画的【属性】面板中，选中【旋转】选项组的【调整到路径】复选框。

2. 创建预设动画

在 Flash CS4 中，为了方便用户快速创建简单的补间动画以节省大量的时间和精力，专门为用户提供了动画预设功能。使用动画预设功能，用户可以使用默认预设快速创建补间动画，同样也可以把一些做好的补间动画保存为模板，并将它应用到其他对象上。

下面将通过一个实例为大家介绍创建预设动画的方法，具体操作步骤如下。

操作步骤

1. 在 Flash CS4 程序窗口中，打开素材文件(光盘：\图书素材\第 8 章\补间动画.fla)，如下图所示。

2. 在菜单栏中选择【插入】|【场景】命令，在图层 1 中添加新场景，如下图所示。

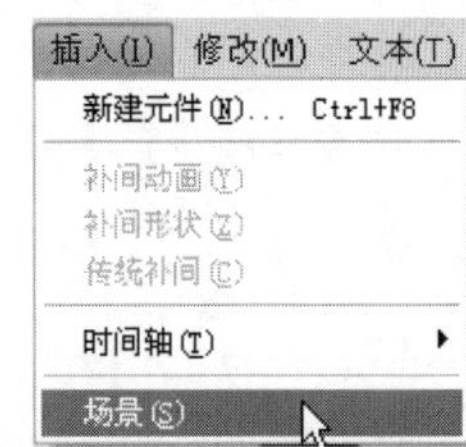

3. 这时用户可以发现舞台和时间轴中显示的内容都不见了，并且在舞台的左上角会显示出新场景的名称“场景 2”，如下图所示。

4. 若要切换到其他场景，可以在舞台的右上角单击【编辑场景】按钮，然后从打开的菜单中选择要切换的场景即可。
5. 若用户在创建场景的同时，希望新场景继承原场景中的所有内容，可以通过【重制场景】命令来实现。方法是在菜单栏中选择【窗口】|【其他面板】|【场景】命令，打开【场景】面板，在列表中选择要复制的场景，然后单击【重制场景】按钮，如下图所示。

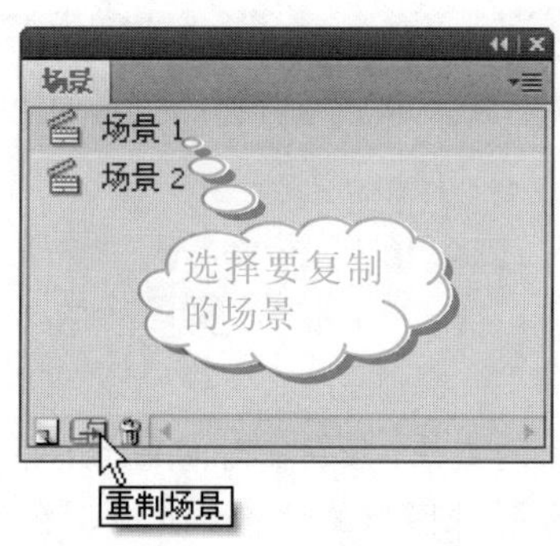

提示

在【场景】面板中单击【添加场景】按钮，可以添加新场景；若要删除某个场景，可以单击【删除场景】按钮，然后在弹出的 Adobe Flash CS4 对话框中单击【确定】按钮即可，如下图所示。

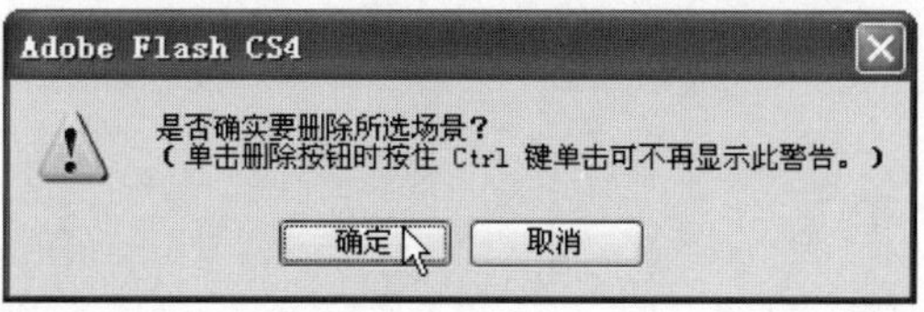

6. 这时将会创建场景 1 的副本，单击【场景 1 副本】选项，即可切换到该场景，如下图所示。若要重命

长见识：颜色效果包括 Alpha(透明度)、亮度、色调和高级颜色设置。用户只能在元件上补间颜色效果，若要在文本上补间颜色效果，则需要将文本转换为元件。

名场景，可以双击【场景 1 副本】选项，然后在文本框中输入新名称即可。

7 在 Flash CS4 程序窗口中单击【库】标签，切换到【库】面板，然后在【名称】列表中选择【元件 1】选项，并按下鼠标左键将其拖动到场景 2 中，如下图所示。

8 参考前面的方法，在场景 2 中创建一个任意效果的补间动画，例如在这里创建物体沿抛物线运动的动画，如下图所示。

9 在时间轴上右击任意帧，从弹出的快捷菜单中选择【另存为动画预设】命令，如下图所示。

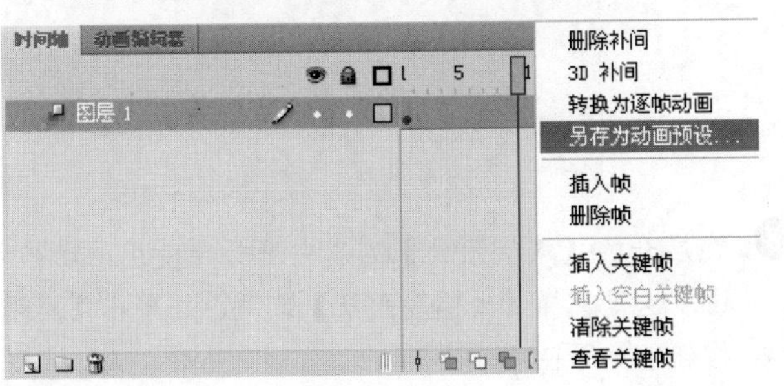

10 弹出【将预设另存为】对话框，在【预设名称】文本框中输入预设动画的名称，再单击【确定】按钮，如下图所示。

11 在菜单栏中选择【窗口】|【动画预设】命令，如下图所示。

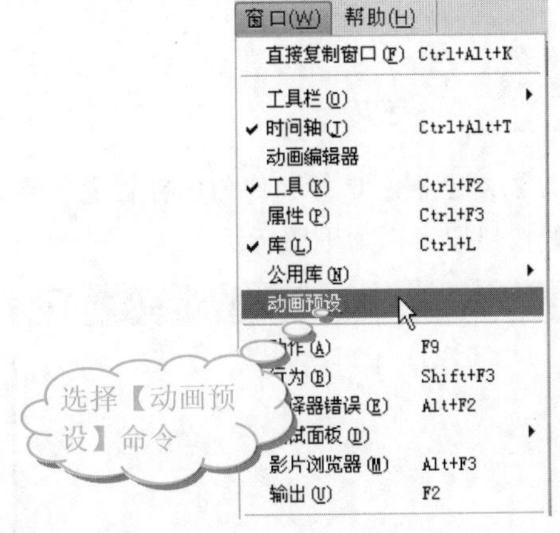

12 打开【动画预设】面板，用户可以在【自定义预设】选项下找到自定义的“抛物线”动画预设，如下图所示。若单击【抛物线】选项，则会发现无法预览自定义动画预设的效果。

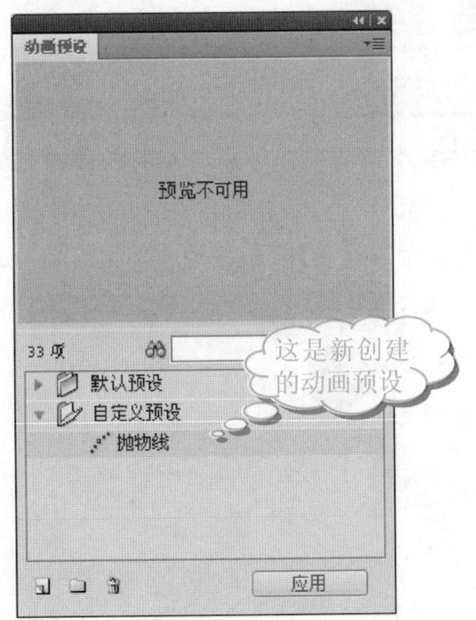

13 若想看到自定义动画预设的效果，可以先选择【抛物线】选项，并单击【动画预设】面板右上角的菜单项按钮，从弹出的下拉菜单中选择【导出】命令，如下图所示。

在每个补间范围中，只能对舞台上的一个对象进行动画处理，此对象称为补间范围的目标对象。

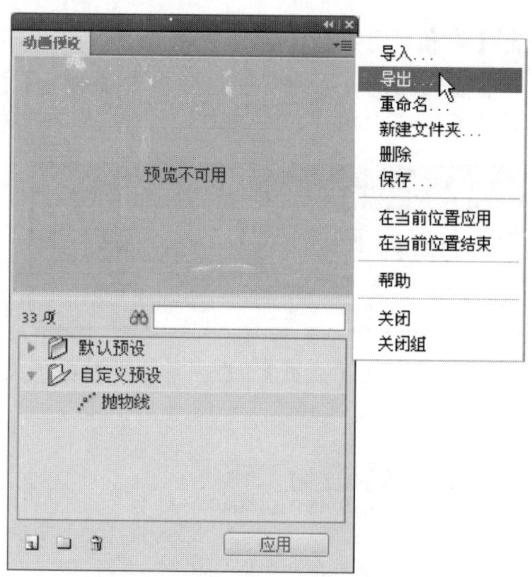

⑭ 弹出【另存为】对话框，选择文件的保存位置，再单击【保存】按钮即可，如下图所示。

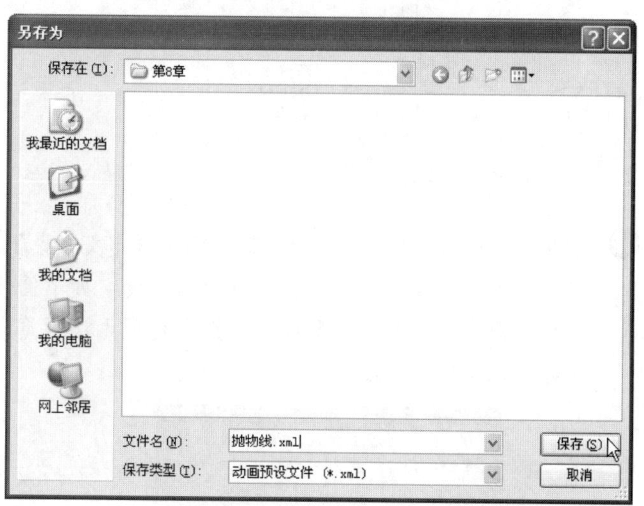

⑮ 将场景 2 中的抛物线动画导出成 SWF 文件，并命名为“抛物线”，保存到步骤 14 中相同的路径下，即可在【动画预设】面板中预览动画效果，如下图所示。

3. 应用动画预设

在 Flash CS4 中，应用动画预设创建补间动画的具体操作步骤如下。

操作步骤

❶ 在 Flash CS4 程序窗口中打开素材文件(光盘：\图书素材\第 8 章\补间动画.fla)，然后插入场景 3，并在场景 3 中添加如下图所示的元件。

❷ 在菜单栏中选择【窗口】|【动画预设】命令，打开【动画预设】面板，然后在列表中单击【默认预设】选项左侧的三角按钮，如下图所示。

❸ 在展开的【默认预设】列表中选择要使用的动画预设。这里选择【大幅度跳跃】选项，并单击【应用】按钮，如下图所示。

长见识

动画预设只能应用于补间动画，而传统补间不能保存为动画预设。

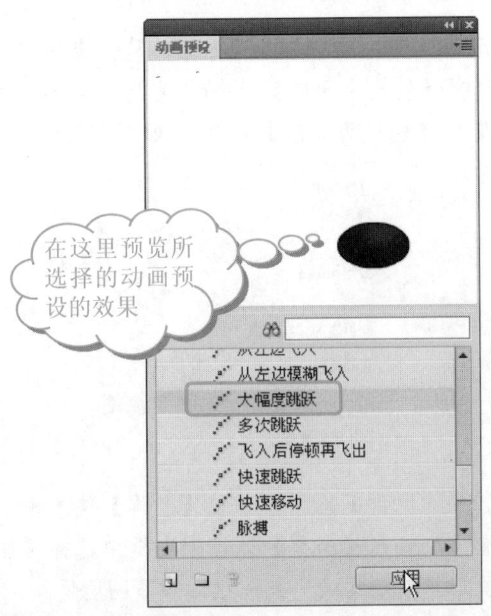

4 再单击【关闭】按钮，关闭【动画预设】面板，此时即可发现动画预设已经应用到场景 3 中的元件上了，如下图所示。

8.2.5　引导动画

基本的补间动画只能使对象产生直线方向的移动，但是在实际生活中，很多事物的运动轨迹并不只是直线，而更多的是曲线。如果这时想使用补间动画就必须不停地设置关键帧，为运动指定路线，这样操作起来十分麻烦且容易出错。

Flash CS4 提供了一种自定义运动路径的功能，使用该功能，用户可以在运动对象的上方添加一个运动路径的图层，在该图层中可以绘制出运动对象的运动路径，让运动对象按照这条路径进行移动。这就是引导层。

1. 引导层

引导层可以分为两种：普通引导层和运动引导层。下面将分别进行介绍。

1)　普通引导层

普通引导层在动画中起辅助静态对象定位的作用。选中要作为引导层的图层并右击，从弹出的快捷菜单中选择【引导层】命令，即可将该图层转换为普通引导层。在图层管理器中，普通引导层的图标为⛏，如下图所示。

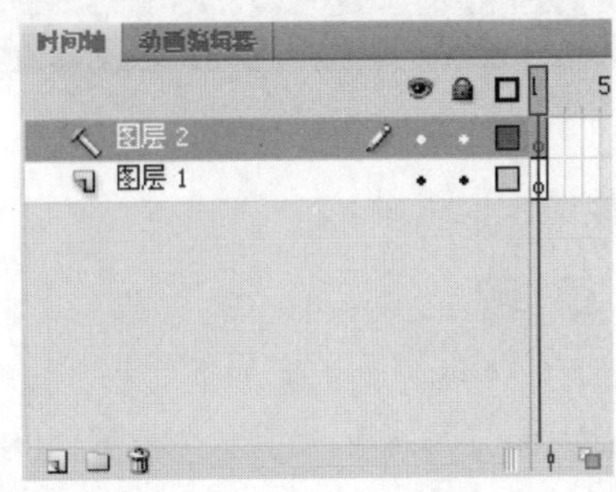

2)　运动引导层

在 Flash CS4 中，动画为对象建立曲线运动或使对象沿指定的路径运动是不能够直接完成的，而必须借助运动引导层来实现。运动引导层可以根据需要与一个图层或任意多个图层相关联，这些被关联的图层就称为被引导层。被引导层上的任意对象沿着运动引导层上的路径运动。如下图所示，“图层 2”为被引导层，“引导层：图层 2”为引导层。

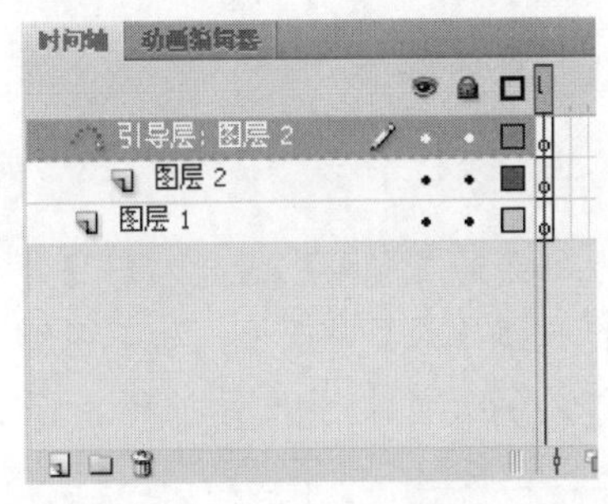

创建运动引导层后，在时间轴的图层管理器中，被引导层的图标会向内缩进显示，而引导层的图标则没有缩进，从而非常形象地表现出两者之间的关系。默认情况下，任何一个新创建的运动引导层都会自动放置在用来创建该运动引导层的普通图层的上方。移动引导层时，则所有同它相链接的被引导层都将随之移动，以保持图层间的引导和被引导关系。

3)　普通引导层和运动引导层的相互转换

普通引导层和运动引导层之间可以很容易地相互转换。如果要将普通引导层转换为运动引导层，只需要给普通引导层添加一个被引导层即可。方法是在图层管理

在引导层动画中，可以使用【线条工具】、【钢笔工具】、【椭圆工具】、【铅笔工具】、【矩形工具】和【刷子工具】等绘制所需要的路径。

器中向右下角拖动普通引导层上方的图层到普通引导层的下方。如果要将运动引导层转换为普通引导层，只需要将运动引导层相关联的所有被引导层拖动到运动引导层的上方即可。

引导层上的所有内容只作为运动对象的参考线，最终发布动画时，引导层中的内容并不会输出。

2. 创建引导动画

下面通过一个具体的例子来说明创建运动引导动画的方法，具体操作步骤如下。

操作步骤

❶ 启动 Flash CS4 程序，新建一个文档，接着在其【属性】面板中的【属性】选项组中设置 FPS 为 8.00，如下图所示。

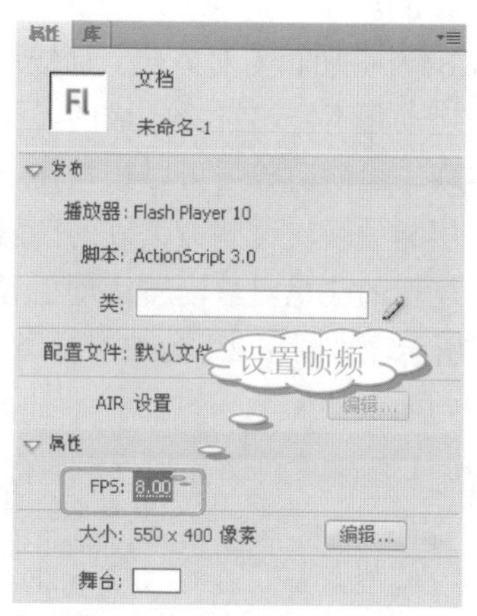

❷ 在菜单栏中选择【文件】|【导入】|【导入到舞台】命令，打开【导入】对话框，如下图所示。选择文件路径和文件(光盘：\图书素材\第 8 章\泡泡.jpg)，单击【打开】按钮，如下图所示。

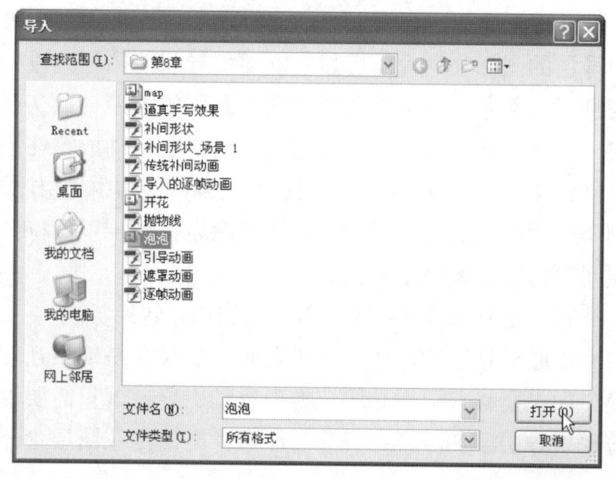

❸ 导入“泡泡”图片后，右击该图片，从弹出的快捷菜单中选择【转换为元件】命令(或者选择菜单栏中的【修改】|【转换为元件】命令)，如下图所示。

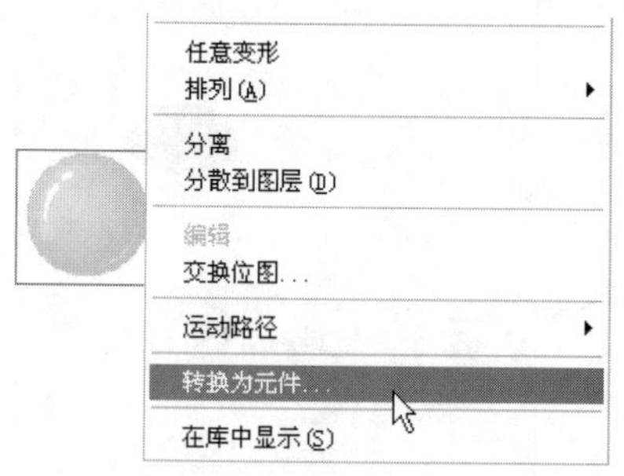

❹ 打开【转换为元件】对话框，在【名称】文本框中输入“泡泡”，在【类型】下拉列表框中选择【图形】选项，并单击【确定】按钮，如下图所示。

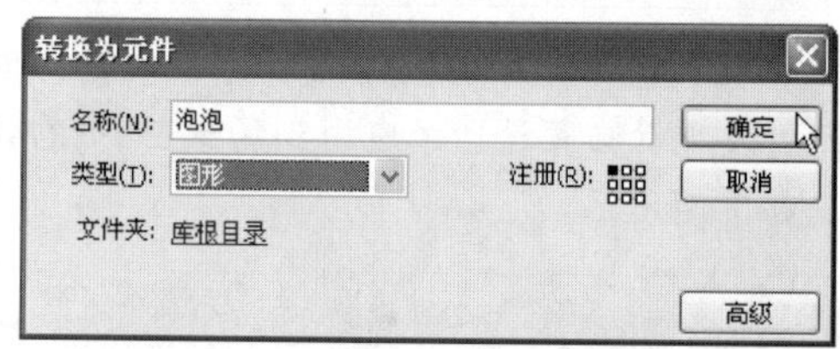

❺ 在时间轴中选择图层 1 的第 1 帧，如下图所示。

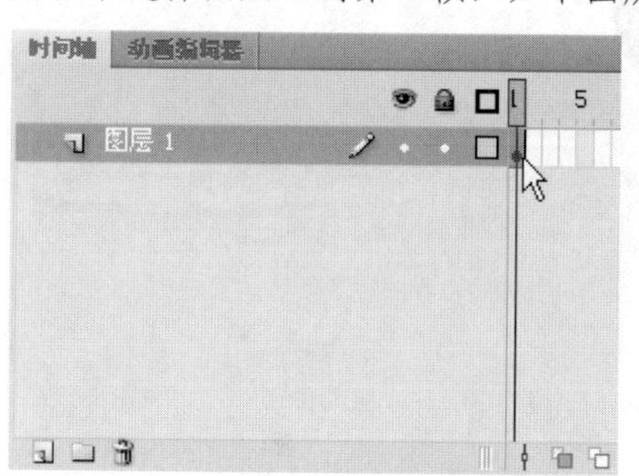

❻ 在【库】面板中查看已经创建的“泡泡”图形元件，并将其拖动到舞台上，如下图所示。

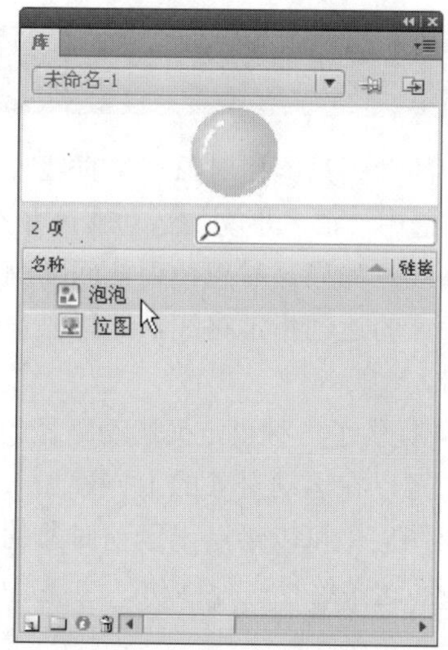

长见识 在执行保存、删除或重命名自定义预设操作后，就无法再撤消，所以用户操作时要慎重考虑。

❼ 在时间轴中，在图层 1 的第 50 帧处右击，从弹出的快捷菜单中选择【插入关键帧】命令。此时的时间轴如下图所示。

❽ 在时间轴的图层管理器中右击“图层 1”，从弹出的快捷菜单中选择【添加传统运动引导层】命令，如下图所示。

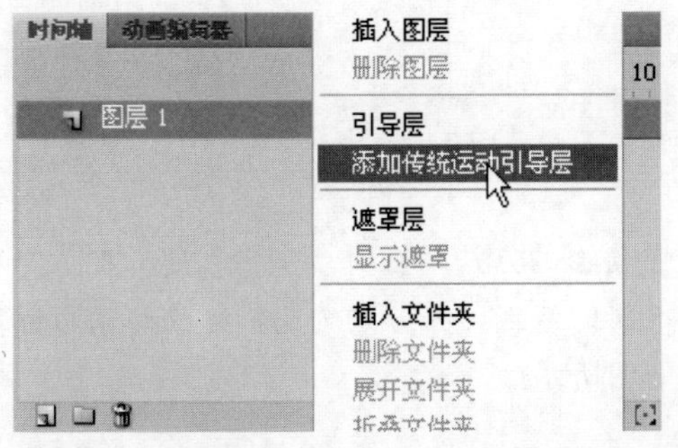

❾ 这样，就可以为图层 1 添加运动引导层。此时的时间轴如下图所示。

❿ 单击工具箱中的【铅笔工具】按钮，绘制一个泡泡上升的路径，如下图所示。

⓫ 在图层 1 中选择第 50 帧，然后使用工具箱中的【铅笔工具】按钮，再绘制一个泡泡下降的路径，如下图所示。

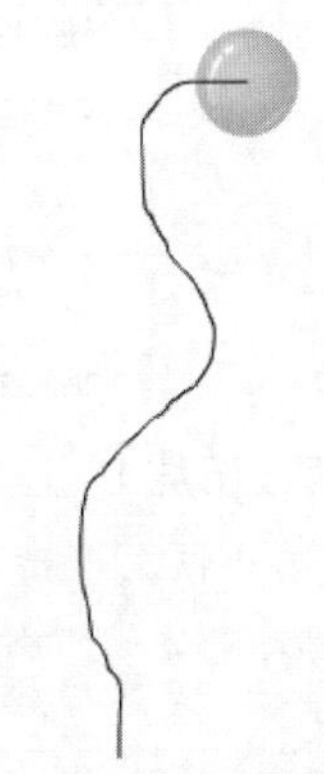

⓬ 在图层 1 中移动第 1 帧和第 50 帧上的泡泡图形元件的实例，并确保实例的变形中心点位于引导路径的起始端，如下图所示。

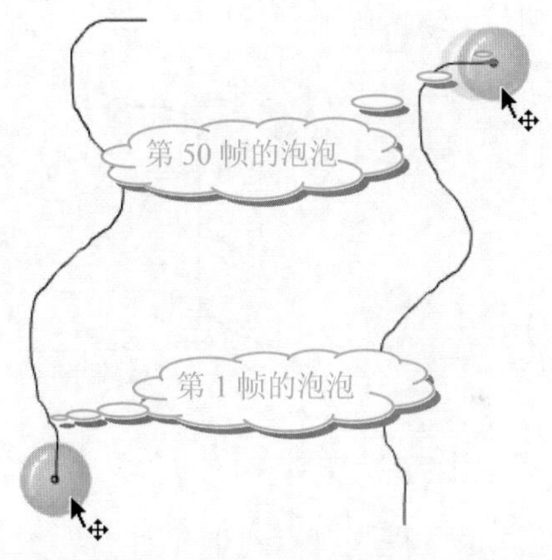

⓭ 选中图层 1 中的第 1 帧到第 50 帧的任意一帧并右击，从弹出的快捷菜单中选择【创建传统补间】命令，如下图所示。

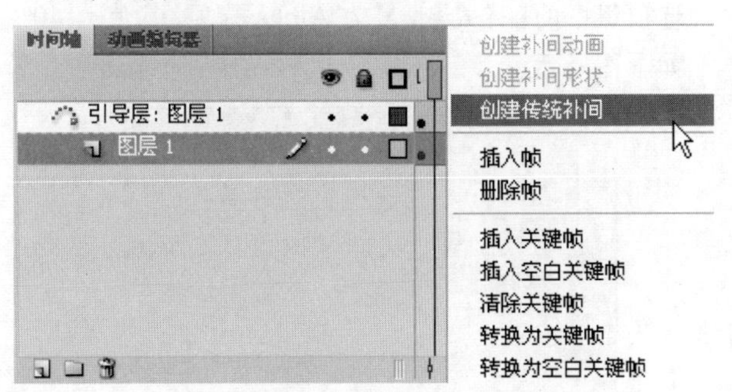

⓮ 在【时间轴】面板中右击“引导层：图层 1”，从弹出的快捷菜单中选择【插入图层】命令，如下图所示。

学以致用系列丛书

在创建引导动画时，往往在动画的开始帧和结束帧处将元件移动至引导路径的起始两端，以保证元件的变形点与引导线重合，否则引导动画可能会出错。

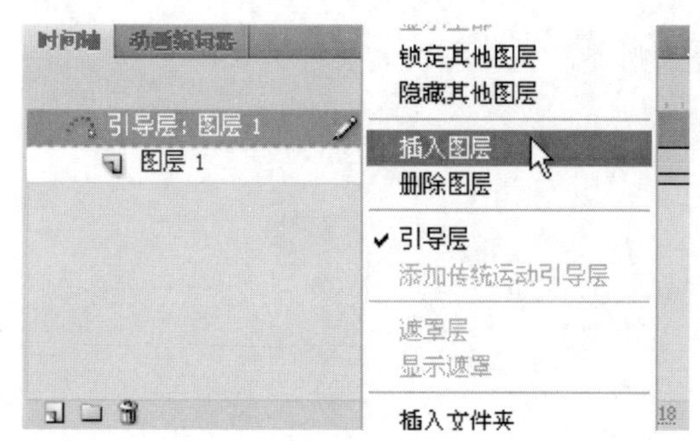

⑮ 这时将在“引导层：图层 1”上方创建一个“图层 3”，然后在图层 3 的第 1 帧上单击，如下图所示。

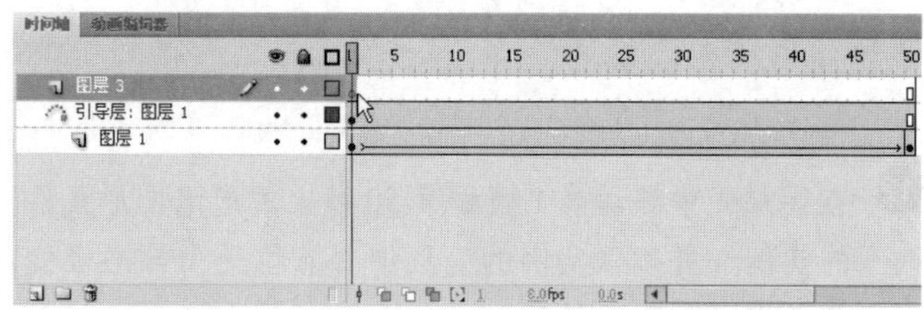

⑯ 将泡泡图形元件拖动到舞台的其他位置重新创建一个实例，如下图所示。

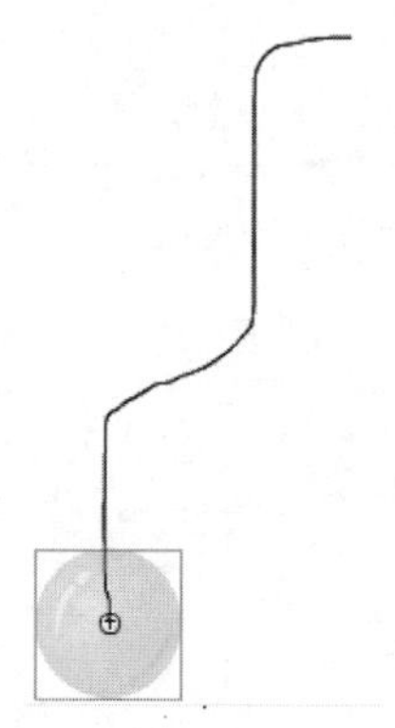

⑰ 选择工具箱中的【任意变形工具】调整该泡泡元件的大小，并在其【属性】面板中，将【色彩效果】选项组中的【样式】设置为 Alpha 选项，其值为 40%，如下图所示。

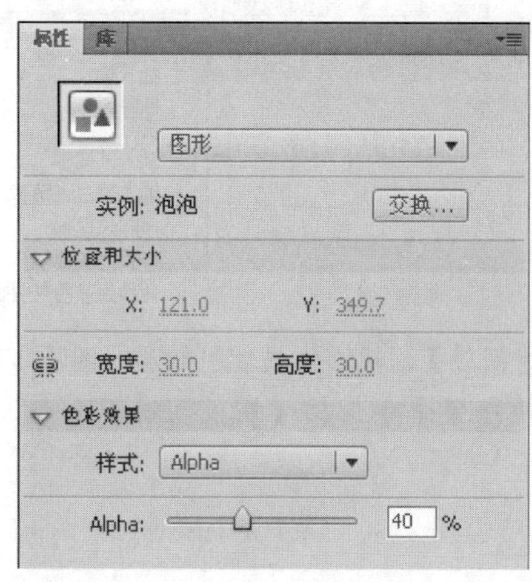

⑱ 参照前面的方法，为图层 3 创建运动引导层，绘制一条新的运动路径，并完成这个泡泡的引导动画，如下图所示。

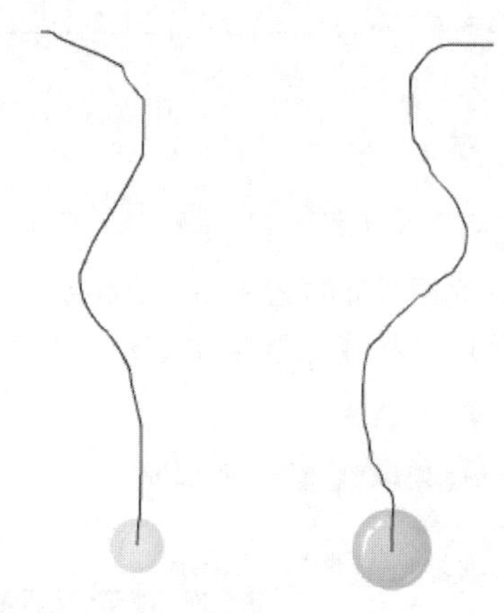

⑲ 参照前面的方法，在舞台上再创建一些大小和透明度不同的泡泡，并分别为它们建立运动引导动画，如下图所示。

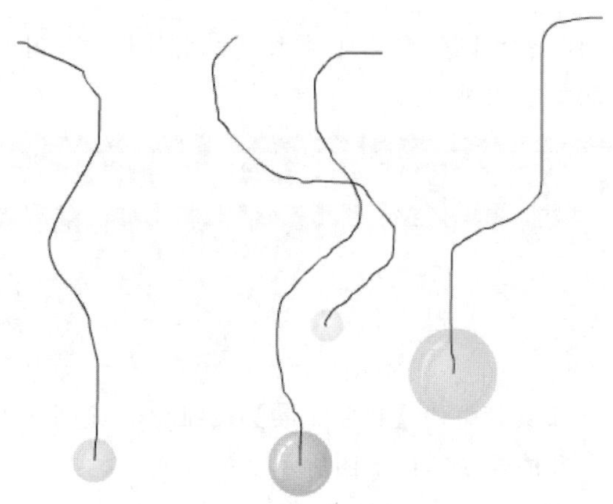

⑳ 按 Ctrl+Enter 组合键测试动画效果，如下图所示。

学以致用系列丛书

为了防止意外转换引导层的属性，可以将所有的引导层放在图层管理器的底部。

8.2.6　遮罩动画

在 Flash 动画中，经常会看到水波纹效果、百叶窗效果、放大镜效果，这些神奇的效果都是通过 Flash 动画的遮罩功能来实现的。

通过为动画对象创建遮罩动画，可以在创建的遮罩图形区域内显示动画对象，通过改变遮罩图形的大小和位置，可以对动画对象的显示范围进行控制。

1. 遮罩动画简介

在 Flash CS4 中，遮罩动画是由遮罩层和被遮罩层组成的。遮罩层是一种特殊的图层，在遮罩层中绘制的对象具有透明的效果，可以将图形位置的背景显露出来。因此，当使用遮罩层后，遮罩层下方图层中的内容将通过遮罩层中绘制的对象的形状显示出来。

1)　创建遮罩层

在 Flash 中没有专门的按钮来创建遮罩层，它是由普通图层转换来的。在 Flash CS4 中，创建遮罩层的常用方法主要有以下几种。

- 用菜单命令创建遮罩层：在要作为遮罩层的图层上右击，从弹出的快捷菜单中选择【遮罩层】命令，即可将当前图层转换为遮罩层。图层转换为遮罩层后，将用一个图标来表示。紧贴遮罩层下方的图层将自动链接到遮罩层，称为被遮罩层。被遮罩层中的内容会透过遮罩层上的填充区域显示出来，且其图层名称以缩进的方式显示，图标为，如下图所示。

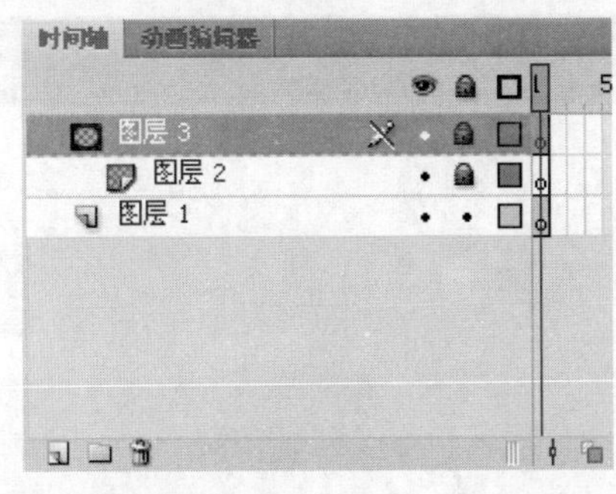

- 更改图层属性创建遮罩层：这种方法需要使用到【图层】属性对话框，具体操作步骤如下。

操作步骤

❶ 在图层管理中右击需要转换为遮罩层的图层，从弹出的快捷菜单中选择【属性】命令(或者双击图层前面的图标)，如下图所示。

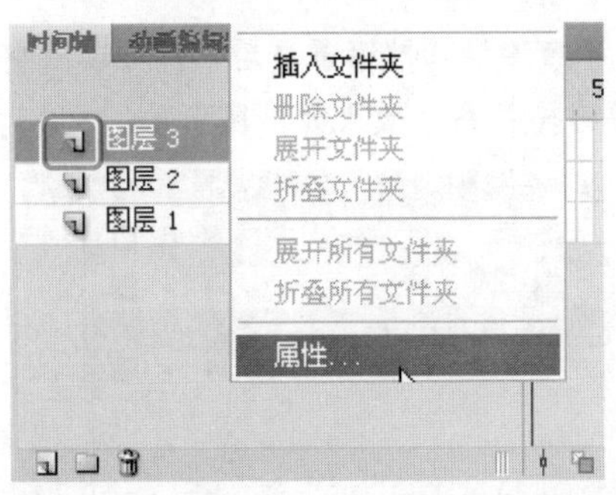

❷ 打开【图层属性】对话框，在【类型】选项组中选中【遮罩层】单选按钮，再单击【确定】按钮，如下图所示。

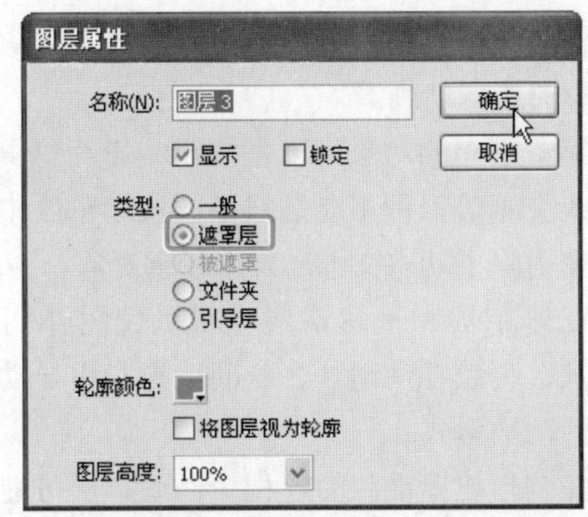

❸ 这样，即可将图层转换为遮罩层，如下图所示。

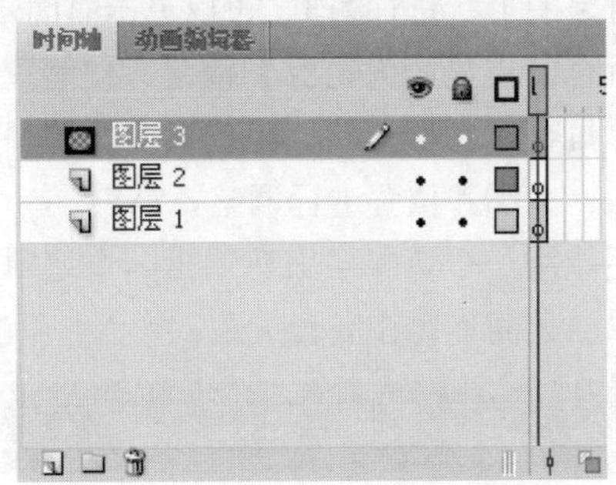

❹ 创建遮罩层后，还需要创建被遮罩层。这里双击图层 2 前面的图标，打开【图层属性】对话框，在【类型】选项组中选中【被遮罩层】单选按钮，再单击【确定】按钮，如下图所示。

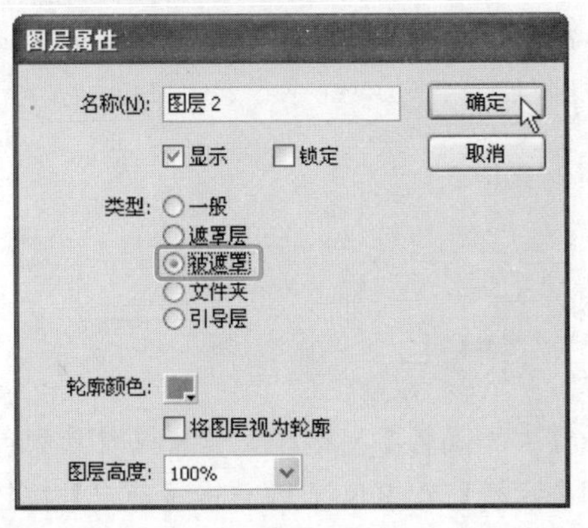

学以致用系列丛书

如果需要将遮罩层转换为普通图层，可以在【图层属性】对话框中的【类型】选项组中选中【一般】单选按钮，使得与它相关联的被遮罩层也转换为普通图层。

❺ 创建了遮罩层和被遮罩层后，就可以使它们之间建立一种链接关系，效果如下图所示。

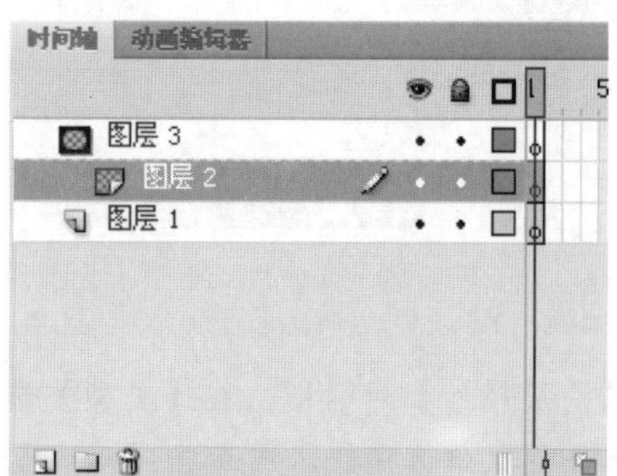

2) 制作遮罩动画的技巧

在制作遮罩动画时，可以运用以下技巧来更方便地制作出精彩的遮罩动画。

- 遮罩层中的对象可以是按钮、影片剪辑、图形或文本等，但不能是线条；被遮罩层中则可以使用除了动态文本之外的任意对象。
- 在遮罩层和被遮罩层中可以使用补间形状动画、传统补间动画、补间动画和引导动画等多种动画形式。
- 在制作遮罩动画的过程中，遮罩层可能会挡住下面图层中的元件。如果用户要对遮罩层中的对象的形状进行编辑，可以单击时间轴中的【将所有图层显示为轮廓】按钮，使遮罩层中的对象只显示轮廓形状，以便对遮罩层中对象的形状、大小和位置进行调整。
- 不能用一个遮罩层来遮罩另一个遮罩层，即遮罩层之间不存在嵌套关系。

2. 创建遮罩动画

下面通过一个地球旋转效果的实例来了解一下遮罩动画的制作过程，具体操作步骤如下。

操作步骤

❶ 启动 Flash CS4 程序，新建一个文档，在其【属性】面板中的【属性】选项组中单击【编辑】按钮，如下图所示。

❷ 打开【文档属性】对话框，设置【背景颜色】为黑色，【帧频】为 8 fps，并单击【确定】按钮，如下图所示。

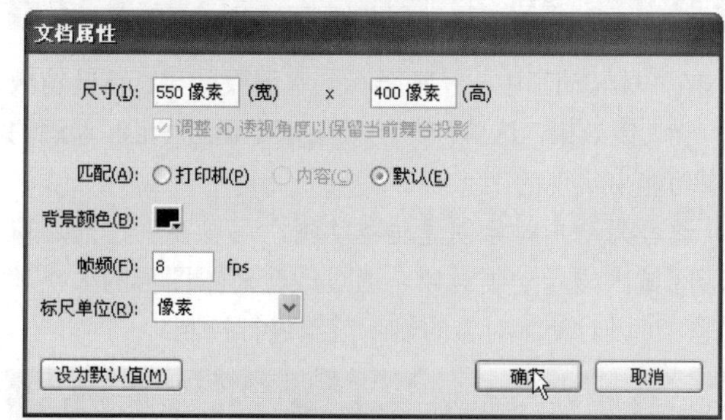

❸ 在菜单栏中选择【文件】|【导入】|【导入到舞台】命令，打开【导入】对话框，选择要导入到舞台的图片(光盘：\图书素材\第 8 章\map.jpg)，再单击【打开】按钮，如下图所示。

❹ 在舞台中导入的图片如下图所示。

❺ 在工具箱中单击【任意变形工具】按钮，按 Shift+Alt 组合键，拖动地图周围的控制点，调整地图的大小，如下图所示。

长见识 在遮罩层中，如果用户一定要使用线条，可以选择菜单栏中的【修改】|【形状】|【将线条转换为填充】命令，把线条转换为填充即可。

❻ 单击工具箱中的【选择工具】按钮，按住 Alt 键的同时在舞台上拖动地图，复制一张新的地图，然后将两张地图水平对齐排列，如下图所示。

❼ 使用工具箱中的【选择工具】同时选中两张地图，然后选择菜单栏中的【修改】|【转换为元件】命令(或者按 F8 键)，如下图所示。

❽ 打开【转换为元件】对话框，在【类型】下拉列表框中选择【图形】选项，并单击【确定】按钮，如下图所示。

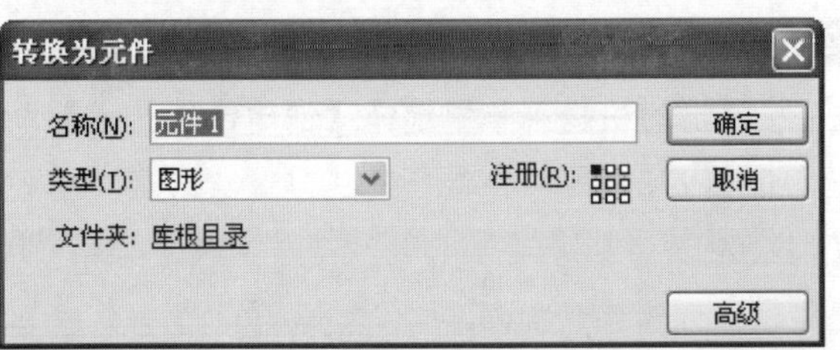

❾ 选中图层 1 的第 40 帧并右击，从弹出的快捷菜单中选择【插入关键帧】命令。此时的时间轴如下图所示。

❿ 选中图层 1 的第 1 帧，在舞台上选中两张地图，按住鼠标左键不放并向右拖动图形元件，效果如下图所示。

⓫ 选中图层 1 的第 40 帧，再次调整图形元件的位置，如下图所示。

Flash CS4 会忽略遮罩层中的位图、渐变色、透明、颜色和线条样式等属性。在遮罩层中的任何填充区域都是完全透明的，而任何非填充区域都是不透明的。

⑫ 选中图层1中第1帧到第40帧中的任意一帧并右击，从弹出的快捷菜单中选择【创建传统补间】命令。此时的时间轴如下图所示。

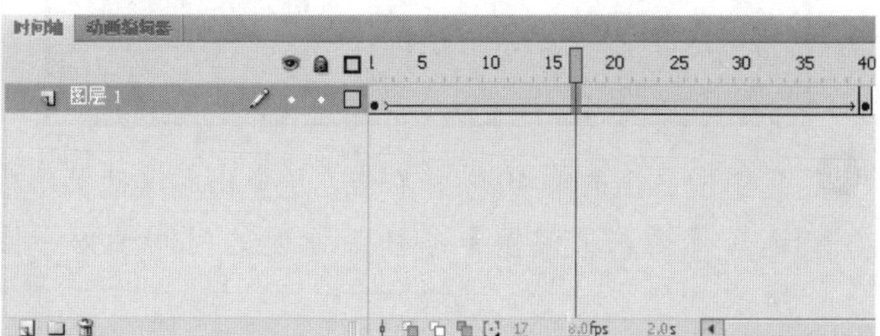

⑬ 单击时间轴下方的【新建图层】按钮，在图层1的上方创建“图层2”。此时的时间轴如下图所示。

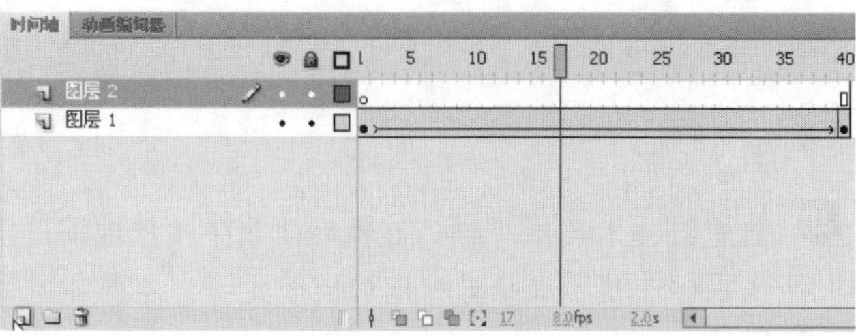

⑭ 在工具箱中使用【椭圆工具】，设置【笔触颜色】为【无】，【填充颜色】为蓝色(#0066CC)，如下图所示。

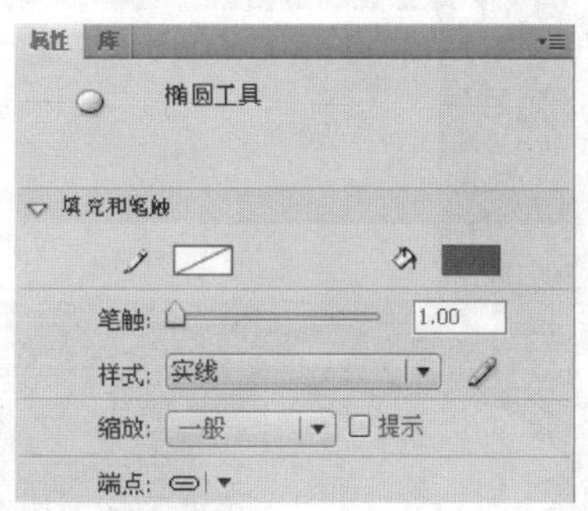

⑮ 选中图层2的第1帧，按住Shift键的同时在舞台上拖动，绘制一个圆形，如下图所示。

⑯ 在图层2的上方创建“图层3”并选中图层2的第1帧，选择菜单栏中的【编辑】|【复制】命令，如下图所示。

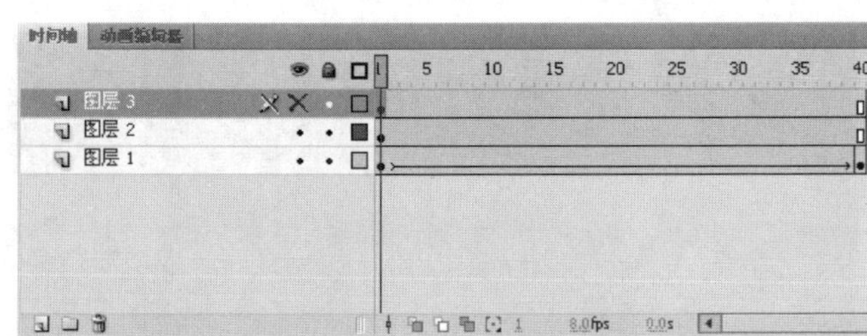

⑰ 选中图层3的第1帧，选择菜单栏中的【编辑】|【粘贴到当前位置】命令，将圆形粘贴到图层3的相同位置处，并隐藏图层3。此时的时间轴如下图所示。

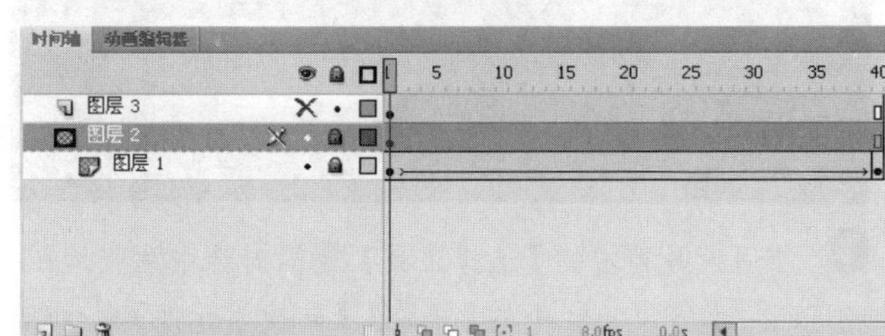

⑱ 在图层2上右击，从弹出的快捷菜单中选择【遮罩层】命令，将其转换为遮罩层，如下图所示。

⑲ 此时的舞台效果发生了变化，如下图所示。

⑳ 显示图层3，并选择菜单栏中的【窗口】|【颜色】

学以致用系列丛书

运动引导层和普通引导层不同，它是一个新创建的图层。因此，在应用运动引导层时必须指定在哪个图层上创建引导层。

命令，打开【颜色】面板。设置【类型】为【放射状】，【颜色】为从透明(Alpha 值为 0%)到深蓝色渐变(#000033)，如下图所示。

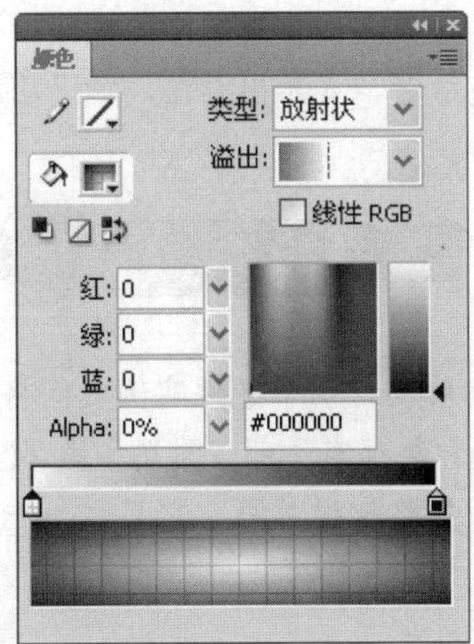

21 使用工具箱中的【渐变变形工具】，调整渐变填充的位置，效果如下图所示。

22 按 Ctrl+Enter 组合键测试动画效果，运行效果如下图所示。

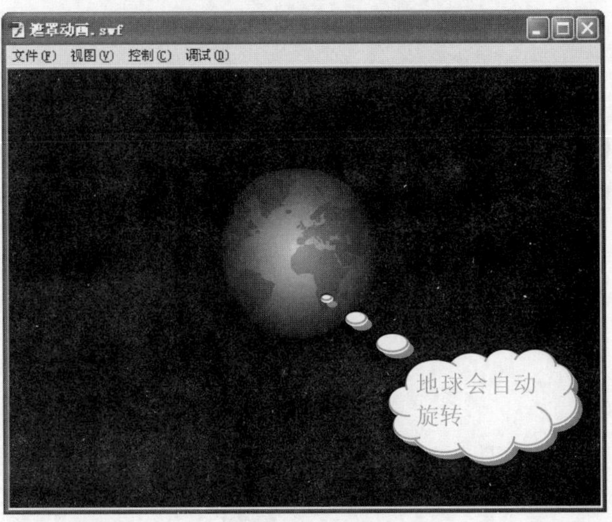

8.2.7 骨骼动画

骨骼动画是 Flash CS4 新增加的一种动画，利用骨骼动画用户可以更加方便地创建出自然逼真的动画效果。

1. 骨骼和反向运动

骨骼是 Flash CS4 中的一个新增功能，可以为动画角色添加骨骼。在移动某个骨骼时，与该骨骼相关联的其他链接骨骼也会随之移动。

反向运动(IK)是一种使用骨骼的关节结构对一个对象或彼此相关联的一组对象进行动画处理的方法。使用骨骼后，只需要做很少的设计工作，如只需要指定对象的开始位置和结束位置，就可以让元件实例或者形状对象按照复杂而自然的方式移动。

例如，人的手臂在运动的时候会影响到手掌，而手掌运动的时候也会反向影响到手臂。在之前的 Flash 版本中，如果用户要创建手臂运动或者手掌运动的动画，必须同时更改手臂和手掌以描述这两者之间的链接关系，但是在 Flash CS4 中新增加了【骨骼工具】后，这个工作就可以交给 Flash CS4 来自动完成。

注意

在 Flash CS4 中，只有单独的元件实例或单个形状的内部可以添加骨骼。

2. 添加骨骼

下面就来介绍如何使用【骨骼工具】在人物图形中添加骨骼。

在 Flash CS4 中，有以下两种方式可以添加骨骼。

- 向元件实例添加单个骨骼：通过添加骨骼，可以用关节将一系列的元件链接起来，让这些元件实例一起运动。
- 向形状对象的内部添加骨骼：通过添加骨骼，可以移动形状的各个部分并对其进行动画处理，而无须绘制形状的不同样式或创建补间形状。

当用户为元件实例或形状添加骨骼后，Flash CS4 会将实例或形状以及与之相关联的骨架移动到时间轴中的新图层上，该图层称为姿势图层。每个姿势图层只能包含一个骨架及其关联的实例或形状。

1) 为元件实例添加骨骼

为元件实例添加骨骼的具体操作步骤如下。

制作遮罩动画之前一定要思路清晰，想好动画的哪部分内容是需要显示的，哪部分内容是需要隐藏的，从而将内容合理地放在遮罩层和被遮罩层中，否则就得不到预期的效果。

操作步骤

1. 使用【矩形工具】和【椭圆工具】，在舞台上创建3个任意的形状，如下图所示。

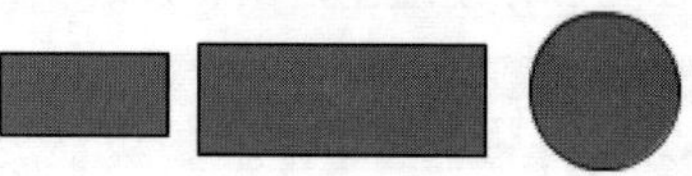

2. 使用工具箱中的【选择工具】分别选中舞台上的3个形状，然后选择菜单栏中的【修改】|【转换为元件】命令，如下图所示。

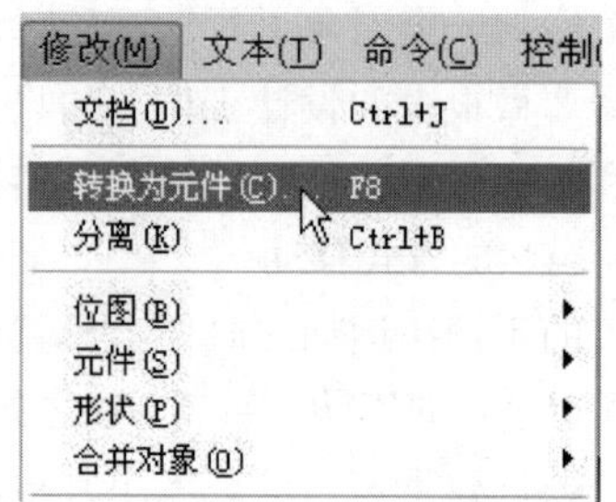

3. 打开【转换为元件】对话框，在【类型】下拉列表框中选择【影片剪辑】选项，并单击【确定】按钮，如下图所示。

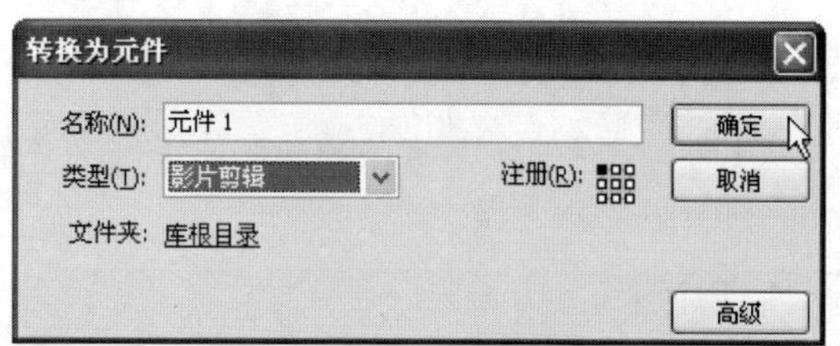

4. 在【库】面板中分别将3个影片剪辑元件拖动到舞台上，创建元件实例(在排列实例时，尽量按照与添加骨骼之前所需空间的配置排列)，如下图所示。

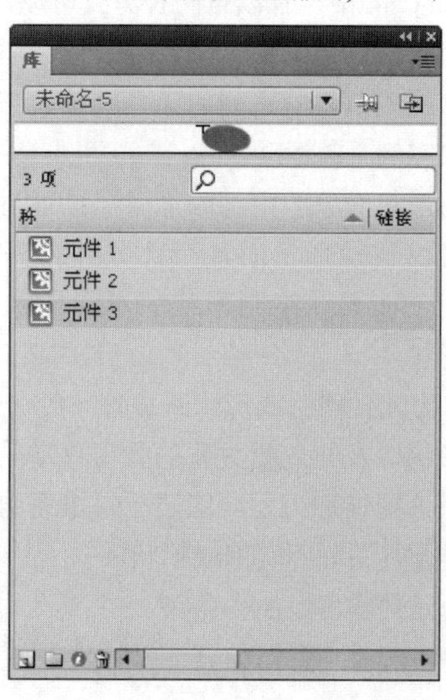

5. 单击工具箱中的【骨骼工具】按钮，单击要成为骨架的根部的元件实例。然后将其拖动到另外一个元件实例上，将其链接到骨架根部的实例上(这里将圆形影片剪辑元件作为骨架的根部)。按住鼠标左键不放并拖动时，显示出骨骼，如下图所示。

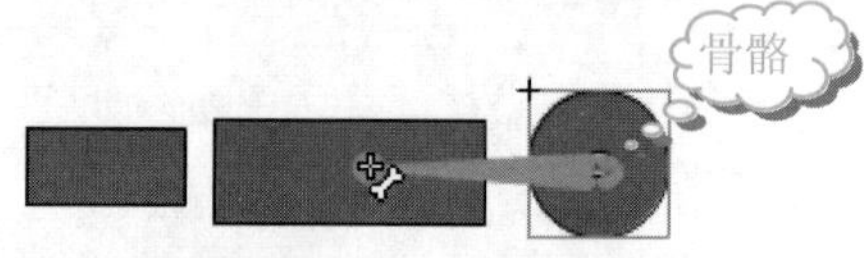

6. 释放鼠标后，在两个元件实例之间将显示实心的骨骼。每个骨骼都有头部、圆端和尾部(尖端)。骨架中的第一个骨骼是根骨骼，它显示为一个圆围绕着骨骼头部，如下图所示。

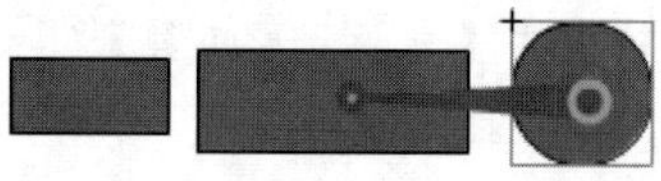

7. 在两个矩形元件之间也添加一个骨骼，最终效果如下图所示。

8. 观察一下时间轴，会发现 Flash CS4 已经将原件实例及关联的骨架移动到时间轴中的新图层上，如下图所示。

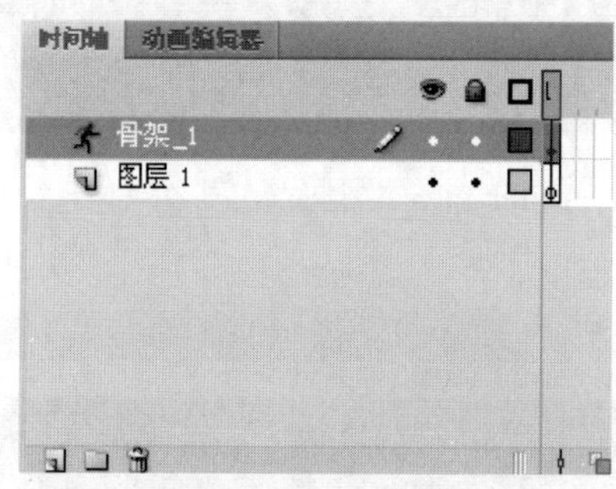

9. 单击工具箱中的【选择工具】按钮，调整最左边的矩形元件，会发现其余的元件也会相应地发生变化，如下图所示。

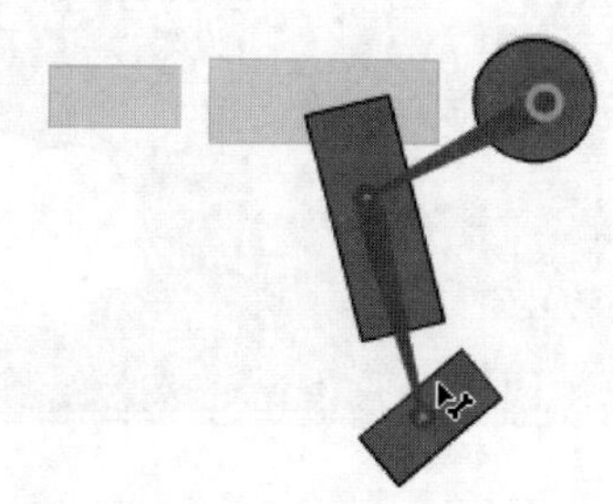

在 Flash CS4 中，用户可以向单个形状的内部添加多个骨骼，而每个元件实例只能添加一个骨骼。

2)　为形状对象的内部添加骨骼

为形状对象的内部添加骨骼的具体操作步骤如下。

操作步骤

❶ 单击工具箱中的【椭圆工具】按钮，绘制一个任意大小和颜色的椭圆，如下图所示(仅供参考)。

❷ 单击工具箱中的【骨骼工具】按钮，并单击刚刚绘制的椭圆，即可在这个椭圆区域内添加骨骼，如下图所示。

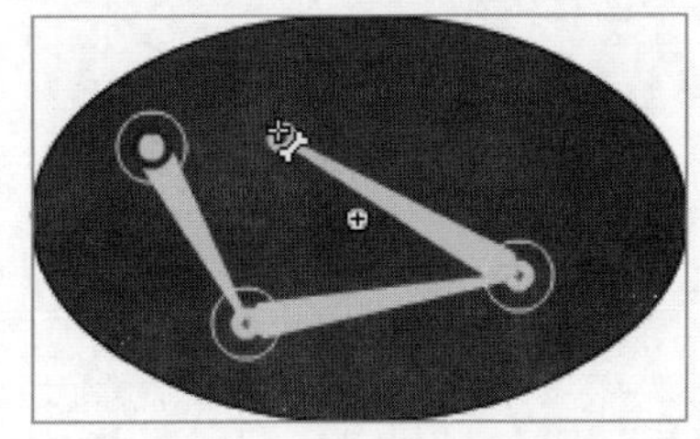

❸ 单击工具箱中的【选择工具】按钮，移动骨骼点，椭圆的外形也会随之移动，如下图所示。

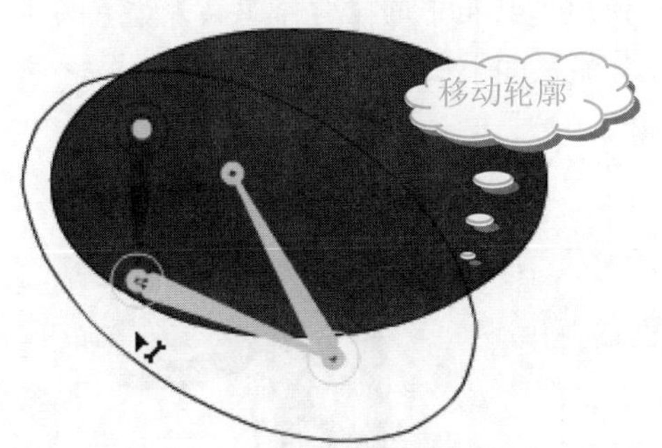

提示

用户也可以选择菜单栏中的【修改】|【分离】命令，将文本分离为单独的形状，并对各形状使用【骨骼工具】添加骨骼。

3. 编辑 IK 骨架和对象

创建好骨骼后，还可以编辑 IK 骨架和对象，如选择骨骼和关联的对象、重新定位骨骼和关联的对象和删除骨骼等。下面将分别进行介绍。

1)　选择骨骼和关联的对象

如果用户需要选择单个骨骼，应先单击工具箱中的【选择工具】按钮，然后单击该骨骼。如下图所示红色的骨骼为选中的骨骼。

若要将所选内容移动到相邻骨骼，可以通过【属性】面板中的【上一个同级】、【下一个同级】、【子级】和【父级】按钮进行选择。【骨骼工具】的【属性】面板，如下图所示。

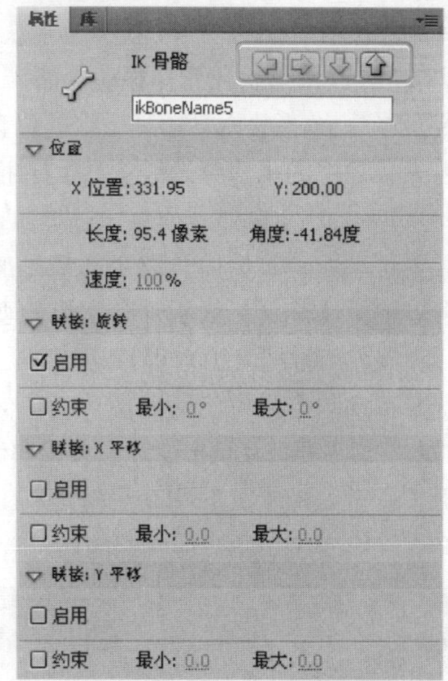

技巧

若要同时选择多个骨骼，可以在单击骨骼时按住 Shift 键；若要选择骨架中的所有骨骼，只要双击某个骨骼即可；若要选择整个骨架并显示骨架的属性及其姿势图层，则需要单击姿势图层中包含骨架的帧。

2) 重新定位骨骼和关联的对象

❖ 若要重新定位线性骨架，可以拖动骨架中的任何骨骼。如果骨架已添加到元件实例上，则还可以旋转实例。

❖ 若要重新定位骨架的某个分支，可以拖动该分支中的任何骨骼。该分支中的所有骨骼都将移动，而骨架的其他分支中的骨骼不会移动。

❖ 若要将某个骨骼与其子级骨骼一起旋转而不移动父级骨骼，需要按住 shift 键并拖动该骨骼。

❖ 若要将某个 IK 形状移动到舞台的新位置，可以在其【属性】面板中选择该形状并更改 X 和 Y 参数的属性。

3) 删除骨骼

❖ 若要删除某个骨骼及其所有子级，可以单击该骨骼，然后按 Delete 键。如果要删除多个骨骼，则可以先按住 Shift 键，然后单击每个骨骼，即可进行删除。

❖ 若要从某个 IK 形状或元件骨架中删除所有骨骼，可以在骨架图层的时间轴上右击，从弹出的快捷菜单中选择【删除骨架】命令即可。也可以先选择该形状或该骨架中的任何元件实例，然后选择菜单栏中的【修改】|【分离】命令删除所有骨骼。

4) 相对于关联的形状或元件移动骨骼

❖ 若要移动 IK 形状内骨骼任一端的位置，可以使用工具箱中的【部分选取工具】拖动骨骼的一端。

❖ 若要移动元件实例内骨骼头部或尾部的位置，可以使用【变形】面板移动实例的变形点，这样骨骼就可以随变形点而移动。

❖ 若要移动单个元件实例而不移动任何其他链接的实例，需要按住 Alt 键并拖动该实例，或者使用【任意变形工具】拖动。链接到实例的骨骼将变长或变短，以适应实例的新位置。

4. 制作骨骼动画

下面以制作一个简单的骨骼动画为例，介绍骨骼动画的创建方法，具体操作步骤如下。

操作步骤

❶ 新建一个文档，并将其保存为“骨骼动画”，所有参数均保持默认设置。

❷ 单击工具箱中的【椭圆工具】，设置【笔触颜色】为【无】，【填充颜色】为灰色(#333333)，在舞台上绘制一个小人的头、身体和四肢。然后，分别将这些图形转换为影片剪辑元件，并调整它们的位置，最终效果如下图所示。

❸ 单击图层管理器中的【将所有图层显示为轮廓】按钮，只显示人物的轮廓，以便看清整个小人的结构，如下图所示。

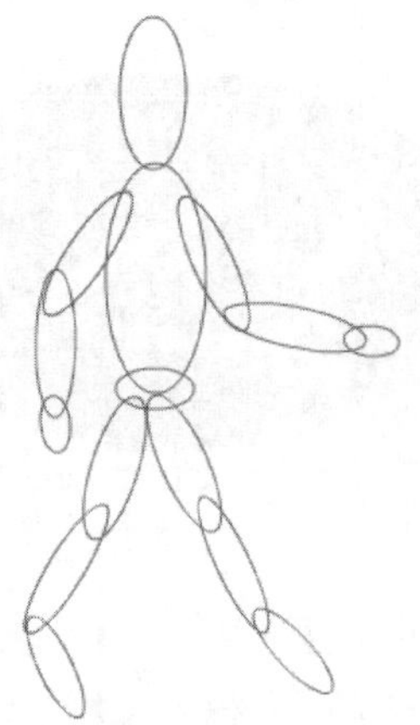

❹ 使用工具箱中的【骨骼工具】，为各个元件添加骨骼，如下图所示。

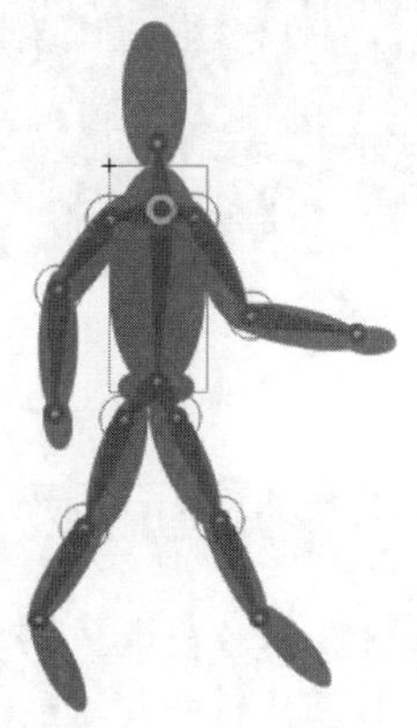

❺ 在时间轴上选中“骨架_2”图层上的第 25 帧并右击，从弹出的快捷菜单中选择【插入帧】命令。此时的

若要使用反向运动，必须使用 Flash 的 ActionScript 3.0 脚本，方法是：选择菜单栏中的【文件】|【发布设置】命令，在打开的【发布设置】对话框中切换到 Flash 选项卡，并在【脚本】下拉列表框中选择 ActionScript 3.0 选项。

时间轴如下图所示。

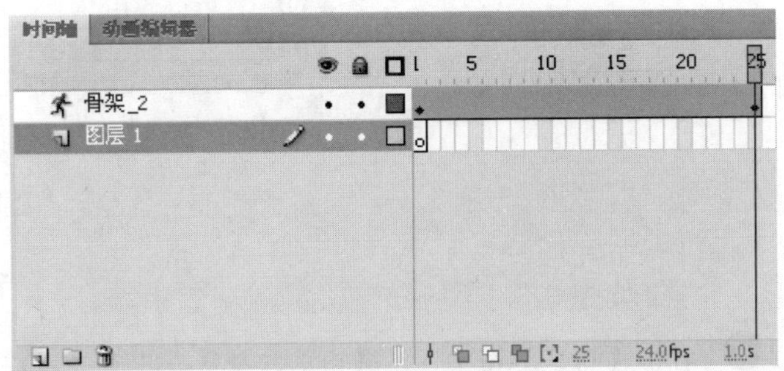

❻ 在舞台上使用【选择工具】对小人的四肢进行调整，最终效果如下图所示。

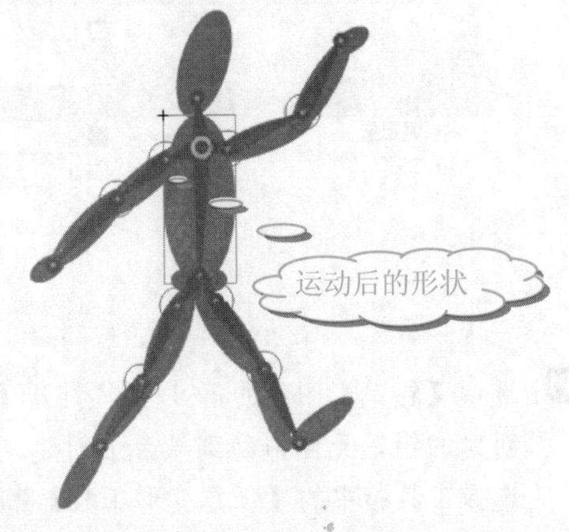

❼ 按 Ctrl+Enter 组合键测试动画效果，如下图所示。

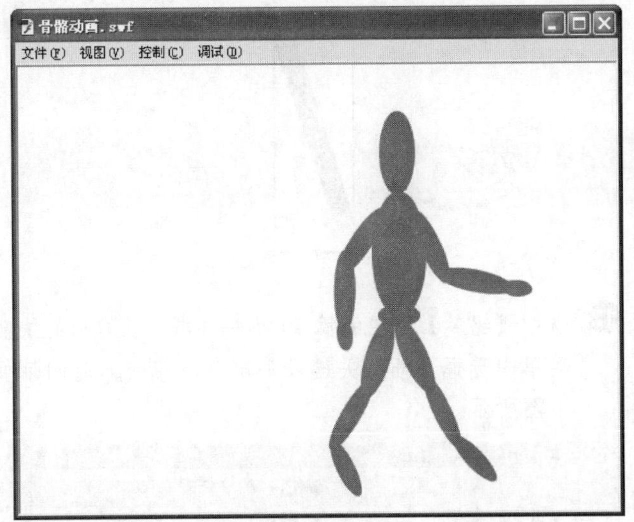

8.3　逼真的写字效果

下面将使用上面介绍的一些动画制作方法，制作一个写字效果：随着铅笔的移动，在画面中写出了“3D”文本。具体操作步骤如下。

操作步骤

❶ 新建一个文档，打开【文档属性】对话框，设置【尺寸】为 400 像素 × 300 像素，【帧频】为 24 fps，其他参数均保持默认设置，并单击【确定】按钮，如下图所示。

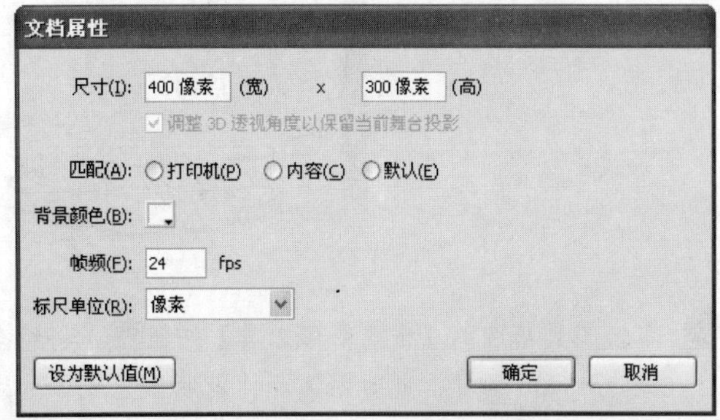

❷ 选择菜单栏中的【插入】|【新建元件】命令，打开【创建新元件】对话框。在【名称】文本框中输入“铅笔”，在【类型】下拉列表框中选择【图形】选项，并单击【确定】按钮新建一个图形元件，如下图所示。

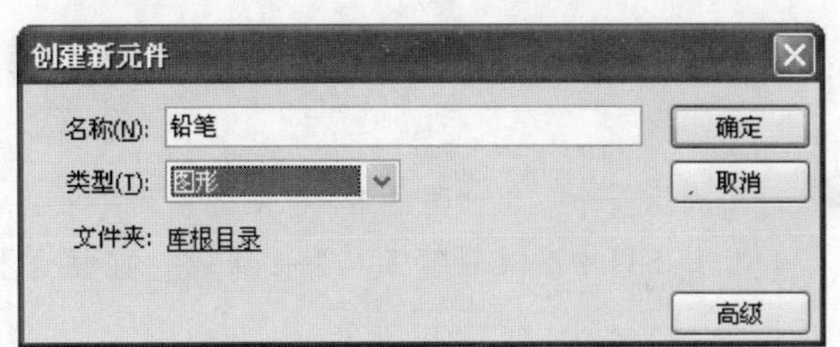

❸ 单击工具箱中的【矩形工具】按钮，设置【笔触颜色】为【无】，【填充颜色】分别为红色、橘色(#FFCC99)和黑色，绘制铅笔形状，如下图所示。

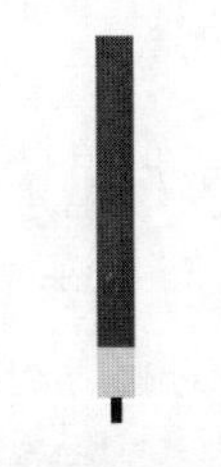

❹ 单击工具箱中的【选择工具】按钮，调整矩形块的形状，使其成为铅笔形状，如下图所示。

学以致用系列丛书

默认情况下，IK 骨架【属性】面板中的骨架名称与姿势图层的名称相同。在 ActionScript 中，可以使用姿势图层中的名称以指代骨架，也可以在【属性】面板中更改该名称。

长见识

❺ 选择菜单栏中的【编辑】|【全选】命令，选中舞台上的所有图形，再选择菜单栏中的【修改】|【组合】命令(或者按 Ctrl+G 组合键)，将 3 个矩形组合，如下图所示。

❻ 单击工具箱中的【任意变形工具】按钮，将组合旋转一定的角度，此时铅笔元件就制作完成了。效果如下图所示。

❼ 返回到场景中，将“图层 1”重命名为“文字”，并单击工具箱中的【铅笔工具】按钮，在舞台上写下“3D”文本，如下图所示。

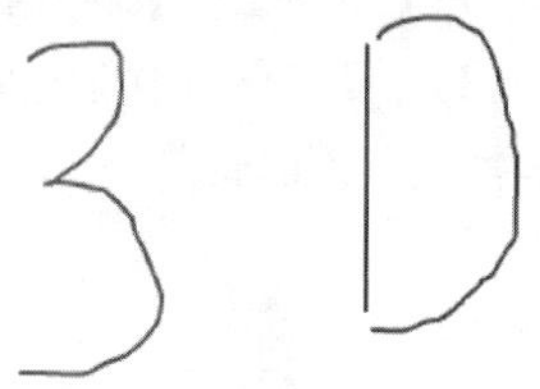

❽ 在时间轴的第 70 帧处右击，从弹出的快捷菜单中选择【插入帧】命令，此时的时间轴如下图所示。

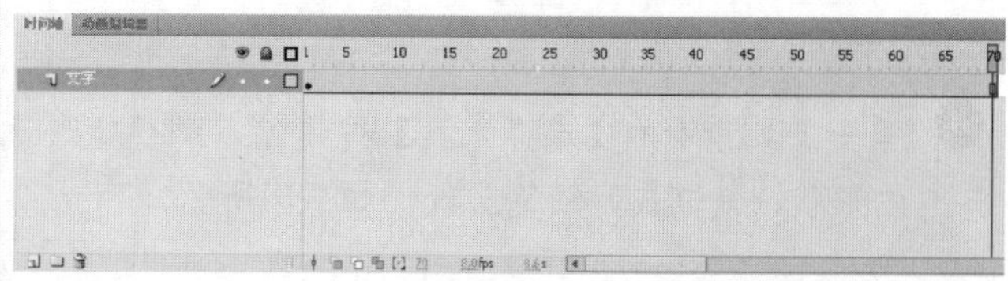

❾ 单击【新建图层】按钮，在【文字】图层上新建两个图层，并分别命名为“遮罩层”和“铅笔”。此时的时间轴如下图所示。

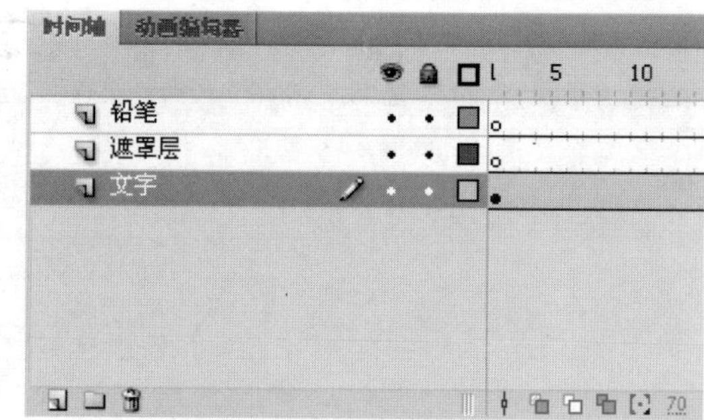

❿ 右击【铅笔】图层，从弹出的快捷菜单中选择【添加传统运动引导层】命令，为【铅笔】图层添加一个运动引导层。此时的时间轴如下图所示。

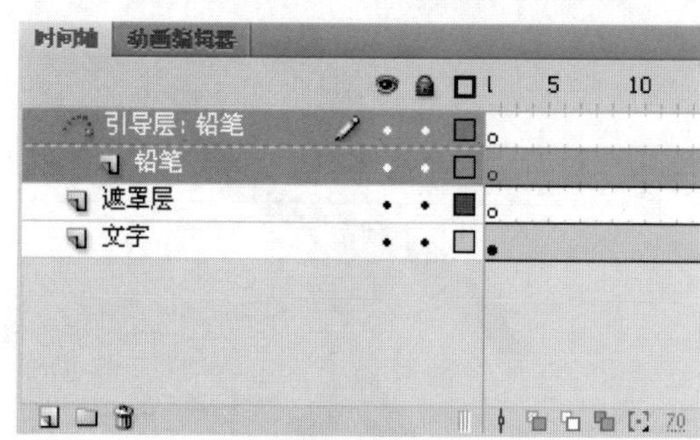

⓫ 选中【铅笔】图层的第 1 帧，打开【库】面板，将创建的铅笔元件拖动到舞台上创建一个元件实例。选择工具箱中的【任意变形工具】，将铅笔的变形点移动到铅笔笔头，如下图所示。

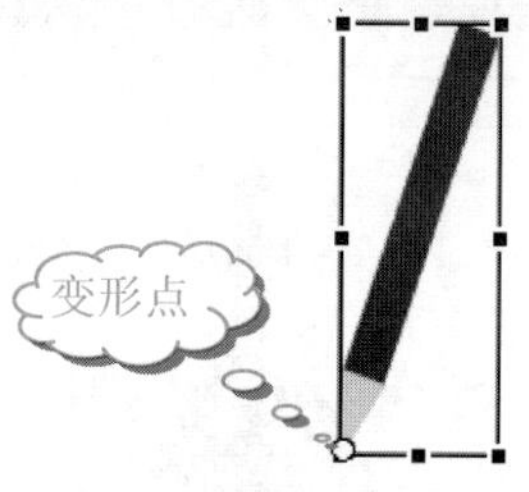

⓬ 选中【铅笔】图层的第 70 帧并右击，从弹出的快捷菜单中选择【插入关键帧】命令。此时的时间轴如下图所示。

⓭ 选中【文字】图层的第 1 帧后，选择菜单栏中的【编辑】|【复制】命令。再选中【铅笔】图层的引导层

学以致用系列丛书

长见识 用户只能在时间轴的第一个帧中只包含初始姿势的姿势图层中编辑 IK 骨架。在姿势图层的后续帧中重新定位骨架后，无法对骨骼结构进行更改。若要编辑骨架，可以从时间轴上删除位于骨架的第一帧之后的任何附加姿势。

的第 1 帧，然后选择菜单栏中的【编辑】|【粘贴到当前位置】，为铅笔元件创建一个运动路径。此时的时间轴如下图所示。

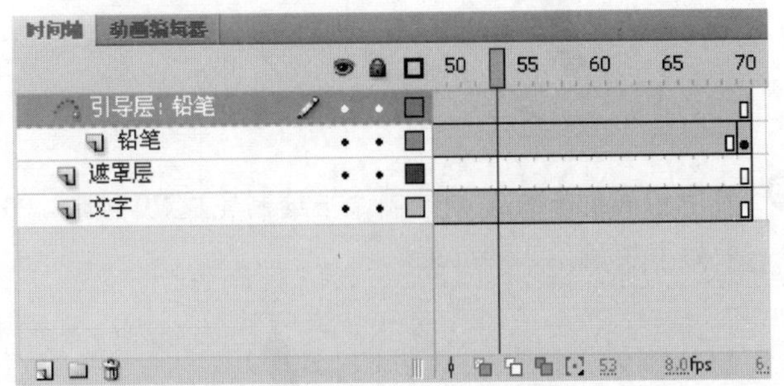

14 选中【铅笔】图层中的第 1 帧，将铅笔元件移动到“3”的笔画开始处，如下图所示。

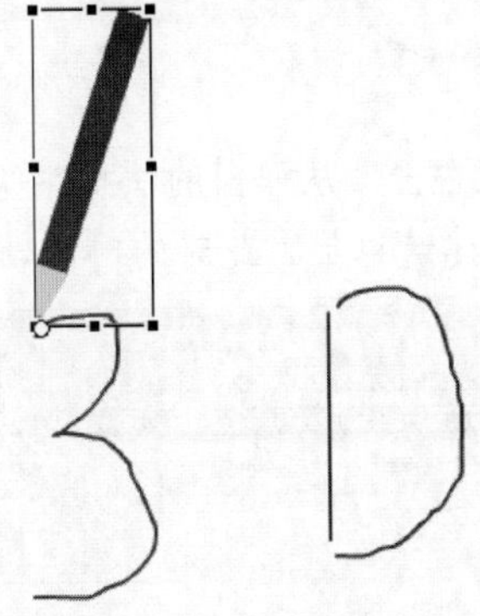

15 选中【铅笔】图层的第 30 帧并右击，从弹出的快捷菜单中选择【插入关键帧】命令，将铅笔元件移动到 3 的笔画结束处，如下图所示。

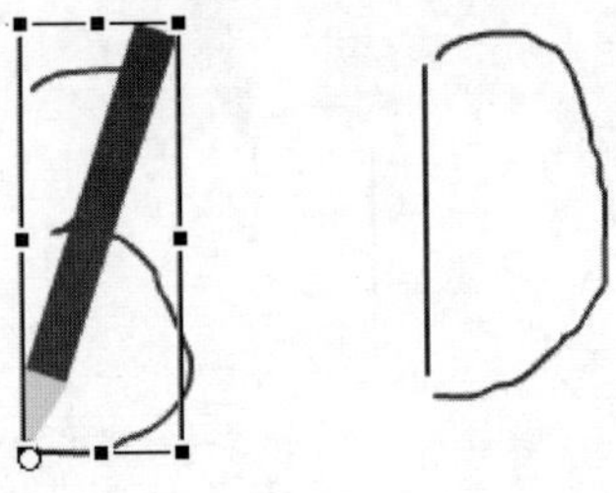

16 选中【铅笔】图层的第 1 帧到第 30 帧中的任意一帧并右击，从弹出的快捷菜单中选择【创建传统补间】命令。此时时间轴如下图所示。

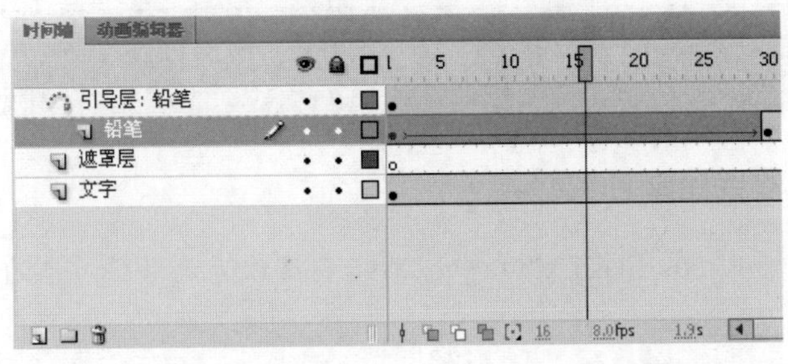

17 选中【铅笔】图层的第 31 帧并右击，从弹出的快捷菜单中选择【插入关键帧】命令，将铅笔元件移动到“D”的笔画开始处，如下图所示。

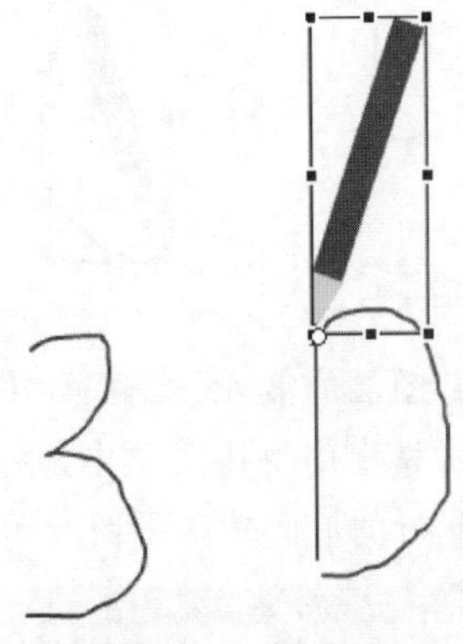

18 选中【铅笔】图层的第 45 帧插入关键帧，将铅笔元件移动到“D”字母一竖的底端，如下图所示。

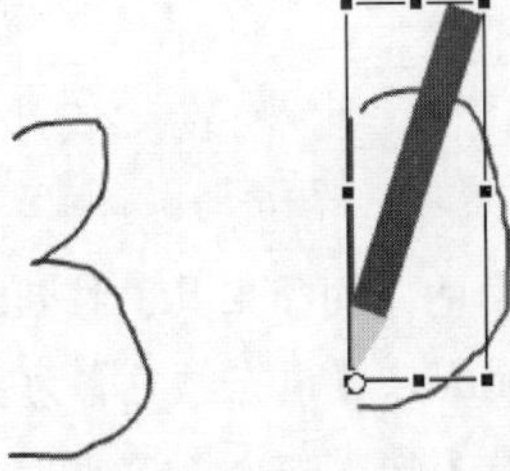

19 选中【铅笔】图层的第 31 帧到第 45 帧中的任意一帧并右击，从弹出的快捷菜单中选择【创建传统补间】命令。此时的时间轴如下图所示。

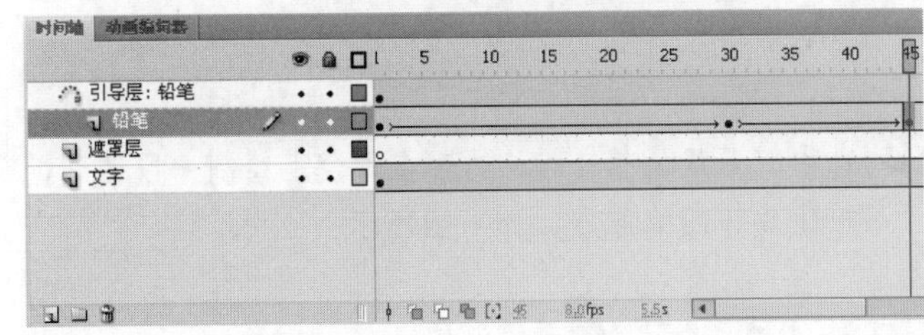

20 选中【铅笔】图层的第 46 帧，插入关键帧，将铅笔元件移动到 D 右半边弧形上端，如下图所示。

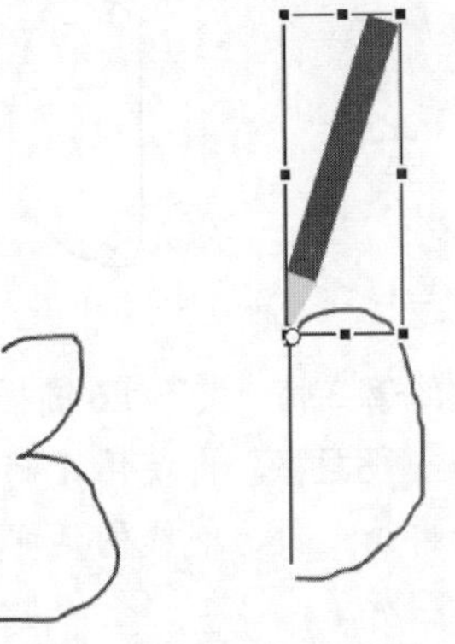

单击姿势图层中两个姿势帧之间的帧并应用缓动时，会影响选定帧左侧和右侧的姿势帧之间的帧。如果选择某个姿势帧，则缓动将影响图层中选定的姿势和下一个姿势之间的帧。

长见识

21 选中【铅笔】图层的第 70 帧，将铅笔元件移动到“D”右侧的弧形下端，如下图所示。

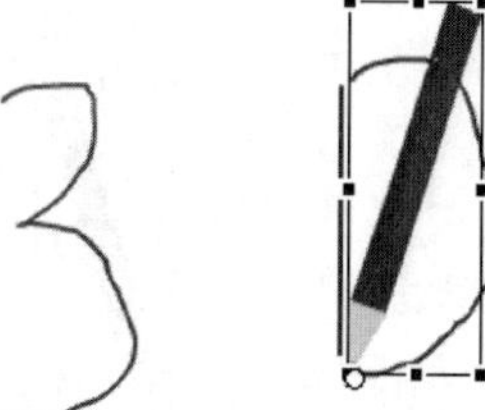

22 选中【铅笔】图层的第 45 帧到第 70 帧中的任意一帧并右击，从弹出的快捷菜单中选择【创建传统补间】命令。此时的时间轴如下图所示。

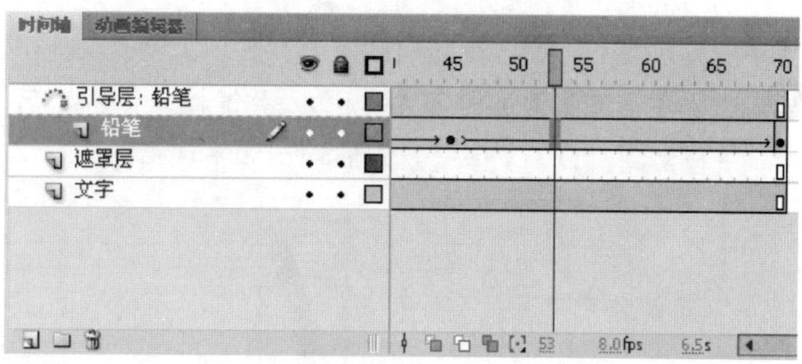

23 单击工具箱中的【刷子工具】按钮，设置【笔触颜色】为【无】，【填充颜色】为黄色(#FFFF00)，此时的【属性】面板如下图所示。

24 选中遮罩层的第 1 帧，然后在舞台上绘制一段曲线，遮住 3 开始的起点，如下图所示。

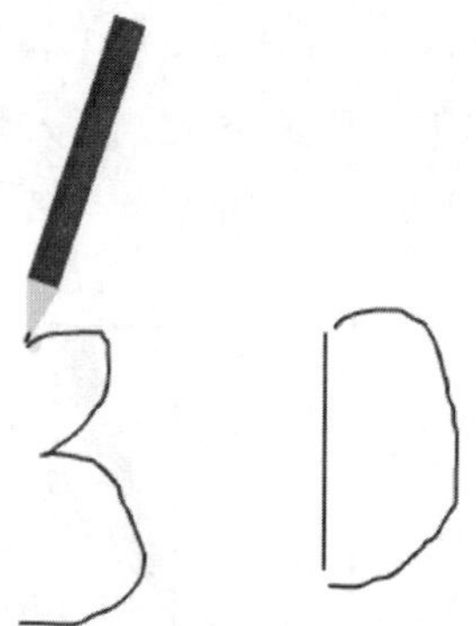

25 选中遮罩层的第 2 帧，按下 F6 键插入关键帧，此时铅笔移动了一段距离。再使用【刷子工具】接着刚才画的曲线再画一段，使线的延伸位于铅笔所在的位置，如下图所示。

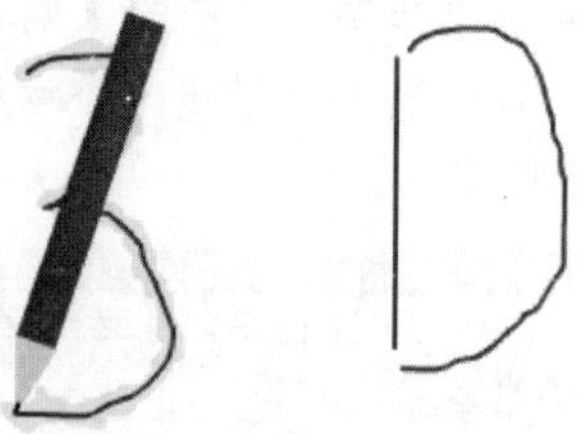

26 使用相同的方法逐帧绘制，当绘制完成 70 帧后，效果如下图所示。

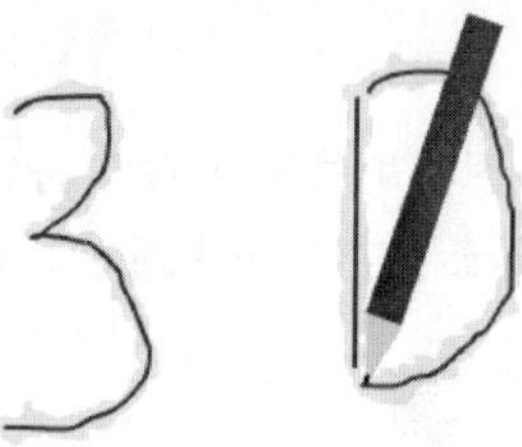

27 在遮罩层上右击，从弹出的快捷菜单中选择【遮罩层】命令创建遮罩层。此时的时间轴如下图所示。

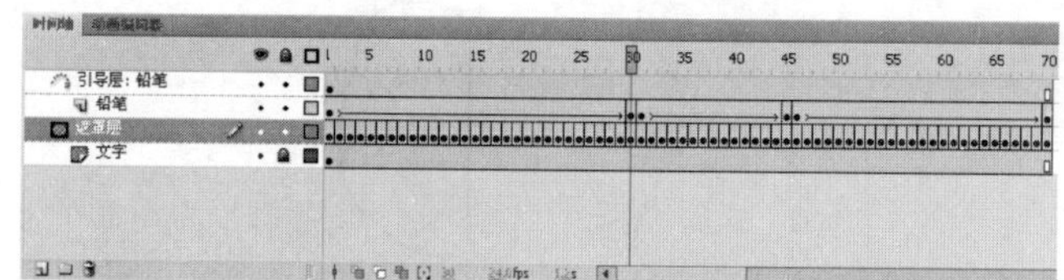

28 按 Ctrl+Enter 组合键测试动画效果，如下图所示。

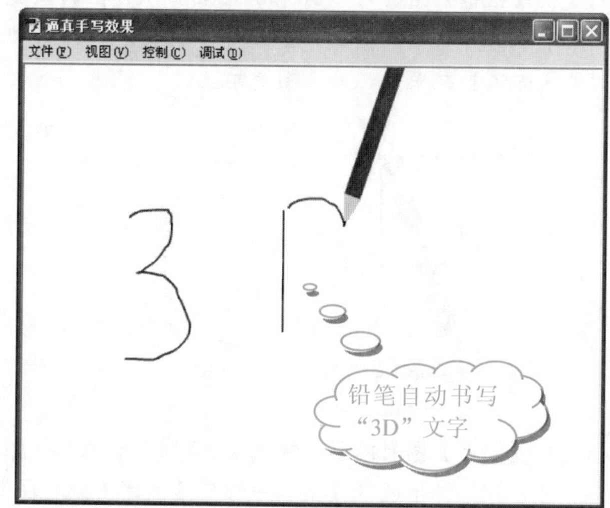

8.4 思考与练习

选择题

1. 在 Flash CS4 中，不能直接作为遮罩层对象的是______。

在使用补间动画时，相同的缓动类型在【动画编辑器】面板中是可编辑的。在时间轴中选定补间动画后，可以在【动画编辑器】面板中查看每种类型的缓动曲线。

A. 图形　　B. 按钮
C. 线条　　D. 文字

2. 下列图层中________不可以由普通图层转换得到。

A. 引导层　　B. 被引导层
C. 遮罩层　　D. 被遮罩层

3. 下列说法中正确的是________。

A. 只能在遮罩层上创建补间动画
B. 只能在被遮罩层上创建补间动画
C. 遮罩层和被遮罩层上均不能创建补间动画
D. 遮罩层和被遮罩层上均能创建补间动画

4. 下列________对象不可以直接制作补间动画。

A. 按钮元件　　B. 图形元件
C. 影片剪辑元件　　D. 图形

操作题

1. 创建一个蝴蝶沿圆圈运动的引导动画。(提示：可以在运动引导层中绘制一个环形路径，然后用【橡皮擦工具】擦出一个缺口作为路径)

2. 使用遮罩层制作一个文字逐渐显示出来的效果。(提示：可以先将文字放在一个图层中，然后再建立一个遮罩层)

3. 使用【骨骼工具】创建一个“运动的小狗”的动画效果。

缓动的默认值是 0，表示无缓动；最大值是 100，表示对下一个姿势帧之前的帧应用最明显的缓动效果；最小值是 -100，表示对上一个姿势帧之后的帧应用最明显的缓动效果。

第9章 奇才异能——ActionScript函数应用

没有交互的动画算不上完整的动画，你一定希望自己的动画作品可以得到观众的互动许可吧！那么在本章中我们就一起来学习ActionScript函数，分享它带给我们的神奇功能。

学习要点

- ❖ 认识【动作】面板
- ❖ 添加函数的方法
- ❖ ActionScript基本函数应用
- ❖ ActionScript结构语句
- ❖ 制作百叶窗效果

学习目标

通过本章的学习，读者应该掌握添加ActionScript脚本语句的方法；掌握一些简单常用的语句，最终能够通过ActionScript脚本语句完成互动动画的制作。

9.1 认识【动作】面板

网络上有很多优秀的动画作品不仅内容丰富有趣，而且拥有较好的交互性。Flash CS4 为了加强对动画元件的控制，提供了许多 Action(动作命令)。“动作”是指实现某一具体功能的命令语句或实现一系列功能的命令语句组合。若要使动画中的关键帧、按钮、影片剪辑等具有交互性的特殊效果，就必须为其设置相应的动作。从语言风格及使用方法上看，Action 与 JavaScript 语法很接近，因此在 Flash CS4 中，这些命令统称为 ActionScript(动作脚本)。

有了 ActionScript，Flash CS4 不仅能够制作普通的观赏性动画，还能够让用户参与其中，利用键盘或者鼠标控制动画。例如，控制动画的播放和停止、控制动画中音效的大小、指定鼠标动作、实现网页的链接、制作精彩的游戏以及创建交互的网页等。

在 Flash CS4 中，如果想要给动画添加 ActionScript，通常是通过【动作】面板来实现的。

9.1.1 打开【动作】面板

用户可以通过菜单栏中的【窗口】|【动作】命令(或者按 F9 键)，打开【动作】面板，如下图所示。

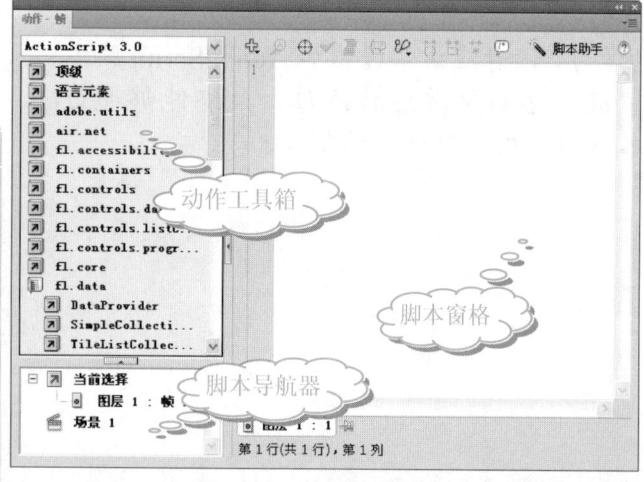

9.1.2 【动作】面板

【动作】面板主要由 3 部分组成：动作工具箱(按类别对 ActionScript 元素进行分组)、脚本导航器(可以快速地在 Flash 文档中的脚本间导航)和脚本窗格(可以在其中输入 ActionScript 代码)。

1. 动作工具箱

面板的左上方为动作工具箱，其中列出了 Flash 中能用到的所有动作脚本命令，用户只要将该列表中的脚本命令插入到脚本窗格即可进行相关的操作。动作工具箱如下图所示。

动作工具箱中的动作脚本命令很多，用户可以借助键盘上的一些按键更快捷地进行操作。

- Home 键：选择动作工具箱中的第一项。
- End 键：选择动作工具箱中的最后一项。
- ↑键：选择动作工具箱中的前一项。
- ↓键：选择动作工具箱中的下一项。
- →键：展开动作工具箱中的父命令，移动至相应的子命令。
- ←键：由子命令返回到父命令。
- Enter 键或空格键：展开或折叠文件夹。

对于 ActionScript 的初级用户来说，如果不是很熟悉这些脚本命令，可以将光标移动至相应命令旁停留一会儿，Flash CS4 将会给出相应提示，如下图所示。

在动作工具箱的最下面给出了全部脚本命令的索引，按照命令的首字符进行排序，如下图所示。

用户只能为主时间轴或影片剪辑内的关键帧添加脚本，而不能为图形元件和按钮实例内的关键帧添加脚本。

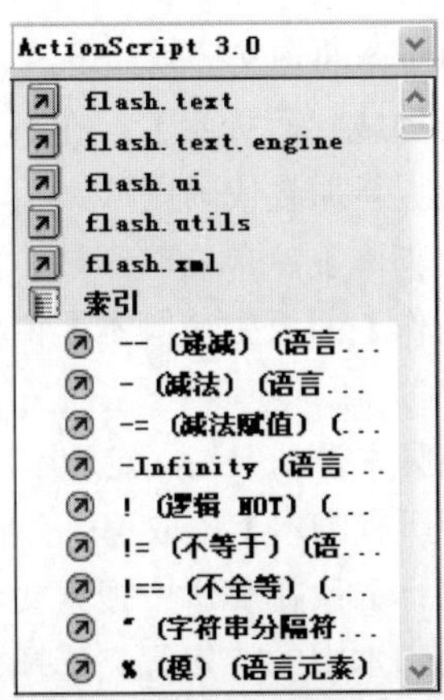

2. 脚本导航器

【动作】面板的左下方为脚本导航器，通过该导航器，用户可以查看动画中已经添加脚本的对象的具体信息。通过该列表框，可以在 Flash 文档中的各个脚本间快速切换。

如下图所示为脚本导航器，分别显示了当前选择的图层、帧和场景信息。

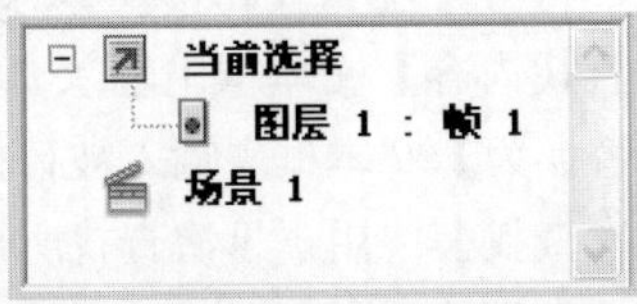

3. 脚本窗格

【动作】面板的右侧为脚本窗格，用户可以直接在这里为选择的对象输入脚本命令，如下图所示。

单击脚本导航器中的某一项目，与该项目关联的脚本将显示在脚本窗格中，并且播放头将移到时间轴上的相应位置。双击脚本导航器中的某一项目可固定脚本，将其锁定在当前位置。

在脚本窗格的上方显示了一些辅助功能按钮，它们的含义分别如下。

- 【将新项目添加到脚本中】：单击该按钮，在弹出的下拉列表中列出了可用于创建脚本类型的语言元素。
- 【查找】：查找并替换脚本中的文本。单击该按钮，可以打开【查找和替换】对话框，如下图所示。

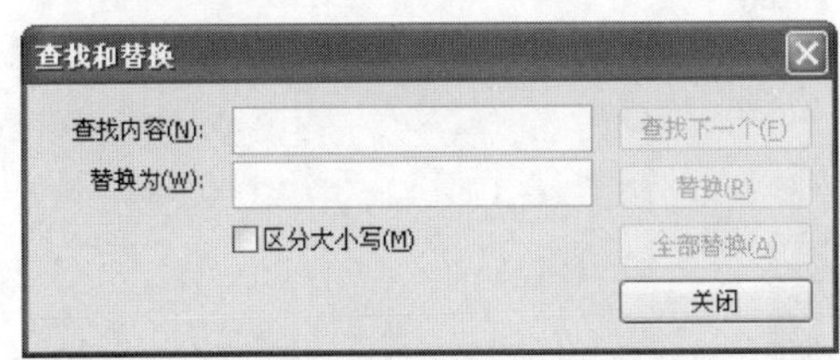

- 【插入目标路径】：帮助用户为脚本中的某个动作设置绝对或相对目标路径。单击该按钮，可打开【插入目标路径】对话框，如下图所示。

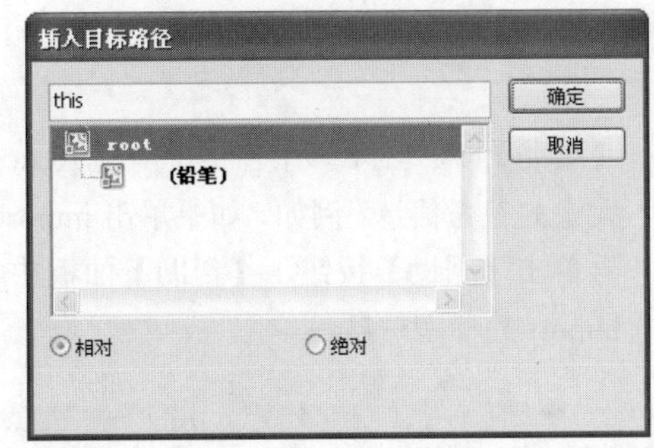

- 【语法检查】：检查当前脚本中的语法错误，并将语法错误显示在提示框中。
- 【自动套用格式】：设置脚本的格式以实现正确的编码语法和更好的可读性。在【首选参数】对话框中，可以设置自动套用格式的参数。
- 【显示代码提示】：如果已经关闭了自动代码提示，可以单击该按钮来显示正在处理的代码行的代码提示。
- 【调试选项】：设置和删除断点，以便在调试时可以逐行执行脚本中的每一行。它只能对 ActionScript 文件使用调试选项，而不能对 Flash JavaScript 文件使用这些选项。
- 【折叠成对大括号】：对出现在当前包含插入点的成对大括号或者小括号之间的代码进行折叠。
- 【折叠所选】：折叠当前所选的代码块。按下 Alt 键，可以折叠所选代码外的所有代码。
- 【展开全部】：展开当前脚本中所有折叠的代码。

在【脚本助手】模式下，【替换】只在每个动作的参数框内而不是在整个脚本中搜索和替换文本。例如，在【脚本助手】模式下，用户不能将所有的 gotoAndPlay 动作替换为 gotoAndStop。

❖ 【应用块注释】：将注释标记“/*　*/”添加到所选代码块的开头和结尾，并可以在标记中任意添加注释内容。

❖ 【脚本助手】：在脚本助手模式中将显示一个用户界面，用于输入创建脚本所需的元素。单击该按钮后，脚本窗格如下图所示。

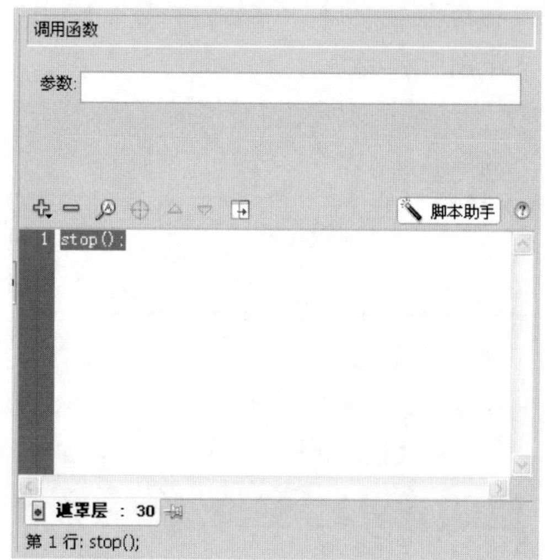

❖ 【帮助】：显示脚本窗格中所选 ActionScript 元素的参考信息。例如，如果单击 import 语句，再单击【帮助】按钮，【帮助】面板中将显示 import 的参考信息。

单击【帮助】按钮，可以打开 http://help.adobe.com 网页寻求帮助。

如果用户单击【动作】面板右上角的菜单项按钮，则可以打开【动作】面板的选项菜单，如下图所示。

重新加载代码提示	
固定脚本	Ctrl+=
关闭脚本	Ctrl+-
关闭所有脚本	Ctrl+Shift+-
转到行...	Ctrl+G
查找和替换...	Ctrl+F
再次查找	F3
自动套用格式	Ctrl+Shift+F
语法检查	Ctrl+T
显示代码提示	Ctrl+Spacebar
导入脚本...	Ctrl+Shift+I
导出脚本...	Ctrl+Shift+P
打印...	
脚本助手	Ctrl+Shift+E
Esc 快捷键	
隐藏字符	Ctrl+Shift+8
✔ 行号	Ctrl+Shift+L
自动换行	Ctrl+Shift+W
首选参数...	Ctrl+U
帮助	
关闭	
关闭组	

该菜单中的命令的含义分别如下。

❖ 【重新加载代码提示】：在不重新启动软件的情况下重新加载代码提示。

❖ 【固定脚本】：单击时间轴，可以使脚本出现在【动作】面板中【脚本】窗格左下角的选项卡内。

❖ 【关闭脚本】：取消固定脚本。

❖ 【关闭所有脚本】：取消所有固定脚本。

❖ 【转到行】：在脚本中搜索文本，可利用该命令转到脚本中的特定行。选择该命令后，将打开【转到行】对话框，如下图所示。用户只需在【行号】文本框中输入数值，并单击【确定】按钮即可快速地转到相应的行。

❖ 【查找和替换】：查找和替换文本。选择该命令后，将打开【查找和替换】对话框，用户可在【查找内容】文本框中输入要查找的文本，在【替换为】文本框中输入被替换成的文本。

❖ 【再次查找】：用于再次查找所需要的文本。

❖ 【自动套用格式】：按照自动套用格式设置代码格式。如果脚本中有语法错误，执行该命令会弹出如下图所示的警告框。

❖ 【语法检查】：检查当前脚本。如果脚本中有语法错误，执行该命令会弹出如下图所示的警告框，并在【编译器错误】面板中显示出脚本中包含的错误详细情况。

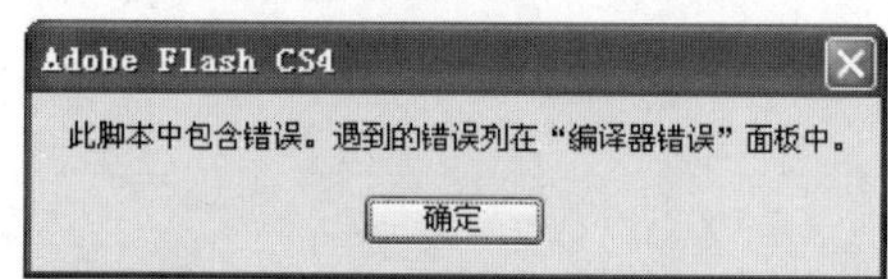

❖ 【显示代码提示】：选中该命令，在输入脚本时，可以检测到正在输入的动作并显示代码提示。

❖ 【导入脚本】：导入外部 AS 文件。

❖ 【导出脚本】：从【动作】面板中导出脚本。

❖ 【打印】：单击该按钮，将打开【打印】对话框，如下图所示。用户可以设置相应的打印参

在鼠标事件中，dragOver 事件是将鼠标光标移动到按钮上并且按下；而 rollOver 事件是将鼠标光标移动到按钮上，但是没有按下鼠标。

数，并单击【确定】按钮打印脚本。

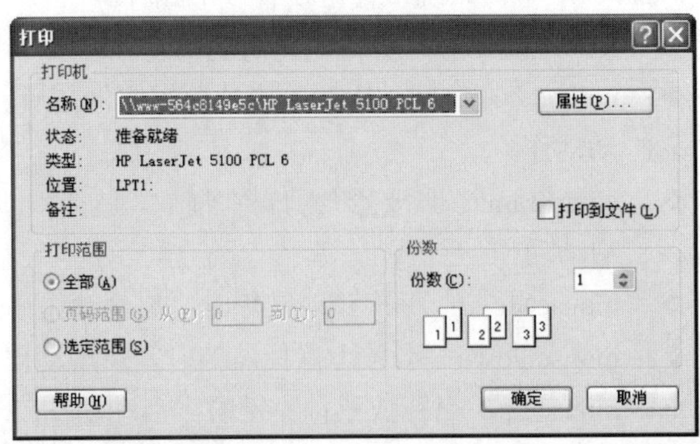

- ❖ 【脚本助手】：如果选中该命令，将使用【脚本助手】模式。如果脚本中有错误，将弹出警告框。
- ❖ 【Esc 快捷键】：选择该命令，可查看快捷键列表。
- ❖ 【隐藏字符】：选择该命令后，在 ActionScript 代码中，如空格、制表符和换行符等字符会被隐藏。
- ❖ 【行号】：如果选中该命令，则在该命令前有一个“√”标记，此时在脚本窗格中会显示行编号。

提示

若想隐藏行编号，只需再次选中该命令，此时该命令前的“√”将消失，脚本窗格中也不再显示行编号。

- ❖ 【自动换行】：启用或禁用自动换行。
- ❖ 【首选参数】：选择该命令，将打开【首选参数】对话框，如下图所示(具体参数设置在第 1 章中已详细介绍过，这里就不再赘述)。

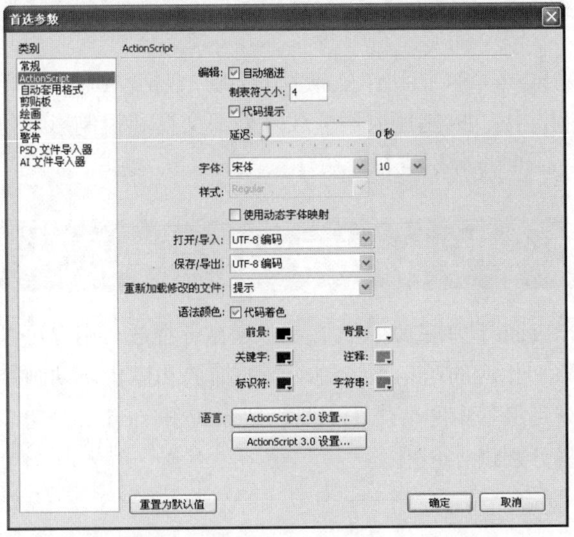

9.2　添加函数的方法

在 Flash CD4 中，可以将动作脚本添加在关键帧、按钮实例和影片剪辑实例上，下面将分别进行介绍。

9.2.1　为关键帧添加动作

为关键帧添加动作的方法十分简单，只需要选中关键帧，然后打开【动作】面板，在其中输入相关动作脚本即可。

添加动作脚本后的关键帧会在帧的上面显示出一个“α”符号，如下图所示。

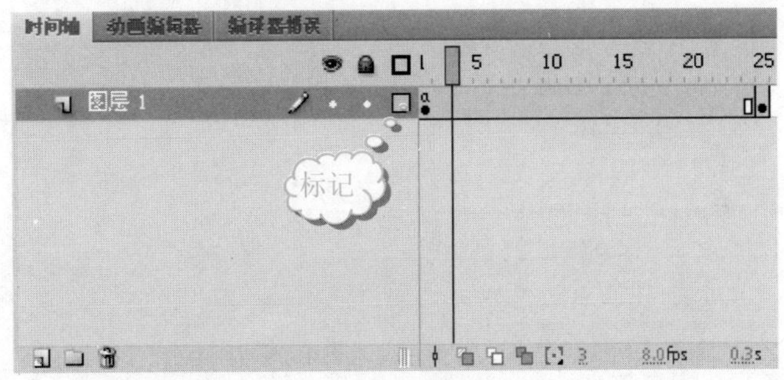

为关键帧添加 ActionScript 脚本后，当动画播放到该帧时，相应的 ActionScript 程序就会被执行。

9.2.2　为按钮元件添加动作

为按钮实例添加动作十分常用。网络上流传的很多 Flash 作品，打开后往往需要先单击一个【播放】按钮，才可以开始播放作品，当动画播放完后，还可以单击【重播】按钮再播放一次。其实，这些都是通过为按钮实例添加 ActionScript 来实现的。

在按钮实例上添加动作脚本命令语句时，必须先为其添加 on 事件处理函数。on 函数的语法格式如下。

```
on(鼠标事件){
    (语句); //用来响应鼠标事件
}
```

在 Flash CS4 中，鼠标事件主要有以下几种。

- ❖ press：表示单击该按钮时触发动作。
- ❖ release：表示单击该按钮后，当释放鼠标左键时触发动作。
- ❖ releaseOutside：表示单击该按钮后，将光标移至按钮外，在释放鼠标左键时触发动作。
- ❖ rollOver：表示当光标定位到该按钮上时，触发

Flash 除了保留关键字外，对大小写并不是严格区分的。但建议用户要养成在同一个程序中使用同一种大小写规则的良好编程习惯，这样可以增加程序的可读性。

动作。

❖ rollOut：表示当光标从按钮上滑出时，触发动作。

❖ dragOver：表示按住鼠标左键不放，当光标滑入按钮时触发动作。

❖ dragOut：表示按住鼠标左键不放，当光标滑出按钮时触发动作。

❖ keyPress：其后的文本框处于可编辑状态，首次按下相应的键可输入键名，当以后按下该键时可触发动作。

同一个按钮可以被附加许多不同的事件处理程序段。例如，想要制作一个当鼠标移动到按钮上动画开始播放，再单击按钮动画就会停止播放的效果，可以输入如下命令。

```
on (rollOver){
    play();
}
on(release){
    stop();
}
```

为按钮实例添加动作后，动画的交互性会明显增强。若要为按钮元件添加动作，只要选中一个按钮实例，在【动作】面板中进行操作即可，如下图所示。

9.2.3 为影片剪辑元件添加动作

在动画制作中，也经常为影片剪辑实例添加动画。在影片剪辑实例上添加动作脚本命令语句时，必须先为其添加 onClipEvent 事件处理函数。onClipEvent 函数的语法格式如下。

```
onClipEvent(系统事件){
    (语句); //用来响应系统事件
}
```

Flash CS4 中，系统事件主要有以下几种。

❖ load：载入影片剪辑时，启动动作。

❖ unload：在时间轴中删除影片剪辑实例之后，启动动作。

❖ enterFrame：只要影片剪辑在播放，就会不断地启动动作。

❖ mouseMove：每次移动鼠标时，启动动作。

❖ mouseDown：当按下鼠标左键时，启动动作。

❖ mouseUp：当释放鼠标左键时，启动动作。

❖ keyDown：当按下键盘上的某个键时，启动动作。

❖ keyUp：当释放键盘上的某个键时，启动动作。

要为影片剪辑元件添加动作，只要选中一个影片剪辑元件，在【动作】面板中进行操作即可，如下图所示。

9.3 ActionScript 基本函数应用

Flash CS4 把动作分成多个类别，包括动画控制命令、控制链接、控制播放器、载入外部文件和控制影片剪辑等，下面将分别进行介绍。

9.3.1 控制影片的播放和停止

Flash 动画的默认状态是永远循环播放，用户可以通过添加相应的语句来控制动画的播放和停止。动画控制命令是最基本的动作，主要包括 play 和 stop 等语句，下面将分别进行介绍。

使用 ActionScript 3.0 的 FLA 文件不能包含 ActionScript 的早期版本。

1. play 命令

play 是一个播放命令，用于控制时间轴上指针的播放，使动画从当前帧开始继续播放。运行该语句后，动画开始在当前时间轴上连续显示场景中每一帧的内容。该语句比较简单，无任何参数选择，一般与 stop 命令及 goto 命令配合使用。Play 语句通常用于控制影片剪辑。

play 语句的格式如下。

```
play();
```

2. stop 命令

stop 语句是 Flash 中最简单的 Action 语句，其作用是停止当前正在播放的动画文件。Stop 语句通常也用于控制影片剪辑。默认情况下或者在使用 play 语句播放动画后，动画将一直持续播放，不会停止。如果用户想要动画停止，则需要在相应的帧或者按钮上添加 stop(停止)语句。

stop 语句的格式如下。

```
stop();
```

9.3.2 跳转语句

在 Flash 动画中，如果用户想要通过一些操作使得动画从一个场景跳转到另一个场景，或者从一个帧跳转到其他帧，则需要借助跳转语句。

1. gotoAndPlay 和 gotoAndStop 语句

gotoAndPlay 和 gotoAndStop 都是跳转语句，主要用于控制动画的跳转。

gotoAndPlay(跳转并播放)语句通常添加在帧和按钮元件上，其作用是当播放到某帧或者单击某按钮时，跳转到指定场景中指定的帧，并从该帧开始播放影片。如果未指定场景，则跳转到当前场景中的指定帧。

gotoAndPlay 语句的语法如下。

```
gotoAndPlay([scene],frame);
```

其中，frame 表示播放头将跳转到的帧的序号，或者表示播放头将跳转到的帧标签的字符串。Scene 为可选字符串，用于指定播放头要跳转到的场景名称。

如果动画中只有一个场景的话，只需要指定帧或者帧标签即可，而不用指定场景。

下面为一个跳转语句的具体实例，表示当用户单击 gotoAndPlay()动作所分配到的按钮时，将跳转到当前场景中的第 300 帧并开始播放动画。

```
on(release){
  gotoAndPlay(300);
}
```

gotoAndStop(跳转并停止)语句通常添加在帧和按钮元件上，其作用是当播放到某帧或者单击某按钮时，跳转到指定场景中指定的帧并停止播放。如果未指定场景，则跳转到当前场景中的帧。

gotoAndStop 语句的语法如下。

```
gotoAndStop ([scene],frame);
```

其中，frame 和 scene 参数的含义与 gotoAndPlay 语句相同，这里就不再赘述。

下面的例子表示当用户单击 gotoAndStop()动作分配到的按钮时，跳转到当前场景中的第 100 帧并停止播放动画。

```
on(release){
  gotoAndStop(100);
}
```

2. nextFrame 和 preFrame 语句

nextFrame 和 preFrame 语句通常用于按钮实例上，这两个语句可以分别实现跳转到下一帧/前一帧并停止播放的功能。

例如，下面的语句表示单击按钮时，画面会停止在当前帧后面的第 20 帧处。

```
on (release){
  nextFrame(20);
}
```

3. nextScene 和 preScene 语句

nextScene 和 preScene 语句主要用于跳转到下一个/前一个场景并停止播放。在有多个场景的时候，这两个语句可以方便地使各场景产生交互。

9.3.3 停止所有声音的播放

如果想要停止当前播放动画中的所有声音，且动画的播放效果不受影响，则可以使用 stopAllSounds 语句来实现。不过，stopAllSounds 语句并不是永久禁止播放声音文件，只是在不停止播放头的情况下停止影片中当前正在播放的所有声音文件。设置到数据流的声音在播

放头移过它们所在的帧时，将恢复播放。

例如，下面的代码可以应用到一个按钮，如果单击此按钮时，影片中所有的声音将会停止。

```
on (realease){
    stopAllSounds();
}
```

通过这个简单的语句，就可以制作出静音按钮。

9.3.4 Flash 播放器控制语句

fscommand 是 Flash 用来和支持它的其他应用程序互相传达命令的工具，使用 fscommand 动作可将消息发送到承载 Flash Player 的程序。fscommand 动作包含两个参数，即命令和参数。要把消息发送到独立的 Flash Player，必须使用预定义的命令和参数。

fscommand 语句主要用于控制 Flash Player 播放器，fscommand 的语法如下。

```
fscommand(“命令”, “参数”);
```

其中，常用的命令主要有以下几种。

- ❖ quit(退出命令)：关闭播放器。
- ❖ exec(执行程序命令)：exec 命令可以使 SWF 文件具有读写磁盘的功能，与操作系统进行交互，如打开本地文件、存储文件、建立目录、打开浏览器窗口以及其他外部程序。
- ❖ fullscreen(全屏命令)：若参数设置为 true，则表示选择全屏；若参数设置为 false，则表示选择普通视图。
- ❖ allowscale(缩放命令)：若参数设置为 true，则允许缩放播放器和动画，若参数设置为 false，将不能缩放显示动画。
- ❖ showmenu(显示菜单命令)：用于控制弹出的菜单条目。若参数设置为 true，则可以在播放器中通过右击操作显示出所有条目；若参数设置为 false，则隐藏菜单。

例如，下面的语句表示选择普通视图方式。

```
on (release){
    fscommand("fullscreen", "false");
}
```

9.3.5 控制链接跳转语句

使用 getURl 动作可以指定 URL 载入指定的文档，并将文档传送到指定的窗口中，或者将定义的 URL 变量传送到另一个程序中。

getURL 用于建立 Web 页面链接，该命令不但可以完成超文本链接，而且还可以链接 FTTP 地址、CGI 脚本和其他 Flash 影片的内容。在 URL 中输入要链接的 URL 地址可以是任意的，但是只有 URL 正确的时候，链接的内容才会正确显示出来。getURL 的书写方法与网页链接的书写方法类似，如 http://www.baidu.com。在设置 URL 链接的时候，可以选择相对路径，也可以选择绝对路径。不过，建议用户选择绝对路径。

getURL 语句的语法如下。

```
getURL(url[,windows[,"variables"]]);
```

其中，各参数的含义分别如下。

1) URL

URL 用于获取文档的 URL 值。

2) 窗口

窗口是一个可选参数，用于设置所要链接的资源在网页中的打开方式，可指定文档应加载到其中的窗口或 HTML 框架。可输入特定窗口的名称，或者从如下的保留目标名称中选择一种方式打开窗口。

- ❖ _self：指定在当前窗口的当前框架中打开链接。
- ❖ _blank：指定在新窗口中打开链接。
- ❖ _parent：指定在当前框架的父级窗口中打开链接。如果有多个嵌套框架，并且希望所链接的 URL 只替换影片所在的页面，可以选择该选项。
- ❖ _top：指定在当前窗口的顶级框架中打开链接。

3) 变量

用于发送变量的 GET 或 POST 方法。如果没有变量，则省略此参数。GET 方法将变量追加到 URL 的末尾，该方法用于发送少量变量；POST 方法在单独的 HTTP 标头中发送变量，该方法用于发送长的变量字符串。用户可以在变量下拉列表中进行选择这些选项。

9.3.6 加载/卸载外部影片剪辑

使用 loadMovie 和 unloadMovie 动作可以播放附加的影片而不关闭 Flash 播放器。而 loadVariables(载入变量)动作用于从外部文件(如文本文件或由 CGI 脚本、Active Server Page、PHP、Perl 脚本生成的文本)读取数据，并设置 Flash Player 级别中变量的值。

1. loadMovie 和 unloadMovie 动作

通常情况下，Flash 播放器仅显示一个 Flash SWF 文

ActionScript 3.0 后，不再允许把代码写在按钮或元件实例上，所有的代码只能写在时间轴的帧或者外部的 AS 类文件上，然后再通过程序调用。

件，loadMovie 可以一次显示多个影片，或者不用载入其他的 HTML 文档就可以在影片中随意切换。unloadMovie 可以移除前面在 loadMovie 中载入的影片。

(un)loadMovie 语句用于载入影片或者取消载入影片。载入影片和卸载影片语句的语法如下。

```
(un)loadMovie
("url",level/target,[variables])
```

1) URL

URL 表示要加载/卸载的 SWF 文件或 JPEG 文件的绝对或相对 URL。相对路径必须是相对于级别为 0 处的 SWF 文件，该 URL 必须与影片当前驻留的 URL 在同一子域。为了在 Flash Player 中使用 SWF 文件或在 Flash 创作应用程序的测试模式下测试 SWF 文件，必须将所有的 SWF 文件存储在同一文件夹中，而且其文件名不能包含文件夹或磁盘说明。

2) 位置

位置即 target 选项，用于指定目标影片剪辑的路径。目标影片剪辑将替换为加载的影片或图像，它只能指定目标影片剪辑或目标影片这两者之一，而不能同时指定两者。选择【级别】选项，用来指定 Flash Player 的影片中将被加载到的级别。在将影片或图像加载到某级别时，标准模式下【动作】面板中的 loadMovie 动作将切换为 loadMovieNum。

3) 变量

变量为一个可选参数，用来指定发送变量所使用的 HTTP 方法。该参数必须是字符串 GET 或 POST，其含义与 getURL 控制命令中的变量是一样的，这里就不再赘述。

在播放原始影片的同时将 SWF 或 JPEG 文件加载到 Flash Player 中后，loadMovie 动作可以同时显示几个影片，并且无须加载另一个 HTML 文档就可在影片之间切换。如果不使用 loadMovie 动作，则 Flash Player 将显示单个影片(SWF 文件)，然后将其关闭。

在使用 loadMovie 动作时，必须指定 Flash Player 中影片将加载到的级别或目标影片剪辑。如果指定级别，则该动作将变成 loadMovieNum；如果影片加载到目标影片剪辑，则可使用该影片剪辑的目标路径来定位加载的影片。

加载到目标影片剪辑的影片或图像会继承目标影片剪辑的位置、旋转和缩放等属性。加载的图像或影片的左上角与目标影片剪辑的注册点对齐。另一种情况是，如果目标为_root(时间轴)，则该图像或影片的左上角与舞台的左上角对齐。

2. loadVariables 动作

如果用户提交了一个订货表格，可能想看到从远端服务器收集得来的订货号信息的确认，这时就可以使用 loadVariables 动作。

loadVariables 动作的参数含义分别如下。

1) URL

URL 表示为载入的外部文件指定绝对或相对的 URL。为了在 Flash CS4 中使用或者测试，所有的外部文件必须被存储在同一个文件夹中。

2) 位置

选择【级别】选项，指定动作的级别。在 Flash 播放器中，外部文件通过它们载入的顺序被指定号码。选择【目标】选项，定义已载入影片替换的外部变量。

3) 变量

该参数允许指定是否为定位在 URL 域中已载入的影片发送一系列存在的变量。

9.4　ActionScript 结构语句

ActionScript 的程序控制方法比较简单，和常用的一些程序语言的控制方法大致相同。

9.4.1　条件控制

在使用 ActionScript 编程时，可以使用 if、if...else、for 动作来创建一个条件控制语句。

1. if 语句

条件控制语句一般是以 if 开始的语句，用于判定一个条件是否满足，也就是判定它的值是 true 还是 flase。如果条件值为 true，则 ActionScript 按顺序执行后面的语句；如果条件值为 false，则 ActionScript 将跳过这个代码段而执行下面的语句。

例如下面的程序语句。

```
if (password==ok){
   (语句 1);
}
(语句 2);
```

在这个语句中，当 ActionScript 执行到 if 语句时，先判断括号内的逻辑表达式，若为 true，则先执行语句 1，然后再执行语句 2；若为 flash，则跳过 if 语句，直接执

在向关键帧、按钮实例、影片剪辑实例添加动作脚本时，可以向同一对象添加多个命令语句，但最好能够将这些语句分行书写。动画在执行这些语句的时候，会按从上到下的顺序执行。

行语句 2。

2. If…else 语句

if 还经常与 else 结合使用，用于多重条件的判断和跳转执行。

例如下面的程序语句。

```
if(password==ok){
  (语句 1);
}
else{
  (语句 2);
}
```

这个语句和上面的语句十分相似，但执行起来略有区别。如果括号内的逻辑表达式的值为 true 时，将执行语句 1，但不再执行语句 2；如果括号内的逻辑表达式的值为 false，将执行语句 2。

9.4.2 循环控制

在使用 ActionScript 编程时，可以使用 while、do…while、for 以及 for…in 动作来创建一个循环语句。

1. while 语句

在 ActionScript 中，循环语句 while 用来实现“当”循环，表示当条件满足时，循环体中的代码将被执行。当循环体中的所有语句都被执行之后，会再次判断条件是否满足，就这样反复进行直到条件不满足时将会跳出循环，执行循环后的语句。

例如下面的程序语句。

```
i=3
while(i>=0){
    (循环语句);
    i=i-1;
}
```

在这个例子中，i 可以被看成一个计数器，该 while 语句先判断循环开始的条件“i>=0”是否满足。如果条件满足，将执行循环语句，直到条件不满足为止。在这个例子中循环被执行了 4 次。

2. do…while 语句

在 ActionScript 中，do…while 语句用来实现“直到”循环。在 do…while 语句中，将先执行循环语句，然后再进行条件的判断。如果条件满足，将再次执行循环语句；如果条件不满足，将跳出循环。

例如，可将上面的语句用 do…while 形式改写如下。

```
i=3
do{
    (循环语句);
    i=i-1;
}while(i>=0);
```

该语句实现的功能和 while 实现的功能是一样的，但是值得注意的是，如果 i 的初始值为负值，while 语句将不会执行循环语句，而 do…while 语句则会执行一次循环体。

3. for 语句

在 ActionScript 中，for 为指定次数的条件语句，先判断条件是否符合。如果条件符合则继续执行，不符合则跳出循环，执行循环外的下一行程序。

例如下面的程序语句。

```
for(i=3; i>=0;i——){
    (循环语句);
}
```

该语句首先判断“i>=0”条件是否满足，只要条件满足，就顺序执行循环语句，并且计算 i——表达式。

9.5 百叶窗效果

下面通过制作一个百叶窗效果的实例来了解一下 ActionScript 的具体应用。

操作步骤

❶ 选择【文件】|【新建】命令，新建一个 Flash 文件(ActionScript 2.0)，如下图所示。

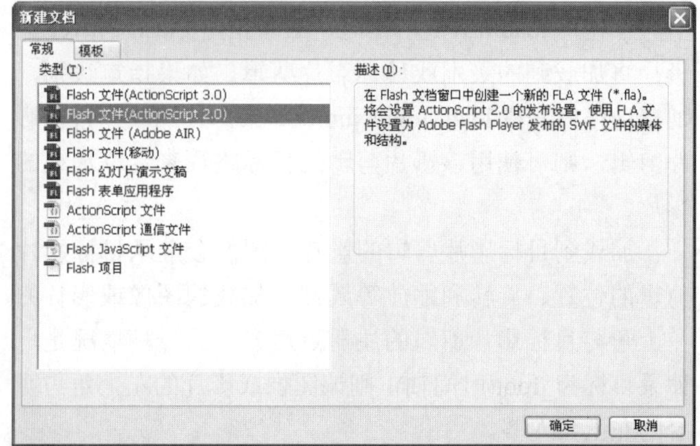

❷ 打开【文档属性】对话框，设置【尺寸】为 500 像

学以致用系列丛书

对于 ActionScript 2.0 文件，【语法检查】命令将通过编译器运行代码，从而生成语法错误和编辑器错误。

素 × 400 像素，将【背景颜色】设置为淡蓝色(#99CCFF)，并单击【确定】按钮，如下图所示。

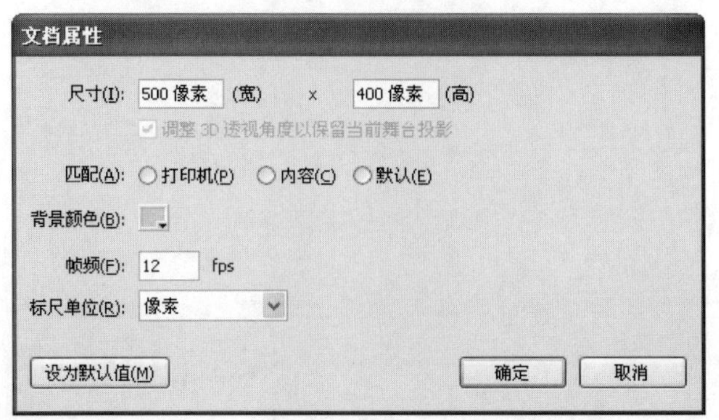

❸ 在菜单栏中选择【插入】|【新建元件】命令，打开【创建新元件】对话框。在【名称】文本框中输入“垂直效果按钮”，在【类型】下拉列表框中选择【按钮】选项，并单击【确定】按钮，如下图所示。

❹ 进入元件编辑状态，单击工具箱中的【文本工具】按钮T，并在其【属性】面板中设置文本的参数，如下图所示。

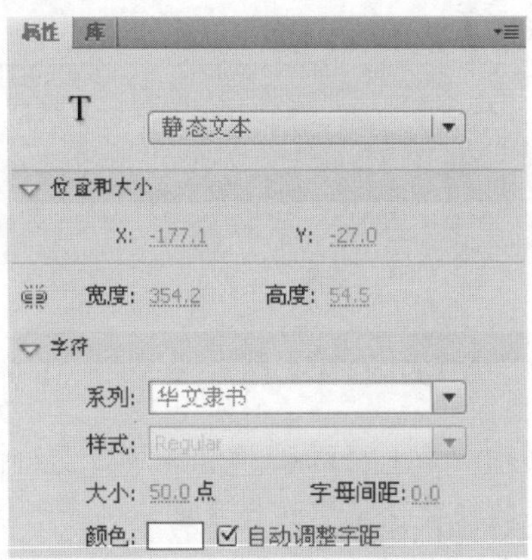

❺ 在舞台上输入文本，如下图所示。

❻ 在时间轴上右击【指针经过】帧，从弹出的快捷菜单中选择【插入帧】命令插入一个普通帧，效果如下图所示。

❼ 右击【按下】帧，从弹出的快捷菜单中选择【插入关键帧】命令，插入一个关键帧，效果如下图所示。

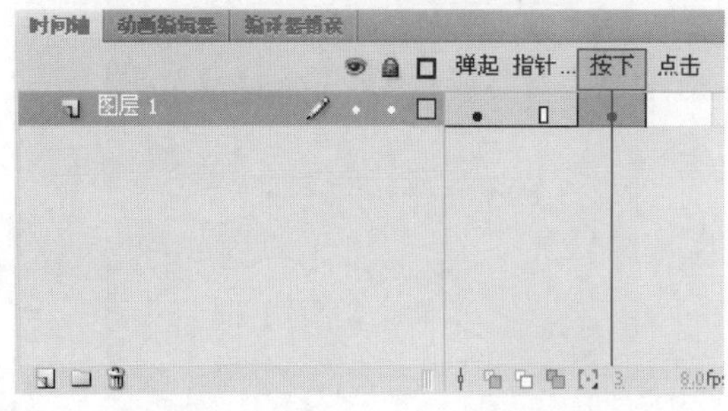

❽ 在舞台上使用【选择工具】选中文本，并调整文本的属性，如下图所示。

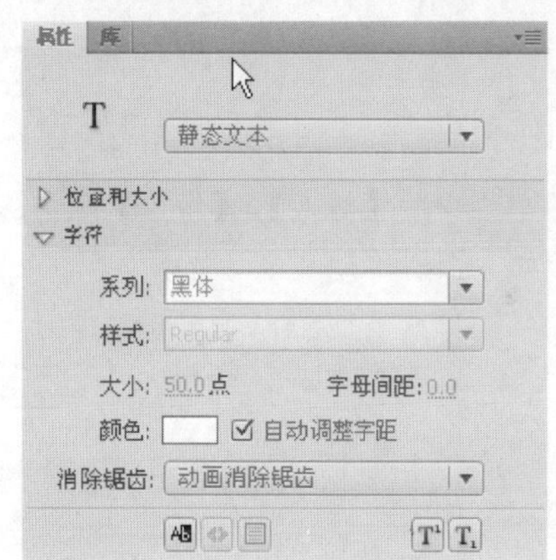

❾ 参照前面的方法，在【点击】帧中插入一个关键帧，如下图所示。

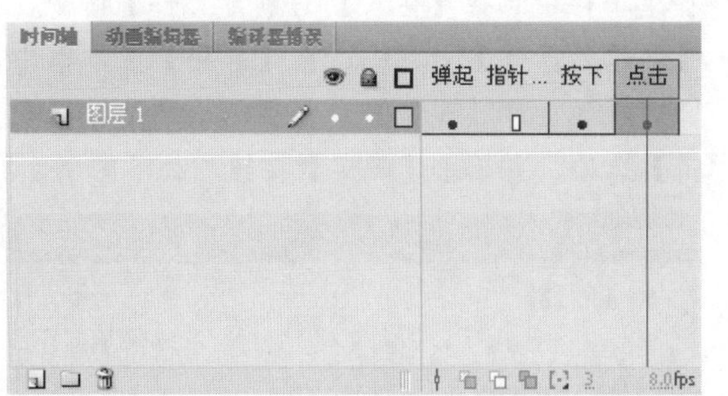

❿ 在工具箱中使用【矩形工具】，在文本上绘制一个【笔触颜色】为黑色、【填充颜色】为红色的矩形，使文本不可见，从而作为激活按钮的活动区域，如下图所示。

对于 ActionScript 3.0 文件，【语法检查】命令只生成语法错误。要生成编译器错误，如类型不匹配、返回值不正确以及变量或方法名拼写错误，必须使用【控制】|【测试影片】命令。

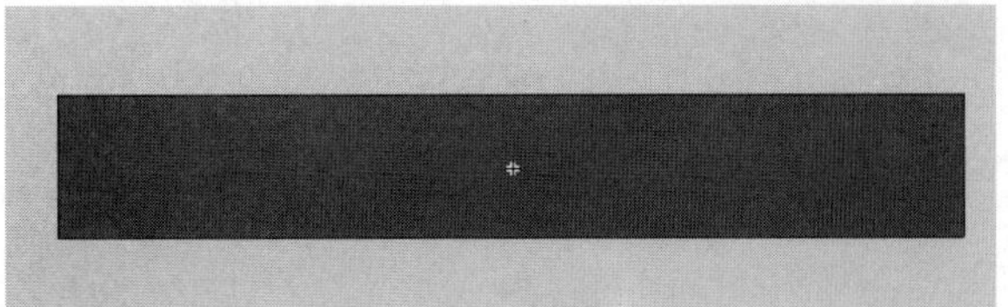

⑪ 单击【返回到场景】按钮，在【场景 1】的【库】中查看制作的按钮元件，然后将其拖动到舞台上创建一个按钮元件实例，如下图所示。

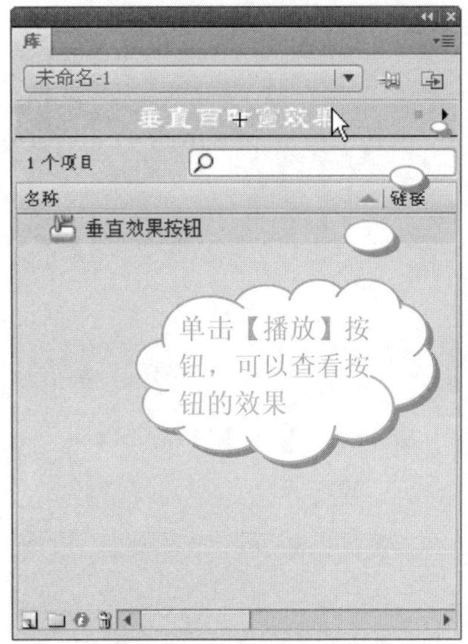

⑫ 选择菜单栏中的【插入】|【场景】命令，新建一个场景，如下图所示。

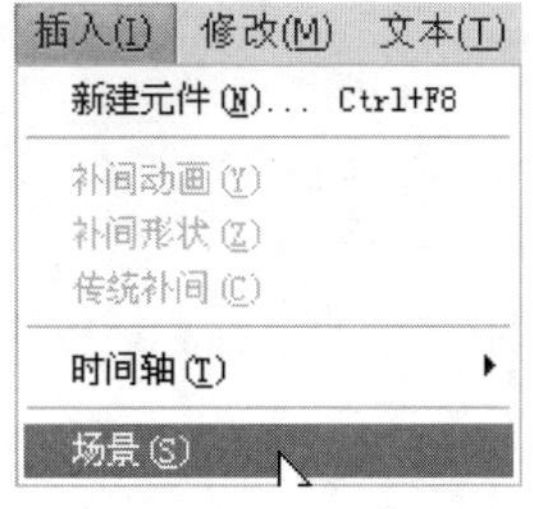

⑬ 在菜单栏中选择【插入】|【新建元件】命令，打开【创建新元件】对话框。在【名称】文本框中输入“叶子”，在【类型】下拉列表框中选择【影片剪辑】选项，并单击【确定】按钮，如下图所示。

⑭ 单击工具箱中的【矩形工具】按钮，设置【填充颜色】为白色，【笔触颜色】为【无】，在舞台上绘制一个 50 像素 × 400 像素的矩形，如下图所示。

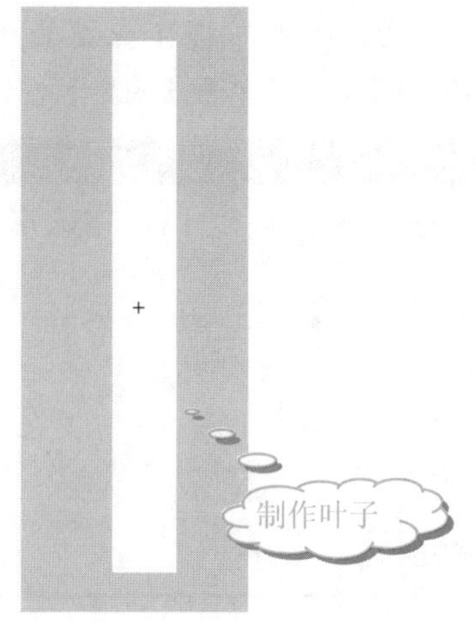

⑮ 选择【窗口】|【对齐】命令，打开【对齐】面板，单击【水平中齐】和【垂直中齐】按钮，使矩形对齐到舞台中心，如下图所示。

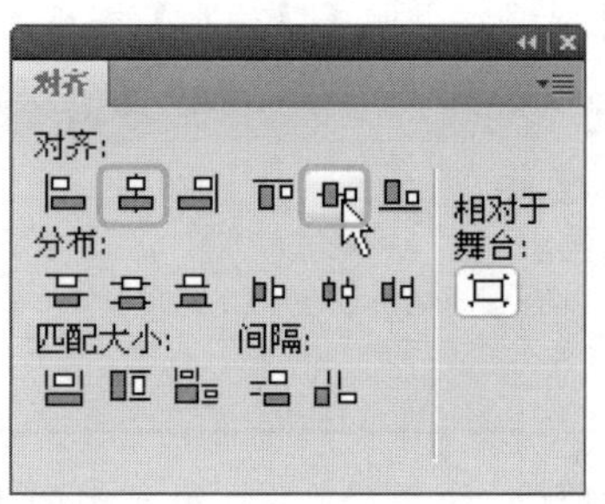

⑯ 在时间轴的第 30 帧处插入关键帧，并将第 30 帧处的矩形的【宽度】设置为 1 像素，其【属性】面板如下图所示。

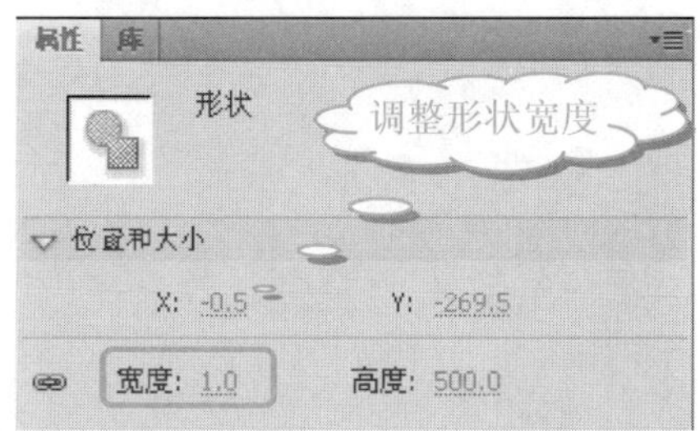

⑰ 在时间轴的第 1 帧到第 30 帧中的任意一帧处右击，从弹出的快捷菜单中选择【创建补间形状】命令，效果如下图所示。

⑱ 分别在时间轴的第 31 帧和 40 帧处插入空白关键帧，此时的时间轴如下图所示。

长见识：在英文系统上使用非英文应用程序时，如果 SWF 文件路径的任何部分具有不能使用多字节字符集(MBCS)编码方案表示的字符，则无法执行【测试影片】命令。

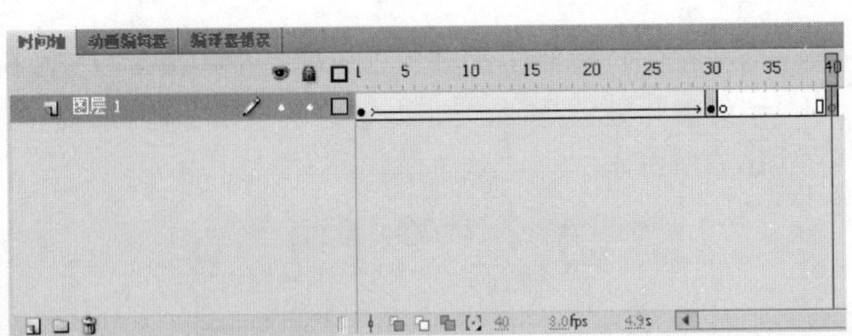

⑲ 在第40帧处插入脚本命令“_root.play();”，此时的【动作】面板如下图所示。

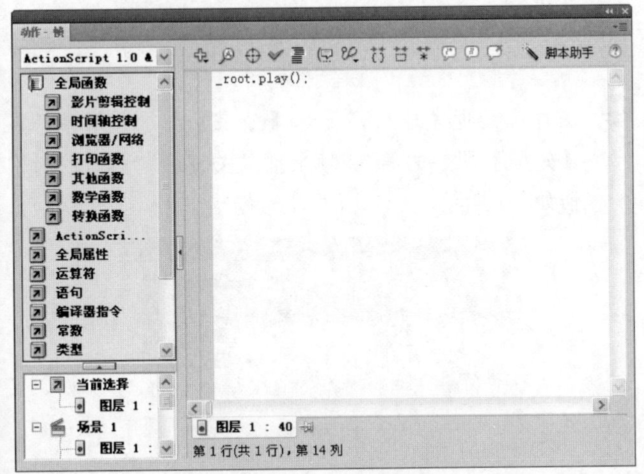

⑳ 返回场景2，将“图层1”重命名为“效果”。从【库】面板中将刚制作好的“叶子”影片剪辑拖至场景2的舞台上创建实例，如下图所示。

㉑ 再复制出9个“叶子”影片剪辑实例(共10个)。按Ctrl+A组合键将10个影片剪辑全部选中，并按Ctrl+K组合键打开【对齐】面板，单击【对齐/相对舞台分布】按钮，以及【垂直居中分布】和【水平居中分布】按钮，最终效果如下图所示。

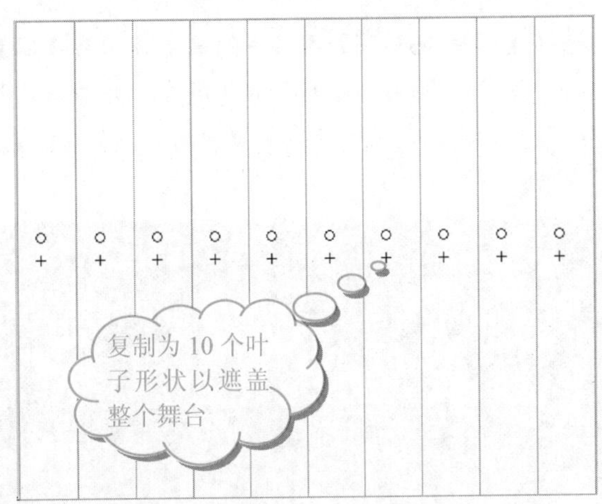

㉒ 将10个影片剪辑都选中，然后选择菜单栏中的【修改】|【转换为元件】命令，打开【转换为元件】对话框。设置参数，并单击【确定】按钮，如下图所示。

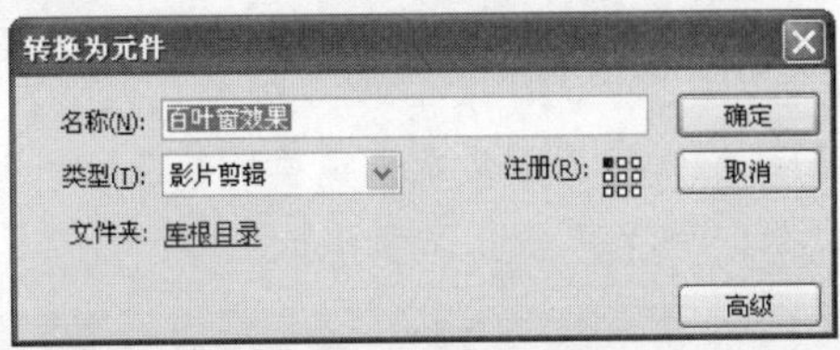

㉓ 将效果图层隐藏并锁定，再新建两个图层，分别命名为“图片123456”和“图片234561”，并将图层位置进行调整，最终时间轴如下图所示。

㉔ 选择菜单栏中的【文件】|【导入】|【导入到库】命令，打开【导入到库】对话框。选择要导入的图片，单击【打开】按钮，此时的【库】面板如下图所示。

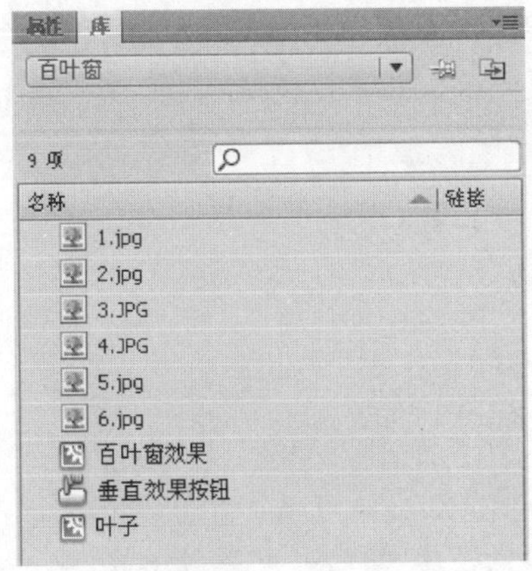

学以致用系列丛书

ActionScript 3.0的执行速度极快，与其他ActionScript版本相比，此版本要求开发人员对面向对象的编程概念有更深入的了解。ActionScript 3.0完全符合ECMAScript规范，提供了更出色的XML处理、改进的事件模型以及用于处理屏幕元素的改进的体系结构。

25 选择【图片123456】图层中的第1帧，将【库】中的图片“1”拖曳至该层的第1帧中，并适当调整其位置与大小，使其与舞台同宽同高，并与舞台对齐，效果如下图所示。

26 在【图片123456】图层的第2帧处插入空白关键帧，将图片“2”从库中拖曳至该层的第2帧，并适当调整其大小与位置，如下图所示。

27 参照前面的方法，分别将图片“3”、“4”、“5”、“6”放入到【图片123456】图层的第3帧、第4帧、第5帧和第6帧中。此时的时间轴如下图所示。

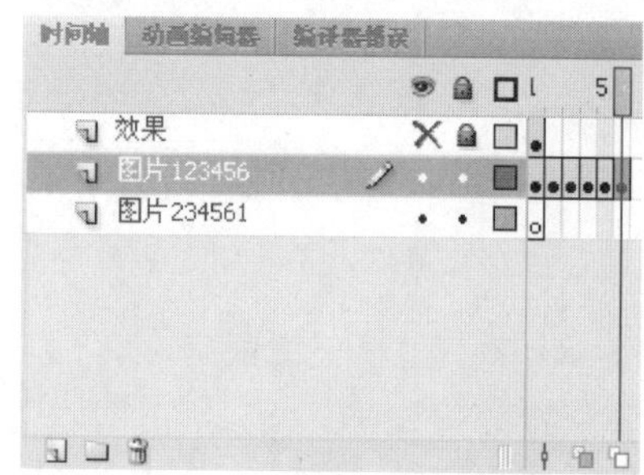

28 参照前面的方法，在【图片234561】图层中的第1帧中放入图片“2”，第2帧中放入图片“3”，以此类推，将其他图片放入相应的帧中。最后1至6帧的图片分别是2、3、4、5、6、1，此时的时间轴如下图所示。

29 图片都处理完成后，显示【效果】图层并解锁，在【效果】图层的第6帧上插入关键帧，此时的时间轴如下图所示。

30 在【效果】图层上右击，从弹出的快捷菜单中选择【遮罩层】命令。此时的时间轴如下图所示。

31 添加一个新的图层，并将其重新命名为“脚本”。此时的时间轴如下图所示。

32 选择【脚本】图层的第1帧，并选择菜单栏中的【窗口】|【动作】命令，打开【动作】面板，添加脚本命令“stop();”。此时的【动作】面板如下图所示。

学以致用系列丛书

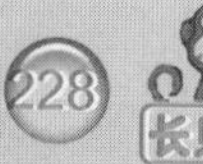

调整动作工具箱或脚本窗格的大小：拖动显示在动作工具箱和脚本窗格之间的垂直栏，向左或者向右拖动该垂直栏即可。

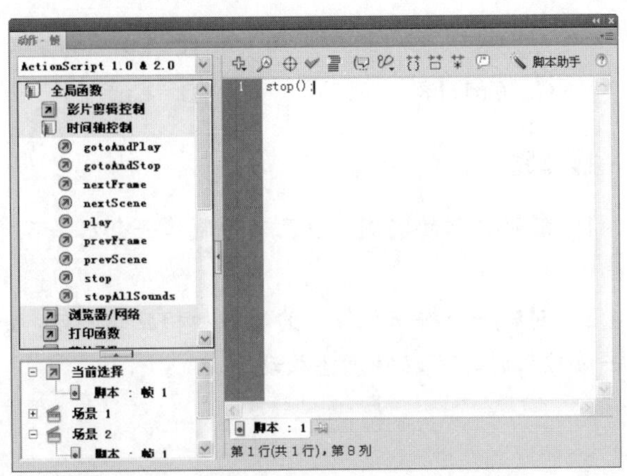

33 复制脚本图层的第 1 帧，粘贴在该层的第 2～6 帧上。此时的时间轴如下图所示。

34 选择菜单栏中的【窗口】|【其他面板】|【场景】命令，打开【场景】面板，如下图所示。单击【场景】面板中的【场景 1】选项，返回到场景 1 中。

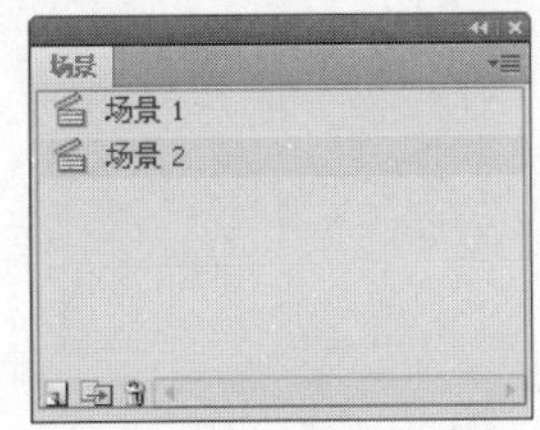

35 选中场景 1 中的“垂直效果按钮”按钮元件实例，在该按钮上添加如下脚本命令。

```
on(press){
   gotoAndPlay("场景2",1);
```

【动作】面板如下图所示。

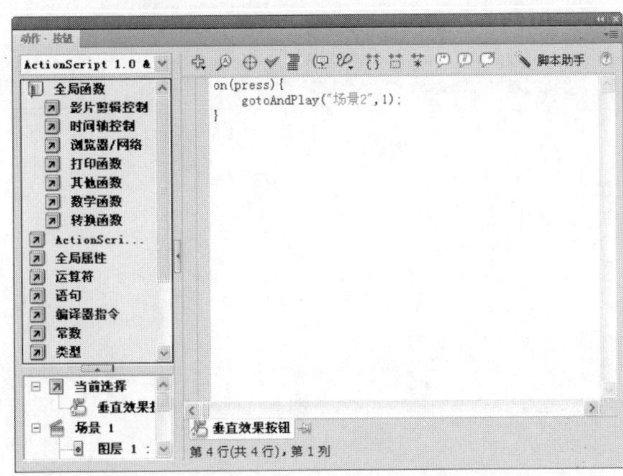

36 选中场景 1 中【图层 1】图层的第 1 帧，如下图所示。

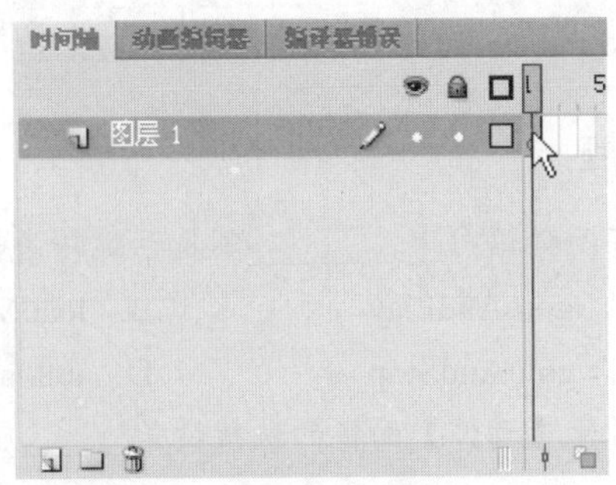

37 在【动作】面板中输入如下语句。

```
stop();
```

此时的【动作】面板如下图所示。

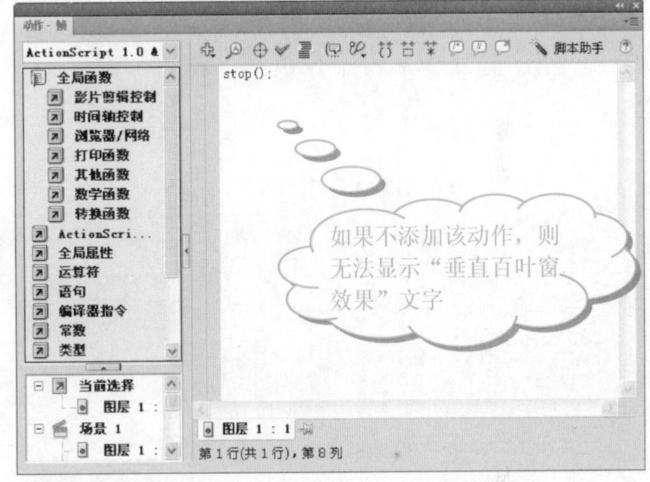

38 这样整个动画就制作完成了，用户可以按 Ctrl+Enter 组合键进行测试，测试效果如下图所示。

在【动作】面板左侧，当显示为 按钮时，表示只显示了脚本导航器，单击该按钮，则可以切换到动作工具箱；当显示为 按钮时，表示只显示了动作工具箱，单击该按钮，则可以切换到脚本导航器。

9.6 思考与练习

选择题

1. 下面的语句中，______不属于跳转语句。

   A. gotoAndPlay　　B. loadMovie

   C. gotoAndStop　　D. unloadMovie

2. 打开【动作】面板的快捷键是______。

   A. F8　　B. F9

   C. Ctrl+F8　　D. Ctrl+F9

操作题

1. 参照本章的实例，自己动手制作一个水平百叶窗动画。

2. 创建一个按钮元件，为其添加相应的语句，使得单击该按钮时，可以停止播放动画。

如果用户不能理解【动作】面板中的脚本语句时，可以选中不懂的语句并右击，从弹出的快捷菜单中选择【查看帮助】命令，查看语句的帮助信息。

更上层楼——Flash 动画的优化与发布

动画制作完成之后，可别急着发布你的动画，因为需要先给你的动画“瘦身”。只有“苗条”的动画才比较适合在网络上发布，获得更多观众的青睐！

学习要点

- ❖ 优化动画
- ❖ 测试动画
- ❖ 导出动画
- ❖ 发布预览

学习目标

通过对本章的学习，读者首先应该熟悉优化动画的方法；其次要求掌握导出动画的方法；最后要求能够熟练地发布动画。

10.1 优化动画

当完成动画制作之后，最好对动画先进行优化，再发布。因为随着影片文件大小的增大，动画的下载和回放时间也会变长，而这个时间如果过长，会让使用者在不断的等待中失去耐心。因此对动画进行优化，尽可能地减少动画的文件大小是十分有必要的。

10.1.1 查阅文件大小

当完成动画制作之后，可以通过Flash CS4提供的文件大小报告来了解文件占用的容量。生成文件大小报告的具体操作步骤如下。

操作步骤

❶ 首先在Flash CS4中打开要发布的文件(光盘：\图书素材\第9章\百叶窗.fla)，如下图所示。

❷ 选择【文件】|【发布设置】命令，如下图所示。

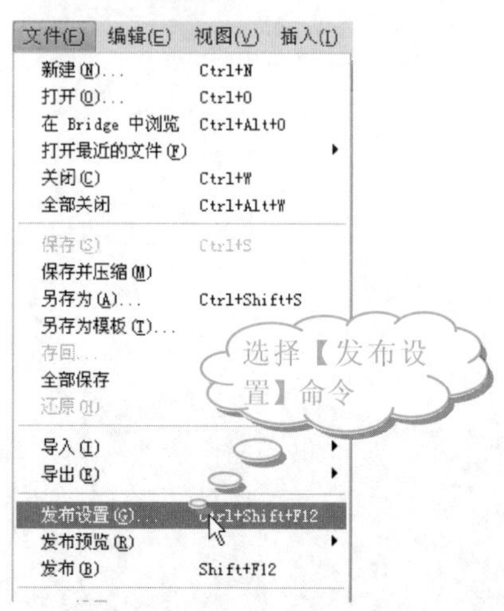

❸ 弹出【发布设置】对话框，在【格式】选项卡中可以查看该文档使用的文件类型，如下图所示。

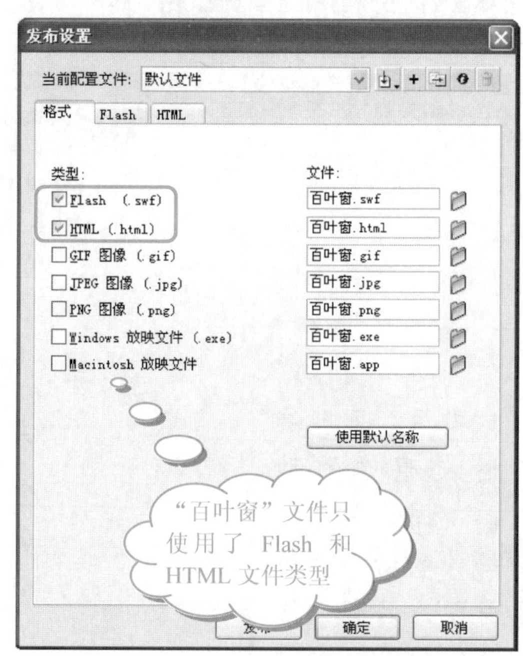

❹ 切换到Flash选项卡，在【高级】区域的【跟踪和调试】选项组中，选中【生成大小报告】复选框，再单击【发布】按钮，生成大小报告，如下图所示。

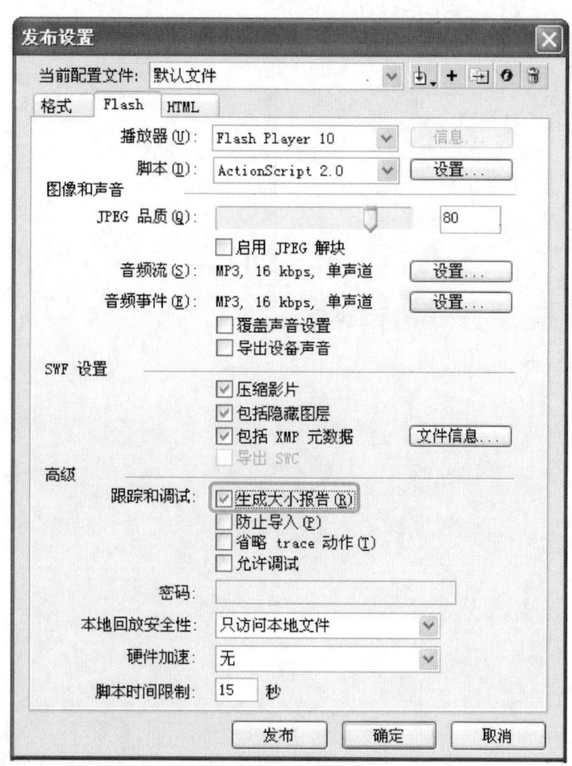

❺ 单击【确定】按钮，返回到Flash CS4窗口，即可在工作区下方的【输出】面板中显示出Flash自动生成的文件大小报告，如下图所示。

用户在对动画进行优化时，必须根据用户想达到的预期效果来决定，不能一味追求文件体积的大小，必须在文件大小和动画效果之间找到一个平衡点。

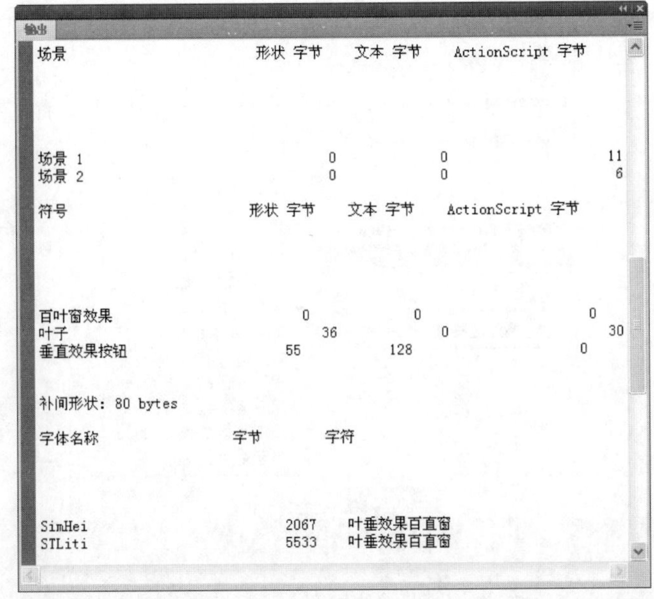

❻ 生成的文件大小报告将会以文本文件的形式存放在与源文件相同的文件夹下，通过该文件可以查看源文件生成的 SWF 文件的帧、场景及元件等信息的容量大小。

10.1.2 优化动画的方法

前面一节中介绍了如何查阅文件的大小，如果在导出影片之前，用户想减小文件的大小，即优化动画，则可以通过以下几种方法来实现。

1. 总体上的优化

首先，可以从总体上对 Flash 动画进行优化，这些优化方法几乎对每个动画都适用，它主要包含以下方面。

- ❖ 对于多次使用的元素或动画过程，应尽量转换为元件(图形元件或影片剪辑元件)。因为重复使用元件并不会使文件体积增大。
- ❖ 尽可能使用补间动画。补间动画中的过渡帧是通过系统计算得到的，数据量相对于逐帧动画而言要小得多。
- ❖ 若要导入声音，尽可能使用数据量小的声音格式，如 MP3 格式。
- ❖ 导入的图片格式最好是 JPG 或 GIF 格式。
- ❖ 尽量避免对位图元素进行动画处理，一般将其作为背景或者静态元素。
- ❖ 不要在同一帧中放置过多的元件，这样会增加 Flash 处理文件的时间。

2. 元素和线条

从总体上对 Flash 动画做了优化后，还可以从细节上对动画进行优化，如优化动画中的元素和线条。

- ❖ 尽量将元素组合。
- ❖ 将在整个过程中都变化的元素与不变化的元素分放在不同的层上，以便加速 Flash 动画的处理过程。
- ❖ 使用【修改】|【形状】|【优化】命令，如下图所示，最大程度地减少用于描述形状的分隔线的数量。

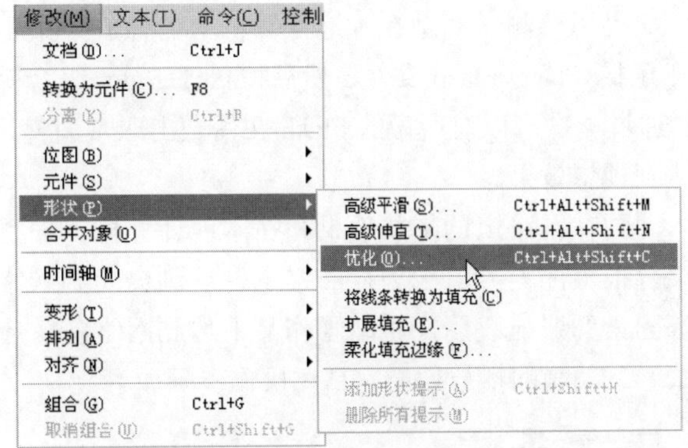

- ❖ 限制特殊线条类型的数量，如虚线、点状线等。尽量使用实线，因为它所占体积较小。另外，由【铅笔工具】生成的线条比使用【刷子工具】笔触生成的线条体积小。

3. 文本和字体

除了元素和线条外，如果适当地注意文本和字体，也可以起到优化动画的作用。

- ❖ 不要应用太多字体和样式。
- ❖ 尽可能使用 Flash 内定的字体。尽量少使用嵌入字体，嵌入字体会增加文件的大小。
- ❖ 无特殊需要不要将字体分离成图形。

4. 颜色

丰富的颜色可以大大加强动画的表现力，但是在使用颜色的时候要注意以下几个小事项，以使制作出来的动画文件变得更小。

- ❖ 尽量少使用渐变色。使用渐变色填充区域比使用纯色填充占用空间大。
- ❖ 尽量少使用 Alpha 透明度，因为它会减慢动画的回放速度。

用户可以将动画的优化与测试结合起来，因为一个大型的动画往往需要经过多次的优化与测试，最终才能达到一个满意的效果。

5. 脚本

除了上面介绍的 4 个方面外，恰当地使用脚本，不但可以起到优化动画的作用，而且对于动画制作者来说，制作动画的过程也会变得简单得多。

❖ 为经常重复的代码定义函数。

❖ 尽量使用本地变量。

10.2 测试动画

如果想要测试动画在本地计算机上的播放效果，只需打开要测试的 Flash 文件，然后按 Ctrl+Enter 组合键即可。通过测试可以对所做的 Flash 文件做出即时调整，从而达到预想效果。

动画在网络上的播放效果和在本地计算机上的播放效果有很大的差异。因为在网络上，动画会受到网络速度等因素的影响。用户将动画作品上传到网络前，应先测试一下动画的播放效果。具体操作步骤如下。

操作步骤

1. 在 Flash CS4 程序窗口中打开要测试的动画，然后按 Ctrl+Enter 组合键打开该动画的测试界面，如下图所示。

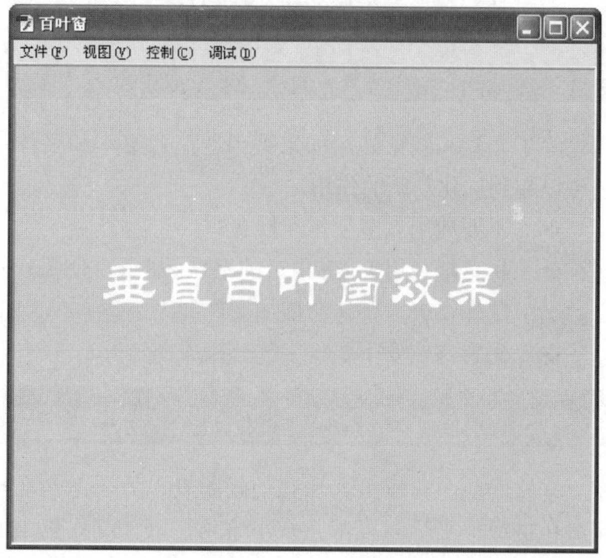

2. 在 SWF 文件播放窗口中选择【视图】|【下载设置】命令，在弹出的子菜单中不仅可以选择 Flash 中提供的网络速度，还可以自定义网络速度，如下图所示。这样，就可以模拟 Flash 动画在不同网络速度下的播放效果。

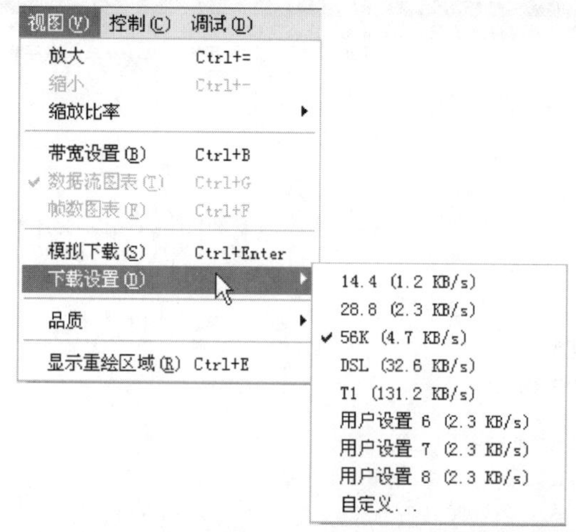

提示

当需要自定义下载速度时，可以在 SWF 文件播放窗口中选择【视图】|【下载设置】|【自定义】命令，然后在弹出的【自定义下载设置】对话框中进行设置，如下图所示。

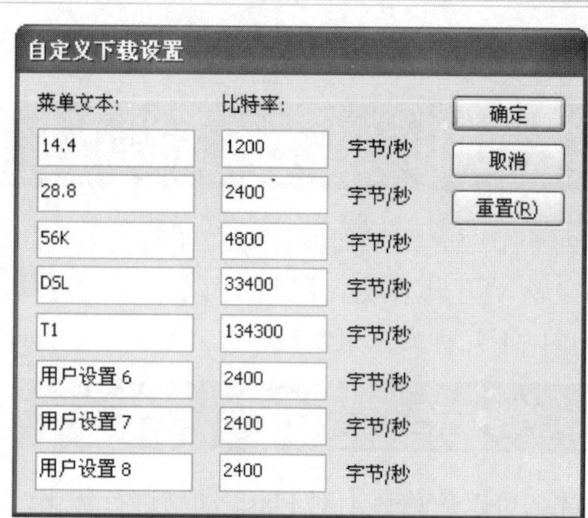

3. 在 SWF 文件播放窗口中选择【视图】|【带宽设置】命令，可以显示带宽的显示图，如下图所示。

4. 此时在舞台的上方将出现一个数据流图表，通过图表右侧的窗格可查看各帧的数据下载情况。此时选择任意一帧，播放将停止，可以从左窗格中查看该帧详细信息，如下图所示。

长见识　每个 FLA 文件在播放一次后，该文件所在的位置都会自动生成一个 SWF 文件，以后只要双击该 SWF 文件即可播放动画。

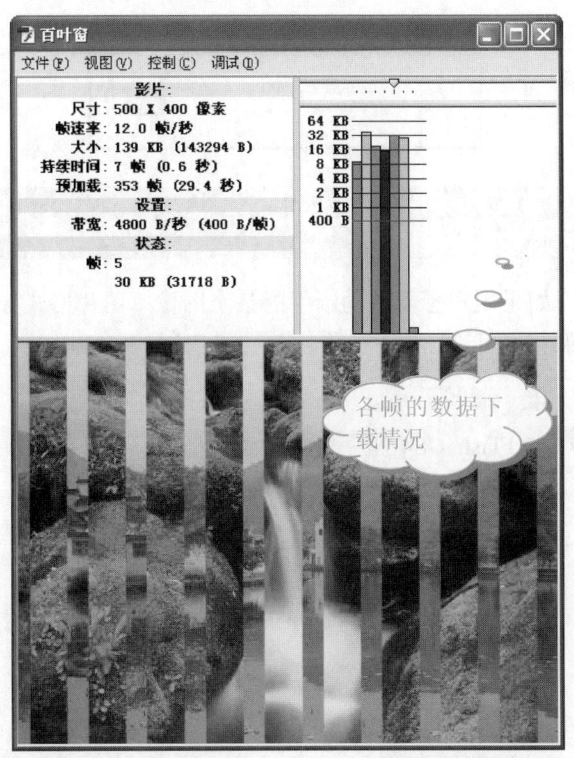

❺ 在 SWF 文件播放窗口中选择【视图】|【帧数图表】命令，可以查看哪个帧传输的时间比较多，如下图所示。

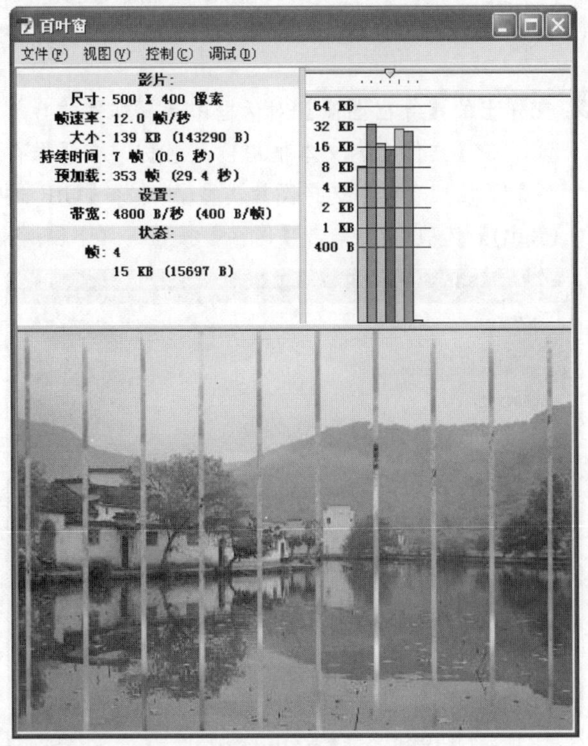

❻ 在 SWF 文件播放窗口中选择【视图】|【模拟下载】命令，可以打开或隐藏带宽显示图下方的 SWF 文件，如下图所示。

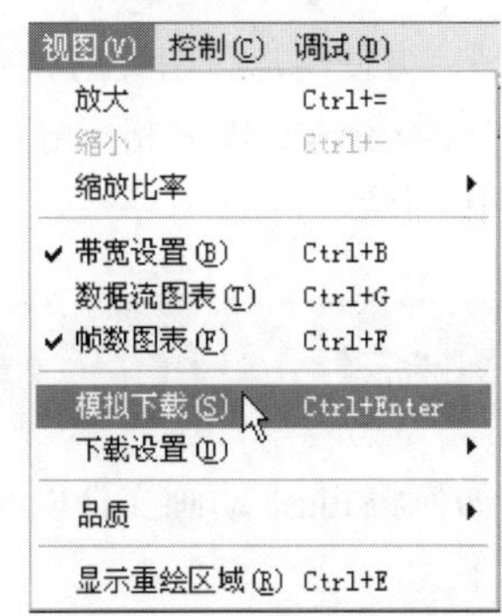

❼ 如果隐藏了 SWF 文件，将会开始加载隐藏的文件，并在左窗格中显示加载进度，如下图所示。

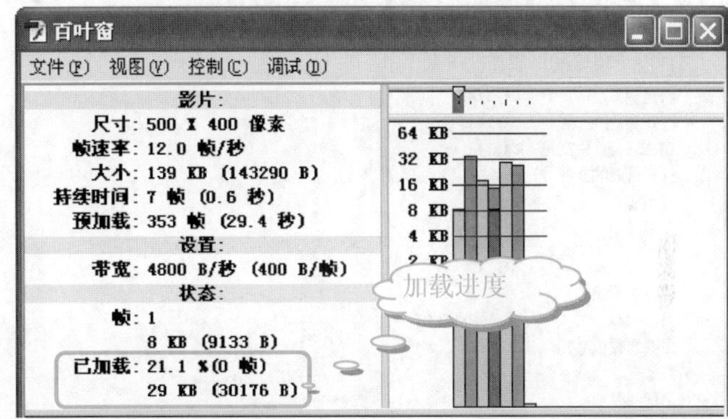

❽ 测试完成后，关闭测试窗口，返回 Flash CS4 窗口，然后在菜单栏中选择【窗口】|【工具栏】|【控制器】命令，如下图所示。

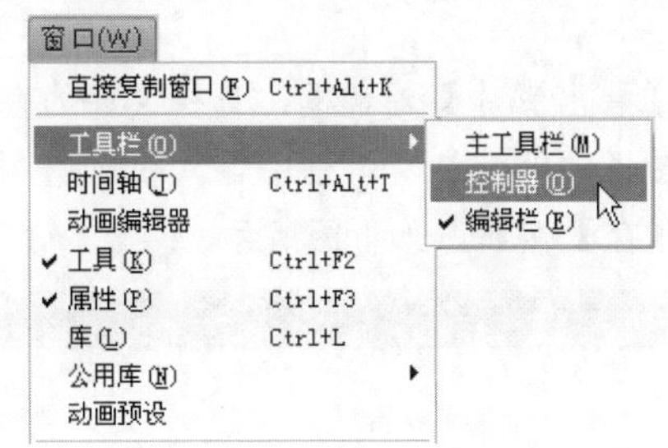

❾ 打开【控制器】工具栏，其中包含了 6 个功能控制按钮：【停止】、【转到第一帧】、【前进一帧】、【播放】、【后退一帧】和【转到最后一帧】等，如下图所示。用户可以单击相应的按钮对动画进行控制。

10.3　导出动画

动画制作完毕之后，用户可以将其导出以得到单独格式的 Flash 作品，方便用户自由使用。在 Flash CS4 程序中，可以将制作的动画以 SWF 格式导出为影片，或者以 GIF 等格式导出图像。

10.3.1 导出影片

下面将介绍如何将 Flash 动画文件以 SWF 格式导出，具体操作步骤如下。

操作步骤

❶ 在 Flash CS4 程序窗口的菜单栏中，选择【文件】|【导出】|【导出影片】命令，如下图所示。

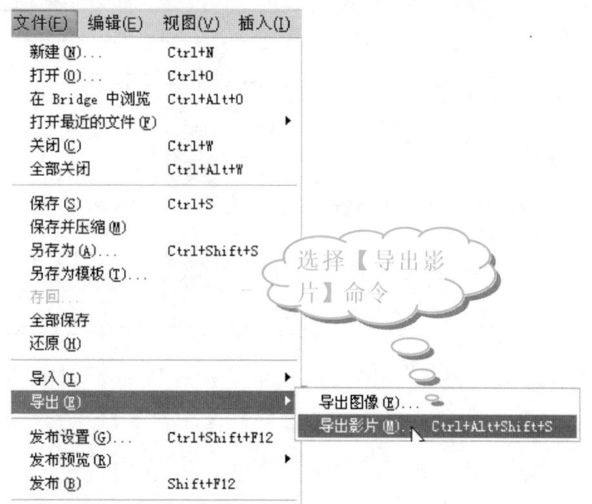

❷ 弹出【导出影片】对话框，选择文件的存放位置，然后在【文件名】文本框中输入相应的名称，再单击【保存】按钮，如下图所示。

❸ 弹出【导出 SWF 影片】对话框，显示影片导出速度，如下图所示。此时，用户需要耐心等待片刻，Flash 会自动导出影片。

10.3.2 导出图像

如果用户想要将动画中的某个图像以图片格式导出并保存，可进行如下操作。

操作步骤

❶ 在 Flash CS4 程序窗口的菜单栏中，选择【文件】|【导出】|【导出图像】命令，如下图所示。

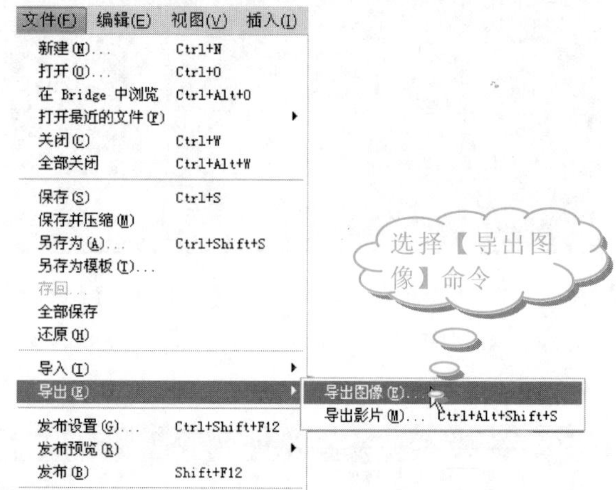

❷ 在弹出的【导出图像】对话框中选择文件的存放位置，在【文件名】文本框中输入名称，在【保存类型】下拉列表框中选择图片类型(如选择【GIF 图像(*.gif)】选项)，再单击【保存】按钮，如下图所示。

❸ 弹出【导出 GIF】对话框，可以设置图片的尺寸、分辨率、包含(设置导出图像的内容)、颜色、交错、透明、平滑和抖动纯色等，如下图所示。设置好后，

学以致用系列丛书

长见识：使用【导出影片】命令，可以将 Flash 文档导出为静止图像格式，并为文档中的每一帧创建一个带编号的图像文件，同时将文档中的声音导出为 WAV 文件(仅限于 Windows 系统)。

单击【确定】按钮即可。

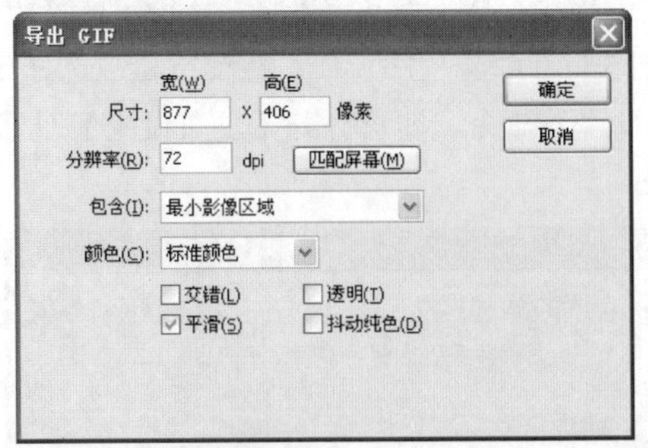

提示

在步骤 2 中选择的图片类型不同，将会弹出不同的对话框。例如，在选择图片类型为【位图(*.bmp)】时，则会弹出【导出位图】对话框，可以设置图片的尺寸、分辨率、颜色深度等，如下图所示。设置好后，单击【确定】按钮即可。

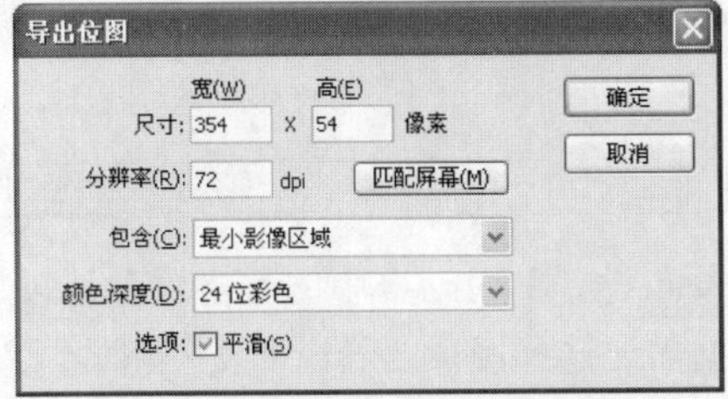

10.3.3　EXE 整合

要在网页中浏览 SWF 动画，必须安装相关插件，如果没有安装插件，该动画就无法正常播放。用户可以通过将作品整合成独立运行的 EXE 文件，整合成 EXE 文件后，该动画将不需要附带任何程序就可以在 Windows 系统中正常播放，其动画效果与 SWF 文件完全一样。

EXE 整合的具体操作步骤如下。

操作步骤

❶ 在安装 Flash CS4 程序的文件夹中打开 Players 文件夹，运行 FlashPlayer.exe 程序，如下图所示。

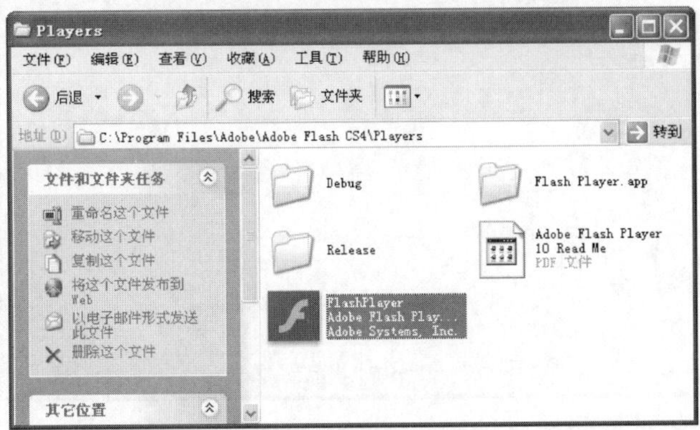

❷ 打开 Adobe Flash Player 10 窗口，然后在菜单栏中选择【文件】|【打开】命令，如下图所示。

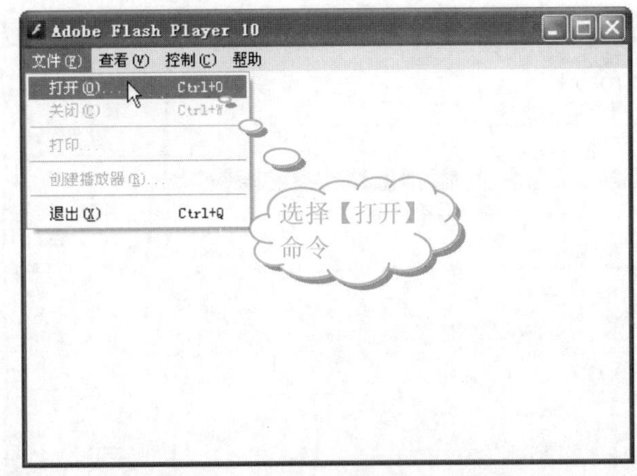

❸ 弹出【打开】对话框，用户可以在【位置】文本框中输入要整合的 Flash 文件，然后单击【确定】按钮，如下图所示。

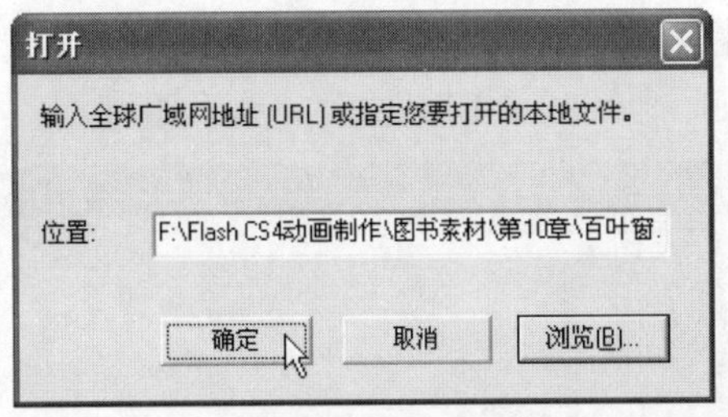

提示

若单击【浏览】按钮，则会弹出【打开】对话框，在【查找范围】下拉列表框中可以选择需要整合的 SWF 动画文件的路径。然后在打开的文件夹中选择需要打开的文件，并单击【打开】按钮(或者直接双击需要整合的文件)，如下图所示。这样，即可将 SWF 动画文件打开在 Adobe Flash Player 10 窗口中。

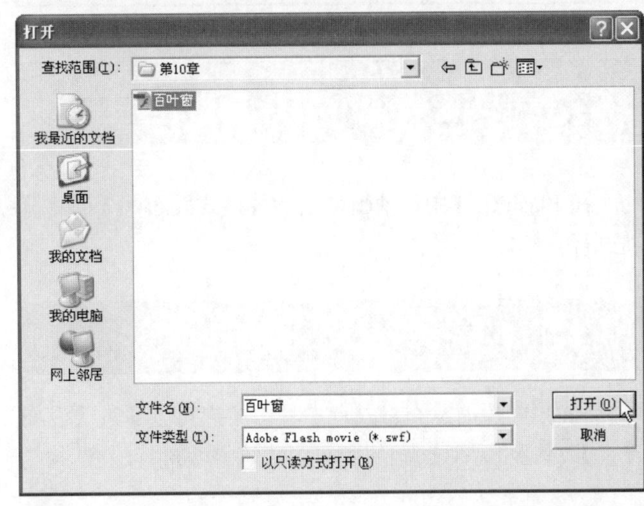

❹ 这时即可发现选择的动画文件出现在播放器中了。

在进行动画导出操作时，若将 Flash 图像保存为位图 GIF、JPEG、BMP 文件时，图像会丢失其矢量信息，仅以像素信息保存。用户可以在图像编辑器中编辑导出为位图的图像，但是不能再在基于矢量的绘图程序中编辑这些图像。

接着，在菜单栏中选择【文件】|【创建播放器】命令，如下图所示。

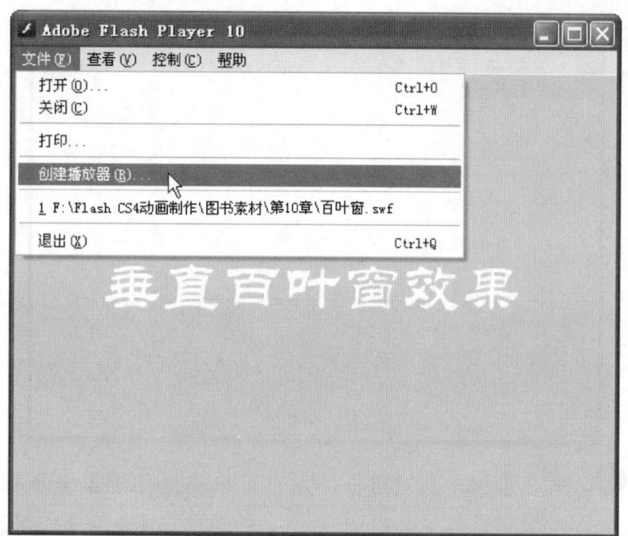

❺ 弹出【另存为】对话框，选择适当的保存位置，并在【文件名】文本框中输入文件名，再单击【保存】按钮，即可生成 EXE 文件，如下图所示。

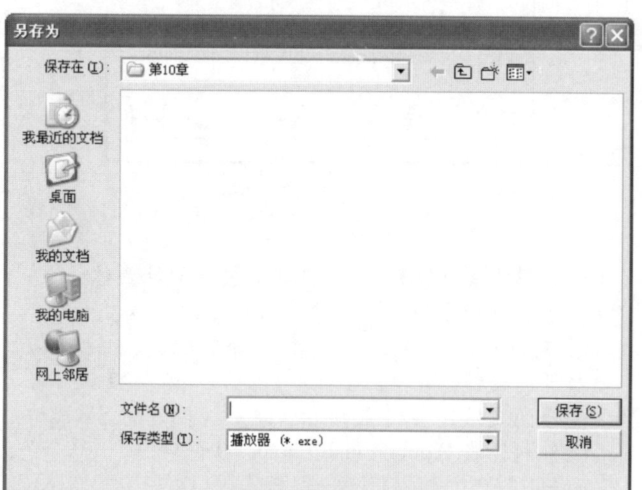

10.4 发布动画

在 Flash CS4 中，动画可以多种格式发布，下面将分别进行介绍。

10.4.1 发布设置

Flash 影片的发布格式有多种，用户可以通过【发布设置】对话框，对动画的发布格式等参数进行设置。

1. 指定输出文件格式

打开 Flash CS4 程序窗口，在菜单栏中选择【文件】|【发布设置】命令，即可打开【发布设置】对话框，如下图所示。

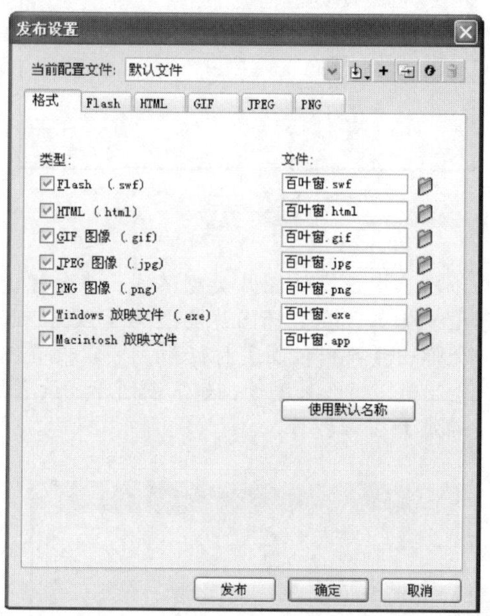

在【发布设置】对话框中的【格式】选项卡中，用户可以根据需要选择影片要导出的文件格式，Flash CS4 中提供了 Flash、HTML、GIF 等多种图像格式。对于需要导出的文件格式，只需在【类型】选项组中选中该图像格式前面的复选框即可。

选择好格式后，可以在该格式对应的【文件】文本框中输入文件名，一般情况下保持默认的影片文件名。若要更换其他目标文件，可在【类型】对应的【文件】列表中，单击文本框右侧的【选择发布目标】按钮，然后在弹出的【选择发布目标】对话框中选择要使用的文件，再单击【保存】按钮即可，如下图所示。

长见识

作品整合成 EXE 文件虽然可以不需要附带任何程序即可在 Windows 系统中播放，但是其体积要比 SWF 格式的大，下载速度也慢一些。

2. Flash 影片设置

单击【发布设置】对话框中的 Flash 标签，可以切换到 Flash 选项卡，如下图所示。

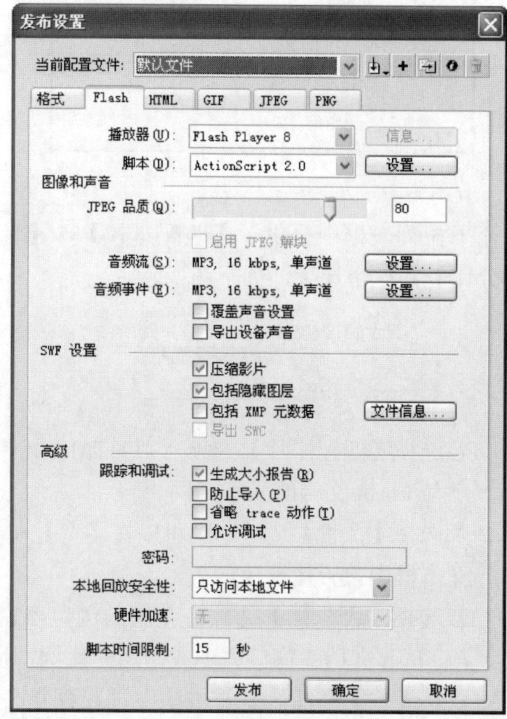

Flash 选项卡中的参数含义分别如下。

1) 播放器

在【播放器】下拉列表框中可以选择播放器版本。默认情况下，Flash CS4 程序的播放器是最新版本的 Flash Player 10。当然，用户也可以选择以前老版本的 Flash 播放器，如下图所示。

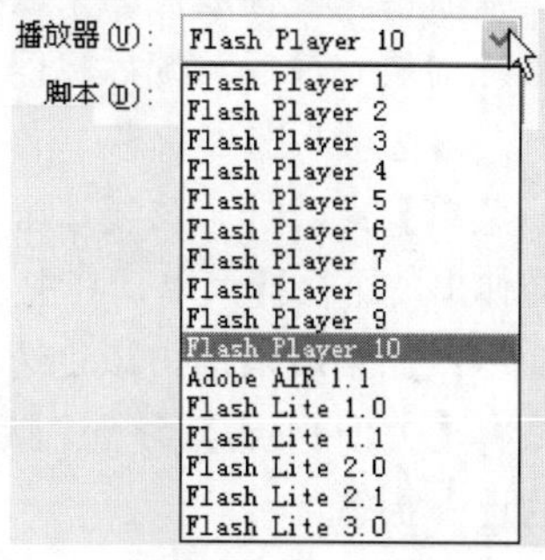

2) 脚本

单击【脚本】右侧的下拉按钮，从弹出的下拉列表框中可以选择在动画中使用的 ActionScript 版本：ActionScript 1.0、ActionScript 2.0 和 ActionScript 3.0，如下图所示。

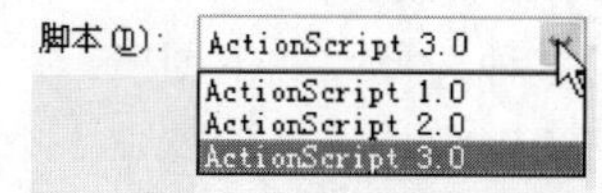

3) 图像和声音

在该选项区域中共包含 3 个选项，其含义分别如下。

❖ 【JPEG 品质】：通过拖动滑块或输入一个值来调节图像品质，其值的范围在 0～100 之间。该值越大，图像品质越好，但同时文件体积也就越大。

❖ 【音频流】/【音频事件】：用于对当前动画中的所有声音进行压缩。单击这两个选项后面的【设置】按钮，都可以打开【声音设置】对话框，调整声音参数，如下图所示。

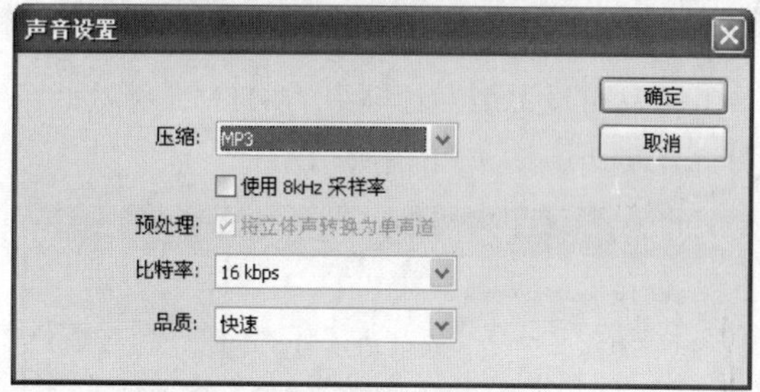

4) SWF 设置

在该选项区域中共包含 4 个选项，其含义分别如下。

❖ 【压缩影片】：选中该复选框，通过反复应用脚本语言，将压缩 SWF 文件，以减小文件大小和缩短下载时间。

❖ 【包括隐藏图层】：选中该复选框，可以导出不可见(即隐藏)的图层。

❖ 【导出 XMP 元数据】：选中该复选框，在发布的 SWF 文件中包括 XMP 元数据。

❖ 【导出 SWC】：选中该复选框，可导出 SWC 文件。

5) 高级

在该选项区域中共包含 8 个选项，其含义分别如下。

❖ 【生成大小报告】：选中该复选框，可生成一个文本文件格式的报告，报告中详细记载了帧、场景、元件及声音压缩后的大小等信息。

❖ 【防止导入】：选中该复选框，可以防止别人导入 SWF 文件，并将其转换回 Flash 文档。同时【密码】选项被激活，用户可以在其文本框中设置密码，以保护该文件，如下图所示。

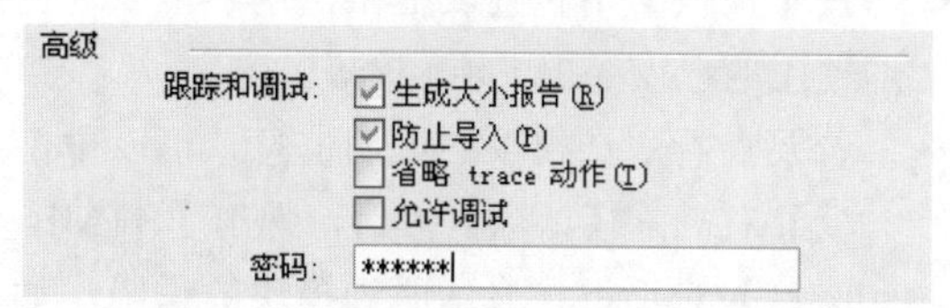

❖ 【省略 trace 动作】：选中该复选框，可以取消当前 SWF 文件中的跟踪指令。

学以致用系列丛书

导出 SWF 格式的 Flash 文件时，FLA 文件中的文本将以 Unicode 格式编码，从而提供对国际字符集的支持，包括对双字节字体的支持。

❖ 【允许调试】：选中该复选框，在播放的动画上右击，会激活调试器，并允许远程调试 Flash 动画。

❖ 【密码】：该选项只有在选中【防止导入】复选框时才有效，在此文本框中可以输入密码。

❖ 【本地回放安全性】：选择 Flash 的安全方式，包括只访问本地文件和只访问网络。

❖ 【硬件加速】：选择硬件加速方式。

❖ 【脚本时间限制】：设置脚本限制时间。

3. 发布 HTML 设置

单击【发布设置】对话框中的 HTML 标签，可以切换到 HTML 选项卡，如下图所示。

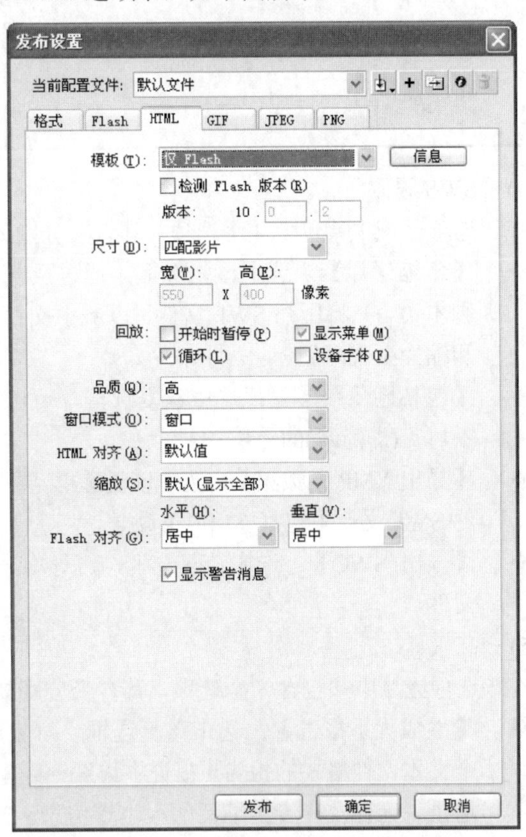

HTML 选项卡中主要参数的含义分别如下。

1) 模版

【模版】用于设置 Flash 模板的各项参数。

❖ 在【模板】下拉列表框中，用户可以选择需要使用的已安装的 Flash 模板。

❖ 若要查看所选模板的说明信息，可以单击【模板】右侧的【信息】按钮，弹出【HTML 模板信息】对话框，显示所选模块的说明，如下图所示。

❖ 若选中【检测 Flash 版本】复选框，则可以检测 HTML 文件中 Flash 动画播放器的版本。

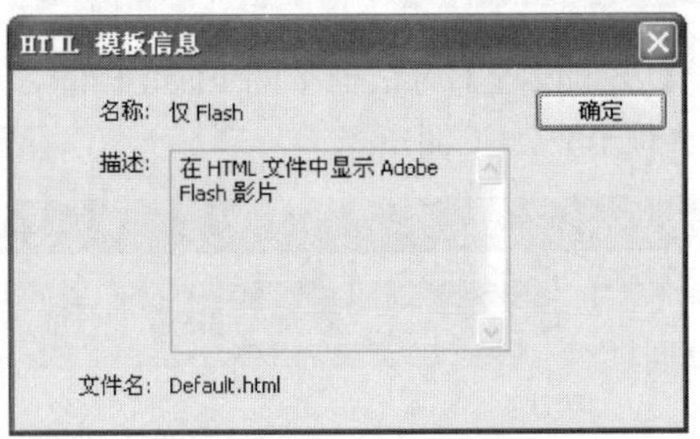

2) 尺寸

在该下拉列表框中提供了【匹配影片】、【像素】和【百分比】共 3 个选项，如下图所示。

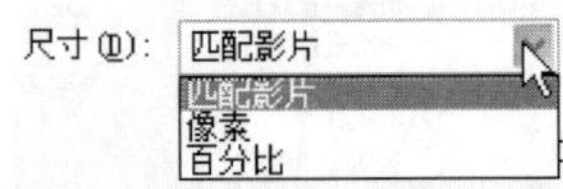

❖ 若选择【匹配影片】选项，则 HTML 文档的大小与 Flash 文档的大小相同。

❖ 若选择【像素】选项，则可以在【宽】和【高】文本框中设置像素值。

❖ 若选择【百分比】选项，使用的浏览器窗口将与 Flash 文档的窗口大小成指定的比例，用户可以在【宽】和【高】文本框中设置百分比值。

3) 回放

【回放】用于控制影片的播放和各种功能。

❖ 【开始时暂停】：若选中该复选框，会一直暂停播放影片，除非其他操作触发播放。默认情况下，该选项为取消选中状态。

❖ 【循环】：若选中该复选框，将在影片播放完最后一帧后再重复播放；如果取消选中该复选框，影片播放完最后一帧后将停止播放。默认情况下，该选项为选中状态。

❖ 【显示菜单】：若选中该复选框，在右击动画时，会弹出一个快捷菜单，其中包括各种 Flash 控制命令；如果取消选中该复选框，快捷菜单中将只有【关于 Flash】命令。默认情况下，该选项为选中状态。

❖ 【设备字体】：若选中该复选框，会用消除锯齿的系统字体替换未安装在用户系统上的字体，这种情况只适用于 Windows 环境。默认情况下，该选项为取消选中状态。

4) 品质

【品质】用于设置发布的 Flash 画面的品质。该下拉列表框中提供了多种选择，如下图所示。各选项将在处理时间与应用消除锯齿功能之间确定一个平衡点，从而

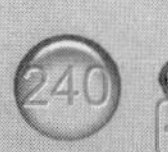

长见识 若将 FlA 文件导出为 Windows 视频，可能会丢失文件中的所有的交互性，却有利于在视频编辑应用程序中打开 Flash 动画。但是，由于 AVI 是基于位图的格式，因此如果包含的动画很长或者分辨率比较高，文档就会非常大。

在每一帧呈现到屏幕之前对其进行平滑处理。品质越高，文件尺寸也就越大。

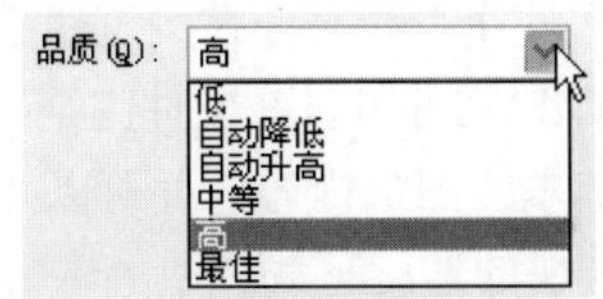

各参数的含义如下。

- ❖ 【低】：使回放速度优先于外观，并且不使用消除锯齿功能。
- ❖ 【自动降低】：优先考虑速度，但是也会尽可能改善外观。回放开始时，消除锯齿功能处于关闭状态。如果 Flash Player 检测到处理器可以处理消除锯齿功能，就会自动打开该功能。
- ❖ 【自动升高】：在开始时是回放速度和外观两者并重，但在必要时会优先保证回放速度。 回放开始时，消除锯齿功能处于打开状态。如果实际帧频降到指定帧频之下，则会关闭消除锯齿功能以提高回放速度。
- ❖ 【中等】：会应用一些消除锯齿功能，但并不会平滑位图。
- ❖ 【高】：在默认情况下，选中该选项，可以使外观优先于回放速度，并始终使用消除锯齿功能。 如果 SWF 文件不包含动画，则会对位图进行平滑处理；如果 SWF 文件包含动画，则不会对位图进行平滑处理。
- ❖ 【最佳】：提供最佳的显示品质，而不考虑回放速度。所有的输出都已消除锯齿，而且始终对位图进行平滑处理。

5) 窗口模式

【窗口模式】选项用于设置浏览动画时窗口的显示模式。在该下拉列表框中提供了 3 种模式，如下图所示。

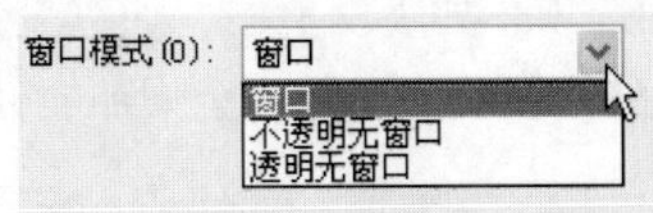

其中，各种模式的含义分别如下。

- ❖ 【窗口】：Flash 内容的背景不透明，并使用 HTML 背景颜色。HTML 不可以呈现在 Flash 的上方或者下方。
- ❖ 【不透明无窗口】：将 Flash 内容的背景设置为不透明，并遮蔽 Flash 内容下面的所有内容。
- ❖ 【透明无窗口】：将 Flash 内容的背景设置为透明，显示 Flash 影片所在的 HTML 页面的背景。如果选择该选项，将会减慢动画的播放速度。

6) HTML 对齐

HTML 用于设置 Flash 影片窗口在浏览器中的对齐方式。该下拉列表框中共提供了 5 种对齐方式，如下图所示。

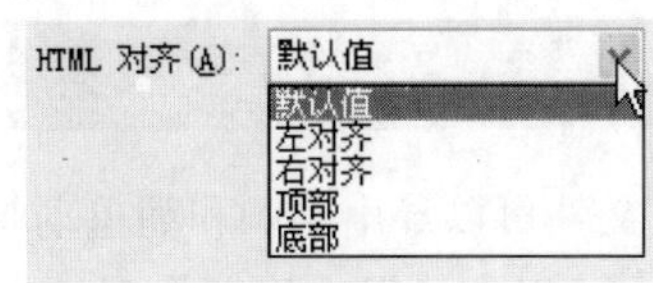

其中，各种对齐方式的含义分别如下。

- ❖ 【默认值】：使 Flash 内容在浏览器中居中显示，如果浏览器窗口小于应用程序，则会裁剪边缘。
- ❖ 【左对齐】：将 Flash 内容与浏览器窗口的相应边缘进行左对齐。如果浏览器窗口小于应用程序，则会裁剪右边、顶部和底部。
- ❖ 【右对齐】/【顶部】/【底部】：同【左对齐】选项一样，不过裁剪的是除了该选项的其余三边。

7) 缩放

通过设置【缩放】选项，可以在更改了文档的原始宽度和高度的情况下，将内容放到指定的边界内。在【缩放】下拉列表框中提供了 4 种缩放方式，如下图所示。

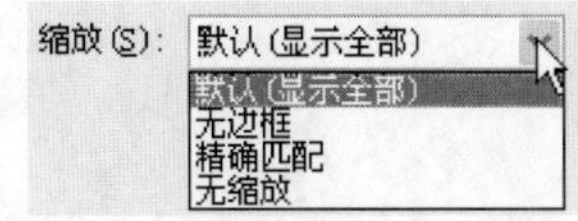

其中，各种缩放方式的含义分别如下。

- ❖ 【默认(显示全部)】：在指定的区域内显示整个文档，并且保持 SWF 文件的原始高宽比，而不发生扭曲。不过，在应用程序的两侧可能会显示边框。
- ❖ 【无边框】：对文档进行缩放以填充指定的区域，并保持 SWF 文件的原始高宽比，同时不会发生扭曲，并根据需要裁剪 SWF 文件边缘。
- ❖ 【精确匹配】：在指定区域显示整个文档，但不保持原始高宽比，因此可能会发生扭曲。
- ❖ 【无缩放】：禁止文档在调整 Flash Player 窗口大小时进行缩放。

8) Flash 对齐

通过设置 Flash 对齐方式，可以指定在影片窗口内如何放置影片以及在必要时如何裁剪影片边缘。在 Flash CS4 程序中，可以在水平和垂直两个方向上设置影片的对齐方式，如下图所示。

当 HTML 图像比较复杂时，用户可以在【发布设置】对话框的 HTML 选项卡中，设置【窗口模式】为【透明无窗口】选项。这样，可以让 HTML 图像更加复杂，动画显示的速度变慢一点。

9) 显示警告消息

选中【显示警告消息】复选框，可以在标签设置发生冲突时显示错误消息。

4. 发布 GIF 设置

使用 GIF 文件可以导出绘画和简单动画，以供在网页中使用。用户可以在【发布设置】对话框中单击 GIF 标签，切换到 GIF 选项卡，如下图所示。

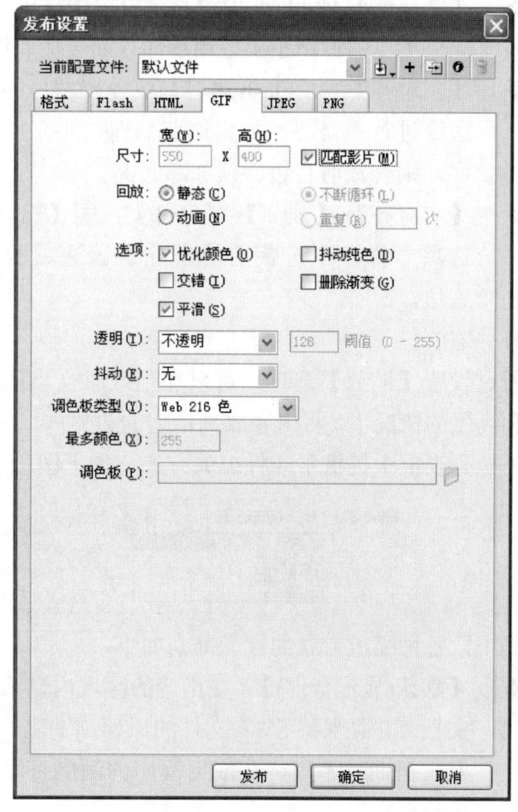

GIF 选项卡中的主要参数的含义如下。

1) 尺寸

【尺寸】选项用于设置导出的位图图像的宽度和高度值，单位为像素。若选中【匹配影片】复选框，则导出的 GIF 和 SWF 文件的大小相同并保持原始图像的高宽比。

2) 回放

【回放】选项用于设置图像是“静态”还是“动画”。如果选中【动画】单选按钮，还可以选择【不断循环】单选按钮或设置重复的次数，如下图所示。

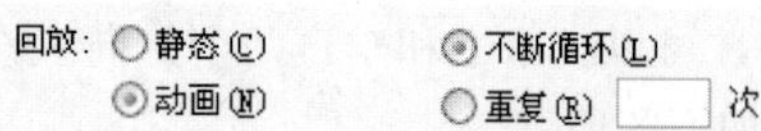

3) 选项

❖ 【优化颜色】：从 GIF 文件的颜色表中删除所有不使用的颜色。如果选中该复选框，可以在不影响图像品质的前提下减小文件的大小。

❖ 【交错】：如果选中该复选框，可以使导出的 GIF 文件在下载时，在浏览器中逐步显示。交错的 GIF 文件可以在文件完全下载之前为用户提供基本的图形内容，并可以在网络链接较慢时以较快的速度下载。

❖ 【平滑】：如果选中该复选框，可以消除导出位图的锯齿，从而生成高品质的位图图像。但此操作会增大文件的大小，有可能导致彩色背景上已消除锯齿的图像周围出现灰色像素光晕。

❖ 【抖动纯色】：用于抖动纯色和渐变色。

❖ 【删除渐变】：如果选中该复选框，则会将影片中的所有渐变填充转换为纯色，以减小文件的大小。

4) 透明

【透明】选项用于确定应用程序背景的透明度以及将 Alpha 设置转换为 GIF 的方式。在【透明】下拉列表框中提供了 3 个选项，如下图所示。

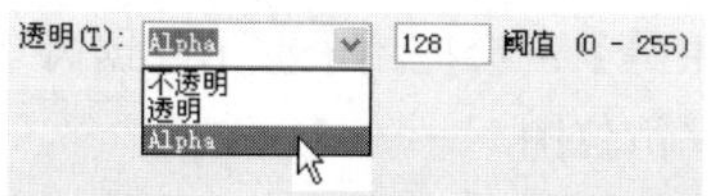

其中，各参数的含义分别如下。

❖ 【不透明】：可以使背景成为纯色。

❖ 【透明】：可以使背景透明。

❖ Alpha：可以设置局部透明度。用户可以在右侧的【阈值】文本框中输入一个介于 0 到 255 之间的阈值。其值越低，透明度越高。阈值为 128 对应的是 50%的透明度。

5) 抖动

【抖动】选项用于指定如何组合可用颜色的像素来模拟当前调色板中没有的颜色，在【抖动】下拉列表框中提供了 3 种选项，如下图所示。通过设置【抖动】选项，可以改善颜色品质，但是也会增加文件大小。

其中，各参数的含义分别如下。

❖ 【无】：关闭抖动，并用基本颜色表中最接近指定颜色的纯色替代该表中没有的颜色。若关闭抖动，则产生的文件较小，但颜色不能令人满意。

❖ 【有序】：提供高品质的抖动，同时文件大小的增长幅度也最小。

❖ 【扩散】：提供最佳品质的抖动，但会增加文

GIF 动画文件提供了一种简单的方法，可以导出简短的动画序列。Flash 可以优化 GIF 动画文件，并且只存储逐帧更改。

件大小并延长处理时间。该选项只有在设置【调色板类型】为【Web 216 色】时才起作用。

6) 调色板类型

【调色板类型】选项用于定义图像的调色板，在【调色板类型】下拉列表框中提供了 4 个选项，如下图所示。

其中，各参数的含义分别如下。

❖ 【Web 216 色】：使用标准的 Web 安全、216 色调色板来创建 GIF 图像，这样会获得较好的图像品质，并且在服务器上的处理速度最快。

❖ 【最合适】：分析图像中的颜色，并为所选 GIF 文件创建一个唯一的颜色表。对于显示成千上万种颜色的系统而言它是最佳的；它可以创建最精确的图像颜色，但会增加文件大小。若要减小用最合适色彩调色板创建的 GIF 文件的大小，可以在【最多颜色】文本框中设置最多颜色数，以减少调色板中的颜色数量，如下图所示。

❖ 【接近 Web 最适色】：【接近 Web 最适色】与【最合适】选项相同，都是分析图像中的颜色，并创建颜色表。但是，它会将接近的颜色转换为 Web 216 色调色板。生成的调色板已针对图像进行优化，而且 Flash 会尽可能使用 Web 216 色调色板中的颜色。如果在 256 色系统上启用了 Web 216 色调色板，此选项将使图像的颜色更出色。

❖ 【自定义】：指定已针对所选图像进行优化的调色板。自定义调色板的处理速度与【Web 216 色】调色板的处理速度相同。

7) 最多颜色

若设置【调色板类型】为【最合适】或【接近 Web 最适色】选项，用户可以在【最多颜色】文本框中设置在 GIF 图像中使用的颜色数量的最大值。设置的颜色数量越少，生成的动画文件也就越小，但同时却会降低动画的图像质量。

8) 调色板

若设置【调色板类型】为【自定义】选项，则会激活【调色板】文本框，如下图所示。

若要选择自定义调色板，可以单击【调色板】文本框右侧的【浏览到调色板位置】按钮，然后在弹出的【打开】对话框中选择适当的调色板，最后单击【打开】按钮，如下图所示。

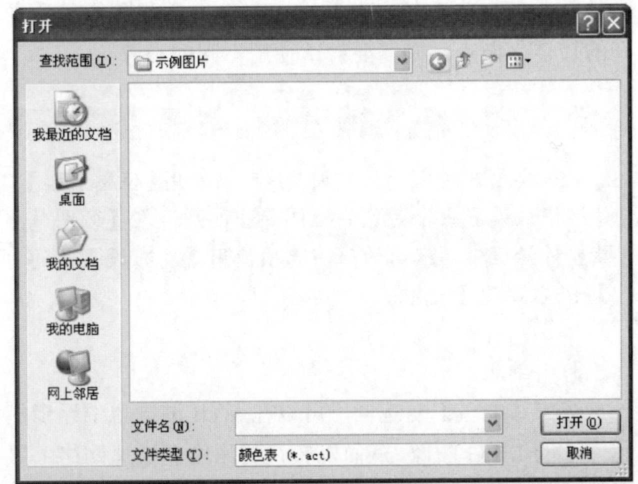

5. 发布 JPEG 设置

使用 JPEG 格式可以将图像保存为高压缩比的 24 位位图，更适合显示包含连续色调(如照片、渐变色或嵌入位图)的图像。

用户可以在【发布设置】对话框中单击 JPEG 标签，切换到 JPEG 选项卡，如下图所示。

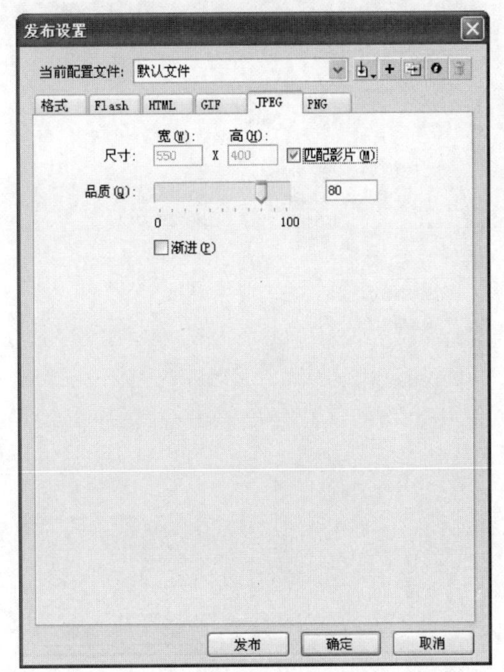

JPEG 选项卡中的主要参数的含义如下。

1) 尺寸

【尺寸】选项用于设置图像的宽度和高度，单位为像素。如果选中【匹配影片】复选框，则输出的图像和 Flash 影片的大小相同并保持原始图像的高宽比。

使用任何 HTML 编辑器都可以创建自定义模板。创建模板的方法和创建标准 HTML 页相同，只是要用以美元符号($)开头的变量替代与 SWF 文件有关的特定值即可。

2) 品质

拖动该选项右侧的滑块或在其后的文本中输入一个数值，用于控制 JPEG 文件的压缩量。图像品质越低，则文件越小；反之亦然。若要确定文件大小和图像品质之间的最佳平衡点，则需要尝试使用不同的设置。

若要更改对象的压缩设置，可以使用【位图属性】对话框来设置每个对象的位图导出品质。在【位图属性】对话框中，默认的压缩选项使用【发布设置】的【JPEG 品质】选项。

3) 渐进

选中【渐进】复选框，可以在 Web 浏览器中逐步显示连续的 JPEG 图像，从而以较快的速度在低速网络上显示加载的图像。它类似于 GIF 和 PNG 图像中的【交错】选项。

6. 发布 PNG 设置

PNG 是唯一支持透明度(Alpha 通道)的跨平台位图格式。用户可以在【发布设置】对话框中单击 PNG 标签，切换到 PNG 选项卡，如下图所示。

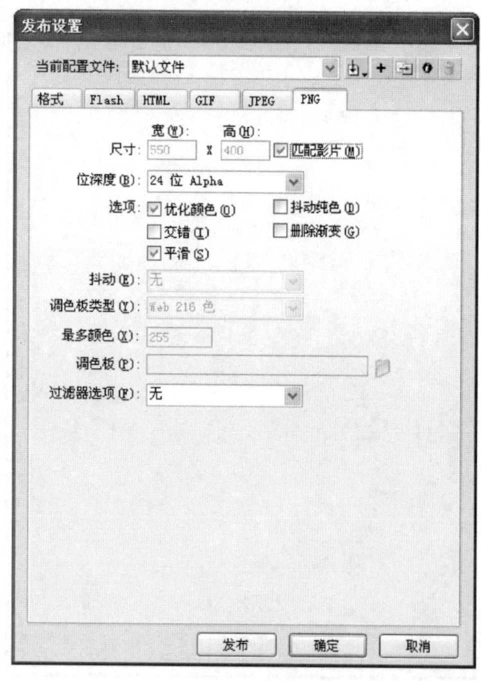

在 PNG 选项卡中，很多选项与 GIF 选项卡中的选项类似，下面简单介绍除了和 GIF 选项卡中相同参数外的其他参数的含义。

1) 位深度

【位深度】选项用于设置创建图像时要使用的每个像素的位数和颜色数。位深度越高，文件就越大。在【位深度】下拉列表框中提供了 3 种选择，如下图所示。

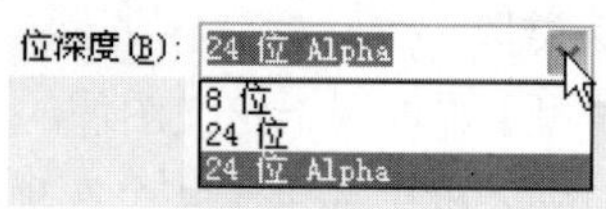

其中，各种位深度的含义分别如下。

❖ 【8 位】：用于 256 色图像。在该选项下，【抖动】选项被激活，用户可以用它来指定如何组合可用颜色的像素来模拟当前调色板中没有的颜色。在【抖动】下拉列表框中有【无】(表示关闭抖动)、【有序】和【扩散】3 个选项供用户选择，如下图所示。

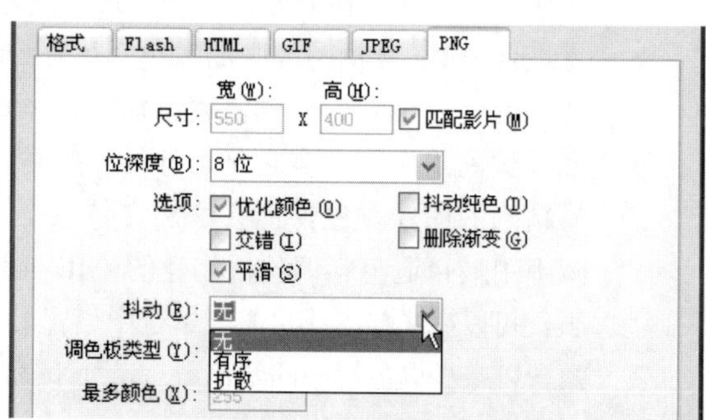

❖ 【24 位】：用于数千种颜色的图像。

❖ 【24 位 Alpha】：用于数千种颜色并带有透明度(32 位)的图像。

2) 过滤器选项

通过设置过滤器选项，可以选择一种逐行过滤方法使 PNG 文件的压缩性更好，并用特定图像的不同选项进行试验。在【过滤器选项】下拉列表框中提供了 5 个选项，如下图所示。

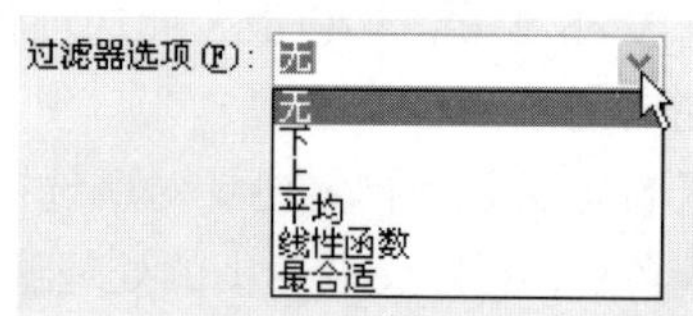

其中，各种过滤器选项的参数的含义分别如下。

❖ 【无】：关闭过滤功能。

❖ 【下】：传递每个字节和前一像素相应字节的值之间的差。

❖ 【上】：传递每个字节和它上面相邻像素的相应字节的值之间的差。

❖ 【平均】：使用两个相邻像素(左侧像素和上方像素)的平均值来预测该像素的值。

❖ 【线性函数】：计算 3 个相邻像素(左侧、上方、左上方)的简单线性函数，然后选择最接近计算

在 Flash 文件中要将美元符号用作其他用途时，可以将反斜杠“\”和美元符号组合起来使用，如“\$”。

值的相邻像素作为颜色的预测值。

❖ 【最合适】：分析图像中的颜色，并为所选 PNG 文件创建一个唯一的颜色表。对于显示成千上万种颜色的系统而言它是最佳的；它可以创建最精确的图像颜色，但所生成的文件要比用【Web 216 色】调色板创建的 PNG 文件大。通过减少最合适色彩调色板的颜色数量，可以减小用该调色板创建的 PNG 文件的大小。

7. 设置发布配置文件

在 Flash CS4 程序中进行发布设置的同时，将会生成发布配置文件。用户可以保存发布设置，导出对应的配置文件，然后将发布配置文件导入其他文档或供其他用户使用。下面将为大家介绍一下发布配置文件的设置方法，包括创建新配置文件、重命名配置文件以及导出配置文件等，具体操作步骤如下。

操作步骤

1. 在 Flash CS4 程序窗口的菜单栏中选择【文件】|【发布设置】命令，打开【发布设置】对话框，单击【创建新配置文件】按钮，如下图所示。

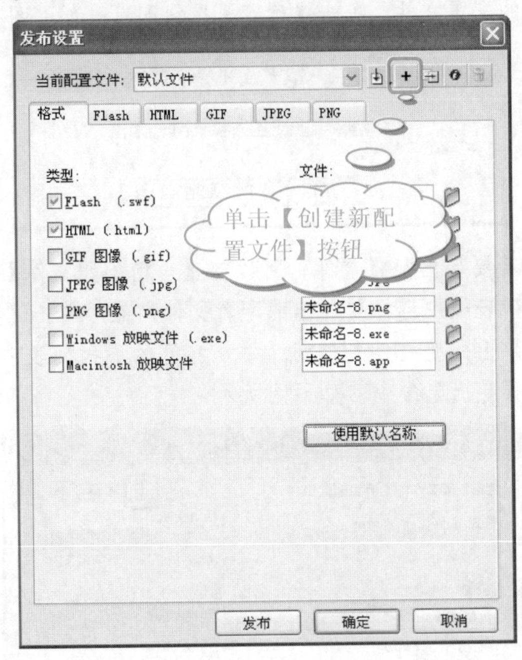

2. 弹出【创建新配置文件】对话框，在【配置文件名称】文本框中输入新配置文件的名称，单击【确定】按钮，如下图所示。

3. 返回到【发布设置】对话框，即可在【当前配置文件】下拉列表框中看到新创建的配置文件，如下图所示。

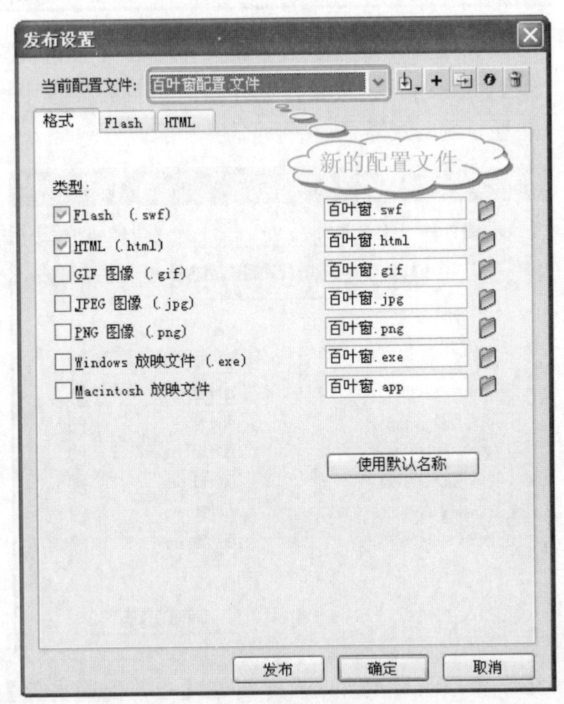

4. 然后参考前面方法，在新配置文件下进行发布设置。单击【直接复制配置文件】按钮，如下图所示。

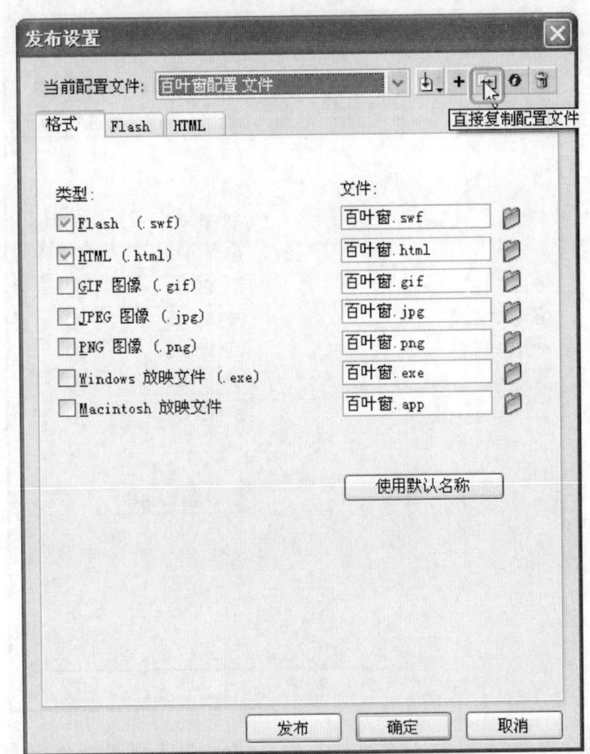

5. 弹出【直接复制配置文件】对话框，在【副本名称】文本框中输入要复制的配置文件的名称，再单击【确定】按钮，如下图所示。

❻ 返回到【发布设置】对话框后，单击【当前配置文件】右侧的下拉按钮，在弹出的下拉列表框中即可查看复制的配置文件，如下图所示。

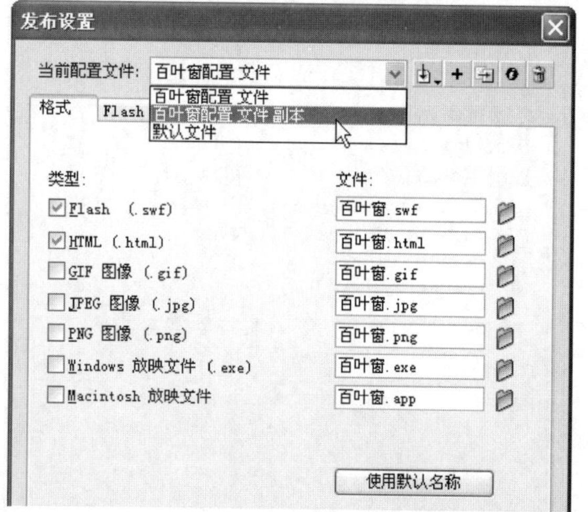

❼ 若要修改配置文件名称，可在【当前配置文件】下拉列表框中选择要修改的配置文件，然后单击【重命名配置文件】按钮，如下图所示。

❽ 弹出【配置文件属性】对话框，在【配置文件名称】文本框中输入新名称，然后单击【确定】按钮，如下图所示。

❾ 若要删除配置文件，可以在【当前配置文件】下拉列表框中选择要删除的配置文件，然后单击【删除配置文件】按钮，如下图所示。

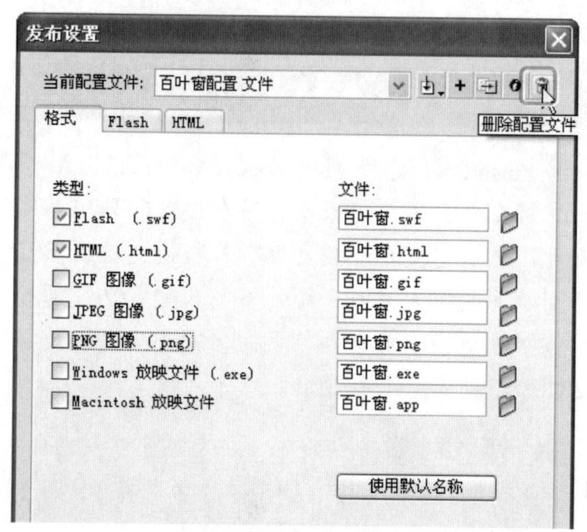

❿ 弹出 Adobe Flash CS4 对话框，询问是否要删除选择的配置文件，单击【确定】按钮即可，如下图所示。

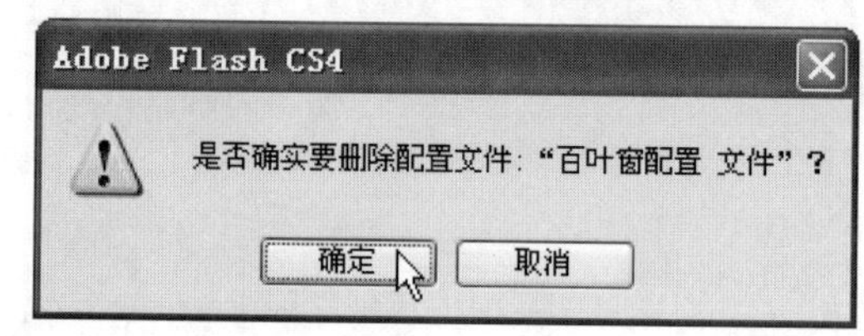

⓫ 若要导出配置文件，可以在【当前配置文件】下拉列表框中选择要导出的配置文件，然后单击【导入/导出配置文件】按钮，并从打开的下拉列表中选择【导出】命令，如下图所示。

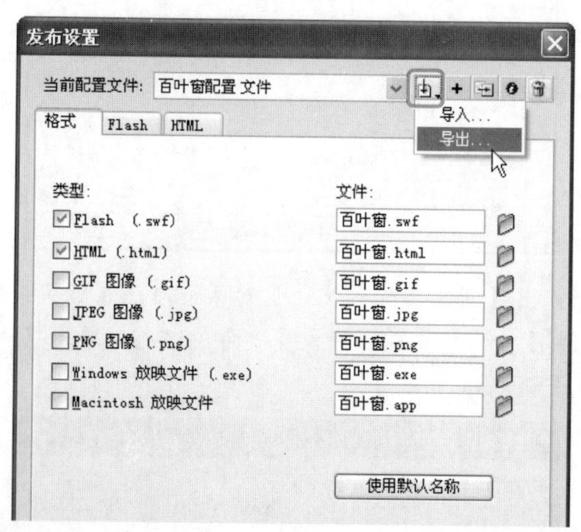

⓬ 弹出【导出配置文件】对话框，选择配置文件的保

由于计算机在保存矢量图时，只需要记录图形的边线位置和边线之间的颜色两种信息，而图形的显示尺寸可以进行无级限缩放，所以在对矢量图进行缩放时，不会影响图形的显示精度和效果。

存位置，并在【文件名】文本框中输入新的文件名称，最后单击【保存】按钮，如下图所示。

提示

如果用户要在其他 Flash 文件中使用导出的配置文件，可以先打开该文件的【发布配置】对话框，然后单击【导入/导出配置文件】按钮，并从弹出的下拉列表中选择【导入】命令。接着在弹出的【导入配置文件】对话框中选择要使用的配置文件，再单击【打开】按钮即可，如下图所示。

13 设置完毕后，返回到【发布设置】对话框，单击【确定】按钮，保存设置即可。

10.4.2　预览发布格式和设置

在发布动画作品之前，用户可以通过预览功能来查看要发布文件的格式和设置。具体操作步骤如下。

操作步骤

1 在 Flash CS4 程序窗口中，选择菜单栏中的【文件】|【发布预览】命令，接着从级联菜单中选择要预览的文件格式，例如选择 HTML 选项，如下图所示。

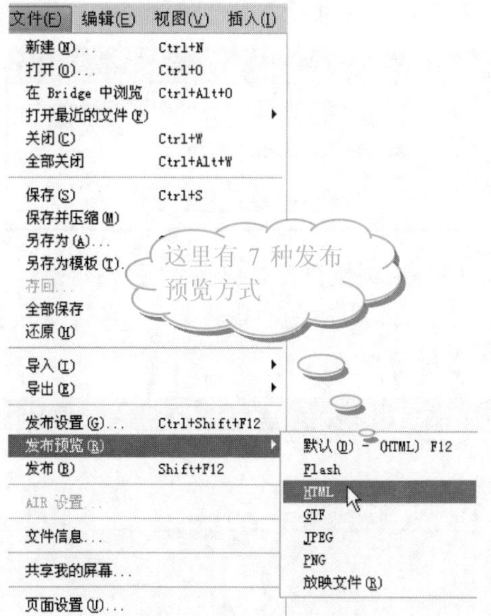

注意

在选择【发布预览】命令后，Flash CS4 程序将根据在【发布设置】对话框中设置的文件格式，在 FLA 文件所在处创建对应类型的文件。在覆盖或删除这些文件之前，它们会一直保留在此位置上。

2 弹出【正在发布】对话框，如下图所示。此时，用户只需耐心等待两秒钟，Flash CS4 就会自动导出动画文件以供预览。

3 文件导出完成后，用户可以右击地址栏下方的提示框，从弹出的快捷菜单中选择【允许阻止的内容】命令，如下图所示。

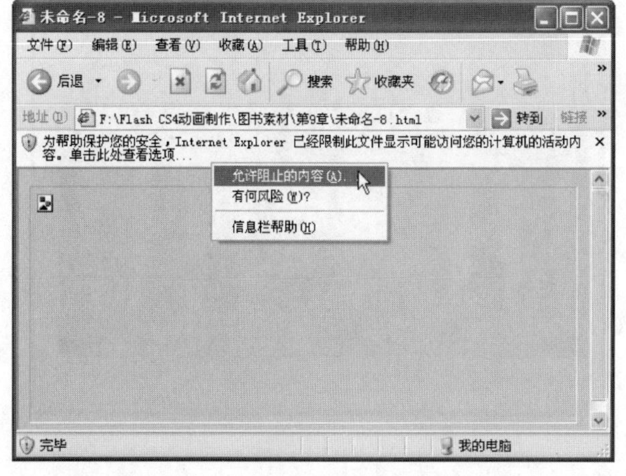

学以致用系列丛书

长见识：若要在发布 SWF 文件之前测试 SWF 文件的运行情况，请使用【测试影片】和【测试场景】命令，这两个命令都在【控制】级联菜单中。

❹ 弹出【安全警告】对话框，提示是否继续运行该文件。这里，单击【是】按钮继续操作，如下图所示。

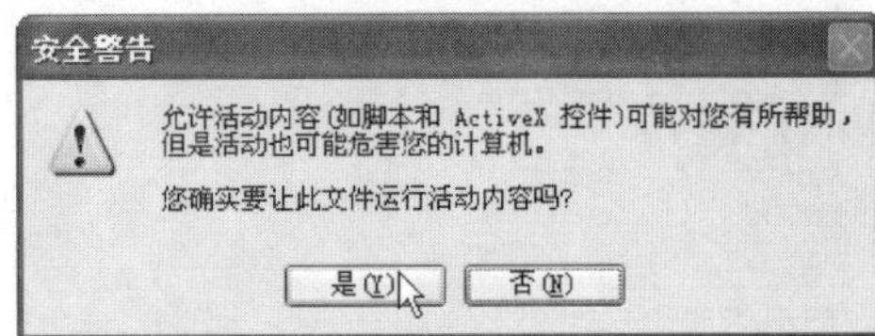

❺ 然后将会在浏览器窗口中显示出动画内容，在窗口空白处右击，从弹出的快捷菜单选择【播放】命令，如下图所示。

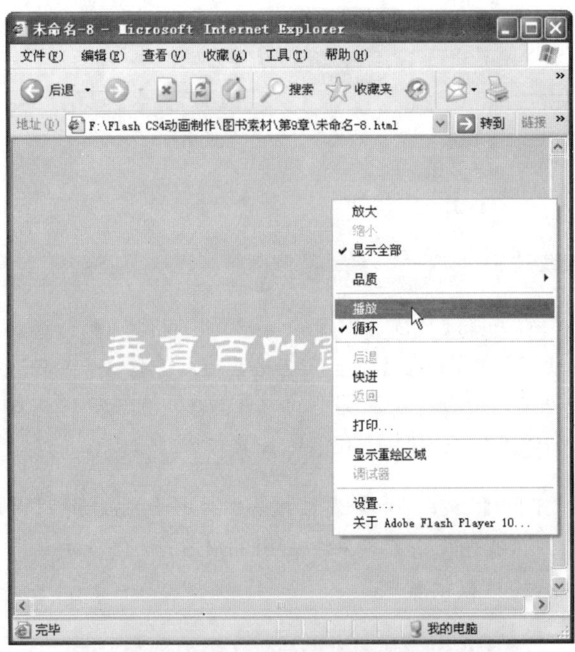

❻ 这时即可在浏览器中欣赏动画效果了，如下图所示。

10.4.3 动画的发布

若用户对预览的效果满意，就可以发布动画文件了。用户只需要在 Flash CS4 窗口中选择【文件】|【发布】命令即可发布动画，如下图所示。

10.5 思考与练习

选择题

1. 下面能够精简 Flash 文件体积的是________。
   A. 减少使用特殊线型
   B. 减少使用图层
   C. 减少导入图片或音乐文件
   D. 减少使用逐帧动画
2. 可以导出影片的方法有________。
   A. 选择【文件】|【发布预览】命令
   B. 选择【控制】|【测试影片】命令
   C. 选择【文件】|【发布】命令
   D. 按 Ctrl+Shift 组合键

操作题

1. 制作一个 Flash 动画，利用所学知识对动画进行优化处理，并对优化前后的文件大小和下载速率进行比较。

2. 对制作的 Flash 动画进行发布设置，然后浏览发布设置效果。

长见识 用户可以用以下方式播放导出的 SWF 文件：①在安装有 Flash Player 的 IE 浏览器中播放；②在 Authorware 中用 Flash Xtra 播放；③利用 Microsoft Office 和其他 ActiveX 主机中的 Flash ActiveX 控件播放；④作为 QuickTime 视频的一部分播放；⑤作为一种称为放映文件的独立应用程序播放。

第11章 制作课件

通过前面章节的学习，相信你一定对 Flash CS4 有了比较充分的认识。从本章开始，将介绍如何利用 Flash CS4 制作一些实用的实例。

学习要点

- 课件的制作
- 设置场景中的命名锚记
- 编辑快捷键
- 调用系统时间
- 对齐不同关键帧中的对象
- 制作鼠标跟随效果

学习目标

通过本章的学习，读者首先应掌握制作课件的方法，并且能够为课件添加一些丰富的播放效果；其次掌握如何设置场景锚记、调整元件的颜色和调用系统时间等一些技巧。

11.1 课件的制作

提到课件，可能多数人都会立刻想到微软公司的PowerPoint 软件。由于 PowerPoint 操作方便，因此受到了广大用户的青睐。其实，使用 Flash CS4 软件也可以制作课件。下面就来学习如何使用 Flash CS4 制作课件。

11.1.1 自制课件

课件的特点就是每一页中都有不同的内容需要展示。课件和之前介绍的动画有所区别，动画往往是通过连续播放时间轴上的每一帧产生动画效果，而课件往往是需要每一帧能够独立播放。那么在制作课件中必然会有一些处理技巧。

本实例制作的课件分为导航、第一章、第二章和第三章几个部分，下面将分别进行介绍。

1. 导航

操作步骤

1. 选择菜单栏中的【文件】|【新建】命令，打开【新建文档】对话框，选择【Flash 文件(ActionScript 2.0)】选项，并单击【确定】按钮，如下图所示。

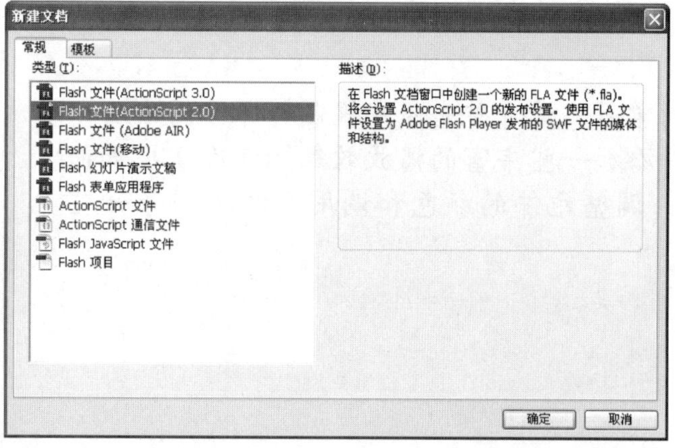

2. 在其【属性】面板中，单击【属性】选项组中的【编辑】按钮，如下图所示。

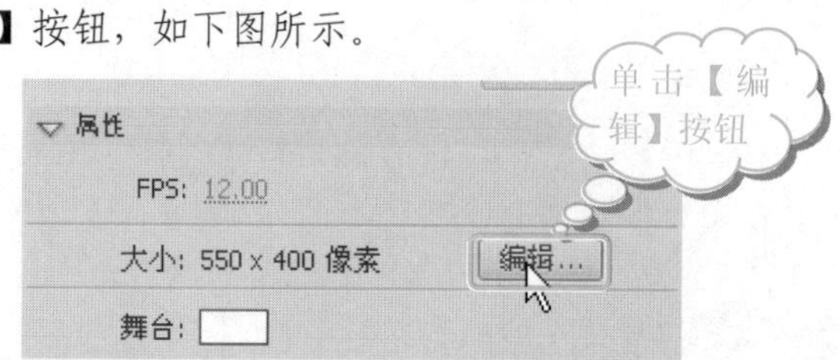

3. 打开【文档属性】对话框，设置文档的【背景颜色】为淡紫色(#9999FF)，并保持其他的参数值为默认，再单击【确定】按钮，如下图所示。

4. 选择菜单栏中的【窗口】|【其他面板】|【场景】命令，如下图所示。

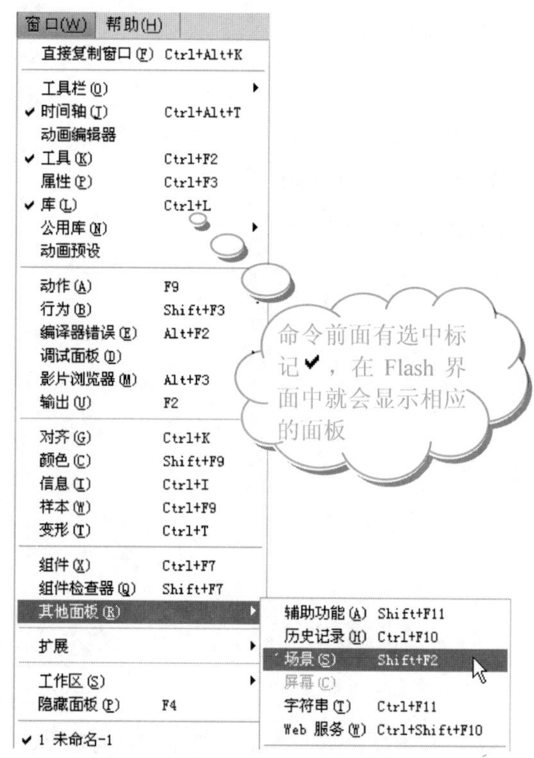

5. 打开【场景】面板，单击【添加场景】按钮，如下图所示。

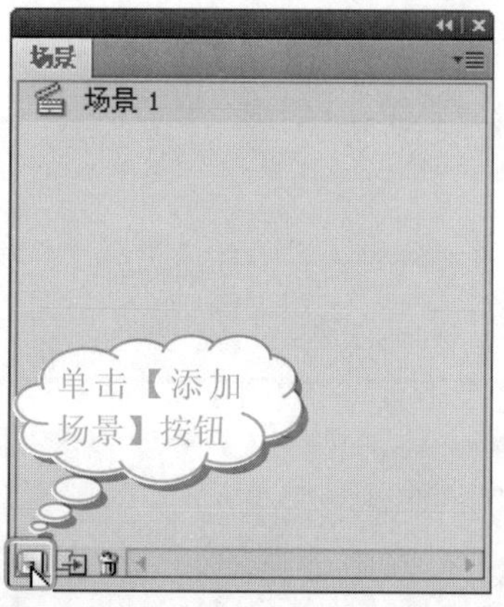

学以致用系列丛书

长知识：在使用场景时，不需要管理大量的 FLA 文件，因为每个场景都包含在单个 FLA 文件中。

❻ 这样，在【场景】面板中就创建了一个“场景 2”场景。然后再单击两次【添加场景】按钮，分别创建“场景 3”和“场景 4”，如下图所示。

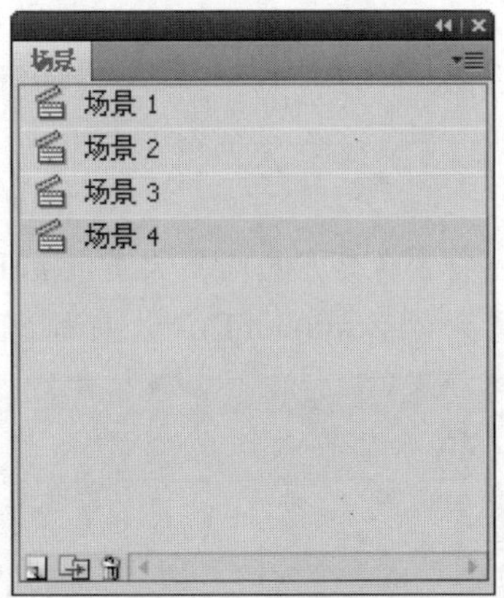

❼ 双击每个场景的名称，根据课件的内容输入相应的名称，并按 Enter 键或者在【场景】面板的其他位置单击以确认重命名，如下图所示。

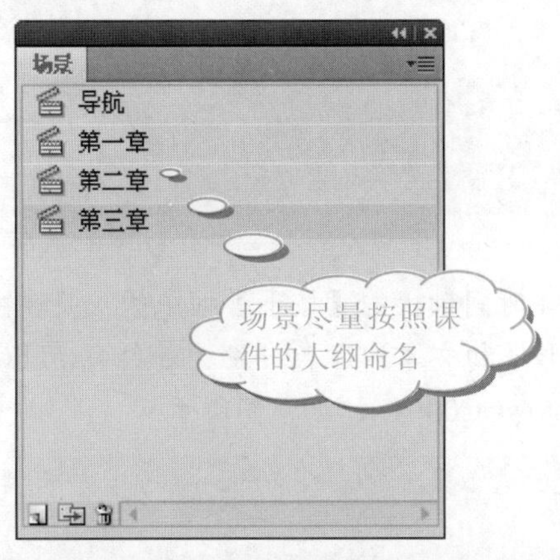

提示

如果要删除场景，只要在要删除的场景名称上单击以选中，再单击【删除场景】按钮。弹出 Adobe Flash CS4 对话框后，单击【确定】按钮即可，如下图所示。

如果确定要删除场景而并不想弹出提示对话框，可以在选中需要删除的场景后，按住 Ctrl 键的同时单击【删除场景】按钮。

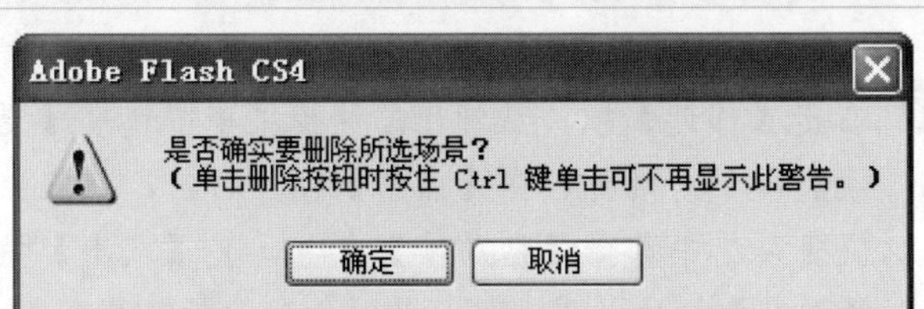

❽ 选择【场景】面板中的【导航】选项，进入导航场景，如下图所示。

❾ 在时间轴上双击图层 1 的名称，重新命名为“模板”，如下图所示。

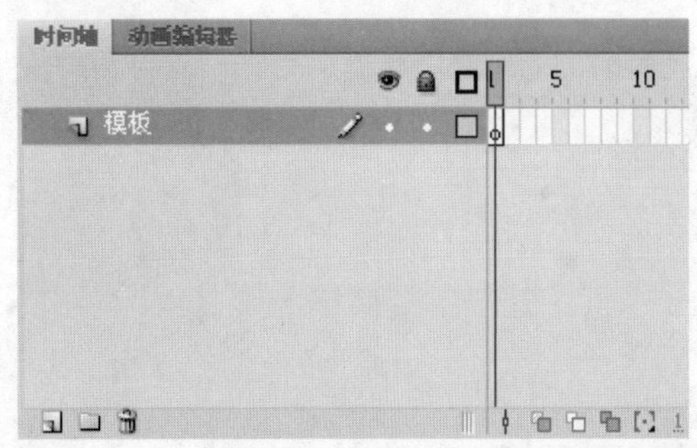

❿ 此时用户可以根据自己的喜好制作出课件的界面。这里，单击工具箱中的【矩形工具】按钮，设置【笔触颜色】为【无】，【填充颜色】为白色，在舞台的适当位置添加一条白色的直线，对舞台区域进行简单划分，如下图所示。

⓫ 选择菜单栏中的【插入】|【新建元件】命令(或者按 Ctrl+F8 组合键)，打开【创建新元件】对话框。在【名

使用场景类似于使用几个 FLA 文件一起创建一个较大的演示文稿。每个场景都有一个时间轴，文档中的帧都是按场景顺序连续编号的。例如，如果文档包含两个场景，每个场景有 10 帧，则场景 2 中的帧的编号为 11 到 20。

称】文本框中输入“第一章”，在【类型】下拉列表框中选择【按钮】选项，并单击【确定】按钮，如下图所示。

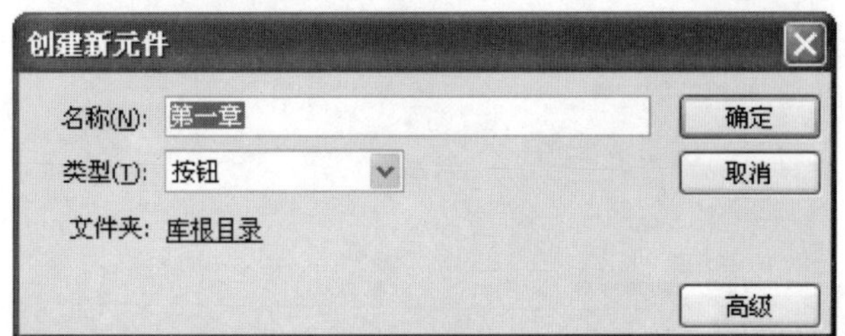

⑫ 单击工具箱中的【矩形工具】按钮，设置【笔触颜色】为【无】，【填充颜色】为白色，在舞台上绘制一个白色的矩形按钮，如下图所示。

⑬ 单击工具箱中的【文本工具】按钮T，设置【颜色】为绿色(#99FF32)，【大小】为50.0点，在矩形框中输入“第一章”，如下图所示。

⑭ 在时间轴上右击【指针经过】帧，从弹出的快捷菜单中选择【插入关键帧】命令。此时的时间轴如下图所示。

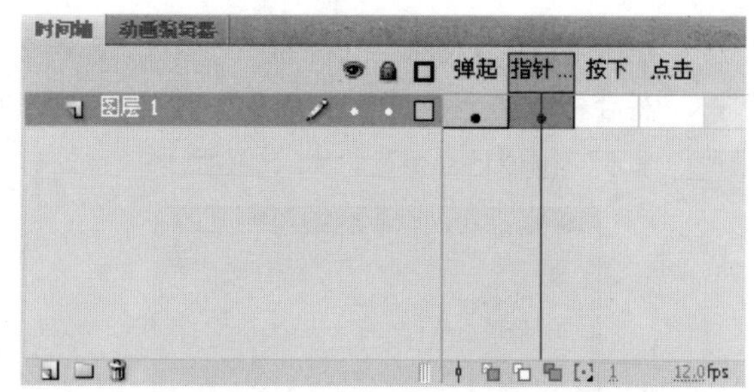

⑮ 在舞台上将白色矩形框设置为黄色(#FFFF00)，文本颜色设置为蓝色(#0000FF)，效果如下图所示。

⑯ 在时间轴上的【按下】帧中插入关键帧，并设置矩形框和文本的颜色分别为粉红色(#FFCDFF)和紫红色(#CC00CC)，如下图所示。

⑰ 右击【弹起】帧，从弹出的快捷菜单中选择【复制帧】命令。接着，在【点击】帧上右击，从弹出的快捷菜单中选择【粘贴帧】命令，使【点击】帧和【弹起】帧的效果一样。此时的时间轴如下图所示。

学以致用系列丛书

文档中的各个场景将按照【场景】面板中所列的顺序进行播放，当播放头到达一个场景的最后一帧时，将前进到下一个场景。

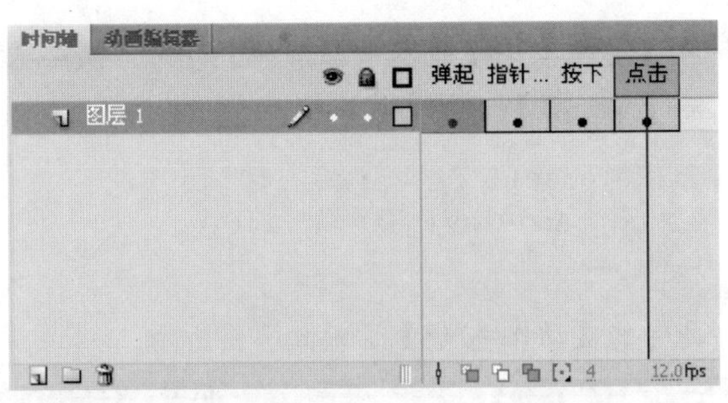

18 导航场景的主要作用是提供到其他场景的链接，因此可采用同样的方法制作出与“第一章”风格相似的两个按钮元件“第二章”和“第三章”。切换到【库】面板查看按钮元件，如下图所示。

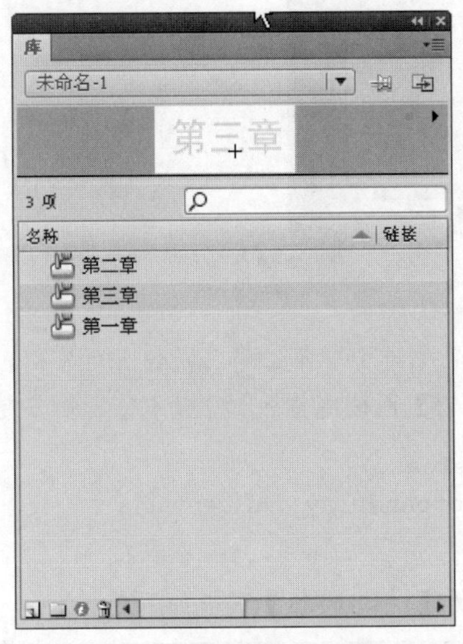

19 单击【返回场景】按钮，返回到【导航】场景。选择模板图层，在【库】面板中按住“第一章”按钮元件，将其拖动到【导航】场景中创建实例，如下图所示。

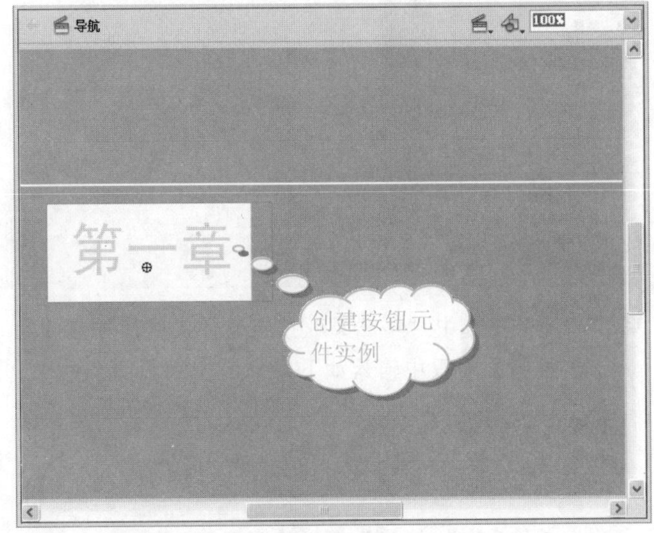

20 选择菜单栏中的【窗口】|【变形】命令(或按 Ctrl+T 组合键)，打开【变形】面板，在【缩放宽度】和【缩放高度】文本框中均输入 50.0，如下图所示。

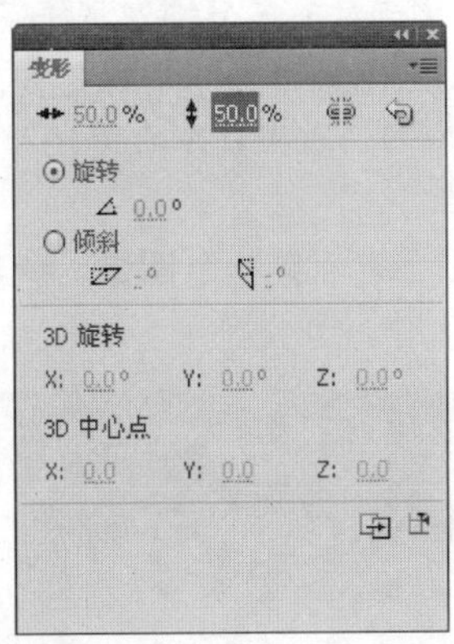

21 调整按钮元件的大小后，再将【库】面板中的其他两个按钮元件拖动到【导航】场景中创建实例，如下图所示。

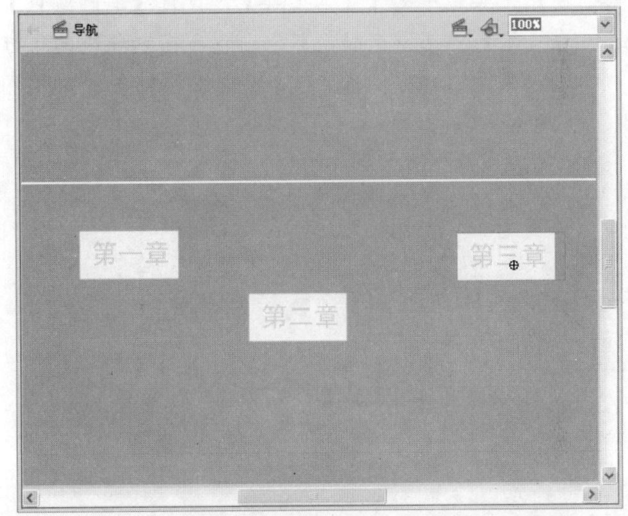

22 使用工具箱中的【选择工具】，逐个调整元件的位置使其对齐，如下图所示。

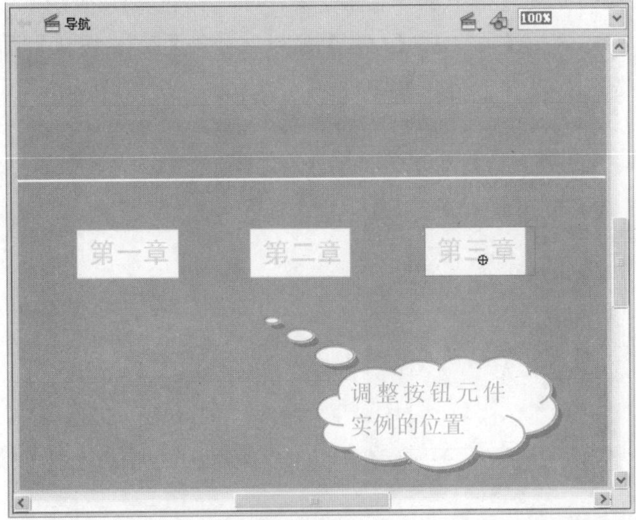

发布 SWF 文件时，每个场景的时间轴会合并为 SWF 文件中的一个时间轴。将该 SWF 文件编译后，其行为方式与使用一个场景创建的 FLA 文件相同。

提示

如果想要快速对齐三个按钮元件实例，可以使用【对齐】面板进行操作，详细操作方法可参考本章11.2.4小节的内容，这里就不再赘述。

23 在模板图层上方新建一个图层，命名为“标题”，如下图所示。

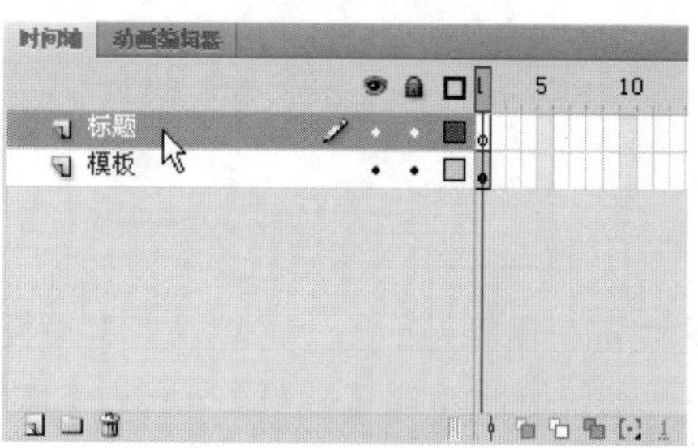

24 使用工具箱中的【文本工具】，设置【笔触颜色】为【无】，【填充颜色】为白色，在划分线的上方输入课件的名称。【导航】场景的最终效果如下图所示。

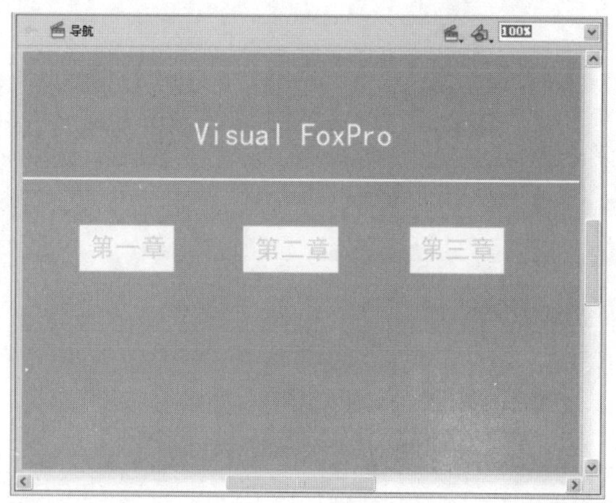

25 单击【导航】场景上“第一章”按钮元件的实例，选择【窗口】|【动作】命令，打开【动作-按钮】面板，如下图所示。

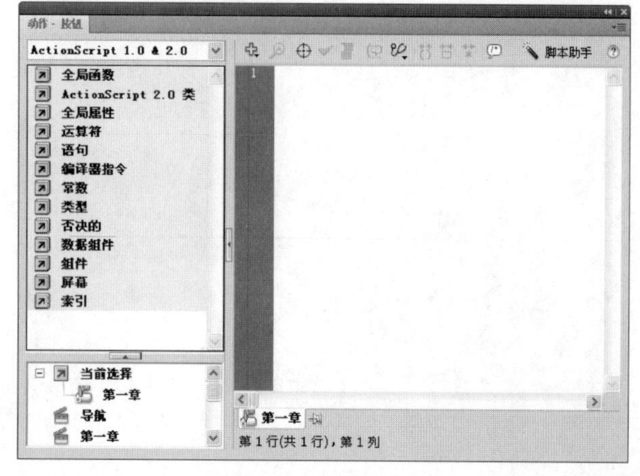

26 在【动作-按钮】面板中添加如下语句，以实现跳转到【第一章】场景的第一帧。

```
on(release){
    gotoAndPlay("第一章",1);
}
```

此时的【动作-按钮】面板如下图所示。

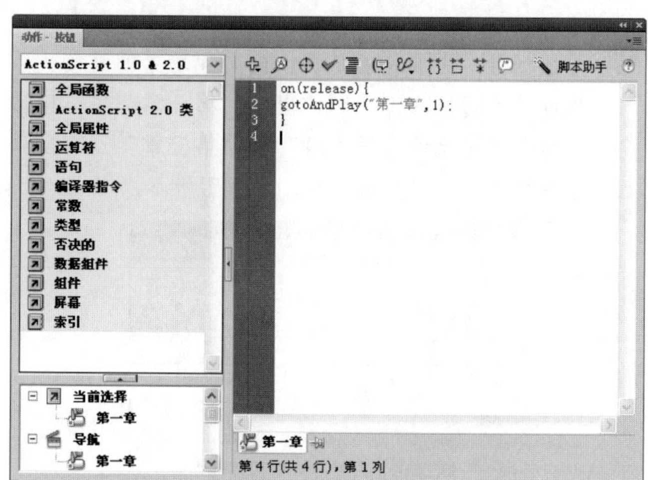

27 在场景中选中“第二章”按钮元件实例，并在【动作-按钮】面板中输入如下语句。

```
on(release){
    gotoAndPlay("第二章",1);
}
```

此时的【动作-按钮】面板如下图所示。

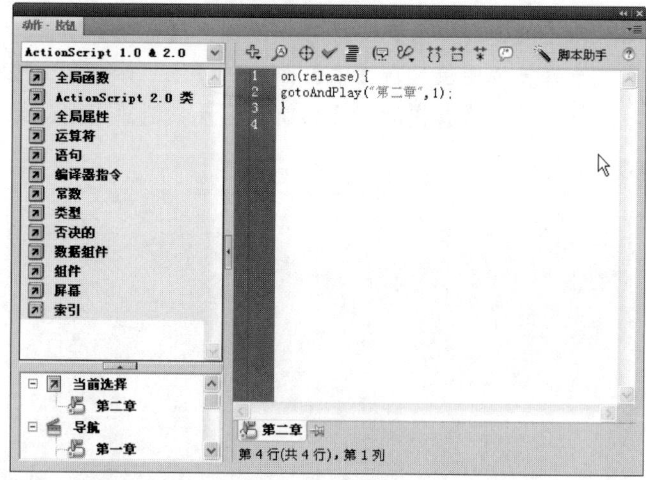

28 在场景中选中“第三章”按钮元件实例，并在【动作-按钮】面板中输入如下语句。

```
on(release){
    gotoAndPlay("第三章",1)
}
```

此时的【动作-按钮】面板如下图所示。

长见识：场景会使文档的编辑变得混乱，尤其是在多作者环境中。任何使用该FLA文档的人员可能都需要在一个FLA文件内搜索多个场景来查找代码和资源。此时，需要考虑改为加载外部SWF内容或使用影片剪辑。

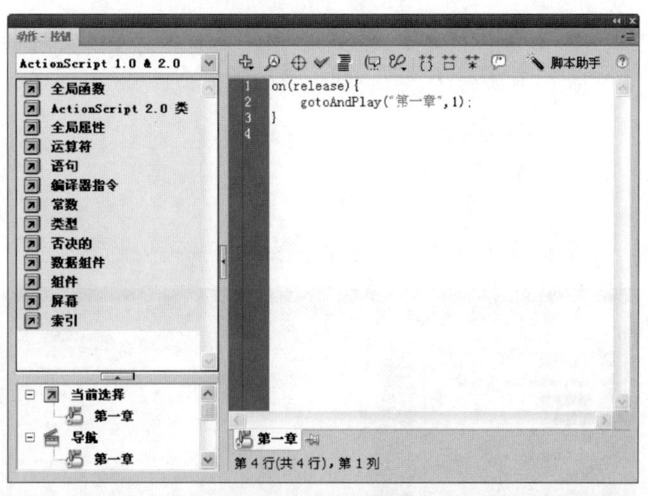

2．第一章

制作完成导航课件后，下面先来制作第一章课件的内容，具体操作步骤如下。

操作步骤

❶ 选择【窗口】|【其他面板】|【场景】命令，打开【场景】面板，选择【第一章】选项，如下图所示。

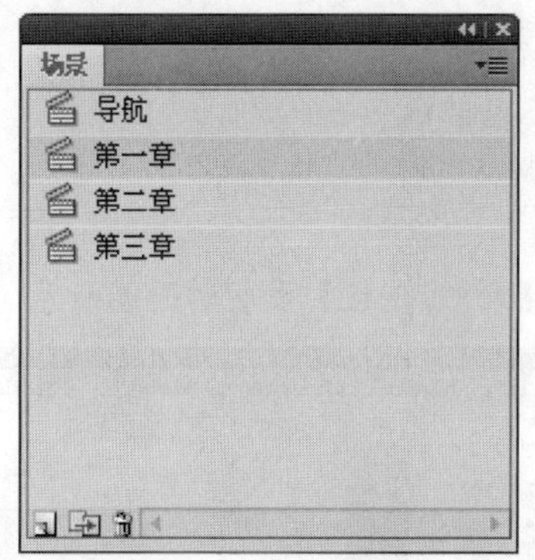

❷ 进入【第一章】场景编辑状态，如下图所示。

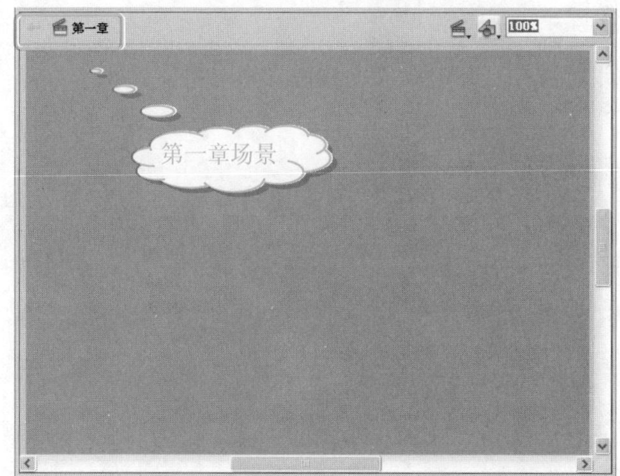

❸ 在时间轴上选择“图层1”，将其重命名为“模板”，如下图所示。

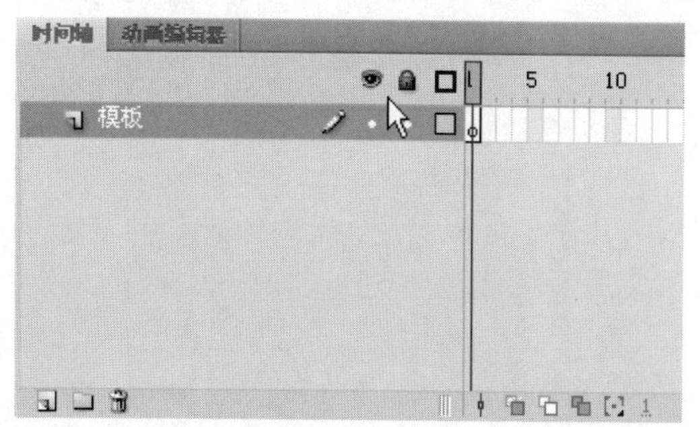

❹ 在【库】面板中，将按钮元件实例“第二章”和“第三章”拖动到【第一章】场景中，并调整实例的大小和位置，效果如下图所示。

❺ 使用工具箱中的【矩形工具】按钮，在相应的位置拖出一条白色分割线，如下图所示。

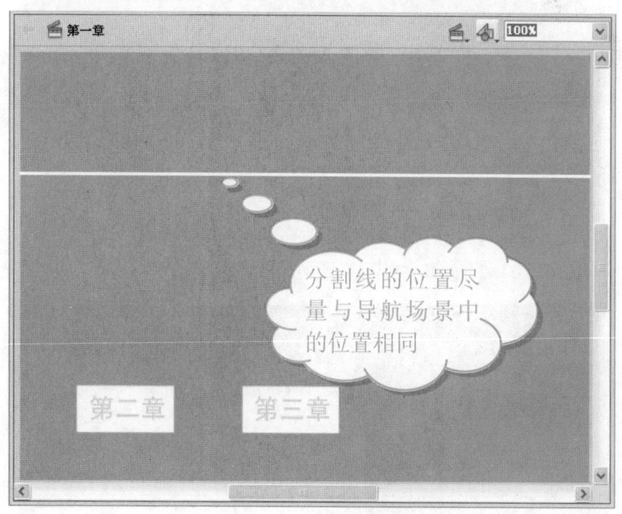

❻ 在【第一章】场景中，如果想要提供到【第二章】、【第三章】和【导航】的链接，并在播放的时候可以通过按钮实现上一页、下一页播放的控制，则可以在模板图层中创建如下图所示的按钮元件(按钮的具体创建方法不再赘述)。

场景将强迫用户连续下载整个SWF文件，即使用户不愿或不想观看全部文件。如果不使用场景，则用户可以在浏览SWF文件的过程中控制想要下载的内容。

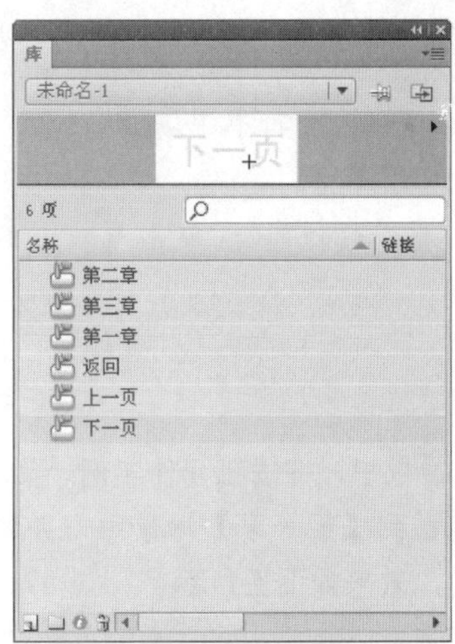

❼ 将新创建的按钮元件拖动到【第一章】场景中，创建实例。调整实例的大小和位置后，得到的效果如下图所示。

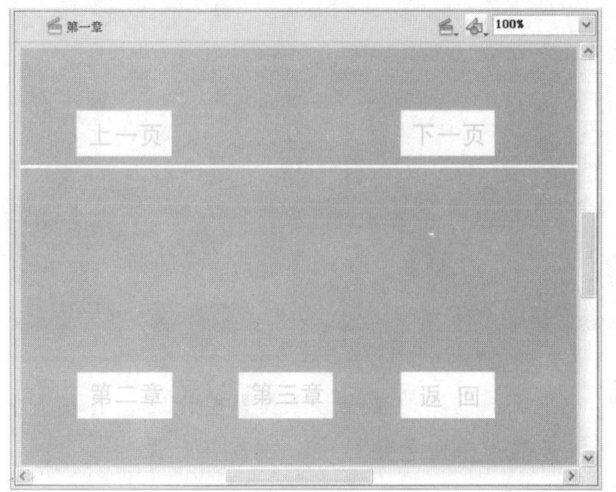

❽ 打开【动作-按钮】面板，为“返回”按钮实例添加如下语句。

```
on(release){
    gotoAndPlay("导航",1);
}
```

此时的【动作-按钮】面板如下图所示。

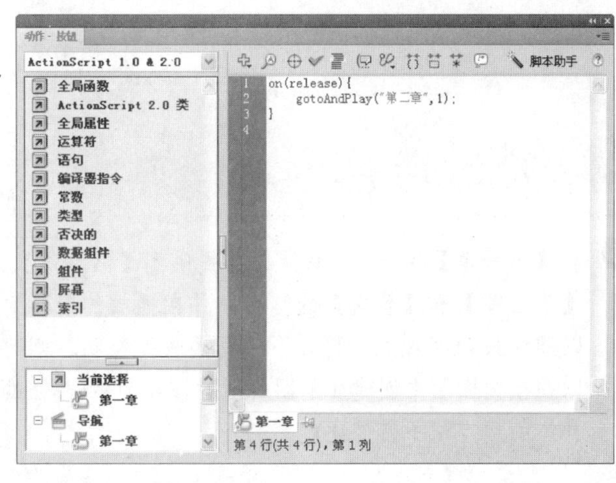

❾ 在【动作-按钮】面板中，为“上一页”按钮实例添加如下语句。

```
on(release){
    prevFrame();
}
```

此时的【动作-按钮】面板如下图所示。

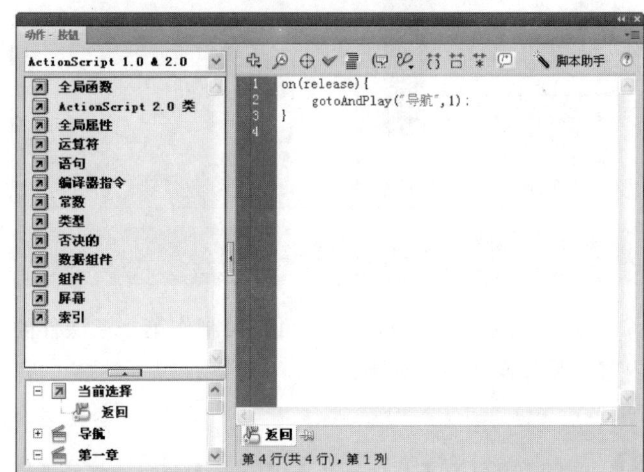

❿ 在【动作-按钮】面板中，为“下一页”按钮实例添加如下语句。

```
on(release,keyPress " "){
    play();
}
```

此时的【动作-按钮】面板如下图所示。

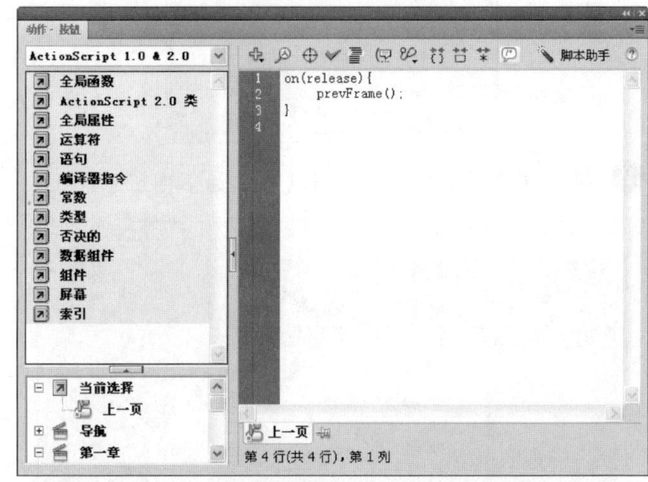

使用如上语句链接“下一页”的动作时，可以实现按键盘上的空格键，即进入下一页的操作。

⓫ 在模板上方新建“图层 2”，如下图所示。

与 ActionScript 结合的场景可能会产生意外的结果。因为每个场景的时间轴都压缩至一个时间轴，所以可能会遇到涉及 ActionScript 和场景的错误，这通常需要进行额外的复杂调试。

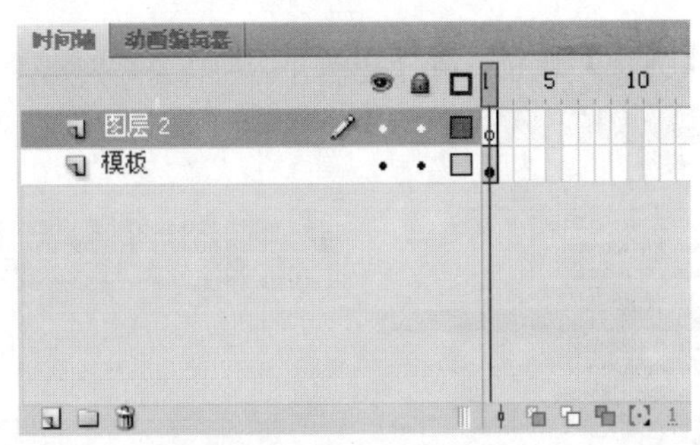

⑫ 在图层 2 制作课件的内容。单击工具箱中的【文本工具】按钮T，设置【颜色】为绿色(#CDFFCD)，在舞台上输入文字，如下图所示。

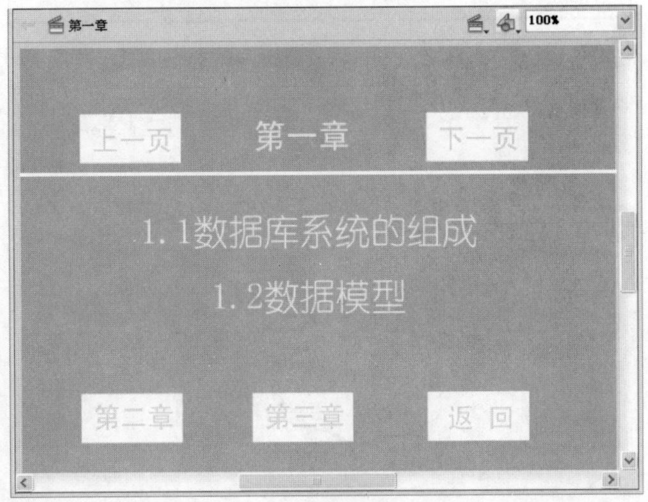

⑬ 按 Ctrl+Enter 组合键，测试课件播放的效果。用户会发现课件会快速地播放，用户可能还没看清当前页的内容，就播放到下一页了，如下图所示。

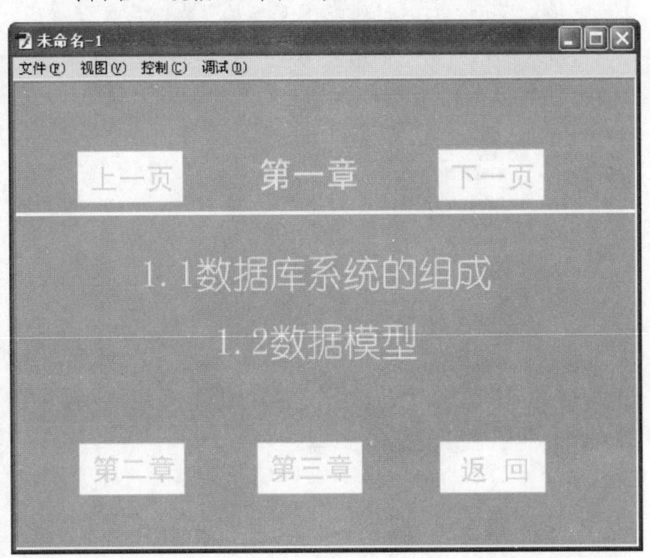

⑭ 这时，就需要为图层 2 的每一帧加入 "stop();" 语句。在时间轴上选中图层 2 中的第 1 帧，如下图所示。

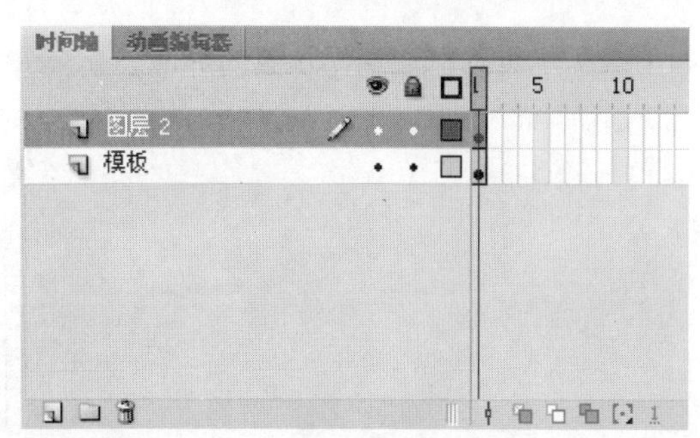

⑮ 按 F9 键，打开【动作-按钮】面板，添加 "stop();" 语句，如下图所示。

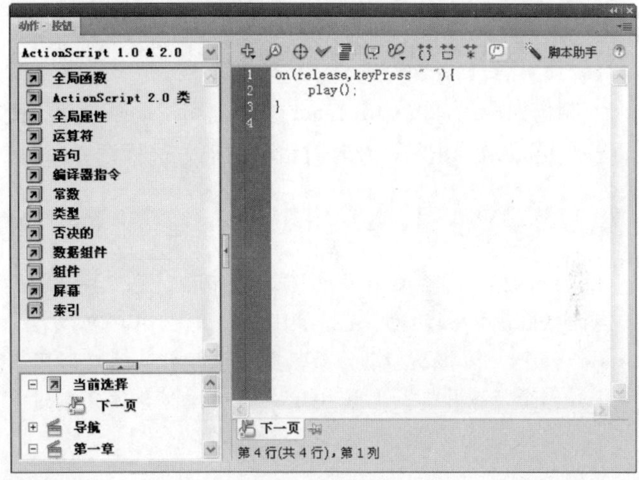

⑯ 此时，【第一章】场景就制作完成了，而且播放动画时，也不会出现闪烁现象。

3. 第二章和第三章

因为本课件主要是基础知识介绍，所以制作得相对简单些，用户可以根据实际的需要，参考前面介绍的知识在课件中导入一些图片、视频等。

下面只要参照【第一章】场景的制作方法，分别制作出【第二章】和【第三章】场景即可。如下图所示为【第二章】场景的界面。

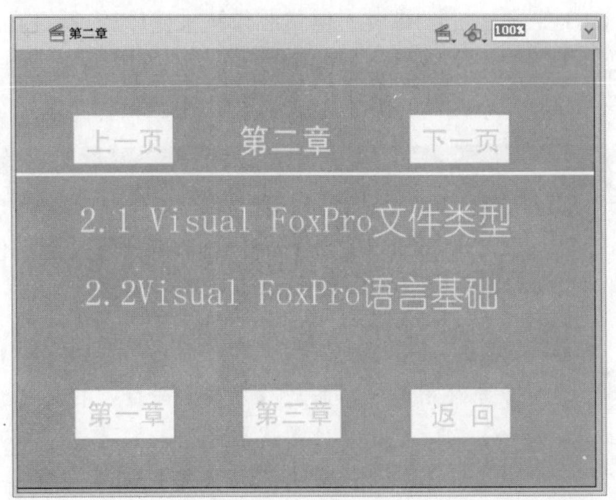

使用【动作】面板可以创建和编辑对象或帧的 ActionScript 代码。选择帧、按钮或影片剪辑实例可以激活【动作】面板。根据选择的内容，【动作】面板的标题也会变为按钮动作、影片剪辑动作或帧动作。

长见识

如下图所示为“第三章”场景的界面。

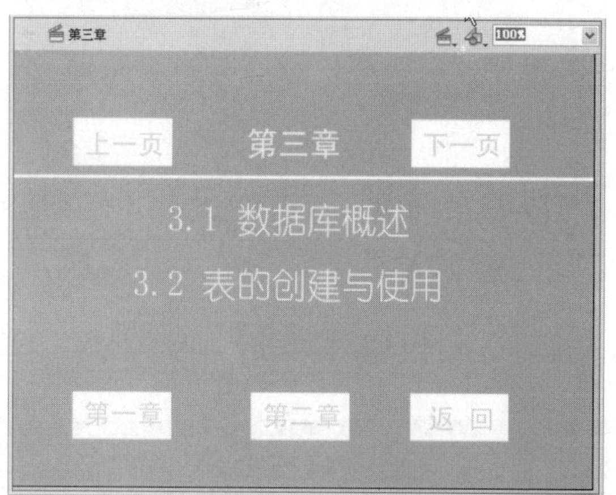

制作完成后，按 Ctrl+Enter 组合键测试动画效果，检查各个链接是否正常，及时对错误的地方进行调整即可。

技巧

在本例中，按钮在每个场景中都用到了，并且相同的按钮所添加的动作也是相同的。那么用户可以在制作一个按钮并添加动作后，复制该按钮，然后粘贴到另一个场景中，此时该按钮中的动作也会被复制过来，无须再重新输入，从而简化了操作。

注意

在完成每页课件的制作后，一定要在【动作】面板中添加“stop();”语句，否则课件就会出错，或者无法正常浏览。

11.1.2 使用 Flash CS4 自带功能制作课件

自制课件为用户提供了很大的创作空间，用户可以自由地设计自己的课件，但是制作起来比较繁琐。Flash CS4 为用户提供了类似于 PowerPoint 制作幻灯片的功能，利用该功能，用户可以轻松地制作出各种课件。

1. 制作课件内容

下面就来介绍如何使用 Flash CS4 的自带功能制作课件。

操作步骤

1 选择菜单栏中的【文件】|【新建】命令，打开【新建文档】对话框。在【常规】选项卡的【类型】列表框中选择【Flash 幻灯片演示文稿】选项，并单击【确定】按钮，如下图所示。

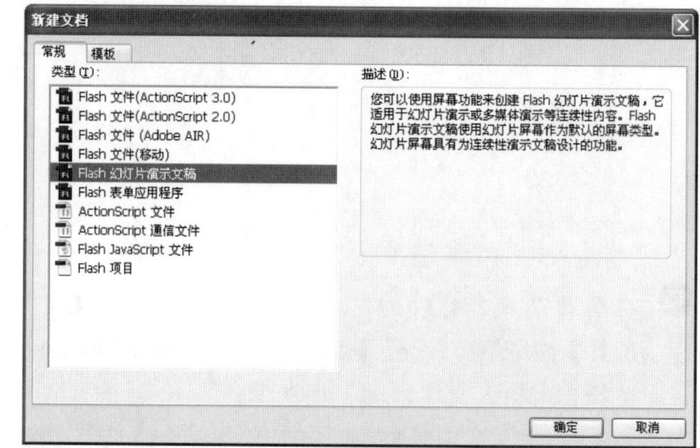

2 创建的 Flash 幻灯片演示文稿如下图所示。

提示

Flash 幻灯片演示文稿窗口分为两部分：左侧是屏幕窗格，显示幻灯片的缩略图和结构；右侧是舞台，显示幻灯片的内容。如果用户想关闭屏幕窗格，可以选择【窗口】|【其他面板】|【屏幕】命令，如下图所示。

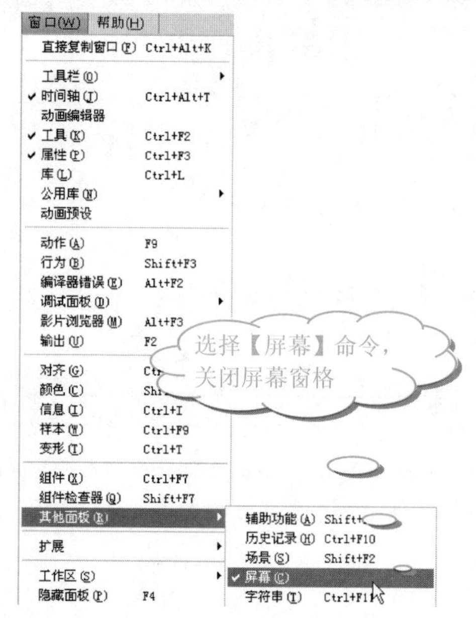

长见识 使用影片浏览器可以查看和组织文档的内容，并在文档中选择元素进行修改。它包含当前使用的元素的显示列表，该列表显示为一个可导航的分层结构树。

❸ 幻灯片也称为“屏幕”，可层层嵌套，即下面的屏幕继承上面屏幕的内容。首先，重命名“演示文稿”幻灯片为“模板”，如下图所示。

❹ 在右窗格中右击，从弹出的快捷菜单中选择【文档属性】命令，如下图所示。

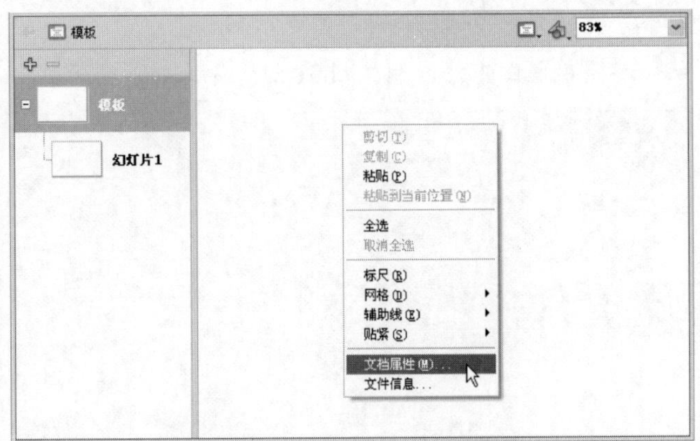

❺ 在弹出的【文档属性】对话框中设置【背景颜色】为紫色(#9999FF)，保持其他参数值不变，并单击【确定】按钮，如下图所示。

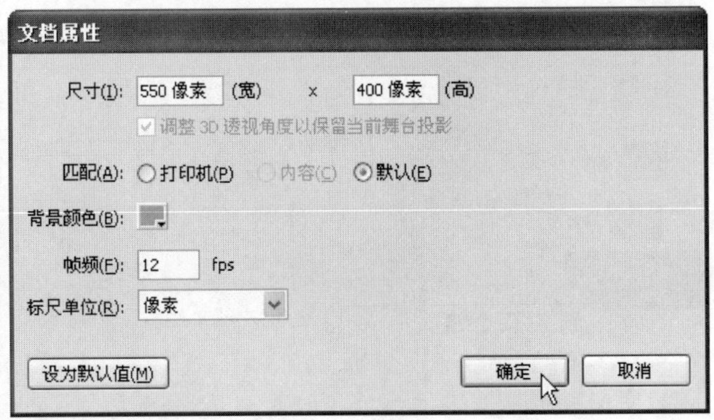

❻ 单击工具箱中的【矩形工具】按钮，在文档的适当位置添加一条划分线，如下图所示。

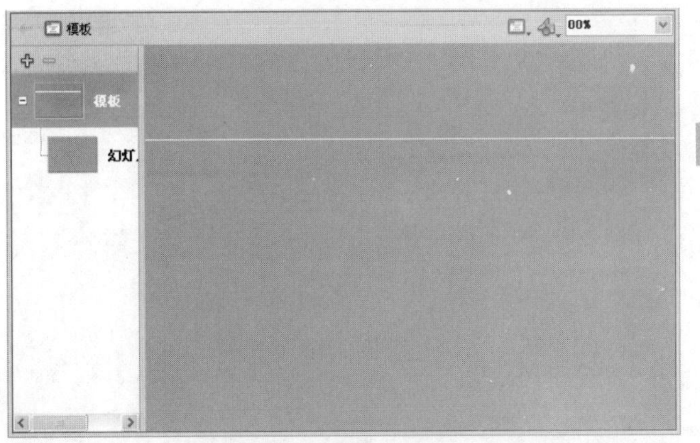

❼ 选中【幻灯片1】，将其重命名为“导航”。此时用户可以发现，这张幻灯片继承了顶层【模板】幻灯片的界面，但原来【模板】中的对象均为不可编辑状态，如下图所示。

❽ 按照11.1.1节的方法，制作出不同的按钮元件，如下图所示。

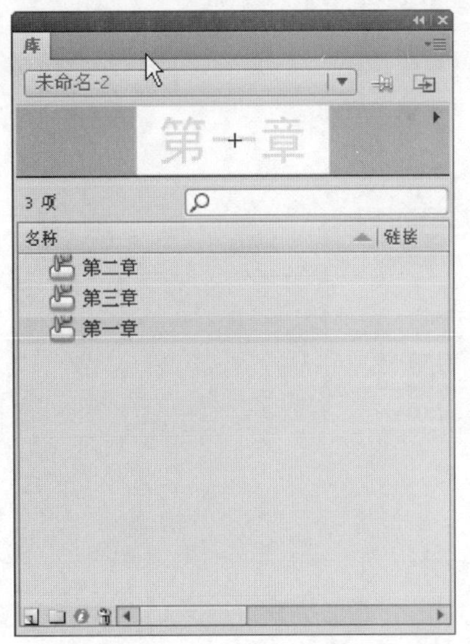

❾ 将按钮元件拖动到【导航】幻灯片中，创建3个实例，如下图所示。

使用屏幕可以在 Adobe Flash CS4 中轻松地创建演示文稿、幻灯片放映和基于幻灯片的其他内容。Flash 中的屏幕功能不支持 ActionScript 3.0。若要使用屏幕，必须使用基于 ActionScript 2.0 的 FLA 文件进行启动。

长见识

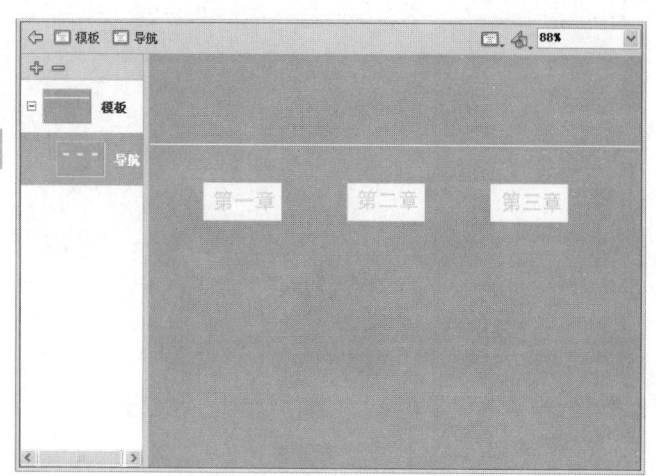

10 使用工具箱中的【文本工具】T输入文字，如下图所示。

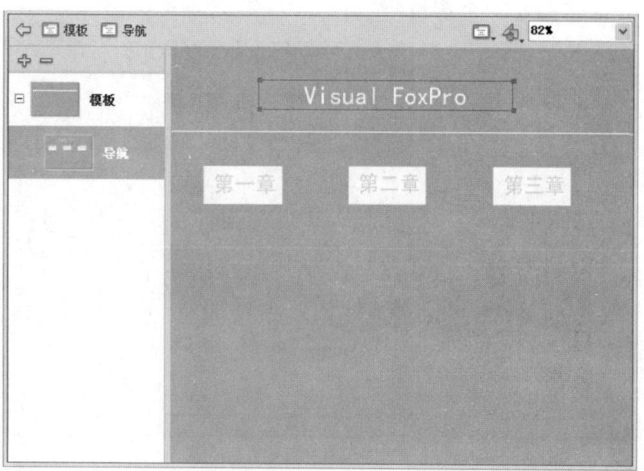

11 右击【导航】幻灯片，从弹出的快捷菜单中选择【插入屏幕】命令，如下图所示。

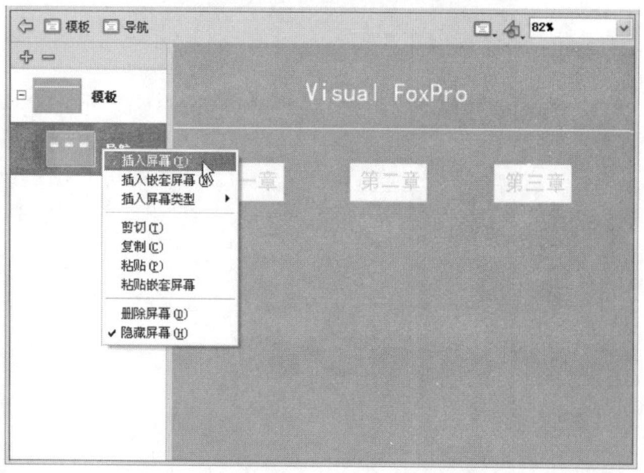

12 这样，就在【导航】幻灯片的下方新建了一个幻灯片。然后，将新插入的“幻灯片 2”更名为“ch01”，如下图所示。

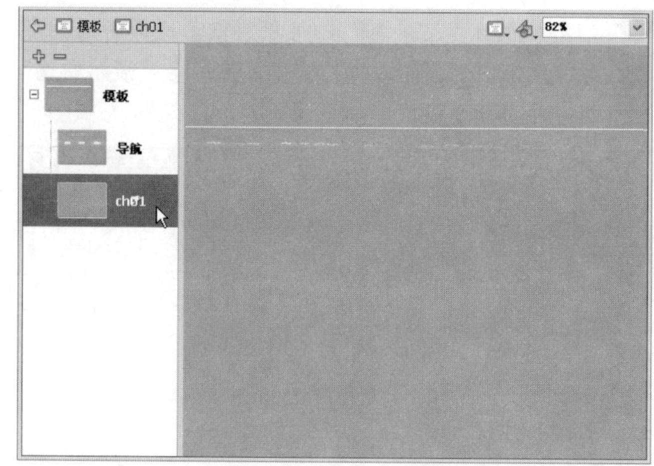

提示

单击屏幕窗格和幻灯片的内容窗格中间的分割线，当鼠标指针变成⟺形状时，向左或向右拖动，即可更改两个窗格的显示比例。

13 参照前面的方法，制作 ch01 幻灯片，如下图所示。

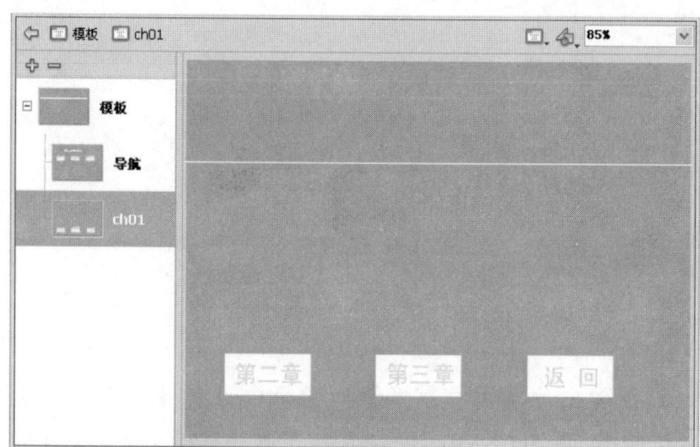

14 右击 ch01 幻灯片，从弹出的快捷菜单中选择【插入嵌套屏幕】命令，如下图所示。

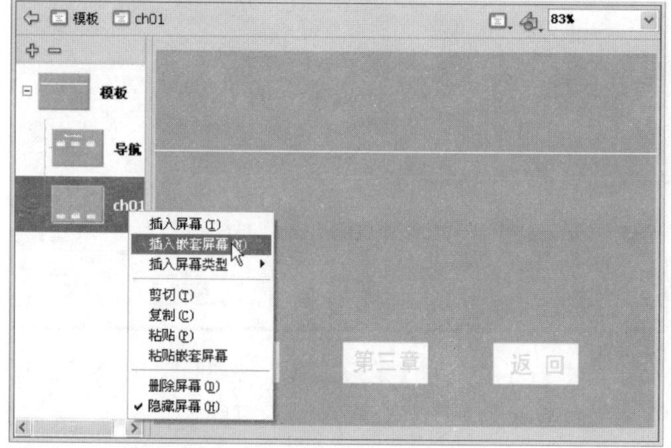

15 该幻灯片将继承 ch01 幻灯片上所有的对象，如下图所示。

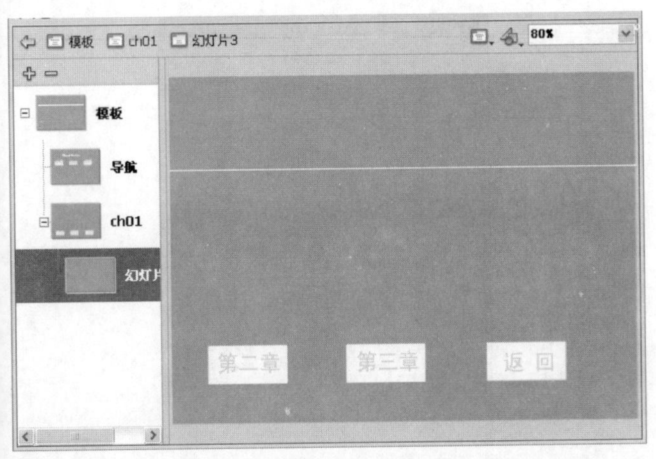

16 在该页中输入相应课件的内容，如下图所示。

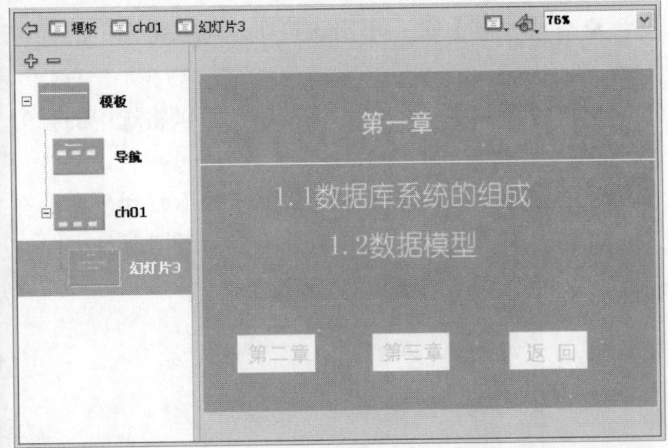

17 右击【幻灯片 3】，从弹出的快捷菜单中选择【插入屏幕】命令，插入一张新的幻灯片。在该幻灯片中继续输入相应内容，充实课件，如下图所示。

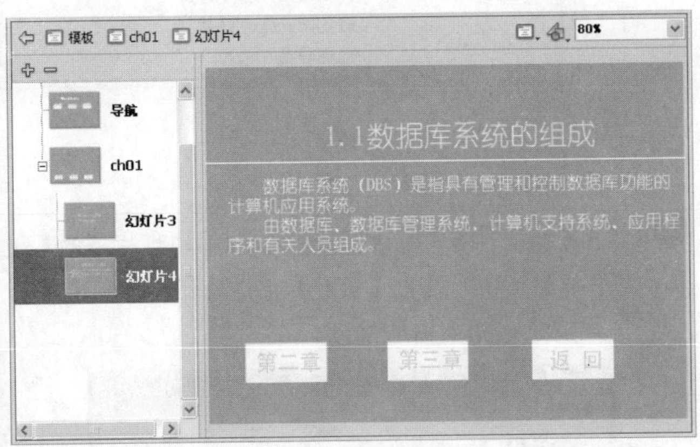

18 重复步骤 17 的操作，直到将 ch01 中的内容制作完毕为止。

19 右击 ch01 幻灯片，从弹出的快捷菜单中选择【插入屏幕】命令，将会创建一个兄弟幻灯片，将其更名为“ch02”，并在该幻灯片中插入相应的按钮，如下图所示。

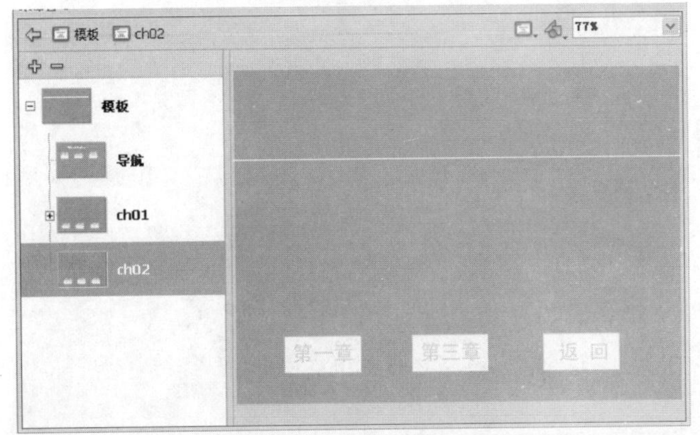

20 参照上面的方法，制作第二章和第三章中的内容，完成整个课件的内容制作，如下图所示。

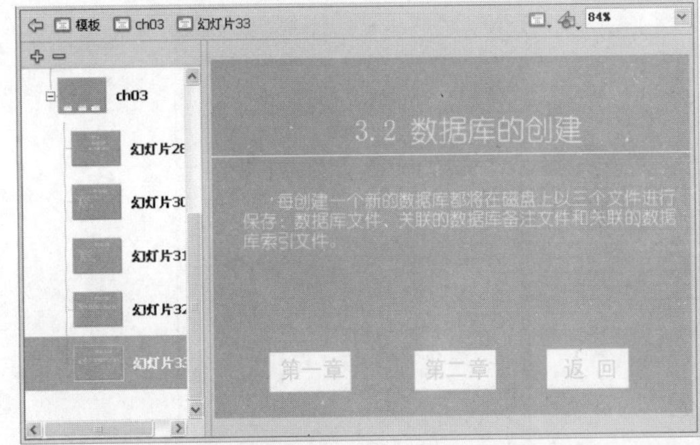

提示

【模板】幻灯片有 4 个子项目(导航、ch01、ch02 和 ch03 幻灯片)和多个孙项目(幻灯片 3、幻灯片 5 等)。其中，导航、ch01、ch02 和 ch03 幻灯片互为兄弟项目，幻灯片 3 和幻灯片 5 也互为兄弟项目。而导航、ch01、ch02 和 ch03 幻灯片则是幻灯片 3 和幻灯片 5 的父项目；反之，幻灯片 3 和幻灯片 5 称为导航、ch01、ch02 和 ch03 幻灯片的子项目。

2. 创建按钮链接

至此，课件基本制作完成。但是细心的用户会发现，所有的按钮都没有实现任何链接功能，所以下面就来为这些按钮创建链接功能。

操作步骤

1 在屏幕窗格中选中【导航】幻灯片，使用工具箱中的【选择工具】选中【第一章】按钮，如下图所示。

在创作基于屏幕的文档时，屏幕排列在创建的结构化层次结构中。要创建文档的结构，可在分支树中嵌套屏幕，轻松地预览和修改基于屏幕的文档的结构。

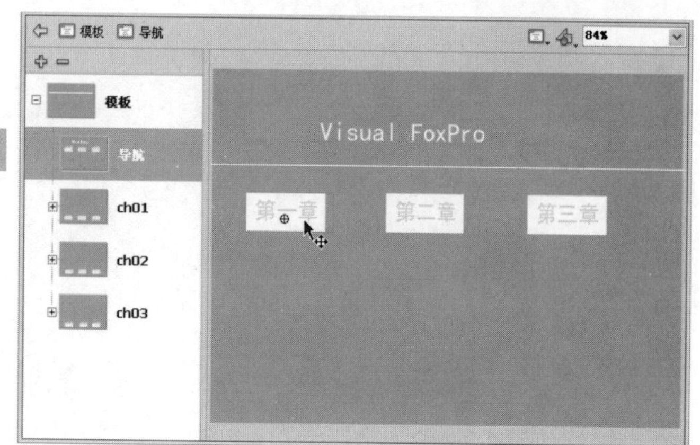

❷ 选择菜单栏中的【窗口】|【行为】命令(或者按 Shift+F3 组合键)，可以打开【行为】面板，如下图所示。

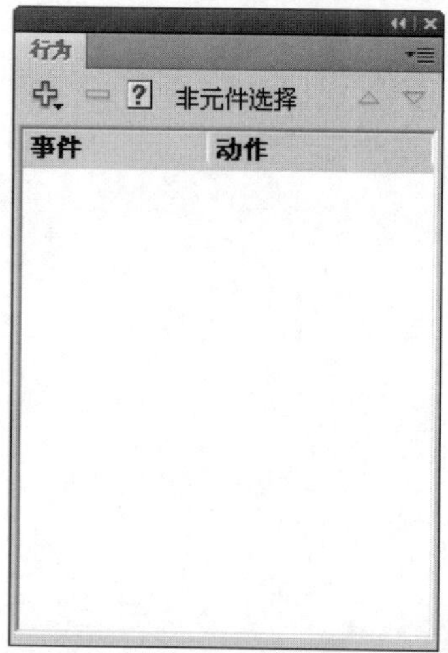

行为是预先写好的动作脚本。使用行为，无须用户自己动手编写动作脚本就可以为 Flash 文档添加功能强大的动作脚本代码，为 Flash 内容添加交互性功能，从而实施对文档中相关对象的控制。

在【行为】面板的上方有一排按钮，它们的含义分别如下。

- 【添加行为】：单击该按钮，在弹出的下拉列表中可以选择各种类型的行为。
- 【删除行为】：在添加行为后，该按钮才被激活。选中需要删除的行为后，单击该按钮，将删除选中的行为。
- 【非元素选择】：当选择了相应的场景后，将自动切换为场景名称，如下图所示。

- 【上移】：单击该按钮，可以将选中的行为上移。
- 【下移】：单击该按钮，可以将选中的行为下移。

❸ 单击【添加行为】按钮，从弹出的下拉列表中选择【屏幕】|【转到幻灯片】命令，如下图所示。

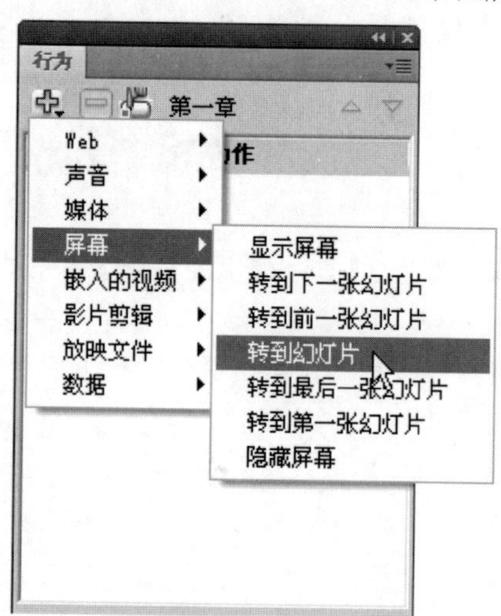

❹ 弹出【选择屏幕】对话框，选择 ch01 幻灯片下的【幻灯片 3】选项，选中【相对】单选按钮，并单击【确定】按钮，如下图所示。

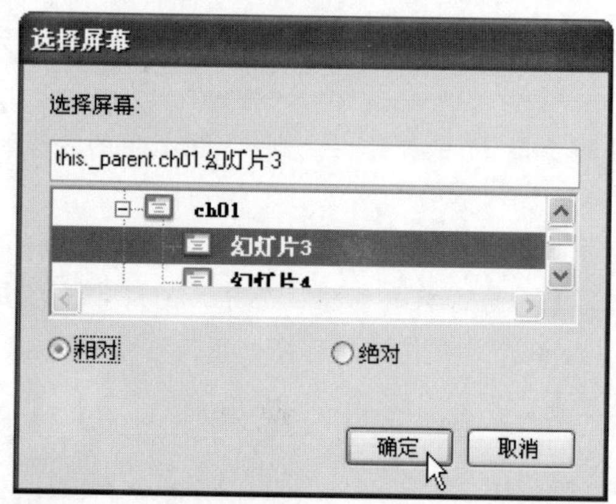

学以致用系列丛书

长见识 要创作基于屏幕的文档，首先应创建一个幻灯片演示文稿或表单应用程序文档，然后添加屏幕、配置屏幕和添加内容，并添加行为以创建屏幕的控件和过渡。

❺ 这样，即可为幻灯片 3 中的【第一章】按钮创建链接，如下图所示。

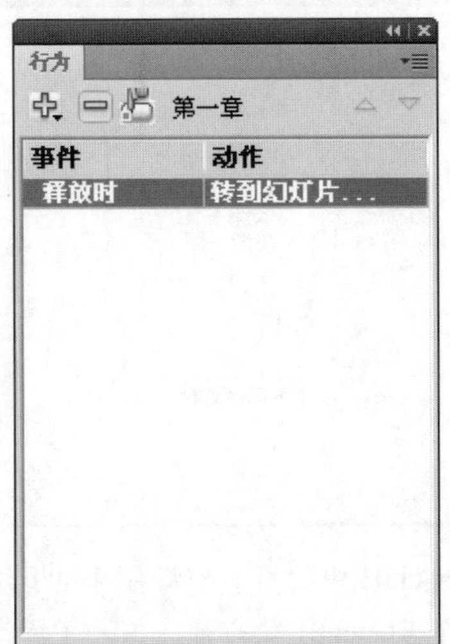

❻ 参照上面的方法，分别为课件中的其他按钮添加行为创建链接。

提示

【返回】按钮链接到【导航】幻灯片，其【选择屏幕】对话框如下图所示。

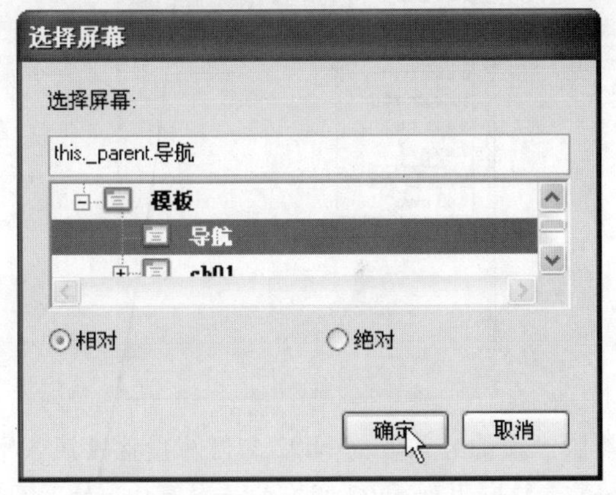

❼ 此时课件就制作完成了，按 Ctrl+Enter 组合键即可进行测试 (默认运行时，Flash 中的幻灯片允许用户使用左右方向键按顺序浏览幻灯片)。

3. 添加过渡效果

在 Flash CS4 中也提供了一些过渡效果，可以让整个课件看上去更加有趣，具体操作步骤如下。

操作步骤

❶ 选中需要添加过渡效果的幻灯片，这里选择 ch01 幻灯片，如下图所示。

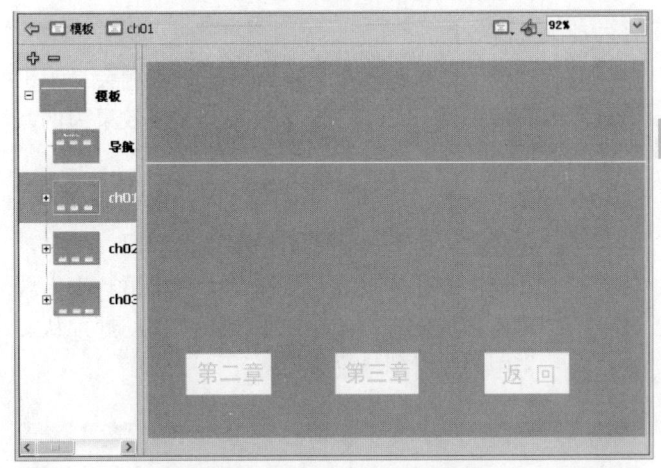

❷ 选择菜单栏中的【窗口】|【行为】命令(或者按 F9 键)，打开【行为】面板。单击面板左上角的【添加行为】按钮，从弹出的下拉列表中选择【屏幕】|【过渡】命令，如下图所示。

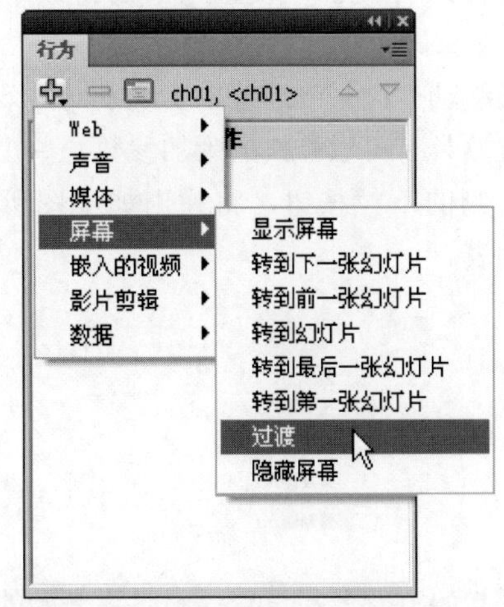

❸ 弹出【转变】对话框，如下图所示。

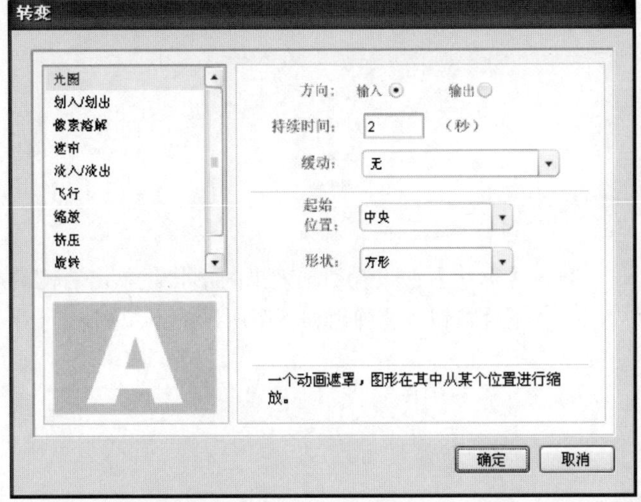

在【转变】对话框左上角的列表框中列出了 Flash CS4 中的所有过渡效果名称；左下角为预览框，可以查看选

择的动画过渡效果。

当选择了某个过渡效果后，对话框的右侧会显示出该过渡效果的参数。这里，以【光圈】过渡效果为例，介绍其参数的含义。

❖ 【方向】：设置幻灯片的方向。该选项组中包括【输入】和【输出】两个单选按钮。其中，【输入】用于设置幻灯片在文档中第一次出现时的播放动画；【输出】用于设置幻灯片从文档中消失时的播放动画。

大多数情况下，建议使用【输入】选项。如果要使用【输出】选项，则不应该在演示文稿中的【输入】过渡之前添加【输出】过渡。

❖ 【持续时间】：设置效果的持续时间，单位为秒。

❖ 【缓动】：修改过渡以实现不同的效果。某些过渡具有可以修改的附加参数。单击【缓动】右侧的下拉按钮，将弹出如下图所示的下拉列表。

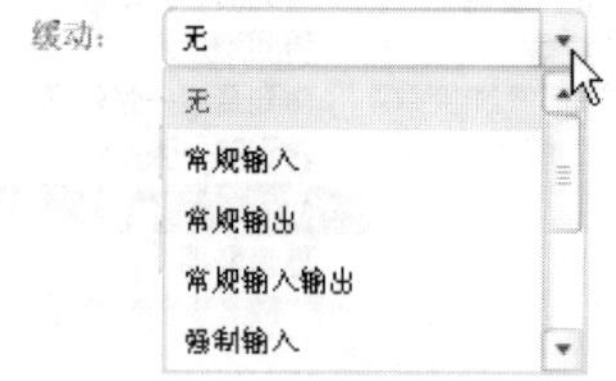

❖ 【起始位置】：设置动画效果开始的位置。单击右侧的下拉按钮，将弹出如下图所示的下拉列表。

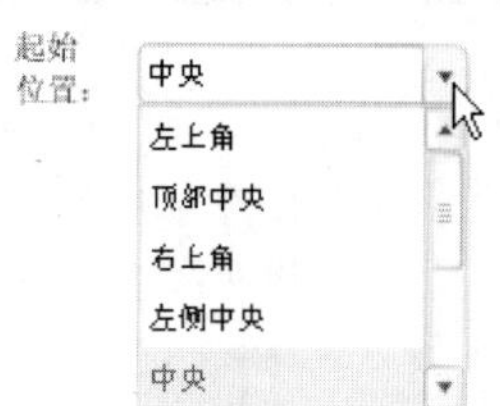

❖ 【形状】：设置动画效果的形状。单击右侧的下拉按钮，将弹出如下图所示的下拉列表。

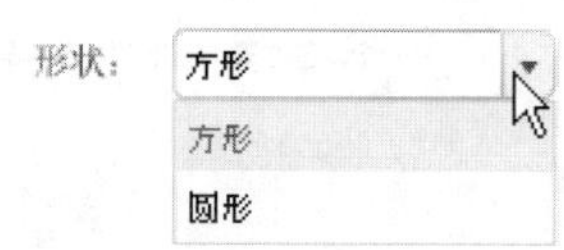

4 此时用户可以在【转变】对话框中选择一种过渡效果，并在对话框的预览框中预览效果。这里，为 ch01 幻灯片选择【缩放】效果，其他参数保持默认，然后单击【确定】按钮，如下图所示。

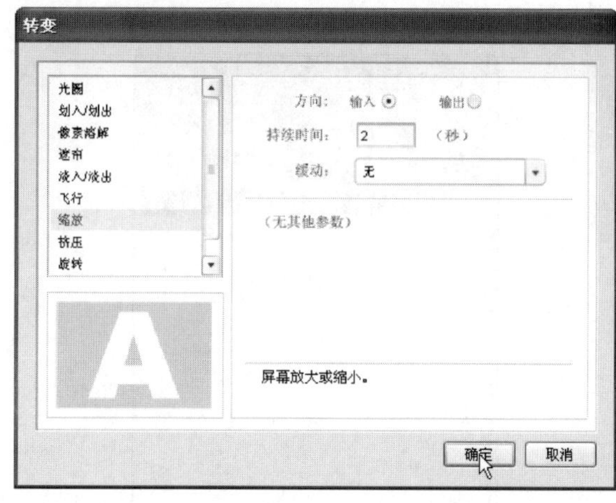

5 如果想要 ch01 中的所有幻灯片都使用这样的缩放效果，可以选中 ch01 幻灯片，打开【行为】面板。单击【事件】列表中的事件名称，从弹出的下拉列表中选择 revealChild 选项，如下图所示。这样，就为 ch01 幻灯片所有的子屏幕都设置了缩放效果。

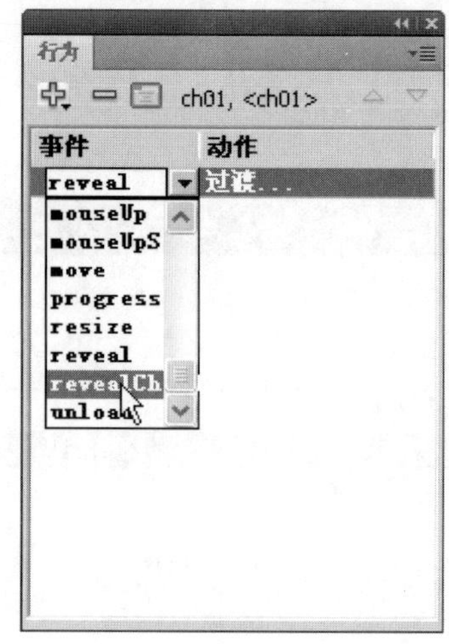

6 参照上面的方法，为 ch02 幻灯片设置【淡入/淡出】效果，并应用到 ch02 所有的子屏幕中，如下图所示。

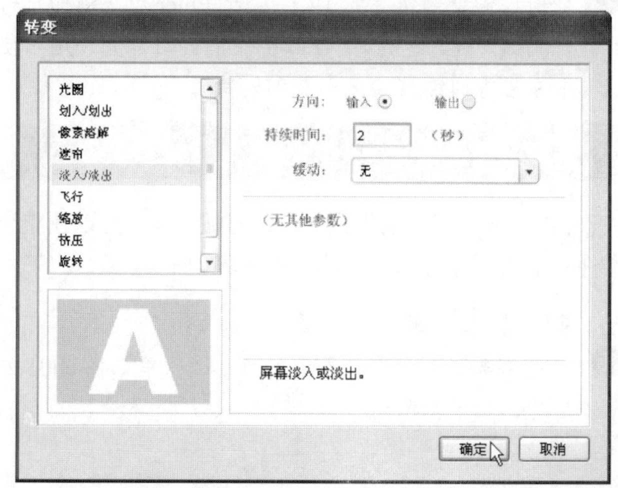

学以致用系列丛书

长见识 Flash 幻灯片演示文稿使用幻灯片屏幕作为默认屏幕类型。幻灯片屏幕是针对顺序演示文稿设计的。

❼ 为 ch03 幻灯片添加【飞行】效果，并应用到 ch03 中所有子屏幕中，如下图所示。

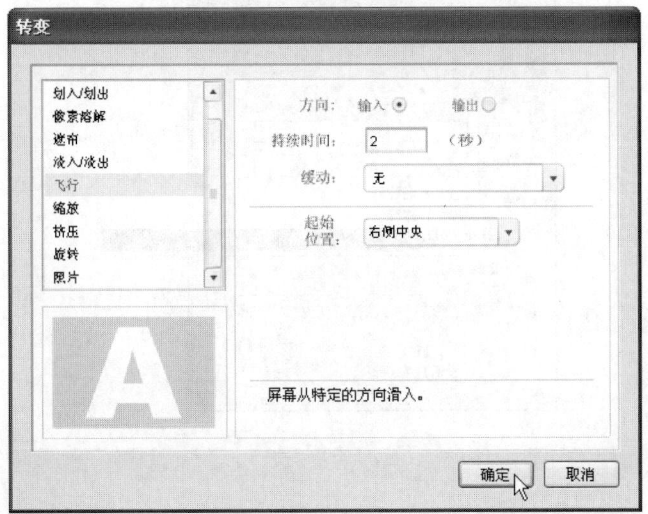

❽ 按 Ctrl+Enter 组合键测试播放效果。如下图所示为 ch01 幻灯片的缩放效果。

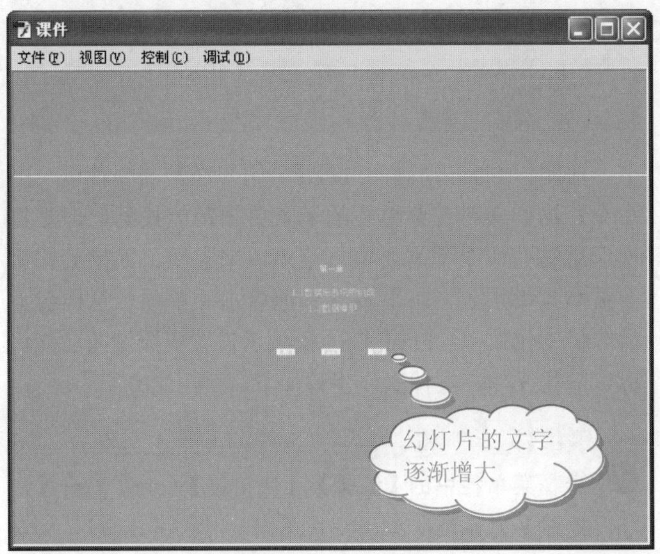

提示

如果用户有足够的时间和精力，又觉得每章应用同一个过渡效果太单调了，则可以试着为每张幻灯片都添加一个不同的过渡效果，使课件更加生动、完美。

11.2 拓展与提高

Flash CS4 提供了很多强大的功能，如果用户平时不注意就可能会忽视这些功能。下面将介绍几种 Flash CS4 提供的功能。

11.2.1 设置场景中的命名锚记

如果一个动画中有多个场景，那么可以为这些场景添加命名锚记，Flash CS4 将文档中每个场景的第一帧作为命名锚记。命名锚记可以使用【前进】或【后退】按钮，使动画从当前场景跳转到另一个场景。

设置场景中的命名锚记的具体操作步骤如下。

操作步骤

❶ 选择菜单栏中的【编辑】|【首选参数】命令，打开【首选参数】对话框。然后单击【常规】类别，在【时间轴】选项组中选中【场景上的命名锚记】复选框，并单击【确定】按钮，如下图所示。

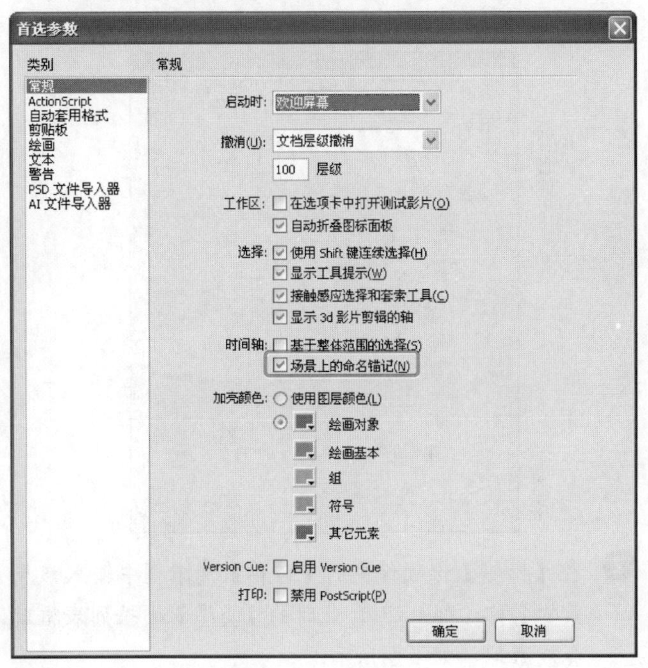

❷ 选择菜单栏中的【插入】|【场景】命令，如下图所示。

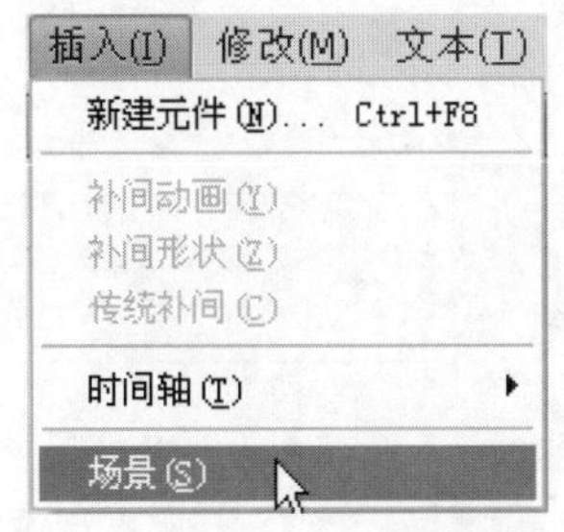

❸ 此时会发现在新场景的时间轴的第一帧上有一个金色的锚记，这就是该帧的命名锚记，如下图所示。

使用上面的方法，用户可为新建的每个场景都添加一个命名锚记。如果用户只想为某个特定的场景添加命名锚记，可以通过如下方法。

操作步骤

❶ 选择时间轴上的第一帧，打开其【属性】面板，如下图所示。

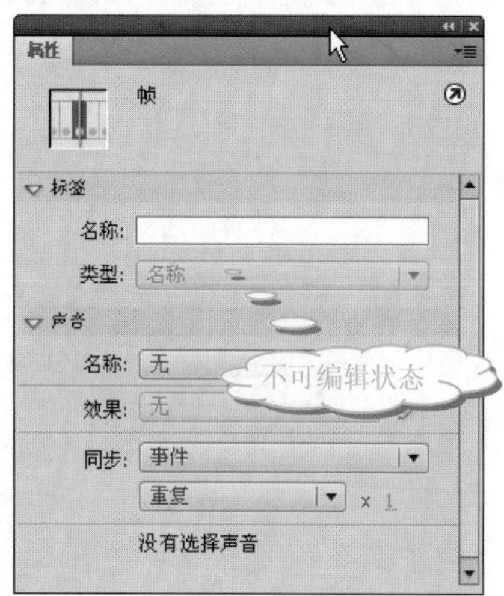

❷ 在【标签】选项组中的【名称】文本框中输入该场景的名称，如“x”，此时的【类型】下拉列表框就会被激活，如下图所示。

❸ 单击【类型】右侧的下拉按钮，从弹出的下拉列表中选择【锚记】选项，如下图所示。这样，即可在第一帧中添加一个命名锚记。

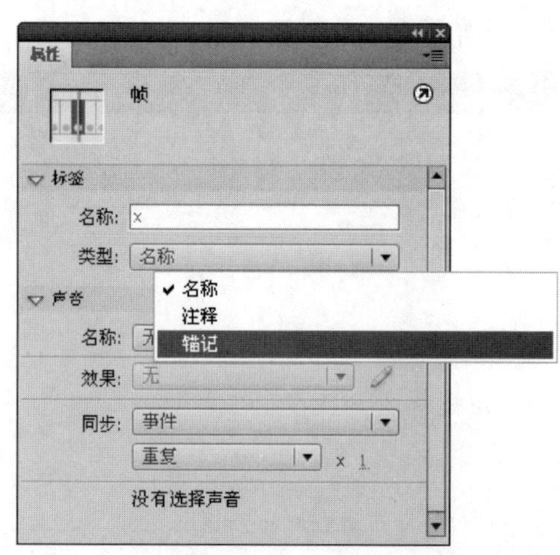

具有命名锚记的 HTML 模板不支持 Flash Player 检测，因为该模板中的 JavaScript 脚本与用来检测 Flash Player 中的 JavaScript 脚本相冲突。

11.2.2 编辑快捷键

在制作 Flash 动画的过程中，用户经常需要使用一些命令，这些命令在菜单栏的子菜单中都能找到，但是每次调用这些命令都需要单击菜单项来实现。如果某些命令被高频率用到，就需要频繁地单击菜单项，这样会大大降低工作效率。Flash CS4 提供了设置快捷键的功能，可以简化操作，具体操作步骤如下。

操作步骤

❶ 选择菜单栏中的【编辑】|【快捷键】命令，打开【快捷键】对话框，如下图所示。

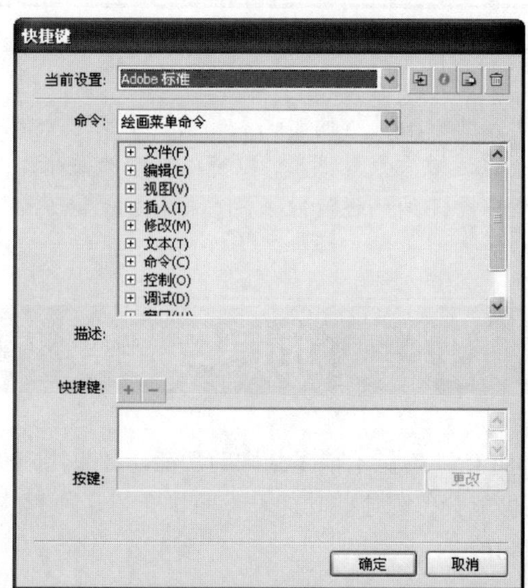

长知识：使用幻灯片屏幕可以创建包含顺序内容的 Flash 文档(如幻灯片放映)。测试幻灯片时，Flash 允许用户使用左右方向键按顺序浏览幻灯片。

❷ 单击【直接复制设置】按钮，弹出【直接复制】对话框，如下图所示。在【副本名称】文本框中输入合适的名称(也可以采用默认的名称)，单击【确定】按钮，如下图所示。

提示

必须先单击【直接复制设置】按钮，因为默认的【当前设置】是不允许修改命令的。在默认的【当前设置】中修改或删除命令，会弹出如下图所示的对话框。

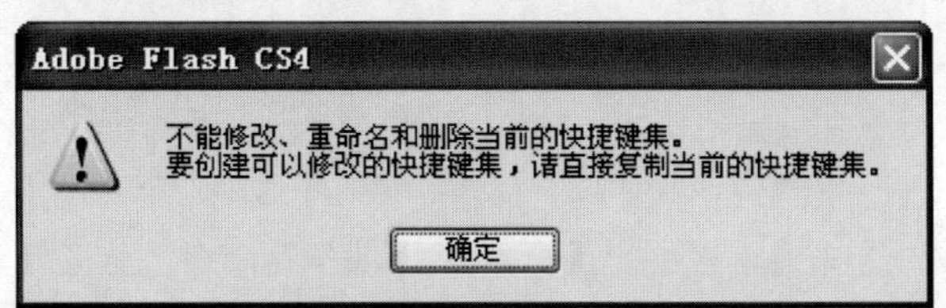

❸ 单击菜单命令前面的加号“+”，展开菜单，然后选中要添加快捷键的命令(这里以【插入】菜单中的【补间动画】命令为例)，如下图所示。

❹ 单击【添加快捷键】按钮 + ，在【按键】文本框中输入用户想要赋予命令的快捷键(这里以“下箭头”为例)，在键盘上按下向下键，并单击【更改】按钮，如下图所示。

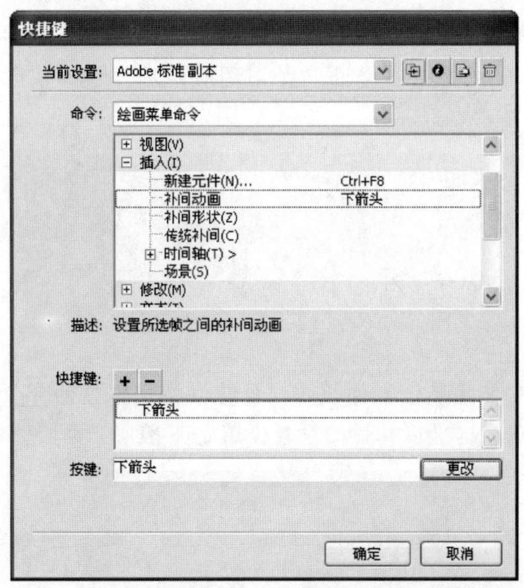

❺ 以后在实际制作动画的过程中，只要按键盘上的向下键即相当于选择了【插入】菜单中的【补间动画】命令。

11.2.3 调用系统时间

在动画制作过程中经常会用到系统时间，那么如何调用系统时间呢？下面通过制作一个简单的闹钟来介绍如何调用系统时间，具体操作步骤如下。

操作步骤

❶ 新建一个文档(ActionScript 2.0)，设置文档的【背景颜色】为灰色(#666666)，【尺寸】为 300 像素 × 100 像素，【帧频】为 24 fps，如下图所示。

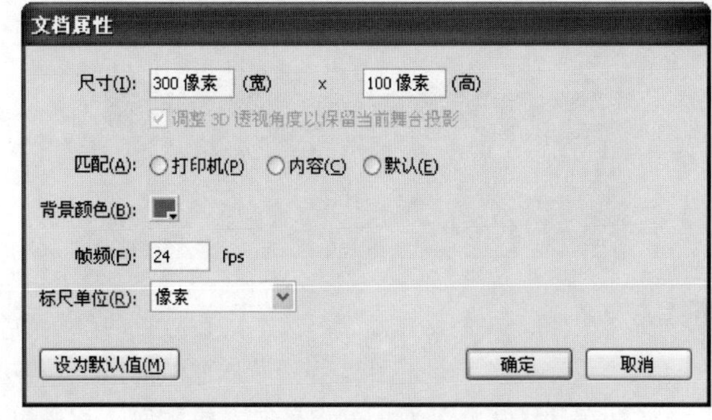

❷ 单击【确定】按钮，此时的舞台效果如下图所示。

在制作幻灯片时，可以将屏幕隐藏，当测试幻灯片时，隐藏的屏幕内容仍可以显示。若要自动管理每个屏幕的可见性，就需要使用幻灯片屏幕。

❸ 单击工具箱中的【文本工具】按钮T，在舞台上创建一个动态文本框，如下图所示。

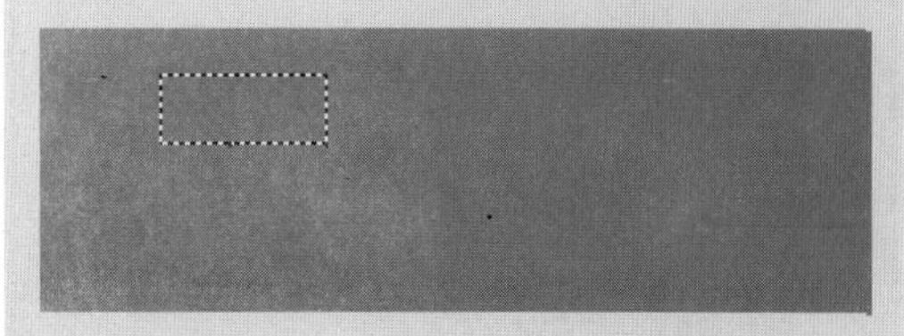

❹ 在其【属性】面板中，设置动态文本框的变量名称为“x1”，其他的参数设置如下图所示。

❺ 采用同样的方法，再创建 6 个动态文本框，并分别设置它们的变量名称为“x2”、“x3”、“x4”、“x5”、“x6”和“x7”，如下图所示。

❻ 将【文本工具】设置为静态文本，在恰当的位置输入“年”文字，如下图所示。用户可以根据个人喜好，在其【属性】面板中设置文本的颜色、系列和大小等属性。

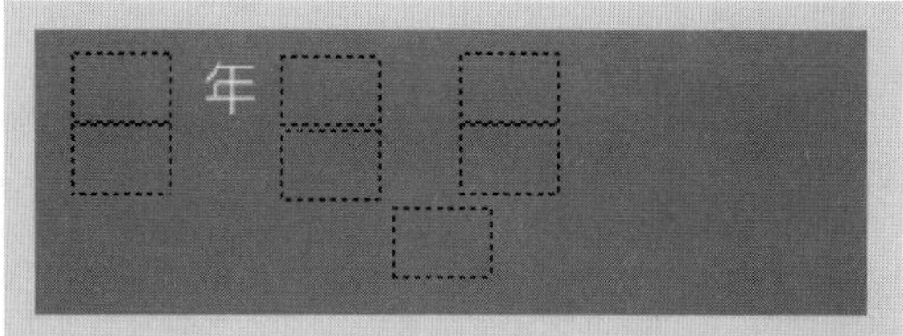

❼ 采用同样的方法，再创建“月”、“日”、“时”、“分”、“秒”和“星期”静态文本，如下图所示。

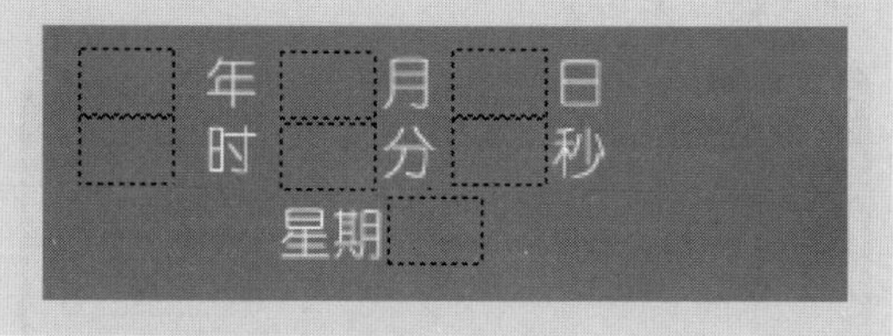

❽ 在时间轴上选中图层 1 的第 1 帧，如下图所示。

❾ 选择菜单栏中的【窗口】|【动作】命令，打开【动作】面板，并在【动作】面板中输入如下代码。

```
function clock(){              //定义函数 clock
    time=new Date();           //定义时间变量
    x1=time.getFullYear(); //为变量 x1 赋值
    x2=time.getMonth()+1;  //为变量 x2 赋值
    x3=time.getDate();     //为变量 x3 赋值
    x4=time.getHours();    //为变量 x4 赋时
    x5=time.getMinutes();  //为变量 x5 赋分
    x6=time.getSeconds();  //为变量 x6 赋秒
    y1=time.getDay();  //为变量 y1 赋星期数
switch(y1){
case 1:
    //如果是 1，则显示一，然后跳出分支语句
    x7="一";
    break;
case 2:
    x7="二";
    break;
case 3:
    x7="三";
    break;
case 4:
    x7="四";
    break;
case 5:
    x7="五";
    break;
case 6:
    x7="六";
    break;
```

长见识

使用表单屏幕可以创建基于表单的结构化应用程序，如联机注册表单或电子商务表单。默认情况下，必须编写 ActionScript 代码，才能创建表单屏幕的导航结构。要自行管理各个屏幕的可见性，可以使用表单屏幕。

```
    case 0:
        x7="日";
        break;
    }
    }
    clock();             //调用函数 clock
    setInterval(clock,100);
    //每 100 毫秒运行一次函数 Clock
```

此时的【动作-帧】面板如下图所示。

⑩ 按 Ctrl+Enter 组合键测试效果，就会显示出当前的日期和时间，如下图所示。

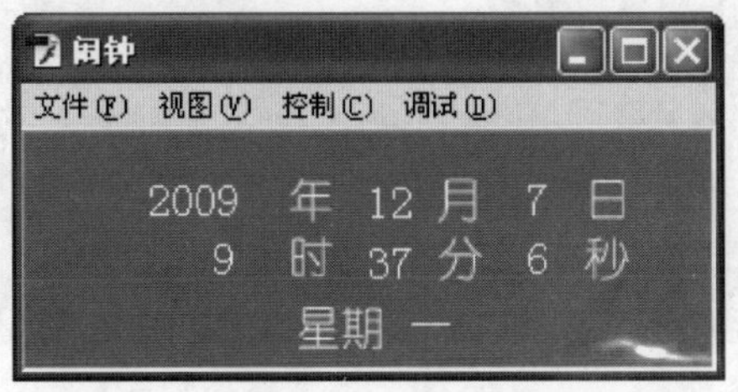

调用日期和时间的操作其实并不难，不过用户需要花费一点时间去理解各个函数代码的含义，这样才能更加熟练地制作出该效果。

11.2.4　对齐不同关键帧中的对象

在创作动画的时候，如果在时间轴中的不同的关键帧上有着不同的对象，在舞台上它们不同时出现，但是又希望它们能够按照某种方式对齐。如果手动调整各个对象的位置，则会显得很麻烦。其实，只要使用【对齐】面板，就会使操作变得很简单。

在下面的实例中，每个关键帧中都有一个按钮元件实例，现在希望它们相对于舞台水平居中分布且底对齐，具体操作步骤如下。

操作步骤

❶ 使用工具箱中的【选择工具】选中需要对齐的对象(本例中每帧都添加了一个取自【公用库】的按钮元件，用户可以在【公用库】中任意选择 3 个按钮元件)，如下图所示。

❷ 单击时间轴下方的【编辑多个帧】按钮，此时的时间轴如下图所示。

❸ 此时每个关键帧上的对象也在舞台上显示出来了。然后，将图层 1 上的 3 个关键帧都选中，按 Ctrl+K 组合键，打开【对齐】面板，如下图所示。

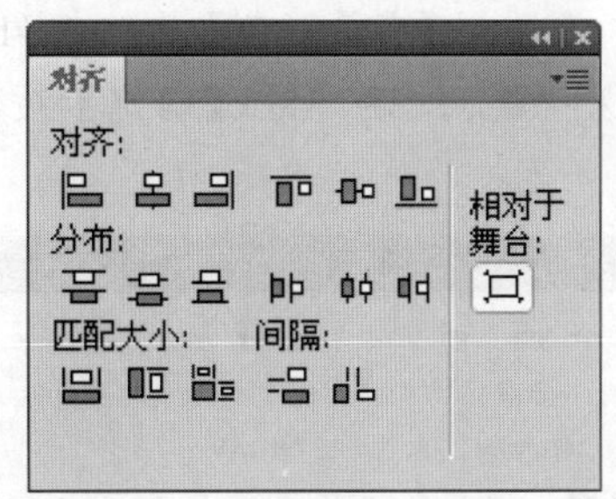

❹ 在【对齐】面板的【分布】选项组中单击【水平居中分布】按钮，在【对齐】选项组中单击【底对齐】按钮，效果如下图所示。

学以致用系列丛书

可以将多个屏幕添加到文档，并根据需要将屏幕嵌套在任意多个层中的其他屏幕内。在另一屏幕内部的屏幕是前者的子项，包含另一屏幕的屏幕是前者的父项。如果某个屏幕嵌套了若干层深，则该屏幕上的所有屏幕都是它的始祖。位于同一层中的屏幕称为兄弟屏幕。嵌套在另一屏幕中的所有屏幕都是前者的后代。子屏幕包含其始祖屏幕的所有内容。

11.2.5　制作鼠标跟随效果

用户可能经常看到网上流传的一些 Flash 动画中，光标的形状不是平时看到的箭头形状，而是一些漂亮的图片或者文字。这些富有个性的光标形状是如何实现的？下面就一起来看看！

操作步骤

❶ 选择菜单栏中的【文件】|【新建】命令，新建一个 Flash 文件(ActionScript 2.0)，如下图所示。

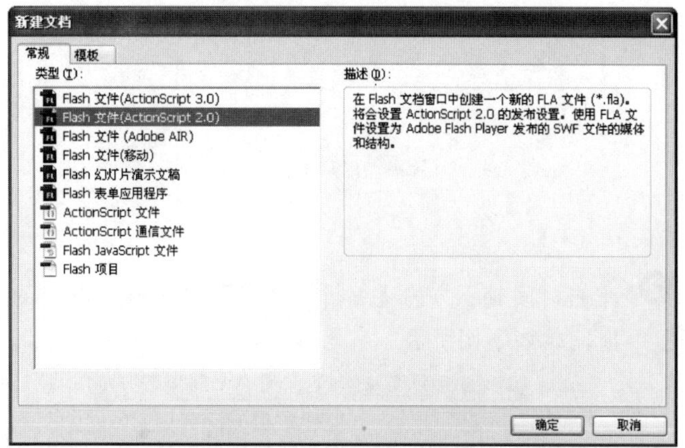

❷ 在其【属性】面板的【属性】选项组中单击【编辑】按钮，如下图所示。

❸ 打开【文档属性】对话框，设置【尺寸】为 500 像素 × 500 像素，【背景颜色】为红色(#FF0000)，其他参数保持默认，并单击【确定】按钮，如下图所示。

❹ 选择菜单栏中的【插入】|【新建元件】命令，如下图所示。

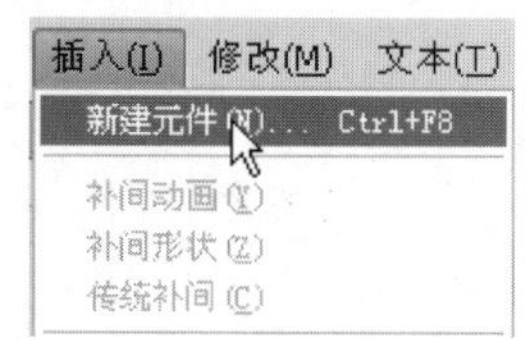

❺ 打开【创建新元件】对话框，在【名称】文本框中输入“鼠标图案”，在【类型】下拉列表框中选择【影片剪辑】选项，并单击【确定】按钮，如下图所示。

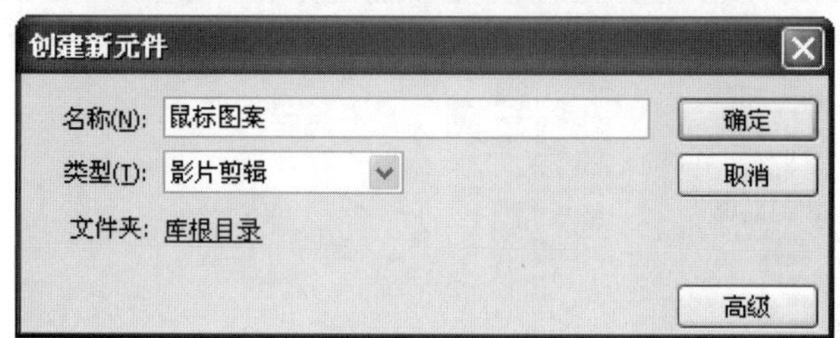

❻ 新建一个影片剪辑元件后，再单击工具箱中的【椭圆工具】。在其【属性】面板中，设置【笔触颜色】为【无】，【填充颜色】为黄色(#FFFF00)，按住 Shift 键不放在舞台上绘制一个正圆，如下图所示。

❼ 使用【椭圆工具】，设置【填充颜色】为黑色，在正圆中的适当位置绘制一个眼睛，如下图所示。

学以致用系列丛书

在基于屏幕的文档中添加预加载器的方法是：先创建一个不基于屏幕的预加载器，然后在该预加载器中加载基于屏幕的 SWF 文件。

提示

在绘制眼睛的时候，也可以设置【笔触颜色】为黑色，【填充颜色】为任意的彩色，从而绘制出不同颜色的眼睛，如蓝色、棕色的眼睛。

8 采用同样的方法，绘制另外一个眼睛，如下图所示。

9 使用工具箱中的【直线工具】，在眼睛的下方绘制一条直线，如下图所示。

10 使用工具箱中的【选择工具】在直线上单击，按住鼠标左键不放并拖动，将其拖成圆弧形状，变成一个微笑的嘴，效果如下图所示。

11 使用工具箱中的【直线工具】，在嘴的左侧绘制一条直线，如下图所示。

12 使用【选择工具】在直线上单击，按住鼠标左键不放并拖动，将其拖成圆弧形状，效果如下图所示。

13 在嘴的右侧绘制一条弧线，如下图所示。

学以致用系列丛书

选择【插入屏幕】命令，可以添加一个与当前屏幕同级别的屏幕；选择【插入嵌套屏幕】命令，可以添加一个比当前屏幕低一个级别的屏幕。

提示

这只是一个简单的笑脸绘制方法，用户可以自己动手制作一些更漂亮、可爱的鼠标指针。

14 单击【返回场景】按钮，返回到场景中。切换到【库】面板，查看刚才绘制的影片剪辑元件，如下图所示。

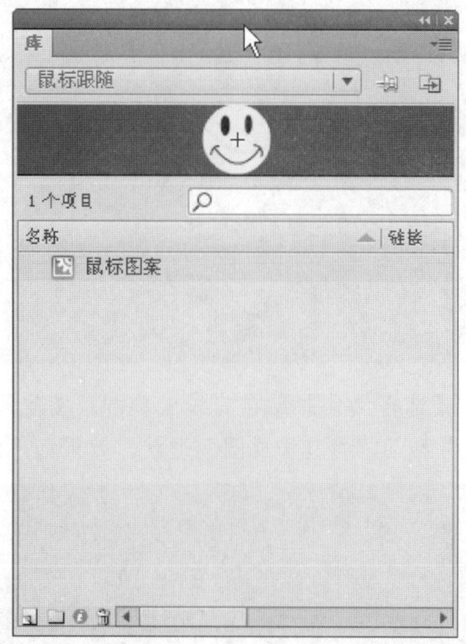

15 将刚创建的影片剪辑元件拖动到舞台上创建一个实例，如下图所示。

16 使用工具箱中的【选择工具】选中该影片剪辑实例，并选择【窗口】|【变形】命令，打开【变形】面板。设置【缩放高度】和【缩放宽度】均为 25.0%，如下图所示。

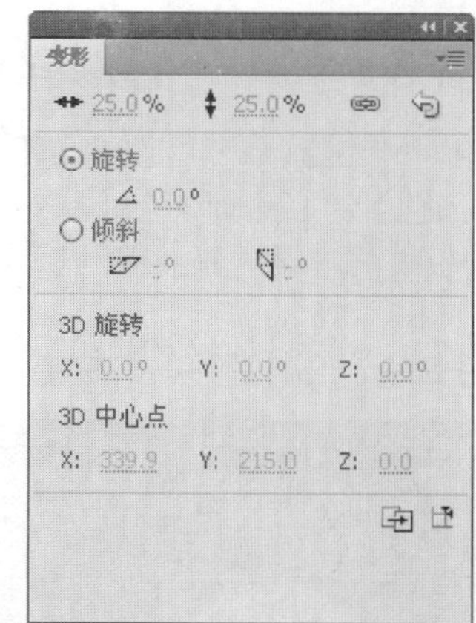

17 调整影片剪辑实例的大小后，效果如下图所示。

18 使用工具箱中的【选择工具】选中该影片剪辑实例，在其【属性】面板中，将该实例命名为“x”，如下图所示。

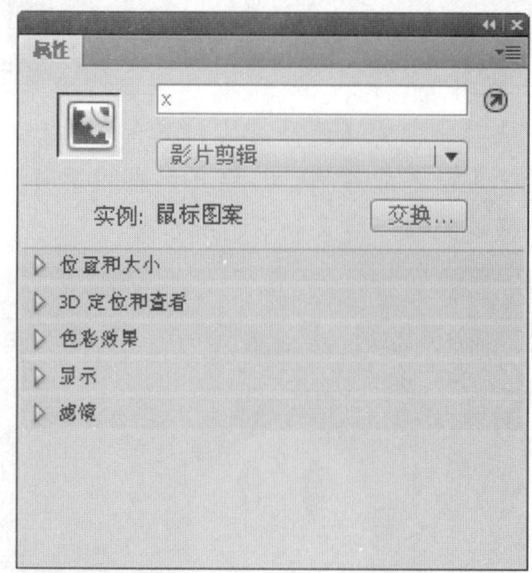

19 选择菜单栏中的【窗口】|【动作】命令(或者按 F9 快捷键)，打开【动作-影片剪辑】面板。在脚本窗格中输入如下代码。

```
onClipEvent(load){
```

长见识

Flash CS4 将嵌套屏幕直接插入到当前选定屏幕之后，并向下嵌套一层。如果文档在当前选定屏幕的下面包含一个或多个嵌套屏幕，则新的屏幕会添加到已就位的所有嵌套屏幕之后，但位于选定屏幕的下一层。

```
    Mouse.hide();
}
```

此时的【动作-影片剪辑】面板如下图所示。

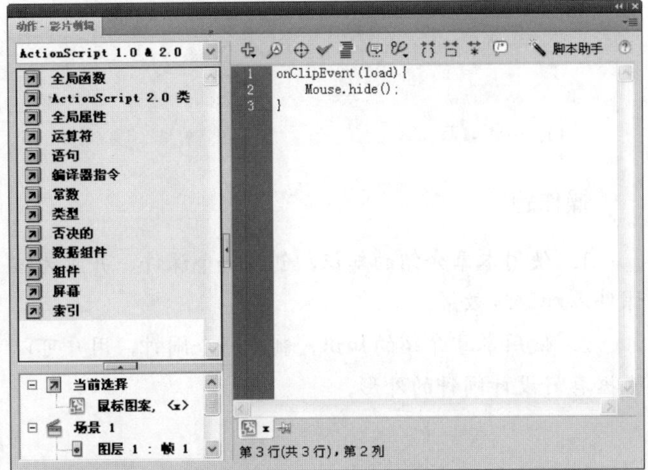

提示

这里添加的脚本语句表示当该影片组件被加载时，光标将被隐藏起来。

⑳ 在时间轴的第 1 帧上单击以选中该帧，如下图所示。

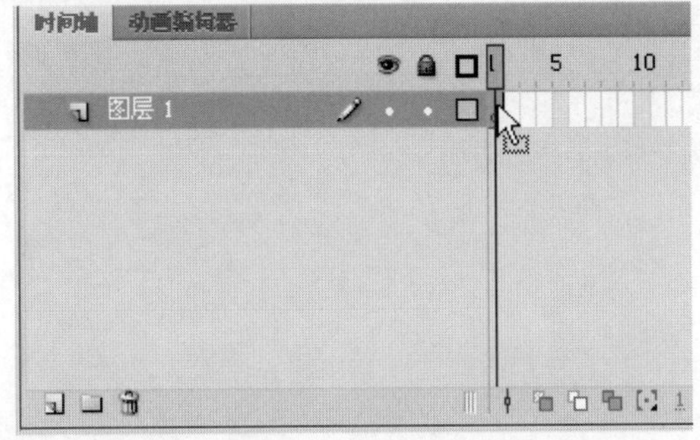

㉑ 在【动作-帧】面板中的脚本窗格中输入如下代码。

```
stop();
    startDrag("x",true);
```

此时的【动作-帧】面板如下图所示。

提示

这里添加的脚本语句表示当运动到该帧时，首先停止在该帧，同时可以拖动 x 影片剪辑元件。

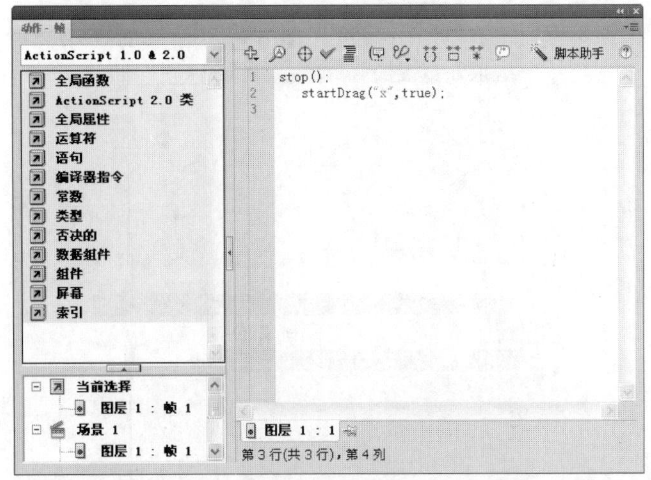

㉒ 选择菜单栏中的【控制】|【测试影片】命令，测试效果如下图所示。

11.3 思考与练习

选择题

1. 打开【行为】面板的快捷键是________。

   A. F3　　B. Shift+F3

   C. Ctrl+F3　　D. Alt+F3

2. 下图中________表示添加了命名锚记。

   A.

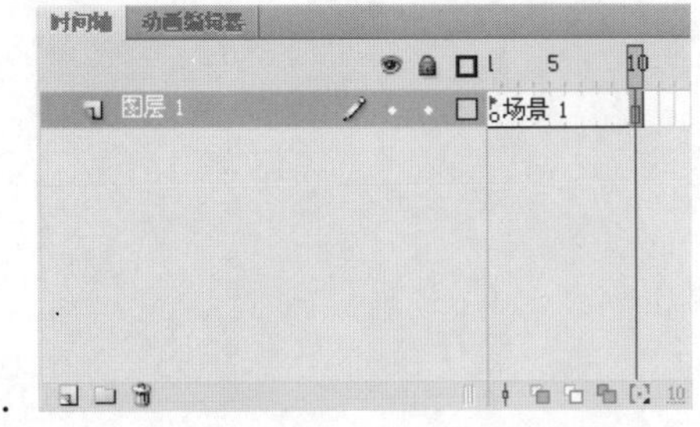

学以致用系列丛书

B. 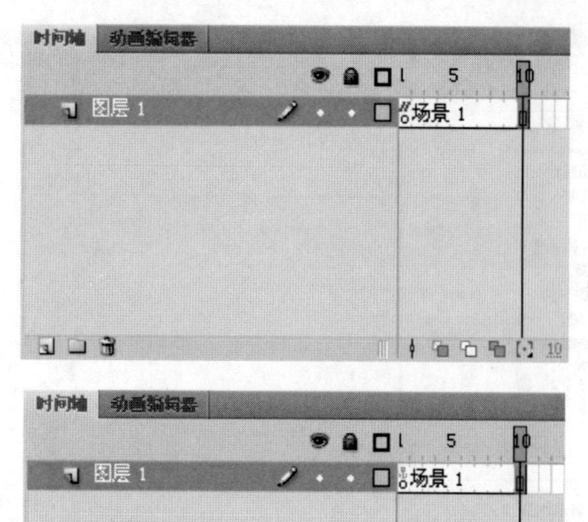

C. 

D. 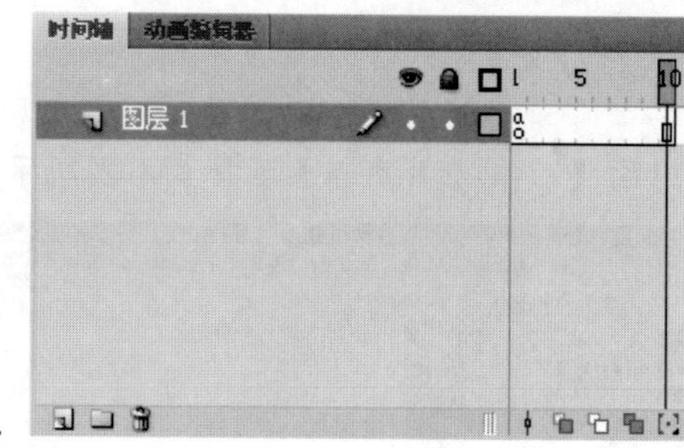

操作题

1. 使用本章介绍的知识，创建一个课件，并且为该课件添加过渡效果。

2. 使用本章介绍的知识，制作一个闹钟，用户可以根据喜好设计闹钟的外形。

第12章

制作动画MTV

网络中流行的 Flash MTV，相信大家或多或少都看过，其幽默风趣、生动的动画效果，带给我们无穷的乐趣。学习了本章的内容后，用户就可以动手制作动画 MTV。

学习要点

- ❖ 动画 MTV 的制作
- ❖ 测试 Flash 动画
- ❖ 使用 Flash 脚本助手
- ❖ 查看 Flash 历史记录

学习目标

通过本章的学习，读者应该掌握如何使用 Flash 制作动画 MTV；能够熟练地应用前面章节学过的动画制作技巧；学会使用脚本助手功能添加脚本语句，以及学会使用历史记录功能。

12.1 动画 MTV 的制作

相信很多用户都在网络上看过 Flash MTV，是否很羡慕，想要按照自己对歌曲的认识亲手制作一个歌曲 MTV？音乐使动画声情并茂，动画又赋予音乐很强的视觉冲击力，两者相辅相成，能够达到很好的视觉和听觉效果，因此 Flash MTV 在网络上广为流行。

制作一个 Flash MTV 并不是一项简单的工作，因为一首歌曲大约需要 3～5 分钟的时间，这就需要几千帧的支持。仅仅是制作这些帧就需要花费不少时间，并且还要根据歌曲所表达的情感来设计动画短片，这就更需要花费一定的精力。

制作 Flash MTV 时，用户自由发挥的空间比较大，但其也并不是完全没有流程。下面就来熟悉一下制作 Flash MTV 的流程。

12.1.1 创意

在决定为某首歌制作 MTV 之后，最先要做的是创意，也就是对这首歌所表达的情感要如何使用动画表现出来。动画中的人物、场景、效果，在制作之前都应该定下来，在这个阶段虽然不用细致到每帧上的情况，但也不能马虎。

制作 MTV 之前应多听几遍歌曲，根据歌曲的节奏和歌词的含义制作动画。用户可以将整首歌曲分成若干重要片段，然后用笔将这些重要片段画出来，再添加一些注释、过渡效果等。这样，等到具体制作动画时，一看就很明了要做什么。

Flash MTV 的内容比较多，因此构思工作非常重要。做好构思之后再动手制作动画，思路就会更加清晰，制作起来也会更加得心应手。

12.1.2 准备素材

有了初步的创意之后，就要着手准备 MTV 中所需要的素材。Flash MTV 的素材一般包括声音素材、图片素材等。用户可以根据自己的创意，到互联网上下载一些相关素材。

声音素材在 MTV 中是很重要的一部分，最好下载 MP3 格式的音乐，因为这种格式的音乐不仅文件比较小，而且能提供较好的音效。对于下载的声音素材，通常需要进行一些处理，因为有时候并不需要将整首歌都制作成动画，有的时候需要进行混音，这就需要对声音进行编辑。编辑声音时可以使用网络上提供的免费声音处理软件，轻松地完成对声音的剪辑。当然，Flash CS4 本身也能提供一些简单的声音编辑功能。

为了能够表现歌曲，图片素材在 MTV 中也是不可或缺的一部分。从网络上下载的图片大部分都是位图，虽然位图可以达到一些很特别的效果，但是大多数体积比较大，不适合在网络上传播；而且位图放大后会变得模糊不清，影响动画的效果。因此，在制作 MTV 时应该多使用矢量图。在动画中可能还涉及一些对象需要用户自己绘制，这些都可以在素材准备阶段准备好，并制作成元件，以便在制作 MTV 时随时调用。

素材准备完毕后就可以着手制作动画了，具体方法如下。

12.1.3 制作 MTV 动画的预载动画

由于 Flash MTV 的体积通常都比较大，因此在网络上观看动画时，往往需要下载一段时间才可以播放。为了避免观赏者在等待下载过程中失去耐心，可以在作品前面添加一段动画预载的等待画面。而且有了预载过程，也可以让整个动画播放起来更加流畅。

制作 MTV 的预载动画的具体操作步骤如下。

操作步骤

❶ 选择菜单栏中的【文件】|【新建】命令，打开【新建文档】对话框，新建一个 Flash 文件(ActionScript 2.0)，如下图所示。

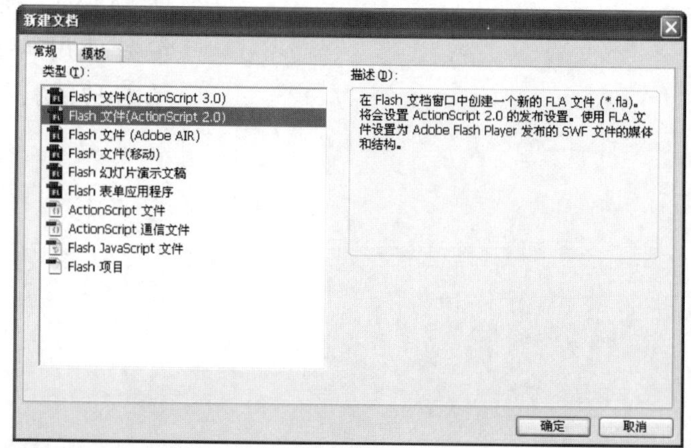

❷ 打开【文档属性】对话框，设置【背景颜色】为蓝绿色(#99CCCC)，【帧频】为 12 fps，并单击【确定】按钮，如下图所示。

在 MTV 动画制作中，除了可以手动绘制图形外，还可以导入相应的图片作为素材进行制作。

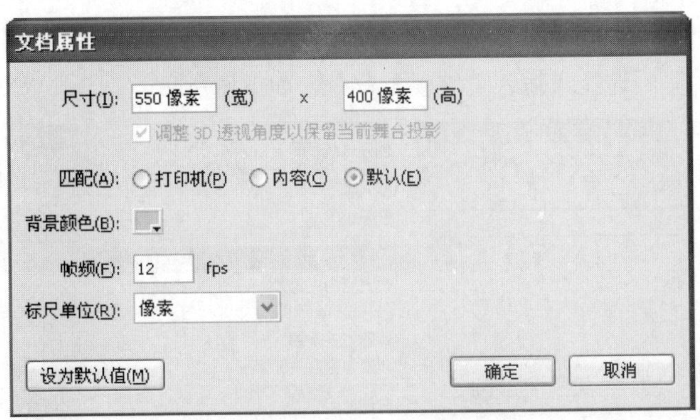

❸ 选择菜单栏中的【窗口】|【其他面板】|【场景】命令，打开【场景】面板，单击【添加场景】按钮，如下图所示。

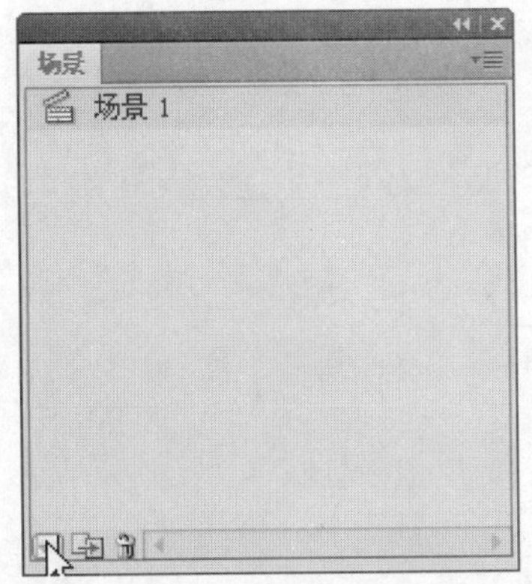

❹ 新建两个场景，将这 3 个场景分别命名为“预载动画”、“歌曲”、“结束”，如下图所示。

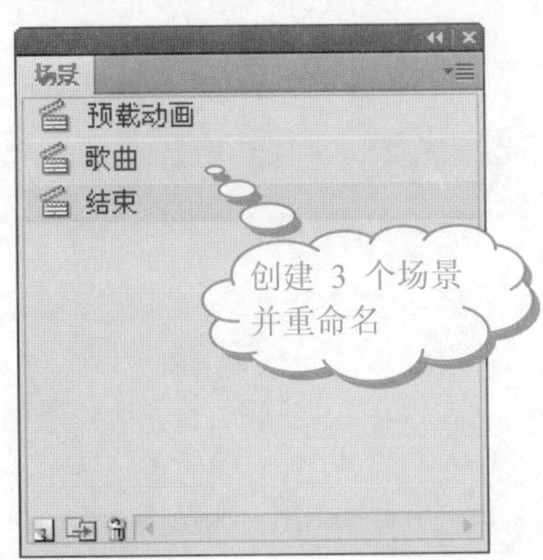

❺ 在【预载动画】场景下，选择菜单栏中的【插入】|【新建元件】命令，新建一个影片剪辑元件，并命名为“预载”，如下图所示。

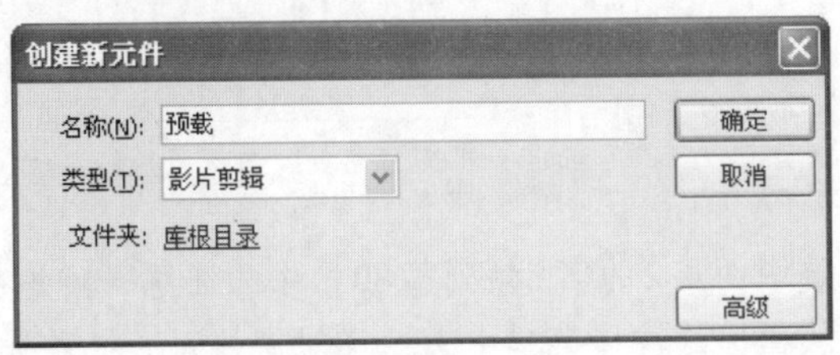

❻ 在影片剪辑元件的编辑模式下，使用工具箱中的【矩形工具】，并设置【笔触颜色】为【无】，【填充颜色】为黄色(#FFFF00)。在舞台的下方绘制一个矩形条，如下图所示。

❼ 在时间轴上选中图层 1，然后右击第 80 帧，从弹出的快捷菜单中选择【插入帧】命令，如下图所示。

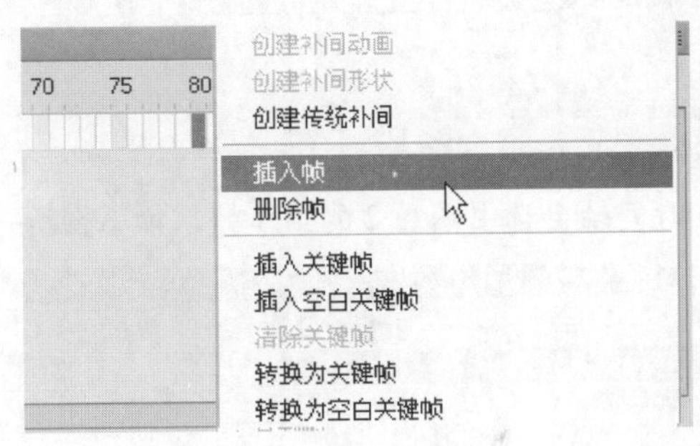

❽ 单击【新建图层】按钮，在图层 1 的上方新建“图层 2”。此时的时间轴如下图所示。

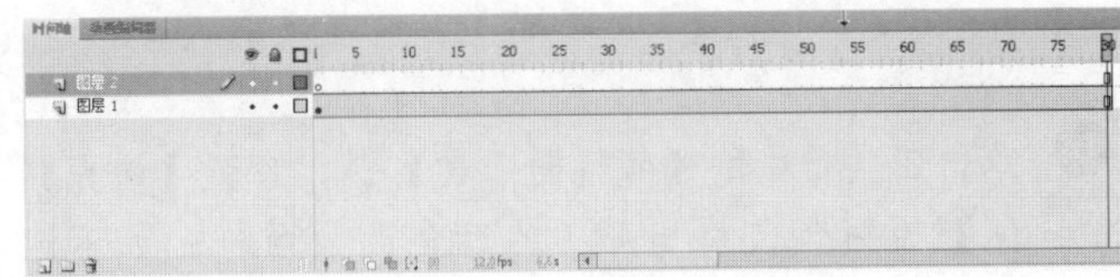

❾ 在时间轴上选中图层 1 的第 1 帧，如下图所示。

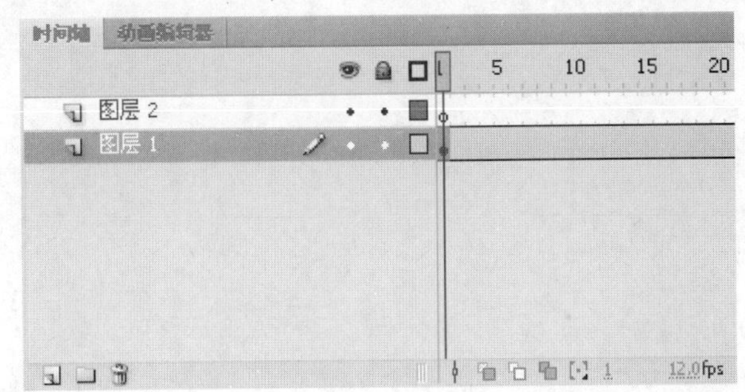

❿ 选择菜单栏中的【编辑】|【复制】命令，如下图所示。

学以致用系列丛书

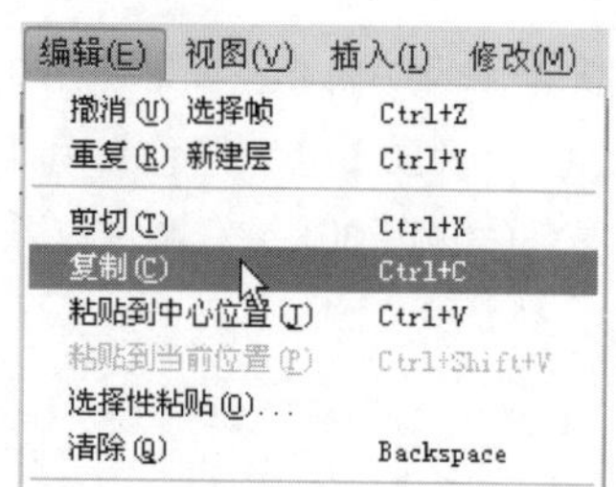

11 选中图层2的第1帧，选择【编辑】|【粘贴到当前位置】命令，如下图所示。

12 此时的时间轴如下图所示。

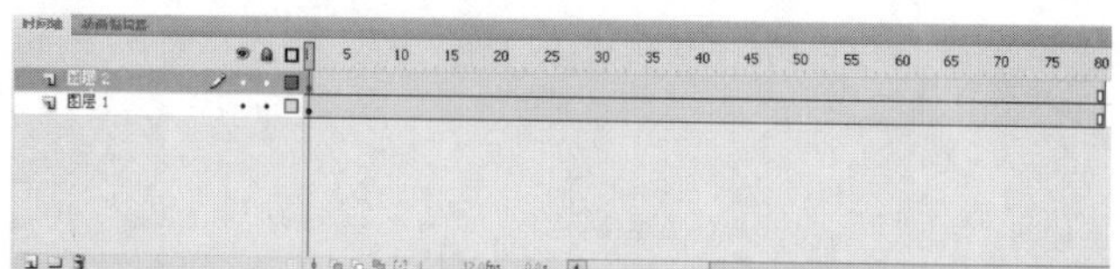

13 在时间轴上选中图层2的第1帧，如下图所示。

14 单击工具箱中的【颜料桶工具】，设置【填充颜色】为白色，将矩形条的颜色改为白色，如下图所示。

15 选中图层2的第80帧并右击，从弹出的快捷菜单中选择【插入关键帧】命令，如下图所示。

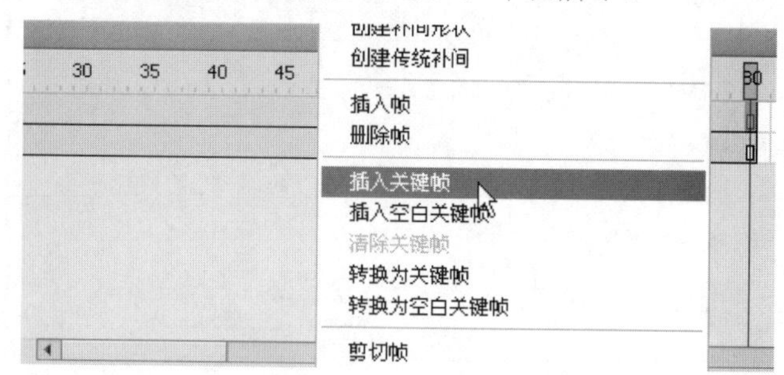

16 选中图层2的第1帧，使用工具箱中的【任意变形工具】将矩形条向左压缩，压缩到足够小，如下图所示。

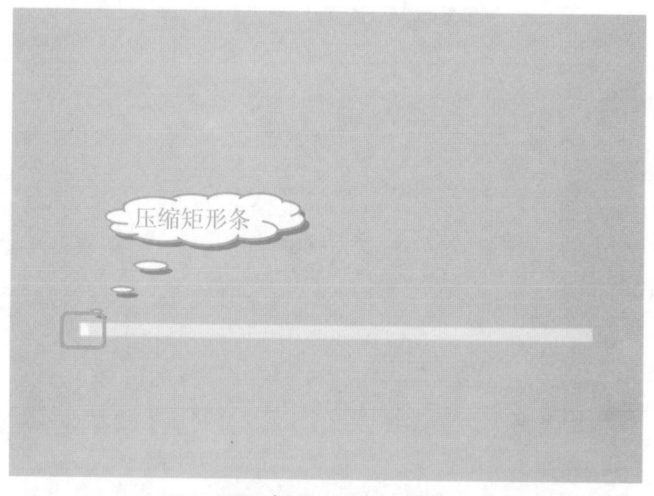

技巧

为了看得清楚，可以将图层1隐藏后查看，效果如下图所示。

17 选中图层2的第1帧到第80帧中的任意一帧并右击，从弹出的快捷菜单中选择【创建补间形状】命令，如下图所示。

长见识

在编辑修改任意图形时，经常会由于控制点过多而导致编辑图形非常困难。此时，可以使用工具箱中的【选择工具】选择图形，将图形中多余的控制点删除掉。

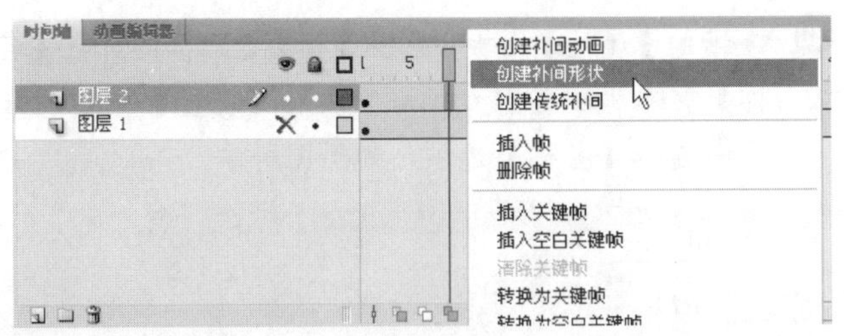

18 此时的时间轴如下图所示。

19 按 Enter 键测试影片剪辑，效果如下图所示。

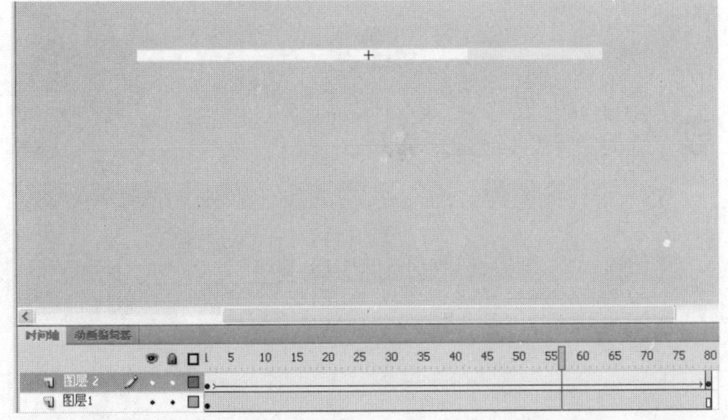

20 单击【返回场景】按钮，返回【预载动画】场景。在时间轴上，将“图层 1”重命名为“背景”，如下图所示。

21 把刚制作的影片剪辑元件拖动到舞台上创建一个实例，并根据用户的需要调整舞台的大小和位置，效果如下图所示。

22 在其【属性】面板中将该元件实例命名为 loading，如下图所示。

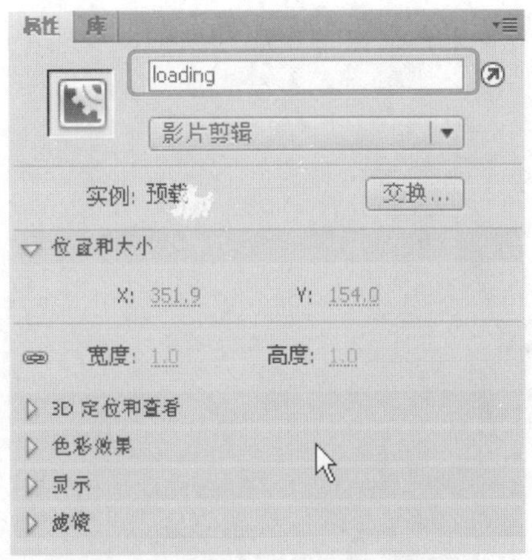

23 单击工具箱中的【文本工具】按钮T，在其【属性】面板中设置其属性，如下图所示。

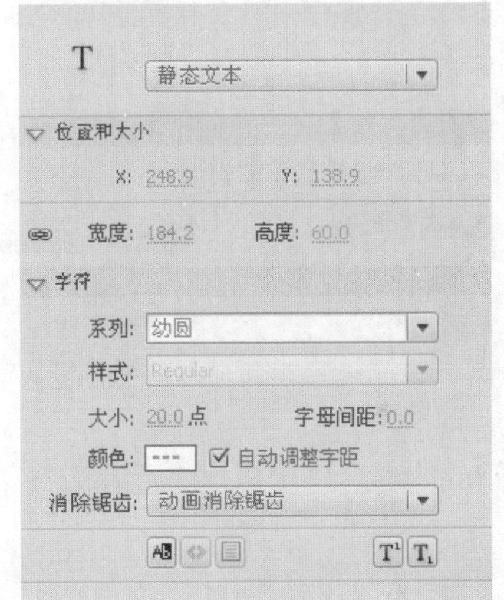

24 在影片剪辑元件的上方输入“即将呈现 敬请耐心等待…”字样，如下图所示。

25 选择【文件】|【导入】|【导入到舞台】命令，导入

学以致用系列丛书

在交换图形对象时，将两个图形都添加淡入淡出效果，可使图形过渡得更自然。

素材文件(光盘：\图书素材\第 12 章\牵手 3.jpg)，让整个画面看起来不那么单调，如下图所示。

注意

预载动画中不能插入过多图片，起到美观作用即可。否则文件过大，就起不到预载动画的作用了。

26 选中背景图层的第 15 帧并右击，从弹出的快捷菜单中选择【插入帧】命令，如下图所示。

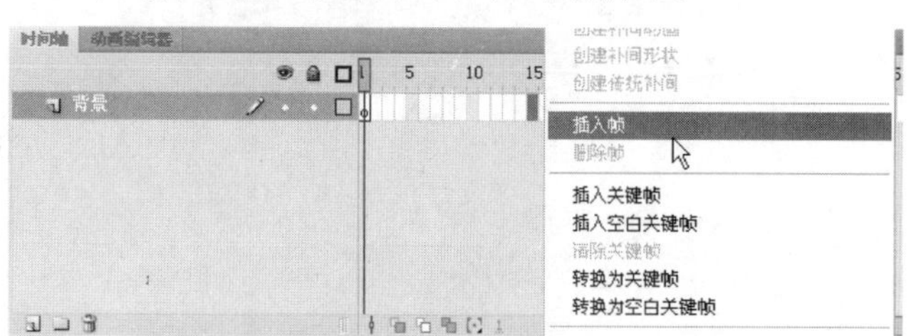

27 单击【添加图层】按钮，新建一个图层并重命名为“动作”，专门用来放置动作。此时的时间轴如下图所示。

28 选中动作图层的第 2 帧并右击，从弹出的快捷菜单中选择【插入空白关键帧】命令，如下图所示。

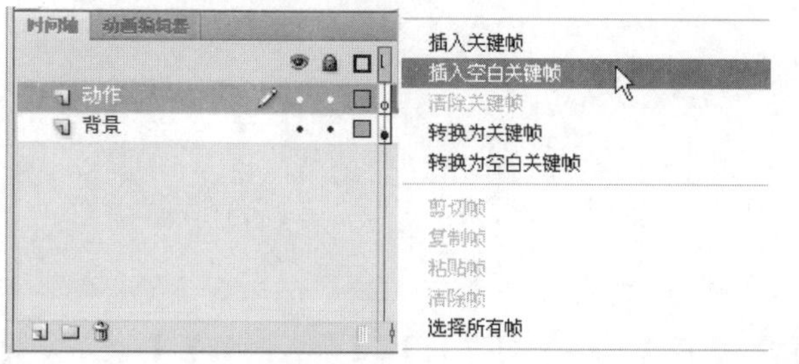

29 在帧的【属性】面板，展开【标签】选项组，在【名称】文本框中输入“循环”，在【类型】下拉列表框中选择【名称】选项，如下图所示。

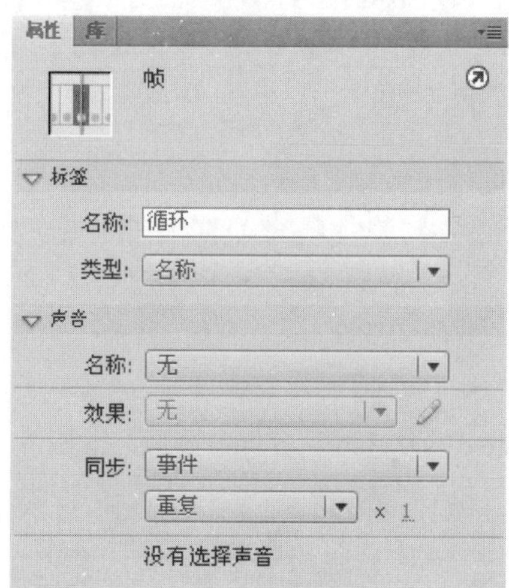

30 此时的时间轴如下图所示。

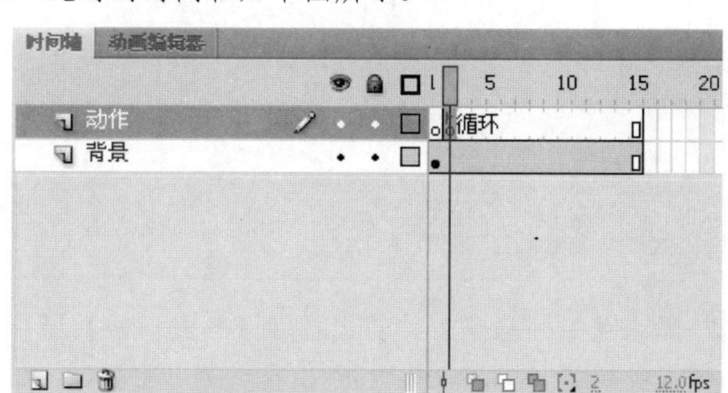

31 选中动作图层的第 2 帧，选择【窗口】|【动作】命令，打开【动作-帧】面板，输入如下命令。

```
byteloaded=_root.getBytesLoaded();
bytetotal=_root.getBytesTotal();
loaded=int(byteloaded/bytetotal*100);
loading.gotoAndStop(loaded);
```

此时的【动作-帧】面板如下图所示。

长见识 如果在【库】面板中拖动元件时，发现拖入后的舞台没有变化，则可能的原因是在时间轴中没有选中需要插入元件实例的帧。

32 选中动作图层的第 15 帧，如下图所示。

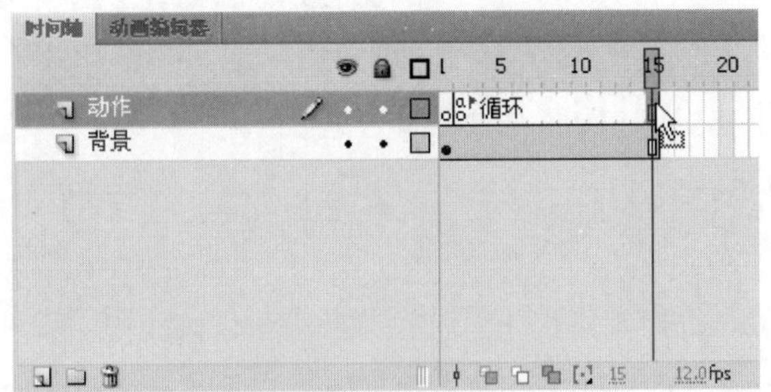

33 在【动作-帧】面板中输入如下命令。

```
if(byteloaded==bytetotal)
{
   gotoAndPlay("歌曲",1 );
}
else
{
   otoAndPlay("循环");
}
```

此时的【动作-帧】面板如下图所示。

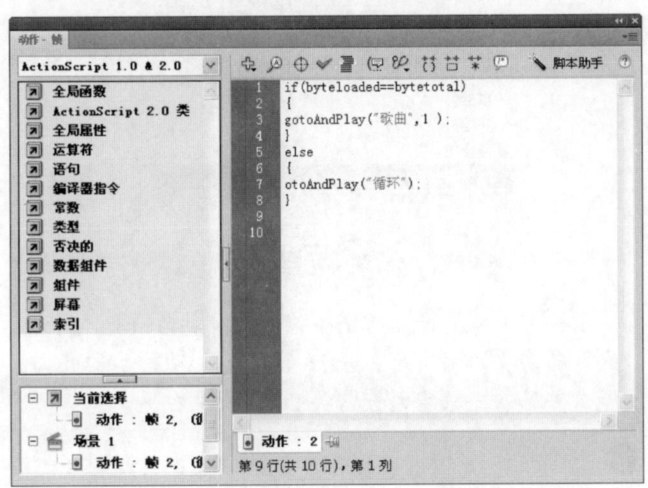

34 至此，预载动画就制作完成了。最后，按 Enter 键测试效果即可。最终的时间轴如下图所示。

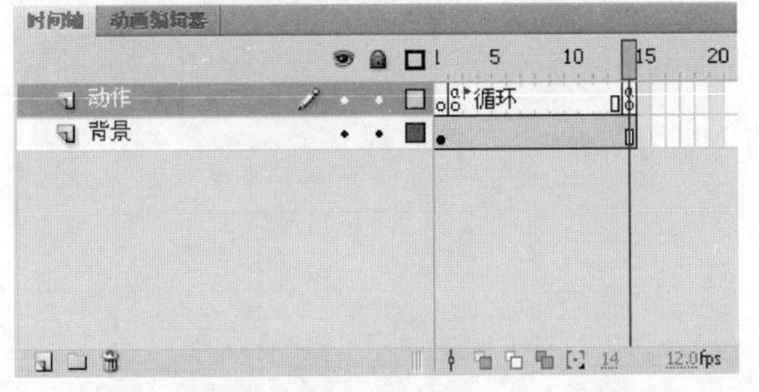

12.1.4　为 MTV 添加歌词

预载动画制作完成后，就可以进行 MTV 的制作了。MTV 中最重要的部分就是歌词，在制作动画之前应先添加歌词，具体操作步骤如下。

操作步骤

1 选择菜单栏中的【窗口】|【其他面板】|【场景】命令，打开【场景】面板，如下图所示。

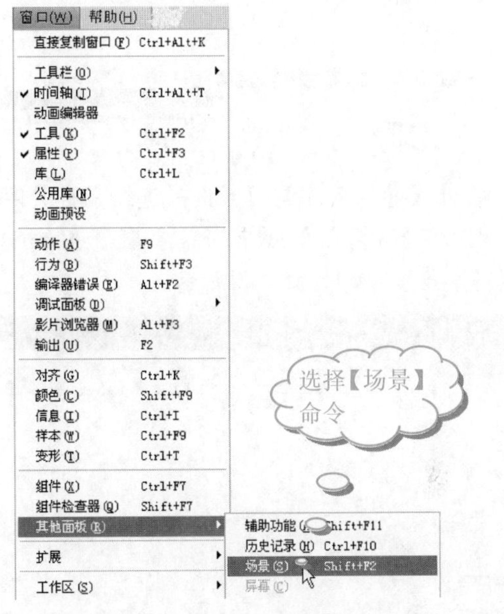

2 在【场景】面板中选择【歌曲】选项，进入【歌曲】场景，如下图所示。

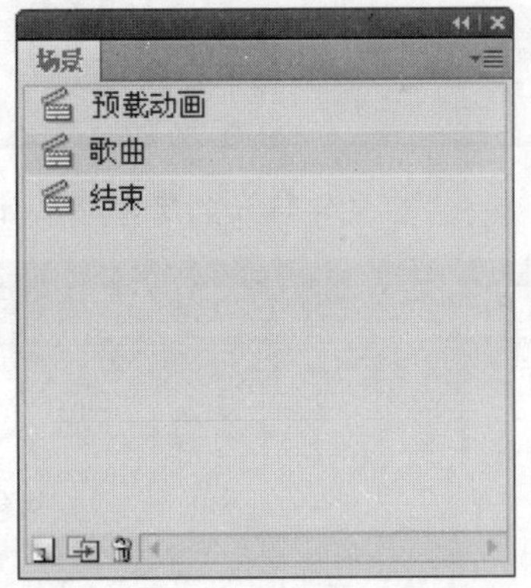

3 将“图层 1”更名为“声音”，专门用来放置音乐，如下图所示。

4 选择菜单栏中的【文件】|【导入】|【导入到库】命令，如下图所示。

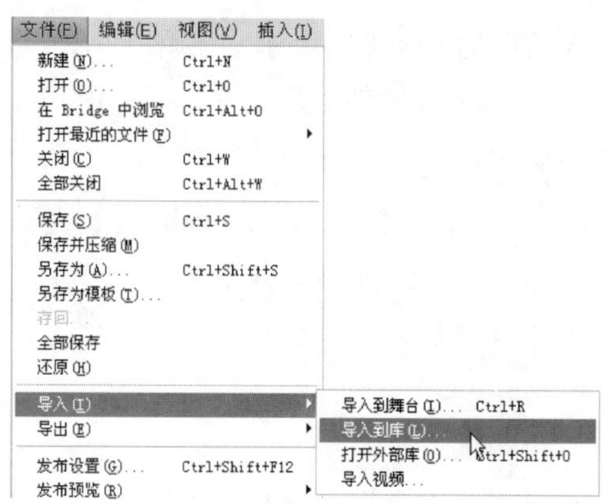

❺ 打开【导入到库】对话框，选择素材文件(光盘：\图书素材\第 12 章\浪花一朵朵-任贤齐.mp3)，并单击【打开】按钮，如下图所示。

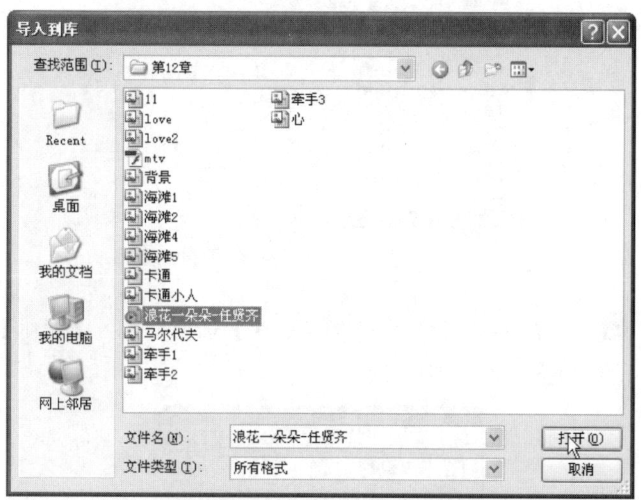

❻ 这样，就将声音文件导入到库中了，如下图所示。

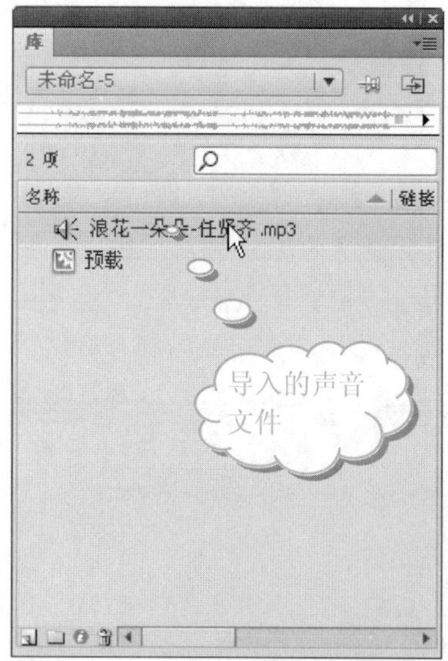

❼ 在时间轴上选中声音图层的第 1 帧，如下图所示。

❽ 将导入的声音文件拖动到舞台中，并在帧的【属性】面板上展开【声音】选项组，在【同步】下拉列表框中选择【数据流】选项，如下图所示。

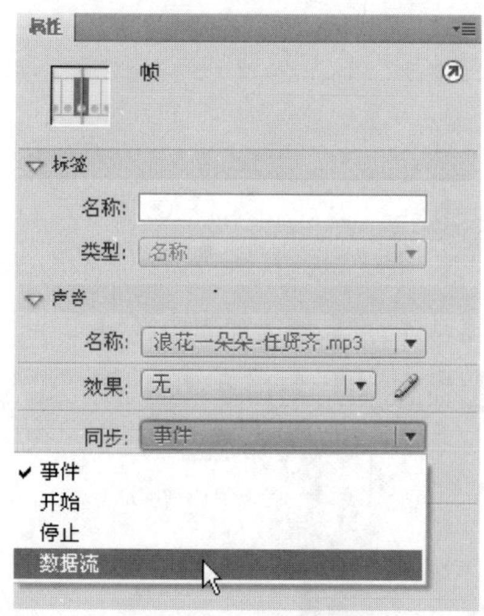

提示

接下来需要计算播完整首歌所需要的帧数，例如这首歌需要的时间是 3 分 36 秒，【帧频】为 12 fps，那么整首歌播放完大概需要 2600 帧左右。

❾ 其实，也可以通过操作更简单地计算出整首歌所需要的帧数。方法是单击帧的【属性】面板上的【编辑声音封套】按钮，如下图所示。

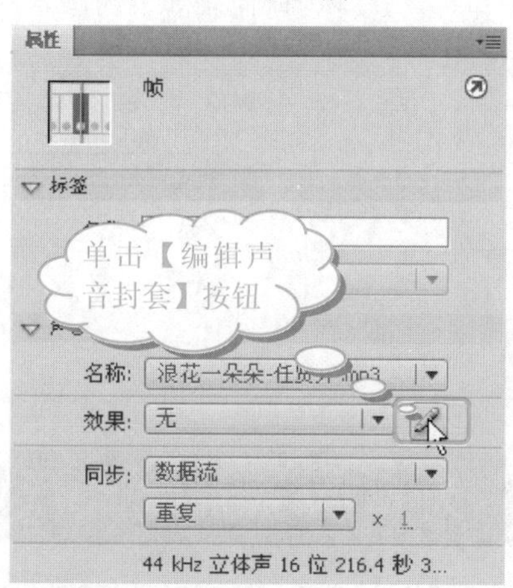

❿ 打开【编辑封套】对话框，并单击【帧】按钮，如

在【动作】面板中单击【自动套用格式】按钮，可以按照自动套用格式设置代码格式。

下图所示。

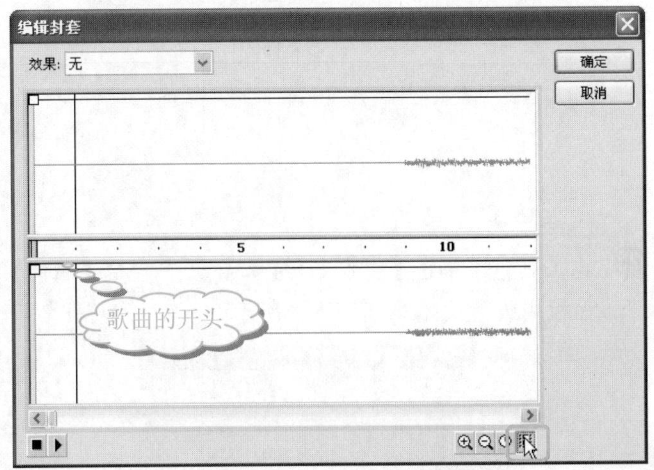

⓫ 拖动滑块至最后，可以看到整首歌播放完需要2535帧，如下图所示。

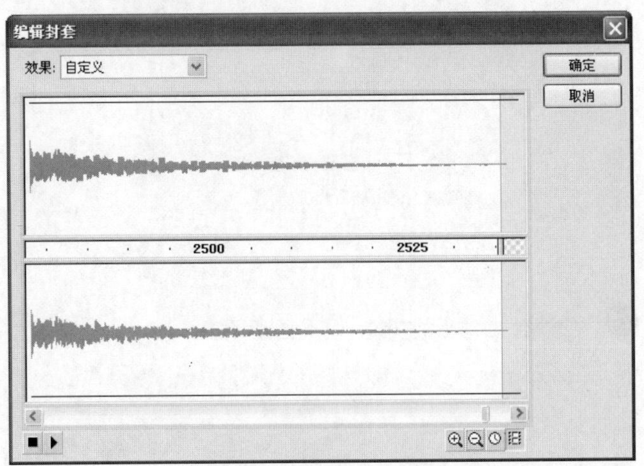

提示

因为这个例子中导入的歌曲有一半是重复的，所以在本实例中只要为歌曲的一半制作动画即可。除去中间的间奏部分，大概一共需要1245帧。用户可以根据实际的声音文件属性来判断如何制作动画的声音效果。

⓬ 选中声音图层的第1245帧并右击，从弹出的快捷菜单中选择【插入帧】命令。此时的时间轴如下图所示。

⓭ 添加一个新的图层，命名为“歌词”，专门用来放置歌词。此时的时间轴如下图所示。

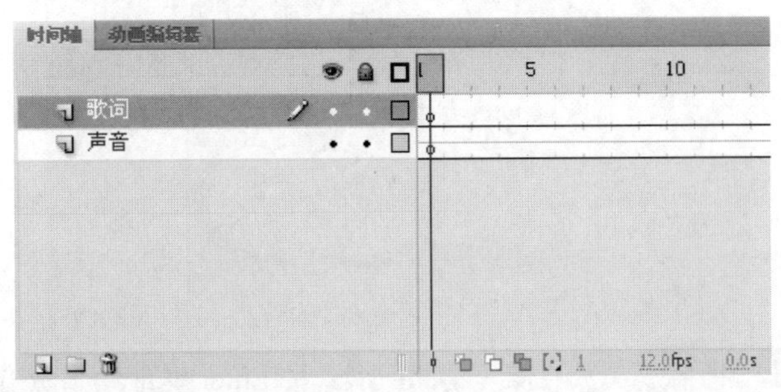

⓮ 将播放头放在歌词图层上的第1帧处，也就是歌曲开始的地方。按Enter键开始播放，同时注意听歌曲，当听到第一句歌词开始的地方立刻按下Enter键停止播放，如下图所示。

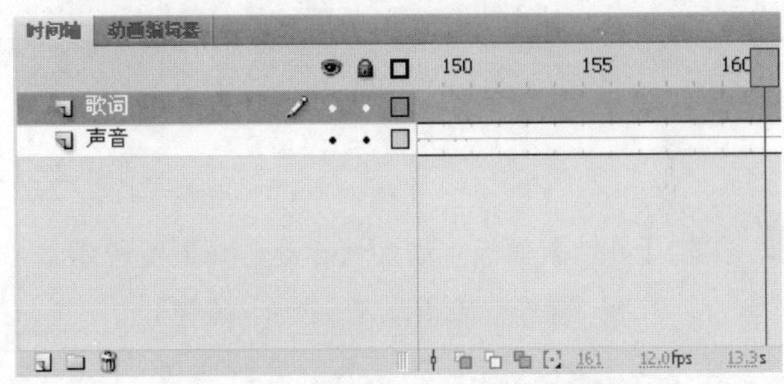

⓯ 选中歌词图层，在第一句歌词开始的帧上插入关键帧，如下图所示。

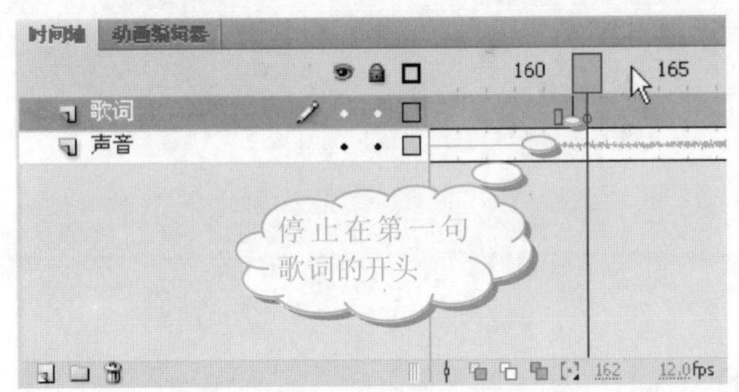

⓰ 在帧的【属性】面板中添加帧标签，标签内容为歌词(如果歌词太长可以选取部分，只要自己能看懂即可)。此例中第一句歌词开始的地方为162帧，为其插入帧标签“啦啦啦~~”，其【属性】面板如下图所示。

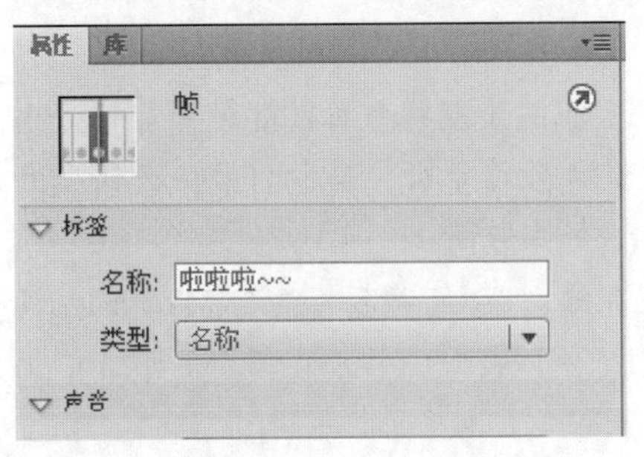

⑰ 插入标签后的时间轴如下图所示。

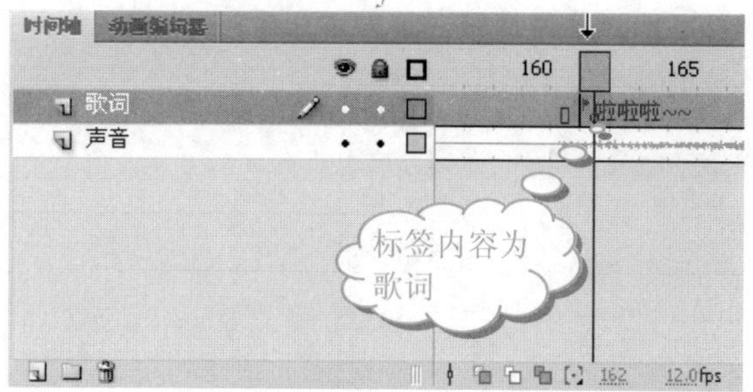

⑱ 将播放头放在第一句歌词处，按 Enter 键继续播放音乐，当第二句歌词开始的时候立刻按 Enter 键停止。为第二句歌词的帧插入关键帧，如下图所示。

⑲ 在其【属性】面板中添加帧标签，如下图所示。

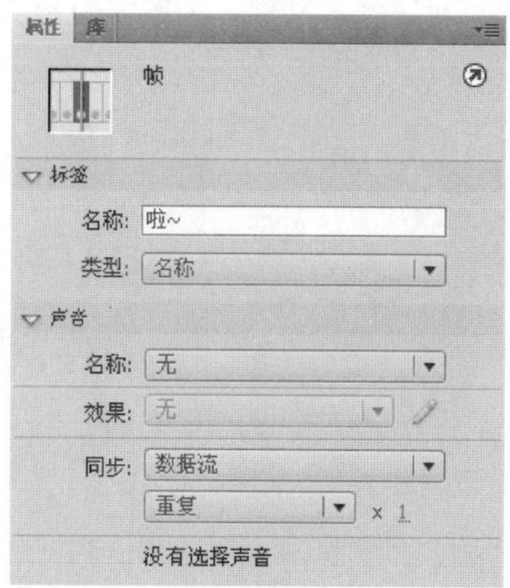

⑳ 此时的时间轴如下图所示。

㉑ 重复上面的步骤将整首歌的歌词都标注出来。全部标注完之后再重听一遍歌曲，修改错误的地方，直到歌词与声音同步。

㉒ 标注完歌词后，可根据标注为 MTV 添加同步显示的歌词(本例中将歌词添加在舞台的下方)。首先，选中第一句歌词的帧，如下图所示。

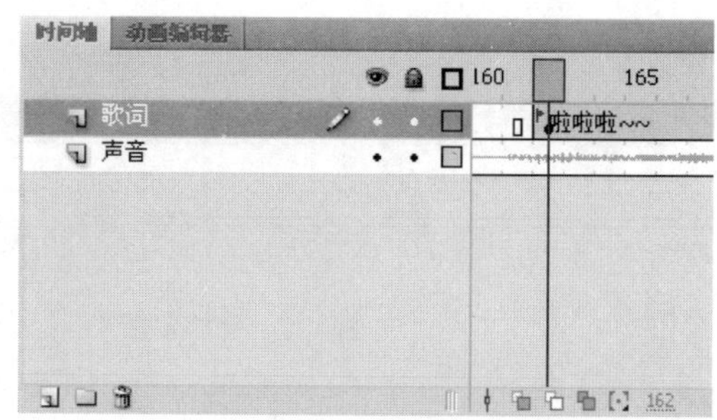

㉓ 在工具箱中单击【文本工具】按钮T，在其【属性】面板中设置文本属性如下图所示。

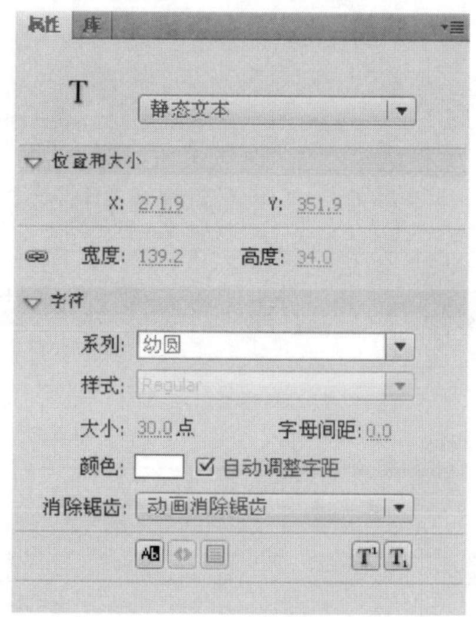

㉔ 在舞台上添加文本，如下图所示。

提示

用户可以自由选择歌词的字体，只要它适合自己的动画风格即可。

如果是一些特殊字体，可以考虑将文本分离为图形，否则如果观赏者的电脑中没有安装这种字体将以系统中的默认的字体代替，影响观赏效果。

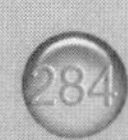

长见识：代码注释是代码中被 ActionScript 编译器忽略的部分。注释行可解释代码的操作，也可以暂时停用用户不想删除的代码。通过在代码行的开头加上双斜杠“//”，可对其进行注释。编译器将忽略双斜杠后面一行的所有文本。

12.1.5　制作 MTV 动画

歌词添加完毕后就可以制作动画了。动画的制作可以充分发挥个人的想象力，没有任何的拘束，只要能够将歌曲的思想展现出来即可。下面一起来看看本例中 MTV 动画制作的部分操作。

操作步骤

❶ 在“歌词”和“声音”图层中间，添加 4 个新的图层，分别重命名为“背景”、“动画”、“按钮”和“动作”，如下图所示。

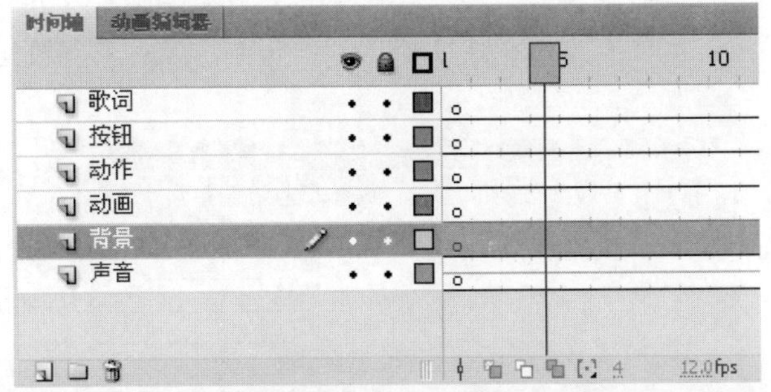

提示

其中，各图层的作用如下。

- 背景图层主要用于放置一些背景图片。
- 动画图层主要用来放置一些元件，制作一些动画效果。
- 按钮图层用于放置动画的控制按钮。
- 动作图层用于放置整个动画的所有脚本语句。

技巧

在第一句歌词开始之前，有一段音乐前奏，可以制作一些介绍性的内容，比如歌名、演唱者等。

❷ 首先，导入图片。在时间轴上选中背景图层的第 1 帧，如下图所示。

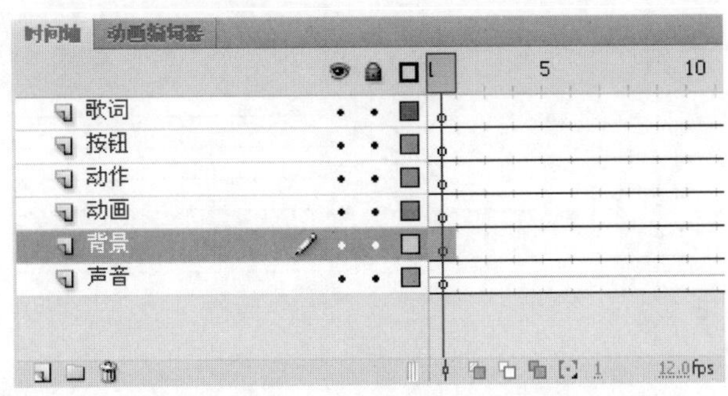

❸ 选择【文件】|【导入】|【导入到舞台】命令，导入一张图片(光盘：\图书素材\第 12 章\背景.jpg)，如下图所示。

❹ 在其【属性】面板中，设置图片的【宽度】和【高度】分别为 550.0 和 336.0，如下图所示。

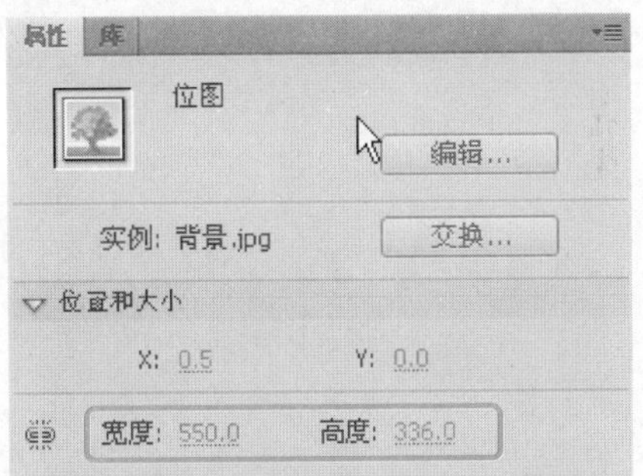

注意

在设置图片的高度和宽度时，由于高度值和宽度值不一样，所以必须单击【将高度值和宽度值锁在一起】按钮，使其保持断开状态。否则，更改高度值和宽度值中的任意一个参数，另一个也会随之自动更改，无法达到预期的效果。

❺ 此时的背景图片变短并且缩小到舞台的上方，如下图所示。

还可以对较大的代码块进行注释，方法是：在代码块的开头加上一个斜杠和一个星号(/*)，并在代码块的结尾加上一个星号和一个斜杠(*/)。

技巧

如果图片的位置需要调整，可以选择【窗口】|【对齐】命令，打开【对齐】面板，在面板中单击相应的按钮调整图片在舞台中的位置。

6 这里，舞台下面的部分用于放置歌词和按钮。然后，选择菜单栏中的【插入】|【新建元件】命令，打开【创建新元件】对话框，如下图所示。新建一个“花朵 1”影片剪辑元件，如下图所示。

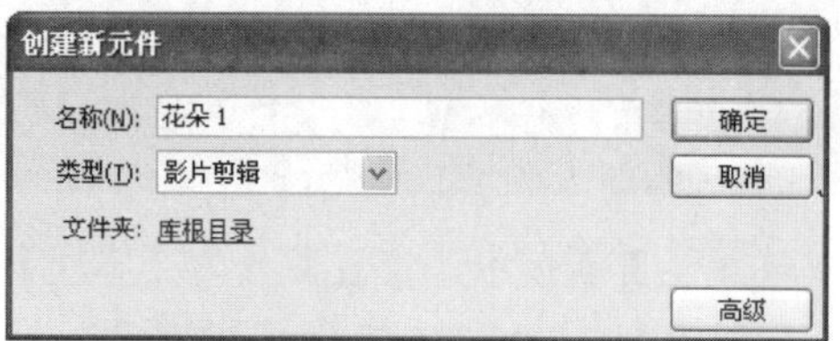

7 使用【椭圆工具】绘制一个花瓣形状，如下图所示。

8 复制另外 3 个花瓣并调整元件的位置，使其成为一朵花的形状，如下图所示。

9 选择【修改】|【组合】命令，如下图所示。

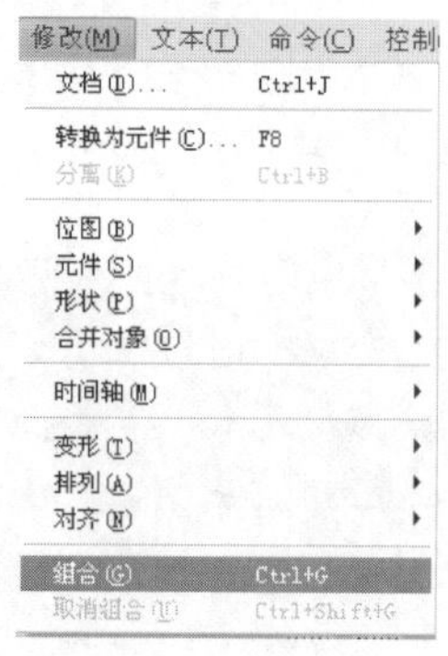

10 将花朵的所有部分组合，效果如下图所示。

11 在时间轴上选中背景图层的第 3 帧并右击，从弹出的快捷菜单中选择【插入关键帧】命令，效果如下图所示。

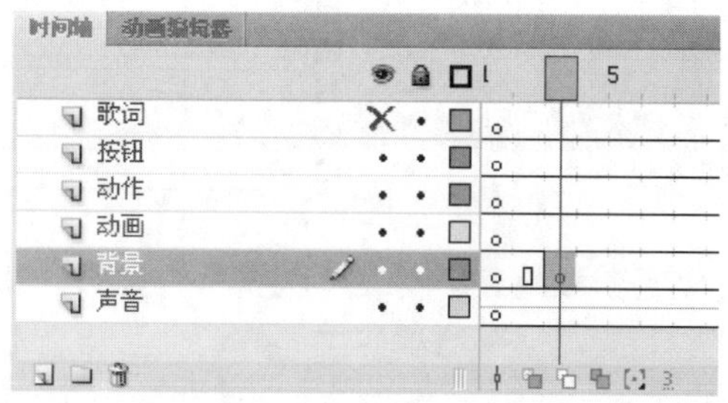

12 使用工具箱中的【任意变形工具】将花旋转一定的角度，如下图所示。

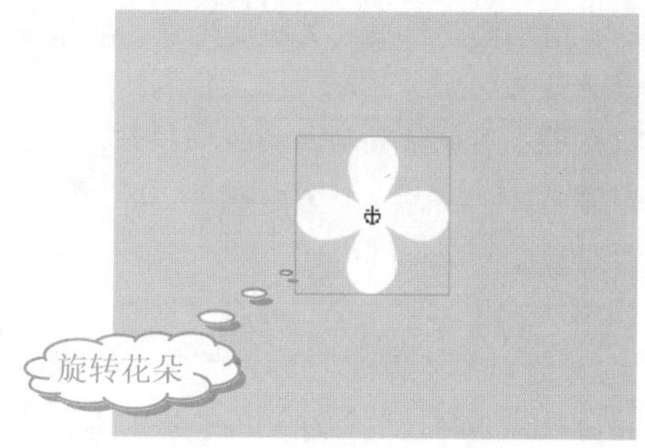

13 分别在背景图层的第 5 帧、第 7 帧、第 9 帧和第 11 帧处插入关键帧，使用【任意变形工具】将花旋转一定的角度。此时的时间轴如下图所示。

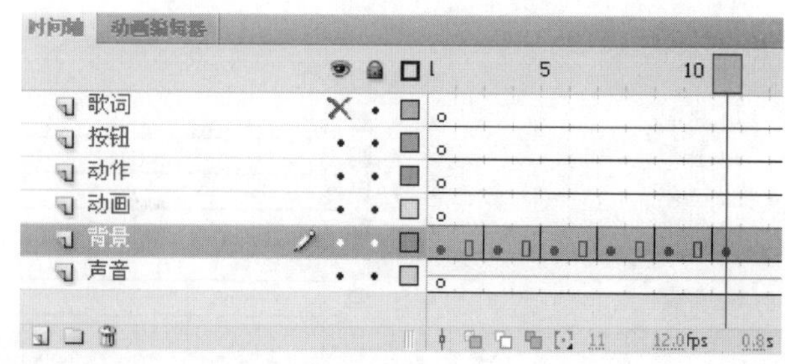

14 按 Enter 键测试，可以看到一朵花旋转的效果。接着，选择菜单栏中的【插入】|【新建元件】命令，打开【创建新元件】对话框，新建一个“花朵 2”影片剪

当在【动作】面板中编写脚本时，动作工具箱中将以黄色显示目标播放器版本不支持的命令。例如，如果 SWF 文件版本设置为 Flash 7，仅受 Flash Player 8 支持的 ActionScript 就在动作工具箱中显示为黄色。

辑，并单击【确定】按钮，如下图所示。

创建新元件
名称(N): 花朵2
类型(T): 影片剪辑
文件夹: 库根目录
确定
取消
高级

⓯ 进入“花朵 1”的编辑界面，按住 Ctrl 键的同时拖动光标以选择背景图层的第 1 帧到第 11 帧。然后，右击选中的帧，从弹出的快捷菜单中选择【复制帧】命令，效果如下图所示。

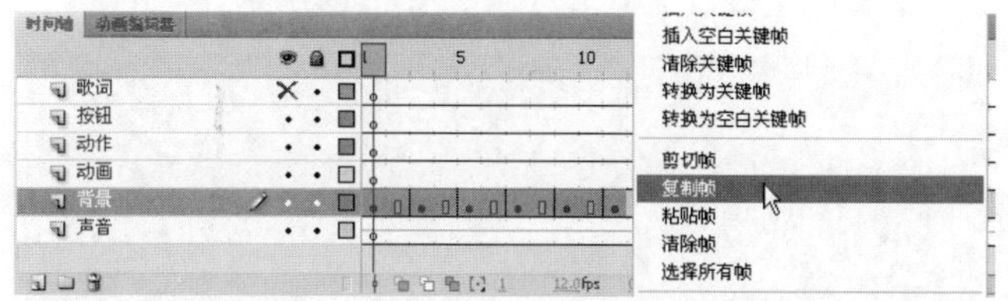

⓰ 返回到“花朵 2”元件编辑模式下，选中背景图层的第 1 帧并右击，从弹出的快捷菜单中选择【粘贴帧】命令。再将这 11 帧全部选中并右击，从弹出的快捷菜单中选择【翻转帧】命令，效果如下图所示。

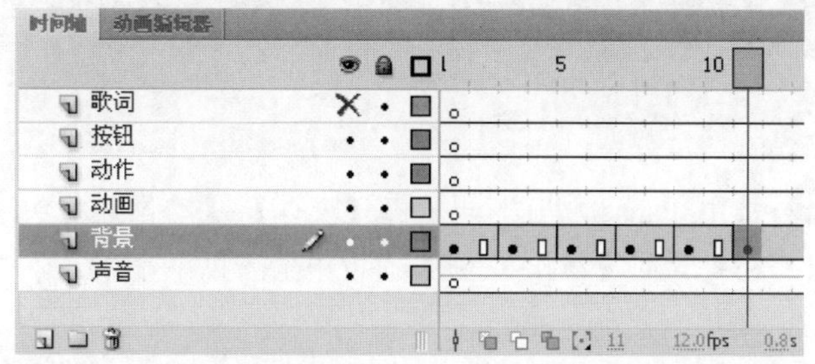

⓱ 选中动画图层的第 1 帧，将“花朵 1”元件拖动到舞台上创建实例，并使用【任意变形工具】调整其大小，效果如下图所示。

⓲ 选中动画图层的第 10 帧插入关键帧，使用【文本工具】T 在适当位置插入文字“浪”，效果如下图所示。

⓳ 选中动画图层的第 15 帧插入关键帧，插入文字“花”。然后，采用同样的方法，将歌曲名称和演唱者的信息逐个放进舞台以及相应的关键帧上。最终的画面效果如下图所示。

⓴ 选择菜单栏中的【插入】|【新建元件】命令，创建一个新的按钮元件。在【名称】文本框中输入 pause，在【类型】下拉列表框中选择【按钮】选项，并单击【确定】按钮，如下图所示。

创建新元件
名称(N): pause
类型(T): 按钮
文件夹: 库根目录
确定
取消
高级

㉑ 单击工具箱中的【椭圆工具】按钮，设置【填充颜色】为绿色(#00FF66)，【笔触颜色】为【无】。在舞台上绘制一个椭圆，效果如下图所示。

学以致用系列丛书

22 单击工具箱中的【文本工具】按钮T，设置其属性如下图所示。

属性
T 静态文本
位置和大小
X: 243.0 Y: 203.3
宽度: 52.4 高度: 28.9
字符
系列: Bradley Hand ITC
样式: Regular
大小: 20.0点 字母间距: 0.0
颜色: ☑ 自动调整字距
消除锯齿: 动画消除锯齿

23 在椭圆上添加蓝色(#0066FF)的“pause”文本，如下图所示。

24 参照 pause 按钮元件的制作方法，再制作出两个风格相似的按钮元件：Continue 和 Replay，用于继续播放、从头播放控制，如下图所示。

其中，Continue 的椭圆颜色为#FF6600，文本颜色为#FFFF00；Replay 的椭圆颜色为#FFFE65，文本颜色为#FF65FF。当然，用户也可以自行设置颜色。

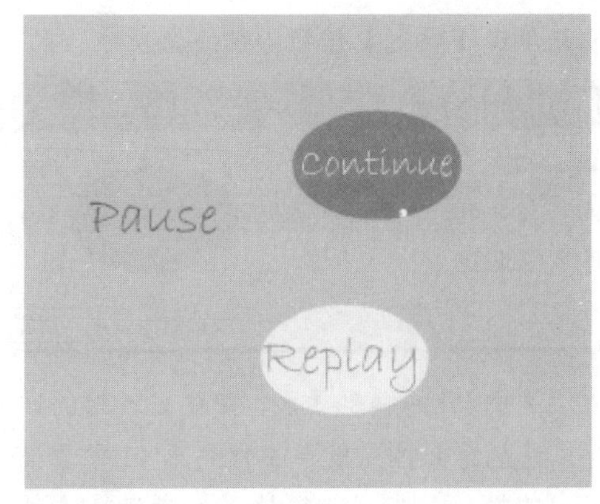

25 选中按钮图层的第 1 帧，将 Pause 按钮和 Continue 按钮拖到舞台上创建实例，如下图所示。

26 选中 Pause 按钮，再选择【窗口】|【动作】命令，在打开的【动作-按钮】面板中输入以下命令。

```
on(release){
    gotoAndStop(_root._currentframe);
}
```

此时的【动作-按钮】面板如下图所示。

27 选中 Continue 按钮，在打开的【动作-按钮】面板中

学以致用系列丛书

为对象创建补间动画后，又能在该补间动画的起始帧和结束帧上添加脚本命令。

输入以下命令。

```
on(release){
    gotoAndPlay(_root._currentframe);
}
```

此时的【动作-按钮】面板如下图所示。

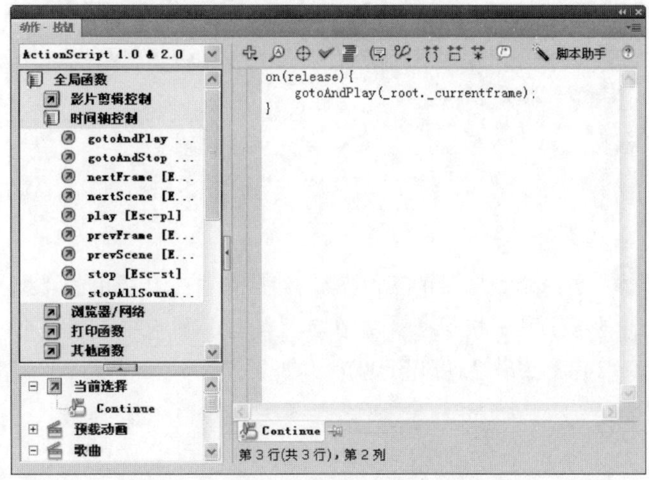

28 选中背景图层的第 162 帧，再选择【文件】|【导入】|【导入到舞台】命令，导入一张新图片(光盘: \图书素材\第 12 章\马尔代夫.jpg)，如下图所示。

29 在其【属性】面板中，设置图片的【宽度】和【高度】分别为 550.0 和 336.0，如下图所示。

30 打开【对齐】面板，单击【相对于舞台】按钮，并单击【水平中齐】和【顶对齐】按钮，如下图所示。

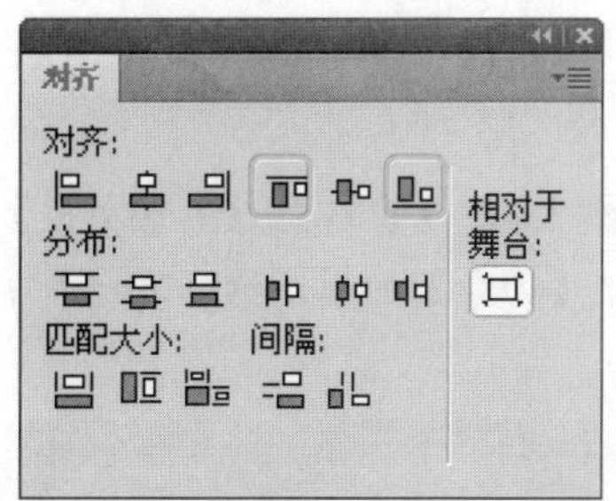

31 得到的图片效果如下图所示。

32 使用所学知识为整首歌曲添加动画。具体的制作过程在此不再细述，用户可以根据自己的喜好进行相应的设计和制作，将所有动画制作完毕。例如，对于歌词“你一定会爱上我”，可插入图片(光盘: \图书素材\第 12 章\love.jpg)，效果如下图所示。

12.1.6 制作结束场景

动画主题制作完毕之后，通常会再制作一个结束场景，让整个动画看上去有始有终；也可以在这个场景中添加重放按钮，让有兴趣的观赏者重新观看MTV。具体操作步骤如下。

操作步骤

❶ 选择菜单栏中的【窗口】|【其他面板】|【场景】命令，打开【场景】面板，选择【结束】场景，如下图所示。

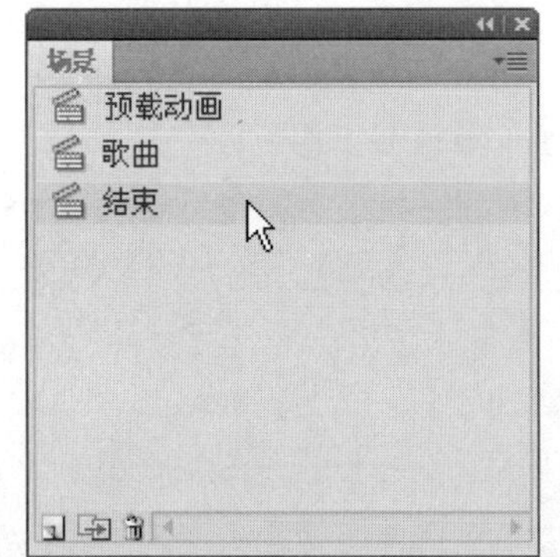

❷ 在时间轴上，将【图层1】图层重命名为“背景”，如下图所示。

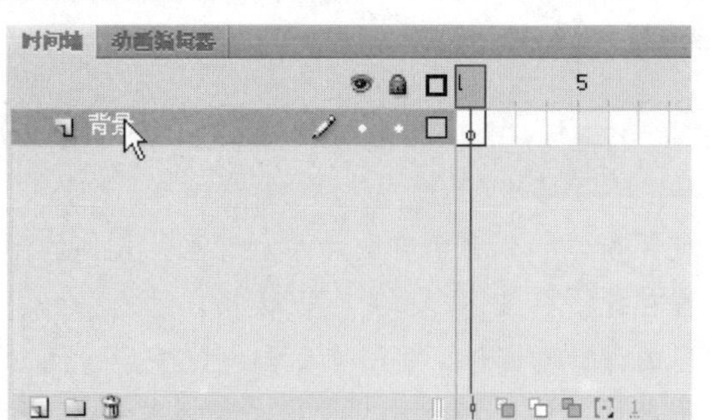

❸ 单击【新建图层】按钮新建两个图层，并分别命名为“按钮”和“动作”，如下图所示。

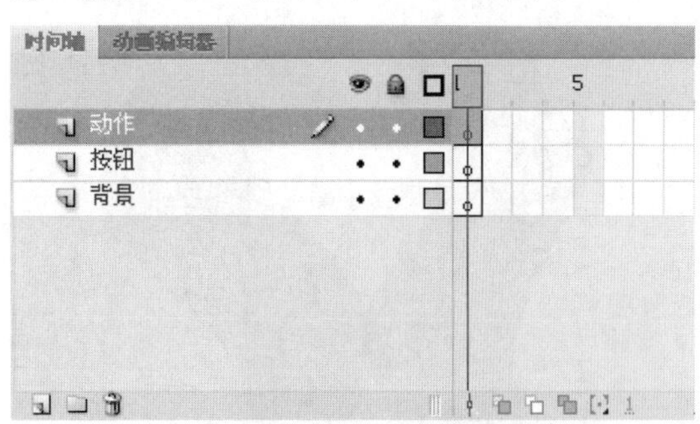

❹ 在时间轴上选中背景图层，并选择菜单栏中的【文件】|【导入】|【导入到舞台】命令，在弹出的【导入】对话框中，选择事先准备好的图片素材(光盘:\图书素材\第12章\海滩5.jpg)作为背景图片，并调整图片的大小和位置，如下图所示。

❺ 选中背景图层的第1帧，然后单击工具箱中的【文本工具】按钮T，并在其【属性】面板中设置【颜色】为黄色(#FFFF00)，如下图所示。

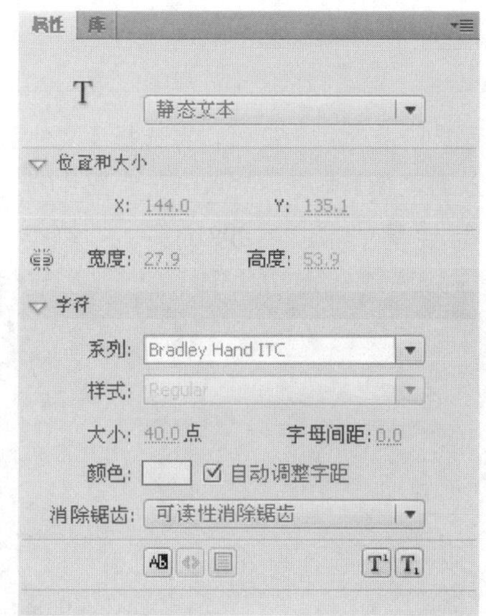

❻ 在舞台的适当位置上输入“T”，如下图所示。

❼ 选中时间轴上背景图层的第3帧并右击，从弹出的快捷菜单中选择【插入关键帧】命令，如下图所示。

学以致用系列丛书

长见识：对于动态文本或输入文本，Flash会自动存储字体名称；当显示Flash应用程序时，Flash Player会在用户的系统上查找相同或类似的字体。

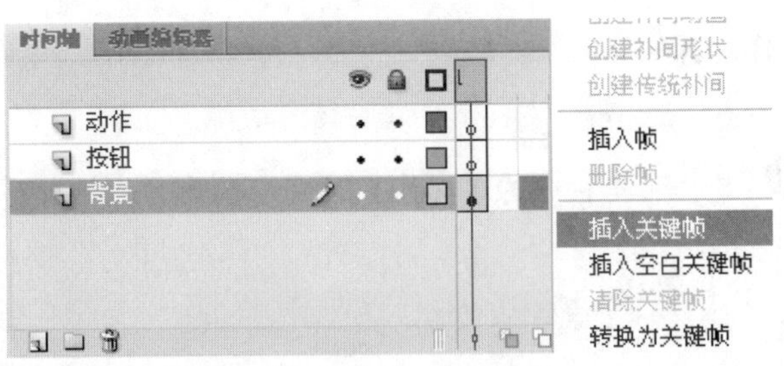

8 此时的时间轴如下图所示。

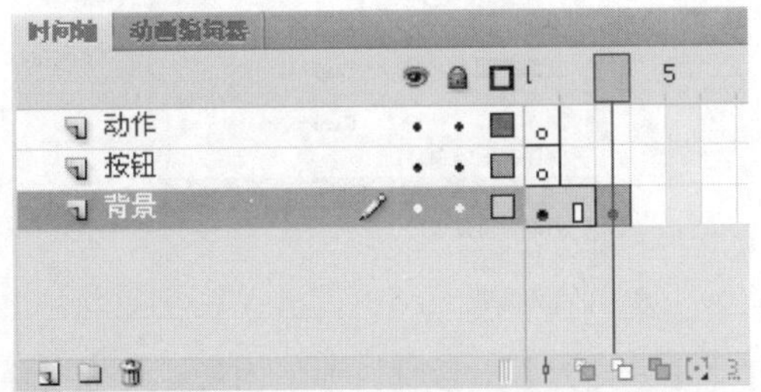

9 使用【文本工具】在舞台的适当位置上输入“H”，如下图所示。

10 采用同样的方法，分别在背景图层的第 6 帧、第 9 帧、第 12 帧及第 15 帧处插入关键帧。此时的时间轴如下图所示。

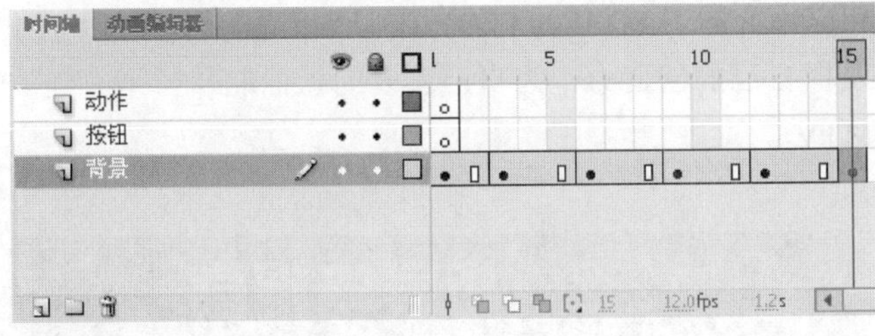

11 在各个关键帧中，分别使用【文本工具】T在舞台上输入“E”、“E”、“N”和“D”英文字母。最终效果如下图所示。

12 选中按钮图层，将之前制作的 Replay 按钮拖到舞台的适当位置创建实例，如下图所示。

13 选中 Replay 按钮，按下 F9 键，打开【动作-按钮】面板，输入以下命令。

```
on (release) {
    gotoAndPlay("歌曲", 1);
}
```

此时的【动作-按钮】面板如下图所示。

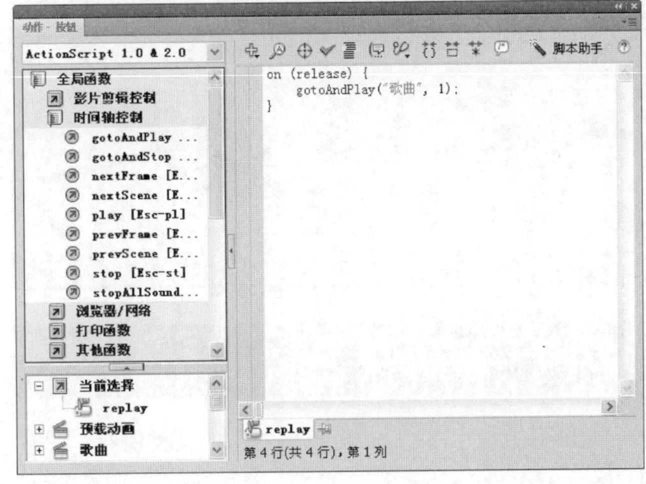

学以致用系列丛书

14 选中动作图层的最后一帧，按下F9键，在打开的【动作-帧】面板中输入以下命令，完成整个动画的制作。

```
stop();
```

此时的【动作-帧】面板如下图所示。

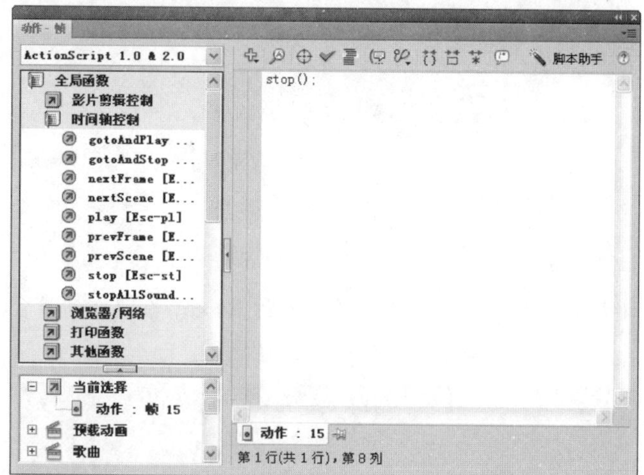

15 最终的【结束】场景的时间轴如下图所示。

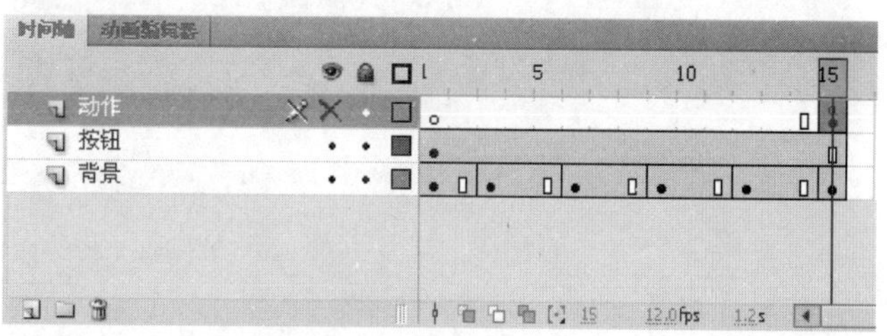

16 选择【窗口】|【测试场景】命令，可以单独查看动画【结束】场景的播放效果，如下图所示。

12.1.7 保存文件

动画制作完毕之后，可以将制作的文件保存，具体操作步骤如下。

操作步骤

1 选择菜单栏中的【文件】|【另存为】命令，如下图所示。

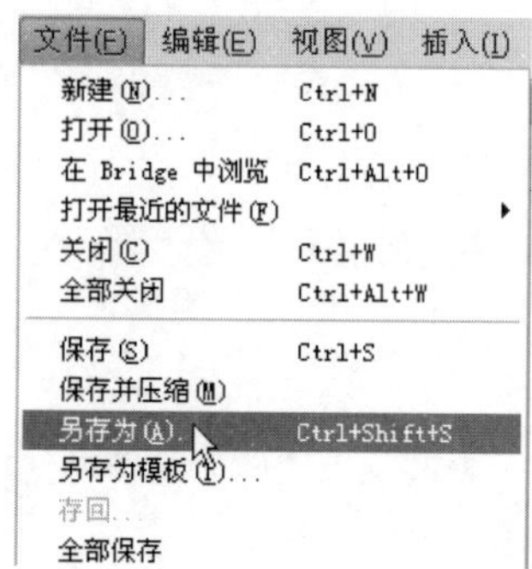

2 打开【另存为】对话框，如下图所示。在【保存在】下拉列表框中指定文件的保存路径，在【文件名】下拉列表框中输入保存的文件名，保持【保存类型】为默认(Flash CS4 文档)，并单击【保存】按钮，即可保存文件。

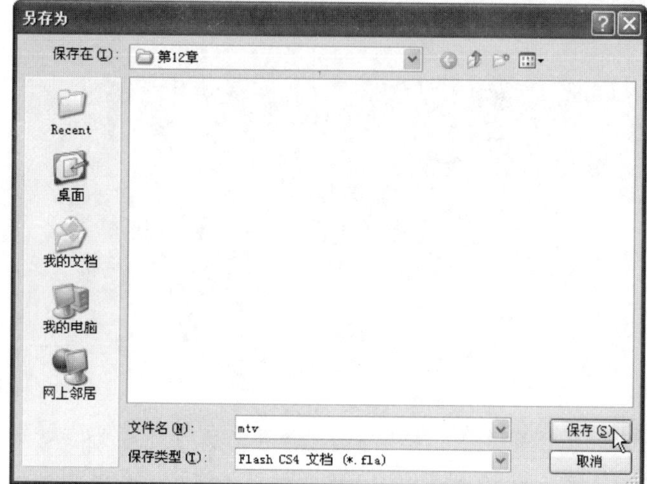

至此，该MTV的三个场景全部制作完毕。这里只是粗略地介绍了MTV的制作方法，有兴趣的用户可以充分发挥自己的创造力，为自己喜爱的歌曲制作一个有趣的MTV。

12.2 拓展与提高

如何测试影片，很多用户已经十分熟悉了，快捷键Enter可以快速测试动画效果。但是对于按钮元件，Enter键就不那么好用了。这个问题如何解决？本小节将揭开谜底。

长见识：如果将关键帧转换为普通帧，则被清除的关键帧以及到下一个关键帧之前的所有帧的舞台内容都将由被清除的关键帧之前的帧的舞台内容所替换。

12.2.1 在 Flash 编辑环境中测试 Flash 影片

动画制作完毕之后，可以按 Ctrl+Enter 组合键进行测试，以查看整个动画的播放效果。如果在动画制作过程中用户只希望测试刚制作好的某个元件，或者其他动画效果，也可以按 Ctrl+Enter 组合键来测试，但速度比较慢。此时，用户可以按 Enter 键来实现在影片剪辑编辑模式下的测试。

在默认情况下，影片中的影片剪辑元件、按钮元件以及脚本语言，即影片的交互式效果，无法进行测试。如果要对它们进行测试，可以通过如下方法。

1. 测试简单按钮

如果要在影片编辑环境下测试按钮元件，可进行如下操作。

操作步骤

❶ 选中要测试的按钮，如下图所示(这里，在公用库中随意拖动了一个按钮元件到舞台中，用户还可以自定义按钮元件并进行测试操作)。

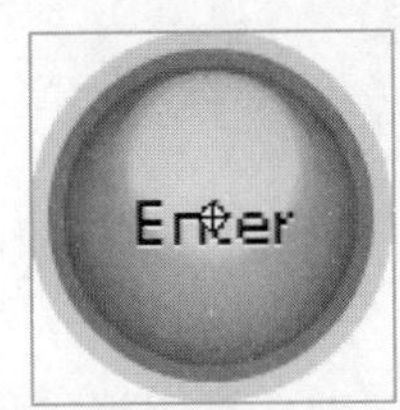

❷ 选择菜单栏中的【控制】|【启用简单按钮】命令(或者按 Ctrl+Alt+B 组合键)，如下图所示。

控制(O) 调试(D) 窗口(W) 帮助(H)
播放(P) Enter
后退(R) Shift+,
转到结尾(G) Shift+.
前进一帧(F) .
后退一帧(B) ,
测试影片(M) Ctrl+Enter
测试场景(S) Ctrl+Alt+Enter
删除 ASO 文件(C)
删除 ASO 文件和测试影片(D)
循环播放(L)
播放所有场景(A)
启用简单帧动作(I) Ctrl+Alt+F
启用简单按钮(T) Ctrl+Alt+B
启用动态预览(W)
静音(N) Ctrl+Alt+M

❸ 此时，按钮将做出与最终动画中一样的响应。按 Ctrl+Enter 组合键，即可测试该按钮。如下图所示为按钮元件【点击】帧状态下的状态。

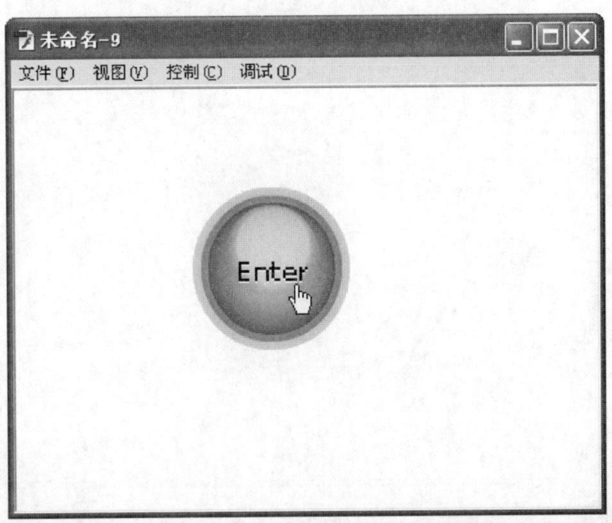

2. 测试简单帧动作

如果要在影片编辑环境下测试简单的帧动作(如 play、stop、gotoAndPlay 和 gotoAndStop 等)，需要选择菜单栏中的【控制】|【启用简单帧动作】命令，如下图所示。

控制(O) 调试(D) 窗口(W) 帮助(H)
播放(P) Enter
后退(R) Shift+,
转到结尾(G) Shift+.
前进一帧(F) .
后退一帧(B) ,
测试影片(M) Ctrl+Enter
测试场景(S) Ctrl+Alt+Enter
删除 ASO 文件(C)
删除 ASO 文件和测试影片(D)
循环播放(L)
播放所有场景(A)
启用简单帧动作(I) Ctrl+Alt+F
启用简单按钮(T) Ctrl+Alt+B
启用动态预览(W)
静音(N) Ctrl+Alt+M

然后，按 Enter 键即可在 Flash 编辑环境下测试 Flash 中的简单帧动作。

3. 测试影片剪辑元件

对于影片剪辑元件，按 Enter 键是无法在影片编辑环境下测试播放效果的。要想测试影片剪辑元件，可进行如下操作。

操作步骤

❶ 在场景中双击影片剪辑元件(MTV 动画中的“花朵 2”影片剪辑元件)，如下图所示。

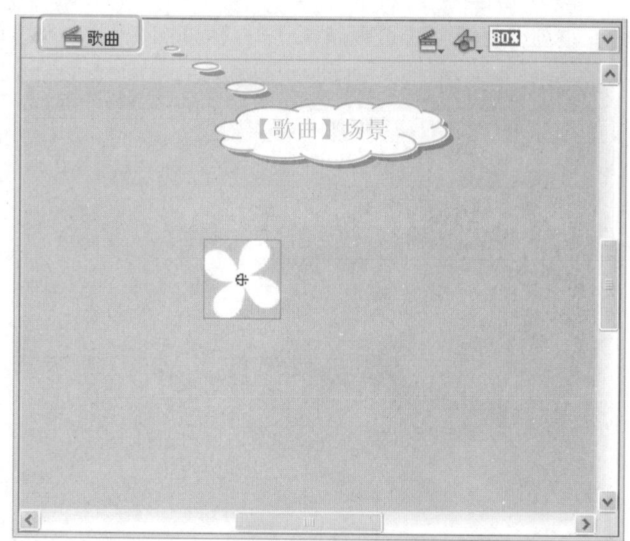

❷ 进入影片剪辑元件的编辑环境下，如下图所示。

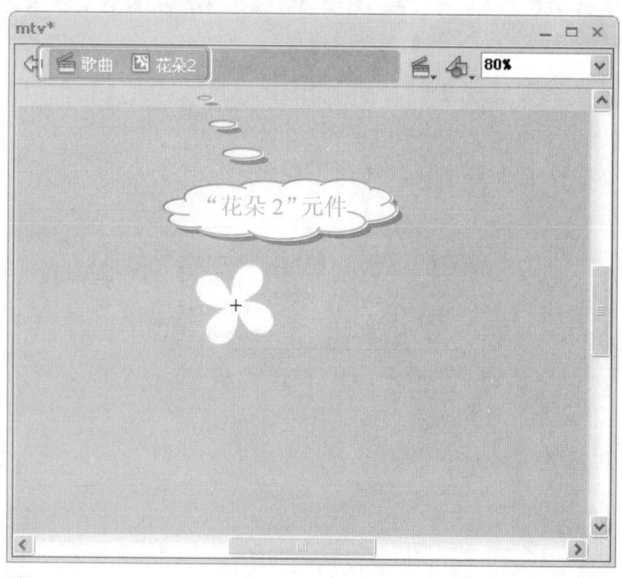

❸ 按 Enter 键即可测试影片剪辑的效果，如下图所示。

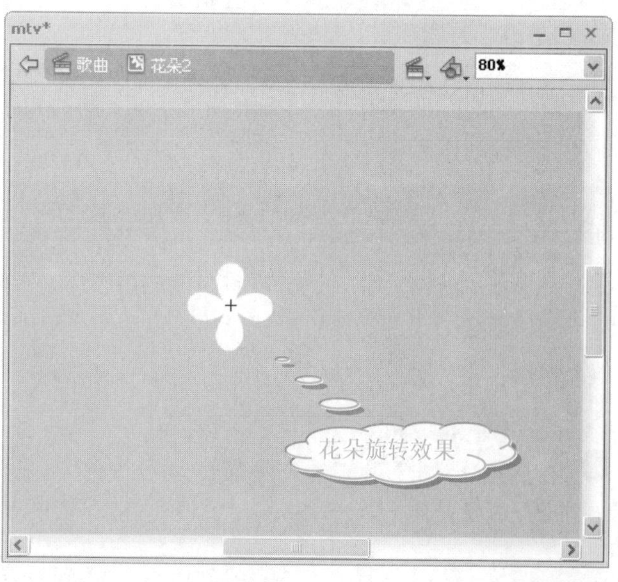

12.2.2　使用 Flash 中的脚本助手

Flash 脚本助手是【动作】面板中不可或缺的功能。使用 Flash 脚本助手，可以在不编写代码的情况下，将 ActionScript 脚本添加到 FlA 文件中。

在脚本助手模式下，可以添加、删除或者更改【脚本】窗格中语句的顺序；在【脚本】窗格上方的框中输入动作的参数；查找和替换文本以及查看脚本行号、固定脚本(即在单击对象或帧以外的地方时保持【脚本】窗格中的脚本)。这对于不太熟悉 Flash 脚本的用户来说，十分有用。

下面就一起来认识一下 Flash 中的脚本助手，具体操作步骤如下。

操作步骤

❶ 在打开的 Flash 文档中，按 F9 键，打开【动作-帧】面板。单击该面板右上角的【脚本助手】按钮，如下图所示。

❷ 此时【动作-帧】面板的视图发生了变化，如下图所示。

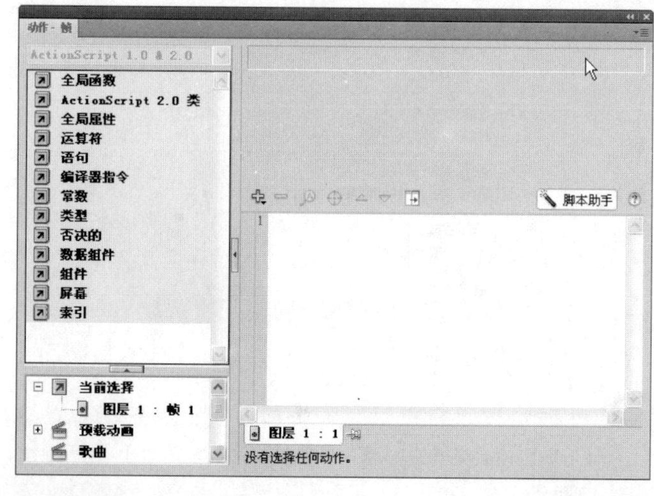

在【脚本】窗格的外部 ActionScript 类文件中，全局类路径或源路径会影响语法检查。即使正确设置了全局类路径或源路径，也可能生成错误，因为编译器不知道该类已编译。

❸ 此时可以通过选择动作工具箱中的项目来构建脚本。单击某个项目，面板右上方会显示该项目的描述，如下图所示。

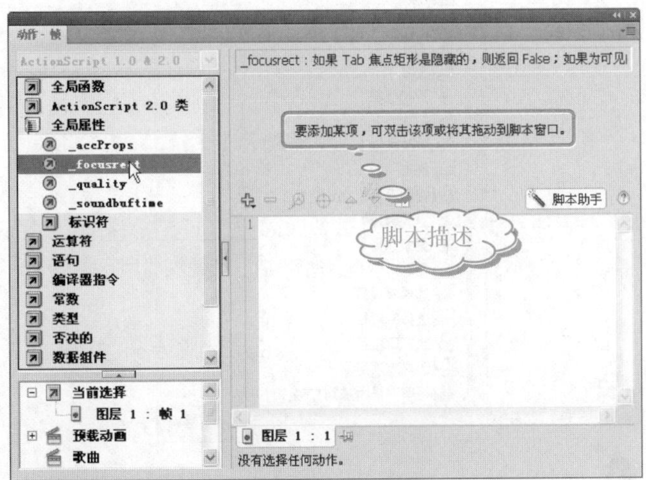

注意

脚本助手可帮助新手用户避免出现语法和逻辑错误。但要使用脚本助手，用户必须熟悉 ActionScript，知道创建脚本时要使用什么方法、函数和变量。

下面通过在图层 1 的第 1 帧中添加 goto 动作为例，介绍使用 Flash 中的脚本助手添加脚本的方法。

操作步骤

❶ 打开【动作-帧】面板，选择动作工具箱中的【全局函数】|【时间轴控制】|goto 项目，此时【动作-帧】面板如下图所示。

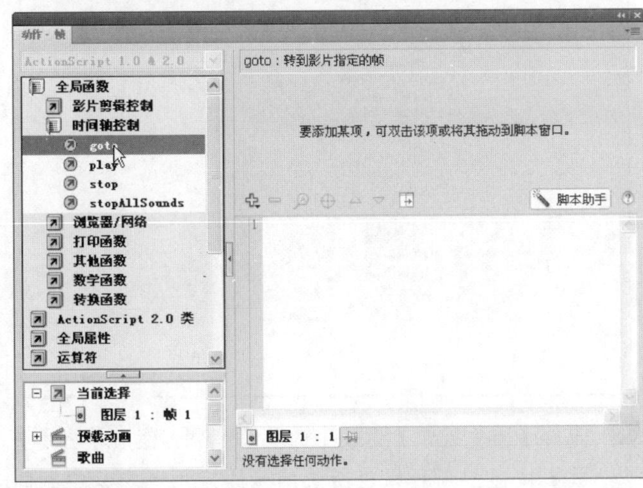

❷ 双击 goto 项目，则在【动作-帧】面板右侧会自动插入该语句的函数，如下图所示。

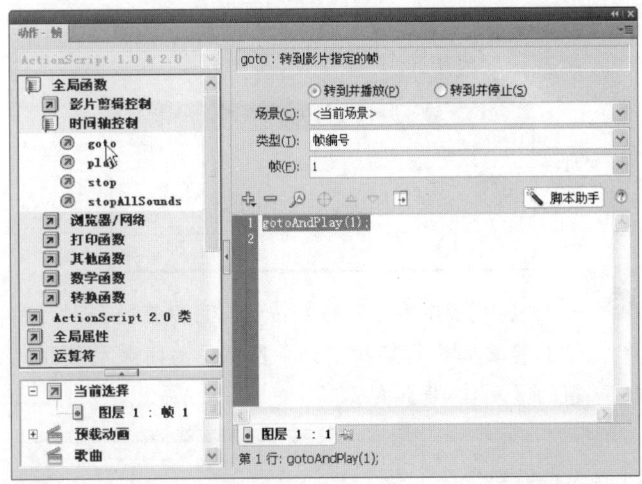

❸ 此时就已经为图层 1 的第 1 帧添加了一条 gotoAndPlay 语句。在窗口的上方可以看到一些 goto 语句的参数，此时用户可以根据具体需要选择相应的参数，以获得正确的脚本语句，如下图所示。

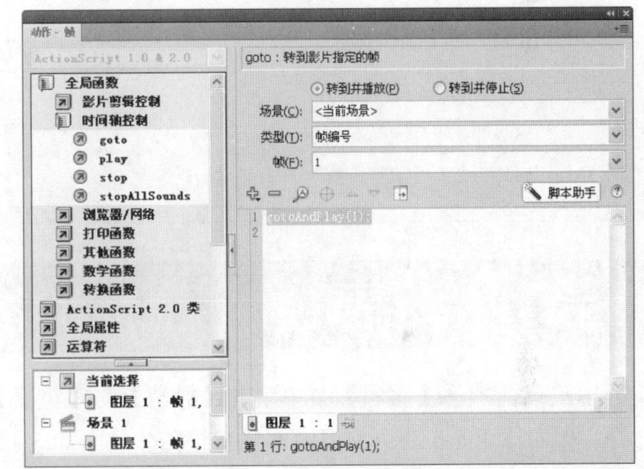

❹ 如果添加的脚本语句有问题，可以选中该语句，然后单击【删除所选动作】按钮 或按 Delete 键删除动作，如下图所示。

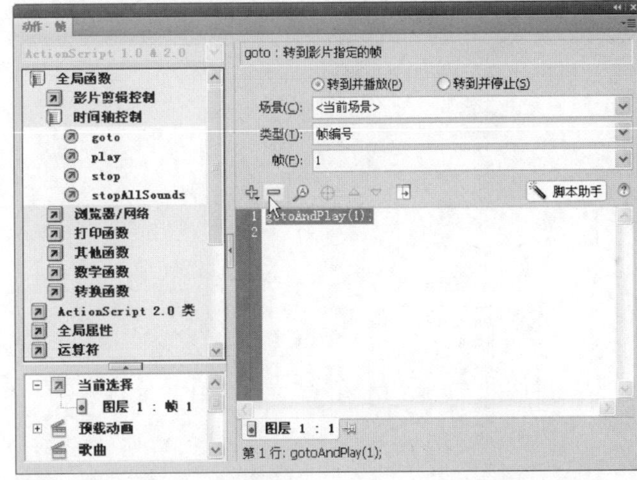

❺ 如果添加的函数语句比较多，可以单击【查找】按

在【动作】面板中，单击右上角的菜单项按钮，从弹出的下拉列表中选择【导入脚本】命令，或按 Ctrl+Shift+I 组合键，可以导入外部 AS 文件。

钮🔍，打开【查找和替换】对话框，查找需要的语句，如下图所示。

❻ 单击【隐藏/显示工具箱】按钮，可以在隐藏和显示工具箱之间进行切换。如下图所示为隐藏动作工具箱的【动作-帧】面板。

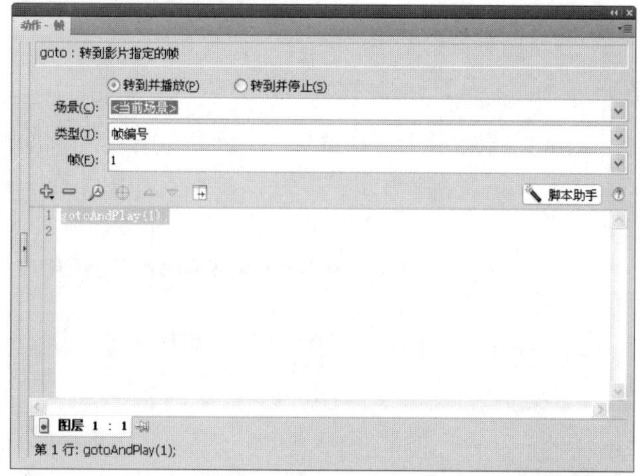

12.2.3　查看 Flash 的历史记录

用户可能熟悉【编辑】菜单中的【撤消】与【重复】命令，但对于 Flash 的历史记录却觉得很陌生。下面一起来看看如何查看 Flash 的历史记录。

操作步骤

❶ 选择菜单栏中的【窗口】|【其他面板】|【历史记录】命令，如下图所示。

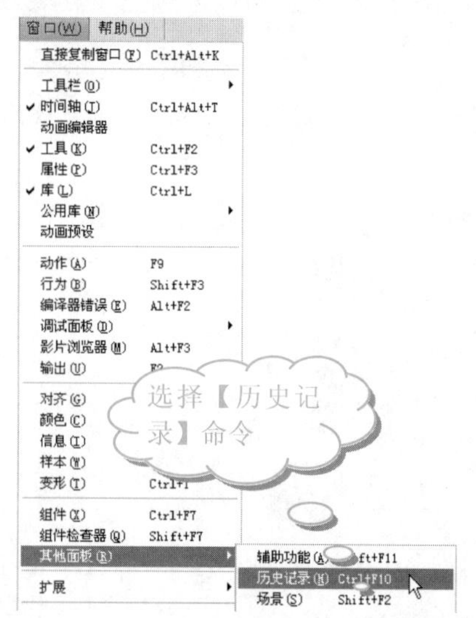

❷ 打开【历史记录】面板，如下图所示。

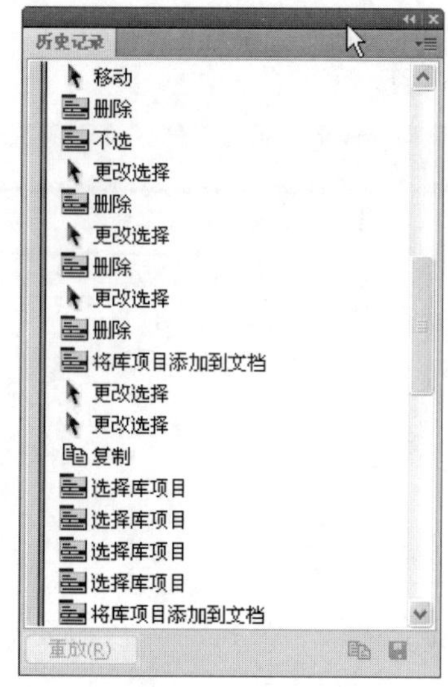

❸ 在该面板中，会显示自创建或打开某个文档以来，在该活动文档中执行的所有步骤。列表中的文档数目最多为【首选参数】对话框中指定的最大步骤数。

Flash 的【历史记录】面板中默认的最大步骤数为 100。如果想要更改最大步骤数，可以在 Flash 的【首选参数】对话框的【常规】类别下，重新设置【撤消】的层级，其值为在 2～300 之间的任意整数，如下图所示。

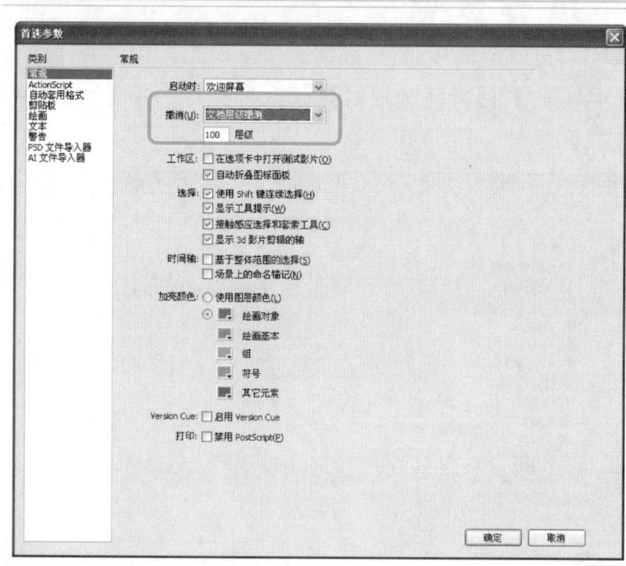

❹ 选择【历史记录】面板中的某个步骤，然后单击【重放】按钮，则可以将所选的步骤应用于文档中的同一对象或不同对象，如下图所示。

长见识

设置 ActionScrip 首选参数，可以指定导入或导出的 ActionScript 文件所使用的编码类型。UTF-8 编码是 8 位 Unicode 格式，允许在 Flash 文件中创建多种语言的文本；默认编码是系统当前使用的语言所支持的编码，也称为传统代码页。

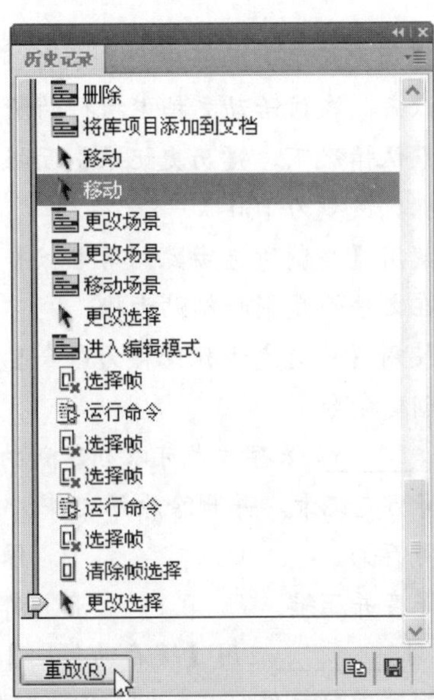

注意

在【历史记录】面板中，步骤的顺序是固定的，不可以重新排列。

在【历史记录】面板的右下角有两个按钮，分别为【复制所选步骤到剪贴板】按钮和【将选定步骤保存为命令】按钮。

❖ 【复制所选步骤到剪贴板】按钮：可以在文档间复制和粘贴步骤。方法是：首先在要重复使用步骤的文档中打开【历史记录】面板，选择步骤后单击【复制所选步骤到剪贴板】按钮；其次，打开要粘贴步骤的文档，在文档中选择要应用步骤的对象；最后，选择菜单栏中的【编辑】|【粘贴】命令粘贴步骤即可。

注意

步骤会在粘贴到文档的【历史记录】面板时，进行重放。【历史记录】面板将这些步骤仅显示为一个步骤，称为“粘贴步骤”。

❖ 【将选定步骤保存为命令】按钮可以创建命令。用户可以将一些步骤保存为命令，以便在下次启动 Flash 时使用这些命令，具体操作步骤如下。

操作步骤

1. 单击工具箱中的【矩形工具】按钮，在其【属性】面板中设置【笔触颜色】为蓝色(#0000FF)，【填充颜色】为黄色(#FFFF00)，【笔触】为 5.00。然后，在舞台上拖动以绘制一个矩形，效果如下图所示。

2. 分别对矩形进行更改选择、缩放和移动等操作，得到的效果如下图所示。

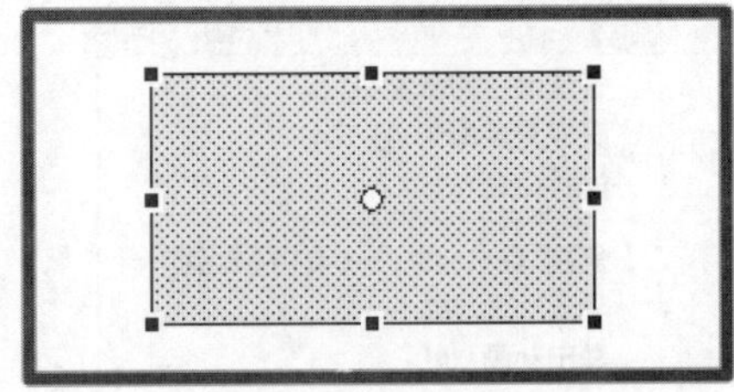

3. 此时的【历史记录】面板如下图所示。

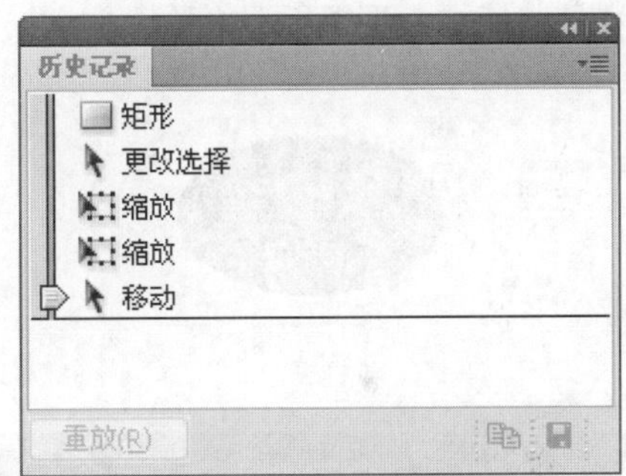

4. 如果下次想使用这些步骤，可以先将这几个步骤选中，然后单击【将选定步骤保存为命令】按钮，如下图所示。

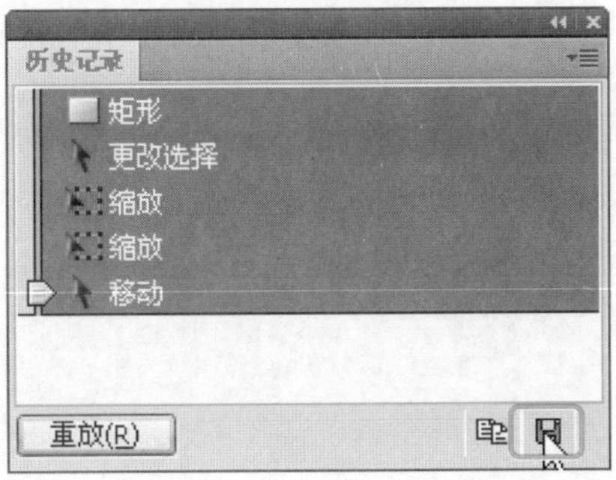

5. 弹出【另存为命令】对话框，添加一个动作系列的名字，并单击【确定】按钮，如下图所示。

如果没有将 FLA 文件中的代码组织到一个中央位置，或者正在使用行为，则可以在【动作】面板中固定多个脚本，以更易于在这些脚本之间移动。

❻ 在舞台上任意绘制另外一个图形，这里绘制一个椭圆，如下图所示。

❼ 选中该椭圆，并选择菜单栏中的【命令】|【矩形】命令，如下图所示。

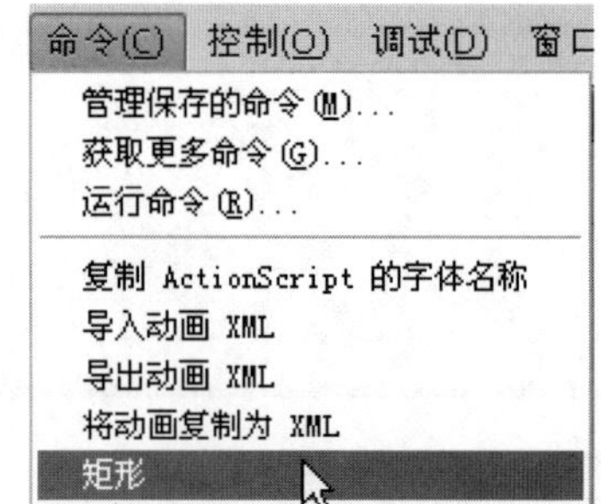

❽ 最终椭圆将变成如下图所示的形状。

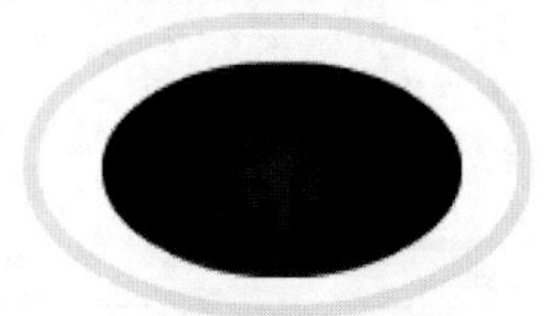

12.3 思考与练习

选择题

1. 关于【历史记录】面板，以下说法错误的是________。

A. 【历史记录】面板中会显示自创建某个文档以来，在该活动文档中执行的所有步骤

B. 默认情况下，【历史记录】面板列表中的步骤数最多为 100

C. 使用【复制所选步骤到剪贴板】按钮，可以在文档间复制和粘贴步骤

D. 使用【将选定步骤保存为命令】按钮，可以创建命令

2. 以下________保存方式可以创建新的优化文件，且删除或撤消历史记录，并删除原始文件。

A. 另存为　　B. 保存

C. 保存并压缩　　D. 都可以

3. 可以对________应用【缓存为位图】选项。

A. 影片剪辑元件　　B. 按钮元件

C. 图形元件　　D. 都可以

操作题

1. 为喜爱的一首歌曲制作 MTV。

2. 使用【历史记录】面板创建一个命令，将这个命令应用到舞台上的某个对象，并查看效果。

3. 使用【动作】面板中的脚本助手为舞台上的某个按钮元件添加如下代码。

```
on (release) {
    nextFrame();
}
```

第13章 制作网页Flash广告

当打开某个网页时，首先映入眼帘的也许就是广告，因为网页广告已经成为企业推广自己的产品的一种重要手段。本章就来一起学习如何制作网页 Flash 广告。

学习要点

- ❖ 制作网页广告
- ❖ 创建个性按钮
- ❖ 用 Flash 设计动态背景
- ❖ 添加组件

学习目标

通过本章的学习，读者应该掌握如何制作 Flash 广告，并且能够熟练制作 Flash 的动态背景，了解 Flash CS4 的组件含义。

13.1 制作网页广告

以前的广告主要是平面广告和影视广告，而 Flash 的出现则打破了这种局面。使用 Flash 用户可以轻松地制作出绚丽多彩的 Flash 广告。Flash 的网络资源制约较小，且能够在较短时间内给观众较强烈的震撼，具有形象生动、经济高效的特点。因此 Flash 网页广告已经成为网站中不可缺少的元素之一。

下面通过一个酒店广告的实例来介绍广告的制作过程，具体操作步骤如下。

操作步骤

❶ 新建一个文档，设置【背景颜色】为灰绿色(#019A90)，【尺寸】为 800 像素×300 像素，【帧频】为 24fps，如下图所示。

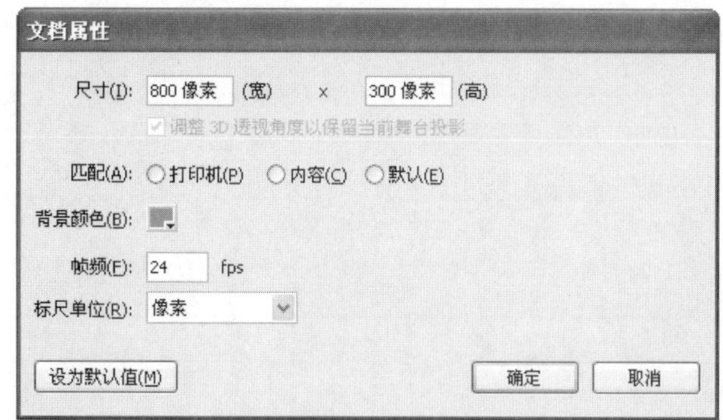

❷ 选择菜单栏中的【文件】|【导入】|【导入到库】命令，将预先准备好的"logo.jpg"、"1.jpg"、"2.jpg"、"3.jpg" 等 13 张图片(光盘：\图书素材\第 13 章\图片\1.jpg 等)全部导入到库中，如下图所示。

❸ 选择【插入】|【新建元件】命令，打开【创建新元件】对话框。在【名称】文本框中输入"1"，在【类型】下拉列表框中选择【图形】选项，并单击【确定】按钮，如下图所示。

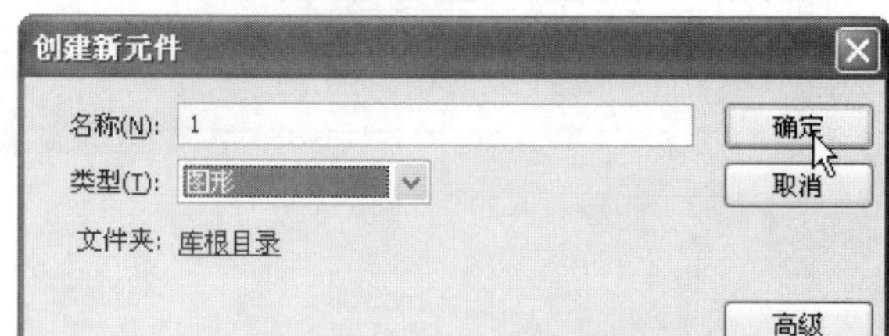

❹ 查看【库】中的元素，如下图所示。

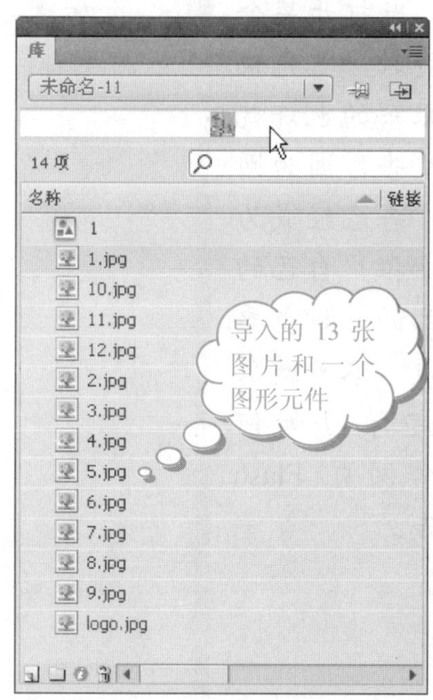

❺ 将刚导入的图片"1.jpg"拖到图形元件"1"的编辑界面中，为其创建实例，如下图所示。

❻ 在图形元件"1"的编辑界面中，选中刚才创建的实例。在其【属性】面板，将图形大小设置为 500 像

长见识

Flash CS4 中有两种声音类型：事件声音和音频流。事件声音必须完全下载后才能开始播放，除非明确停止，否则它将一直连续播放。音频流在前几帧下载了足够的数据后就开始播放；音频流要与时间轴同步以便在网站上播放。

素 × 300 像素，如下图所示。

❼ 按 Ctrl+K 组合键，打开【对齐】面板，并单击【水平中齐】和【垂直中齐】按钮，如下图所示。

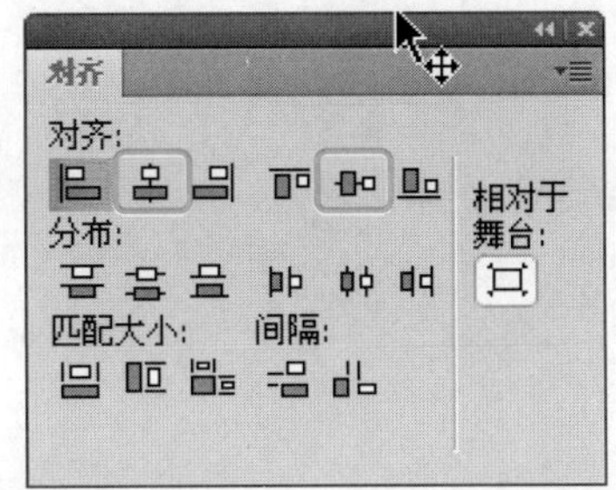

❽ 将图形设置在舞台的中心，如下图所示。

❾ 参照前面的方法，为步骤 2 中导入的另外 12 张图形分别建立图形元件，并依次命名为“2”、“3” “4”等。

❿ 在【库】中新建一个文件夹，将所有的图形文件都拖动到该文件夹中，如下图所示。

注意

如果用户觉得此时图形和图形元件很多，全部放在库列表中不利于查看和调用，可以新建一个文件夹将这些图片存放进去。

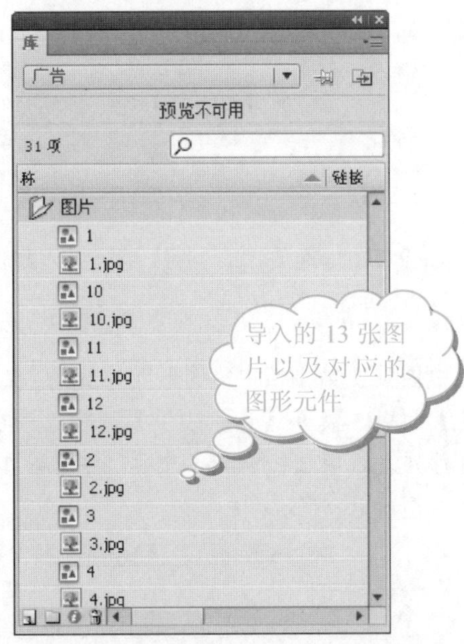

⓫ 选择菜单栏中的【插入】|【新建元件】命令，打开【创建新元件】对话框，新建一个影片剪辑元件，并命名为“pictures”，如下图所示。

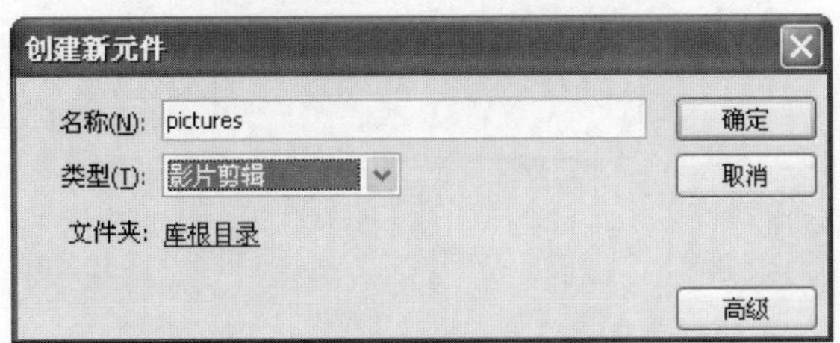

⓬ 在时间轴上选中图层 1 的第 1 帧，将图形元件“1”拖放到舞台中心创建实例。此时的时间轴如下图所示。

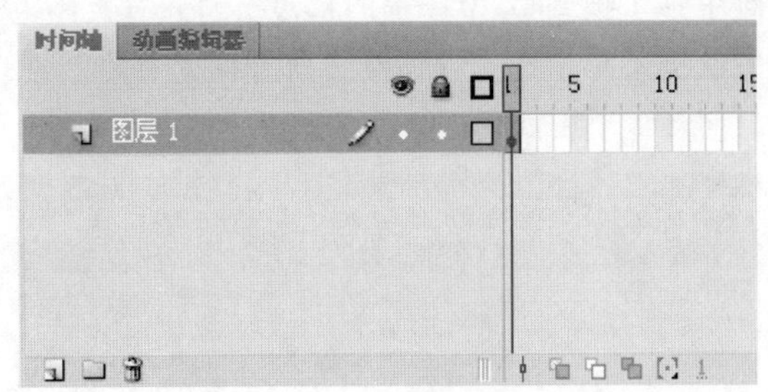

⓭ 在图层 1 的第 71 帧中右击，从弹出的快捷菜单中选择【插入关键帧】命令，如下图所示。

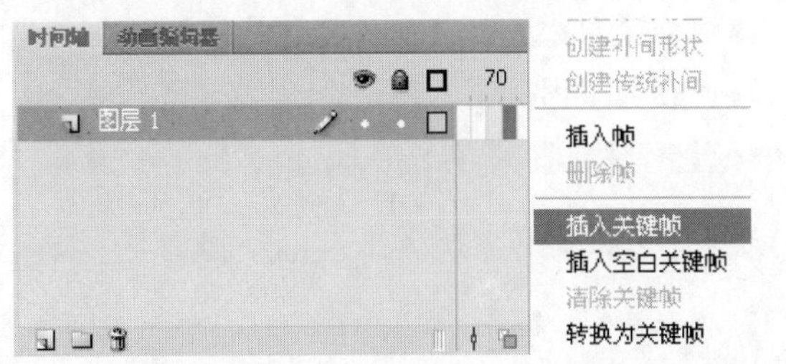

⓮ 采用同样的方法在第 90 帧处插入关键帧。此时的时

间轴如下图所示。

15 选中图层 1 第 1 帧中的图形元件实例，在元件的【属性】面板，展开【色彩效果】选项组。在【样式】下拉列表框中选择 Alpha 选项，并设置其值为 0%，如下图所示。

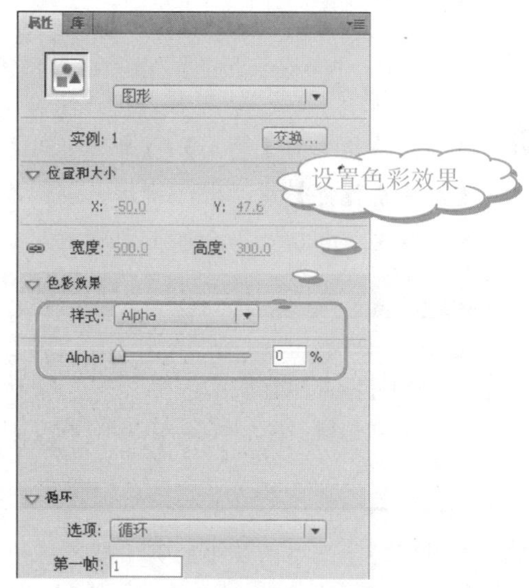

16 选中第 90 帧处的图形元件实例，采用同样的设置。

17 选中第 1 帧到第 70 帧中的任意一帧并右击，从弹出的快捷菜单中选择【创建传统补间】命令。此时的时间轴如下图所示。

18 选中第 71 帧到 90 帧中的任意一帧并右击，从弹出的快捷菜单中选择【创建传统补间】命令。此时的时间轴如下图所示。

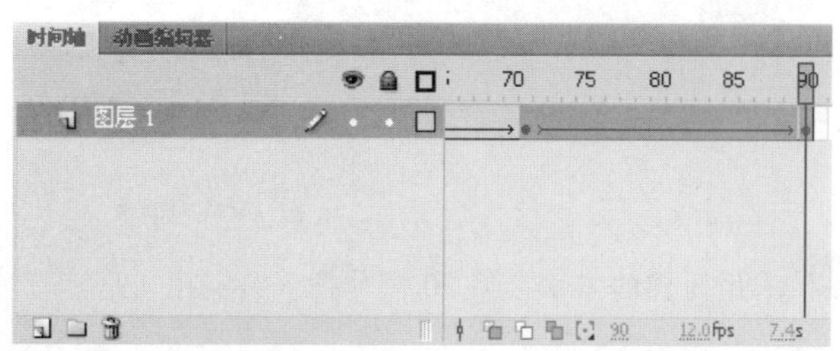

19 单击【新建图层】按钮，新建“图层 2”，如下图所示。

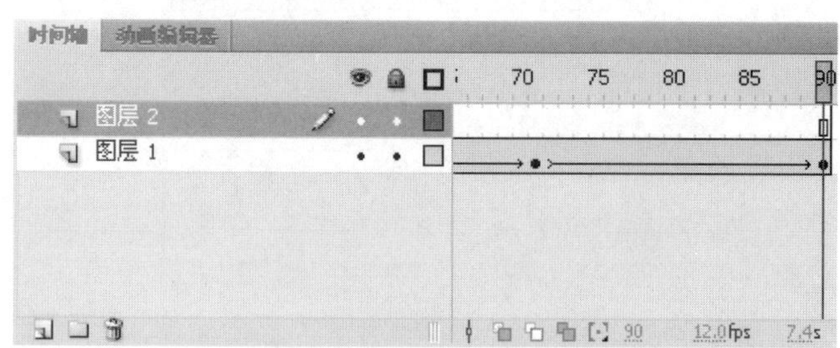

20 选中图层 2 的第 81 帧并右击，从弹出的快捷菜单中选择【插入关键帧】命令，此时的时间轴如下图所示。

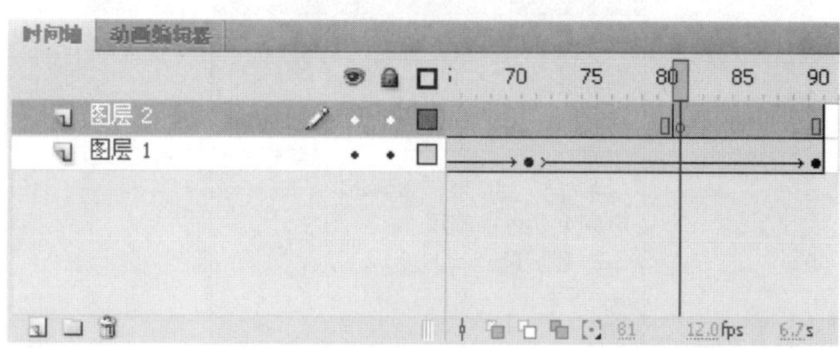

21 将图形元件“2”拖到舞台中心创建实例，如下图所示。

22 在图层 2 的第 150 帧、170 帧处插入关键帧，如下图所示。

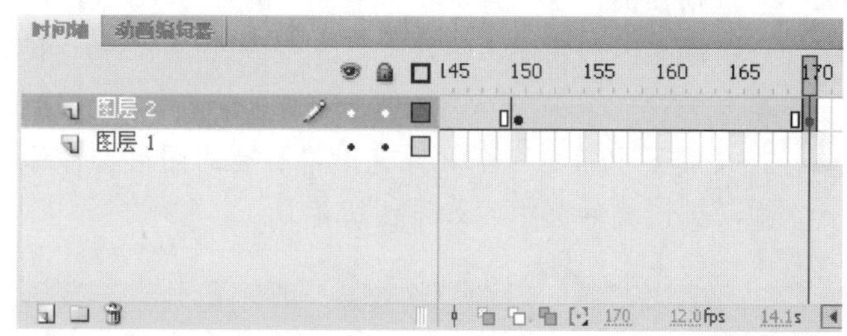

23 参照前面的方法，分别将图层 2 的第 81 帧、170 帧中的图形的 Alpha 值设置为 0%。然后，在第 81 帧到第 150 帧，以及第 151 帧和第 170 帧之间创建补间动画。此时的时间轴如下图所示。

长见识

在 Flash CS4 的菜单栏中，选择【文件】|【导出】【导出影片】命令，可以将文档中的所有声音导出为一个 WAV 文件。

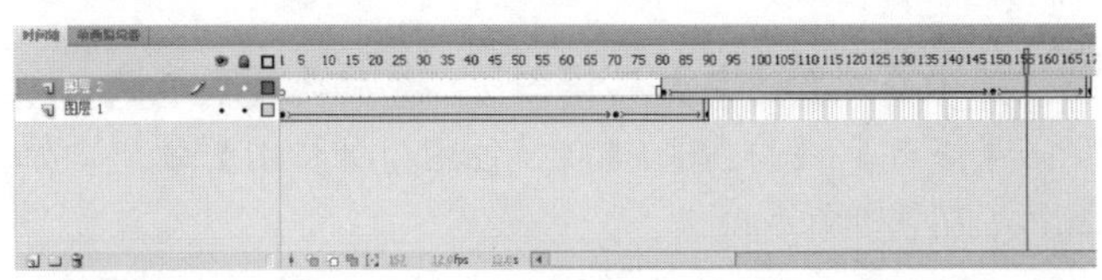

24 参照上面的方法，再单击【新建图层】按钮，新建10个图层。然后分别为新创建的10个图形元件创建相应的动画。

25 选择菜单栏中的【插入】|【新建元件】命令，打开【创建新元件】对话框。在【名称】文本框中输入“边框1”，在【类型】下拉列表框中选择【图形】选项，并单击【确定】按钮，如下图所示。

创建新元件

名称(N): 边框1　确定

类型(T): 图形　取消

文件夹: 库根目录

高级

26 单击工具箱中的【矩形工具】按钮，并选择【窗口】|【颜色】命令，打开【颜色】面板。设置【笔触颜色】为【无】，【填充颜色】为灰绿色(#019A90)到透明的渐变色，如下图所示。

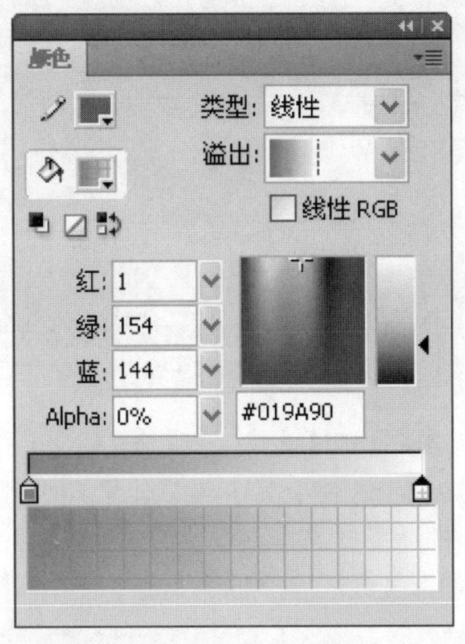

27 使用【矩形工具】在舞台上绘制一个矩形。

28 使用【选择工具】选中该矩形条，在其【属性】面板中设置【大小】为90.0像素×325.0像素，并且相对于舞台居中。此时形状的【属性】面板如下图所示。

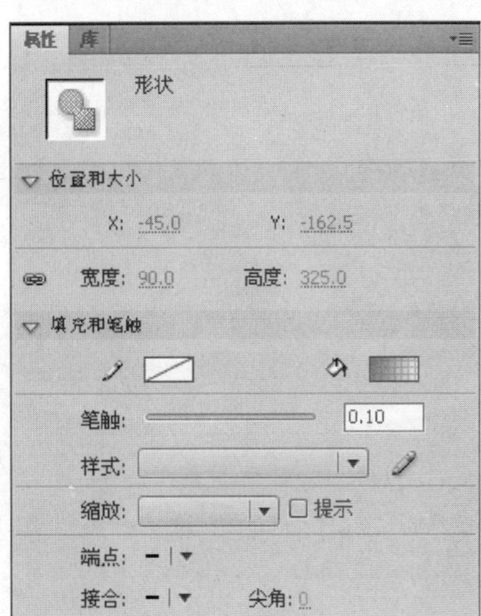

29 选择菜单栏中的【插入】|【新建元件】命令，打开【创建新元件】对话框，新建一个图形元件实例，命名为“边框2”。然后参照前面的步骤，绘制一个大小相等的矩形条，并使用【颜料桶工具】为该矩形条从右至左填充颜色，如下图所示。

注意

由于这里的矩形条的颜色是从灰绿色(与舞台背景色相同)到透明渐变，因此当矩形条在非选中状态下几乎是看不见的。

30 选择菜单栏中的【插入】|【新建元件】命令，打开【创建新元件】对话框，新建一个影片剪辑元件，并命名为“logo 动画”。然后，在时间轴上选中图层1中的第1帧，将导入的图片“logo”拖到舞台中心创建实例，如下图所示。

如果使用mp3声音作为音频流，则必须重新压缩声音，以便能够导出。可以将声音导出为mp3文件，所用的压缩设置与导入它时的设置相同。

31 选择【窗口】|【变形】命令(或按 Ctrl+T 组合键)，打开【变形】面板。在【缩放高度】和【缩放宽度】文本框中均输入 30.0%，如下图所示。

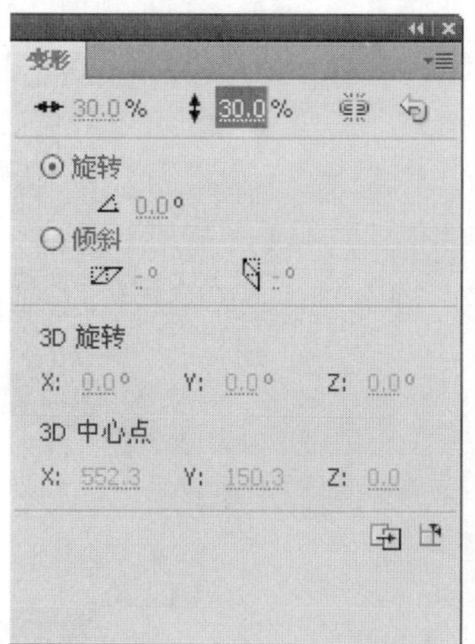

32 此时的 logo 图像变小了，如下图所示。

注意

用户需要注意这里拖入的是图片，而不是创建的图形元件。

33 使用【选择工具】选择图片，然后选择菜单栏中的【修改】|【位图】|【转换位图为矢量图】命令，如下图所示。

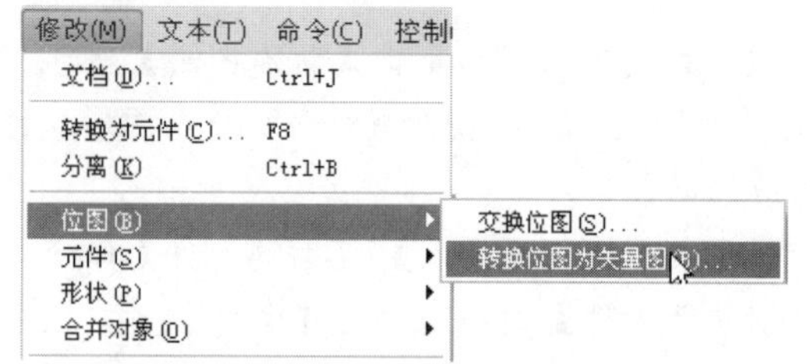

34 打开【转换位图为矢量图】对话框，设置【颜色阈值】为 100，【最小区域】为 8 像素，并单击【确定】按钮，如下图所示。

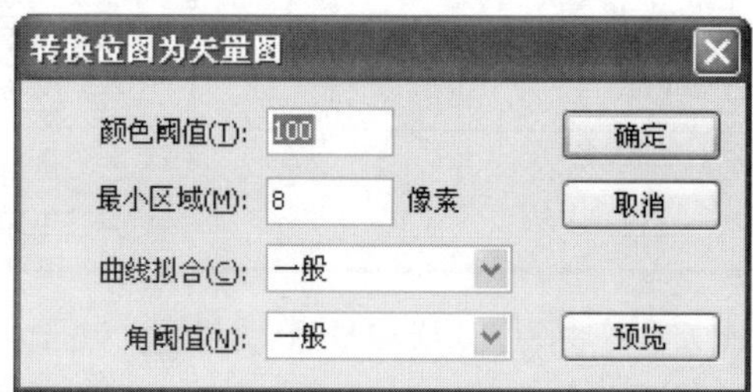

35 将图片转换为矢量图，效果如下图所示。

36 使用工具箱中的【选择工具】将 logo 图片全部选中(或按 Ctrl+A 组合键)，然后使用 Ctrl+C 和 Ctrl+V 组合键将该图片粘贴到舞台的其他空白处，如下图所示。

学以致用系列丛书

长见识：在编辑矢量图形时，可以修改描述图形形状的线条和曲线的属性，对矢量图形进行移动、调整大小、改变形状以及更改颜色的操作而不更改其外观品质。

37 使用【选择工具】将除了“ji”字母标志的剩余部分选中，如下图所示。

38 按Delete键删除。此时舞台上只剩下“ji”标志部分，如下图所示。

39 选中该标志，再选择菜单栏中的【修改】|【形状】|【优化】命令，打开【优化曲线】对话框，如下图所示。在【优化强度】文本框中输入“0”，并选中【显示总计消息】复选框，如下图所示。

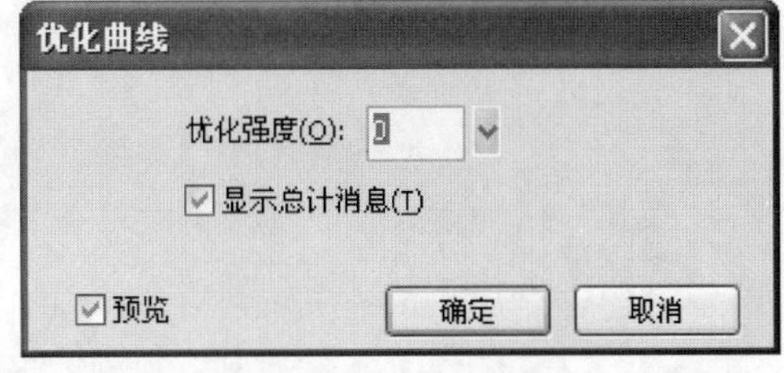

40 单击【确定】按钮，将图形优化，并将优化过的图形标志拖放到舞台的中心。

41 选中图层1的第1帧，将该关键帧拖动到图层1的第6帧处。此时的时间轴如下图所示。

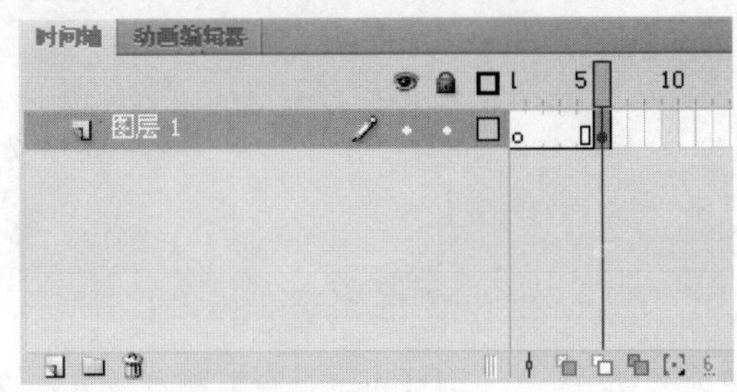

42 在图层1的第86帧处插入帧(这里的帧数会根据用户在下面步骤中绘制曲线的多少有所不同)，如下图所示。

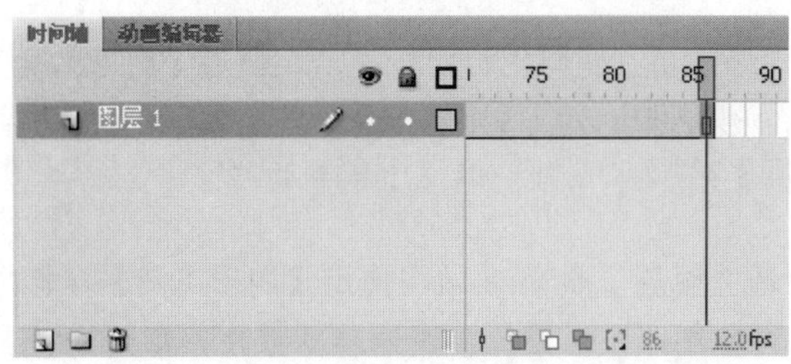

43 新建“图层2”，在第6帧处右击，从弹出的快捷菜单中选择【插入关键帧】命令，插入一个关键帧，如下图所示。

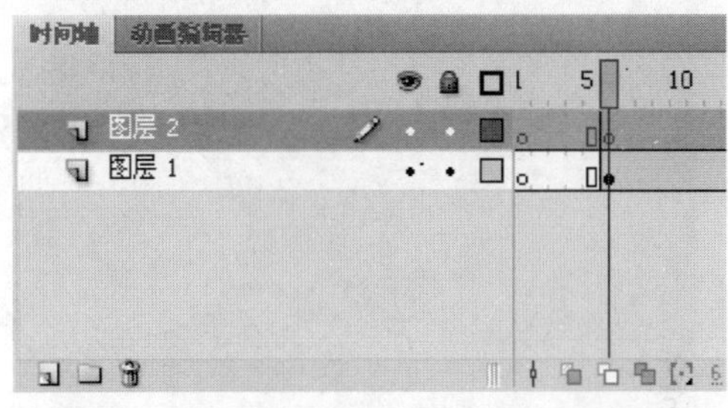

44 单击工具箱中的【刷子工具】按钮，设置【填充颜色】为紫红色(#FF00FF)，此时的【属性】面板如下图所示。

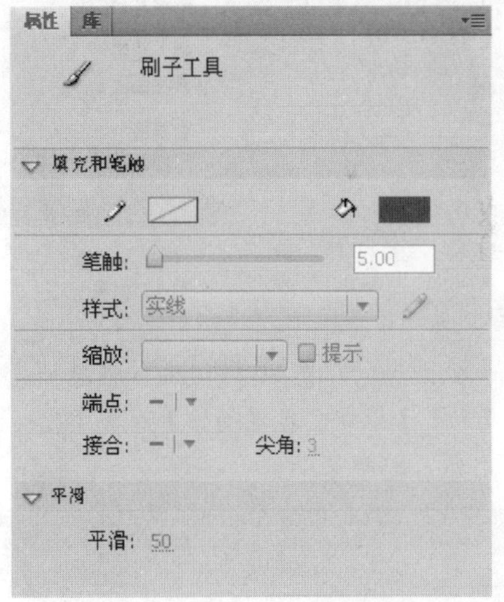

45 使用【刷子工具】在酒店的标志上绘制一段曲线，以遮住标志的最上面部分，如下图所示。

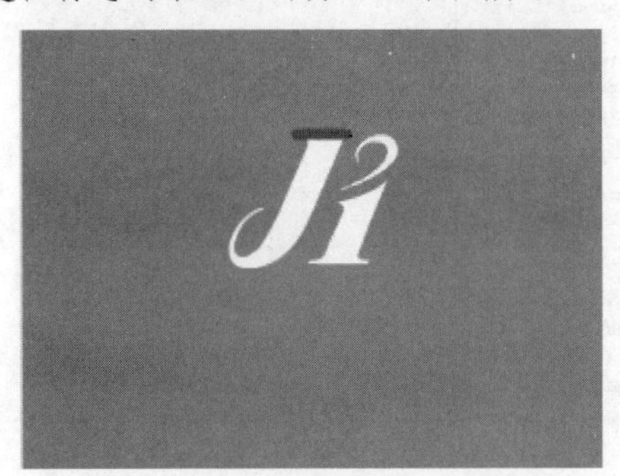

学以致用系列丛书

注意

如果用户觉得图形比较小，在使用【刷子工具】绘制曲线时比较困难，可以利用工具箱中的【缩放工具】放大图片，以便于绘制曲线。

46 选中图层 2 的第 8 帧，使用【刷子工具】在标志上再绘制一段曲线。参照这样的办法，每隔一帧就绘制一段曲线，直到将标志全部遮住为止。最终效果如下所示。

47 选中图层 2 并右击，从弹出的快捷菜单中选择【遮罩层】命令，如下图所示。

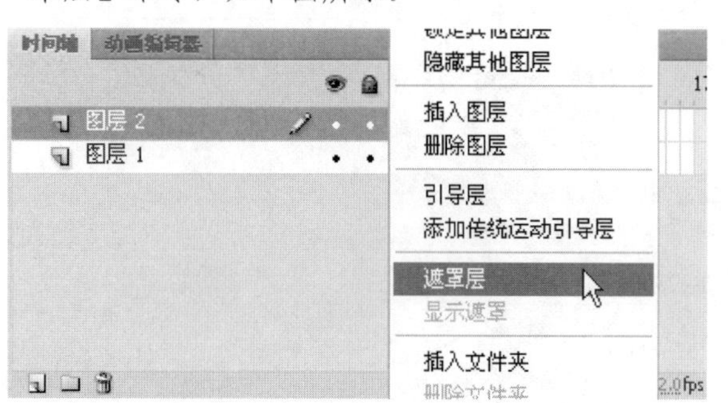

48 新建一个图层，在第 86 帧处插入关键帧，按 F9 键，打开【动作】面板。在【动作】面板中输入 “stop();” 命令，如下图所示。

49 返回到场景中，将 “图层 1” 重命名为 “图片”，将影片剪辑元件 “pictures” 拖到舞台上创建一个实例，并将该实例相对于舞台【右对齐】和【底对齐】。此时的舞台如下图所示。

50 新建一个图层，将其更名为 “边框”，将图形元件 “边框 1” 和 “边框 2” 拖到舞台的合适位置(分别放在影片剪辑元件 “pictures” 的左右)创建实例，效果如下图所示。

51 新建一个图层并命名为 “logo”，将图形元件 “logo” 拖到舞台的合适位置，使用【任意变形工具】调整其大小，如下图所示。

52 将影片剪辑元件 “logo 动画” 拖到舞台的图形元件 logo 的上方创建实例。此时的舞台如下图所示。

53 动画完成后，按 Ctrl+Enter 组合键测试效果，如下图所示。

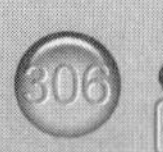

长见识 在移动面板的同时按住 Ctrl 键，可以防止面板在不经意的时候停放在某处；在移动面板时按 Esc 键，可以取消移动面板操作，使面板恢复到原来的位置。

Flash 广告的制作过程和 MTV 的制作很相似，其中最重要的是创意。在制作动画之前要有充分的构思时间，根据产品的特点进行设计制作。如果需要，用户还可以为广告加入声音。

13.2 拓展与提高

使用 Flash CS4 用户还可以做出很多丰富的效果，例如为按钮加上声音、做出炫目的背景动画，从而使制作的动画更加精彩。

13.2.1 创建个性按钮

前面章节中学习了如何制作按钮，可是制作出来的按钮只能执行简单的鼠标响应操作，如果用户希望为其添加声音等，可进行如下操作。

1. 为按钮添加声音

为按钮添加声音的具体操作步骤如下。

操作步骤

❶ 新建一个文档，选择菜单栏中的【插入】|【新建元件】命令，新建一个按钮元件，如下图所示。

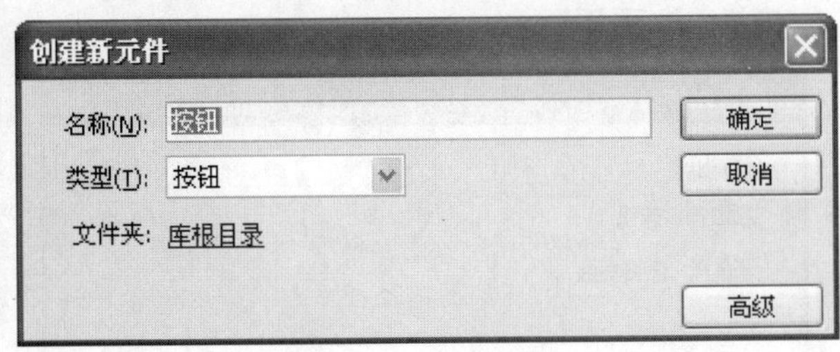

❷ 在舞台上任意绘制一个按钮，在【点击】帧上右击，从弹出的快捷菜单中选择【插入帧】命令。此时的时间轴如下图所示。

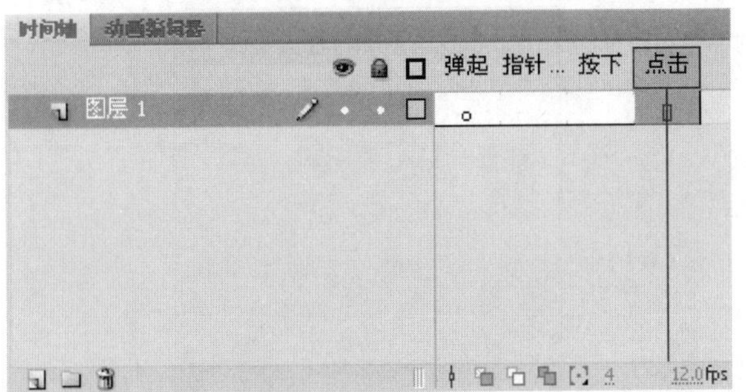

❸ 在图层 1 上新建一个图层，并重命名为“声音”，此时的时间轴如下图所示。

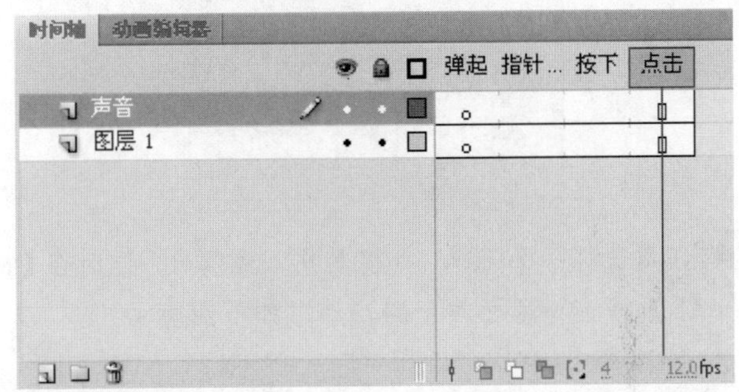

❹ 在声音图层上为需要添加声音的按钮创建一个关键帧。这里，右击【按下】帧，从弹出的快捷菜单中选择【插入关键帧】命令，如下图所示。

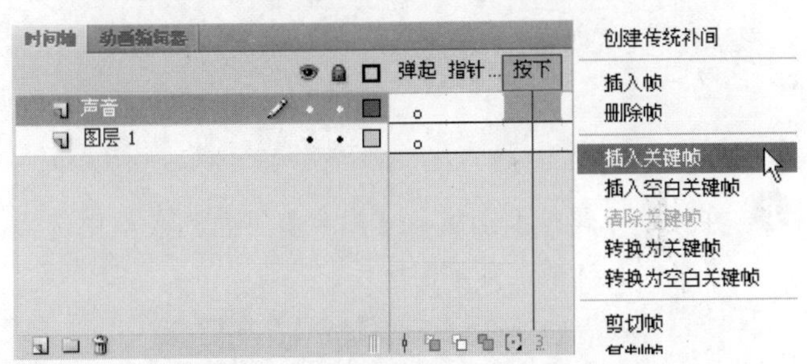

❺ 此时的时间轴如下图所示。

❻ 选择【文件】|【导入】命令，导入要添加的声音文件。本例中用的是【公用库】中的声音。选择菜单栏中的【窗口】|【公用库】|【声音】命令，打开【库-SOUNDS.FLA】面板，如下图所示。

学以致用系列丛书

❼ 任意选择一个音乐，并将其拖入到舞台。这时在【按下】帧上将显示声音的波形，如下图所示。

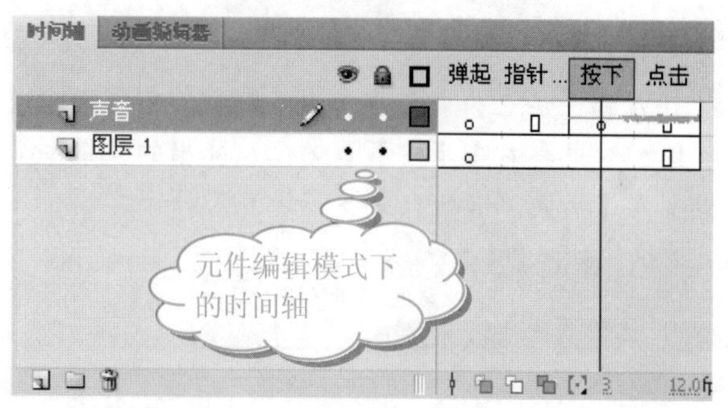

❽ 在帧的【属性】面板的【同步】下拉列表框中选择【事件】选项，如下图所示。

❾ 单击【返回场景】按钮，返回到场景中。将【库】中的声音文件拖入舞台中，为该按钮创建一个实例。此时的时间轴如下图所示。

❿ 按 Ctrl+Enter 组合键测试效果(正确的效果应为按下按钮后即播放添加的音乐)。

上面介绍的只是一个简单的例子，添加的声音比较简单，有兴趣的用户可以为其他自己喜欢的音乐，创建个能化的按钮。

2. 为按钮添加超链接

在前面的章节中，已经介绍了为文字添加超链接的方法。其实，用户也可以为按钮添加超链接，具体操作步骤如下。

操作步骤

❶ 新建一个文档(ActionScript 2.0)，文档属性均采用默认设置，如下图所示。

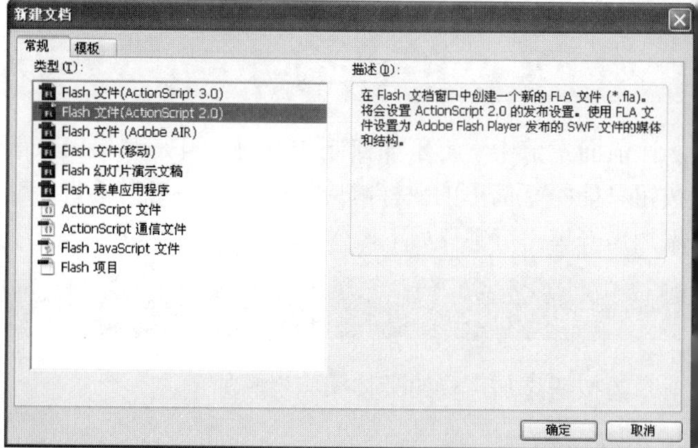

❷ 选择【插入】|【新建元件】命令，打开【创建新元件】对话框，新建一个按钮元件，并【单击】确定按钮，如下图所示。

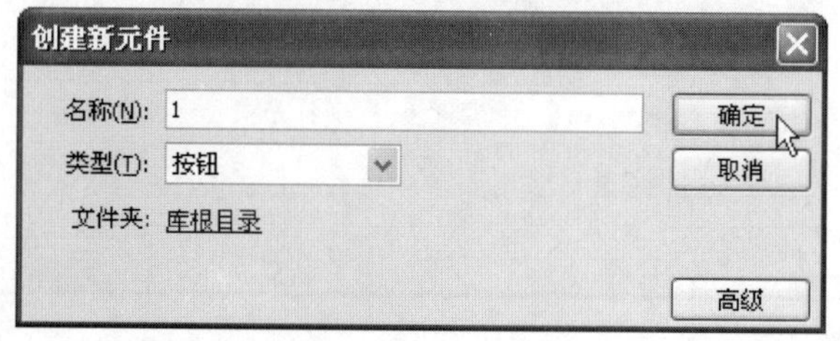

❸ 在舞台中为该元件创建实例，并使用工具箱中的【选择工具】选中该元件。按 F9 键打开【动作】面板，

AS 文件是 ActionScript 文件，可以使用 AS 文件将部分或全部 ActionScript 代码放置在 FLA 文件之外，这样有利于共享 Flash 中的代码。

输入以下代码。

```
on (release) {
    getURL("http://flash.com", "_blank");
}
```

此时的时间轴如下图所示。

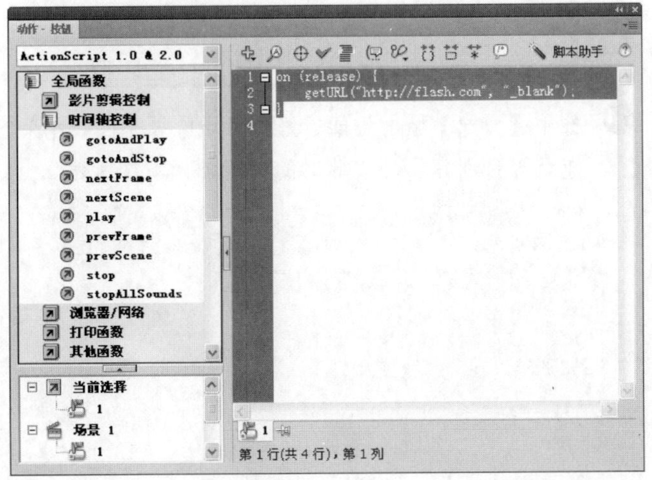

❹ 按 Ctrl+Enter 组合键测试效果。当鼠标单击按钮时就会在新窗口中打开 http://flash.com 这个网址。

这里的网址可以是任意的，取决于用户希望链接到的网站。“_blank”用于指定网页在新窗口中打开，其余的打开方式可以参照 HTML 语言。

3. 制作动态按钮

前面介绍的按钮都是静止的，如果用户想让按钮动起来该如何制作呢？下面通过一个例子来了解如何制作动态按钮，具体操作步骤如下。

操作步骤

❶ 新建一个文档(ActionScript 2.0)，所有参数均采用默认设置，如下图所示。

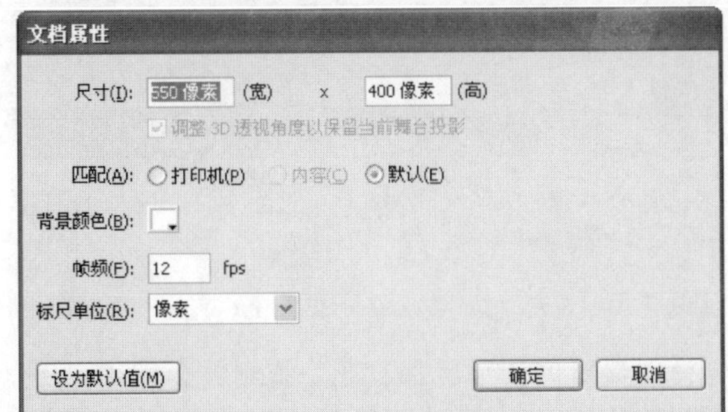

❷ 选择菜单栏中的【插入】|【新建元件】命令，打开【创建新元件】对话框。在【名称】文本框中输入“花”，在【类型】下拉列表框中选择【图形】选项，并单击【确定】按钮，如下图所示。

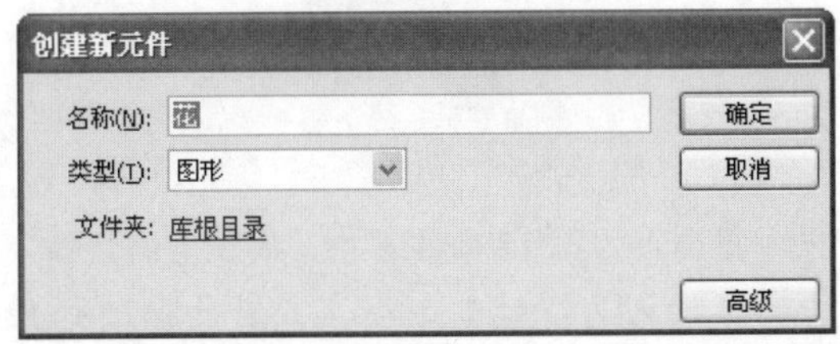

❸ 使用工具箱中的各种绘图工具，如【铅笔工具】、【颜料桶工具】等(用户也可利用其他自己熟悉的绘图工具)，在舞台上绘制一个任意的花形状，如下图所示。

❹ 按 Ctrl+K 组合键，打开【对齐】面板。选中元件并单击【垂直中齐】和【水平中齐】按钮，将绘制的花相对于舞台居中显示，如下图所示。

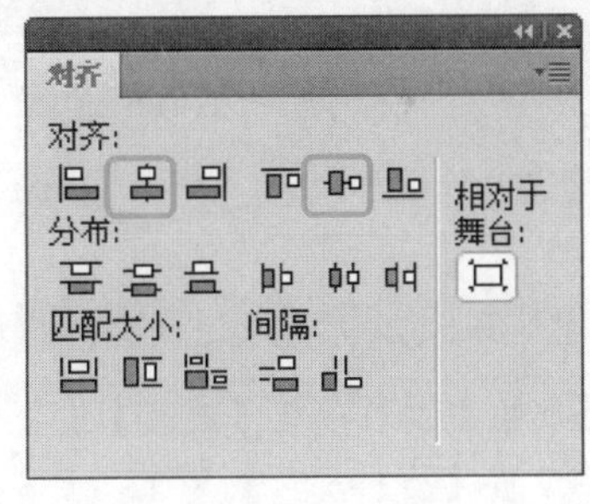

❺ 选择菜单栏中的【插入】|【新建元件】命令，打开【创建新元件】对话框。在【名称】文本框中输入“花朵”，在【类型】下拉列表框中选择【影片剪辑】选项，并单击【确定】按钮，如下图所示。

创建新元件

名称(N): 花朵

类型(T): 影片剪辑

文件夹: 库根目录

确定　取消　高级

❻ 将图形元件“花”拖至舞台中心，创建一个实例，如下图所示。

若要创建遮罩层，需要将遮罩项目放在要用作遮罩的图层上。与填充或笔触不同，遮罩项目就像一个窗口一样，透过它可以看到位于它下面的链接层区域。

❼ 选中图层1的第15帧并右击，从弹出的快捷菜单中选择【插入关键帧】命令。此时的时间轴如下图所示。

❽ 选中第1帧到第15帧中任意一帧并右击，从弹出的快捷菜单中选择【创建传统补间】命令。此时的时间轴如下图所示。

❾ 在帧的【属性】面板中将【旋转】设置为【顺时针】选项，并设置【旋转次数】为1，如下图所示。

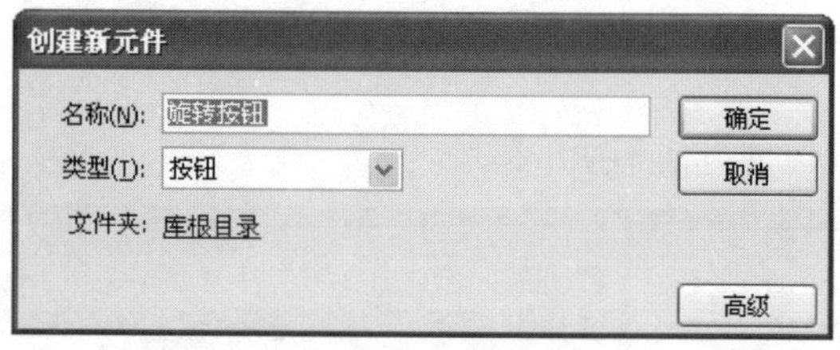

❿ 选择菜单栏中的【插入】|【新建元件】命令，打开【创建新元件】对话框。在【名称】文本框中输入“旋转按钮”，在【类型】下拉列表框中选择【按钮】选项，并单击【确定】按钮，如下图所示。

⓫ 选中【弹起】帧，将创建好的影片剪辑元件“花朵”拖至舞台创建实例。此时的时间轴如下图所示。

⓬ 选中【指针经过】帧并右击，从弹出的快捷菜单中选择【插入关键帧】命令。此时的时间轴如下图所示。

⓭ 选中【按下】帧并右击，从弹出的快捷菜单中选择【插入空白关键帧】命令。此时的时间轴如下图所示。

⓮ 将创建好的图形元件“花”拖到舞台创建实例，选中【点击】帧并右击，从弹出的快捷菜单中选择【插入关键帧】命令。此时的时间轴如下图所示。

长见识 如果将文档保存为Flash CS3格式时，会弹出【Flash兼容性】对话框，提示将文档保存为Flash CS3格式后会丢失信息。单击【另存为Flash CS3】按钮，可以保存文档；如果单击【取消】按钮，则可以重新选择文档的保存类型。

⓯ 单击工具箱中的【矩形工具】按钮，在其【属性】面板中设置【填充颜色】为粉红色(#FF99FF)，【笔触颜色】为【无】，如下图所示。

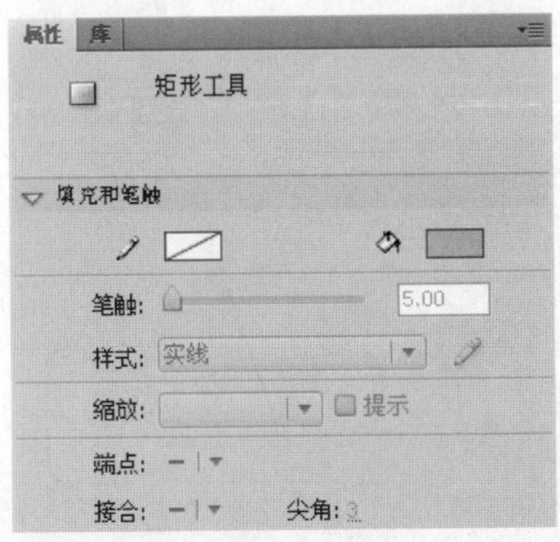

⓰ 创建一个矩形，如下图所示。

⓱ 单击【返回场景】按钮，返回到场景中。将创建好的按钮元件“旋转按钮”拖动到舞台上，创建一个实例，按 Ctrl+Enter 组合键测试效果。

13.2.2　用 Flash 设计动态背景

在一些网页中经常会用到一些动态背景，它们是如何制作的呢？下面介绍一个简单的例子，用户可以举一反三为自己的网页制作一个动态背景。

操作步骤

❶ 新建一个文档，设置【背景颜色】为橙色(#FF9900)，【尺寸】为 700 像素 × 200 像素，如下图所示。

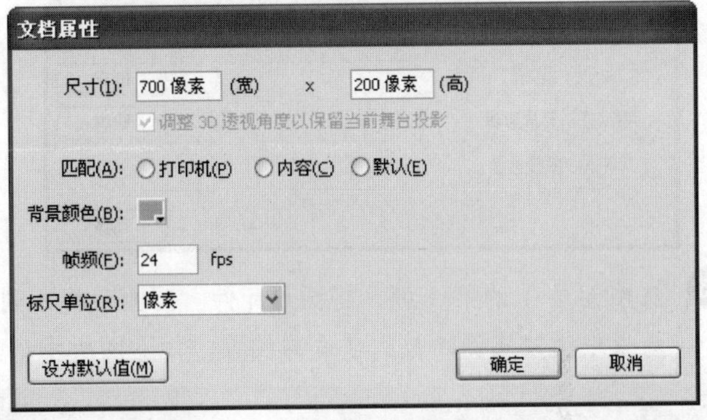

❷ 选择菜单栏中的【插入】|【新建元件】命令，新建一个图形元件，命名为“圆圈”，如下图所示。

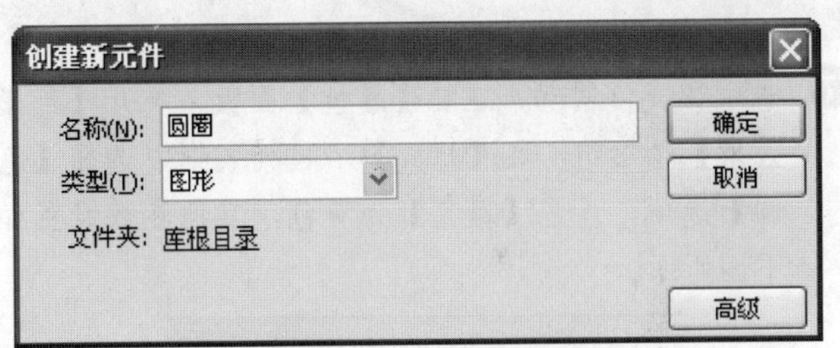

❸ 在图形元件编辑窗口中单击工具箱中的【椭圆工具】，设置【填充颜色】为【无】，【笔触颜色】为白色，【笔触大小】为 5.00。此时的【属性】面板如下图所示。

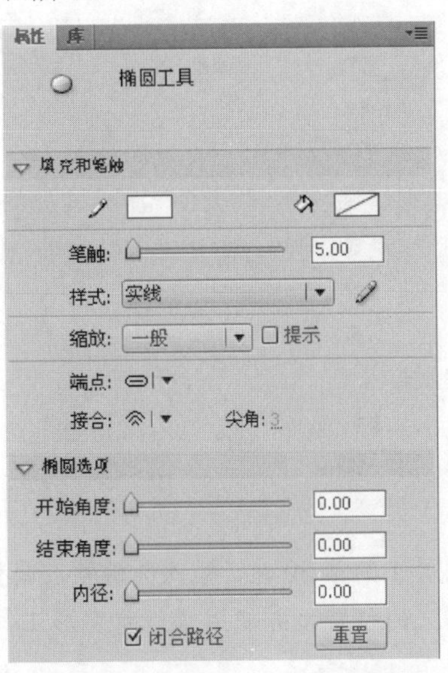

学以致用系列丛书

创建遮罩层后遮住其他图层的方法有：①将现有的图层直接拖到遮罩层下面；②在遮罩层下面的任何地方创建一个新图层；③选择【修改】|【时间轴】|【图层属性】|【被遮罩】命令。

❹ 设置好【椭圆工具】的属性后，在舞台中心位置绘制一个圆圈，如下图所示。

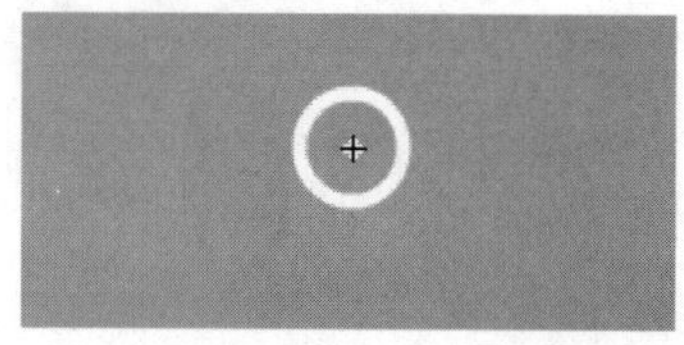

❺ 选择菜单栏中的【插入】|【新建元件】命令，新建一个影片剪辑元件，命名为“动画 1”，如下图所示。

❻ 选中图层 1 的第 1 帧，将图形元件“圆圈”拖入到场景中创建实例，放到合适的位置，如下图所示。

❼ 选中该元件实例，在其【属性】面板，展开【色彩效果】选项组。在【样式】下拉列表框中选择【色调】选项，设置【颜色】为黄色，其他参数设置如下图所示。

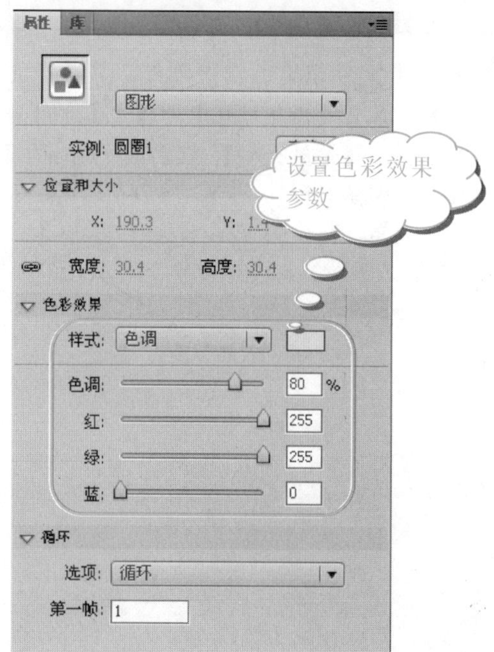

❽ 选中图层 1 的第 30 帧，插入关键帧，调整图形元件“圆圈”的位置，并使用【任意变形工具】调整其大小。效果如下图所示。

❾ 选中该元件实例，打开其【属性】面板，展开【色彩效果】选项组。在【样式】下拉列表框中选择 Alpha 选项，设置 Alpha 值为 30%，如下图所示。

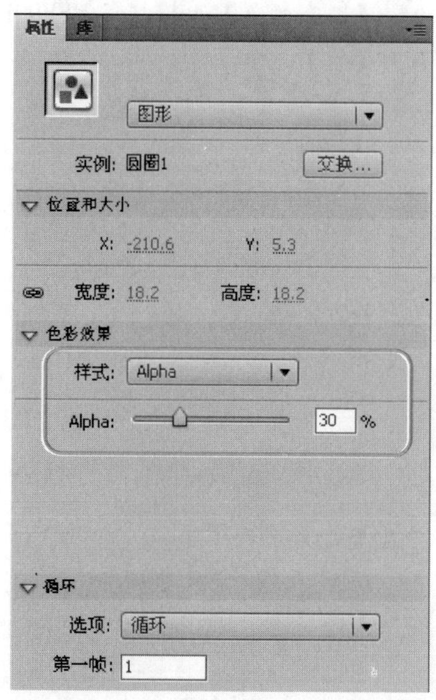

❿ 选中第 1 帧到第 30 帧中的任意一帧并右击，从弹出的快捷菜单中选择【创建传统补间】命令，效果如下图所示。

注意

为了观看清楚，这里使用了绘图纸外观功能，可以看到从第 1 帧到第 30 帧上的元件，第 1 帧为图片中最左边的大圆。

⓫ 在【时间轴】面板中，单击【新建图层】按钮新建“图层 2”，接着选中图层 2 的第 10 帧并右击，从弹出的快捷菜单中选择【插入关键帧】命令。再将图形元件“圆圈”拖到舞台的适当位置创建一个实例，如下图所示。

将文本转换为矢量路径时，使用【矢量轮廓】选项可以保留文本的可视外观。

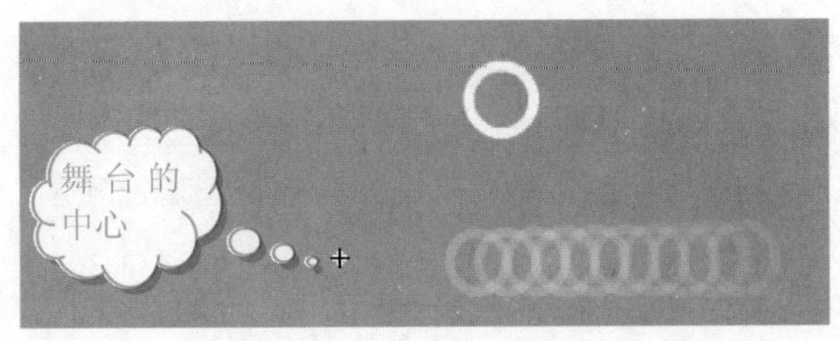

⑫ 选中该元件实例，在其【属性】面板，展开【色彩效果】选项组。在【样式】下拉列表框中选择【高级】选项，其他参数设置如下图所示。

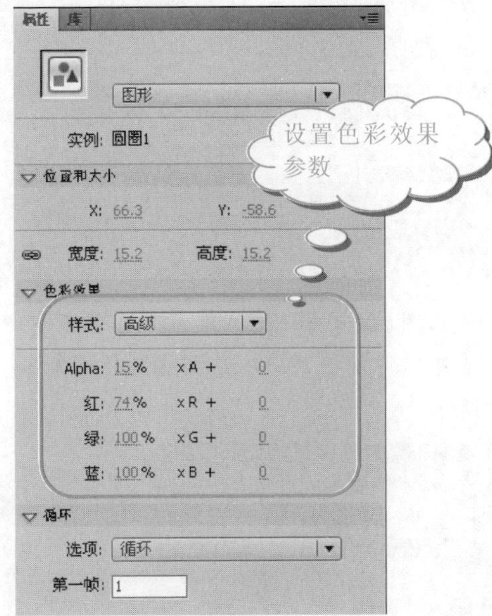

⑬ 选中该元件，按 Ctrl+T 组合键，打开【变形】面板，在【缩放高度】和【缩放宽度】文本框中均输入 50.0%，如下图所示。

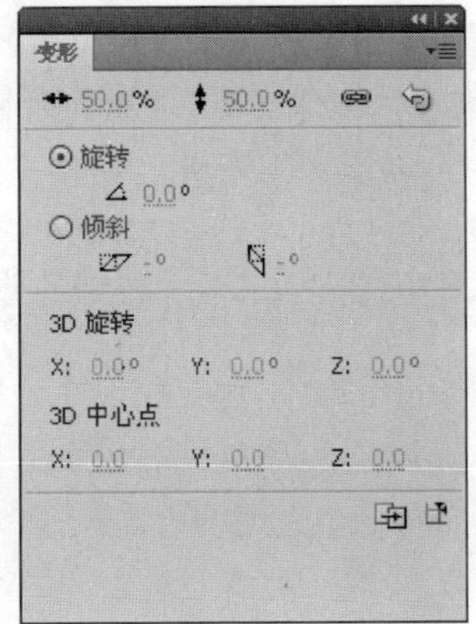

⑭ 选中图层 2 的第 40 帧，插入关键帧，调整图形元件“圆圈”的位置，效果如下图所示。

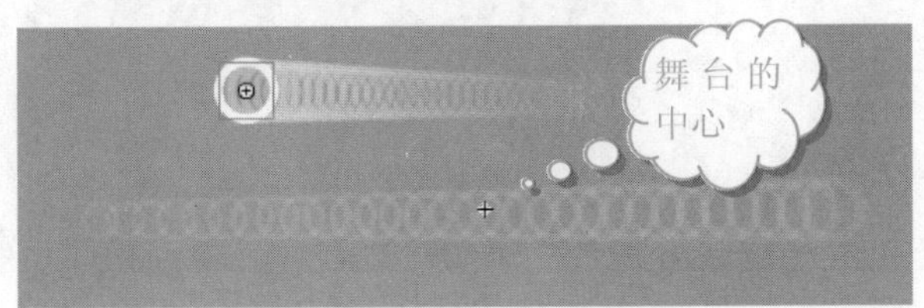

⑮ 选中该元件实例，在其【属性】面板，展开【色彩效果】选项组。在【样式】下拉列表框中选择【高级】选项，其他参数设置如下图所示。

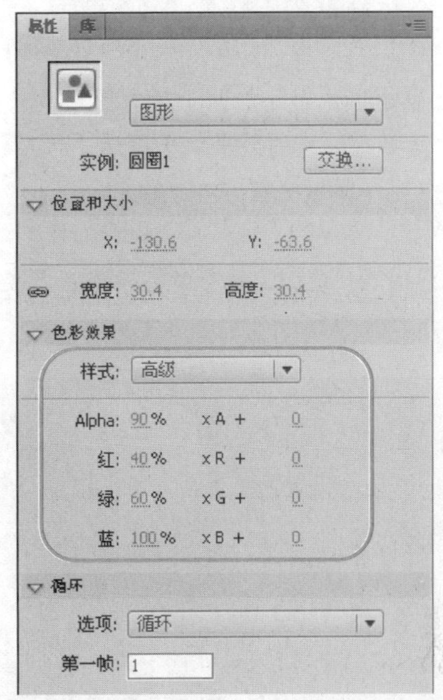

⑯ 打开【变形】面板，将【缩放宽度】和【缩放高度】均设置为 100.0%，如下图所示。

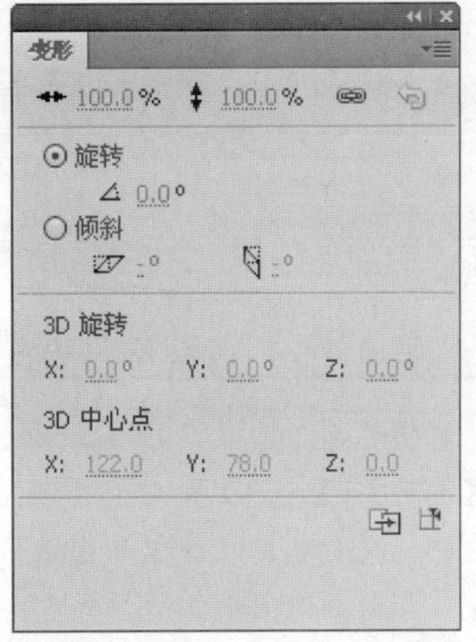

⑰ 在图层 2 的第 10 帧到第 40 帧中的任意一帧上右击，从弹出的快捷菜单中选择【创建补间动画】命令。此时，在舞台上的图像效果如下图所示。

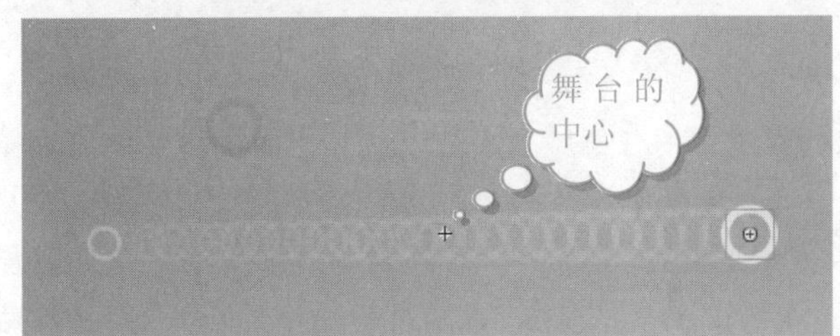

可以将持续时间较短的小视频文件直接嵌入到 Flash 文档中，然后将其作为 SWF 文件的一部分发布。

图片的下方为图层 1 中的对象，上方的大圆圈为图层 2 中第 40 帧中的对象。

18 参照上面的方法再添加两个新的图层，并分别建立相应的动画，最终的效果如下图所示。

提示

这里圆圈的位置、大小和颜色设置不需要完全按照步骤，用户可以根据自己的喜好设置。

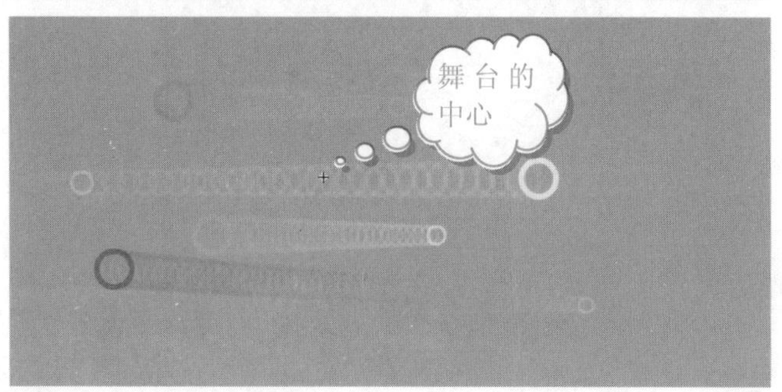

19 选择【插入】|【新建元件】命令，打开【创建新元件】对话框，新建一个“动画 2”影片剪辑元件，如下图所示。

创建新元件

名称(N): 动画2 确定

类型(T): 影片剪辑 取消

文件夹: 库根目录

高级

20 返回影片剪辑元件“动画 1”的编辑界面，选择菜单栏中的【编辑】|【全选】命令。在任意图层的任意一帧上右击，从弹出的快捷菜单中选择【选择所有帧】命令。此时的时间轴如下图所示。

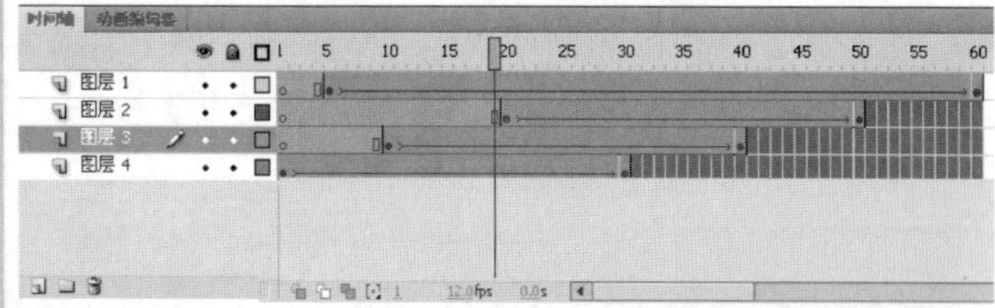

21 在选中的任意帧上右击，从弹出的快捷菜单中选择【复制帧】命令。

22 返回影片剪辑元件“动画 2”的编辑界面，选中图层 1 的第 1 帧并右击，从弹出的快捷菜单中选择【粘贴帧】命令，复制“动画 1”中的所有帧。此时的时间轴如下图所示。

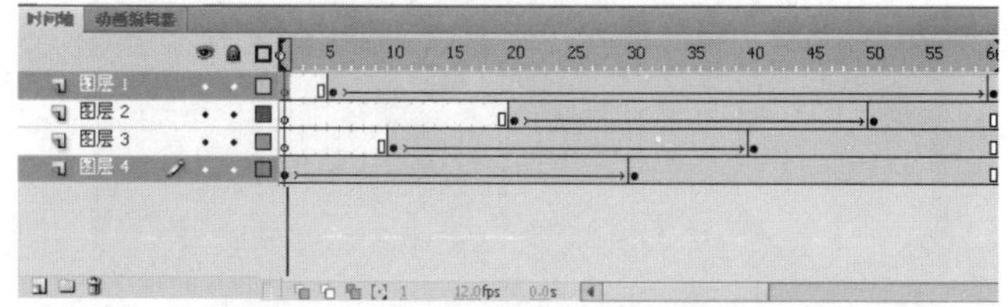

23 选中图层 2 中第 51 帧到第 60 帧中的任意一帧并右击，从弹出的快捷菜单中选择【删除帧】命令。用同样的方法，删除图层 3 中的第 41 帧到第 60 帧，以及图层 4 中的第 31 帧到第 60 帧。最终的时间轴如下图所示。

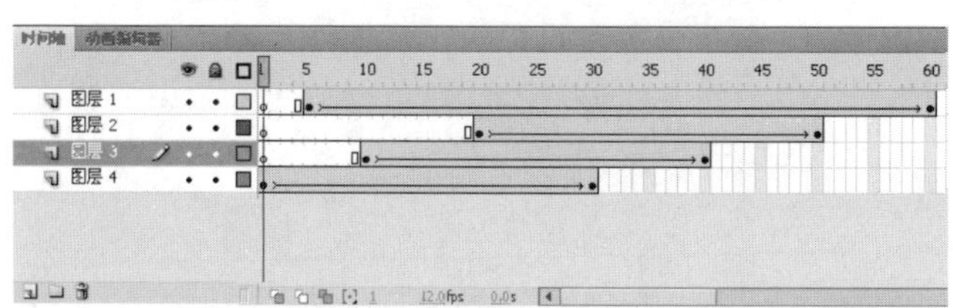

24 选择图层 4 中第 1 帧到第 30 帧中的任意一帧并右击，从弹出的快捷菜单中选择【翻转帧】命令，如下图所示。

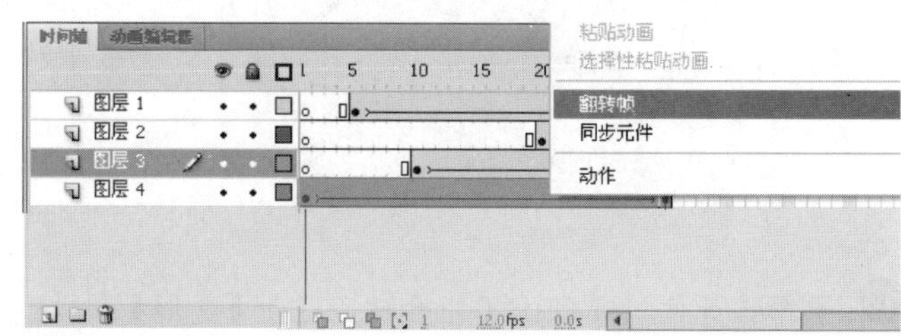

25 采用同样的方法，将图层 3、图层 2 和图层 1 中的帧翻转。

26 返回到场景中，把影片剪辑元件“动画 1”和“动画 2”拖动到舞台中创建实例，放置的数量和位置任意。本例中放置的情况如下图所示。

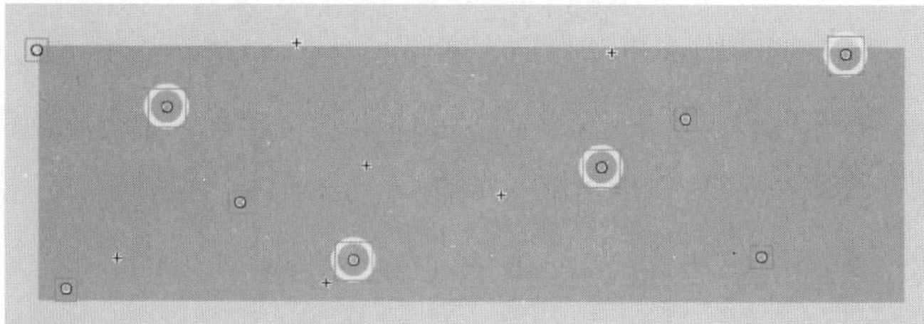

27 最后，按 Ctrl+Enter 组合键测试，效果如下图所示。

学以致用系列丛书

长见识：若要控制嵌入的视频文件的播放，必须编写用于控制包含视频的时间轴的 ActionScript。

以上例子中的动画很简单，却能够制作出不错的动态效果。用户也可以使用一些其他元件，比如箭头、方块、线条等，创建一些效果不错的动态背景。

13.2.3　添加组件

Flash CS4 中的组件是向 Flash 文档添加特定功能的可重用的打包模块。组件可以包括图形以及代码，因此它们包括在 Flash 项目的预置功能中。

1. 组件概述及相关操作

组件是一种带有参数的影片剪辑，使用组件可以创建功能强大、效果丰富的程序界面，如自定义按钮、复选框和列表，甚至是根本没有图形的某个项，如定时器、服务器链接实用程序或自定义 XML 分析器。

另外，用户还可以自定义组件的外观和行为来满足自己的设计需求。Flash CS4 中提供了丰富的组件类型，这里主要介绍其中的 UI(用户界面)组件。

在 Flash CS4 中，内置的组件会随着使用的脚本版本的不同而有所差异。例如，ActionScript 2.0 和 ActionScript 3.0 中的组件是不完全相同的，用户不能同时使用这两组组件。

添加组件的方法很简单，和前面章节中将【库】面板中的元件创建实例类似，具体操作步骤如下。

操作步骤

❶ 新建一个 Flash 文档(ActionScript 3.0)，选择菜单栏中的【窗口】|【组件】命令，打开【组件】面板，如下图所示。

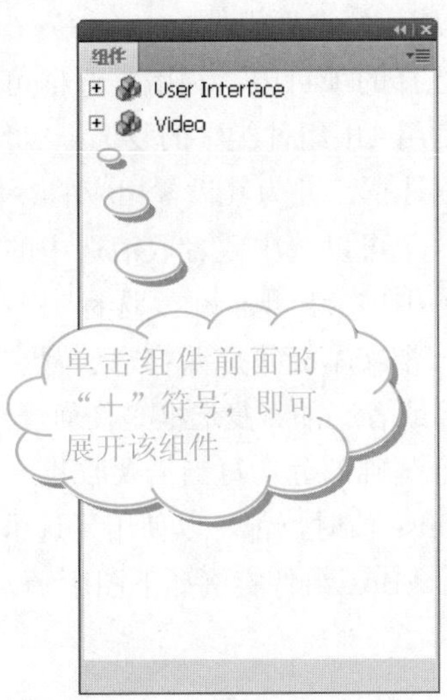

提示

如果在 Flash 文档(ActionScript 2.0)中打开【组件】面板，则有 4 个组件组比 ActionScript 3.0 多了两个组件组，如下图所示。

❷ 在【组件】面板中选中需要添加的组件，并拖放到舞台上，即可为该组件创建一个组件实例(也可以通过双击需要添加的组件创建组件实例)，如下图所示。

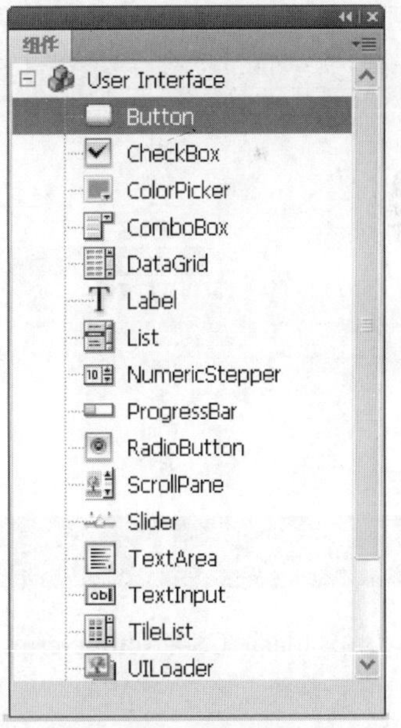

❸ 创建的 Button 组件如下图所示。

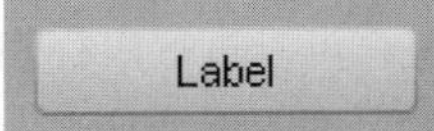

❹ 选中舞台上的组件实例，再选择菜单栏中的【窗口】|【组件检查器】命令，打开【组件检查器】面板，可以设置和查看该实例的信息。如下图所示为一个 Button 组件的【组件检查器】面板。

❺ 要从 Flash 影片中删除已添加的组件实例，只要右击库中的组件类型图标，从弹出的快捷菜单中选择【删除】命令；或者直接选中舞台上的实例按 Delete 键即可，如下图所示。

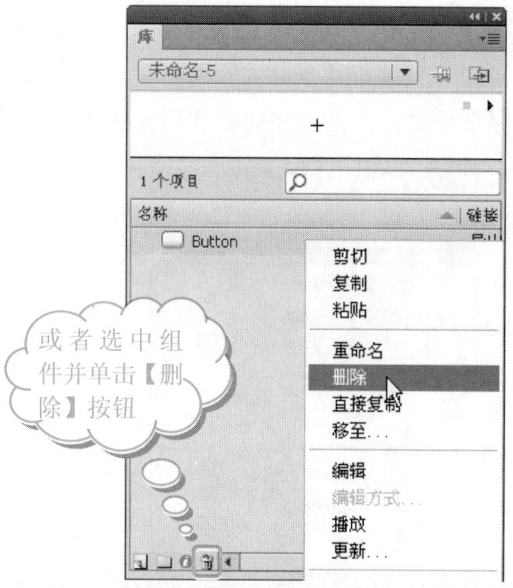

2. 常用组件

下面简单介绍 Flash CS4(ActionScript 3.0)中常用的几个组件及其相关参数。

1) Button(按钮组件)

在 Flash CS4 中的 Button 是一个可使用自定义图标来自定义大小的按钮。它可以执行鼠标和键盘的交互事件，或者将按钮的行为从按下改为切换。在单击切换按钮后，组件将保持按下状态，直到再次单击该按钮时才会返回到弹起状态。

创建的 Button 组件实例如下图所示。

Button 组件的【组件检查器】面板，如下图所示。

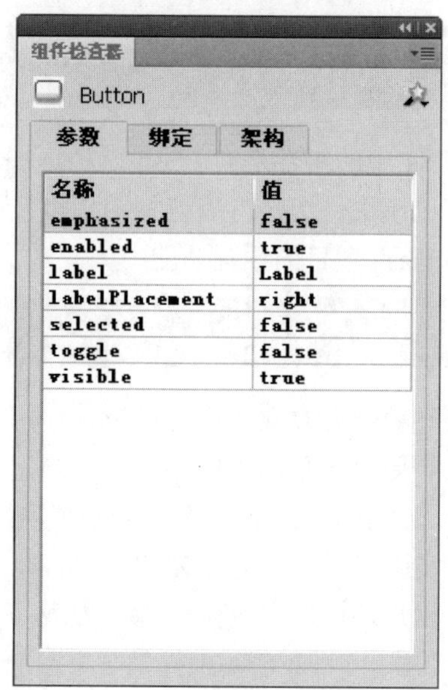

其中，各参数的含义如下。

- emphasized：设置当按钮处于弹起状态时，Button 组件周围是否显示边框，默认值为 false。
- enabled：设置组件是否可以接受焦点和输入，默认值为 true。
- label：设置按钮上的文字，默认值为 Label。
- labelPlacement：设置按钮上标签放置的位置，默认值为 right。
- selected：设置 Button 按钮默认是否选中，默认值为 false。
- toggle：将该属性设置为 true 后，则在单击后保持按下状态，并在再次单击时返回弹起状态。
- visible：设置对象是否可见，默认值为 true。

2) CheckBox(复选框组件)

在一系列选择的项目中，利用复选框可以同时选中多个项目。而利用 UI 组件类中的复选框组件 CheckBox 可以创建多个复选框，并为其设置相应的参数。

复选框是一个可以选中或者取消选中的方框。当选中复选框后，方框中会出现一个复选标记☑。用户可以为复选框添加一个文本标签，并将它放置在复选框的左侧、右侧、顶部或者底部。复选框是任何表单或 Web 应用程序中的一个基础部分。每当需要收集一组非相互排斥的 true 或者 false 值时，都可以使用复选框。

创建的 CheckBox 组件实例如下图所示。

如果用户对编写 ActionScript 不够熟练，可以向文档添加组件，然后在【组件检查器】面板中设置组件的参数，最后使用【行为】面板处理组件事件。

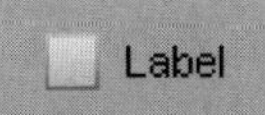

CheckBox 组件的【组件检查器】面板如下图所示。

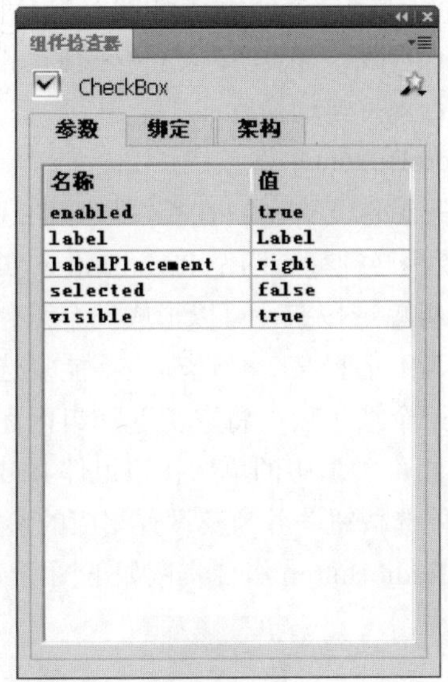

其中，各参数的含义如下。

❖ enabled：设置组件是否可以接受焦点和输入，默认值为 true。
❖ label：设置的字符串代表复选框旁边的文字说明，默认值为 Label。
❖ labelPlacement：指定复选框说明标签的位置，默认情况下，标签将显示在复选框的右侧。
❖ slected：设置默认状态下，复选框是否被选中。
❖ visible：设置对象是否可见，默认值为 true。

3) ColorPicker(拾色器组件)

ColorPicker 是 Flash CS4 中的一个新增组件，允许用户从样本列表中选择颜色。其默认模式是在方形按钮中显示单一颜色。单击该按钮时，【颜色】面板中将出现可用的颜色列表，同时出现一个文本字段，显示当前所选颜色的十六进制值。

创建 ColorPicker 组件实例后，单击该实例，如下图所示。

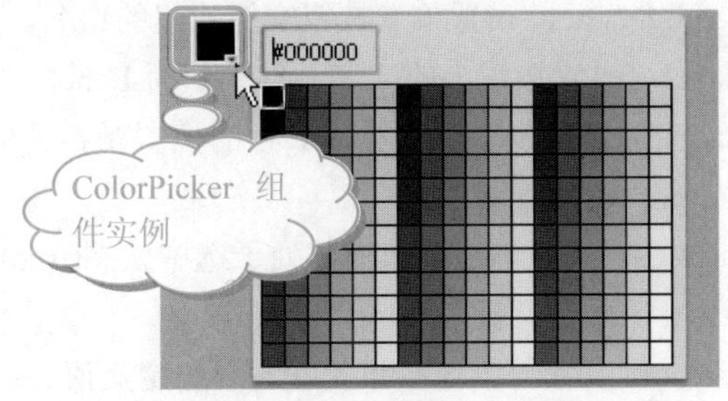

ColorPicker 组件的【组件检查器】面板如下图所示。

其中，各参数的含义如下。

❖ enabled：设置组件是否可以接受焦点和输入，默认值为 true。
❖ selectedColor：获取或设置在 ColorPicker 组件的调色板中当前加亮显示的样本。
❖ showTextField：设置是否显示 ColorPicker 组件的内部文本字段。
❖ visible：设置对象是否可见，默认值为 true。

4) ComboBox(下拉列表框组件)

在 Flash CS4 中，如果创建了下拉列表框组件，单击右侧的下拉按钮即可弹出设置好的下拉列表。用户可以在下拉列表框中选择相应的选项。不过，下拉列表框组件只允许用户从列表中选择一个选项。

创建的 ComboBox 组件实例如下图所示。

ComboBox 组件的【组件检查器】面板如下图所示。

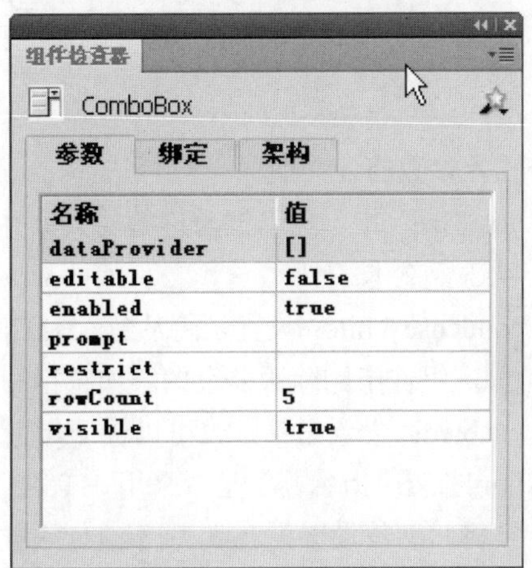

其中，各参数的含义如下。

- ❖ dataProvider：获取或设置要查看的项目列表的数据模型。
- ❖ editable：设置使用者是否可以修改列表中选项的内容，默认值为 false。
- ❖ enabled：设置组件是否可以接受焦点和输入。
- ❖ prompt：获取或设置对 ComboBox 组件的提示。
- ❖ restrict：可在列表中输入字符集。
- ❖ rowCount：列表展开之后显示的行数。如果选项超过行数，就会出现滚动条。
- ❖ visible：设置对象是否可见，默认值为 true。

5)　Label(文本标签组件)

一个文本标签组件就是一行文本，可以指定给一个标签采用 HTML 格式，也可以控制标签的对齐方式和标签大小。Label 组件没有边框且不能显示焦点。

创建的 Label 组件实例如下图所示。

Label

Label 组件的【组件检查器】面板如下图所示。

其中，各参数的含义如下。

- ❖ autoSize：指示如何调整标签的大小并对齐标签以适合文本。
- ❖ condenseWhite：设置是否从包含 HTML 文本的 Labe 组件中删除额外空白，如空格和换行符。
- ❖ enabled：设置组件是否可以接受焦点和输入。
- ❖ htmlText：指示标签是否采用 HTML 格式。如果将此参数设置为 true，则不能使用样式来设置标签的格式，但可以使用 font 标记将文本格式设置为 HTML。
- ❖ selectable：设置文本是否可选。
- ❖ text：获取或设置由 Label 组件显示的纯文本。
- ❖ visible：设置对象是否可见，默认值为 true。
- ❖ wordWrap：获取或设置一个值，指示文本字段是否支持自动换行。

6)　RadioButton(单选按钮)

单选按钮组件允许用户在相互排斥的选项之间进行选择，且它至少必须拥有两个 RadioButton 实例。在 Flash CS4 创建一组单选按钮，可以形成一个系列的选择组，用户只能在其中选择某一个选项，不能复选。换言之，选择组中的一个选项后，将取消选择组内之前选定的选项。利用 UI 组件类型中的单选按钮组件 RadioButton，可以创建多个单选按钮，并为其设置相应的参数。

创建的 RadioButton 组件实例如下图所示。

RadioButton 组件的【组件检查器】面板如下图所示。

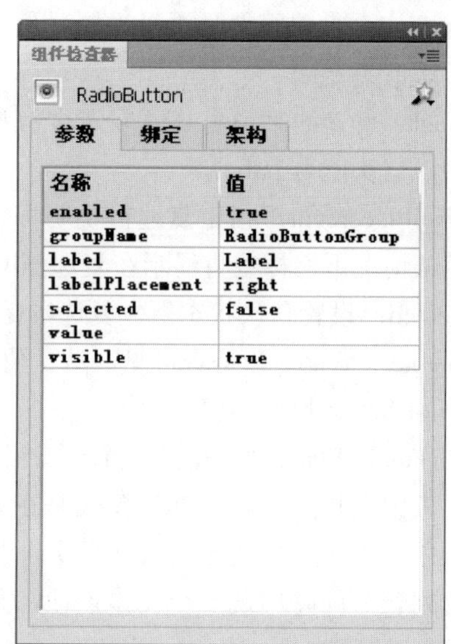

其中，各参数的含义如下。

- ❖ enabled：设置组件是否可以接受焦点和输入。
- ❖ groupName：设置单选按钮实例或组的组名。
- ❖ label：设置按钮上的文字，默认值为 Label。
- ❖ labelPlacement：设置标签放置的位置是按钮的左侧，还是右侧。
- ❖ slected：设置单选按钮当前处于选中状态(true)，还是取消选中状态(false)。
- ❖ value：设置与单选按钮关联的用户定义值。
- ❖ visible：设置对象是否可见，默认值为 true。

长见识　选择菜单栏中的【窗口】|【其他面板】|【Web 服务】命令，打开【Web 服务】面板，可以查看 Web 服务的列表、刷新 Web 服务，还可以添加或删除 Web 服务。

7) List(列表框组件)

列表框可以让用户在已经设置的选项列表中选择需要的选项，它的属性设置与下拉列表框的属性设置相似。List 允许用户从一个可以滚动的列表中选择一个或者多个选项，列表可以显示图形和文本，其中包含其他组件。单击标签或者数据参数字段时，将弹出【值】对话框，用户可以使用该对话框来添加显示在 List 中的项目，也可以使用 List.addItem()和 List.addItemAt()方法来添加项目到列表中。

创建的 List 组件实例如下图所示。

List 组件的【组件检查器】面板如下图所示。

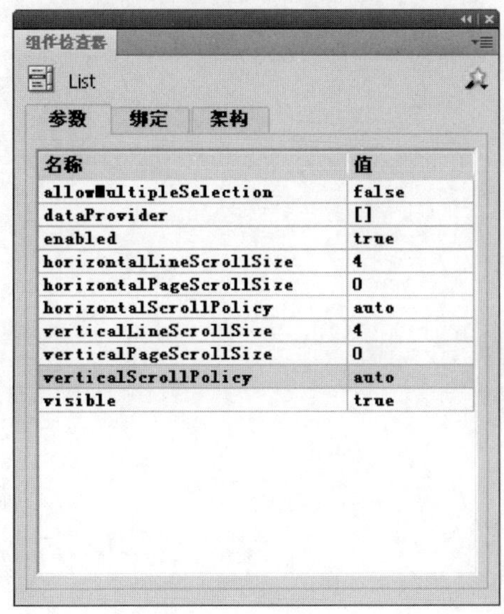

其中，各参数的含义如下。

- ❖ allowMultipleSelection：设置是否允许同时选择多个项目。
- ❖ dataProvider：获取或设置要查看的项目列表的数据模型。
- ❖ enabled：设置组件是否可以接受焦点和输入。
- ❖ horizontalLineScrollSize：设置单击滚动箭头时，在水平方向上滚动的内容量。
- ❖ horizontalPageScrollSize：获取或设置按滚动条轨道移动时，水平滚动条上滚动滑块要移动的像素数目。
- ❖ horizontalScrollPolicy：设置水平滚动条的状态。
- ❖ verticalLineScrollSize：设置单击滚动箭头时，在垂直方向上滚动的内容量。
- ❖ verticalPageScrollSize：获取或设置按滚动条轨道移动时，垂直滚动条上滚动滑块要移动的像素数目。
- ❖ verticalScrollPolicy：设置垂直滚动条的状态。
- ❖ visible：设置对象是否可见，默认值为 true。

8) ScollPane(滚动条窗格组件)

使用 ScrollPane 组件来显示对于加载区域而言过大的内容。例如，创建了一个较大的图片，但是在应用程序中只有很小的空间来显示它，这时就可以考虑将其加载到 ScrollPane 中。ScrollPane 可以应用于影片剪辑、JPEG、PNG、GIF 和 SWF 文件中。

创建的 ScollPane 组件实例如下图所示。

ScollPane 组件的【组件检查器】面板如下图所示。

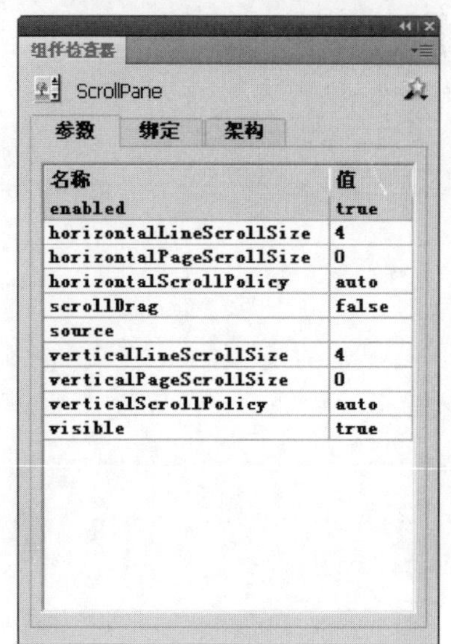

其中，各参数的含义如下。

- ❖ enabled：设置组件是否可以接受焦点和输入。
- ❖ horizontalLineScrollSize：设置单击滚动箭头时，在水平方向上滚动的内容量。
- ❖ horizontalPageScrollSize：获取或设置按滚动条

轨道移动时，水平滚动条上滚动滑块要移动的像素数目。

- ❖ horizontalScrollPolicy：设置水平滚动条的状态。
- ❖ scrollDrag：获取或设置一个值，确定当用户在滚动窗格中拖动内容时是否发生滚动。
- ❖ source：获取或设置绝对/相对 URL(该 URL 标识要加载的 SWF 或图像文件的位置)、库中影片剪辑的类名称、对显示对象的引用或者与组件位于同一层上的影片剪辑的实例名称。
- ❖ verticalLineScrollSize：设置单击滚动箭头时，在垂直方向上滚动的内容量。
- ❖ verticalPagescrollSize：获取或设置按滚动条轨道移动时，垂直滚动条上滚动滑块要移动的像素数目。
- ❖ verticalScrollPolicy：设置垂直滚动条的状态。
- ❖ visible：设置对象是否可见，默认值为 true。

13.3 思考与练习

选择题

1. 下列组件中，________ 不是 ActionScript 3.0 组件。

   A. Button　　B. Slider

   C. tileList　　D. Alert

2. 为按钮添加声音的时候，应该将声音的【同步】设置为________。

   A. 【事件】　　B. 【开始】

   C. 【停止】　　D. 【数据流】

操作题

1. 使用所学的知识，为某个产品制作一个 Flash 广告。

2. 参照书中的实例，使用箭头或者方块制作一个动态背景。

若要在 Flash 创作环境中预览组件实例中的动画效果，可以选择菜单栏中的【控制】|【启用实时预览】命令。

读者回执卡

欢迎您立即填妥回函

您好！感谢您购买本书，请您抽出宝贵的时间填写这份回执卡，并将此页剪下寄回我公司读者服务部。我们会在以后的工作中充分考虑您的意见和建议，并将您的信息加入公司的客户档案中，以便向您提供全程的一体化服务。您享有的权益：

★ 免费获得我公司的新书资料；
★ 寻求解答阅读中遇到的问题；
★ 免费参加我公司组织的技术交流会及讲座；
★ 可参加不定期的促销活动，免费获取赠品；

读者基本资料

姓　　名________ 性　　别 □男　□女 年　　龄________
电　　话________ 职　　业________ 文化程度________
E-mail________ 邮　　编________
通讯地址________

请在您认可处打✓（6至10题可多选）

1、您购买的图书名称是什么：________
2、您在何处购买的此书：________

3、您对电脑的掌握程度：	□不懂	□基本掌握	□熟练应用	□精通某一领域
4、您学习此书的主要目的是：	□工作需要	□个人爱好	□获得证书	
5、您希望通过学习达到何种程度：	□基本掌握	□熟练应用	□专业水平	
6、您想学习的其他电脑知识有：	□电脑入门	□操作系统	□办公软件	□多媒体设计
	□编程知识	□图像设计	□网页设计	□互联网知识
7、影响您购买图书的因素：	□书名	□作者	□出版机构	□印刷、装帧质量
	□内容简介	□网络宣传	□图书定价	□书店宣传
	□封面，插图及版式	□知名作家（学者）的推荐或书评		□其他
8、您比较喜欢哪些形式的学习方式：	□看图书	□上网学习	□用教学光盘	□参加培训班
9、您可以接受的图书的价格是：	□ 20元以内	□ 30元以内	□ 50元以内	□ 100元以内
10、您从何处获知本公司产品信息：	□报纸、杂志	□广播、电视	□同事或朋友推荐	□网站
11、您对本书的满意度：	□很满意	□较满意	□一般	□不满意

12、您对我们的建议：________

1 0 0 0 8 4

贴　邮
票　处

北京100084—157信箱

读者服务部　　　收

邮政编码：□□□□□□

技术支持与课件下载：http://www.tup.com.cn　http://www.wenyuan.com.cn

读者服务邮箱：service@wenyuan.com.cn

邮　购　电　话：(010)62791865　(010)62791863　(010)62792097-220

组　稿　编　辑：章忆文

投　稿　电　话：(010)62770604

投　稿　邮　箱：bjyiwen@263.net